Volker Diekert, Manfred Kufleitner, Gerhard Rosenberger
**Diskrete algebraische Methoden**
De Gruyter Studium

Volker Diekert, Manfred Kufleitner,
Gerhard Rosenberger

# Diskrete algebraische Methoden

Arithmetik, Kryptographie, Automaten und Gruppen

DE GRUYTER

**Mathematics Subject Classification 2010**
11-01, 11Y11, 12-01, 14H52, 20E06, 20M05, 20M35, 68Q45, 68Q70, 68R15, 94A60

**Autoren**
Volker Diekert
Universität Stuttgart
Institut für Formale Methoden der Informatik (FMI)
Abteilung Theoretische Informatik
Universitätsstraße 38
70569 Stuttgart
volker.diekert@fmi.uni-stuttgart.de

Manfred Kufleitner
Universität Stuttgart
Institut für Formale Methoden der Informatik (FMI)
Abteilung Theoretische Informatik
Universitätsstraße 38
70569 Stuttgart
manfred.kufleitner@fmi.uni-stuttgart.de

Gerhard Rosenberger
Universität Hamburg
Fachbereich Mathematik
Bereich AZ
Bundesstraße 55 (Geomatikum)
20146 Hamburg
gerhard.rosenberger@math.uni-hamburg.de

Gerhard Rosenberger
Universität Passau
Fakultät für Informatik und Mathematik
Innstraße 33
94032 Passau
rosenber@fim.uni-passau.de

ISBN 978-3-11-031260-7
e-ISBN 978-3-11-031261-4

**Library of Congress Cataloging-in-Publication Data**
A CIP catalog record for this book has been applied for at the Library of Congress.

**Bibliografische Information der Deutschen Nationalbibliothek**
Die Deutsche Nationalbibliothek verzeichnet diese Publikation in der Deutschen Nationalbibliografie;
detaillierte bibliografische Daten sind im Internet über http://dnb.dnb.de abrufbar.

© 2013 Walter de Gruyter GmbH, Berlin/Boston
Satz: le-tex publishing services GmbH, Leipzig
Druck und Bindung: Hubert & Co.GmbH & Co. KG, Göttingen
♾ Gedruckt auf säurefreiem Papier
Printed in Germany

www.degruyter.com

# Vorwort

**Über den Inhalt.** Dieses Buch basiert auf verschiedenen Vorlesungen, die an den Universitäten Stuttgart und Dortmund über viele Jahre hinweg von den Autoren erfolgreich gehalten wurden. Hieraus entstanden die beiden Bücher *Elemente der diskreten Mathematik* [23] und das vorliegende Buch *Algebraische Methoden der diskreten Mathematik*. Unser erster Band [23] wendet sich an einen Leserkreis ohne spezifische Vorkenntnisse. Bei dem vorliegenden Buch über algebraische Methoden wird durch den Titel ein veränderter Fokus klar. Zunächst ist es keine Fortsetzung von [23], sondern ein unabhängiges Buch. Es wendet sich weniger an Studierende im Grundstudium, sondern an Leser mit fortgeschrittenen Kenntnissen in Mathematik, wie man sie im Hauptstudium (oder bei Masterstudenten) in Mathematik oder Informatik voraussetzen kann. Die Zielgruppe umfasst auch Doktoranden und Dozenten, die sich auf einem modernen Gebiet zwischen Mathematik und Informatik fortbilden möchten.

Bei der Stoffauswahl spielte natürlich die persönliche Neigung der Autoren eine Rolle. Wir beginnen mit einem allgemeinen Kapitel *Algebraische Strukturen*, welches die Grundlage für das gesamte Buch bereitstellt. In der tabellarischen Zusammenfassung kann der Leser erkennen, welche Tatsachen er bereits kennt, auffrischen oder neu lernen kann. Die folgenden Kapitel können prinzipiell unabhängig voneinander gelesen werden, aber es gibt bewusst diverse Querbezüge. So ist der Bezug vom Kapitel *Kryptographie* zu den später behandelten kryptographischen Verfahren bei elliptischen Kurven gewollt und offensichtlich.

In gewisser Weise ist *algebraische Kryptographie* ein Leitmotiv. Kryptographie ist in der Internetgesellschaft des einundzwanzigsten Jahrhunderts allgegenwärtig. Die Vermittlung von Grundkenntnissen in Kryptographie sollte selbstverständlicher Standard jeder Mathematik- und Informatikausbildung sein. Für uns stehen asymmetrische kryptographische Verfahren im Vordergrund. Auch deshalb, weil sie häufig mathematisch spannender sind als rein auf *Performance* ausgerichtete symmetrische Verfahren. Wir behandeln auch Shamirs Angriff auf das Merkle-Hellman-Verfahren. Dieser Angriff ist ein mathematisches Glanzstück! Das Merkle-Hellman-Verfahren spielt durch diesen Angriff keine praktische Rolle mehr; es bleibt aber ein Lehrstück, wie skeptisch wir gegenüber unbewiesenen Sicherheitsbeteuerungen bleiben sollten. Auch die eigentliche Frage, ob man sichere Kryptosysteme überhaupt auf **NP**-schwierigen Problemen aufbauen kann, bleibt hochaktuell. Die „philosophische" rein spekulative Antwort, zu der wir tendieren, ist „Nein". Aber leider ist *der Rand zu schmal*, um die Begründung zu fassen.[1]

Das Kapitel über zahlentheoretische Algorithmen ist wichtig für das Erzeugen von Kryptosystemen, für die beispielsweise große „zufällige" Primzahlen benötigt werden. Es ist auch wichtig für die Sicherheit der Verfahren. Wenn man sich auf das

---

1 Frei nach Pierre de Fermat.

Diffie-Hellman-Verfahren zum sicheren Schlüsselaustausch verlassen möchte, so mag es beruhigend sein, zu verstehen, warum die bekannten Algorithmen bei dem Problem, diskrete Logarithmen zu berechnen, bei moderaten Eingabegrößen versagen. Beim Rechnen mit großen Zahlen bauen viele Analysen darauf auf, dass man Zahlen in fast-linearer Zeit multiplizieren kann. Dies ist ohne den Algorithmus von Schönhage und Strassen nicht zu verstehen. Das Verfahren ist technisch anspruchsvoll und basiert auf brillanten Ideen. Der hier wiedergegebene Korrektheitsbeweis präsentiert dennoch alle Details auf wenigen Seiten.

In dem Kapitel über Primzahlerkennung in Polynomialzeit stellen wir den deterministischen Polynomialzeittest von Agrawal, Kayal und Saxena vor. Dieser nach den Autoren benannte AKS-Test wurde 2002 entdeckt und ist ein Paradebeispiel der erfolgreichen Anwendung diskreter algebraischer Methoden in der Mathematik. In der Darstellung des AKS-Tests folgen wir über weite Strecken der Darstellung des Originalartikels, berücksichtigen allerdings zwei wesentliche Vereinfachungen. So benutzen wir keine tiefliegenden Sätze zur Primzahldichte, sondern nur die Aussage, dass das kleinste gemeinsame Vielfache der ersten $n$ Zahlen schneller als $2^n$ wächst. Dies hat nach Nair einen elementaren Beweis mittels einer Integralabschätzung. Im Gegensatz zum Originalartikel benutzen wir auch keine Kenntnisse über Kreisteilungspolynome. Dies wird ersetzt durch die viel elementarere Aussage, dass Zerfällungskörper existieren. Durch diese Aufarbeitung ist es möglich, den AKS-Test in einer Mathe-AG an Gymnasien mit einer engagierten Lehrkraft und interessierten Schülern lückenlos zu besprechen. Wir möchten Lehrer zu einem solchen Schulprojekt ermutigen!

In dem Abschnitt über elliptische Kurven stehen wieder die zahlentheoretischen und kryptographischen Anwendungen im Vordergrund. Kryptographie über elliptischen Kurven hat sich in der Praxis etabliert; und dieses Gebiet wird in der Zukunft weiter an Bedeutung gewinnen. Wir stellen dafür die notwendige Mathematik bereit. Ein großes Problem für die Akzeptanz elliptischer Kurven ist, dass Anwender gar nicht verstehen, warum das, was sie ausrechnen, korrekt ist. Dies trifft in weit geringerem Umfang auf RSA-basierte Verfahren zu, denn das Rechnen modulo $n$ ist elementar verständlich. Im Vergleich dazu sind elliptische Kurven inhärent komplizierte mathematische Objekte. Es ist für einen Anwender im Prinzip sehr einfach, die benötigten Operationen auf elliptischen Kurven zu implementieren. Es reichen die Grundrechenarten. Der Formalismus steht damit in Form von Kochrezepten zur Verfügung, aber Kochrezepte (und viele Bücher, die sie enthalten) verraten nicht, warum sie „funktionieren". Dies führt berechtigterweise zu Berührungsängsten und einer damit verbundenen Skepsis gegenüber elliptischen Kurven. Wir treten dieser Skepsis entgegen, indem wir den schwierigen Teil nicht umschiffen. Der Beweis der Gruppenstruktur wird vollständig geführt und basiert ausschließlich auf dem Kapitel über algebraische Strukturen. Wir verlangen vom Leser insbesondere keine Vorkenntnisse aus der algebraischen Geometrie oder Funktionentheorie.

Mit den beiden Kapiteln *Kombinatorik auf Wörtern* und *Automatentheorie* begeben wir uns in das Teilgebiet der theoretischen Informatik, in dem die Halbgruppentheorie eine zentrale Rolle spielt. Wir behandeln reguläre Sprachen in einem allgemeinen Kontext, der wesentlich für das Verständnis von deterministischen und nichtdeterministischen Automaten ist. Zwei fundamentale Resultate auf diesem Gebiet sind Schützenbergers Charakterisierung sternfreier Sprachen und das Zerlegungstheorem von Krohn und Rhodes. Für beide stellen wir neue und vereinfachte Beweise vor.

Das letzte Kapitel widmet sich diskreten unendlichen Gruppen. Die ausgewählten Themen gehören zur algorithmisch-kombinatorischen Gruppentheorie, wie sie in dem Klassiker von Lyndon und Schupp [55] geprägt wurde. Wir behandeln den Zugang, Standardkonstruktionen durch die systematische Verwendung konfluenter Wortersetzungssysteme zu erklären. Dies führt zu mathematisch präzisen Aussagen und vielfach direkt zu Algorithmen. In dem Abschnitt über freie Gruppen wird der Einfluss von Stallings auf die moderne Gruppentheorie unmittelbar sichtbar. Einige seiner Ideen wurden unabhängig und bereits früher von Benois entwickelt. Dies wird hier dargestellt. Eine besonders schöne Anwendung von Stallings' Ideen ist der geometrische Beweis, dass die Automorphismengruppe endlich erzeugter freier Gruppen von (endlich vielen) Whitehead-Automorphismen erzeugt wird.

Wir sind davon überzeugt, dass es sich bei diskreten algebraischen Methoden um ein zukunftsweisendes Gebiet handelt und dass die Grundlagen in diesem Bereich weiter an Bedeutung gewinnen werden. Das Buch ergänzt und vertieft Grundlagen und zeigt Anwendungen auf. Es werden auch viele Themen behandelt, die über den Standardstoff hinausgehen. Wie in [23] favorisieren wir flüssige gegenüber allzu langatmigen Erklärungen; so soll Freiraum für eigene Überlegungen bleiben. Am Ende eines jeden Kapitels haben wir kurze Zusammenfassungen als Lern- und Merkhilfe hinzugefügt. Erwähnen wir Mathematiker namentlich, so finden sich biographische Angaben, sofern es uns sinnvoll erschien und die Daten öffentlich zugänglich waren oder wir das Einverständnis zur Nennung der Geburtsjahre erhielten. Mit anderen Worten, teilweise fehlen diese Angaben. Bei notwendigen Umschriften von Namen haben wir die international übliche englische Umschrift bevorzugt. Bei lebenden Mathematikern haben wir, falls uns bekannt, auf ihre selbst verwendete Umschrift zurückgegriffen. Schließlich möchten wir darauf hinweisen, dass wir Satzzeichen am Ende von abgesetzten Formeln unterdrückt haben.

**Über die Autoren** lässt sich berichten, dass sie sowohl in der Mathematik als auch in der Informatik zu Hause sind:

Volker Diekert hatte das große Glück, dass er bei Alexander Grothendieck in Montpellier (Frankreich) eine Abschlussarbeit anfertigen und bei Ernst Witt in Hamburg regelmäßig Seminare besuchen konnte. Diese beeindruckenden Persönlichkeiten haben nachhaltigen Einfluss auf seine Entwicklung gehabt.

Manfred Kufleitner hat beim ersten Autor in Stuttgart in Informatik promoviert und dann ebenfalls in Frankreich (Bordeaux) ein Auslandsjahr verbracht. Mathematik und Schachspielen begeistern ihn seit frühester Jugend. Die genaue Vorausschau, durch welche Züge ein Ziel erreicht werden kann, findet sich durchgehend beim Planen der Beweise im Text.

Gerhard Rosenberger verfügt über die größte Lebenserfahrung, die Erfahrungen Mathematik zu unterrichten und Lehrbücher zu verfassen. Geprägt in seiner Lehre und Forschung sowie bei seiner Präsentation von Vorträgen wurde er insbesondere durch längere Aufenthalte in Russland und den USA. In seinen Forschungsarbeiten kann er auf Koautoren aus mehr als 25 verschiedenen Ländern verweisen.

## Danksagung

Das Buch wäre ohne Unterstützung nicht zustande gekommen. Für eine gewisse Strecke war die ganze Abteilung *Theoretische Informatik*, zu der die beiden ersten Autoren gehören, bei der Erstellung des Manuskripts miteinbezogen. Ohne die engagierte Mitarbeit beim Korrekturlesen und der Hilfe beim Lösen von Aufgaben, wäre das Projekt nicht termingerecht fertiggestellt worden. Zum inhaltlichen Gelingen haben insbesondere Ulrich Hertrampf, Jonathan Kausch, Jürn Laun, Alexander Lauser, Tobias Walter und Armin Weiß beigetragen. Hilfe erfuhren wir auch von Horst Prote und Martin Seybold. Die verbliebenen mathematischen Fehler gehen zu Lasten der Autoren.

Unser Dank gilt auch dem Verlag Walter de Gruyter und insbesondere der für uns zuständigen Akquise-Lektorin Friederike Dittberner, die sich spontan bereit erklärte, aus einem Buchprojekt gleich zwei zu machen.

Stuttgart und Hamburg, Januar 2013                                      Volker Diekert
                                                                                                  Manfred Kufleitner
                                                                                                  Gerhard Rosenberger

# Inhalt

# 1 Algebraische Strukturen

Die ursprüngliche Aufgabe der Algebra war es, Gleichungen und Gleichungssysteme zu lösen. Die Anwendungen hiervon waren das Vermessungswesen, die Architektur, die Steuererhebung oder auch die Kalenderrechnung. Methoden zum Lösen von linearen und quadratischen Gleichungen sowie zum Wurzelziehen waren den Babyloniern schon mehrere hundert Jahre v. Chr. bekannt. Die ersten allgemeinen Lösungsverfahren für Gleichungen dritten Grades wurden erst im 16. Jahrhundert durch Scipione del Ferro (1465–1526) und später nochmals durch Niccolò Fontana Tartaglia (1500–1557) entdeckt und von Gerolamo Cardano (1501–1576) veröffentlicht. Noch etwas später fand Lodovico Ferrari (1522–1565), ein Schüler Cardanos, entsprechende Lösungsformeln für Gleichungen vierten Grades.

In unmittelbarem Zusammenhang mit den jeweils zur Verfügung stehenden Methoden wurden auch die Zahlenbereiche, mit denen man rechnete, regelmäßig erweitert. Die Entdeckung komplexer Zahlen wird beispielsweise häufig Cardano und Rafael Bombelli (1526–1573) zugeschrieben, wohingegen die (positiven) rationalen Zahlen schon den alten Ägyptern bekannt waren. Bereits in der Antike hatte man verstanden, dass $\sqrt{2}$ keine rationale Zahl war. Der Beweis soll auf Theaitetos (ca. 415–369 v. Chr.) zurückgehen und wurde in Buch X der *Elemente* durch Euklid niedergeschrieben. Dennoch hat $\sqrt{2}$ als Lösung von $X^2 = 2$ eine einfache Beschreibung und, in der Antike wichtiger, als Länge in einem rechtwinkligen Dreieck mit Katheten der Länge 1 eine unmittelbare geometrische Interpretation. Die ersten reellen Zahlen, die nicht als Lösungen von Gleichungssystemen mit rationalen Koeffizienten auftreten, wurden erst 1844 von Joseph Liouville (1809–1882) angegeben. Solche Zahlen nennt man *transzendent*, wohingegen Zahlen *algebraisch* heißen, wenn sie Lösungen eines polynomiellen Gleichungssystems sind. Die beiden bekanntesten Vertreter transzendenter Zahlen sind die Euler'sche Zahl $e$ (nach Leonhard Euler, 1707–1783) und die Kreiszahl $\pi$. Den Nachweis der Transzendenz von $e$ erbrachte Charles Hermite (1822–1901) im Jahr 1872. Das entsprechende Resultat für $\pi$ im Jahr 1882 geht auf Carl Louis Ferdinand von Lindemann (1852–1939) zurück. Für die Euler'sche Konstante $\gamma = 0,57772\cdots$ ist es noch offen, ob sie transzendent ist.

Die Methoden, um die „Nicht-Durchführbarkeit" von Dingen zu zeigen, sind häufig abstrakter als die Methoden, die man für die „Durchführbarkeit" braucht. Wenn man zeigen wollte, dass $\pi$ algebraisch ist, würde es genügen, ein entsprechendes Polynom anzugeben. Aber wie zeigt man, dass kein Polynom mit rationalen Koeffizienten die Zahl $\pi$ als Nullstelle besitzt? Wie zeigt man, dass es keine Lösungsformeln für Gleichungen fünften Grades gibt? Wie zeigt man, dass das antike Problem der Dreiteilung von Winkeln nur mit Zirkel und Lineal nicht möglich ist?

Solche Fragestellungen haben die moderne Algebra geprägt. Zum einen versuchte man, die Struktur von Zahlen besser zu verstehen. Zum anderen motivierte die Verbreitung von Vektoren und Matrizen die Untersuchung von verallgemeinerten arithmetischen Operationen. Niels Henrik Abel (1802–1829) zeigte 1824, dass keine Lösungsformeln für Gleichungen fünften Grades existieren. Auf den Ideen Abels aufbauend untersuchte Évariste Galois (1811–1832) allgemeine Gleichungen und erkannte, dass die Weiterentwicklung der Gruppentheorie hierfür von großem Wert war. Vorangetrieben von David Hilbert (1862–1943) wurde Ende des 19. Jahrhunderts der sogenannte axiomatische Ansatz bei den Mathematikern immer populärer. Die Idee war es, interessante Objekte (z. B. Zahlen) nicht direkt zu erforschen. Stattdessen stützten sich Untersuchungen auf ein paar wenige vorgegebene Voraussetzungen (die Axiome), die unter anderem auf die Objekte zutreffen, an denen man interessiert ist. Dadurch begann die Erforschung von allgemeineren Zahlkörpern. Ernst Steinitz (1871–1928) veröffentlichte 1910 die erste axiomatische Studie zu abstrakten Körpern. In den ersten Jahren des 20. Jahrhunderts kam das Konzept von Ringen auf. Amalie Emmy Noether (1882–1935) legte 1921 die Grundlagen für die Untersuchung von kommutativen Ringen.

Die Theorie von Halbgruppen und Monoiden wurde vergleichsweise spät entwickelt. Dies liegt vor allem an der intuitiven Idee, dass je mehr Struktur ein Objekt aufweist, desto mehr Eigenschaften lassen sich für diese Objekte herleiten. Viele Mathematiker hielten Halbgruppen für zu allgemein, als dass dafür nichttriviale Strukturaussagen gelten. Als Erste haben Kenneth Bruce Krohn und John Lewis Rhodes (geb. 1937) diese Ansicht 1965 widerlegt. Sie haben eine Zerlegung von endlichen Halbgruppen in einfache Gruppen und Flipflops beschrieben (siehe Satz 7.30). Dieses Ergebnis gilt als Grundstein der Halbgruppentheorie. Eine größere Bedeutung wurde Halbgruppen erst mit der Verbreitung der Informatik beigemessen. Hierzu trägt insbesondere der enge Zusammenhang zwischen Halbgruppen und Automaten bei.

Auf einen allgemeineren Standpunkt stellt sich die universelle Algebra – manchmal spricht man auch von allgemeiner Algebra. Begründet wurde sie 1935 von Garrett Birkhoff (1911–1996). Hier werden beliebige algebraische Strukturen untersucht und häufig auftretende Begriffsbildungen – wie z. B. Homomorphismen und Unterstrukturen – in einem einheitlichen Zusammenhang dargestellt. Die Idee der Verallgemeinerung wird in der Kategorientheorie sogar noch etwas weiter getrieben. Samuel Eilenberg (1913–1998) und Saunders MacLane (1909–2005) entwickelten das Konzept der Kategorien und Funktoren im Jahr 1942. Die Kategorientheorie hat aufgrund ihrer Allgemeinheit viele Erscheinungsformen. Beispielsweise kann man damit die Semantik von Programmiersprachen in einem mathematischen Rahmen darstellen.

Die heutige Algebra ist durch eine starke Verwebung mit den anderen mathematischen Disziplinen gekennzeichnet. Zu betonen ist hierbei die enge und historisch bedingte Beziehung zur Geometrie und zur Zahlentheorie. Entsprechend sind die Anwendungen der Algebra außerordentlich vielfältig. Nennen wollen wir hiervon die Automatentheorie, algebraische Codierungstheorie und Codes variabler Länge, Kryptographie, Symmetriebetrachtungen in der Chemie und der Physik, Computer-Algebra-Systeme und die Graphentheorie. Die moderne Algebra ist auch von vielen

Begriffsbildungen geprägt. Tatsächlich ist gerade dies einer der Beiträge der jeweiligen Theorien, da hierdurch wichtige Eigenschaften, Zusammenhänge und Unterscheidungskriterien entwickelt und beschrieben werden können.

In diesem Kapitel widmen wir uns einem genaueren Studium der Gruppen, danach behandeln wir Ringe, Polynome und die Körpertheorie soweit, wie es zum Rahmen des Buches passt oder zum Verständnis der anderen Kapitel notwendig ist. Einen kleinen Überblick über die verschiedenen algebraischen Strukturen geben die folgenden Diagramme.

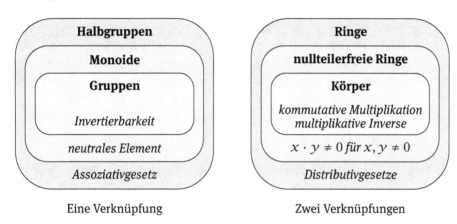

Wir geben nun einen groben Überblick über einige elementare Grundbegriffe der Algebra. Für (binäre) *Verknüpfungen* $\circ : M \times M \to M$ wird häufig die Infixschreibweise $x \circ y$ anstelle von $\circ(x, y)$ verwendet, und wenn die zugrundeliegende Verknüpfung klar ist, dann schreiben wir dafür kurz $xy$. Eine Verknüpfung auf $M$ ist *assoziativ*, wenn für alle $x, y, z \in M$ die Rechenregel $(xy)z = x(yz)$ gilt, und sie ist *kommutativ* oder auch *abelsch* (nach Niels Henrik Abel), wenn $xy = yx$ für alle $x, y \in M$ ist. Ein Element $e \in M$ ist *neutral*, falls $xe = ex = x$ für alle $x \in M$ gilt. Neutrale Elemente bezeichnet man oft auch als *Einselemente*. Ganz ähnlich ist $n \in M$ ein *Nullelement*, wenn $xn = nx = n$ für alle $x \in M$ gilt. Eine Menge $M$ zusammen mit einer assoziativen Verknüpfung bildet eine *Halbgruppe*. Eine Halbgruppe mit einem neutralen Element wird als *Monoid* bezeichnet. Wenn in einem Monoid $M$ mit neutralem Element $e$ jedes Element $x$ ein *Inverses* $y$ mit $xy = yx = e$ besitzt, dann bildet $M$ eine *Gruppe*. Bei zwei Verknüpfungen $+$ und $\cdot$ kann man auch Rechengesetze zwischen diesen beiden Operationen formulieren. Dies führt auf die Begriffe *Ring* und *Körper*, auf die wir später eingehen.

Etwas grob gesprochen bildet eine Teilmenge $Y \subseteq X$ einer algebraischen Struktur $X$ eine *Unterstruktur*, wenn $Y$ selbst auch wieder dieselben Struktureigenschaften erfüllt, wie sie bei $X$ gefordert werden. Betrachten wir beispielsweise die Halbgruppe $M = \{1, 0\}$ mit der Multiplikation; hier sind $\{1\}$ und $\{0\}$ Unterhalbgruppen. Die Halbgruppe $M$ ist auch ein Monoid, aber nur $\{1\}$ ist ein Untermonoid, da $\{0\}$ zwar ein

Monoid bildet, aber nicht die 1 von $M$ enthält. Die von $X \subseteq Y$ *erzeugte* Unterstruktur von $Y$ ist die kleinste Unterstruktur, welche die Menge $X$ enthält; diese Unterstruktur wird mit $\langle X \rangle$ bezeichnet.

Eine Abbildung zwischen zwei algebraischen Strukturen, die mit den jeweiligen Operationen verträglich ist (wie $+$ und $\cdot$) sowie neutrale Elemente aufeinander abbildet, heißt *Homomorphismus*. So werden für einen Homomorphismus $\varphi : M \to N$ zwischen Monoiden $M$ und $N$ die beiden Eigenschaften $\varphi(xy) = \varphi(x)\varphi(y)$ und $\varphi(1_M) = 1_N$ gefordert; hierbei bezeichnen $1_M$ und $1_N$ die jeweiligen neutralen Elemente. Eine Bijektion $\varphi$ besitzt stets eine Umkehrabbildung $\varphi^{-1}$. Sind beide Abbildungen $\varphi$ und $\varphi^{-1}$ Homomorphismen, so nennt man $\varphi$ einen *Isomorphismus*. In vielen Fällen ist ein bijektiver Homomorphismus bereits ein Isomorphismus.

Für Zahlen $k, \ell \in \mathbb{Z}$ schreiben wir $k \mid \ell$, falls $m \in \mathbb{Z}$ existiert mit $km = \ell$; in diesem Fall ist $k$ ein *Teiler* von $\ell$. Wir sagen, $k$ ist kongruent $\ell$ modulo $n$ (und schreiben $k \equiv \ell \bmod n$), falls eine Zahl $m \in \mathbb{Z}$ existiert mit $k = \ell + mn$.

## 1.1 Gruppen

Der Begriff einer Gruppe entstammt einer umgangssprachlichen Sprechweise und geht wesentlich auf Galois zurück. Er untersuchte die Lösungen polynomieller Gleichungen über den rationalen Zahlen und fasste diese in *Gruppen* auflösbarer Gleichungen zusammen. Den überlieferten Manuskripten nach schrieb er wesentliche mathematische Erkenntnisse erst in der Nacht vor einem Duell auf, bei dem er auf tragische Weise umkam. Die Bedeutung seiner Werke wurde erst posthum ab Mitte des 19. Jahrhunderts erkannt.

Wir untersuchen Gruppen vom abstrakten Standpunkt aus. Eine Gruppe $G$ ist eine Menge mit einer binären Operation $(g, h) \mapsto g \cdot h$, welche assoziativ ist und damit der Gleichung $(x \cdot y) \cdot z = x \cdot (y \cdot z)$ genügt. Ferner gibt es ein *neutrales Element* $1 \in G$ mit $1 \cdot x = x \cdot 1 = x$, und zu jedem $x \in G$ gibt es ein *Inverses* $y$ mit $x \cdot y = y \cdot x = 1$. Tatsächlich reicht es, die Existenz von Linksinversen zu verlangen, da diese dann automatisch auch rechtsinvers sind; siehe Aufgabe 1.7. (a). Außerdem sind die Inversen dann eindeutig bestimmt und wir schreiben $x^{-1}$ für das Inverse $y$ von $x$. Für eine Teilmenge $X \subseteq G$ bezeichnen wir mit $\langle X \rangle$ die von $X$ *erzeugte* Untergruppe von $G$. In $\langle X \rangle$ sind damit genau die Gruppenelemente, die sich als Produkt von Elementen $x$ und $x^{-1}$ mit $x \in X$ schreiben lassen. Für $X = \{x_1, \ldots, x_n\}$ schreiben wir auch $\langle x_1, \ldots, x_n \rangle$ anstelle von $\langle \{x_1, \ldots, x_n\} \rangle$.

Im Folgenden sei $G$ eine Gruppe, $g, g_1, g_2 \in G$ seien beliebige Gruppenelemente und $H$ eine Untergruppe von $G$. Die Menge $gH = \{gh \mid h \in H\}$ nennen wir die *(Links-)Nebenklasse* von $g$ bezüglich $H$. Analog ist $Hg$ die *Rechts-Nebenklasse* von $g$. Die Menge der Nebenklassen bezeichnen wir mit $G/H$, d. h.

$$G/H = \{\, gH \mid g \in G \,\}$$

Analog ist $H \backslash G = \{Hg \mid g \in G\}$ die Menge der Rechts-Nebenklassen.

**Lemma 1.1.** *Es gelten folgende Eigenschaften:*

(a) $|H| = |gH| = |Hg|$

(b) $g_1H \cap g_2H \neq \emptyset \Leftrightarrow g_1 \in g_2H \Leftrightarrow g_1H \subseteq g_2H \Leftrightarrow g_1H = g_2H$

(c) $|G/H| = |H\backslash G|$

*Beweis.* Zu (a): Die Abbildung $g\cdot : H \to gH$, $x \mapsto gx$ ist eine Bijektion mit der Umkehrabbildung $g^{-1}\cdot : gH \to H$, $x \mapsto g^{-1}x$. Dies zeigt $|H| = |gH|$. Symmetrisch folgt $|H| = |Hg|$.
Zu (b): Sei $g_1h_1 = g_2h_2$ mit $h_1, h_2 \in H$. Dann gilt $g_1 = g_2h_2h_1^{-1} \in g_2H$. Aus $g_1 \in g_2H$ folgt $g_1H \subseteq g_2H \cdot H = g_2H$. Nun folgt aus $g_1H \subseteq g_2H$ sofort $g_1H \cap g_2H \neq \emptyset$. Hieraus können wir jetzt symmetrisch $g_2H \subseteq g_1H$ schließen. Also sind alle vier Aussagen in (b) äquivalent. Zu (c): Es ist $g_1 \in g_2H$ genau dann, wenn $g_1^{-1} \in Hg_2^{-1}$ gilt. Nach (b) liefert daher die Zuordnung $gH \mapsto Hg^{-1}$ eine Bijektion zwischen den Mengen $G/H$ und $H\backslash G$. $\qquad \square$

Aus Lemma 1.1 (b) folgt, dass verschiedene Nebenklassen von $H$ disjunkt sind. Jedes Element $g \in G$ liegt in der Nebenklasse $gH$. Zusammen bedeutet dies, dass die Einteilung in Nebenklassen eine Partition von $G$ ist, in der nach (a) alle Klassen gleichmächtig sind. Mit $[G : H]$ bezeichnen wir die Anzahl der Nebenklassen von $H$ und nennen $[G : H] = |G/H|$ den *Index* von $H$ in $G$. Die Mächtigkeit $|G|$ von $G$ heißt *Ordnung* (oder *Gruppenordnung*) von $G$. Mit Lemma 1.1 (c) gilt dann auch $[G : H] = |H\backslash G|$. Die *Ordnung* eines Elements $g$ ist die Ordnung von $\langle g \rangle$. Falls $\langle g \rangle$ endlich ist, dann ist die Ordnung von $g$ die kleinste positive Zahl $n$, für die $g^n = 1$ gilt. Der folgende Satz (benannt nach Joseph Louis Lagrange, 1736–1813) ist fundamental.

**Satz 1.2** (Lagrange). $|G| = [G : H] \cdot |H|$

*Beweis.* Für jede Nebenklasse $gH$ wählen wir genau einen Repräsentanten $r \in gH$. Diese Repräsentanten fassen wir in der Menge $R$ zusammen. Es gilt nun $|R| = |G/H|$ und $G/H = \{rH \mid r \in R\}$. Zu zeigen ist $|G| = |R| \cdot |H|$. Nach Lemma 1.1 ist die Menge $G$ die disjunkte Vereinigung $\bigcup\{rH \mid r \in R\}$ und alle Nebenklassen $rH$ haben die Mächtigkeit von $H$, siehe Abbildung 1.1. Hieraus folgt die Behauptung. $\qquad \square$

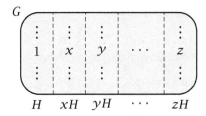

**Abb. 1.1:** Die Gruppe $G$ als disjunkte Vereinigung von Nebenklassen.

Für endliche Gruppen $G$ ergeben sich aus dem Satz von Lagrange folgende Folgerungen. Die Ordnung einer Untergruppe $H$ ist ein Teiler der Ordnung von $G$. Mit $H = \langle g \rangle$ folgt, dass die Ordnung von $g$ ein Teiler der Gruppenordnung von $G$ ist. Falls $K$ eine Untergruppe von $H$ und $H$ eine Untergruppe von $G$ ist, dann gilt $[G : K] = [G : H][H : K]$.

**Satz 1.3.** *Sei $g \in G$ mit Ordnung $d \in \mathbb{N}$. Dann gilt $g^n = 1 \Leftrightarrow d \mid n$.*

*Beweis.* Für die eine Richtung sei $n = kd$. Dann gilt $g^n = (g^d)^k = 1^k = 1$. Für die Umkehrung sei $g^n = 1$ und $n = kd + r$ mit $0 \le r < d$. Dann gilt $1 = g^n = (g^d)^k g^r = 1 \cdot g^r = g^r$ und damit $r = 0$. Also ist $n$ ein Vielfaches von $d$. $\quad\square$

**Korollar 1.4.** *Sei $G$ endlich. Für alle $g \in G$ gilt $g^{|G|} = 1$.*

*Beweis.* Sei $d$ die Ordnung von $g \in G$. Aus dem Satz von Lagrange 1.2 folgt, dass $d$ ein Teiler von $|G|$ ist. Mit Satz 1.3 ergibt sich $g^{|G|} = 1$. $\quad\square$

Eine Gruppe $G$ heißt *zyklisch*, falls $G$ von einem Element $x$ erzeugt wird; dies bedeutet $G = \langle x \rangle$. Wir nennen dann $x$ ein *erzeugendes Element*. Zyklische Gruppen sind entweder endlich oder isomorph zu $(\mathbb{Z}, +, 0)$. Falls $|\langle x \rangle| = |\langle y \rangle|$ für zyklische Gruppen $\langle x \rangle$ und $\langle y \rangle$ gilt, definiert $x^i \mapsto y^i$ einen Gruppenisomorphismus. Deshalb sind zyklische Gruppen durch die Anzahl ihrer Elemente (bis auf Isomorphie) eindeutig bestimmt. Für alle $n \ge 1$ ist $\{1, x, x^2, \ldots, x^{n-1}\}$ mit der Verknüpfung $x^i \cdot x^j = x^{(i+j) \bmod n}$ eine von $x$ erzeugte zyklische Gruppe mit $n$ Elementen. Dies wird in Abbildung 1.2 veranschaulicht.

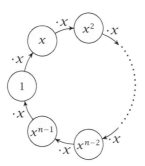

**Abb. 1.2:** Von $x$ erzeugte Gruppe der Ordnung $n$.

**Satz 1.5.** *Gruppen von Primzahlordnung sind zyklisch.*

*Beweis.* Sei $|G|$ eine Primzahl und $g \in G \setminus \{1\}$. Nun gilt $|\langle g \rangle| \ge 2$ und nach dem Satz von Lagrange 1.2 ist $|\langle g \rangle|$ ein Teiler von $|G|$. Da $|G|$ eine Primzahl ist, folgt $|\langle g \rangle| = |G|$ und damit erzeugt $g$ die Gruppe $G$. $\quad\square$

**Satz 1.6.** *Untergruppen von zyklischen Gruppen sind zyklisch.*

*Beweis.* Sei $G = \langle g \rangle$ und $U$ eine Untergruppe von $G$. Da die triviale Untergruppe $\{1\}$ zyklisch ist, können wir im Folgenden $U \neq \{1\}$ annehmen. Nun existiert $n > 0$ mit $g^n \in U$. Sei $n$ minimal mit dieser Eigenschaft. Betrachte ein beliebiges Element $g^k \in U$, dann ist $g^{k \bmod n} \in U$. Da $n$ minimal ist, folgt $k \equiv 0 \bmod n$, also wird $U$ von $g^n$ erzeugt. $\hfill\square$

**Satz 1.7.** *Sei $G$ eine abelsche Gruppe und seien $g, h \in G$ mit teilerfremden Ordnungen $n, m \in \mathbb{N}$. Dann hat $gh$ die Ordnung $nm$.*

*Beweis.* Sei $d$ die Ordnung von $gh$. Wegen $(gh)^{nm} = (g^n)^m (h^m)^n = 1 \cdot 1 = 1$ folgt mit Satz 1.3, dass $d$ ein Teiler von $nm$ ist. Falls $d \neq nm$ gilt, existiert ein Primteiler $p$ von $nm$ mit $d \mid \frac{nm}{p}$. Wegen $\mathrm{ggT}(m, n) = 1$ gilt entweder $p \mid n$ oder $p \mid m$ (aber nicht beides gleichzeitig). Ohne Einschränkung nehmen wir $p \mid n$ und $p \nmid m$ an. Es gilt nun $(gh)^{\frac{n}{p}m} = g^{\frac{n}{p}m} \cdot 1 \neq 1$, da $\frac{n}{p}m$ kein Vielfaches von $n$ ist. Dies ist ein Widerspruch zu $d \mid \frac{nm}{p}$. Also gilt $d = nm$. $\hfill\square$

Der folgende Satz ist nach Augustin Louis Cauchy (1789–1857) benannt. Der hier vorgestellte Beweis ist von James H. McKay (1923–2012) [58].

**Satz 1.8** (Cauchy). *Sei $G$ endlich und sei $p$ eine Primzahl, welche die Ordnung von $G$ teilt. Dann gibt es in $G$ ein Element der Ordnung $p$.*

*Beweis.* Sei $n = |G|$ und $S = \{(g_1, \ldots, g_p) \in G^p \mid g_1 \cdots g_p = 1 \text{ in } G\}$. Da in jedem $p$-Tupel $(g_1, \ldots, g_p) \in S$ die Elemente $g_1, \ldots, g_{p-1} \in G$ beliebig gewählt werden können und $g_p$ dann durch $g_p = (g_1 \cdots g_{p-1})^{-1}$ eindeutig bestimmt ist, gilt $|S| = n^{p-1}$. Wir definieren $\sim$ durch $(g_1, \ldots, g_p) \sim (g_{i+1}, \ldots, g_p, g_1, \ldots g_i)$ für $1 \leq i \leq p$. Dies ist eine Äquivalenzrelation auf $G^p$. Die Äquivalenzklasse von $(g_1, \ldots, g_p)$ besteht aus allen zyklischen Vertauschungen. Aus $(g_1 \cdots g_i)(g_{i+1} \cdots g_p) = 1$ folgt $(g_{i+1} \cdots g_p)(g_1 \cdots g_i) = 1$. Also ist $\sim$ auch eine Äquivalenzrelation auf $S$. Angenommen, es gilt $(g_1, \ldots, g_p) = (g_{i+1}, \ldots, g_p, g_1, \ldots g_i)$ für ein $1 \leq i < p$. Dann gilt $g_1 = g_{i+1} = g_{2i+1} = \cdots = g_{(p-1)i+1}$. Bei dieser Schreibweise rechnen wir im Index modulo $p$. Da $ki + 1 \equiv \ell i + 1 \bmod p$ äquivalent ist zu $k \equiv \ell \bmod p$, sind alle Indizes $\ell i + 1$ für $0 \leq \ell \leq p - 1$ verschieden, und es gilt $g_1 = g_2 = \cdots = g_p$. Dies zeigt, dass jede Äquivalenzklasse von $\sim$ entweder aus einem Element oder aus $p$ Elementen besteht. Die Klassen mit nur einem Element sind genau die von der Form $\{(g, \ldots, g)\}$. Sei $s$ die Anzahl der Äquivalenzklassen mit einem Element und sei $t$ die Anzahl der Äquivalenzklassen mit $p$ Elementen. Die Einteilung in Äquivalenzklassen liefert $s + pt = |S| = n^{p-1}$. Aus $p \mid n$ folgt $s \equiv 0 \bmod p$. Wegen $(1, \ldots, 1) \in S$ gilt $s \geq 1$ und damit $s \geq p$. Also existiert $g \in G \setminus \{1\}$ mit $(g, \ldots, g) \in S$, d. h. $g^p = 1$ und $g \neq 1$. Aus Satz 1.3 folgt, dass $g \in G$ die Ordnung $p$ hat. $\hfill\square$

Zum Abschluss dieses Abschnitts behandeln wir den Homomorphiesatz der Gruppentheorie. Wie wir später sehen werden, ist dieser die Grundlage für einen analogen

Satz der Ringtheorie. Sei $\varphi : G \to K$ ein Gruppenhomomorphismus, d. h., es gilt $\varphi(g_1 g_2) = \varphi(g_1)\varphi(g_2)$ für alle $g_1, g_2 \in G$. Wir definieren folgende Mengen:

$$\ker(\varphi) = \{ g \in G \mid \varphi(g) = 1 \}$$
$$\mathrm{im}(\varphi) = \varphi(G) = \{ \varphi(g) \in K \mid g \in G \}$$

Wir bezeichnen $\ker(\varphi)$ als den *Kern* von $\varphi$ und $\mathrm{im}(\varphi)$ als das *Bild* (engl. *image*) von $\varphi$. Eine Untergruppe $H$ von $G$ ist ein *Normalteiler* von $G$, wenn die Links-Ne-benklassen von $H$ gleich den Rechts-Nebenklassen von $H$ sind, d. h., falls $gH = Hg$ für alle $g \in G$ gilt. Dies ist gleichbedeutend damit, dass die Einteilung in Links-Nebenklassen und die Einteilung in Rechts-Nebenklassen dieselben Partitionen liefern. Wenn $G$ kommutativ ist, dann sind alle Untergruppen auch Normalteiler.

**Satz 1.9.** *Für jede Untergruppe $H$ von $G$ sind die folgenden Aussagen äquivalent:*

(a) *$H$ ist ein Normalteiler von $G$.*

(b) *$G/H$ ist eine Gruppe bezüglich der Verknüpfung $g_1 H \cdot g_2 H = g_1 g_2 H$ mit neutralem Element $H$.*

(c) *$H$ ist der Kern eines Homomorphismus $\varphi : G \to K$.*

(d) *$H$ ist eine Untergruppe und für alle $g \in G$ gilt $gHg^{-1} \subseteq H$.*

*Beweis.* (a) $\Rightarrow$ (b): Die Mengen $g_1 H g_2 H$ und $g_1 g_2 H$ sind gleich, denn es gilt $g_1(Hg_2)H = g_1(g_2 H)H = g_1 g_2 H$. Dies zeigt, dass die Verknüpfung auf $G/H$ wohldefiniert und assoziativ ist und dass $H$ das neutrale Element ist. Wohldefiniertheit bedeutet, dass die Operation unabhängig von den Repräsentanten $g_1$ und $g_2$ ist. Das Inverse von $gH$ ist $g^{-1}H \in G/H$.

(b) $\Rightarrow$ (c): Betrachte die Abbildung $\varphi : G \to G/H$, $g \mapsto gH$. Es gilt $\varphi(g_1 g_2) = g_1 g_2 H = g_1 H g_2 H = \varphi(g_1)\varphi(g_2)$. Also ist $\varphi$ ein Homomorphismus. Der Kern von $\varphi$ ist $\ker(\varphi) = \{ g \in G \mid gH = H \} = H$.

(c) $\Rightarrow$ (d): Sei $\varphi : G \to K$ ein Gruppenhomomorphismus mit $\ker(\varphi) = H$. Es gilt $1 \in H$, da $\varphi(1) = 1$. Seien $g_1, g_2 \in H$, dann ist $\varphi(g_1 g_2^{-1}) = \varphi(g_1)\varphi(g_2)^{-1} = 1 \cdot 1 = 1$. Daraus folgt $g_1 g_2^{-1} \in \ker(\varphi) = H$. Dies zeigt, dass $H$ eine Untergruppe ist; siehe Aufgabe 1.8. (a) Für alle $g \in G$ und alle $h \in H$ gilt $\varphi(ghg^{-1}) = \varphi(g)\varphi(h)\varphi(g)^{-1} = \varphi(g)\varphi(g)^{-1} = 1$ und damit $gHg^{-1} \subseteq H = \ker(\varphi)$.

(d) $\Rightarrow$ (a): Aus $gHg^{-1} \subseteq H$ folgt $gH \subseteq Hg$ und $Hg^{-1} \subseteq g^{-1}H$ für alle $g \in G$. Da sich alle Gruppenelemente in $G$ als Inverses darstellen lassen, gilt damit auch $Hg \subseteq gH$ für alle $g \in G$. Insgesamt haben wir $gH = Hg$ für alle $g \in G$. $\qquad \square$

Falls $H$ ein Normalteiler ist, bezeichnet man die Gruppe aus Satz 1.9 (b) als die *Faktorgruppe* von $G$ modulo $H$. Die Abbildung $G \to G/H$, $g \mapsto gH$ ist ein Homomorphismus mit Kern $H$. Im Falle von zyklischen Gruppen kann man Faktorgruppen durch „Aufwickeln" interpretieren. Betrachten wir die endliche zyklische Gruppe $C_6 = \{0, 1, 2, 3, 4, 5\}$ mit der Addition modulo 6 als Verknüpfung. Dann ist $\{0, 3\}$ eine Untergruppe. Da in kommutativen Gruppen jede Untergruppe ein Normalteiler

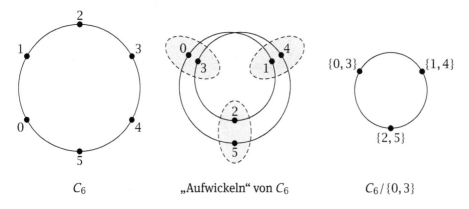

**Abb. 1.3:** Übergang von $C_6$ zu $C_6/\{0,3\}$.

ist, und da jede zyklische Gruppe kommutativ ist, ist $\{0,3\}$ ein Normalteiler von $C_6$ und wir können die Faktorgruppe $C_6/\{0,3\}$ bilden, siehe Abbildung 1.3. Am Beispiel der unendlichen zyklischen Gruppe $(\mathbb{Z}, +, 0)$ und ihrem Normalteiler $4\mathbb{Z}$ ergibt sich eine analoge Zeichnung, siehe Abbildung 1.4. Hierbei identifizieren wir $\mathbb{Z}/4\mathbb{Z}$ durch Wahl von Repräsentanten mit der Menge $\{0, 1, 2, 3\}$. Jedes Element dieser Menge entspricht der Nebenklasse in der es vorkommt, z. B. entspricht das Element 3 der Nebenklasse $3 + 4\mathbb{Z} = \{\ldots, -1, 3, 7, \ldots\}$. Dieselbe Deutung funktioniert ganz analog für die unendliche und nicht zyklische Gruppe $(\mathbb{R}, +, 0)$ und ihren Normalteiler $4\mathbb{Z}$.

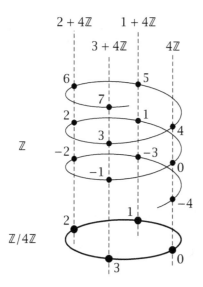

**Abb. 1.4:** Übergang von $\mathbb{Z}$ zu $\mathbb{Z}/4\mathbb{Z}$.

Dies liefert eine Veranschaulichung der unendlichen Gruppe $\mathbb{R}/4\mathbb{Z}$ als Kreis der Länge 4.

**Satz 1.10.** *Untergruppen von Index 2 sind Normalteiler.*

*Beweis.* Sei $[G:H] = 2$. Dann gilt:

$$gH = \left\{ \begin{array}{ll} H & \text{falls } g \in H \\ G \setminus H & \text{falls } g \notin H \end{array} \right\} = Hg$$

Also ist $H$ ein Normalteiler. □

**Satz 1.11** (Homomorphiesatz der Gruppentheorie). *Seien $G, K$ Gruppen und sei $\varphi : G \to K$ ein Homomorphismus. Dann induziert $\varphi$ den Isomorphismus:*

$$\overline{\varphi} : G/\ker(\varphi) \to \operatorname{im}(\varphi)$$
$$g\ker(\varphi) \mapsto \varphi(g)$$

*Beweis.* Sei $H = \ker(\varphi)$. Die Abbildung $\overline{\varphi}$ ist wohldefiniert: Sei $g_1H = g_2H$. Dann ist $g_1 = g_2h$ für $h \in H$. Damit gilt $\overline{\varphi}(g_1H) = \varphi(g_1) = \varphi(g_2h) = \varphi(g_2)\varphi(h) = \varphi(g_2) = \overline{\varphi}(g_2H)$, da $\varphi(h) = 1$. Aus der Wohldefiniertheit folgt nun unmittelbar, dass $\overline{\varphi}$ ein Homomorphismus ist.

Nach Konstruktion ist $\overline{\varphi}$ surjektiv. Zu zeigen bleibt, dass $\overline{\varphi}$ injektiv ist. Sei $\overline{\varphi}(g_1H) = \overline{\varphi}(g_2H)$. Es folgt $\varphi(g_1) = \varphi(g_2)$ und $\varphi(g_1^{-1}g_2) = \varphi(g_2^{-1}g_1) = 1$. Dies zeigt schließlich $g_1^{-1}g_2, g_2^{-1}g_1 \in H$ und damit $g_1H = g_2H$. □

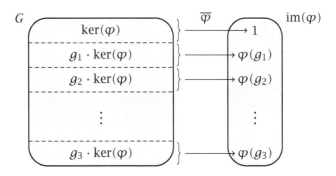

**Abb. 1.5:** Veranschaulichung des Homomorphiesatzes der Gruppentheorie.

**Bemerkung 1.12.** Aus dem Homomorphiesatz der Gruppentheorie 1.11 und Satz 1.9 folgt, dass es gleichwertig ist, Faktorgruppen oder homomorphe Bilder von Gruppen zu betrachten. Außerdem sehen wir, dass ein Gruppenhomomorphismus $\varphi$ genau dann injektiv ist, wenn $\ker(\varphi) = \{1\}$ gilt. ◇

## 1.2 Bewegungsgruppen regelmäßiger Vielecke

In diesem Abschnitt wollen wir die oben eingeführten Konzepte anhand von Abbildungen von regelmäßigen Vielecken auf sich selbst veranschaulichen. Ein *regelmäßiges n-Eck* ist ein ungerichteter Graph $C_n = (V, E)$ mit $V = \mathbb{Z}/n\mathbb{Z}$ und der Kantenmenge $E = \{\{i, i + 1\} \mid i \in \mathbb{Z}/n\mathbb{Z}\} \subseteq \binom{V}{2}$. Die Fälle $n = 0, n = 1$ und $n = 2$ entarten und sind für uns uninteressant. Für $n \geq 3$ hat ein $n$-Eck stets $n$ Kanten.

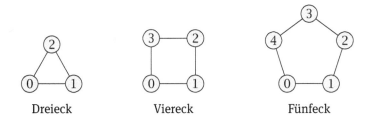

Dreieck                    Viereck                    Fünfeck

Ein *Automorphismus* eines Graphen $G = (V, E)$ ist eine bijektive Abbildung $\varphi : V \to V$ mit

$$\forall x, y \in V: \{x, y\} \in E \Leftrightarrow \{\varphi(x), \varphi(y)\} \in E$$

Die Menge der Automorphismen $\mathrm{Aut}(G) \subseteq V^V$ eines Graphen $G = (V, E)$ bildet eine Gruppe mit der Hintereinanderausführung von Abbildungen als Verknüpfung und dem neutralen Element $\mathrm{id}_V$. Man bezeichnet $\mathrm{Aut}(G)$ als die *Automorphismengruppe* oder *Bewegungsgruppe* von $G$. Im Folgenden wollen wir die Gruppen $D_n = \mathrm{Aut}(C_n)$ untersuchen, die Bewegungsgruppen von regelmäßigen $n$-Ecken.

Sei $\varphi \in D_n$, dann ist $\varphi$ eindeutig durch die Werte $\varphi(0)$ und $\varphi(1)$ bestimmt. Sei $\varphi(0) = i$ mit $i \in \mathbb{Z}/n\mathbb{Z}$. Dann gibt es für $\varphi(1)$ nur die Möglichkeiten $\varphi(1) = i + 1$ und $\varphi(1) = i - 1$, denn der Knoten $i$ ist nur mit den Knoten $i - 1$ und $i + 1$ verbunden. In dem für uns interessanten Fall $n \geq 3$ sind $i + 1$ und $i - 1$ zwei verschiedene Knoten. Falls $\varphi(1) = i + 1$, dann folgt $\varphi(2) = i + 2$, da $i$ und $i + 2$ die einzigen Nachbarn von $i + 1$ sind, und weil $\varphi(2) \neq i = \varphi(0)$ wegen der Bijektivität von $\varphi$ gilt. Wenn wir so fortfahren, erhalten wir $\varphi(j) = \varphi(0) + j$. Im anderen Fall $\varphi(1) = i - 1$ erhalten wir symmetrisch $\varphi(j) = \varphi(0) - j$ für alle $j \in \mathbb{Z}/n\mathbb{Z}$. Dies bedeutet $|D_n| = 2n$ für $n \geq 3$, da wir für $\varphi(0)$ genau $n$ Möglichkeiten haben und zwei mögliche Orientierungen in Frage kommen. Die 6 Elemente von $D_3$ lassen sich wie folgt veranschaulichen:

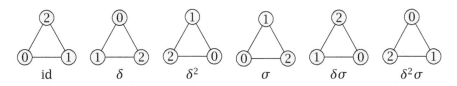

id          $\delta$          $\delta^2$          $\sigma$          $\delta\sigma$          $\delta^2\sigma$

Wegen $6 = 3!$ ergibt sich, dass $D_3$ alle Permutationen der Ecken 0, 1 und 2 enthält. Wir zeigen jetzt, dass für $n \geq 3$ die Gruppe $D_n$ in Drehungen und Spiegelungen zerfällt. Definiere die Drehung $\delta \in D_n$ durch:

$$\delta(j) = j + 1 \quad \text{für } j \in \mathbb{Z}/n\mathbb{Z}$$

Dann gilt $\delta^k(j) = j + k$ für alle $k, j \in \mathbb{Z}/n\mathbb{Z}$ und damit $\delta^n = \mathrm{id}$. Insbesondere folgt daraus $\delta^k = \delta^m$, falls $k \equiv m \bmod n$. Es gibt $n$ Drehungen $\mathrm{id} = \delta^0, \delta = \delta^1, \delta^2, \ldots, \delta^{n-1}$. Dabei gilt für jede Drehung $(\delta^k)^{-1} = \delta^{n-k} = \delta^{-k}$ falls $k \in \mathbb{Z}/n\mathbb{Z}$. Wir definieren die Spiegelung $\sigma \in D_n$ durch

$$\sigma(j) = -j \quad \text{für } j \in \mathbb{Z}/n\mathbb{Z}$$

Wir können $\sigma$ durch die Spiegelung an der Achse durch den Punkt $0 \in \mathbb{Z}/n\mathbb{Z}$ und den Mittelpunkt des $n$-Ecks visualisieren. Das Verhalten für ungerade $n$ und gerade $n$ ist unterschiedlich. Für gerade $n$ hat $\sigma$ zwei Fixpunkte. Es gilt $\sigma(0) = 0$ und $\sigma(\frac{n}{2}) = \frac{n}{2}$. Für ungerade $n$ ist 0 der einzige Fixpunkt.

Sei $i \in \mathbb{Z}/n\mathbb{Z}$ ein beliebiger Eckpunkt. Betrachte die Spiegelung $\sigma_i$ an der Achse durch $i$ und den Mittelpunkt des $n$-Ecks. Dann gilt $\sigma_i(j) = -(j - i) + i = 2i - j = \delta^{2i}(\sigma(j))$. Das heißt, die Spiegelungen haben mit $\sigma = \sigma_0$ alle die Gestalt $\sigma_i = \delta^{2i}\sigma$. Für ungerade $n$ sind alle $\sigma_i$ verschieden, und wir erhalten

$$D_n = \{\mathrm{id}, \delta, \delta^2, \ldots, \delta^{n-1}, \sigma_0, \sigma_1, \ldots, \sigma_{n-1}\}$$

Für gerade $n$ geht die Spiegelungsachse durch $i$ und den Mittelpunkt auch durch den Punkt $\frac{n}{2} + i$ und es gilt $\sigma_i = \sigma_{\frac{n}{2}+i}$. Es gibt dann aber $\frac{n}{2}$ weitere Spiegelungsachsen durch je zwei gegenüberliegende Kanten.

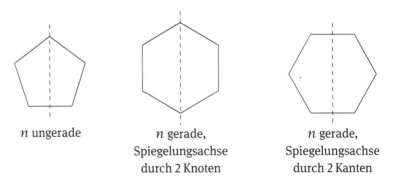

$n$ ungerade | $n$ gerade, Spiegelungsachse durch 2 Knoten | $n$ gerade, Spiegelungsachse durch 2 Kanten

Betrachte die Abbildung $\delta^i\sigma$ mit $i$ ungerade. Dann gilt $\delta^i\sigma(j) = i - j$. Man beachte, für $n$ gerade und $i$ ungerade gibt es kein $j$ mit $i - j \equiv j \bmod n$, d. h., $\delta^i\sigma$ besitzt keine Fixpunkte. Die Spiegelungsachse teilt genau zwei Kanten. Um diese Kanten zu berechnen, betrachten wir die Gleichung $\delta^i\sigma(j) = j + 1$. Es ergibt sich die Kongruenz

$i - j \equiv j + 1 \bmod n$. Dies ist gleichbedeutend mit $i - 1 \equiv 2j \bmod n$. Für gerades $n$ und ungerades $i$ hat dies die beiden Lösungen:

$$j = \frac{i - 1}{2} \quad \text{und} \quad j = \frac{n + i - 1}{2}$$

Daraus folgt, dass $\delta^i \sigma$ an folgenden Kanten spiegelt:

$$\left\{ \frac{i - 1}{2}, \frac{i - 1}{2} + 1 \right\} \quad \text{und} \quad \left\{ \frac{n + i - 1}{2}, \frac{n + i - 1}{2} + 1 \right\}$$

Unabhängig davon, ob $n$ gerade oder ungerade ist, können wir $D_n$ schreiben als $D_n = \{\text{id}, \delta, \delta^2, \ldots, \delta^{n-1}, \sigma, \delta\sigma, \delta^2\sigma, \ldots, \delta^{n-1}\sigma\}$. Damit kennen wir alle $2n$ Elemente aus $D_n$. Als Nächstes stellen wir einige Identitäten für $D_n$ zusammen:

$$\sigma^2 = \text{id}, \quad \delta^n = \text{id}, \quad \delta\sigma = \sigma\delta^{-1}$$

Die Ordnung von $\sigma$ ist 2 und die Ordnung von $\delta$ ist $n$. Die Untergruppe $S = \langle \sigma \rangle = \{\text{id}, \sigma\}$ von $D_n = \langle \delta, \sigma \rangle$ enthält 2 Elemente und besitzt nach dem Satz von Lagrange 1.2 genau $n$ Nebenklassen. Es gilt $G/S = \{S, \delta S, \ldots, \delta^{n-1}S\}$. Aus $\delta\sigma = \sigma\delta^{-1} \notin S\delta$ für $n \geq 3$ folgt $\delta S \neq S\delta$. Damit ist $S$ kein Normalteiler für $n \geq 3$. Im Fall von $n = 3$ liefert die Einteilung in Links-Nebenklassen und Rechts-Nebenklassen von $S$ die folgenden Partitionen von $D_3$:

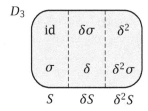 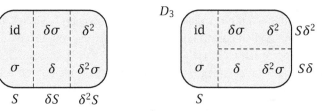

Betrachten wir die Untergruppe $N = \langle \delta \rangle = \{\text{id}, \delta, \delta^2, \ldots, \delta^{n-1}\}$ mit Ordnung $n$. Dann hat $N$ den Index 2 in $D_n$. Die beiden Nebenklassen dieser Gruppe sind $N$ und $\sigma N = \{\sigma, \sigma\delta, \sigma\delta^2, \ldots, \sigma\delta^{n-1}\}$. Nach Satz 1.10 ist $N$ ein Normalteiler von $D_n$. Dies folgt auch aus der Beziehung $\sigma\delta^i = \delta^{-i}\sigma$.

Für $n \geq 2$ betrachte $D_{2n}$. Dann enthält die Untergruppe $E_n = \langle \delta^2 \rangle = \{\text{id}, \delta^2, \delta^4, \ldots, \delta^{2n-2}\}$ genau $n$ Elemente. Der Index von $E = E_n$ in $D_{2n}$ ist damit 4. Die vier Nebenklassen von $E$ sind $E$, $\delta E$, $\sigma E$ und $\sigma\delta E$. Es gilt $\sigma\delta^{2i} = \delta^{2n-2i}\sigma$; insbesondere ist $2n - 2i$ gerade. Daraus folgt $\sigma E = E\sigma$. Zusammen mit $\delta E = E\delta$ können wir schließen, dass $E$ ein Normalteiler von $D_{2n}$ ist. Damit ist $D_{2n}/E$ eine Gruppe mit 4 Elementen. Wir wählen das Repräsentantensystem $\{\text{id}, \delta, \sigma, \sigma\delta\}$ für die vier Nebenklassen bezüglich $E$. Für die Nebenklassen gilt nun zusätzlich zu den Rechenregeln aus $D_{2n}$ die Beziehung $\delta^2 = \text{id}$, da alle Elemente aus $E$ dem Repräsentanten id entsprechen.

Anstatt mit den Nebenklassen zu rechnen, definieren wir auf dem Repräsentantensystem die Gruppenstruktur direkt durch die folgende Multiplikationstabelle.

| · | id | $\delta$ | $\sigma$ | $\sigma\delta$ |
|---|---|---|---|---|
| id | id | $\delta$ | $\sigma$ | $\sigma\delta$ |
| $\delta$ | $\delta$ | id | $\sigma\delta$ | $\sigma$ |
| $\sigma$ | $\sigma$ | $\sigma\delta$ | id | $\delta$ |
| $\sigma\delta$ | $\sigma\delta$ | $\sigma$ | $\delta$ | id |

Die Tabelle ist symmetrisch und auf der Diagonalen steht jeweils id. Die Gruppe ist daher abelsch und alle nichttrivialen Elemente haben die Ordnung 2. Deshalb kann die Gruppe nicht zyklisch sein. Man bezeichnet sie als die *Klein'sche Vierergruppe* nach Felix Christian Klein (1849–1925). Sie ist isomorph zum direkten Produkt $\mathbb{Z}/2\mathbb{Z} \times \mathbb{Z}/2\mathbb{Z}$ und zur Automorphismengruppe des folgenden Graphen mit vier Knoten:

## 1.3 Symmetrische Gruppen

Mit $S_n$ bezeichnen wir die Permutationen auf der Menge $\{1, \ldots, n\}$. Die Permutationen $S_n$ bilden bezüglich der Hintereinanderausführung von Abbildungen eine Gruppe, dabei sei $\pi\sigma$ durch $(\pi\sigma)(i) = \pi(\sigma(i))$ für $1 \le i \le n$ definiert. Man nennt $S_n$ die *symmetrische Gruppe* einer $n$-elementigen Menge. Sie enthält alle Gruppen der Ordnung $n$ als Untergruppe, denn jedes Element $g$ einer Gruppe $G$ definiert durch $x \mapsto gx$ eine Permutation auf der Menge $G$. Für $|G| = n$ können wir also $G$ in die Gruppe $S_n$ einbetten. In diesem Abschnitt wollen wir die Elemente von $S_n$ näher betrachten. Sei $\pi$ eine Permutation auf $\{1, \ldots, n\}$. Dann ist ein Paar $(i, j) \in \{1, \ldots, n\}^2$ mit $i < j$ eine *Fehlstellung* von $\pi$, wenn $\pi(i) > \pi(j)$ gilt. Die Anzahl der Fehlstellungen von $\pi$ bezeichnen wir mit $I(\pi)$. Eine Permutation aus $S_n$ hat maximal $\binom{n}{2}$ Fehlstellungen, und die Permutation $\pi = (n, \ldots, 1)$ mit $\pi(i) = n - i + 1$ nimmt diese obere Schranke an. Die identische Abbildung ist die einzige Permutation ohne Fehlstellungen. Das *Vorzeichen* („Signum") von $\pi$ ist $\mathrm{sgn}(\pi) = (-1)^{I(\pi)}$; es ist ein Element der multiplikativen Gruppe $\{1, -1\}$.

**Lemma 1.13.** *Sei* $\pi : \{1, \ldots, n\} \to \{1, \ldots, n\}$ *eine Permutation. Dann gilt:*

$$\mathrm{sgn}(\pi) = \prod_{1 \le i < j \le n} \frac{\pi(j) - \pi(i)}{j - i}$$

*Beweis.* Sei $\mathcal{F} \subseteq \{1,\ldots,n\}^2$ die Menge der Fehlstellung von $\pi$, und sei $G = \{(i,j) \mid 1 \le i < j \le n, (i,j) \notin \mathcal{F}$ das Komplement von $\mathcal{F}$. Dann gilt:

$$\prod_{i<j} \frac{\pi(j)-\pi(i)}{j-i} = \prod_{(i,j)\in\mathcal{F}} \frac{\pi(j)-\pi(i)}{j-i} \cdot \prod_{(i,j)\in G} \frac{\pi(j)-\pi(i)}{j-i}$$

$$= (-1)^{|\mathcal{F}|} \prod_{(i,j)\in\mathcal{F}} \frac{\pi(i)-\pi(j)}{j-i} \cdot \prod_{(i,j)\in G} \frac{\pi(j)-\pi(i)}{j-i} = (-1)^{|\mathcal{F}|} = \mathrm{sgn}(\pi)$$

Hierbei gilt $\prod_{(i,j)\in\mathcal{F}} \frac{\pi(i)-\pi(j)}{j-i} \cdot \prod_{(i,j)\in G} \frac{\pi(j)-\pi(i)}{j-i} = 1$, da jedes Paar $(i,j)$ mit $1 \le i < j \le n$ genau einmal über dem Bruchstrich und einmal unter dem Bruchstrich den Faktor $j - i$ beiträgt. $\qquad\square$

**Satz 1.14.** *Die Abbildung* $\mathrm{sgn} : S_n \to \{1,-1\}$ *ist ein Homomorphismus.*

*Beweis.* Sei $T = \binom{\{1,\ldots,n\}}{2}$ die Menge aller zweielementigen Teilmengen von $\{1,\ldots,n\}$. Für alle $\pi \in S_n$ und alle $i \ne j$ gilt $\frac{\pi(j)-\pi(i)}{j-i} = \frac{\pi(i)-\pi(j)}{i-j}$. Also kommt es nicht auf die Reihenfolge von $i$ und $j$ an, sodass der Ausdruck $\prod_{\{i,j\}\in T} \frac{\pi(j)-\pi(i)}{j-i}$ wohldefiniert ist und mit $\mathrm{sgn}(\pi)$ übereinstimmt. Für $\pi, \sigma \in S_n$ gilt

$$\mathrm{sgn}(\pi\sigma) = \prod_{\{i,j\}\in T} \frac{\pi(\sigma(j))-\pi(\sigma(i))}{j-i} = \prod_{\{i,j\}\in T} \frac{\pi(\sigma(j))-\pi(\sigma(i))}{\sigma(j)-\sigma(i)} \cdot \frac{\sigma(j)-\sigma(i)}{j-i}$$

$$= \prod_{\{i,j\}\in T} \frac{\pi(j)-\pi(i)}{j-i} \cdot \prod_{\{i,j\}\in T} \frac{\sigma(j)-\sigma(i)}{j-i} = \mathrm{sgn}(\pi)\,\mathrm{sgn}(\sigma)$$

wobei die vorletzte Gleichheit $\{\{\sigma(i),\sigma(j)\} \mid \{i,j\} \in T\} = T$ verwendet. $\qquad\square$

Eine *Transposition* ist eine Permutation, welche genau zwei Elemente miteinander vertauscht und alle anderen Elemente unverändert lässt. Die Anzahl der Fehlstellungen einer Transposition $\sigma$, die $i$ mit $j$ vertauscht, ist für $i < j$ die Zahl $2(j-i)-1$. Denn schreiben wir $\sigma$ als Tupel $(\sigma(1),\ldots,\sigma(n))$, so ergibt sich die folgende Darstellung, in der wir alle Fehlstellungen erkennen:

$$\sigma = (1,\ldots,i-1,j,i+1,\ldots,j-1,i,j+1,\ldots,n)$$

Die $j - i - 1$ Elemente zwischen $i$ und $j$ haben jeweils eine Fehlstellung mit $i$ und mit $j$; hinzu kommt noch die Fehlstellung von $i$ und $j$ selbst. Das Vorzeichen einer Transposition ist daher stets $-1$.

**Korollar 1.15.** *Wenn sich eine Permutation $\pi$ auf $\{1,\ldots,n\}$ als Produkt von $m$ Transpositionen schreiben lässt, dann gilt* $\mathrm{sgn}(\pi) = (-1)^m$.

*Beweis.* Jede Transposition hat das Vorzeichen $-1$. Nach Satz 1.14 ist $\mathrm{sgn} : S_n \to \{-1,1\}$ ein Homomorphismus. Daraus folgt $\mathrm{sgn}(\pi) = (-1)^m$. $\qquad\square$

Als Nächstes überzeugen wir uns davon, dass die Gruppe $S_n$ von Transpositionen erzeugt wird. Etwas genauer zeigen wir, dass hierfür Transpositionen ausreichen, welche jeweils nur benachbarte Elemente $i$ und $i + 1$ vertauschen.

**Satz 1.16.** *Jedes Element der symmetrischen Gruppe $S_n$ kann als Produkt von höchstens $\binom{n}{2}$ Transpositionen geschrieben werden, so dass jede dieser Transpositionen nur benachbarte Elemente vertauscht.*

*Beweis.* Sei $\pi \in S_n$. Wir machen eine Induktion nach der Anzahl der Fehlstellungen $I(\pi)$. Wenn $\pi$ keine Fehlstellungen hat, dann gilt stets $\pi(i) = i$, und $\pi$ ist die Identität. Insbesondere ist $\pi$ dann das Produkt von 0 Transpositionen. Wenn $\pi$ eine Fehlstellung enthält, dann gibt es einen Index $i$ mit $\pi(i) > \pi(i+1)$. Sei $\sigma$ die Transposition, die $i$ und $i+1$ vertauscht; dann hat $\pi\sigma$ eine Fehlstellung weniger als $\pi$. Mit Induktion lässt sich $\pi\sigma$ als Produkt von Transpositionen $\sigma_1 \cdots \sigma_m$ schreiben, wobei $m = I(\pi\sigma)$ gilt und jede Transposition $\sigma_i$ nur benachbarte Elemente vertauscht. Es folgt $\pi = \sigma_1 \cdots \sigma_m \sigma$. $\qquad\square$

Aufgrund von Korollar 1.15 sehen wir, dass die Definition des Vorzeichens unabhängig von der Wahl der Anordnung der Elemente in $\{1, \dots, n\}$ ist, denn die Definition einer Transposition ist davon unabhängig. Ist also $X$ eine endliche Menge und $\pi$ eine Permutation von $X$, so können wir das Vorzeichen $\mathrm{sgn}(\pi)$ definieren. Insbesondere können wir bei einer endlichen Gruppe $G$ mit einer beliebigen Anordnung der Elemente beginnen, und jede solche Anordnung definiert für alle $g \in G$ dasselbe Vorzeichen $\mathrm{sgn}(g) \in \{1, -1\}$; hierzu betrachtet man die von $g$ induzierte Permutation $x \mapsto gx$ auf $G$.

**Bemerkung 1.17.** Der Kern des Homomorphismus $\mathrm{sgn} : S_n \to \{1, -1\}$ ist die *alternierende Gruppe* $A_n$ über $n$ Elementen. Es sind die Permutationen mit positivem Vorzeichen. Man spricht auch von der Menge der *geraden Permutationen*, während die Elemente mit Vorzeichen $-1$ als *ungerade Permutationen* bezeichnet werden. Nach Korollar 1.15 werden gerade (bzw. ungerade) Permutationen von einer geraden (bzw. ungeraden) Anzahl von Transpositionen erzeugt. Bemerkenswert ist auch, dass die Gruppen $A_n$ ab $n = 5$ keine nichttrivialen Normalteiler haben. Diese Eigenschaft führte zu der Erkenntnis, dass Polynomgleichungen fünften oder höheren Grades im Allgemeinen nicht mit sogenannten Wurzelausdrücken auflösbar sind. Der entsprechende Satz ist nach Paolo Ruffini (1765–1822) und Niels Henrik Abel benannt, und seine Entdeckung steht am Anfang der *Galois-Theorie*. $\qquad\diamond$

## 1.4 Ringe

Wir erinnern uns, dass ein Ring durch ein Tupel $(R, +, \cdot, 0, 1)$ gegeben ist, wobei $(R, +, 0)$ eine abelsche Gruppe und $(R, \cdot, 1)$ ein Monoid ist. Der Ring heißt *kommutativ*, wenn die Multiplikation kommutativ ist. Ferner gelten die Distributivgesetze:

$$(x + y) \cdot z = x \cdot z + y \cdot z$$
$$z \cdot (x + y) = z \cdot x + z \cdot y$$

Gilt in einem Ring $0 = 1$, so folgt $R = \{0\}$ und $R$ ist der *Nullring*. In allen anderen Ringen gilt $0 \neq 1$. Die Menge der multiplikativ invertierbaren Elemente $\{r \in R \mid \exists s\colon rs = sr = 1\}$ ist die *Einheitengruppe* oder *multiplikative Gruppe* von $R$ und wird mit $R^*$ bezeichnet. Es gilt $1 \in R^*$. Ein Ring $R$ ist ein *Schiefkörper*, wenn nur die Null nicht invertierbar ist, also $R^* = R \setminus \{0\}$ gilt. Wir behandeln hier nur kommutative Schiefkörper, dies sind genau die *Körper*.

Eine Teilmenge $S$ eines Rings $R$ heißt *Unterring*, falls $S$ bezüglich der Addition eine Untergruppe und bezüglich der Multiplikation ein Untermonoid bildet. Insbesondere haben Unterringe dieselbe Null und dieselbe Eins. Damit ist $S$ mit den Einschränkungen der Operationen von $R$ selbst ein Ring. Ein Unterring $S$ eines Körpers $R$ ist ein *Unterkörper*, falls $S$ selbst ein Körper ist.

**Beispiel 1.18.** Ist $R$ ein Ring, so bildet die Menge der Abbildungen

$$R^R = \{\, f : R \to R \mid f \text{ ist Abbildung} \,\}$$

einen Ring mit der punktweisen Addition und Multiplikation. Formal sind für $f, g \in R^R$ die Abbildungen $f + g \in R^R$ und $f \cdot g \in R^R$ definiert durch:

$$(f + g)(r) = f(r) + g(r)$$
$$(f \cdot g)(r) = f(r) \cdot g(r)$$

Auch wenn $R$ ein Körper ist, so ist $R^R$ kein Körper. $\diamond$

Wir nennen eine Abbildung $\varphi : R \to S$ zwischen Ringen einen Homomorphismus oder genauer einen *Ringhomomorphismus*, falls die folgenden Bedingungen für alle $x, y \in R$ erfüllt sind.

(a) $\varphi(x + y) = \varphi(x) + \varphi(y)$

(b) $\varphi(x \cdot y) = \varphi(x) \cdot \varphi(y)$

(c) $\varphi(1) = 1$

Die erste Eigenschaft bedeutet, dass $\varphi$ ein Gruppenhomomorphismus bezüglich der Addition ist. Es gilt deshalb auch $\varphi(0) = 0$. Die beiden letzten Eigenschaften besagen, dass $\varphi$ ein Monoidhomomorphismus bezüglich der Multiplikation ist. Insbesondere folgt (c) nicht aus (b). Ein bijektiver Ringhomomorphismus ist ein *Ringisomorphismus*, denn aufgrund der Bijektivität ist die Umkehrabbildung auch ein Homomorphismus.

**Beispiel 1.19.** Sei $R$ ein Ring und $r \in R$. Dann ist die Zuordnung $R^R \to R$ mit $f \mapsto f(r)$ ein Ringhomomorphismus. $\diamond$

Eine Teilmenge $I \subseteq R$ heißt *Ideal*, wenn $I$ eine additive Untergruppe von $R$ ist und wenn $R \cdot I \cdot R \subseteq I$ gilt. Eine Teilmenge $I \subseteq R$ ist eine additive Untergruppe von $R$, wenn $(I, +, 0)$ eine Untergruppe von $(R, +, 0)$ ist. Ein Ideal kann nur dann ein Unterring sein, wenn $1 \in I$ gilt. Dann gilt aber schon $I = R$. Die Menge der additiven

Nebenklassen von $I$ ist $R/I = \{r + I \mid r \in R\}$. Aufgrund der Kommutativität der Addition in $R$ bildet die Menge der Nebenklassen $R/I$ selbst eine abelsche Gruppe. Für die Addition gilt dann:

$$(r + I) + (s + I) = r + s + I$$

Wir definieren jetzt eine Multiplikation durch:

$$(r + I) \cdot (s + I) = rs + I$$

Die Definition hängt nicht von der Wahl der Repräsentanten ab, wie die folgende Rechnung mit Teilmengen von $R$ zeigt:

$$(r + I)(s + I) = rs + Is + rI + II \subseteq rs + I$$

Die Assoziativität der Multiplikation und das Distributivgesetz auf $R/I$ folgen nun aus den entsprechenden Gesetzen auf $R$ und wir erhalten einen kanonischen surjektiven Homomorphismus $R \to R/I$. Wir nennen $R/I$ den *Restklassenring* von $R$ *modulo* $I$. Die Elemente von $R/I$ werden *Restklassen* genannt. Wir sagen „$r$ ist kongruent $s$ modulo $I$", falls $r + I = s + I$ gilt. Beim Rechnen modulo $I$ können wir wie üblich zwischen Repräsentanten und Klassen hin und her wechseln.

Sei $\varphi : R \to S$ ein Ringhomomorphismus, dann ist der *Kern* $\ker(\varphi)$ definiert durch das Ideal $\ker(\varphi) = \{r \in R \mid \varphi(r) = 0\}$ von $R$. Das *Bild* von $\varphi$ ist der Unterring $\operatorname{im}(\varphi) = \{\varphi(r) \mid r \in R\}$ von $S$. Im Gegensatz zu $\operatorname{im}(\varphi)$ ist das Ideal $\ker(\varphi)$ nur dann ein Unterring, wenn $\operatorname{im}(\varphi) = \{0\}$ gilt. Analog zu Satz 1.9 kann man zeigen, dass $I$ genau dann ein Ideal ist, wenn $I$ der Kern eines Ringhomomorphismus $\varphi : R \to S$ ist. Dies sei dem interessierten Leser überlassen.

**Beispiel 1.20.** Für den Ringhomomorphismus $\varphi : \mathbb{R}^{\mathbb{R}} \to \mathbb{R} : f \mapsto f(0)$ gilt $\ker(\varphi) = \{f : \mathbb{R} \to \mathbb{R} \mid f(0) = 0\}$. Die Abbildungen mit einer Nullstelle bei 0 bilden damit ein Ideal in $\mathbb{R}^{\mathbb{R}}$. $\diamond$

Es gibt Abbildungen zwischen Ringen, die nur Gruppenhomomorphismen bezüglich der Addition sind.

**Beispiel 1.21.** Betrachte den *Ableitungsoperator*

$$D : \{ f : \mathbb{R} \to \mathbb{R} \mid f \text{ ist differenzierbar} \} \to \mathbb{R}^{\mathbb{R}}, \ f \mapsto f'$$

Dann gilt $(f + g)' = f' + g'$, aber $D$ ist kein Ringhomomorphismus, denn der Kern $\ker(D) = \{f \mid f \text{ ist konstant}\}$ ist kein Ideal. $\diamond$

Lässt sich für eine Teilmenge $S \subseteq I$ jedes Element $r \in I$ als endliche Summe $r = \sum_{s \in S} r_s s r'_s$ mit $r_s, r'_s \in R$ schreiben, wobei fast alle $r_s, r'_s$ gleich 0 sind, so sagt man, dass $I$ von $S$ *erzeugt* wird. Existiert eine endliche erzeugende Menge, so heißt das Ideal *endlich erzeugt*. Ideale der Form $I = R \cdot r \cdot R$ für ein $r \in R$ nennt man *Hauptideale*. In $\mathbb{Z}$ ist jedes Ideal ein Hauptideal, denn es wird von dem größten gemeinsamen Teiler über alle seine Elemente erzeugt. Jedes Ideal in $\mathbb{Z}$ hat also die Form $n\mathbb{Z}$ für eine natürliche Zahl $n \in \mathbb{N}$, siehe Satz 1.31. Der folgende Satz ist analog zum Homomorphiesatz der Gruppentheorie 1.11.

**Satz 1.22** (Homomorphiesatz der Ringtheorie). *Sei $\varphi : R \to S$ ein Ringhomomorphismus. Dann induziert $\varphi$ den Ringisomorphismus*

$$R/\ker(\varphi) \to \text{im}(\varphi)$$
$$r + \ker(\varphi) \mapsto \varphi(r)$$

*Beweis.* Die Menge $\varphi(r + \ker(\varphi))$ besteht genau aus dem einen Element $\varphi(r)$. Daher definiert $r + \ker(\varphi) \mapsto \varphi(r)$ einen Ringhomomorphismus. Aus Satz 1.11 folgt, dass dies eine Bijektion ist, und bijektive Ringhomomorphismen sind Isomorphismen. $\qquad\square$

Aus dem Homomorphiesatz der Ringtheorie folgt leicht, dass Homomorphismen von endlichen Körpern in sich selbst bijektiv sind. Wir zeigen eine etwas allgemeinere Aussage.

**Korollar 1.23.** *Ringhomomorphismen von einem Körper in einen Ring mit $0 \neq 1$ sind injektiv. Insbesondere sind alle Homomorphismen zwischen Körpern injektiv.*

*Beweis.* Sei $\varphi$ ein Homomorphismus und $\varphi(z) = 0$. Angenommen, es wäre $z \neq 0$. Dann würde $1 = \varphi(1) = \varphi(z^{-1}z) = \varphi(z^{-1}) \cdot \varphi(z) = \varphi(z^{-1}) \cdot 0 = 0$ gelten, was ausgeschlossen wurde. Also gilt $z = 0$, und damit ist $\ker(\varphi) = \{0\}$, was nach Satz 1.22 die Injektivität zeigt. $\qquad\square$

Ein Ideal $M \subseteq R$ heißt *maximal*, falls $M \neq R$ und es kein Ideal $I$ mit $M \subsetneqq I \subsetneqq R$ gibt. Man beachte, dass $R$ selbst ein Ideal ist und damit das „größte" Ideal $R$ kein maximales Ideal von $R$ ist.

**Satz 1.24.** *Ein Ideal $M \subseteq R$ in einem kommutativen Ring $R$ ist genau dann maximal, wenn $R/M$ ein Körper ist.*

*Beweis.* Sei $M \subseteq R$ maximal und $x + M \in R/M$ eine Restklasse mit $x \notin M$. Wir zeigen, dass $x + M$ in $R/M$ invertierbar ist. Da $M$ maximal und $x \notin M$ ist, folgt $M + xR = R$. Also finden wir eine Darstellung $m + xy = 1$ mit $m \in M$. Damit ist das Produkt $xy$ kongruent zu 1 modulo $M$, und $y + M$ ist das multiplikative Inverse. Dies zeigt, dass jede Klasse $x + M$ aus $R/M$, die nicht dem Nullelement $M$ entspricht, invertierbar ist. Also ist $R/M$ ein Körper.

Sei jetzt $R/M$ ein Körper. Dann ist $1 \notin M$, da $0 \neq 1$ in jedem Körper gilt. Sei $I \subseteq R$ ein Ideal mit $M \subsetneqq I$ und $x \in I \setminus M$. Dann ist $x + M \neq 0 + M$ und da $R/M$ ein Körper ist, existiert ein $r \in R$, so dass $(x + M) \cdot (r + M) = 1 + M$. Es folgt $1 \in xR + M$ und daher auch $R = xR + M \subseteq I$, da $xR + M$ ein Ideal ist. Dies zeigt $I = R$, und $M$ ist maximal. $\qquad\square$

In dem Ring $\mathbb{Z}$ entsprechen die maximalen Ideale $n\mathbb{Z}$ genau den Primzahlen in $\mathbb{N}$ und für eine natürliche Zahl $n \in \mathbb{N}$ ist der Restklassenring $\mathbb{Z}/n\mathbb{Z}$ genau dann ein Körper, wenn $n$ eine Primzahl ist.

Ein Element $r$ eines Rings $R$ heißt *Nullteiler*, falls ein $s \in R \setminus \{0\}$ existiert mit $rs = 0$ oder $sr = 0$. Beispielsweise ist 2 im Ring $\mathbb{Z}/6\mathbb{Z}$ ein Nullteiler. Ein Ring ist *nullteilerfrei*, wenn 0 der einzige Nullteiler ist. Nach dieser Definition gilt in nullteilerfreien Ringen $0 \neq 1$. Invertierbare Elemente sind keine Nullteiler. In jedem Ring $(R, +, \cdot, 0_R, 1_R)$ lassen sich ganze Zahlen $k \in \mathbb{Z}$ durch

$$k \cdot 1_R = \underbrace{1_R + \cdots + 1_R}_{k \text{ mal}}$$

interpretieren. Für eine ganze Zahl $k \in \mathbb{Z}$ schreiben wir daher auch $k \in R$ und meinen das Element $k \cdot 1_R$. In dieser Schreibweise ergeben sich für $0, 1 \in \mathbb{Z}$ z. B. die Identitäten $0 = 0_R \in R$ und $1 = 1_R \in R$. Es gibt jetzt zwei Fälle. Entweder alle positiven Zahlen sind in $R$ von Null verschieden, oder es gibt eine kleinste positive Zahl $n$ mit $n = 0$ in $R$. Im ersten Fall sagen wir, dass $R$ die *Charakteristik* 0 hat, im zweiten Fall ist die Charakteristik $n$ mit $n > 0$. In jedem Fall bezeichnen wir die Charakteristik von $R$ mit $\operatorname{char}(R)$. Das Ideal $\operatorname{char}(R) \cdot \mathbb{Z}$ ist der Kern des Homomorphismus $\mathbb{Z} \to R$, $k \mapsto k \cdot 1_R$. Nach dem Homomorphiesatz der Ringtheorie 1.22 ist $\mathbb{Z}/\operatorname{char}(R)\mathbb{Z}$ isomorph zu einem Unterring von $R$. Aus der Definition der Charakteristik folgt, dass jeder Unterring $S$ von $R$ die gleiche Charakteristik hat wie $R$.

**Lemma 1.25.** *Sei $R$ nullteilerfrei. Dann gilt* $\operatorname{char}(R) = 0$ *oder* $\operatorname{char}(R)$ *ist eine Primzahl.*

*Beweis.* Da $R$ nullteilerfrei ist, ist sein Unterring $\mathbb{Z}/\operatorname{char}(R)\mathbb{Z}$ ebenfalls nullteilerfrei. Ein Ring $\mathbb{Z}/n\mathbb{Z}$ mit $n \in \mathbb{N}$ ist genau dann nullteilerfrei, wenn $n = 0$ oder $n$ eine Primzahl ist. $\qquad\square$

Körper sind nullteilerfrei und damit ist ihre Charakteristik entweder Null oder eine Primzahl. Körper mit Charakteristik Null enthalten $\mathbb{Z}$ als Unterring und damit können alle Brüche $\frac{r}{s} = rs^{-1}$ mit $r, s \in \mathbb{Z}$ und $s \neq 0$ interpretiert werden. Sie enthalten also die rationalen Zahlen $\mathbb{Q}$ als eindeutig bestimmten Unterkörper. Weitere Körper der Charakteristik Null sind z. B. $\mathbb{R}$, $\mathbb{C}$ oder auch $\{a + b\sqrt{-1} \mid a, b \in \mathbb{Q}\} \subsetneq \mathbb{C}$. Körper mit einer Primzahlcharakteristik $p$ enthalten den Körper $\mathbb{Z}/p\mathbb{Z}$. Für einen nullteilerfreien Ring $R$ gibt es also einen eindeutig bestimmten Unterkörper $\mathbb{Q}$ bzw. $\mathbb{Z}/p\mathbb{Z}$. Diesen nennen wir den *Primkörper* von $R$.

Der *Binomialkoeffizient* $\binom{x}{k}$ für $x \in \mathbb{C}$ und $k \in \mathbb{Z}$ ist definiert durch

$$\binom{x}{k} = \begin{cases} \frac{x \cdot (x-1) \cdots (x-k+1)}{k!} & \text{für } k \geq 0 \\ 0 & \text{für } k < 0 \end{cases}$$

Für $k \geq 0$ stehen über dem Bruchstrich genau $k$ Faktoren; insbesondere steht für $k = 0$ sowohl über als auch unter dem Bruchstrich das leere Produkt, welches sich

zum neutralen Element 1 auswertet. Für $n, k \in \mathbb{N}$ ist damit $\binom{n}{k} = \frac{n!}{k!(n-k)!} = \binom{n}{n-k}$.
Für alle $x \in \mathbb{C}$ und $k \in \mathbb{Z}$ gilt das *Additionstheorem*:

$$\binom{x}{k} = \binom{x-1}{k} + \binom{x-1}{k-1}$$

Dies sieht man wie folgt. Für $k < 0$ sind beide Seiten 0, und für $k = 0$ werten sich
beide Seiten zu 1 aus. Sei also $k > 0$. Dann ist $\binom{x}{k} = \frac{x}{k}\binom{x-1}{k-1} = \frac{x-k}{k}\binom{x-1}{k-1} + \frac{k}{k}\binom{x-1}{k-1} = \binom{x-1}{k} + \binom{x-1}{k-1}$. Für $n \in \mathbb{N}$ gilt $\binom{n}{0} = \binom{n}{n} = 1$. Mit Induktion folgt nun aus dem
Additionstheorem, dass der Binomialkoeffizient $\binom{n}{k}$ für $n, k \in \mathbb{N}$ stets ganzzahlig ist.
Insbesondere lassen sich Binomialkoeffizienten für $n \in \mathbb{N}$ und $k \in \mathbb{Z}$ als Vielfaches
des neutralen Elements $1_R$ in beliebigen Ringen $R$ interpretieren.

**Satz 1.26** (Binomialsatz). *Sei $R$ ein kommutativer Ring. Für alle $x, y \in R$ und alle
$n \in \mathbb{N}$ gilt $(x + y)^n = \sum_k \binom{n}{k} x^k y^{n-k}$.*

*Beweis.* Die Summe auf der rechten Seite läuft dabei über alle $k \in \mathbb{Z}$, wobei aber fast
alle Summanden Null sind. Durch diese Konvention gestalten sich Indexverschiebun-
gen oft etwas einfacher. Der Beweis ist mit Induktion nach $n$. Für $n = 0$ steht auf
beiden Seiten das neutrale Element $1_R$. Sei nun $n > 0$. Dann gilt:

$$(x + y)^n = (x + y)(x + y)^{n-1} = (x + y)\sum_k \binom{n-1}{k} x^k y^{n-1-k}$$

$$= \left(\sum_k \binom{n-1}{k} x^{k+1} y^{n-1-k}\right) + \left(\sum_k \binom{n-1}{k} x^k y^{n-k}\right)$$

$$= \left(\sum_k \binom{n-1}{k-1} x^k y^{n-k}\right) + \left(\sum_k \binom{n-1}{k} x^k y^{n-k}\right)$$

$$= \sum_k \left(\binom{n-1}{k-1} + \binom{n-1}{k}\right) x^k y^{n-k} = \sum_k \binom{n}{k} x^k y^{n-k} \qquad \square$$

Der Binomialsatz ist ein wichtiges Hilfsmittel für die Betrachtung der Abbildung
$r \mapsto r^p$ in kommutativen Ringen.

**Satz 1.27.** *Sei $R$ ein kommutativer Ring mit Primzahlcharakteristik $p$. Dann definiert
$r \mapsto r^p$ einen Ringhomomorphismus.*

*Beweis.* Es gilt $1^p = 1$ und $(rs)^p = r^p s^p$. Es bleibt zu zeigen $(r + s)^p = r^p + s^p$.
Nach dem Binomialsatz gilt $(r + s)^p = \sum_k \binom{p}{k} r^k s^{p-k}$. Alle Binomialkoeffizienten
$\binom{p}{k}$ für $1 \le k \le p - 1$ sind durch $p$ teilbar. Da $R$ die Charakteristik $p$ hat, sind
diese Binomialkoeffizienten alle Null in $R$. Es folgt $(r + s)^p = \binom{p}{0} r^0 s^p + \binom{p}{p} r^p s^0 = s^p + r^p$. $\qquad \square$

Den Homomorphismus aus Satz 1.27 bezeichnet man als den *Frobenius-Homomorphismus* nach Ferdinand Georg Frobenius (1849–1917). Er ist vor allem für Körper

interessant, denn in diesem Fall ist er nach Korollar 1.23 injektiv und bei endlichen Körpern damit notwendigerweise bijektiv. Als Anwendung von Satz 1.27 beweisen wir den kleinen Satz von Fermat. Insbesondere ist der Frobenius-Homomorphismus auf Primkörpern die Identität.

**Satz 1.28** (Kleiner Satz von Fermat für Ringe). *Es sei R ein kommutativer Ring mit Primzahlcharakteristik p und a $\in \mathbb{Z}$ eine ganze Zahl. Dann gilt in R:*

$$a^p = a$$

*Beweis.* Für $p = 2$ gilt $-1 = 1$ in $R$. Daher gilt $(-a)^p = (-1)^p a^p = -a^p \in R$ für alle Primzahlen $p$. Es reicht also $a \in \mathbb{N}$ zu betrachten. Wir zeigen die Aussage mit Induktion. Für $a = 0$ gilt die Aussage. Betrachte nun $(a+1)^p = a^p + 1^p = a + 1 \in R$. Die erste Gleichheit folgt aus Satz 1.27, die zweite gilt nach Induktion. □

Insbesondere gilt in der Situation von Satz 1.28 für Elemente $a \in \mathbb{Z}$, welche in $R$ invertierbar sind, die Gleichung $a^{p-1} = 1$ in $R$.

## 1.5 Modulare Arithmetik

Den *größten gemeinsamen Teiler* von zwei ganzen Zahlen $k$ und $\ell$ bezeichnen wir mit $\mathrm{ggT}(k, \ell)$; es ist die größte natürliche Zahl, die sowohl $k$ als auch $\ell$ teilt. Den größten gemeinsamen Teiler von $k$ und $0$ definieren wir als die Zahl $|k|$. Zwei Zahlen heißen *teilerfremd*, wenn ihr größter gemeinsamer Teiler 1 ist. Für das Rechnen im Restklassenring $\mathbb{Z}/n\mathbb{Z}$ hat sich für ganze Zahlen $k, \ell$ und $n$ die Schreibweise

$$k \equiv \ell \mod n$$

etabliert; sie bedeutet nichts anderes als $k + n\mathbb{Z} = \ell + n\mathbb{Z}$. Wir sagen dann, $k$ ist kongruent $\ell$ modulo $n$. Es gilt genau dann $k \equiv \ell \mod n$, wenn sich $k$ und $\ell$ um ein Vielfaches von $n$ unterscheiden. Mit $k \mod n$ meinen wir die eindeutig bestimmte Zahl $r \in \{0, \ldots, |n|-1\}$ mit $k \equiv r \mod n$. Häufig zieht man $k \mod n$ als Repräsentant der Restklasse $k + n\mathbb{Z}$ heran. Mit $(\mathbb{Z}/n\mathbb{Z})^*$ bezeichnen wir die Gruppe der *Einheiten* des Rings $\mathbb{Z}/n\mathbb{Z}$. Dies sind die Restklassen, die ein multiplikatives Inverses besitzen.

### 1.5.1 Der euklidische Algorithmus

Der *euklidische Algorithmus* (Euklid von Alexandria, Wirken um 300 v. Chr.) ist ein effizientes Verfahren zur Berechnung des größten gemeinsamen Teilers. Da $\mathrm{ggT}(k, \ell) = \mathrm{ggT}(-k, \ell) = \mathrm{ggT}(\ell, k)$ gilt, genügt es natürliche Zahlen $k$ und $\ell$ zu betrachten. Sei $0 < k \leq \ell$ und schreibe $\ell = qk + r$, wobei $0 \leq r < k$ der *Rest* ist. Es gilt $r = \ell \mod k$. Jede Zahl, die $k$ und den Rest $r$ teilt, teilt auch die Summe $\ell = qk + r$. Jede Zahl, die

$k$ und $\ell$ teilt, teilt auch die Differenz $r = \ell - qk$. Dies liefert uns eine rekursive Version des euklidischen Algorithmus:

```
/∗ Voraussetzung ist k ≥ 0, ℓ ≥ 0 ∗/
function ggT(k, ℓ)
begin
    if k = 0 then return ℓ
    else return ggT(ℓ mod k, k) fi
end
```

Im Fall von $k \le \ell$ ist nach spätestens zwei rekursiven Aufrufen der kleinere der beiden Parameter nur noch halb so groß. Insbesondere ist die Rekursionstiefe in $\mathcal{O}(\log k)$. Der nächste Satz wird häufig nach Étienne Bézout (1730–1783) benannt, der eine entsprechende Aussage für Polynome gezeigt hat.

**Satz 1.29** (Lemma von Bézout). *Seien $k, \ell \in \mathbb{Z}$. Dann existieren $a, b \in \mathbb{Z}$ mit:*

$$\mathrm{ggT}(k, \ell) = ak + b\ell$$

*Beweis.* Wir können $\ell > k > 0$ annehmen, die anderen Fälle sind offensichtlich oder können auf diesen Fall reduziert werden. Setze $r_0 = \ell$ und $r_1 = k$. Der euklidische Algorithmus berechnet nacheinander Reste $r_0 > r_1 > r_2 \ldots > r_n \ge r_{n+1} = 0$, die die Beziehungen

$$r_{i-1} = q_i r_i + r_{i+1}$$

für geeignete $q_i \in \mathbb{N}$ erfüllen. Es folgt $\mathrm{ggT}(k, \ell) = \mathrm{ggT}(r_{i+1}, r_i) = \mathrm{ggT}(0, r_n) = r_n$. Wir zeigen nun, dass für alle $i \in \{0, \ldots, n\}$ ganze Zahlen $a_i$ und $b_i$ derart existieren, dass $a_i r_{i+1} + b_i r_i = r_n$ gilt. Für $i = n$ ist $a_n = 0$ und $b_n = 1$. Sei nun $i < n$ und seien $a_{i+1}$ und $b_{i+1}$ bereits definiert, d. h. $a_{i+1} r_{i+2} + b_{i+1} r_{i+1} = r_n$. Mit $r_{i+2} = r_i - q_{i+1} r_{i+1}$ folgt $(b_{i+1} - a_{i+1} q_{i+1}) r_{i+1} + a_{i+1} r_i = r_n$. Damit haben $a_i = b_{i+1} - a_{i+1} q_{i+1}$ und $b_i = a_{i+1}$ die gewünschte Eigenschaft. $\square$

Der obige Beweis liefert das folgende Verfahren. Der *erweiterte euklidische Algorithmus* berechnet zusätzlich zu $\mathrm{ggT}(k, \ell)$ auch Zahlen $a$ und $b$ mit der Eigenschaft $ak + b\ell = \mathrm{ggT}(k, \ell)$.

```
/∗ Voraussetzung ist k ≥ 0, ℓ ≥ 0 ∗/
/∗ Berechnet wird (a, b, t) mit ak + bℓ = t = ggT(k, ℓ) ∗/
function erw-ggT(k, ℓ)
begin
    if k = 0 then return (0, 1, ℓ)
    else
        (a, b, t) := erw-ggT(ℓ mod k, k);
        return (b − a · ⌊ℓ/k⌋, a, t)
    fi
end
```

Sei $n \in \mathbb{N}$. Für jede zu $n$ teilerfremde Zahl $k$ lassen sich mit dem erweiterten eukli-dischen Algorithmus zwei ganze Zahlen $a, b$ bestimmen mit $ak + bn = 1$. Wenn wir modulo $n$ rechnen, dann gilt $ak \equiv 1 \bmod n$. Also ist $a$ ein multiplikatives Inverses von $k$. Etwas genauer betrachten wir $(\mathbb{Z}/n\mathbb{Z})^*$, die Elemente aus $\mathbb{Z}/n\mathbb{Z}$ mit multipli-kativen Inversen, im folgenden Satz.

**Satz 1.30.** *Sei $n \in \mathbb{N}$. Dann gelten die folgenden Aussagen:*

(a) $(\mathbb{Z}/n\mathbb{Z})^* = \{k + n\mathbb{Z} \mid \mathrm{ggT}(k, n) = 1\}$

(b) *Die Zahl $n$ ist genau dann eine Primzahl, wenn $\mathbb{Z}/n\mathbb{Z}$ ein Körper ist.*

(c) *Sei $k \in \mathbb{Z}$. Die Multiplikation $\mathbb{Z}/n\mathbb{Z} \to \mathbb{Z}/n\mathbb{Z}$, $x \mapsto kx$ mit $k$ ist genau dann bijektiv, wenn $\mathrm{ggT}(k, n) = 1$ gilt.*

*Beweis.* (a): Es gilt $k \in (\mathbb{Z}/n\mathbb{Z})^*$ genau dann, wenn wir $1 = k\ell + mn$ schreiben können. Nach Satz 1.29 ist dies genau dann der Fall, wenn $\mathrm{ggT}(k, n) = 1$.

(b): Der Ring $\mathbb{Z}/n\mathbb{Z}$ ist genau dann ein Körper, wenn alle von Null verschiedenen Elemente invertierbar sind. Das bedeutet nach (a), dass alle natürlichen Zahlen von 1 bis $n - 1$ zu $n$ teilerfremd sind. Dies wiederum ist gleichwertig zur Primzahleigen-schaft.

(c): Für $\mathrm{ggT}(k, n) = 1$ ist $k$ in $(\mathbb{Z}/n\mathbb{Z})^*$ invertierbar, und die Multiplikation mit $k$ hat eine inverse Abbildung; sie ist damit bijektiv. Haben $k$ und $n$ einen gemeinsamen Teiler $m \neq 1$, so ist $k \cdot (n/m) \in n\mathbb{Z}$ und damit $k \cdot (n/m) \equiv 0 \equiv k \cdot 0 \bmod n$, aber $n/m \not\equiv 0 \bmod n$. □

### 1.5.2 Ideale in den ganzen Zahlen

Eine für die modulare Arithmetik wichtige Begriffsbildung aus der Algebra sind Idea-le. Das Interesse an Idealen von $\mathbb{Z}$ erklärt sich durch den Umstand, dass sich Teilbar-keit in $\mathbb{Z}$ durch Teilmengenbeziehungen von Idealen formulieren lässt. Es gilt

$$k \mid \ell \iff \ell\mathbb{Z} \subseteq k\mathbb{Z}$$

Aus dem folgenden Satz erhalten wir eine Umkehrung dieser Aussage: Jede Teilmen-genbeziehung von Idealen in $\mathbb{Z}$ lässt sich auch durch Teilbarkeit von Zahlen darstel-len.

**Satz 1.31.** *Sei $I$ ein Ideal von $\mathbb{Z}$. Dann existiert genau ein $n \in \mathbb{N}$ mit $I = n\mathbb{Z}$. Die Zahl $n$ ist hierbei der größte gemeinsame Teiler aller Zahlen aus $I$. Insbesondere gilt:*

$$k\mathbb{Z} + \ell\mathbb{Z} = \mathrm{ggT}(k, \ell)\,\mathbb{Z}$$

*Beweis.* Falls $I = \{0\}$ gilt, erfüllt $n = 0$ die Behauptung. Sei nun $I \neq \{0\}$. Für al-le $a, b \in I$ finden wir $p, q \in \mathbb{Z}$ mit $\mathrm{ggT}(a, b) = ap + bq$. Also ist genau dann $\mathrm{ggT}(a, b) \in I$, wenn $a, b \in I$ gilt. Hieraus folgt die Behauptung unter Beachtung, dass der größte gemeinsame Teiler aller Zahlen aus $I$ dann die eindeutig bestimmte kleinste positive Zahl in $I$ ist. ◻

Tatsächlich zeigt der Beweis von Satz 1.31, dass in einem Ring alle Ideale von einem Element erzeugt werden, sobald eine Division mit Rest zur Verfügung steht. Dies ist zum Beispiel auch bei Polynomringen über Körpern der Fall. Ein weiterer Vorteil der algebraischen Sichtweise der modularen Arithmetik ist, dass wir durch die zusätzliche Begriffsbildung einfachere Formulierungen und neue Interpretationen für gewisse Zusammenhänge haben.

Wenn $I$ und $J$ Ideale eines Rings $R$ sind, dann ist $I \cap J$ ebenfalls ein Ideal. Für $k, \ell \in \mathbb{Z}$ bezeichnen wir mit $\mathrm{kgV}(k, \ell)$ das kleinste gemeinsame Vielfache von $|k|$ und $|\ell|$. Es ist $\mathrm{kgV}(k, \ell) = \frac{|k| \cdot |\ell|}{\mathrm{ggT}(k, \ell)}$. Für den Ring $\mathbb{Z}$ gilt:

**Satz 1.32.**

$$k\mathbb{Z} \cap \ell\mathbb{Z} = \mathrm{kgV}(k, \ell)\mathbb{Z}$$

*Beweis.* Da $k\mathbb{Z} \cap \ell\mathbb{Z}$ ein Ideal von $\mathbb{Z}$ ist, existiert nach Satz 1.31 ein $n \in \mathbb{N}$ mit $k\mathbb{Z} \cap \ell\mathbb{Z} = n\mathbb{Z}$. Aus $n\mathbb{Z} \subseteq k\mathbb{Z}$ und $n\mathbb{Z} \subseteq \ell\mathbb{Z}$ folgt $k \mid n$ und $\ell \mid n$. Also ist $n$ ein gemeinsames Vielfaches von $k$ und $\ell$ und damit $n \geq \mathrm{kgV}(k, \ell)$. Sei jetzt $t$ ein gemeinsames Vielfaches von $k$ und $\ell$. Dann gilt $t\mathbb{Z} \subseteq k\mathbb{Z} \cap \ell\mathbb{Z} = n\mathbb{Z}$ und damit $n \mid t$. Das zeigt $n \leq \mathrm{kgV}(k, \ell)$. Also ist $n$ das kleinste gemeinsame Vielfache von $k$ und $\ell$. ◻

### 1.5.3 Der chinesische Restsatz

Für teilerfremde Zahlen $k$ und $\ell$ lässt sich $\mathbb{Z}/k\ell\mathbb{Z}$ in die beiden Komponenten $\mathbb{Z}/k\mathbb{Z}$ und $\mathbb{Z}/\ell\mathbb{Z}$ zerlegen. Dies ist genau der Gegenstand des chinesischen Restsatzes. Der wichtigste Teil der Aussage ist das folgende Lemma.

**Lemma 1.33.** *Für teilerfremde Zahlen $k, \ell \in \mathbb{Z}$ ist die folgende Abbildung surjektiv:*

$$\pi : \mathbb{Z} \to \mathbb{Z}/k\mathbb{Z} \times \mathbb{Z}/\ell\mathbb{Z}$$
$$x \mapsto (x + k\mathbb{Z}, x + \ell\mathbb{Z})$$

*Die Abbildung $\pi$ induziert durch $(x \bmod k\ell) \mapsto (x \bmod k, x \bmod \ell)$ eine Bijektion zwischen $\mathbb{Z}/k\ell\mathbb{Z}$ und $\mathbb{Z}/k\mathbb{Z} \times \mathbb{Z}/\ell\mathbb{Z}$.*

*Beweis.* Betrachte $(x + k\mathbb{Z}, y + \ell\mathbb{Z})$. Aufgrund der Teilerfremdheit von $k$ und $\ell$ gibt es Zahlen $a, b \in \mathbb{Z}$ mit $ak + b\ell = 1$. Damit gilt $b\ell \equiv 1 \bmod k$ und $ak \equiv 1 \bmod \ell$. Für $x, y \in \mathbb{Z}$ hat $yak + xb\ell$ die folgenden Eigenschaften:

$$yak + xb\ell \equiv 0 + x \cdot 1 \equiv x \quad \bmod k$$
$$yak + xb\ell \equiv y \cdot 1 + 0 \equiv y \quad \bmod \ell$$

Es folgt $\pi(yak + xb\ell) = (x + k\mathbb{Z}, y + \ell\mathbb{Z})$ und $\pi$ ist surjektiv. Es gilt $\pi(x') = \pi(x)$ für alle $x' \in x + k\ell\mathbb{Z}$, daher ist $(x \bmod k\ell) \mapsto (x \bmod k, x \bmod \ell)$ wohldefiniert.

Daher induziert $\pi$ eine Surjektion von $Z/k\ell\mathbb{Z}$ auf $\mathbb{Z}/k\mathbb{Z}\times\mathbb{Z}/\ell\mathbb{Z}$. Schließlich erkennen wir, dass es jeweils genau $k\ell$ Elemente in $Z/k\ell\mathbb{Z}$ und in $\mathbb{Z}/k\mathbb{Z}\times\mathbb{Z}/\ell\mathbb{Z}$ gibt. Also ist die induzierte Abbildung bijektiv. $\square$

Sind $R_1$ und $R_2$ Ringe, so können wir auf dem kartesischen Produkt $R_1\times R_2$ durch komponentenweise Addition und Multiplikation eine Ringstruktur erklären. Konkret ist die Addition definiert durch $(x_1, y_1) + (x_2, y_2) = (x_1 + x_2, y_1 + y_2)$. Die Null ist das Paar $(0, 0) \in R_1 \times R_2$. Die Multiplikation ist analog definiert durch $(x_1, y_1) \cdot (x_2, y_2) = (x_1 \cdot x_2, y_1 \cdot y_2)$. Das Einselement ist $(1, 1)$. Wir nennen diesen Ring das *direkte Produkt* von $R_1$ und $R_2$.

In einer etwas elementareren Form stammt der folgende Satz von Sun Zi aus dem dritten Jahrhundert. Allerdings wurde sein Ergebnis erst später im Jahre 1247 durch Qin Jiushao veröffentlicht.

**Satz 1.34** (Chinesischer Restsatz). *Seien $k, \ell \in \mathbb{Z}$ teilerfremd. Dann definiert folgende Zuordnung einen Ringisomorphismus:*

$$\mathbb{Z}/k\ell\mathbb{Z} \to \mathbb{Z}/k\mathbb{Z} \times \mathbb{Z}/\ell\mathbb{Z}$$
$$x + k\ell\mathbb{Z} \mapsto (x + k\mathbb{Z}, x + \ell\mathbb{Z})$$

*Beweis.* Die Zuordnung ist mit der Addition und Multiplikation verträglich und entspricht der bijektiven Abbildung aus Lemma 1.33. $\square$

### 1.5.4 Die Euler'sche phi-Funktion

Die zentrale Frage in diesem Abschnitt ist, wie viele Elemente die Einheitengruppe $(\mathbb{Z}/n\mathbb{Z})^*$ besitzt. Hierzu definieren wir die *Euler'sche $\varphi$-Funktion* durch

$$\varphi(n) = |(\mathbb{Z}/n\mathbb{Z})^*|$$

Nach Satz 1.30 ist $\varphi(n)$ genau die Anzahl der zu $n$ teilerfremden Zahlen im Bereich von 1 bis $n$. Dies liefert uns $\varphi(1) = 1$. Aus dem chinesischen Restsatz folgt

$$\varphi(k\ell) = \varphi(k)\varphi(\ell)$$

für teilerfremde Zahlen $k$ und $\ell$. Dies liegt daran, dass $x + k\ell\mathbb{Z}$ genau dann invertierbar ist, wenn $x + k\mathbb{Z}$ und $x + \ell\mathbb{Z}$ beide invertierbar sind. Um den Wert der $\varphi$-Funktion für beliebige Zahlen zu bestimmen, müssen wir nun nur noch klären, was der Wert bei Primzahlpotenzen ist. Sei $p$ eine Primzahl und $k \geq 1$. Von den Zahlen $1, \ldots, p^k$ sind genau die $p^{k-1}$ Zahlen $p, 2p, \ldots, p^k$ durch $p$ teilbar und damit nicht teilerfremd zu $p^k$. Die übrigen $p^k - p^{k-1}$ Zahlen sind alle teilerfremd zu $p^k$. Dies zeigt

$$\varphi(p^k) = (p - 1)p^{k-1} = (1 - p^{-1})p^k$$

Wir sind nun in der Lage, den Wert $\varphi(n)$ für beliebige Zahlen $n$ auszurechen, sobald uns die Primfaktoren von $n$ bekannt sind. Eine wichtige Eigenschaft der $\varphi$-Funktion ergibt sich aus der folgenden Verallgemeinerung des kleinen Satzes von Fermat.

**Satz 1.35** (Euler). *Aus* $\mathrm{ggT}(a, n) = 1$ *folgt* $a^{\varphi(n)} \equiv 1 \bmod n$.

*Beweis.* Dies folgt sofort aus Korollar 1.4, da $a \in (\mathbb{Z}/n\mathbb{Z})^*$ gilt und $\varphi(n)$ die Ordnung der Gruppe $(\mathbb{Z}/n\mathbb{Z})^*$ ist. $\qquad\square$

Insbesondere können wir für ein Element $a \in (\mathbb{Z}/n\mathbb{Z})^*$ das Inverse dadurch bestimmen, dass wir $a^{\varphi(n)-1}$ berechnen.

## 1.6 Polynome und formale Potenzreihen

In diesem Abschnitt sei $R$ stets ein kommutativer Ring. Eine *formale Potenzreihe* mit Koeffizienten in $R$ ist eine unendliche Folge $(a_0, a_1, \ldots)$ mit $a_i \in R$ für alle $i \in \mathbb{N}$. Ein *Polynom* ist eine formale Potenzreihe mit $a_i = 0$ für fast alle $i \in \mathbb{N}$. Wie üblich bedeutet *fast alle*: „alle, bis auf endlich viele Ausnahmen". Der *Grad* eines Polynoms $f = (a_0, a_1, \ldots)$ wird mit $\deg(f)$ bezeichnet und ist der maximale Index $d \in \mathbb{N}$ mit $a_d \neq 0$. Das Polynom $f$ mit $a_i = 0$ für alle $i \in \mathbb{N}$ nennen wir *Nullpolynom* und setzen dafür $\deg(f) = -\infty$. Eine formale Potenzreihe $(a_0, a_1, \ldots)$ schreiben wir üblicherweise als formale Reihe:

$$f(X) = \sum_{i \geq 0} a_i X^i$$

Dabei lesen wir $X$ als formales Symbol oder als *Unbestimmte*. Ein Polynom kann als eine endliche formale Summe beschrieben werden:

$$f(X) = \sum_{i=0}^{d} a_i X^i$$

Wenn $f$ nicht das Nullpolynom ist, können wir $d = \deg(f)$ und $a_d \neq 0$ verlangen. Wir nennen $a_d$ in diesem Fall den *Leitkoeffizienten* des Polynoms $f(X)$. Den Leitkoeffizient des Nullpolynoms definieren wir als Null. Eine formale Potenzreihe $(a_0, a_1, \ldots)$ kann man auch als Abbildung $\mathbb{N} \to R$ mit $i \mapsto a_i$ interpretieren. Die Menge der formalen Potenzreihen bezeichnen wir mit $R[\![X]\!]$, und die Menge der Polynome bezeichnen wir mit $R[X]$ und nennen dies den *Polynomring* über $R$. Die Menge der formalen Potenzreihen $R[\![X]\!]$ ist ein Ring:

$$\sum_{i \geq 0} a_i X^i + \sum_{i \geq 0} b_i X^i = \sum_{i \geq 0} (a_i + b_i) X^i$$

$$\sum_{i \geq 0} a_i X^i \cdot \sum_{j \geq 0} b_j X^j = \sum_{i, j \geq 0} a_i X^i \cdot b_j X^j = \sum_{k \geq 0} \left( \sum_{i+j=k} a_i b_j \right) X^k$$

Hierin bilden die Polynome einen Unterring, aber kein Ideal. Ein Polynom $f \in R[X]$ können wir auch als Polynomabbildung $\tilde{f} : R \to R$ interpretieren, indem wir Werte für die Unbestimmte $X$ einsetzen,

$$\tilde{f} : R \to R, \; r \mapsto \sum_{i \geq 0} a_i \, r^i$$

Man bezeichnet $f \mapsto \tilde{f}$ auch als den *Einsetzungs-Homomorphismus* und wir schreiben zur Vereinfachung $f(r)$ statt $\tilde{f}(r)$. Diese Schreibweise $f(r)$ erweitern wir für formale Potenzreihen, sofern der Wert der unendlichen Reihe $\sum_{i \geq 0} a_i \cdot r^i$ in dem Ring $R$ sinnvoll definiert ist. Dies hängt von Konvergenzbegriffen in $R$ ab. Auf jeden Fall gilt auch für Potenzreihen stets $f(0) = a_0$. Die Abbildungen $R[\![X]\!] \to R$ mit $f \mapsto f(0)$ und $R[X] \to R^R$ mit $f \mapsto \tilde{f}$ sind Ringhomomorphismen, die im Allgemeinen jedoch nicht injektiv sind. Wenn $R$ endlich ist, dann ist auch $R^R$ endlich, wohingegen $R[X]$ für $R \neq \{0\}$ unendlich ist.

**Bemerkung 1.36.** Ist $R$ ein unendlicher Körper, etwa $R = \mathbb{Q}$ oder $R = \mathbb{R}$, so ist die zu $f$ gehörende Polynomabbildung $\tilde{f}$ nur dann konstant Null, wenn alle Koeffizienten von $f$ verschwinden. In diesem Falle können wir also Polynome und Polynomabbildungen miteinander identifizieren. Da man in der Schule vielfach nur Polynome über $\mathbb{Q}$ oder $\mathbb{R}$ behandelt, benötigt die Unterscheidung zwischen Polynomen und Polynomabbildungen möglicherweise etwas Gewöhnung. Sie ist aber für endliche Körper notwendig, wie das folgende Beispiel zeigt. ◇

**Beispiel 1.37.** Sei $R = \mathbb{Z}/2\mathbb{Z}$ und $f(X) = X^2 + X \in R[X]$. Dann ist $f(X)$ vom Grad 2 und nicht identisch mit dem Nullpolynom. Sieht man $f(X)$ als Abbildung $\tilde{f} : \mathbb{Z}/2\mathbb{Z} \to \mathbb{Z}/2\mathbb{Z}$, $r \mapsto r^2 + r$, so ist $\tilde{f}$ die Nullabbildung, da $f(0) = f(1) = 0$ für $0, 1 \in \mathbb{Z}/2\mathbb{Z}$ gilt. ◇

Ein Vorteil dieser rein formalen Sichtweise ist, dass man formale Potenzreihen invertieren kann, ohne auf Konvergenzbegriffe überhaupt einzugehen. Zudem übertragen sich gewisse Eigenschaften des Rings $R$ direkt auf den Ring der formalen Potenzreihen $R[\![X]\!]$.

**Satz 1.38.** *Die folgenden Eigenschaften übertragen sich von R auf $R[\![X]\!]$.*

(a) *Der Ring der formalen Potenzreihen $R[\![X]\!]$ ist genau dann nullteilerfrei, wenn der Ring R dies ist.*

(b) *Eine formale Potenzreihe $f \in R[\![X]\!]$ ist genau dann invertierbar, wenn $f(0) \in R$ dies ist.*

*Beweis.* Zu (a): Hat $R$ Nullteiler, so auch $R[\![X]\!]$, da $R$ ein Unterring ist. Sei $R$ nullteilerfrei und seien $f = (a_0, a_1, \ldots)$ und $g = (b_0, b_1, \ldots)$ aus $R[\![X]\!] \setminus \{0\}$. Sei $a_i$ der erste von Null verschiedene Eintrag von $f$ und sei $b_j$ der erste von Null verschiedene

Eintrag von $g$. Dann ist $f \cdot g = (c_0, c_1, \ldots)$ mit

$$c_{i+j} = \sum_{k+\ell=i+j} a_k b_\ell = a_i b_j \neq 0$$

Insbesondere ist $f \cdot g$ nicht das Nullpolynom. Damit ist $R[\![X]\!]$ nullteilerfrei.

Zu (b): Ist $f$ invertierbar, so muss auch $f(0)$ invertierbar sein, da $(f \cdot g)(0) = f(0) \cdot g(0)$. Sei $f = (a_0, a_1, \ldots)$ und $f(0) = a_0 \in R$ invertierbar. Definiere $b_0$ durch die Gleichung $a_0 \cdot b_0 = 1$. Sei jetzt $k \geq 1$ und seien $(b_0, \ldots, b_{k-1})$ schon definiert. Dann definiere $b_k$ durch die Forderung

$$a_0 \cdot b_k = - \sum_{0 < i \leq k} a_i b_{k-i}$$

Damit erhalten wir eine formale Potenzreihe $g = (b_0, b_1, \ldots)$ in dem Ring $R[\![X]\!]$ mit der Eigenschaft $(f \cdot g) = 1 = (1, 0, 0, \ldots)$. $\qquad\square$

**Beispiel 1.39.** Das Inverse der formalen Potenzreihe $\sum_{i \geq 0} X^i$ ist $1 - X$. $\qquad\diamond$

**Satz 1.40** (Gradformel). *Seien $f, g \in R[X]$. Dann gilt:*

(a) $\deg(f + g) \leq \max(\deg(f), \deg(g))$

(b) $\deg(fg) \leq \deg(f) + \deg(g)$

(c) *Wenn $R$ nullteilerfrei ist, dann gilt $\deg(fg) = \deg(f) + \deg(g)$.*

*Beweis.* Die Behauptungen sind erfüllt, falls $f = 0$ oder $g = 0$ ist. Wir können deshalb annehmen, dass

$$f = \sum_{i=0}^{n} a_i X^i \quad \text{mit } a_n \neq 0 \qquad \text{und} \qquad g = \sum_{j=0}^{m} b_j X^j \quad \text{mit } b_m \neq 0$$

Die erste Behauptung folgt aus $f + g = \sum_{i=0}^{\max(m,n)} (a_i + b_i) X^i$. Das Produkt von $f$ und $g$ hat die Form $fg = a_n b_m X^{n+m} + \sum_{i=0}^{n+m-1} c_i X^i$. Also ist $\deg(fg) \leq \deg(f) + \deg(g)$. Falls $R$ nullteilerfrei ist, dann gilt $a_n b_m \neq 0$ und damit $\deg(fg) = \deg(f) + \deg(g)$. $\qquad\square$

Jede ganze Zahl $i$ lässt sich durch $i$-faches Aufsummieren von $1 \in R$ als ein Element von $R$ interpretieren. Die *Ableitung* einer formalen Potenzreihe $f(X) = \sum_{i \geq 0} a_i X^i$ ist definiert durch

$$f'(X) = \sum_{i \geq 1} i a_i X^{i-1}$$

**Satz 1.41.** *Es gelten die folgenden Rechenregeln:*

(a) $(f + g)'(X) = f'(X) + g'(X)$

(b) $(f \cdot g)'(X) = f'(X) \cdot g(X) + f(X) \cdot g'(X)$

*Beweis.* Sei $f = \sum_{i \geq 0} a_i X^i$ und $g = \sum_{i \geq 0} b_i X^i$. Dann gilt:

$$(f + g)' = \sum_{i \geq 1} i(a_i + b_i)X^{i-1} = \sum_{i \geq 1} i a_i X^{i-1} + \sum_{i \geq 1} i b_i X^{i-1} = f' + g'$$

$$(f \cdot g)' = \sum_{i \geq 1} i \left( \sum_{k+\ell=i} a_k b_\ell \right) X^{i-1} = \sum_{i \geq 1} \left( \sum_{k+\ell=i} (k + \ell) a_k b_\ell \right) X^{i-1}$$

$$= \sum_{i \geq 1} \left( \sum_{k+\ell=i} k \, a_k \cdot b_\ell \right) X^{i-1} + \sum_{i \geq 1} \left( \sum_{k+\ell=i} a_k \cdot \ell \, b_\ell \right) X^{i-1}$$

$$= f' \cdot g + f \cdot g' \qquad \square$$

Ähnlich wie in Satz 1.41 lassen sich die bekannten Ableitungsregeln für $\frac{f(X)}{g(X)}$ und $f(g(X))$ ganz abstrakt beweisen, jeweils unter der Prämisse, dass die Ausdrücke über den formalen Potenzreihen definiert sind.

**Satz 1.42.** *Sei $g$ ein von Null verschiedenes Polynom aus $R[X]$, dessen Leitkoeffizient eine Einheit des Rings $R$ ist. Für jedes Polynom $f \in R[X]$ existieren eindeutig bestimmte Polynome $q, r \in R[X]$ mit:*

$$f = qg + r \qquad und \qquad \deg(r) < \deg(g)$$

*Beweis.* Die Existenz und Eindeutigkeit von $q$ und $r$ zeigen wir mit Induktion nach $\deg(f)$. Falls $\deg(f) < \deg(g)$ gilt, dann ist $q = 0$ und $r = f$ notwendig und hinreichend. Sei nun $f(X) = \sum_{i=0}^{n} a_i X^i$ und $\deg(f) = n \geq m = \deg(g)$. Betrachten wir das Polynom $a_n b_m^{-1} X^{n-m} g(X)$, wobei $b_m$ der Leitkoeffizient von $g$ ist. Es hat Grad $n$ und der Koeffizient vor $X^n$ ist $a_n$. Deshalb ist der Grad von $\hat{f}(X) = f(X) - a_n b_m^{-1} X^{n-m} g(X)$ kleiner als $n$.

Seien jetzt $q$ und $r$ beliebige Polynome. Dann sind die beiden folgenden Gleichungen äquivalent:

$$f(X) = q(X) \cdot g(X) + r(X)$$
$$\hat{f}(X) = (q(X) - a_n b_m^{-1} X^{n-m}) \cdot g(X) + r(X)$$

Mit Induktion existieren eindeutig bestimmte Polynome $\hat{q}$ und $\hat{r}$ mit $\hat{f} = \hat{q}g + \hat{r}$ und $\deg(\hat{r}) < m$. Für $f(X) = q(X) \cdot g(X) + r(X)$ mit $\deg(r) < m$ muss also $q(X) = \hat{q}(X) + a_n b_m^{-1} X^{n-m}$ sowie $r(X) = \hat{r}(X)$ gelten. Umgekehrt lassen sich die Polynome $q$ und $r$ auf diese Weise durch $\hat{q}$ und $\hat{r}$ definieren. $\square$

Der Beweis von Satz 1.42 liefert einen Algorithmus zur Division mit Rest für Polynome, die sogenannte *Polynomdivision*. Im folgenden Beispiel sei $R = \mathbb{Z}/4\mathbb{Z}$. Wir wenden das Verfahren auf die Polynome $f(X) = X^5 + 2X^3 + 3X$ und $g(X) = 3X^2 + 2X + 1$ aus $R[X]$ an. Wir schreiben diesen Algorithmus analog zur Schulmethode für die Division ganzer Zahlen auf.

$$
\begin{aligned}
X^5 + 2X^3 + 3X \quad &= \quad (3X^3 + 2X^2 + X)(3X^2 + 2X + 1) \; + \; 2X \\
\underline{-3X^3(3X^2 + 2X + 1)} & \\
2X^4 + 3X^3 + 3X & \\
\underline{-2X^2(3X^2 + 2X + 1)} & \\
3X^3 + 2X^2 + 3X & \\
\underline{-X(3X^2 + 2X + 1)} & \\
2X &
\end{aligned}
$$

Für beliebige Ringe $R$ – auch für Polynomringe – schreiben wir $s \mid t$ falls $s \in R$ das Element $t \in R$ teilt, das heißt, falls $r \in R$ existiert mit $r s = t$. Für $f, g, r \in R[X]$ schreiben wir $f \bmod g = r$, falls $\deg(r) < \deg(g)$ und ein Polynom $q \in R[X]$ existiert mit $f = qg + r$. Bei Körpern können wir mit dieser Notation den (erweiterten) euklidischen Algorithmus auf zwei Polynome $f$ und $g$ anwenden. Analog zu Satz 1.31 erhalten wir die folgende Aussage.

**Satz 1.43.** *Sei $K$ ein Körper. Dann ist jedes Ideal in $K[X]$ ein Hauptideal. Erzeugen $t, t' \in K[X]$ dasselbe Hauptideal, so gilt $t' = at$ für ein $a \in K$.*

*Beweis.* Sei $I \subseteq K[X]$ ein von $\{0\}$ verschiedenes Ideal und $t \in I$ ein Polynom kleinsten Grades in $I \setminus \{0\}$. Für jedes $f \in I$ gibt es nach Satz 1.42 eine Darstellung $f = qt + r$ mit $\deg(r) < \deg(t)$. Wegen $r = f - qt \in I$ folgt $r = 0$ und damit liegt jedes Polynom $f \in I$ in dem von $t$ erzeugten Hauptideal. Seien jetzt $t, t' \in K[X]$ zwei Polynome, die dasselbe Hauptideal $I$ erzeugen. Ist $t = 0$, so muss auch $t' = 0$ gelten. Seien also $t \neq 0 \neq t'$. Nach einer skalaren Multiplikation mit einem $0 \neq a \in K$ können wir annehmen, dass $t$ und $t'$ denselben Leitkoeffizienten haben. Dann hat $t - t' \in I$ einerseits einen kleineren Grad als $t$, andererseits gilt $t - t' = qt$ für ein $q \in K[X]$. Also folgt $t = t'$ und damit die Behauptung. $\qquad\square$

**Korollar 1.44.** *Sei $K$ ein Körper und $f, g \in K[X]$ mit $f \neq 0$. Dann existiert genau ein Polynom $t \in K[X]$ mit den folgenden drei Eigenschaften:*

(a) *Es existieren $a, b \in K[X]$ mit $t = af + bg$.*

(b) *Für alle $a, b \in K[X]$ gilt $t \mid af + bg$.*

(c) *Der Leitkoeffizient von $t$ ist 1.*

*Beweis.* Das von $f$ und $g$ erzeugte Ideal ist nach Satz 1.43 ein Hauptideal und wird von einem Polynom $t$ erzeugt. Wegen $f \neq 0$, gilt auch $t \neq 0$; und nach einer skalaren Multiplikation dürfen wir annehmen, dass der Leitkoeffizient von $t$ den Wert $1 \in K$ hat. Es folgt (a), da $t$ von $f$ und $g$ erzeugt wird. Es gilt (b), da $f$ und $g$ von $t$ erzeugt werden. Es gilt sowieso schon (c), was auch die Eindeutigkeit von $t$ liefert. $\qquad\square$

Das Polynom $t$ aus Korollar 1.44 ist ein Polynom maximalen Grades, das $f$ und $g$ teilt. Daher wird $t$ der *größte gemeinsame Teiler* $\text{ggT}(f, g)$ der Polynome $f$ und $g$ genannt. Zwei Polynome heißen *teilerfremd*, falls ihr größter gemeinsamer Teiler gleich 1 ist. Das nächste Korollar zeigt, dass teilerfremde Polynome keine gemeinsamen Nullstellen haben.

**Korollar 1.45.** *Sei $s \in R$ und $f \in R[X]$. Dann gilt:*

(a) $f(s) = 0 \Leftrightarrow (X - s) \mid f(X)$

(b) $f(s) = a \Leftrightarrow f(X) = q(X)(X - s) + a$ *für ein Polynom* $q(X) \in R[X]$.

*Beweis.* Es genügt, (b) zu zeigen. Angenommen $f(X) = q(X)(X - s) + a$. Dann gilt $f(s) = q(s) \cdot (s - s) + a = 0 + a = a$. Sei nun $f(s) = a$. Nach Satz 1.42 existieren $q, r \in R[X]$ mit $f(X) = q(X)(X - s) + r(X)$ und $\deg(r) < \deg(X - s) = 1$. Also ist $r \in R$. Es gilt nun $a = f(s) = q(s)(s - s) + r = 0 + r = r$. $\qquad\square$

Ein Element $s \in R$ heißt *Nullstelle* eines Polynoms $f \in R[X]$, falls $f(s) = 0$ ist. Die *Vielfachheit* einer Nullstelle $s \in R$ eines Polynoms $f \in R[X] \setminus \{0\}$ ist das maximale $n \in \mathbb{N}$ mit $(X - s)^n \mid f$. Korollar 1.45 besagt, dass die Vielfachheit einer Nullstelle mindestens 1 ist. Eine Nullstelle heißt *einfach*, falls ihre Vielfachheit 1 ist.

Betrachten wir das Polynom $f(X) = X^2 + X$ mit Grad 2 über dem Ring $\mathbb{Z}/6\mathbb{Z}$. Dieses Polynom besitzt die vier Nullstellen 0, 2, 3 und 5. Daraus ergeben sich die beiden Faktorisierungen $f(X) = X(X + 1)$ und $f(X) = X^2 + X = X^2 - 5X + 6 = (X - 2)(X - 3)$. Alle Elemente aus $\mathbb{Z}/6\mathbb{Z}$ sind Nullstellen von $g(X) = X^3 - X$.

**Satz 1.46.** *Sei $R$ nullteilerfrei. Ein Polynom $f \in R[X]$ mit $f \neq 0$ hat höchstens $\deg(f)$ Nullstellen. Dies ist auch dann noch richtig, wenn mehrfach auftretende Nullstellen ihrer Vielfachheit entsprechend gezählt werden.*

*Beweis.* Hat $f$ die Nullstelle $s_1 \in R$, so gilt nach Korollar 1.45 zunächst $f(X) = (X - s_1)q_1(X)$ für ein Polynom $q_1(X) \in R[X]$ mit $\deg(q_1) = \deg(f) - 1$. Hat $q_1(X)$ die Nullstelle $s_2 \in R$, so erhalten wir $f(X) = (X - s_1)(X - s_2)q_2(X)$ für $q_2(X) \in R[X]$ mit $\deg(q_2) = \deg(f) - 2$. Der Fall $s_1 = s_2$ ist möglich. Dieses Zerlegungsverfahren für $f$ setzen wir solange fort, bis

$$f(X) = (X - s_1)(X - s_2) \cdots (X - s_m)q_m(X)$$

für $q_m(X) \in R[X]$ mit $\deg(q_m) = \deg(f) - m \geq 0$, so dass $q_m$ keine Nullstellen mehr in $R$ hat. Mehr als die $m$ Nullstellen $s_1, \ldots, s_m$ mit $m \leq \deg(f)$ hat $f$ nicht; denn setzen wir eine beliebige Nullstelle $s \in R$ in diese Faktorisierung von $f$ ein, dann ist wegen der Nullteilerfreiheit von $R$ mindestens einer der Faktoren $(s - s_i)$ Null. $\qquad\square$

Das folgende Lemma stellt einen Zusammenhang zwischen der Ableitung eines Polynoms und der Einfachheit von Nullstellen her.

**Lemma 1.47.** *Sei R nullteilerfrei und $f \in R[X]$ mit $f \neq 0$. Eine Nullstelle $s \in R$ von $f$ ist genau dann einfach, wenn $f'(s) \neq 0$ ist.*

**Beweis.** Falls $s$ mindestens Vielfachheit 2 hat, dann ist $(X - s)^2$ ein Teiler von $f$. Nach der Regel für Produkte in Satz 1.41 ist das Polynom $(X - s)$ ein Teiler von $f'(X)$, und es gilt $f'(s) = 0$. Angenommen $s$ ist eine einfache Nullstelle. Dann lässt sich $f$ schreiben als $f(X) = (X - s) \cdot g(X)$. Es gilt nun $g(s) \neq 0$, sonst wäre $(X - s)$ ein Teiler von $g$ und damit $(X - s)^2$ ein Teiler von $f$. Die Ableitung von $f$ ist $f'(X) = g(X) + (X - s) \cdot g'(X)$. Nun gilt $f'(s) = g(s) + 0 \cdot g'(s) = g(s) \neq 0$. $\qquad\square$

Aus Korollar 1.45 und Lemma 1.47 erhalten wir die folgende Aussage:

**Korollar 1.48.** *Sei K ein Körper und sei $f \in K[X]$. Wenn $f$ und $f'$ teilerfremd sind, dann sind alle Nullstellen von $f$ einfach.*

Sei $f \in R[X]$ und sei $\langle f \rangle$ das von $f$ erzeugte Ideal $f \cdot R[X]$. Für den Restklassenring $R[X]/\langle f \rangle$ schreiben wir kurz $R[X]/f$. Mit $a \equiv b$ mod $f$ meinen wir $a + \langle f \rangle = b + \langle f \rangle$ in $R[X]/f$.

Sei $K$ ein Körper. Ein nicht konstantes Polynom $f \in K[X]$ heißt *irreduzibel*, falls sich $f$ nicht als Produkt zweier Polynome echt kleineren Grades schreiben lässt. Insbesondere ist jedes lineare Polynom $X - a$ irreduzibel. Aus Satz 1.40(c) und Korollar 1.45 folgt, dass ein Polynom von Grad 2 oder 3 genau dann irreduzibel ist, wenn es keine Nullstellen besitzt.

**Satz 1.49.** *Sei K ein Körper und sei $f \in K[X]$. Dann ist $K[X]/f$ genau dann ein Körper, wenn $f$ irreduzibel ist.*

**Beweis.** Sei zunächst $f$ irreduzibel und $g \in K[X] \setminus \langle f \rangle$. Dann sind $f$ und $g$ teilerfremd. Nach Korollar 1.44 existieren Polynome $a, b \in K[X]$ mit $af + bg = 1$. Wegen $\deg(f) > 0$ ist $K[X]/f$ nicht der Nullring. Es gilt nun $bg \equiv 1$ mod $f$. Also ist in $K[X]/f$ jede von Null verschiedene Restklasse invertierbar. Damit ist $K[X]/f$ ein Körper. Für die Umkehrung sei $f$ nicht irreduzibel, also konstant oder ein Produkt. Ist $f$ konstant, so ist $K[X]/0$ isomorph zu $K[X]$ und $K[X]/f$ für $f \neq 0$ der Nullring. Der Nullring ist kein Körper und $K[X]$ ist kein Körper, da z. B. das Polynom $X$ die Nullstelle 0 hat. Polynome mit Nullstellen können nicht invertiert werden. Schreibt sich ein Polynom $f$ als Produkt zweier Polynome $f = gh$ echt kleineren Grades, dann ist $g \not\equiv 0$ mod $f$ und $h \not\equiv 0$ mod $f$, aber $gh \equiv 0$ mod $f$. Also enthält $K[X]/f$ Nullteiler und ist deshalb kein Körper. $\qquad\square$

Als Nächstes interessieren wir uns für die Größe von $K[X]/f$.

**Satz 1.50.** *Sei K ein Körper und $f \in K[X]$ ein Polynom mit $\deg(f) \geq 0$. Dann ist $K[X]/f$ als additive Gruppe isomorph zu $K^{\deg(f)}$.*

**Beweis.** Sei $d = \deg(f)$ und $K_d = \{g \in K[X] \mid \deg(g) < d\}$. Als additive Gruppe ist $K_d$ isomorph zu $K^d$, denn ein Polynom vom Grad kleiner als $d$ ist als Koeffizientenfolge $(a_0, \dots, a_{d-1}) \in K^d$ definiert. Der Homomorphismus $g \mapsto g \bmod f$ von $K^d$ nach $K[X]/f$ ist surjektiv, denn die Restklassen von $K[X]/f$ besitzen nach Satz 1.42 alle einen Repräsentanten, dessen Grad kleiner als $d$ ist. Er ist injektiv, da $g = g \bmod f$ für alle $g \in K_d$. Dies zeigt die Behauptung. $\qquad\square$

Sei beispielsweise $K = \mathbb{Z}/2\mathbb{Z}$ und $f = X^3 + X + 1 \in K[X]$. In $K[X]/f$ gilt $f \equiv 0 \bmod f$. Da $-1 = +1$ in $K$ gilt, ist dies gleichbedeutend mit $X^3 \equiv X+1 \bmod f$. Dies erlaubt uns, Exponenten $i \geq 3$ in $X^i$ zu reduzieren. So gilt etwa:

$$X^6 + X^4 \equiv X^3 \cdot (X+1) + X^4 \equiv X^3 \equiv X+1 \quad \bmod f$$

Weil $\deg(f) = 3$ und $f(r) \neq 0$ für alle $r \in K$ gilt, ist $f$ irreduzibel in $K[X]$. Mit Satz 1.49 und Satz 1.50 sehen wir schließlich, dass $K[X]/f$ ein Körper mit 8 Elementen ist.

## 1.7 Der Hilbert'sche Basissatz

Der Hilbert'sche Basissatz besagt, dass Polynomringe über noetherschen Ringen endlich erzeugt sind. Satz 1.51 bildet die Grundlage für die rasante Entwicklung der *Algebraischen Geometrie* im zwanzigsten Jahrhundert. Zunächst benötigen wir zwei Definitionen und beschränken uns dabei auf kommutative Ringe. Ein (kommutativer) Ring $R$ heißt *noethersch*, wenn jedes Ideal von einer endlichen Menge erzeugt wird. Der Begriff bezieht sich auf Emmy Noether. Sie war eine Schülerin von Hilbert und die erste Universitätsprofessorin für Mathematik in Deutschland.

Jeder Körper $K$ ist ein noetherscher Ring, da die beiden einzigen Ideale $\{0\}$ und $K$ maximal ein Erzeugendes benötigen. Der Ring $\mathbb{Z}$ ist noethersch, da jedes Ideal nach Satz 1.31 ein Hauptideal ist. Nach Satz 1.43 ist auch jedes Ideal des Polynomrings $K[X]$ in einer Unbestimmten $X$ über einem Körper $K$ ein Hauptideal, also ist $K[X]$ ebenfalls noethersch. Im Polynomring $\mathbb{C}[X, Y]$ in zwei Unbestimmten ist $\langle X, Y \rangle$ kein Hauptideal, denn wenn $f(X, Y)$ das Polynom $X$ erzeugen soll, so darf in $f(X, Y)$ kein $Y$ vorkommen, aber dann kann $Y$ nicht von $f(X, Y)$ erzeugt werden. Wie wir gleich sehen werden, ist $\mathbb{C}[X, Y]$ noethersch. Allgemein ist der Polynomring $R[X_1, \dots, X_n]$ in $n$ Variablen induktiv definiert durch $R[X_1, \dots, X_n] = R'[X_n]$ für $R' = R[X_1, \dots, X_{n-1}]$.

**Satz 1.51** (Hilbert'scher Basissatz). *Sei $n \in \mathbb{N}$ und $R$ ein noetherscher und kommutativer Ring. Dann ist der Polynomring $R[X_1, \dots, X_n]$ noethersch.*

*Beweis.* Wegen $R[X_1, \dots, X_n] = R'[X_n]$ für $R' = R[X_1, \dots, X_{n-1}]$ reicht es, den Satz für den Polynomring $R[X]$ in einer einzigen Unbestimmten $X$ zu zeigen. Sei $I \subseteq R[X]$ ein Ideal. Für $f \in I$ sei $\ell_f$ der Leitkoeffizient von $f$. Für $f, g \in I$ ist $\ell_f \pm \ell_g$ Leitkoeffizient eines Polynoms in $I$ vom Grad höchstens $\max\{\deg(f), \deg(g)\}$. Die

Menge $\{\ell_f \mid f \in I\}$ ist ein Ideal in $R$. Also gibt es eine endliche Menge von Polynomen $B' \subseteq I$ mit:

$$\left\{ \ell_f \mid f \in I \right\} = \langle \ell_b \mid b \in B' \rangle$$

Sei jetzt $d = \max\{\deg(b) \mid b(X) \in B'\}$. Für jedes $e < d$ ist auch die Menge $\{\ell_f \mid f \in I, \deg(f) \le e\}$ ein Ideal in $R$. Damit gibt es eine endliche Menge $B_e \subseteq I$ mit

$$\left\{ \ell_f \mid f \in I, \deg(f) \le e \right\} = \langle \ell_b \mid b \in B_e \rangle$$

Wir setzen $B = B' \cup \bigcup_{e<d} B_e$. Zu jedem $f \in I$ existiert $g \in \langle B \rangle$ mit $\deg(f) = \deg(g)$ und $\ell_f = \ell_g$. Mit Induktion nach dem Grad gilt $f - g \in \langle B \rangle$. Daraus folgt $f \in \langle B \rangle$, und $I$ wird von der endlichen Menge $B$ erzeugt. $\qquad\square$

Eine typische Anwendung des Hilbert'schen Basissatzes ist folgende Situation. Sei $K$ ein Körper, und sei $N \subseteq K^n$ die Nullstellenmenge von Polynomen $\mathcal{F} \subseteq K[X_1, \ldots, X_n]$. Das heißt:

$$N = \left\{ (k_1, \ldots, k_n) \in K^n \mid f(k_1, \ldots, k_n) = 0 \text{ für alle } f \in \mathcal{F} \right\}$$

Dann ist $N$ bereits die Nullstellenmenge einer endlichen Teilmenge $B \subseteq \mathcal{F}$, denn $N$ ist die Nullstellenmenge von $\langle \mathcal{F} \rangle$, und nach dem Hilbert'schen Basissatz genügt hier eine endliche „Basis" $B' \subseteq \langle \mathcal{F} \rangle$. Wenn man jedes Element aus $B'$ durch Elemente aus $\mathcal{F}$ erzeugt, liefern diese Erzeuger aus $\mathcal{F}$ die gesuchte Teilmenge $B$.

## 1.8 Körper

In diesem Abschnitt sei $K$ stets ein Körper und $\mathrm{char}(K)$ seine Charakteristik. Für $\mathrm{char}(K) = 0$ enthält $K$ die rationalen Zahlen $\mathbb{Q}$ als Primkörper. Für $\mathrm{char}(K) \ne 0$ ist die Charakteristik eine Primzahl $p$ und $K$ enthält den endlichen Restklassenkörper $\mathbb{Z}/p\mathbb{Z}$ als Primkörper, den wir auch mit $\mathbb{F}_p$ bezeichnen. Statt $\mathbb{F}_p$ findet sich auch die Bezeichnung $\mathrm{GF}(p)$. Dabei steht GF für *Galois-Feld* oder engl. *Galois-Field*. Im Englischen meint der mathematische Begriff *field* einen Körper. Die multiplikative Gruppe endlicher Körper ist stets zyklisch, ebenso alle endlichen multiplikativen Untergruppen der komplexen Zahlen. Dies folgt aus dem nächsten Satz.

**Satz 1.52.** *Jede endliche Untergruppe der multiplikativen Gruppe $K^*$ ist zyklisch.*

*Beweis.* Sei $U$ eine endliche Untergruppe von $K^*$, sei $r$ die Zahl der Elemente von $U$, seien $d_1, \ldots, d_r$ die Ordnungen der Elemente aus $U$, und sei $d = \mathrm{kgV}(d_1, \ldots, d_r)$. Da alle $d_i$ die Zahl $r$ teilen, teilt auch $d$ die Zahl $r$. Damit sind alle $r$ Elemente von $U$ Nullstellen des Polynoms $X^d - 1$. Aus Satz 1.46 folgt $d \ge r$, denn ein Polynom vom Grad $d$ kann höchstens $d$ Nullstellen haben. Also ist $d = r$. In $U$ existiert ein Element $\alpha$ mit der Ordnung $d$. Dies sieht man wie folgt: Seien z. B. $u_1$ und $u_2$ Elemente mit Ordnungen $d_1$ und $d_2$, dann sind die Ordnungen von $u_1$ und $u_2' = u_2^{d_2/\mathrm{ggT}(d_1,d_2)}$ teilerfremd. Nach Satz 1.7 hat $u_1 u_2'$ die Ordnung $\mathrm{kgV}(d_1, d_2)$. Aus $d = r$ folgt nun $\langle \alpha \rangle = U$. $\qquad\square$

**Korollar 1.53.** *Sei $U \subseteq K^*$ eine endliche Untergruppe der multiplikativen Gruppe $K^*$ mit mindestens zwei Elementen. Dann gilt $\sum_{u \in U} u = 0$.*

*Beweis.* Sei $n = |U|$ und sei $g$ ein Erzeuger von $U$. Wegen $n \geq 2$ ist $g \neq 1$. Es gilt

$$0 = g^n - 1 = (g - 1)(g^{n-1} + g^{n-2} + \cdots + g + 1)$$

Deshalb gilt $\sum_{i=0}^{n-1} g^i = 0$. Mit $\{g^i \mid 0 \leq i < n\} = U$ folgt die Behauptung. $\qquad\square$

Ein *Erweiterungskörper E* von $K$ ist ein Körper, der $K$ als Unterkörper enthält. Wir wollen zeigen, dass es zu jedem Polynom $f \in K[X]$ einen Erweiterungskörper $E$ gibt, in dem $f$ in Linearfaktoren zerfällt. Dies bedeutet, in $E$ gibt es (nicht notwendigerweise verschiedene) $\beta, \alpha_1, \ldots, \alpha_d$ mit $d = \deg(f)$ und $f(X) = \beta \prod_{i=1}^{d}(X - \alpha_i)$ in $E[X]$. Hierbei ist $\beta \in K$ der Leitkoeffizient von $f$. Insbesondere für endliche Körper $K$ können wir $E$ und die Elemente $\alpha_i \in E$ effektiv bestimmen. Wir nennen den Körper $E$ einen *Zerfällungskörper* von $f$ über $K$.

**Satz 1.54.** *Sei $f \in K[X]$. Dann gibt es einen Erweiterungskörper $E$ und $\beta \in K$ sowie $\alpha_1, \ldots, \alpha_d \in E$ mit $d = \deg(f)$ und $f(X) = \beta \prod_{i=1}^{d}(X - \alpha_i)$ in $E[X]$. Falls $K$ endlich ist, existiert ein endlicher Zerfällungskörper $E$ von $f$.*

*Beweis.* Ist $d \leq 1$, so gibt es nichts zu tun, da $f$ schon die gewünschte Form hat. Sei also $d > 1$. Ist $f$ nicht irreduzibel, so zerlegt sich $f$ in ein Produkt $f = gh$ mit $\deg(g) < d$ und $\deg(h) < d$. Die Behauptung folgt mit Induktion: Zunächst sei $E'$ der Zerfällungskörper von $g$ über $K$. Danach bilden wir den Zerfällungskörper $E$ von $h$ über $E'$.

Sei schließlich $f$ irreduzibel. Dann ist $K[X]/f$ nach Satz 1.49 ein Körper $E'$. Aus der Endlichkeit von $K$ folgt mit Satz 1.50, dass $E'$ ebenfalls endlich ist. Nach Umbenennung der Variablen $X$ in $\alpha$ können wir $E' = K[\alpha]/f(\alpha)$ schreiben und $X$ erneut als einen Bezeichner für eine Variable verwenden. In $E'$ gilt nach Konstruktion $f(\alpha) = 0$. Also ist $\alpha$ eine Nullstelle, und $f \in E'[X]$ zerfällt in $f(X) = (X - \alpha)g(X)$, wobei $\deg(g) < d$ gilt. Induktiv gibt es für $g$ und $E'$ einen Erweiterungskörper $E$, in dem $g$ in Linearfaktoren zerfällt. Über $E[X]$ gilt also:

$$g(X) = a \prod_{i=1}^{d-1}(X - \alpha_i)$$

wobei immer noch $a \in K$ der Leitkoeffizient von $f$ ist. Setzen wir $\alpha_d = \alpha$, so erhalten wir wie gewünscht:

$$f(X) = a \prod_{i=1}^{d}(X - \alpha_i) \qquad\qquad\square$$

Wenn man Satz 1.54 „unendlich oft" auf einen Körper $K$ und alle Polynome über diesem Körper anwendet, erhält man den sogenannten *algebraischen Abschluss* von $K$. Im algebraischen Abschluss von $K$ zerfallen alle Polynome in Linearfaktoren. Der formale Beweis für die Existenz des algebraischen Abschlusses basiert auf dem *Auswahlaxiom*. Weiter kann man zeigen, dass der algebraische Abschluss eines Körpers bis auf Isomorphie eindeutig ist; dies bedeutet, alle minimalen Körpererweiterungen von $K$, in denen jedes Polynom in Linearfaktoren zerfällt, sind isomorph zueinander. Der algebraische Abschluss eines Körpers $K$ ist stets unendlich, auch wenn $K$ selbst endlich ist. Die komplexen Zahlen $\mathbb{C}$ sind der algebraische Abschluss des Körpers der reellen Zahlen $\mathbb{R}$ (aber nicht der rationalen Zahlen $\mathbb{Q}$, da unter anderem die Kreiszahl $\pi$ nicht im algebraischen Abschluss von $\mathbb{Q}$ ist).

**Beispiel 1.55.** Der *Advanced Encryption Standard* (AES) arbeitet mit dem folgenden irreduziblen Polynom $X^8 + X^4 + X^3 + X + 1$ vom Grad 8 über $\mathbb{F}_2$. Gerechnet wird dann in dem Körper $\mathbb{F}_2[X]/(X^8 + X^4 + X^3 + X + 1)$. Dieser enthält $256$ Elemente, die jeweils durch ein Byte dargestellt werden können; hierbei ist das $i$-te Bit der Koeffizient vor $X^i$ für $0 \leq i \leq 7$. Die Addition ist das bitweise exklusive Oder von zwei Bytes und die Multiplikationsregel folgt direkt aus der obigen Polynomdarstellung. $\Diamond$

Sei $n \geq 1$ und sei $G \subseteq \mathbb{C}$ die Menge der Nullstellen des Polynoms $X^n - 1$ über dem Körper $\mathbb{C}$ der komplexen Zahlen. Da das Polynom $X^n - 1$ und seine Ableitung $nX^{n-1}$ teilerfremd sind, besitzt $X^n - 1$ genau $n$ verschiedene Nullstellen. Diese Nullstellen sind eine endliche Untergruppe von $\mathbb{C}^*$. Nach Satz 1.52 ist $G$ eine zyklische Gruppe der Ordnung $n$. Dies zeigt, dass wir jede zyklische Gruppe als Untergruppe von $\mathbb{C}^*$ finden. Wir untersuchen nun die Situation in beliebigen Körpern.

**Satz 1.56.** *Sei $r \geq 1$ und die Charakteristik* $\text{char}(K)$ *sei kein Teiler von $r$. Dann gibt es einen Erweiterungskörper $E$ von $K$, in dem das Polynom $X^r - 1$ in paarweise verschiedene Linearfaktoren zerfällt. Genauer, es gibt in $E$ ein Element $\alpha$ der Ordnung $r$ mit:*

$$X^r - 1 = \prod_{i=0}^{r-1} (X - \alpha^i)$$

*Wir nennen $\alpha$ eine primitive Einheitswurzel der Ordnung $r$.*

*Beweis.* Wir wissen bereits, dass $f(X) = X^r - 1$ in einem Erweiterungskörper in Linearfaktoren zerfällt. Die Nullstellen von $f(X)$ bilden eine endliche Untergruppe aus $E^*$, die aus höchstens $r$ Elementen besteht. Nach Satz 1.52 ist diese zyklisch. Ferner gilt $f'(X) = rX^{r-1}$. Da $\text{char}(K)$ kein Teiler von $r$ ist, ist $f'(\alpha) \neq 0$ für alle $\alpha \in E^*$. Wegen $f(0) \neq 0$ hat $X^r - 1$ ausschließlich einfache Nullstellen; sie sind also paarweise verschieden und die zyklische Untergruppe wird von einem Element der Ordnung $r$ erzeugt. $\square$

## 1.9 Endliche Körper

Als Spezialfall von Satz 1.52 ergibt sich, dass die multiplikativen Gruppe endlicher Körper stets zyklisch ist. Diese Aussage ist für das Studium endlicher Körper von zentraler Bedeutung.

Jeder Körper ist ein Vektorraum über seinem Primkörper. Insbesondere ist ein endlicher Körper $K$ ein endlich dimensionaler Vektorraum über seinem Primkörper $\mathbb{F}_p$ für eine Primzahl $p$. Ist diese Dimension $n$, so enthält $K$ genau $p^n$ Elemente. Wir halten diese Eigenschaft in dem folgenden Satz fest und geben einen alternativen Beweis, der ohne lineare Algebra auskommt und dafür den Satz von Cauchy 1.8 benutzt.

**Satz 1.57.** *Sei $K$ ein endlicher Körper mit Charakteristik $p$. Dann hat $K$ genau $p^n$ Elemente für ein $n \geq 1$.*

*Beweis.* Nach Lemma 1.25 ist $p$ eine Primzahl. Dann haben in der additiven Gruppe von $K$ alle von Null verschiedenen Elemente die Ordnung $p$. Nach dem Satz von Cauchy existiert zu jedem Primteiler $q$ von $|K|$ ein Element mit Ordnung $q$. Es folgt, dass $p$ der einzige Primteiler von $|K|$ ist. Daher gilt $|K| = p^n$ für $n \geq 1$. $\quad\square$

**Satz 1.58.** *Sei $p$ eine Primzahl und $n \geq 1$. Dann existiert ein Körper mit $p^n$ Elementen.*

*Beweis.* Setze $q = p^n$. Es sei $E$ ein endlicher Zerfällungskörper des Polynoms $f(X) = X^q - X$ über $\mathbb{F}_p$. Der Körper $E$ existiert nach Satz 1.54. Die Ableitung von $f$ ist $f'(X) = -1$. Also sind $f$ und $f'$ teilerfremd und nach Korollar 1.48 sind alle Nullstellen von $f$ einfach. Dies zeigt, dass $X^q - X$ genau $q$ verschiedene Nullstellen in $E$ besitzt. Die $n$-fache Anwendung des Frobenius-Automorphismus liefert nach Satz 1.27 einen Automorphismus $\phi : E \to E$, $x \mapsto x^q$. Die Nullstellen von $f$ sind genau diejenigen Elemente $x$, für die $\phi(x) = x$ gilt. Diese Elemente bilden einen Körper mit $p^n$ Elementen. $\quad\square$

Der nächste Satz zeigt, dass jeder endliche Körper bis auf Isomorphie durch die Anzahl seiner Element eindeutig bestimmt ist. Dies rechtfertigt die Notationen $\mathbb{F}_{p^n}$ bzw. $\mathrm{GF}(p^n)$ für *den* Körper mit $p^n$ Elementen. Wir zeigen ein allgemeineres Resultat.

**Satz 1.59.** *Seien $K$ und $L$ endliche Körper und $|L|$ eine Potenz von $|K|$. Dann ist $K$ isomorph zu einem Unterkörper von $L$.*

*Beweis.* Sei $|K| = q = p^n$ für eine Primzahl $p$ und $n \geq 1$. Nach Satz 1.52 sind $K^*$ und $L^*$ zyklisch. Sei zunächst $\alpha$ ein Erzeuger von $K^*$. Dann ist $\alpha$ eine Nullstelle des Polynoms $X^{q-1} - 1 \in \mathbb{F}_p[X]$. Sei $f$ ein in $\mathbb{F}_p[X]$ irreduzibler Faktor von $X^{q-1} - 1$ mit $f(\alpha) = 0$ in $K$. Nach Satz 1.49 ist $\mathbb{F}_p[X]/f$ ein Körper. Der Homomorphismus $\varphi : \mathbb{F}_p[X]/f \to K$, $g(X) \mapsto g(\alpha)$ ist wohldefiniert und damit ein surjektiver Körperhomomorphismus. Also ist $\varphi$ ein Isomorphismus nach Korollar 1.23. Ohne Einschränkung gilt ab jetzt $K = \mathbb{F}_p[X]/f$.

Der Körper $L$ enthält nach Vorraussetzung $q^k$ Elemente für ein $k \geq 1$. Insbesondere besitzt er ebenfalls $\mathbb{F}_p$ als Primkörper. Die zyklische Gruppe $L^*$ enthält $q^k - 1$ Elemente und damit eine zyklische Untergruppe der Ordnung $q - 1$. Also zerfällt $X^{q-1} - 1$ über $L$ in Linearfaktoren; und $f$ besitzt als Teiler von $X^{q-1} - 1$ eine Nullstelle $\beta \in L$. Wir definieren jetzt einen Homomorphismus $\psi : F_p[X]/f \to L, g(X) \mapsto g(\beta)$. Als Körperhomomorphismus ist er injektiv und damit erscheint $K$ als isomorpher Unterkörper von $L$. $\qquad\square$

**Beispiel 1.60.** Sei $n \geq 1$. Nach Satz 1.58 gibt es einen Erweiterungskörper $E$ über $\mathbb{F}_2$ mit genau $2^n$ Elementen und der lässt sich beschreiben als $E = \mathbb{F}_2[X]/f$ für ein über $\mathbb{F}_2$ irreduzibles Polynom $f(X)$ vom Grad $n$. Falls wir $E$ als Vektorraum über $\mathbb{F}_2$ auffassen, dann sind die Elemente $1, X, \ldots, X^{n-1}$ aus $E$ linear unabhängig. Wenn wir $\alpha_i = (0 \cdots 010 \cdots 0)$ mit der 1 an der $(n - i)$-ten Stelle von links setzen, dann induziert $X^i \mapsto \alpha_i$ eine Bijektion zwischen $E$ und den $n$-stelligen 0-1-Folgen $\mathbb{B}^n$. Hierbei wird jedes Polynom vom Grad kleiner $n$ durch die Folge seiner Koeffizienten repräsentiert. Insbesondere liefert dies eine Körperstruktur auf $\mathbb{B}^n$.

Sei jetzt konkret $f(X) = X^3 + X^2 + 1 \in \mathbb{F}_2[X]$. Dieses Polynom hat in $\mathbb{F}_2$ keine Nullstellen. Der Grad ist nur 3, daher ist $f$ irreduzibel und $E = \mathbb{F}_2[X]/f$ ist ein Körper mit 8 Elementen. Die Elemente aus $E$ sind genau die Linearkombinationen von $1, X, X^2$ mit Koeffizienten aus $\mathbb{F}_2$. Die Folgen dieser Koeffizienten ergeben eine Darstellung von $E$ durch 3-stellige 0-1-Folgen. Bei der Multiplikation dieser Folgen gilt beispielsweise

$$(101)(111) = (X^2 + 1)(X^2 + X + 1) = 1 = (001)$$

denn $(X^2 + 1)(X^2 + X + 1) \equiv 1 \bmod f$ in $\mathbb{F}_2[X]$. $\qquad\Diamond$

## 1.10 Die Einheitengruppe modulo $n$

Wir haben gesehen, dass die Einheitengruppe $(\mathbb{Z}/n\mathbb{Z})^*$ zyklisch ist, wenn $n$ eine Primzahl ist. In diesem Abschnitt wollen wir die Struktur der multiplikativen Gruppe $(\mathbb{Z}/n\mathbb{Z})^*$ für Primzahlpotenzen $n$ beschreiben. Die Struktur von $(\mathbb{Z}/n\mathbb{Z})^*$ für beliebige Zahlen $n$ ergibt sich dann mit dem chinesischen Restsatz. Betrachten wir die Gruppe $G = (\mathbb{Z}/8\mathbb{Z})^*$, so können wir $G$ mit den ungeraden Zahlen $1, 3, 5, 7$ identifizieren. Es gilt $a^2 = 1$ für alle $a \in G$. Da $G$ die Ordnung 4 hat, ist $G$ insbesondere nicht zyklisch.

Als technisches Hilfsmittel benötigen wir noch die folgenden beiden Rechnungen modulo Primzahlpotenzen.

**Lemma 1.61.** *Sei $p$ eine ungerade Primzahl und $e \geq 2$. Für alle $a \in \mathbb{Z}$ gilt*

$$(1 + ap)^{p^{e-2}} \equiv 1 + ap^{e-1} \pmod{p^e}$$

*Beweis.* Für $e = 2$ ist die Behauptung trivial. Sei jetzt $e > 2$. Mit Induktion gilt $(1 + ap)^{p^{e-3}} = 1 + ap^{e-2} + bp^{e-1}$ für $b \in \mathbb{Z}$. Damit erhalten wir:

$$(1 + ap)^{p^{e-2}} = (1 + ap^{e-2} + bp^{e-1})^p = \sum_k \binom{p}{k} \left( (a + bp)p^{e-2} \right)^k$$

$$\in 1 + p(a + bp)p^{e-2} + p^e\mathbb{Z} + (a + bp)^p p^{p(e-2)}$$

Wegen $p > 2$ gilt $p^e \mid p^{p(e-2)}$. Es folgt $(1 + ap)^{p^{e-2}} \equiv 1 + ap^{e-1} \bmod p^e$. □

**Lemma 1.62.** *Sei $e \geq 3$. Für alle $a \in \mathbb{Z}$ gilt $(1 + 4a)^{2^{e-3}} \equiv 1 + 2^{e-1}a \bmod 2^e$.*

*Beweis.* Für $e = 3$ ist die Behauptung trivial. Sei jetzt $e > 3$. Mit Induktion gilt $(1 + 4a)^{2^{e-4}} = 1 + 2^{e-2}a + 2^{e-1}b$ für $b \in \mathbb{Z}$. Mit $e \leq 2e - 4$ ergibt sich:

$$(1 + 4a)^{2^{e-3}} = (1 + 2^{e-2}a + 2^{e-1}b)^2 = 1 + 2^{e-1}(a + 2b) + 2^{2e-4}(a + 2b)^2$$

$$\equiv 1 + 2^{e-1}a \quad \bmod 2^e$$ □

Wir verwenden nun die beiden obigen Lemmata, um zu zeigen, dass gewisse Elemente in $(\mathbb{Z}/p^e\mathbb{Z})^*$ eine große Ordnung haben.

**Satz 1.63.** *Sei $p$ eine Primzahl und $e \geq 1$. Wenn $p$ ungerade ist oder $e \leq 2$ gilt, dann ist $(\mathbb{Z}/p^e\mathbb{Z})^*$ zyklisch. Für $e > 2$ ist $(\mathbb{Z}/2^e\mathbb{Z})^*$ isomorph zur additiven Gruppe $\mathbb{Z}/2\mathbb{Z} \times \mathbb{Z}/2^{e-2}\mathbb{Z}$ und damit nicht zyklisch.*

*Beweis.* Die multiplikative Gruppe eines Körpers ist zyklisch, und Gruppen von Primzahlordnung sind zyklisch. Dies zeigt die Behauptung für die Fälle $e = 1$ sowie $p = 2$, $e = 2$. Sei jetzt $p$ ungerade und $e \geq 2$. Wir wählen einen Erzeuger $g$ von $(\mathbb{Z}/p\mathbb{Z})^*$. Es gilt $g^{p-1} = 1 + ap$ und $(p + g)^{p-1} = 1 + bp$ für $a, b \in \mathbb{Z}$. Angenommen $p \mid a$ und $p \mid b$. Dann gilt $g^p \equiv g \bmod p^2$ und $(p + g)^p \equiv p + g \bmod p^2$, woraus sich wie folgt ein Widerspruch ergibt:

$$p + g \equiv (p + g)^p \equiv \sum_k \binom{p}{k} p^k g^{p-k} \quad \bmod p^2$$

$$\equiv g^p + ppg^{p-1} \equiv g^p \equiv g \quad \bmod p^2$$

Ohne Einschränkung sei also $\gcd(a, p) = 1$; andernfalls betrachten wir den Erzeuger $p + g$ von $(\mathbb{Z}/p\mathbb{Z})^*$. Mit Lemma 1.61 folgt $(1 + ap)^{p^{e-1}} \equiv 1 + ap^e \bmod p^{e+1}$ und damit $(1 + ap)^{p^{e-1}} \equiv 1 \bmod p^e$. Insbesondere ist die Ordnung von $1 + ap$ in $(\mathbb{Z}/p^e\mathbb{Z})^*$ ein Teiler von $p^{e-1}$. Ebenfalls mit Lemma 1.61 sehen wir $(1 + ap)^{p^{e-2}} \equiv 1 + ap^{e-1} \not\equiv 1 \bmod p^e$. Deshalb hat $g^{p-1}$ in $(\mathbb{Z}/p^e\mathbb{Z})^*$ die Ordnung $p^{e-1}$, und $g$ hat die Ordnung $(p - 1)p^{e-1}$. Also ist $(\mathbb{Z}/p^e\mathbb{Z})^*$ zyklisch.

Wir kommen nun zu dem Fall $p = 2$ und $e > 2$. Aus Lemma 1.62 folgt $5^{2^{e-2}} = (1 + 4)^{2^{e-2}} \equiv 1 + 2^e \bmod 2^{e+1}$ und damit $5^{2^{e-2}} \equiv 1 \bmod 2^e$. Ganz ähnlich sehen wir $5^{2^{e-3}} \equiv 1 + 2^{e-1} \not\equiv 1 \bmod 2^e$. Deshalb hat $5$ die Ordnung $2^{e-2}$ in $(\mathbb{Z}/2^e\mathbb{Z})^*$. Sei $G$ die von $5$ erzeugte Untergruppe von $(\mathbb{Z}/2^e\mathbb{Z})^*$. Angenommen $-1 \in G$, d. h. $5^n \equiv$

$-1 \bmod 2^e$ für $n \in \mathbb{N}$. Daraus folgt $-1 \equiv 5^n \equiv 1 \bmod 4$, ein Widerspruch. Dies zeigt $G \cap -G = \emptyset$. Wegen $|G \cup -G| = 2^{e-1} = |(\mathbb{Z}/2^e\mathbb{Z})^*|$ folgt $G \cup -G = (\mathbb{Z}/2^e\mathbb{Z})^*$. Insbesondere ist der Gruppenhomomorphismus $\mathbb{Z}/2\mathbb{Z} \times \mathbb{Z}/2^{e-2}\mathbb{Z} \to (\mathbb{Z}/2^e\mathbb{Z})^*$, $(a, b) \mapsto (-1)^a 5^b$ surjektiv und damit bijektiv. $\qquad\square$

Als Anwendung des obigen Satzes betrachten wir den *Fermat-Test*. Der Primzahltest von Fermat rät eine Zahl $a \in (\mathbb{Z}/n\mathbb{Z})^*$ und testet, ob $a^{n-1} \equiv 1 \bmod n$ gilt. Ist dies nicht der Fall, dann ist $n$ mit Sicherheit keine Primzahl; andernfalls ist $n$ möglicherweise eine Primzahl. Eine *Carmichael-Zahl* ist benannt nach Robert Daniel Carmichael (1879–1967). Es ist eine zusammengesetzte Zahl $n$, welche $a^{n-1} \equiv 1 \bmod n$ für alle $a \in (\mathbb{Z}/n\mathbb{Z})^*$ erfüllt. Dies bedeutet, dass der Fermat-Test bei Carmichael-Zahlen versagt, da man keine Chance hat, ein geeignetes $a$ zu finden, welches beweist, dass $n$ zusammengesetzt ist (natürlich hat man stets die winzige Chance, zufällig einen Teiler von $n$ zu finden). Es gibt unendlich viele Carmichael-Zahlen [2]. Die drei kleinsten Carmichael-Zahlen sind $561$, $1105$ und $1729$. Die Carmichael-Zahlen sind genau die *Knödel-Zahlen* $K_1$. Sie sind benannt nach Walter Knödel (geb. 1926), der unter anderem Gründungsdekan der Fakultät Informatik an der Universität Stuttgart war. Eine Zahl $n$ gehört zu $K_r$, falls $a^{n-r} \equiv 1 \bmod n$ für alle $a \in (\mathbb{Z}/n\mathbb{Z})^*$. Wir zeigen nun, dass Carmichael-Zahlen *quadratfrei* sind. Quadratfreiheit bedeutet hierbei, dass kein Primzahlexponent größer als 1 ist.

**Satz 1.64.** *Wenn $a^{n-1} \equiv 1 \bmod n$ für alle $a \in (\mathbb{Z}/n\mathbb{Z})^*$ gilt, dann gibt es keine Primzahl $p$ mit $p^2 \mid n$.*

*Beweis.* Angenommen, es gäbe eine Primzahl $p$ mit $p^2 \mid n$. Nach Satz 1.63 ist die multiplikative Gruppe $(\mathbb{Z}/p^2\mathbb{Z})^*$ zyklisch. Sei $g \in \mathbb{Z}$ ein Erzeuger von $(\mathbb{Z}/p^2\mathbb{Z})^*$. Wir wählen $e \geq 2$ maximal mit $p^e \mid n$ und schreiben $n = p^e m$. Nach dem chinesischen Restsatz existiert $h \in \mathbb{Z}$ mit $h \equiv g \bmod p^e$ und $h \equiv 1 \bmod m$. Damit gilt $\mathrm{ggT}(h, n) = 1$. Die Ordnung von $h$ in $(\mathbb{Z}/p^2\mathbb{Z})^*$ ist $(p-1)p$. Aus $h^{n-1} \equiv 1 \bmod n$ folgt $h^{n-1} \equiv 1 \bmod p^2$. Mit Satz 1.3 sehen wir $(p-1)p \mid n-1$ und damit $p \mid n-1$. Dies ist ein Widerspruch zu $p \mid n$. $\qquad\square$

# 1.11 Das quadratische Reziprozitätsgesetz

Sei $\mathbb{F}_q$ ein endlicher Körper. Ein Element $a \in \mathbb{F}_q$ ist ein *Quadrat* oder ein *quadratischer Rest*, wenn $b \in \mathbb{F}_q$ mit $b^2 = a$ existiert. In diesem Fall nennen wir $b$ eine *Wurzel* von $a$. Wenn $b$ eine Wurzel von $a$ ist, dann ist auch $-b$ eine Wurzel von $a$, und da quadratische Gleichungen über Körpern höchstens zwei Lösungen besitzen, sind dies die einzigen Wurzeln von $a$. Im Allgemeinen ist nicht jedes Element eines Körpers ein Quadrat. Ein einfaches Beispiel hierfür ist $\mathbb{F}_3 = \{0, 1, -1\}$. In diesem Körper ist $-1$ kein Quadrat. Der folgende nach Euler benannte Satz gibt ein Kriterium an, mit welchem man testen kann, ob $a \in \mathbb{F}_q$ ein Quadrat ist.

**Satz 1.65** (Euler-Kriterium). *Sei $\mathbb{F}_q$ ein endlicher Körper mit $q \in \mathbb{N}$ ungerade. Dann ist $\mathbb{F}_q^* \to \{1, -1\}$, $a \mapsto a^{\frac{q-1}{2}}$ ein surjektiver Gruppenhomomorphismus, wobei beide Gruppen multiplikativ zu verstehen sind. Des Weiteren gilt*

$$a \in \mathbb{F}_q^* \text{ ist ein Quadrat} \quad \Leftrightarrow \quad a^{\frac{q-1}{2}} = 1$$

*Beweis.* Falls $a$ ein Quadrat ist, dann existiert ein $b \in \mathbb{F}_q^*$ mit $b^2 = a$. Aus Korollar 1.4 folgt $a^{\frac{q-1}{2}} = b^{q-1} = 1$. Sei nun $a$ kein Quadrat. Nach Satz 1.52 ist die multiplikative Gruppe $\mathbb{F}_q^*$ zyklisch. Sei $g$ ein Erzeuger dieser Gruppe und sei $a = g^{2k+1}$. Wegen $g^{q-1} = 1$ gilt $g^{\frac{q-1}{2}} \in \{-1, 1\}$, denn das Polynom $X^2 - 1$ hat keine anderen Nullstellen. Da die Ordnung von $g$ genau $q - 1$ ist, erhalten wir $g^{\frac{q-1}{2}} = -1$ und damit auch

$$a^{\frac{q-1}{2}} = g^{\frac{(2k+1)(q-1)}{2}} = g^{k(q-1)} g^{\frac{q-1}{2}} = g^{\frac{q-1}{2}} = -1$$

Dies zeigt $a^{\frac{q-1}{2}} \in \{-1, 1\}$, wobei 1 genau bei Quadraten eintritt. Daraus folgt nun auch die Homomorphieeigenschaft. Für die Surjektivität bemerken wir $1^{\frac{q-1}{2}} = 1$ und $g^{\frac{q-1}{2}} = -1$ für jeden Erzeuger $g$ von $\mathbb{F}_q^*$. □

Aus dem Euler-Kriterium folgt insbesondere, dass es genau so viele Quadrate wie Nicht-Quadrate in $\mathbb{F}_q^*$ gibt, wenn $q$ ungerade ist. Wir betrachten nun Quadrate in Primkörpern $\mathbb{Z}/p\mathbb{Z}$. Auf den ersten Blick scheinen die Körper $\mathbb{Z}/p\mathbb{Z}$ und $\mathbb{Z}/q\mathbb{Z}$ für verschiedene Primzahlen $p$ und $q$ nichts miteinander zu tun zu haben. Umso überraschender ist es, dass die beiden Strukturen durch die Quadrateigenschaft verflochten sind; dies ist der Gegenstand des quadratischen Reziprozitätsgesetzes.

Sei $n$ eine beliebige ungerade Zahl und sei $a \in \mathbb{Z}$ teilerfremd zu $n$. Die Abbildung $x \mapsto ax \bmod n$ definiert auf der Menge $\{0, \ldots, n-1\}$ eine Permutation. Wir setzen

$$\left(\frac{a}{n}\right) = \mathrm{sgn}(x \mapsto ax \bmod n)$$

und nennen $\left(\frac{a}{n}\right) \in \{1, -1\}$ das *Jacobi-Symbol* (benannt nach Carl Gustav Jacob Jacobi, 1804–1851) von $a$ und $n$; es ist das Vorzeichen der Permutation $x \mapsto ax \bmod n$. Der Zusammenhang zwischen Quadraten und Vorzeichen von Permutationen wird durch das folgende Resultat von Jegor Iwanowitsch Zolotarev (1847–1878) hergestellt.

**Satz 1.66** (Zolotarevs Lemma). *Sei $p$ eine ungerade Primzahl und $a \in \mathbb{Z}$ mit $p \nmid a$. Dann ist $a$ genau dann ein Quadrat modulo $p$, wenn $\left(\frac{a}{p}\right) = 1$ gilt.*

*Beweis.* Nach Lemma 1.13 gilt:

$$\left(\frac{a}{p}\right) = \prod_{0 \leq x < y < p} \frac{(ay \bmod p) - (ax \bmod p)}{y - x} \equiv a^{\binom{p}{2}} \equiv a^{\frac{p-1}{2}} \quad \bmod p$$

Die letzte Kongruenz verwendet den kleinen Satz von Fermat. Die Behauptung folgt nun mit dem Euler-Kriterium. □

Aufgrund von Zolotarevs Lemma lässt sich das ebenfalls sehr gebräuchliche *Legendre-Symbol* (benannt nach Adrien-Marie Legendre, 1752–1833) durch das Jacobi-Symbol definieren. Dabei verwendet man üblicherweise dieselbe Schreibweise und betrachtet jedoch nur ungerade Primzahlen $p$. Man ergänzt ferner den Definitionsbereich von $\left(\frac{a}{p}\right)$ auf alle $a \in \mathbb{Z}$, indem man $\left(\frac{a}{p}\right) = 0$ für $p \mid a$ setzt. Nach dem Euler-Kriterium gilt für das Legendre-Symbol $\left(\frac{a}{p}\right)$ die Eigenschaft $\left(\frac{a}{p}\right) \equiv a^{\frac{p-1}{2}} \bmod p$ für alle $a \in \mathbb{Z}$.

Wir formulieren nun das quadratische Reziprozitätsgesetz in Satz 1.67 (a) mit seinen beiden Ergänzungssätzen (b) und (c) sowie den beiden Multiplikationsregeln (d) und (e) für das Jacobi-Symbol.

**Satz 1.67** (Quadratisches Reziprozitätsgesetz). *Seien $m, n \in \mathbb{Z}$ zwei teilerfremde ungerade Zahlen. Dann gelten die folgenden Eigenschaften:*

(a) $\left(\dfrac{m}{n}\right) = (-1)^{\frac{n-1}{2}\frac{m-1}{2}} \left(\dfrac{n}{m}\right)$

(b) $\left(\dfrac{-1}{n}\right) = (-1)^{\frac{n-1}{2}}$

(c) $\left(\dfrac{2}{n}\right) = (-1)^{\frac{n^2-1}{8}}$

(d) $\left(\dfrac{m}{n}\right) = \left(\dfrac{m_1}{n}\right)\left(\dfrac{m_2}{n}\right)$ *für* $m = m_1 m_2$

(e) $\left(\dfrac{m}{n}\right) = \left(\dfrac{m}{n_1}\right)\left(\dfrac{m}{n_2}\right)$ *für* $n = n_1 n_2$

*Beweis.* Zu (a): Wir nehmen zunächst $m, n \geq 1$ an. Die Permutation $x \mapsto x + 1 \bmod m$ hat das Vorzeichen 1, denn die Elemente $0, \ldots, m - 2$ haben alle eine Fehlstellung mit $m - 1$, und sonst gibt es keine weiteren Fehlstellungen. Durch Hintereinanderausführung sehen wir, dass $\operatorname{sgn}(x \mapsto x + y_0 \bmod m) = 1$ für alle $y_0 \in \mathbb{Z}$ gilt. Sei $P = \{0, \ldots, m - 1\} \times \{0, \ldots, n - 1\}$. Wir definieren die Abbildungen $\mu$ und $\nu$ auf $P$ durch:

$$\mu(x, y) = (x, x + my \bmod n) \qquad \nu(x, y) = (nx + y \bmod m, y)$$

Für jedes feste $y'$ ist $\nu_{y'} : (x, y') \mapsto (nx + y' \bmod m, y')$ eine Permutation auf der Menge $\{0, \ldots, m - 1\} \times \{y'\}$, und ihr Vorzeichen ist $\left(\frac{n}{m}\right)$. Die Abbildung $\nu_{y'}$ definiert auch eine Permutation mit gleichem Vorzeichen auf der Menge $P$, indem alle Werte $(x, y)$ mit $y \neq y'$ auf sich selbst abgebildet werden. Nun ist $\nu$ die Hintereinanderausführung aller $\nu_{y'}$ für $0 \leq y' < n$. Dies liefert das Vorzeichen $\operatorname{sgn}(\nu) = \left(\frac{n}{m}\right)^n = \left(\frac{n}{m}\right)$. Ganz analog ist $\mu$ eine Permutation mit $\operatorname{sgn}(\mu) = \left(\frac{m}{n}\right)$. Daraus folgt:

$$\operatorname{sgn}(\mu \circ \nu^{-1}) = \left(\frac{m}{n}\right)\left(\frac{n}{m}\right)$$

Nach dem chinesischen Restsatz können wir $\mu \circ \nu^{-1}$ als Permutation $\pi$ auf der Menge $\{0, \ldots, mn - 1\}$ auffassen. Für $(x, y) \in P$ bildet $\pi$ den Wert $nx + y$ auf $x + my$ ab. Wir zählen nun die Fehlstellungen von $\pi$. Dies sind die Paare $\big((x, y), (x', y')\big) \in P^2$ mit $nx + y < nx' + y'$ und $x + my > x' + my'$. Die letzten beiden Forderungen sind äquivalent zu $x < x'$ und $y > y'$. Deshalb hat $\pi$ genau $\binom{m}{2}\binom{n}{2}$ Fehlstellungen. Dies zeigt:

$$\operatorname{sgn}(\mu \circ \nu^{-1}) = (-1)^{\frac{m(m-1)}{2}\frac{n(n-1)}{2}} = (-1)^{\frac{m-1}{2}\frac{n-1}{2}}$$

Damit haben wir (a) für positive Zahlen bewiesen, denn es gilt $\left(\frac{n}{m}\right)^{-1} = \left(\frac{n}{m}\right)$. Zu (b): Wegen $(n-1)/2 \equiv (-n-1)/2 \bmod 2$ können wir $n \geq 1$ annehmen. Nach Lemma 1.13 gilt:

$$\left(\frac{-1}{n}\right) = \operatorname{sgn}(x \mapsto -x \bmod n) = \prod_{x<y} \frac{x-y}{y-x} = (-1)^{\binom{n}{2}} = (-1)^{\frac{n-1}{2}}$$

Die Eigenschaft (d) gilt nach Satz 1.14, da sgn ein Homomorphismus ist. Insbesondere gilt damit das quadratische Reziprozitätsgesetz (a) für alle ungeraden teilerfremden Zahlen $m, n \in \mathbb{Z}$. Zu (c): Ohne Einschränkung sei $n \geq 1$. Aus dem bereits Gezeigten folgt:

$$\left(\frac{2}{n}\right) \overset{(d)}{=} \left(\frac{-1}{n}\right)\left(\frac{n-2}{n}\right) \overset{(a)}{=} \left(\frac{-1}{n}\right)\left(\frac{n}{n-2}\right) \overset{(b)}{=} (-1)^{\frac{n-1}{2}}\left(\frac{2}{n-2}\right)$$

Die Behauptung erhalten wir daraus mit Induktion nach $n$. Zu (e): Nach dem chinesischen Restsatz existiert $r \in \mathbb{N}$ mit $r \equiv 1 \bmod 4$ und $r \equiv m \bmod n$. Damit gilt:

$$\left(\frac{m}{n}\right) = \left(\frac{r}{n}\right) \overset{(a)}{=} \left(\frac{n}{r}\right) \overset{(d)}{=} \left(\frac{n_1}{r}\right)\left(\frac{n_2}{r}\right) \overset{(a)}{=} \left(\frac{r}{n_1}\right)\left(\frac{r}{n_2}\right) = \left(\frac{m}{n_1}\right)\left(\frac{m}{n_2}\right)$$

Dies schließt den Beweis ab. $\qquad\square$

Der hier vorgestellte Beweis des quadratischen Reziprozitätsgesetzes stammt von George Rousseau [72]. Das quadratische Reziprozitätsgesetz liefert den folgenden Algorithmus zur Berechnung des Jacobi-Symbols:

```
/* Voraussetzung: m, n ≥ 1, n ungerade, ggT(m, n) = 1 */
function Jacobi(m, n)
begin
    if m = 1 then return 1;
    if m ≡ 0 mod 2 then return (-1)^((n²-1)/8) * Jacobi(m/2, n)
    else return (-1)^((m-1)/2 (n-1)/2) * Jacobi(n mod m, m)
end
```

Hierbei genügt es, bei den Zahlen $m$ und $n$ im Exponenten von $-1$ jeweils die letzten 4 Bits zu betrachten, um festzustellen ob sich der Term zu 1 oder $-1$ auswertet.

## Aufgaben

**1.1.** Zeigen Sie, dass in einem endlichen Monoid $M$ jedes Linksinverse auch rechtsinvers ist, d. h., für alle $a, b \in M$ mit $ba = 1$ gilt $ab = 1$.

**1.2.** Zeigen Sie, dass die Aussage von Aufgabe 1.1. auf unendliche Monoide nicht zutrifft.

**1.3.** Sei $S$ eine Halbgruppe. Ein Element $a \in S$ heißt *quasi-invertierbar*, falls es ein $b \in S$ gibt mit $aba = a$. Zeigen Sie, dass zu jedem quasi-invertierbaren Element $a \in S$ ein Element $c \in S$ existiert mit $aca = a$ und $cac = c$.

**1.4.** Sei $S$ eine endliche Halbgruppe mit $n$ Elementen und seien $a_1, \ldots, a_n \in S$ beliebig. Zeigen Sie, dass ein Index $i \in \{1, \ldots, n\}$ und ein Element $b \in S$ mit $a_1 \cdots a_i = a_1 \cdots a_i b$ existieren.

**1.5.** Geben Sie ein endliches Monoid $M$ und ein Untermonoid $U$ von $M$ an, so dass $|U|$ kein Teiler von $|M|$ ist.

**1.6.** Seien $X$ und $Y$ nichtleere Mengen, sei $S$ eine Halbgruppe, und sei $\varphi : Y \times X \to S$ eine Abbildung. Zeigen Sie, dass die Verknüpfung $\circ$ mit $(x, s, y) \circ (x', s', y') = (x, s \cdot \varphi(y, x') \cdot s', y')$ auf der Menge $X \times S \times Y$ eine Halbgruppe definiert, die sogenannte *Rees-Sandwich-Halbgruppe* nach David Rees (geb. 1918).

**1.7.** Sei $G$ eine Halbgruppe. Zeigen Sie:

**(a)** Wenn ein Element $e \in G$ existiert mit:

- Für alle $g \in G$ gilt $eg = g$ (linksneutrales Element).
- Für alle $g \in G$ existiert $h \in G$ mit $hg = e$ (linksinverse Elemente).

  Dann ist $G$ eine Gruppe.

**(b)** Wenn ein Element $e \in G$ existiert mit:

- Für alle $g \in G$ gilt $ge = g$ (rechtsneutrales Element).
- Für alle $g \in G$ existiert $h \in G$ mit $hg = e$ (linksinverse Elemente).

  Dann braucht $G$ keine Gruppe zu sein.

**(c)** Wenn für alle $a, b \in G$ die Gleichungen $a \cdot x = b$ und $y \cdot a = b$ eindeutige Lösungen $x, y \in G$ besitzen, dann ist $G$ eine Gruppe.

**1.8.** Sei $G$ eine Gruppe und sei $S \subseteq G$ eine Teilmenge.

**(a)** Zeigen Sie, dass die folgenden Eigenschaften äquivalent sind:

(i) $S$ ist eine Untergruppe von $G$.

(ii) $S \neq \emptyset$ und für alle $x, y \in S$ gilt $xy^{-1} \in S$.

**(b)** Sei $S$ endlich. Zeigen Sie, dass dann die folgenden Eigenschaften äquivalent sind.

(i) $S$ ist eine Untergruppe von $G$.

(ii) $S \neq \emptyset$ und für alle $x, y \in S$ gilt $xy \in S$.

**(c)** Geben Sie eine Gruppe $G$ und eine unendliche Teilmenge $S \subseteq G$ an, welche keine Untergruppe bildet aber die Eigenschaft $xy \in S$ für alle $x, y \in S$ erfüllt.

**1.9.** Sei $M$ ein Monoid, so dass $m^2 = 1$ für alle $m \in M$ gilt. Zeigen Sie, dass $M$ eine kommutative Gruppe ist.

**1.10.** Zeigen Sie, dass die Elemente ungerader Ordnung in einer kommutativen Gruppe $G$ eine Untergruppe bilden.

**1.11.** Sei $G$ eine Gruppe und $H$ eine Untergruppe. Zeigen Sie, dass für alle $x, y \in G$ die folgende Implikation gilt: $xH = yH \Rightarrow xHx^{-1} = yHy^{-1}$.

**1.12.** Sei $G$ eine (möglicherweise unendliche) Gruppe und $H$ eine Untergruppe mit $[G : H] = n < \infty$, d. h. $H$ hat endlichen Index. Zeigen Sie:

**(a)** Für alle $g \in G$ existiert ein $i \in \{1, \dots, n\}$ mit $g^i \in H$.

**(b)** $N = \bigcap_{x \in G} xHx^{-1}$ ist der größte Normalteiler von $G$, der in $H$ enthalten ist. Ferner gilt, dass $G/N$ endlich ist.

**1.13.** Zeigen Sie, dass die Normalteilereigenschaft nicht transitiv ist.

**1.14.** Sei $G$ eine Gruppe. Zeigen Sie, dass die bijektive Funktion $f : G \to G$ mit $f(a) = a^{-1}$ genau dann ein Gruppenhomomorphismus ist, wenn $G$ eine kommutative Gruppe ist.

**1.15.** Seien $G$ und $H$ Gruppen, $f : G \to H$ ein Gruppenhomomorphismus und $a \in G$ ein Element mit endlicher Ordnung. Zeigen Sie, dass die Ordnung von $f(a)$ die Ordnung von $a$ teilt.

**1.16.** Zeigen Sie, dass jeder endliche nullteilerfreie Ring $R$ mit $1 \neq 0$ ein Schiefkörper ist.

**1.17.** Sei $R$ ein kommutativer Ring. Zeigen Sie, dass für eine Teilmenge $I \subseteq R$ die folgenden Aussagen äquivalent sind:

(i) $I$ ist ein Ideal.

(ii) $R/I$ ist durch die Verknüpfungen

$$(r_1 + I) + (r_2 + I) = r_1 + r_2 + I \quad \text{und} \quad (r_1 + I) \cdot (r_2 + I) = r_1 r_2 + I$$

ein Ring mit $I$ als neutralem Element der Addition und $1 + I$ als neutralem Element der Multiplikation.

(iii) $I$ ist der Kern eines Ringhomomorphismus.

**1.18.** Sei $R$ ein Ring und seien $I$ und $J$ Ideale in $R$ mit $I \subseteq J$. Zeigen Sie, dass $R/J$ und $(R/I)/(J/I)$ isomorph sind.

**1.19.** Sei $R$ ein Ring und seien $I$ und $J$ Ideale von $R$. Welche der folgenden Mengen sind Ideale von $R$?

(i) $I + J$ $\qquad$ (ii) $I \cdot J$ $\qquad$ (iii) $I \cup J$ $\qquad$ (iv) $I \cap J$

**1.20.** Zeigen Sie, dass das von den Polynomen $6$ und $x^2 - 2$ erzeugte Ideal $\{6 \cdot p(x) + (x^2 - 2) \cdot q(x) \mid p(x), q(x) \in \mathbb{Z}[x]\}$ im Ring $\mathbb{Z}[x]$ weder ein Hauptideal noch maximal ist.

**1.21.** Bestimmen Sie die Ordnung des Elements 3 in der multiplikativen Gruppe $(\mathbb{Z}/16\mathbb{Z})^* = \{i \in \mathbb{Z}/16\mathbb{Z} \mid i \equiv 1 \bmod 2\}$.

**1.22.** Zählen Sie die Elemente in $(\mathbb{Z}/60\mathbb{Z})^*$ mit gerader Ordnung.

**1.23.** Seien $m, n > 1$ natürliche Zahlen mit $\mathrm{ggT}(m, n) > 1$. Zeigen Sie, dass die additiven Gruppen $(\mathbb{Z}/m\mathbb{Z}) \times (\mathbb{Z}/n\mathbb{Z})$ und $\mathbb{Z}/mn\mathbb{Z}$ nicht isomorph sind.

**1.24.** Berechnen Sie $s \in \mathbb{N}$ mit $51 \cdot s \equiv 1 \bmod 98$.

**1.25.** Welches sind die zwei kleinsten $n_1, n_2 \in \mathbb{N}$, die die folgenden Kongruenzen für $i = 1, 2$ erfüllen: $n_i \equiv 2 \bmod 3$, $n_i \equiv 3 \bmod 4$ und $n_i \equiv 6 \bmod 7$?

**1.26.** Zeigen Sie, dass für alle $n \in \mathbb{N}$ die Kongruenz $7^{2n^4 + 2n^2} \equiv 1 \bmod 60$ gilt.

**1.27.** Bestimmen Sie die Nullstellen des Polynoms $X^2 + X$ über $\mathbb{Z}/6\mathbb{Z}$.

**1.28.** Zeigen Sie, dass 5 die einzige Primzahl der Form $z^4 + 4$ mit $z \in \mathbb{Z}$ ist.

*Hinweis:* Bestimmen Sie durch Polynomdivision ein Polynom $p$ mit $z^4 + 4 = p(z) \cdot (z^2 - 2z + 2)$.

**1.29.** Berechnen Sie $\mathrm{ggT}(X^6 + X^5 + X^3 + X, X^8 + X^7 + X^6 + X^4 + X^3 + X + 1)$ in dem Polynomring $\mathbb{F}_2[X]$ über dem zweielementigen Körper $\mathbb{F}_2$.

**1.30.** Sei $f(X) = X^5 + X^2 + 1 \in \mathbb{F}_2[X]$. Zeigen Sie, dass $f(X)$ über dem zweielementigen Körper $\mathbb{F}_2$ irreduzibel ist.

**1.31.** Sei $t \geq 1$. Das Polynom $f(X) \in \mathbb{R}[X]$ heißt *t-dünn*, wenn es Summe von höchstens $t$ Termen der Form $a_i X^i$ ist. Es gilt also $f(X) = \sum_{i \geq 0} a_i X^i$ und $a_i \neq 0$ für höchstens $t$ Indizes $i$. Zeigen Sie, dass die Anzahl der positiven reellen Nullstelle von $0 \neq f(X)$ durch $t - 1$ begrenzt ist.

**1.32.** Es sei $0 \neq f(X) = \sum_i a_i X^i \in \mathbb{R}[X]$ ein Polynom vom Grad $d$. Die Anzahl der Vorzeichenwechsel von $f(X)$ ist die Anzahl der Vorzeichenwechsel in der Folge $(a_0, \ldots, a_d)$; und diese ist definiert als die Anzahl der Vorzeichenwechsel in der Teilfolge, die entsteht, wenn alle $a_j$ mit $a_j = 0$ gestrichen werden. Die Anzahl der Vorzeichenwechsel in der Folge $(0, 1, 0, -3, 4, 0, 2, -1)$ ist damit die von $(1, -3, 4, 2, -1)$, also 3.

**(a)** Sei $0 < \lambda \in \mathbb{R}$ eine positive reelle Zahl. Zeigen Sie, dass die Anzahl der Vorzeichenwechsel von $g(X) = (X - \lambda)f(X)$ um mindestens 1 größer als die Anzahl der Vorzeichenwechsel von $f(X)$ ist.

**(b)** (Vorzeichenregel von Descartes) Die Anzahl der positiven reellen Nullstellen (mit Vielfachheiten) von $f(X)$ ist durch die Anzahl der Vorzeichenwechsel in der Folge $(a_0, \ldots, a_d)$ begrenzt.

**1.33.** Sei $f(x) = X^n + a_{n-1}X^{n-1} + \cdots + a_0 \in \mathbb{Z}[X]$. Zeigen Sie: Ist $r \in \mathbb{Q}$ eine Nullstelle von $f(X)$, so ist $r \in \mathbb{Z}$ und $r$ ein Teiler von $a_0$.

**1.34.** (Eisensteinkriterium; nach F. Gotthold M. Eisenstein, 1823–1852) Sei $f(X) = a_nX^n + a_{n-1}X^{n-1} + \cdots + a_0 \in \mathbb{Z}[X]$ mit $n \geq 1$, $a_n \neq 0$ und $\mathrm{ggT}(a_0, a_1, \ldots, a_n) = 1$. Es existiere eine Primzahl $p$ mit $p \nmid a_n$, $p \mid a_{n-1}$, $p \mid a_{n-2}$, ..., $p \mid a_0$, aber $p^2 \nmid a_0$. Zeigen Sie, dass $f(X)$ irreduzibel über $\mathbb{Q}$ ist.

**1.35.** Zeigen Sie mit Hilfe des Eisensteinkriteriums aus der vorigen Aufgabe:

**(a)** Sei $p$ eine Primzahl und $f(X) = X^n - p$, $n \geq 1$. Dann ist $f(X)$ irreduzibel über $\mathbb{Q}$ und damit insbesondere $\sqrt[n]{p} \notin \mathbb{Q}$.

**(b)** Sei $p$ eine Primzahl und $f(X) = X^{p-1} + X^{p-2} + \cdots + 1$. Dann ist $f(X)$ irreduzibel über $\mathbb{Q}$.

*Hinweis:* Beachten Sie, dass $f(X) = \frac{X^p - 1}{X - 1} \in \mathbb{Z}[X]$ und dass $f(X)$ genau dann irreduzibel über $\mathbb{Q}$ ist, wenn es $f(X + 1)$ ist.

**1.36.** Wir erweitern formale Potenzreihen um Reihen der Form

$$F(X) = \sum_{i \in \mathbb{Z}} f_i X^i$$

*Behauptung:* Für die spezielle Reihe $S(X) = \sum_{i \in \mathbb{Z}} X^i$ gilt $S(X) = 0$.
*Beweis:* Es gilt $X \cdot S(X) = S(X)$ und daher $S(X) \cdot (1 - X) = 0$. Andererseits gilt $(1 - X) \cdot \sum_{i \geq 0} X^i = 1$. Daraus ergibt sich nun

$$S(X) = S(X) \cdot 1 = S(X) \cdot (1 - X) \cdot \sum_{i \geq 0} X^i = 0 \cdot \sum_{i \geq 0} X^i = 0$$

Wo ist der Fehler in diesem Beweis?

**1.37.** Wir betrachten die Menge $\mathbb{Q}[\sqrt{2}] = \{a + b\sqrt{2} \mid a, b \in Q\}$ mit der Addition $(a + b\sqrt{2}) + (a' + b'\sqrt{2}) = (a + a') + (b + b')\sqrt{2}$ und der Multiplikation $(a + b\sqrt{2}) \cdot (a' + b'\sqrt{2}) = (aa' + 2bb') + (ab' + a'b)\sqrt{2}$. Zeigen Sie, dass $\mathbb{Q}[\sqrt{2}]$ damit zu einem Körper wird.

**1.38.** Sei $K$ ein Körper, sei $E$ ein Erweiterungskörper von $K$, und $\alpha \in E$ sei Nullstelle eines Polynoms $p(X) \in K[X]$ mit $\deg(p) \geq 1$. Zeigen Sie: Es gibt genau ein Polynom $m(X)$ mit Leitkoeffzient 1 und der Eigenschaft

$$\{ g(X) \mid g(X) \in K[X], g(\alpha) = 0 \} = \{ f(X)m(X) \mid f(X) \in K[X] \}$$

Man bezeichnet $m(X)$ als das *Minimalpolynom* von $\alpha$.

**1.39.** Sei $\mathbb{F}$ ein Körper mit $q$ Elementen für $q \in \mathbb{N}$ ungerade. Zeigen Sie, dass $a \in \mathbb{F}$ genau dann ein Quadrat ist, wenn $X - a \in \mathbb{F}[X]$ das Polynom $X^{(q-1)/2} - 1$ teilt.

# Zusammenfassung

### Begriffe

- Halbgruppe, Monoid
- abelsch, kommutativ
- Homomorphismus
- Isomorphismus
- Gruppe, Inverses
- erzeugen $\langle X \rangle$
- Nebenklasse
- Ordnung einer Gruppe
- Ordnung eines Elements
- Index $[G : H]$
- zyklische Gruppe
- erzeugendes Element
- Kern $\ker(\varphi)$, Bild $\operatorname{im}(\varphi)$
- Normalteiler
- Faktorgruppe $G/H$
- Bewegungsgruppe
- symmetrische Gruppe
- Fehlstellung
- Vorzeichen $\operatorname{sgn}(\pi)$
- Transposition
- (kommutativer) Ring
- Nullring
- Schiefkörper
- Körper
- Unterring, Unterkörper

- Ringhomomorphismus
- Ideal, Restklassenring
- Hauptideal
- maximales Ideal
- Nullteiler, nullteilerfrei
- Charakteristik $\operatorname{char}(R)$
- Primkörper
- Frobenius-Homomorphismus
- formale Potenzreihe
- Polynome $R[X]$
- Nullpolynom
- Grad $\deg(f)$
- Leitkoeffizient
- Ableitung $f'$
- Nullstelle, Vielfachheit
- irreduzibel
- noetherscher Ring
- Erweiterungskörper
- Zerfällungskörper
- algebraischer Abschluss
- endlicher Körper $\mathbb{F}_q$
- Carmichael-Zahl
- quadratfrei
- Jacobi-Symbol
- Legendre-Symbol

### Methoden und Resultate

- Klasseneinteilung in Nebenklassen
- Satz von Lagrange: $|G| = [G : H] \cdot |H|$
- $g^{|G|} = 1$. Außerdem gilt: $g^n = 1 \Leftrightarrow$ Ordnung von $g$ teilt $n$
- Gruppen von Primzahlordnung sind zyklisch.
- Untergruppen von zyklischen Gruppen sind zyklisch.
- $G$ abelsch, $g, h \in G$ mit teilerfremden Ordnungen $m, n \Rightarrow gh$ hat Ordnung $mn$
- Satz von Cauchy: $p$ Primteiler von $|G| \Rightarrow G$ hat ein Element der Ordnung $p$
- Normalteiler sind genau die Kerne von Gruppenhomomorphismen.
- Untergruppen von Index 2 sind Normalteiler.

- Homomorphiesatz der Gruppentheorie:
  $\varphi : G \to H$ Homomorphismus $\Rightarrow G / \ker(\varphi) \cong \operatorname{im}(\varphi)$
- Struktur der Bewegungsgruppe eines regelmäßigen Vielecks
- $\pi$ Permutation auf $\{1, \dots, n\}$. Dann $\operatorname{sgn}(\pi) = (-1)^{\text{Anz. Fehlstell.}} = \prod_{i<j} \frac{\pi(j) - \pi(i)}{j - i}$
- $\operatorname{sgn} : S_n \to \{-1, 1\}$ ist ein Homomorphismus.
- $\pi$ ist Produkt von $m$ Transpositionen $\Rightarrow \operatorname{sgn}(\pi) = (-1)^m$
- Jede Permutation ist das Produkt von Transpositionen.
- Homomorphiesatz der Ringtheorie:
  $\varphi : R \to S$ Homomorphismus $\Rightarrow R / \ker(\varphi) \cong \operatorname{im}(\varphi)$
- Ringhomomorphismen $\varphi : K \to R$ mit $K$ Körper und $R \neq \{0\}$ sind injektiv.
- $R$ kommutativ. Dann: $I \subseteq R$ maximales Ideal $\Leftrightarrow R/I$ Körper
- $R$ nullteilerfrei $\Rightarrow \operatorname{char}(R) = 0$ oder $\operatorname{char}(R) = p$ Primzahl
- Binomialsatz: $(x + y)^n = \sum_k \binom{n}{k} x^k y^{n-k}$
- $R$ kommutativ, $\operatorname{char}(R) = p$ Primzahl $\Rightarrow x \mapsto x^p$ ist Homomorphismus auf $R$
- Kleiner Satz von Fermat:
  $R$ kommutativ, $\operatorname{char}(R) = p$ Primzahl $\Rightarrow \forall a \in R: a^p = a$
- Lemma von Bézout:
  Für alle $k, \ell \in \mathbb{Z}$ existieren $a, b \in \mathbb{Z}$ mit $\operatorname{ggT}(k, \ell) = ak + b\ell$.
- Erweiterter euklidischer Algorithmus
- $k \in (\mathbb{Z}/n\mathbb{Z})^* \Leftrightarrow \operatorname{ggT}(k, n) = 1 \Leftrightarrow$ die Abbildung $x \mapsto kx$ auf $\mathbb{Z}/n\mathbb{Z}$ ist bijektiv
- $n$ ist Primzahl $\Leftrightarrow \mathbb{Z}/n\mathbb{Z}$ ist Körper
- Ideale in $\mathbb{Z}$ werden von einem Element erzeugt.
- $k \mid \ell \Leftrightarrow \ell\mathbb{Z} \subseteq k\mathbb{Z}$; $k\mathbb{Z} + \ell\mathbb{Z} = \operatorname{ggT}(k, \ell)\mathbb{Z}$; $k\mathbb{Z} \cap \ell\mathbb{Z} = \operatorname{kgV}(k, \ell)\mathbb{Z}$
- Chinesischer Restsatz: Für $\operatorname{ggT}(k, \ell) = 1$ definiert $\mathbb{Z}/k\ell\mathbb{Z} \to \mathbb{Z}/k\mathbb{Z} \times \mathbb{Z}/\ell\mathbb{Z}$ mit $x \bmod k\ell \mapsto (x \bmod k, x \bmod \ell)$ einen Ringisomorphismus.
- Berechnung der Euler'schen $\varphi$-Funktion: $\varphi(p^k) = (p - 1)p^{k-1}$ für $p$ Primzahl, $\varphi(k\ell) = \varphi(k)\varphi(\ell)$ für $\operatorname{ggT}(k, \ell) = 1$
- Satz von Euler: $\operatorname{ggT}(a, n) = 1 \Rightarrow a^{\varphi(n)} \equiv 1 \bmod n$
- $R[\![X]\!]$ nullteilerfrei $\Leftrightarrow R$ nullteilerfrei
- $f \in R[\![X]\!]$ invertierbar $\Leftrightarrow f(0) \in R$ invertierbar
- $\deg(f + g) \leq \max(\deg(f), \deg(g))$
- $\deg(f \cdot g) \leq \deg(f) + \deg(g)$ mit Gleichheit bei nullteilerfreien Ringen
- $(f + g)' = f' + g'$; $(f \cdot g)' = f' \cdot g + f \cdot g'$
- Polynomdivision
- ggT von Polynomen über einem Körper
- $f(s) = 0 \Leftrightarrow (X - s)$ teilt $f(X)$

- $R$ nullteilerfrei, $f \neq 0 \Rightarrow f(X) \in R[X]$ hat höchstens $\deg(f)$ viele Nullstellen
- Sei $R$ nullteilerfrei, $f \neq 0$. Dann: Nullstelle $s$ von $f$ ist einfach $\Leftrightarrow f'(s) \neq 0$
- $K$ Körper, $f \in K[X]$, $f$ und $f'$ teilerfremd $\Rightarrow$ alle Nullstellen von $f$ sind einfach
- $K$ Körper, $f \in K[X]$. Dann: $K[X]/f$ Körper $\Leftrightarrow f$ irreduzibel
- $K$ Körper, $0 \neq f \in K[X] \Rightarrow K[X]/f$ ist als additive Gruppe isomorph zu $K^{\deg(f)}$
- Hilbert'scher Basissatz: $R$ noethersch, kommutativ $\Rightarrow R[X_1, \ldots, X_k]$ noethersch
- Endliche Untergruppen der multiplikativen Gruppe eines Körpers sind zyklisch
- Die multiplikative Gruppe von endlichen Körpern ist zyklisch.
- $U$ endliche Untergruppe von $K^*$, $|U| \geq 2 \Rightarrow \sum_{u \in U} u = 0$
- $\forall f \in K[X]$ gibt es Zerfällungskörper $E$. Und: $K$ endlich $\Rightarrow E$ endlich
- Existenz primitiver Einheitswurzeln in Körpern
- $K$ endlicher Körper $\Rightarrow |K| = p^n$ für Primzahl $p$
- Für alle $n \geq 1$ und Primzahlen $p$ existiert ein Körper $K$ mit $|K| = p^n$.
- Endliche Körper mit gleich vielen Elementen sind isomorph.
- $p \geq 3$ Primzahl $\Rightarrow (\mathbb{Z}/p^e\mathbb{Z})^*$ zyklisch
- Für $e \geq 2$ sind $(\mathbb{Z}/2^e\mathbb{Z})^*$ und die additive Gruppe $\mathbb{Z}/2\mathbb{Z} \times \mathbb{Z}/2^{e-2}\mathbb{Z}$ isomorph.
- Wenn $a^{n-1} \equiv 1 \bmod n$ für alle $a \in (\mathbb{Z}/n\mathbb{Z})^*$ gilt, dann ist $n$ quadratfrei.
- Euler-Kriterium: Sei $q$ ungerade. Dann: $a \in \mathbb{F}_q^*$ Quadrat $\Leftrightarrow a^{\frac{q-1}{2}} = 1$.
- Wenn $q$ ungerade ist, dann ist genau die Hälfte der Elemente in $\mathbb{F}_q^*$ ein Quadrat
- Zolotarevs Lemma:
  Sei $p \geq 3$ Primzahl. Dann: $a \in (\mathbb{Z}/p\mathbb{Z})^*$ Quadrat $\Leftrightarrow \left(\frac{a}{p}\right) = 1$
- Quadratisches Reziprozitätsgesetz: $m, n$ ungerade und teilerfremd,
  $m = m_1 m_2, n = n_1 n_2$. Dann: $\left(\frac{m}{n}\right) = (-1)^{\frac{m-1}{2}\frac{n-1}{2}} \left(\frac{n}{m}\right)$ und
  $\left(\frac{-1}{n}\right) = (-1)^{\frac{n-1}{2}}$, $\left(\frac{2}{n}\right) = (-1)^{\frac{n^2-1}{8}}$, $\left(\frac{m_1 m_2}{n}\right) = \left(\frac{m_1}{n}\right)\left(\frac{m_2}{n}\right)$, $\left(\frac{m}{n_1 n_2}\right) = \left(\frac{m}{n_1}\right)\left(\frac{m}{n_2}\right)$
- Berechnung des Jacobi-Symbols

# 2 Kryptographie

Schon in der Antike wurde der *Kryptographie* eine große Bedeutung zugemessen. Insbesondere bei der Kriegsführung spielt sie seit jeher eine herausragende Rolle. Eine etymologische Betrachtung führt auf die griechischen Wurzeln *kryptos* (verborgen) und *graphein* (schreiben). In der heutigen Zeit hat sich das Bild der einstigen „Geheimwissenschaft" Kryptographie allerdings gewandelt. Neben der klassischen Aufgabe, Nachrichten und Daten vor unbefugtem Lesen und vor Verfälschung zu schützen, hat die Kryptographie unserer Tage einen viel weitreichenderen Einsatzbereich. Hierzu zählen digitale Unterschriften oder elektronische Verpflichtungen. Bei Letzteren geht es um Möglichkeiten, sich zu einer Entscheidung zu verpflichten, diese aber erst zu einem späteren Zeitpunkt offen zu legen; ein heimliches Umentscheiden soll dabei nicht möglich sein. Als Anwendungen der Kryptographie ergeben sich beispielsweise der Persönlichkeitsschutz bei der Benutzung von E-Mail, sicheres Online-Banking und Einkaufen über das Internet, elektronische Wahlsysteme, digitales Geld, datierte Stempel oder das Verteilen von Geheimnissen auf mehrere Personen. Zum Thema gehören auch Methoden, mit denen Verschlüsselungen gebrochen werden können (Kryptoanalyse) sowie die Behandlung offener Codes ohne Geheimhaltungsabsicht. Bei dieser Art der Verschlüsselung ist der Übergang zum Jargon fließend. Kryptographie bietet auch einen Schatz für reine Denksportaufgaben, häufig in der Form von Bilderrätseln. Überliefert ist beispielsweise eine Korrespondenz zwischen Friedrich dem Großen (1712–1786) und Voltaire (1694–1778). So schrieb Friedrich der Große an Voltaire die folgende Botschaft[1]:

$$\frac{P}{ce\ soir}\ a\ \frac{6}{100}$$

Hierauf antworte Voltaire:

$$G\ a$$

Zur Lösung dieses Rätsel verweisen wir auf auf Aufgabe 2.1. Die Grundaufgabe der Kryptographie ist nach wie vor, sichere Kommunikation über einen unsicheren Übertragungskanal zu ermöglichen, ohne dass ein Gegner die Nachrichten verstehen kann. Das Schema ist in Abbildung 2.1 angedeutet.

## 2.1 Symmetrische Verschlüsselungsverfahren

Ein klassisches *symmetrisches kryptographisches System* (kurz: *symmetrisches Kryptosystem*) benutzt zur Ver- und Entschlüsselung dieselben Schlüssel. Es besitzt die folgenden Komponenten:

- Eine endliche Menge $X$ von *Klartexten* (kurz: *Texten*).

---

[1] Die Quellen sind hier nicht ganz einheitlich.

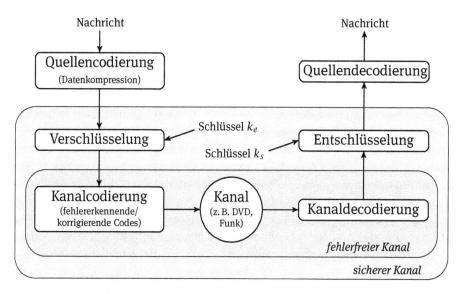

**Abb. 2.1:** Schema einer verschlüsselten Kommunikation.

- Eine endliche Menge $Y$ von *Geheimtexten* (auch *Chiffren* genannt).
- Eine endliche Menge $K$ von *Schlüsseln* (engl. *keys*).
- Eine *Codierungsfunktion* $c : X \times K \rightarrow Y$ und eine *Decodierungsfunktion* $d : Y \times K \rightarrow X$ mit der Eigenschaft $d(c(x, k), k) = x$ für jedes $x \in X$. Bei festem Schlüssel $k$ schreiben wir auch $c_k(x)$ anstelle von $c(x, k)$; analog verwenden wir die Schreibweise $d_k(x)$.

Teilweise nennen wir die Codierungsfunktion auch *Verschlüsselungsfunktion* und die Decodierungsfunktion auch *Entschlüsselungsfunktion*. Zur Veranschaulichung verwenden wir eine Kommunikation zwischen zwei Personen, $A$ und $B$, die wir *Alice* und *Bob* nennen. Ein Grund für diese Namensgebung ist, dass sich dann „sie" stets auf die Person $A$ bezieht, während „er" auf $B$ hinweist. Manchmal kommen weitere Personen ins Spiel wie der Opponent *Oskar*. Verwenden Alice und Bob ein symmetrisches kryptographisches System, so müssen sie sich auf einen Schlüssel $k$ einigen und diesen geheim halten. Typischerweise ist die Länge von $k \in K$ viel kürzer als die der übermittelten Nachricht, so dass man hier zur Übertragung von $k$ einen höheren Aufwand investieren kann. Noch wichtiger ist, dass die Übermittlung von $k$ räumlich und zeitlich von der verschlüsselten Übertragung einer Nachricht getrennt werden kann. Im Folgenden behandeln wir einige Grundaspekte symmetrischer Kryptosysteme, für eine ausführlichere Darstellung verweisen wir auf [5, 12].

Bei unserer Untersuchung symmetrischer kryptographischer Systeme gehen wir davon aus, dass zunächst nur Alice und Bob den Schlüssel $k$ kennen. Wir sollten uns klar machen, dass es mehrere Möglichkeiten gibt eine kryptographische Kommunikation zu kompromittieren:

Der Angreifer Oskar kann *den Schlüssel brechen*. Das heißt, Oskar findet den geheimen Schlüssel. Hat Oskar den Schlüssel gebrochen, so stehen ihm alle Türen offen, denn er kann nicht nur die Nachrichten entschlüsseln und lesen, sondern auch gefälschte Nachrichten verschlüsseln und verschicken, ohne dass es die Beteiligten merken.

Andererseits könnte Oskar, auch ohne den Schlüssel zu kennen, ein funktionierendes Entschlüsselungsverfahren entwickeln. Diese Art der Kompromittierung nennt man die *globale Lösung*, da Oskar nun die Möglichkeit hat ohne Schlüssel alle Nachrichten zu entschlüsseln. Allerdings kann er keine eigenen Texte verschlüsseln. Dagegen wird von einer *lokalen Lösung* gesprochen, wenn Oskar nicht alle Nachrichten, sondern nur einzelne, entschlüsseln kann.

Wenn es Oskar nur gelingt partielle Informationen über den Schlüssel oder den Klartext zu erlangen, so hat er zumindest einen *Informationsgewinn* erhalten. Manchmal interessiert es einen Angreifer auch gar nicht eine ganze Nachricht zu lesen, sondern ihn interessiert nur, wie im Beispiel einer Kreditkartentransaktion, die Kartennummer.

Generell gehen wir von der konservativen Annahme aus, dass der Angreifer zumindest das verwendete kryptographische System kennt, wenn wir uns Gedanken über mögliche Angriffsarten machen. Dieses Vorgehen wird als *Kerckhoffs' Prinzip* bezeichnet (nach Auguste Kerckhoffs, 1835–1903). Weiterhin charakterisieren wir nach Wissen und Möglichkeiten von Oskar folgendermaßen:

*Ciphertext-Only:* Oskar kennt nur Geheimtexte.

*Known-Plaintext:* Oskar kennt Paare von Klar- und Geheimtexten.

*Chosen-Plaintext:* Oskar kann ausgewählte Texte verschlüsseln lassen.

*Chosen-Ciphertext:* Oskar kann Geheimtexte entschlüsseln lassen.

Da zu Angriff auch Verteidigung gehört, gibt es ähnlich dazu eine Charakterisierung der Sicherheitsstufen gegen Angriffe bei ausschließlicher Kenntnis des Geheimtextes:

*Perfekte oder absolute Sicherheit:* Eine Entschlüsselung ist beweisbar unmöglich, unabhängig vom aufgebrachten Aufwand.

*Berechnungssicherheit:* Eine Entschlüsselung erfordert nachweislich einen für die Praxis undurchführbaren Aufwand.

*Relative Berechnungssicherheit:* Eine Entschlüsselung ist nicht leichter als die Lösung eines als schwierig geltenden Problems.

*Pragmatische Sicherheit:* Trotz intensiver Bemühungen ist keine effiziente Methode zur Entschlüsselung bekannt. Kurz gesagt, das Verschlüsselungsverfahren „macht einen sicheren Eindruck".

Aus praktischen Gründen setzt die klassische Kryptographie dabei meist auf pragmatische Sicherheit. Das Problem dabei ist leider, dass die Verfahren eventuell schwieriger zu brechen wirken, als sie sind. Außerdem kommt es auf die Ehrlichkeit der

Entwickler des Verschlüsselungsverfahrens an. Damit ist gemeint, dass ein solcher „geheime Falltüren" im Verfahren einbauen kann, mit denen das Verfahren leicht zu brechen ist. Zum anderen sind natürlich auch die Intuition und Erfahrung der Entwickler und Prüfer des Verfahrens ein Risiko. Das heißt, diese sind unter Umständen auch ohne eingebaute Falltüren in der Lage ein System zu brechen.

## 2.2 Monoalphabetische Substitution

Monoalphabetische Substitutionen gehören zu den am frühesten benutzten und einfachsten kryptographischen Verfahren. Die Menge der Buchstaben identifizieren wir mit Elementen des Ringes $\mathbb{Z}/26\mathbb{Z}$. Umlaute, Sonderzeichen und Großbuchstaben lassen wir zur Vereinfachung weg.

| a | b | c | d | e | f | g | h | i | j | k | l | m |
|---|---|---|---|---|---|---|---|---|---|---|---|---|
| 0 | 1 | 2 | 3 | 4 | 5 | 6 | 7 | 8 | 9 | 10 | 11 | 12 |

| n | o | p | q | r | s | t | u | v | w | x | y | z |
|---|---|---|---|---|---|---|---|---|---|---|---|---|
| 13 | 14 | 15 | 16 | 17 | 18 | 19 | 20 | 21 | 22 | 23 | 24 | 25 |

Jetzt lassen sich Symbole modulo 26 addieren und subtrahieren. Sei also $X = Y = K = \{a, \ldots, z\}$. Dann ist die *Verschiebungs-Verschlüsselung* gegeben durch $c(x, k) = x + k \bmod 26$ und $d(y, k) = y - k \bmod 26$.

Der Spezialfall $k = 3$ ist als *Caesar-Verfahren* bekannt, da dieses von Julius Caesar (100–44 v. Chr.) verwendet worden sein soll. Sein Nachfolger Kaiser Augustus (63 v. Chr.–14 n. Chr.) soll $k = 1$ benutzt haben, was nicht unbedingt zu einer „Erhabenheit"[2] in der Nachfolge Caesars passt. Als Beispiel codieren wir mit dem Caesar-Verfahren:

timeodanaosetdonaferentes
wlphrgdqdrvhwgrqdihuhqwhv

Der Klartext in dem obigen Beispiel ist übrigens in der ersten Zeile angegeben. Die Kryptoanalyse einer Verschiebungs-Verschlüsselung ist angesichts der Anzahl von 26 möglichen Schlüsseln sehr einfach, denn es genügt die Entschlüsselung von irgendeinem Zeichen. Diese Art der Codierung ist eine sehr spezielle Permutation des Grundalphabetes. Es liegt daher nahe, als Verallgemeinerung *alle* Permutationen des Alphabets als Schlüssel zuzulassen. Dies sind die *monoalphabetische Substitutionen*. Damit ergibt sich die enorme Zahl von $26! \approx 4 \cdot 10^{26}$ Schlüsseln. Falls eine Million Schlüssel pro Sekunde getestet werden könnten, würde eine erschöpfende Suche

---

2  27 v. Chr. verlieh der Senat den Ehrennamen Augustus, zu deutsch der „Erhabene".

mehr als $10^{13}$ Jahre dauern, also länger als das Alter der Erde. Natürlich ist die erschöpfende Suche nach dem Schlüssel bei monoalphabetischen Substitutionen absurd. Hier bietet sich eine *Häufigkeitsanalyse* an, die ausnutzt, dass Buchstaben mit einer charakteristischen Häufigkeit in natürlichsprachlichen Texten erscheinen.

Sehr schön wird die Analyse einer Substitutions-Verschlüsselung in der Erzählung „The Gold-Bug" (deutsch: „Der Goldkäfer") von Edgar Allan Poe (1809–1849) dargestellt, die er 1843 veröffentlicht hat. Die Geschichte berichtet von der Suche Legrands nach dem Schatz des Kapitäns Kidd, bei der die folgende verschlüsselte Botschaft eine zentrale Rolle spielt:

53‡‡†305))6*;4826)4‡.) 4‡);806*;48†8P60))85;
1‡(;:‡*8†83(88)5*†;46(;88* 96*?;8)*‡(;485);5*†
2:*‡(;4956*2(5*-4)8P8*;4069285);)6†8)4‡‡;1(‡9
;48081;8:8‡1;48†85;4)485† 528806*81(‡9;48;(88
;4(‡?34;48)4‡;161;:188;‡?;

Hauptdarsteller Legrand schließt durch den Namen „Kidd" darauf, dass der Klartext in Englisch verfasst ist (das englische Wort *kid* bedeutet Zicklein). Dann ermittelt er folgende Häufigkeiten:

| Symbol | 8 | ; | 4 | ‡ | ) | * | 5 | 6 | ( | † |
|---|---|---|---|---|---|---|---|---|---|---|
| Häufigkeit | 33 | 26 | 19 | 16 | 16 | 13 | 12 | 11 | 10 | 8 |

| Symbol | 1 | 0 | 9 | 2 | : | 3 | ? | P | - | . |
|---|---|---|---|---|---|---|---|---|---|---|
| Häufigkeit | 8 | 6 | 5 | 5 | 4 | 4 | 3 | 2 | 1 | 1 |

Er vermutet richtig, dass 8 den häufigsten Buchstaben e codiert. Dann sucht Legrand nach einer möglichen Codierung von the, wofür sich „;48 " anbietet. Hinter dem vorletzten „;48 " steht „;(88 ". Aus „;(88 " rekonstruiert er das Wort tree. Durch weitere Überlegungen lässt sich schließlich die komplette Tafel der Decodierungsfunktion erstellen.

| Code | 8 | ; | 4 | ‡ | ) | * | 5 | 6 | ( | † |
|---|---|---|---|---|---|---|---|---|---|---|
| Klartext | e | t | h | o | s | n | a | i | r | d |

| Code | 1 | 0 | 9 | 2 | : | 3 | ? | P | - | . |
|---|---|---|---|---|---|---|---|---|---|---|
| Klartext | f | l | m | b | y | g | u | v | c | p |

Der vollständige Klartext lautet demnach in lesbarer Form mit Zwischräumen und Sonderzeichen:

```
        A good glass in the bishop's hostel in the devil's seat
  forty-one degrees and thirteen minutes northeast and by north
                   main branch seventh limb east side
                shoot from the left eye of the death's-head
     a bee-line from the tree through the shot fifty feet out.
```

Mit einem guten Fernglas (engl. *good glass*) sieht man den Ort fast vor seinen Augen, wenn man im Bishop's Hostel Platz genommen hat.

## 2.3 Polyalphabetische Substitution

Wie bereits erwähnt, kann die monoalphabetische Substitution durch Häufigkeits-analyse gebrochen werden. Das heißt, man nutzt dabei die verräterische Häufigkeit einzelner Buchstaben aus, um den Text zu entschlüsseln. Eine Idee, diesen Angriff zu unterbinden, ist periodisch unterschiedliche Verschiebungen des Alphabets zu verwenden.

Dies ist das so genannte *Vigenère-Verfahren*. Schlüssel in diesem Verfahren sind Wörter der Länge $d$ über dem Alphabet $\mathbb{Z}/26\mathbb{Z}$. Um zu verschlüsseln, wählen wir uns zunächst ein festes Wort $k = k_0 \ldots k_{d-1}$ mit $k_i \in \mathbb{Z}/26\mathbb{Z}$. Danach verschlüsseln wir unseren Klartext $x = x_0 \cdots x_{n-1}$ durch $c_0(x_0) \cdots c_{n-1}(x_{n-1})$ mit Hilfe der Verschlüsselungsfunktionen:

$$c_j(a) \equiv a + k_{j \bmod d} \bmod 26$$

Poes Text aus „The Gold-Bug" mit dem Schlüssel gold nach dem Vigenère-Verfahren verschlüsselt lautet wie folgt:

```
        guzrjuwdygtqzvpeogsrvgsryhpoobekkrpyozdvkoe
        iufebubpgkuchkglqjhslxhphtatqahpvtccwnslvzoyg
        hmyrxhspgwyexoyfngpykbekrwxekodwywohyvzrztcrs
        hshrsqwkmprlhshjslwngshgrlekswltsquuaekkhchk
                  hsuuirkzvpvnceioteblspwuie
```

Für die Häufigkeiten der Symbole im verschlüsselten Text gilt:

| Symbol | h | s | k | r | e | p | g | y | w | u | o | v | l |
|---|---|---|---|---|---|---|---|---|---|---|---|---|---|
| **Häufigkeit** | 17 | 15 | 14 | 12 | 12 | 11 | 11 | 10 | 10 | 10 | 10 | 8 | 8 |

| Symbol | z | t | c | q | b | x | n | i | j | d | a | m | f |
|---|---|---|---|---|---|---|---|---|---|---|---|---|---|
| **Häufigkeit** | 7 | 7 | 6 | 5 | 5 | 4 | 4 | 4 | 3 | 3 | 3 | 2 | 2 |

Als Verbesserungen zur monoalphabetischen Substitution ergibt sich zum einen eine gleichmäßigere Verteilung der Symbole und zum anderen existieren keine verräterischen Doppellaute mehr.

Dieses Verfahren galt lange Zeit als unangreifbar, weil die Häufigkeitsanalyse nicht (direkt) anwendbar ist. Aber man hat das Problem, dass gleiche Textstellen gleich verschlüsselt werden, wenn der Abstand zwischen diesen ein ganzzahliges Vielfaches der Schlüssellänge $d$ ist. Darum bemühen wir noch einmal das Beispiel von gerade eben, um das Problem zu verdeutlichen.

```
guzrjuwdygtqzvpeogsrvgsryhpoobekkrpyozdvkoe
iufebubpgkuchkglqjhslxhphtatqahpvtccwnslvzoyg
hmyrxhspgwyexoyfngpykbekrwxekodwywohyvzrztcrs
hshrsqwkmprlhshjslwngshgrlekswltsquuaekkhchk
hsuuirkzvpvnceioteblspwuie
```

Hier sieht man, dass das häufige Wort „the" in der vorletzten Zeile zweimal mit „hsh" verschlüsselt wurde.

Wenn wir nun von der Annahme ausgehen, dass die Schlüssellänge oder Vielfache davon bekannt ist, dann können wir das Vigenère-Verfahren folgendermaßen knacken: Sei also die Schlüssellänge oder ein Vielfaches davon bekannt und hier mit $d$ bezeichnet. Wir führen die Häufigkeitsanalyse pro Spalte aus, d. h. wir notieren uns Spalten und schreiben in jede Spalte $i$ alle verschlüsselten Symbole, deren Position kongruent $i$ modulo $d$ sind. Nun sind alle Zeichen in einer Spalte gleich verschlüsselt und wir können jede einzelne Spalte angreifen und entschlüsseln mit Brute-Force, Häufigkeitsanalyse oder ähnlichem.

Um uns vor dieser Art des Angriffs zu schützen, sollten wir als erste Maßnahme die Schlüssellänge $d$ geheim halten. Tatsächlich gibt es weitere und relativ einfache Methoden, eine Häufigkeitsanalyse zu erschweren. Eine solche Möglichkeit bietet die *verlustfreie Datenkompression* (häufig auch als *Quellencodierung* bezeichnet). Da hierdurch Redundanzen im Text eliminiert werden, wirkt ein komprimierter Text wie ein Zufallsstring; insbesondere haben alle Symbole in etwa dieselbe Häufigkeit.

## 2.4 Häufigkeitsanalyse und Koinzidenzindex

Wir haben die *Häufigkeitsanalyse* bereits als Verfahren kennen gelernt, mit dem man z. B. die monoalphabetische Substitution brechen kann. Hier erweitern wir diese Methode. Wir haben schon gesehen, wie man mit Hilfe einer Häufigkeitsanalyse das Vigenère-Verfahren brechen kann, wenn die Schlüssellänge oder ein Vielfaches davon bekannt ist. Der Angriff mittels Koinzidenz-Index dient nun gerade dazu, ein Vielfaches der Schlüssellänge zu ermitteln. Seien $x = x_1 \cdots x_n$ und $x' = x'_1 \cdots x'_n$

zwei Texte der Länge $n$ über dem Alphabet $\Sigma$. Ihr *Koinzidenz-Index* $\kappa(x, x')$ ist definiert als

$$\kappa(x, x') = \frac{1}{n} \sum_{i=1}^{n} \delta(x_i, x_i')$$

Hierbei bezeichnet $\delta$ das sogenannte *Kronecker-Delta* (nach Leopold Kronecker, 1823–1891):

$$\delta(u, v) = \begin{cases} 1 & \text{falls } u = v \\ 0 & \text{sonst} \end{cases}$$

Der Koinzidenz-Index misst die relative Häufigkeit für das Zusammentreffen gleicher Buchstaben bei übereinandergelegten Texten $x$ und $x'$. Wenn wir also annehmen, dass $x$ und $x'$ aus einem gleichverteilten Zufallsexperiment entstanden sind, dann folgt daraus $E[\kappa] = \frac{1}{N}$; hierbei bezeichnet $E$ den Erwartungswert und $N = |\Sigma|$ die Alphabetgröße. Wenn die Buchstaben nicht gleichverteilt sind, dann wächst die Wahrscheinlichkeit für eine Übereinstimmung. Daher gilt für Zufallstexte über einer beliebigen Verteilung der Buchstaben die Abschätzung

$$\frac{1}{N} \le E[\kappa] \le 1$$

Konkret erhalten wir dann bei einem Alphabet mit $N = 26$ bei einer Gleichverteilung der Buchstaben den Wert $E[\kappa] = 3{,}8\%$. Experimente mit natürlichsprachlichen Texten über derselben Sprache haben mit $E[\kappa] \approx 7\%$ einen deutlich höheren Erwartungswert als im Zufallsexperiment oben ergeben. Wichtig bei Substitutionschiffren ist aber vor allem, dass der Koinzidenz-Index zweier Texte sich bei gleicher Verschlüsselung nicht ändert:

$$\kappa(x, x') = \kappa(c(x), c(x'))$$

Dies wollen wir uns nun zu Nutze machen, um $d$ zu bestimmen. Sei also der Geheimtext $y$ gegeben. Dann bestimmen wir zunächst für $k \in \mathbb{N}$ den Wert $\kappa^k = \kappa(y, \sigma^k(y))$, wobei hier $\sigma^k(y)$ die zyklische Verschiebung von $y$ um $k$ Zeichen nach links ist. Wenn nun eines dieser $k$ ein Vielfaches von $d$ ist, so ist $\kappa^k$ Koinzidenz zweier gleich verschlüsselter natürlicher Texte. Damit ist zu erwarten, dass $\kappa^k$ im Bereich von 7% liegt. Ist dies nicht der Fall, so liegt der Wert darunter. Dies wollen wir uns in einem Beispiel verdeutlichen.

Der Text aus „The Gold Bug" hat die Länge $n = 203$. Wenn $y$ die Vigenére-Verschlüsselung dieses Texts mit dem Geheimwort gold ist, dann gilt:

| $k$ | 1 | 2 | 3 | 4 | 5 | 6 | 7 | 8 | 9 | 10 | 11 | 12 | 13 |
|---|---|---|---|---|---|---|---|---|---|---|---|---|---|
| $n \cdot \kappa^k$ | 6 | 11 | 5 | 17 | 13 | 7 | 4 | 17 | 9 | 9 | 10 | 24 | 6 |

Wie oben schon beschrieben, sind die lokalen Maxima wahrscheinlich die Schlüssellänge oder ein Vielfaches davon; hier deuten die Spitzen bei $k = 4, 8, 12$ auf $d = 4$ hin.

Der Angriff durch das Koinzidenz-Kriterium ist auch für allgemeinere polyalphabetische Substitutionen durchführbar. Damit ist die polyalphabetische Substitution leicht angreifbar. Trotzdem ist dieses Verschlüsselungsverfahren auch heute noch relevant. So ist z. B. kommerzielle Software damit noch verfügbar und für Mobiltelefone in den USA ist nur dieses Verfahren zugelassen (mit einer Schlüssellänge von 160 Bits). Eine einfache Möglichkeit, sowohl mono- als auch polyalphabetische Substitutionen sicherer zu machen, ist – wie schon oben erwähnt – die Komprimierung des Klartexts $x$ vor der Verschlüsselung.

## 2.5 Perfekte Sicherheit und Vernam-One-Time-Pad

Perfekt sichere Verschlüsselungsverfahren sind spätestens seit 1918 bekannt und wurden schon kurz danach eingesetzt. Dennoch wurde der Begriff *perfekte Sicherheit* erst durch Claude Elwood Shannon (1916–2001) mathematisch präzisiert [78]. Danach ist eine Verschlüsselung *perfekt sicher*, wenn die Wahrscheinlichkeit für das Auftreten einer Chiffre $y$ unabhängig vom verschlüsselten Text $x$ ist. Die bedingte Wahrscheinlichkeit $\Pr[y \mid x]$ ist also gleich $\Pr[y]$. In diesem Fall liefert das Auftreten einer Chiffre keinerlei Information über $x$, die nicht schon vorher bekannt war. Zu bemerken ist, dass gewisse Aspekte der Information von diesem Modell nicht berücksichtigt werden; so kann man beispielsweise vor Oskar nicht verheimlichen, wann eine Nachricht verschickt wurde, wie groß die Nachricht höchstens ist oder wer Sender und Empfänger der Nachricht sind.

Im Prinzip ist es jetzt sehr einfach, ein abstraktes perfekt sicheres kryptographisches System zu entwerfen. Sei hierfür $X$ eine Menge von Texten, wobei jeder Text mit einer Wahrscheinlichkeit $\Pr[x]$ vorkomme. Wir wählen jetzt eine endliche Gruppe $G$ mit $|X| \leq |G|$ und betten $X$ als Teilmenge in $G$ ein. Die Menge der Chiffren $Y$ sowie der Schlüssel $K$ sei jeweils $G$. Bob wählt zufällig ein $k \in G$ und teilt Alice das Gruppenelement $k$ mit. Der Schlüssel $k$ wird also mit der Wahrscheinlichkeit $1/|G|$ gewählt. Danach kann Bob eine Nachricht $x$ durch das Produkt $y = xk$ mitteilen; und Alice kann $x$ durch $x = yk^{-1}$ berechnen. Die Wahrscheinlichkeit einer Chiffre $y$ ist jetzt $\Pr[y] = \sum_x \Pr[x^{-1}y]\Pr[x] = 1/|G|$ und dies ist unabhängig von $x \in X$. Dieses Verfahren ist gültig für jede Gruppe, die groß genug ist, $X$ zu umfassen. Am besten ist es also, den abstrakten Rahmen einfach zu halten. Die sinnvolle Vereinfachung ist es, $k = k^{-1}$ für alle $G$ zu fordern, denn dann müssen keine Inversen berechnet werden und die Verschlüsselung und Entschlüsselung sind identische Verfahren. Nun ist $k = k^{-1}$ äquivalent mit $k^2 = 1$. So können wir beispielsweise $G = (\mathbb{Z}/2\mathbb{Z})^n$ für ein $n \in \mathbb{N}$ mit $\log_2 |X| \leq n$ wählen. Die Elemente aus $G$ sind dann genau die Bitfolgen $y \in \mathbb{B}^n = \{0, 1\}^n$ und die Gruppenoperation ist das bitweise exklusive Oder $\oplus$. Damit werden Ver- und Entschlüsselung zudem extrem effizient. In dieser Spezialisierung erhalten wir damit das kryptographische System mit dem *Vernam-One-Time-Pad* nach Gilbert Vernam (1890–1960), der es 1918 veröffentlichte und kurz darauf patentieren ließ. Es ist ein Verfahren mit einem „Einmalschlüssel", denn für jede Nachricht $x$ muss ein neuer Schlüssel gewählt werden, um die Sicherheit zu garantieren. Man kann das Vernam-One-Time-Pad als Verallgemeinerung des Vigenère-Verfahrens auffassen. Es werden Bitfolgen der Länge $n$ verschlüsselt. Dabei ist $X \subseteq \mathbb{B}^n = Y = K$. Die Ver- und Entschlüsselung mit dem Schlüssel $k \in \mathbb{B}^n$ sieht dabei wie folgt aus:

$$c(z, k) = d(z, k) = z \oplus k$$

Eine Einmalverschlüsselung mit dem Vernam-One-Time-Pad ist nach dem oben Gesagten perfekt sicher. Aber wie schon oben bemerkt, muss man darauf achten, dass man denselben Schlüssel nur einmal verwendet, sonst verliert das Verfahren seine Sicherheit. Aus diesem Grund heißt es auch One-Time-Pad. Insbesondere könnte ein Angreifer mit einer *known-plaintext Attacke* den Schlüssel ermitteln. Es ist dann nämlich: $x \oplus c(x, k) = x \oplus x \oplus k = k$. Im Folgenden werden wir sehen, dass das Vernam-One-Time-Pad in gewisser Weise auch optimal ist. Es ist noch heute im Einsatz, wann immer perfekte Sicherheit verlangt wird, die den Aufwand der Schlüsselerzeugung und Übertragung lohnt.[3] Ein großes Problem ist, dass die Anzahl der Schlüssel nicht kleiner ist als die der Texte. Außerdem muss Alice $k$ als Geheimnis erhalten. Allerdings kann die Einigung von Alice und Bob auf $k$ vorab geschehen. Die Schwierigkeit der großen Anzahl von Schlüsseln können wir nach dem folgenden Satz nicht vermeiden. In diesem Satz und für den Rest des Abschnitts sei $X$ die Menge der Texte und $\Pr[x] > 0$ für alle $x \in X$. Es sei ferner $Y$ die Menge der Chiffren und $K$ die Menge der Schlüssel.

**Satz 2.1.** *Um perfekte Sicherheit erreichen zu können, muss für das zugrunde liegende kryptographische System gelten:*

$$|X| \leq |Y| \leq |K|$$

*Beweis.* Zunächst ist die Codierungsfunktion $x \mapsto c(x, k)$ für jeden Schlüssel $k \in K$ eine injektive Abbildung von $X$ nach $Y$, daher ist $|X| \leq |Y|$. Weiter muss wegen der perfekten Sicherheit für ein festes $x_0 \in X$ und jedes $y \in Y$ ein Schlüssel $k \in K$ mit $y = c(x_0, k)$ existieren. Ansonsten wäre $\Pr[x \mid y] = 0 \neq \Pr[x]$ im Widerspruch zur perfekten Sicherheit. Deshalb ist die Abbildung $k \mapsto c(x_0, k)$ von $K$ nach $Y$ surjektiv, und es gilt $|K| \geq |Y|$. □

Das Vernam-One-Time-Pad als kryptographisches System enthält zwei wichtige Design-Kriterien, welche seinen Einsatz schwierig machen. Das erste ist die große

---

[3] Bekannt ist, dass das Vernam-One-Time-Pad beim *Roten Telefon* eingesetzt wurde, welches im Kalten Krieg das Weiße Haus mit dem Kreml verband.

Schlüssellänge, und das zweite ist die zufällige und gleichverteilte Auswahl des Schlüssels. Wir haben in Satz 2.1 gesehen, dass sich die Schlüssellänge nicht reduzieren lässt, ohne die perfekte Sicherheit einzubüßen. Wir zeigen nun, dass auch die Gleichverteilung unverzichtbar ist (es sei denn, die Wahrscheinlichkeit für den Schlüssel $k$ ist abhängig vom zu verschlüsselnden Text $x$). Daher darf man bei der Schlüsselerzeugung für das Vernam-One-Time-Pad nicht auf sogenannte Pseudozufallsgeneratoren zurückgreifen, oder das System ist nicht perfekt sicher.

**Satz 2.2.** *Es sei* $|X| = |Y| = |K|$ *mit gegebenen Wahrscheinlichkeiten für* $X$. *In dem kryptographischen System seien die Wahrscheinlichkeiten für Schlüssel unabhängig von* $x$ *gewählt. Dann sind die folgenden Aussagen äquivalent.*

(a) *Das kryptographische System ist perfekt sicher.*

(b) *Es gilt* $\Pr[k] = 1/|K|$, *und für alle* $x \in X$ *und* $y \in Y$ *gibt es einen Schlüssel* $k_{xy} \in K$ *mit* $c(x, k_{xy}) = y$.

*Beweis.* Für $\Pr[k] = 1/|K|$ ergibt sich $\Pr[y \mid x] = \Pr[k_{xy}] = 1/|K|$. Also ist $\Pr[y] = \sum_x \Pr[x] \Pr[y \mid x] = (\sum_x \Pr[x])/|K| = 1/|K|$. Das kryptographische System ist damit perfekt sicher. Umgekehrt, sei $\Pr[y] = \Pr[y \mid x]$. Für alle $k \in K$ und alle $y \in Y$ existiert genau ein $x \in X$ mit $k = k_{xy}$. Damit ist $\Pr[k] = \Pr[k_{xy}] = \Pr[y \mid x] = \Pr[y]$. Hieraus folgt insbesondere $\Pr[k_1] = \Pr[y] = \Pr[k_2]$ für alle $k_1, k_2 \in K$. Dies zeigt $\Pr[k] = 1/|K|$ für alle $k \in K$. $\qquad\square$

## 2.6 Asymmetrische Verschlüsselungsverfahren

Die bisher betachteten Kryptosysteme sind *symmetrisch*, denn sie benutzen zur Verschlüsselung und zur Entschlüsselung jeweils denselben Schlüssel. Alice und Bob müssen sich daher vor der Kommunikation auf einen Schlüssel einigen, der einem Angreifer nicht bekannt sein darf. Für einen Schlüsselaustausch können sich Alice und Bob beispielsweise in einem Café verabreden und den Schlüssel persönlich austauschen. Wieder zu Hause können sie dann mit Hilfe des Schlüssels Botschaften über einen unsicheren Kanal übermitteln. Doch was ist zu tun, wenn gerade kein geeignetes Café zur Verfügung steht?

Die Lösung ist, zur Verschlüsselung und zur Entschlüsselung unterschiedliche Schlüssel zu verwenden. Dies führt auf den Begriff von *asymmetrischen kryptographischen Systemen*. Die Idee dazu hatten Diffie und Hellman 1976 veröffentlicht. Für ihre Kommunikation hat Alice nun zwei Schlüssel. Der eine ist ein *öffentlicher* Schlüssel, der bedenkenlos kommuniziert werden kann. Der andere hingegen ist ein *privater* und *geheimer* Schlüssel, den nur Alice kennt. Will Bob nun eine Nachricht an Alice schicken, so benutzt er den öffentlichen Schlüssel von Alice und verschlüsselt seine Nachricht damit. Alice kann nun mit ihrem privaten Schlüssel Bobs Nachricht entschlüsseln. Das Problem des Schlüsselaustausches ist somit elegant gelöst, denn der einzige kommunizierte Schlüssel ist Alice' öffentlicher Schlüssel. Deswegen nennt man diese Verfahren auch *Public-Key-Verfahren*. Selbst wenn Oskar mithört, wird er nur dann erfolgreich sein, wenn er anhand des öffentlichen Schlüssels und dem mitgehörten Geheimtext auf Bobs Nachricht schließen kann, ohne den geheimen Schlüssel von Alice zu kennen. Die verwendeten Verfahren müssen daher so entworfen werden, dass diese Attacke von Oskar nicht effizient durchführbar ist. Das große Problem ist, dass wir keine Methoden kennen, eine solche Aussage zu beweisen. Man setzt daher bei der Public-Key-Kryptographie auf relative Berechnungssicherheit oder auf pragmatische Sicherheit.

Es gibt aber die Möglichkeit, dass Oskar sich als Alice ausgeben könnte, indem er seinen öffentlichen Schlüssel mit dem von Alice austauscht. Auf diese Weise kann er Nachrichten erhalten und entschlüsseln, die eigentlich für Alice gedacht waren. Dieses Szenarium wird oft als *Man-In-The-Middle-Angriff* bezeichnet. Wir werden in Abschnitt 2.13 eine Möglichkeit kennen lernen, mit der Alice ihren Schlüssel mit einer Art Unterschrift kennzeichnen kann.

Das Hauptproblem bei der Public-Key-Kryptographie ist es, sicherzustellen, dass Oskar aus der verschlüsselten Nachricht zusammen mit dem öffentlichen Schlüssel den ursprünglichen Text nicht ermitteln kann. Hierzu setzt man auf die relative Berechnungssicherheit; dies bedeutet, dass Oskar zwar Nachrichten prinzipiell entschlüsseln könnte, seine zeitlichen Ressourcen (oder die zur Verfügung stehende Energie) dafür nach derzeitigem Kenntnisstand aber nicht ausreichen. Daher liegt jedem Public-Key-System ein Berechnungsproblem zugrunde, von dem man annimmt, dass eine Lösung unter praktischen Gesichtspunkten nicht möglich ist. Wir behandeln folgende asymmetrische Verschlüsselungsverfahren:

*RSA:* Dies ist wohl das bekannteste und erfolgreichste asymmetrische Verfahren. Es basiert auf der Faktorisierung großer Zahlen.

*Rabin:* Hierbei handelt es sich um ein zu RSA verwandtes System, das ebenfalls auf dem Problem der Faktorisierung beruht.

*Diffie-Hellman:* Das Verfahren dient nicht direkt der Verschlüsselung, sondern es ist eine Methode, Schlüssel für symmetrische Kryptosysteme auszutauschen. Seine Sicherheit basiert auf dem diskreten Logarithmus.

*ElGamal:* Dieses Kryptosystem ist verwandt zum Diffie-Hellman-Schlüsselaustauch. Seine Sicherheit basiert ebenfalls auf dem diskreten Logarithmus.

*Merkle-Hellman:* Es basiert auf dem NP-vollständigen Rucksack-Problem; allerdings konnte Shamir nachweisen, dass es nicht sicher ist.

Auch wenn allgemein angenommen wird, dass sich die Faktorisierung großer Zahlen und der diskrete Logarithmus nicht effizient berechnen lassen, kennt man hierfür keinen Beweis. Daher ist man stets an weiteren Kryptosystemen interessiert, welche auf anderen Berechnungsproblemen basieren.

## 2.7 Das RSA-Kryptosystem

Das bekannteste Verschlüsselungsverfahren mit öffentlichen Schlüsseln ist das *RSA-Verfahren* von Ronald Linn Rivest (geb. 1947), Adi Shamir (geb. 1952) und Leonard Adleman (geb. 1945). Der Name setzt sich aus den ersten Buchstaben der Nachnamen zusammen. Beim RSA-Verfahren wählt Alice zwei verschiedene Primzahlen $p$ und $q$ und setzt $n = pq$. Weiter berechnet Alice mit Hilfe des erweiterten euklidischen Algorithmus zwei Zahlen $e, s \geq 3$ mit $es \equiv 1 \bmod (p - 1)(q - 1)$. Der öffentliche Schlüssel ist das Paar $(n, e)$, und verschlüsselt wird durch $x \mapsto x^e \bmod n$. Entschlüsseln kann Alice mittels $y \mapsto y^s \bmod n$. Sei $y = x^e \bmod n$. Dann gilt $y^s \equiv x^{es} \equiv x \cdot (x^{p-1})^k \equiv x \bmod p$ für $es = 1 + (p - 1)k$. Analog zeigt man $y^s \equiv x \bmod q$, und mit dem chinesischen Restsatz folgt $y^s \equiv x \bmod n$. Wenn $x \in \{0, \ldots, n - 1\}$ ist, dann ergibt sich daraus $y^s \bmod n = x$. Eine verschlüsselte Nachricht wird also wieder korrekt entschlüsselt.

In Kapitel 3 zeigen wir, wie man große Primzahlen $p$ und $q$ findet (Abschnitt 3.2.1), welche Eigenschaften $p$ und $q$ haben sollten, damit $n$ nicht leicht zu faktorisieren ist (Abschnitt 3.3), wie man $x^e \bmod n$ schnell berechnet (Abschnitt 3.1), und dass man die Zahl $n$ bei Kenntnis des geheimen Schlüssels $s$ effizient faktorisieren kann (Ende von Abschnitt 3.2.1). Da man annimmt, dass die Faktorisierung nicht effizient möglich ist, folgt daraus die Sicherheit des geheimen Schlüssels. Es ist jedoch nicht bekannt, ob die Entschlüsselung bei dem RSA-Verfahren sicher ist. Es wäre denkbar, dass ein Angreifer eine verschlüsselte Nachricht $y$ auch ohne Kenntnis von $s$ enschlüsseln kann. Es ist nicht möglich, der Entschlüsselungsfunktion eindeutig einen geheimen Schlüssel $s$ zuordnen. So kann man $s'$ durch die Vorschrift $es' \equiv 1 \bmod \text{kgV}(p - 1, q - 1)$ bestimmen; da $p - 1$ und $q - 1$ beide gerade sind, gilt $\text{kgV}(p - 1, q - 1) < (p - 1)(q - 1)$. Damit definieren $y \mapsto y^s \bmod n$ und $y \mapsto y^{s'} \bmod n$ dieselben Abbildungen auf $\{0, \ldots, n - 1\}$. Im Allgemeinen gilt jedoch $s \neq s'$. Beispielsweise definieren die Abbildungen $y \mapsto y^{23} \bmod 55$ und $y \mapsto y^3 \bmod 55$ dieselben Abbildungen auf $\{0, \ldots, 54\}$; beide sind invers zu $x \mapsto x^7 \bmod 55$.

Eines der Probleme bei RSA und vielen ähnlichen Kryptosystemen ergibt sich, wenn nur wenige Nachrichten wahrscheinlich sind. Dann kann Oskar alle diese Nachrichten mit dem öffentlichen Schlüssel $(n, e)$ verschlüsseln. Zu jeder Nachricht speichert er sich das Paar bestehend aus Klartext und zugehörigem Geheimtext. Wenn er nun eine mit $(n, e)$ verschlüsselte Nachricht abhört, dann vergleicht er sie mit seiner Liste von Nachrichten. Wenn der Geheimtext vorkommt, dann kennt er den zugehörigen Klartext. Um diese Art des Angriffs zu verhindern, wird jede Nachricht mit einigen Zufallsbits ergänzt; ca. 64 bis 128 Zufallsbits gelten als sicher.

## 2.8 Das Rabin-Kryptosystem

Beim *Rabin-Kryptosystem* (nach Michael Oser Rabin, geb. 1931) verschlüsselt man eine Nachricht dadurch, dass man sie im Restklassenring modulo $n$ quadriert. Das Verfahren wurde 1979 veröffentlicht und findet heutzutage kaum Anwendung. Dies liegt unter anderem an der Eigenschaft, dass die Entschlüsselung im Allgemeinen nicht eindeutig ist. Um dennoch Nachrichten korrekt entschlüsseln zu können, muss man gewisse Annahmen an die zu verschlüsselnden Nachrichten stellen. Typisch ist zum Beispiel die Forderung, dass die ersten $k$ Bits einer Nachricht und die letzten $k$ Bits übereinstimmen. Diesen Nachteil wiegt das Verfahren dadurch auf, dass die Entschlüsselung sicher ist, wenn man annimmt, dass die Faktorisierung von $n$ nicht möglich ist. Dies ist besser als die Situation beim RSA-Verfahren; hier kennt man derzeit nur Beweise, die zeigen, dass der geheime Schlüssel in einem ähnlichen Maße sicher ist. Das Rabin-System funktioniert wie folgt:

(1) Alice wählt zwei verschiedene Primzahlen $p$ und $q$ mit $p \equiv q \equiv -1 \bmod 4$ und setzt $n = pq$.

(2) Der öffentliche Schlüssel ist $n$, und $(p, q)$ ist der private Schlüssel.

(3) Wenn Bob eine Nachricht $x \in \mathbb{Z}/n\mathbb{Z}$ an Alice übermitteln möchte, dann berechnet er $y = x^2 \bmod n$ und schickt $y$.

(4) Zum Entschlüsseln von $y$ berechnet Alice die Werte

$$z_p = y^{\frac{p+1}{4}} \bmod p \qquad \text{und} \qquad z_q = y^{\frac{q+1}{4}} \bmod q$$

und erhält daraus mit dem chinesischen Restsatz bis zu vier verschiedene Werte $z \in \mathbb{Z}/n\mathbb{Z}$ mit $z \equiv \pm z_p \bmod p$ und $z \equiv \pm z_q \bmod q$.

Um nachzuweisen, dass das Verfahren korrekt arbeitet, müssen wir zeigen, dass einer der vier möglichen Werte für $z$ mit $x$ übereinstimmt. Aus $x^2 \equiv y \bmod n$ folgt $x^2 \equiv y \bmod p$ und $x^2 \equiv y \bmod q$. Da $p$ und $q$ Primzahlen sind, haben die Gleichungen $X^2 \equiv y \bmod p$ und $Y^2 \equiv y \bmod q$ jeweils höchstens zwei Lösungen $\pm x_p \in \mathbb{Z}/p\mathbb{Z}$ und $\pm x_q \in \mathbb{Z}/q\mathbb{Z}$. Insbesondere gilt $x \equiv \pm x_p \bmod p$ sowie $x \equiv \pm x_q \bmod q$. Aus Symmetriegründen genügt es, $z_p^2 \equiv y \bmod p$ zu zeigen, denn dann gilt $\{-z_p, +z_p\} = \{-x_p, +x_p\}$. Für $p \mid y$ ist nichts zu zeigen. Sei also $y \in (\mathbb{Z}/p\mathbb{Z})^*$. Nach dem Euler-Kriterium ist $y^{\frac{p-1}{2}} \equiv 1 \bmod p$. Daraus folgt

$$z_p^2 \equiv y^{\frac{p+1}{2}} \equiv y \cdot y^{\frac{p-1}{2}} \equiv y \bmod p$$

und damit die Korrektheit des Rabin-Verfahrens.

Wie bereits erwähnt, muss Alice aus den vier möglichen Werten für $z$ denjenigen indentifizieren, welcher der Nachricht $x$ entspricht. Hierzu ist es üblich, den Klartextraum so einzuschränken, dass dies für Alice mit hoher Wahrscheinlichkeit möglich ist. Oft verlangt man daher, dass die ersten und die letzten $k$ Bits einer Nachricht $x$ übereinstimmen. Wenn man $n$ faktorisieren kann, dann kann man eine Nachricht $y$

leicht entschlüsseln, indem man dieselben Schritte ausführt wie Alice. Es wird allgemein angenommen, dass die Faktorisierung von $n = pq$ bei genügend großen Primzahlen $p$ und $q$ nicht möglich ist. Allerdings braucht ein Angreifer zum Entschlüsseln von $y$ nicht so vorzugehen, sondern könnte auf einem ganz anderen Weg die ursprüngliche Nachricht $x$ ermitteln. Als Nächstes zeigen wir, dass wir diese Möglichkeit beim Rabin-Kryptosystem ausschließen können.

Angenommen, es existiert ein effizienter Algorithmus $R$, welcher bei Eingabe eines Quadrats $y$ eine Zahl $R(y) \in \mathbb{Z}/n\mathbb{Z}$ berechnet mit $R(y)^2 \equiv y \bmod n$. Dies bedeutet, ein möglicher Angreifer verwendet $R$ um das Rabin-Verfahren zu brechen. Wähle $x \in \{2, \ldots, n-1\}$ zufällig. Wenn $\mathrm{ggT}(x, n) \neq 1$ gilt, dann haben wir $n$ faktorisiert. Sei also $\mathrm{ggT}(x, n) = 1$ und $z = R(x^2 \bmod n)$. Es gibt nun vier mögliche Fälle:

(a)  $x \equiv z \bmod p$  und  $x \equiv z \bmod q$

(b)  $x \equiv z \bmod p$  und  $x \equiv -z \bmod q$

(c)  $x \equiv -z \bmod p$  und  $x \equiv z \bmod q$

(d)  $x \equiv -z \bmod p$  und  $x \equiv -z \bmod q$

In den Fällen (b) und (c) liefert $\mathrm{ggT}(x - z, n)$ einen nichttrivialen Teiler von $n$. Dies bedeutet, dass wir pro gewähltem $x$ eine Chance von mindestens 50% haben, $n$ zu faktorisieren. Dies bedeutet, wenn man modulo $n$ Wurzeln ziehen kann, dann kann man auch die Zahl $n$ faktorisieren. Da wir aber annehmen, dass es nicht möglich ist, $n$ zu faktorisieren, kann $R$ nicht existieren.

Wir nehmen an, dass nur Nachrichten zugelassen sind, bei denen die ersten und die letzten $k$ Bits übereinstimmen. Ein gewisses Dilemma beim Rabin-Verfahren in dieser Variante ist nun, dass wir nur von einem Algorithmus $R$ ausgehen können, der ausschließlich Nachrichten $y$ entschlüsselt, welche nach diesem Schema gebildet worden sind.

## 2.9 Der Diffie-Hellman-Schlüsselaustausch

Wir betrachten das folgende Szenario. Alice und Bob wollen über das Internet verschlüsselt kommunizieren. Aus Effizienzgründen möchten sie ein symmetrisches Verschlüsselungsverfahren benutzen und benötigen hierfür einen gemeinsamen geheimen Schlüssel. Die Einigung auf diesen Schlüssel kann sicher und effizient mit dem Diffie-Hellman-Schlüsselaustausch (nach Bailey Whitfield Diffie, geb. 1944, und Martin E. Hellman, geb. 1945) erfolgen.

Alice und Bob einigen sich auf eine Primzahl $p$ und eine Zahl $g \bmod p$, die eine genügend große Untergruppe in $\mathbb{F}_p^*$ erzeugt. Da $\mathbb{F}_p^*$ zyklisch ist, gibt es $\varphi(p-1)$ Erzeuger von $\mathbb{F}_p^*$. Daher findet sich oft, dass man von $g$ verlangt, dass die ganze Gruppe $\mathbb{F}_p^*$ erzeugt wird. Für praktische Anforderungen reicht jedoch eine schwächere Annahme. Man kann $p$ so wählen, dass $p - 1$ von einer großen Primzahl $q$ geteilt wird.

Für ein zufälliges $g$ gilt $g^{(p-1)/q} \not\equiv 1 \bmod p$ mit Wahrscheinlichkeit $1 - 1/q$. Damit besteht ein zufälliges Element $g$ fast sicher den Test $g^{(p-1)/q} \not\equiv 1 \bmod p$, und $q$ ist ein Teiler der Ordnung von $g$.

Alice und Bob einigen sich auf die Werte $p$ und $g$. Diese müssen nicht geheim bleiben. Sie können also etwa per E-Mail übertragen werden. Jeder für sich erzeugt jetzt eine geheim zu haltende Zufallszahl $a$ bzw. $b$ aus der Menge $\{2, \ldots, p-1\}$. Alice berechnet $A = g^a \bmod p$ und Bob $B = g^b \bmod p$. Nun schickt Alice $A$ öffentlich an Bob, und Bob sendet $B$ öffentlich zurück an Alice. Als geheimen Schlüssel $K$ für die weitere Kommunikation verwenden beide:

$$K = (A^b \bmod p) = g^{ab} = g^{ba} = (B^a \bmod p) \in \{1, \ldots, p-1\}$$

Das folgende Beispiel benutzt sehr kleine Zahlen, insbesondere ist $q = 11$. In der tatsächlichen Anwendung werden Zahlen mit mehreren Hundert Dezimalstellen benutzt.

**Beispiel 2.3.** Alice und Bob einigen sich auf $p = 23$ und $g = 5$. Es gilt $g^2 \equiv 2 \bmod 23$. Also ist die Ordnung von $g$ in $(\mathbb{Z}/23\mathbb{Z})^*$ mindestens 11. Tatsächlich ist $g$ sogar ein Erzeuger von $(\mathbb{Z}/23\mathbb{Z})^*$ und hat damit die Ordnung 22. Alice wählt die Zufallszahl $a = 6$. Bob wählt $b = 13$. Alice berechnet $A \equiv 5^6 \equiv 8 \bmod 23$, und sendet $A = 8$ an Bob. Bob berechnet $B \equiv 5^{13} \equiv 21 \bmod 23$, und sendet $B = 21$ an Alice. Alice berechnet $K = 21^6 \bmod 23 = 18$. Bob berechnet $K = 8^{13} \bmod 23 = 18$. Jeder darf die Zahlen 23, 5, 8 und 21 mithören, aber der geheime Schlüssel $K = 18$ bleibt verborgen. $\Diamond$

Die Sicherheit des Verfahrens basiert auf dem Problem, den diskreten Logarithmus zu berechnen. In der Praxis werden sehr große Primzahlen verwendet. Die Sicherheit kann weiter erhöht werden, wenn $q = (p-1)/2$ ebenfalls eine Primzahl ist ($p$ ist dann eine Sophie-Germain-Primzahl (nach Sophie Germain, 1776–1831) und für $g$ kann man 2 verwenden). Die Werte $p, g, A, B$ sind jedem Lauscher bekannt, aber das *Diffie-Hellman-Problem* ist, $K$ zu berechnen. Es ist lösbar, wenn man den diskreten Logarithmus $a$ von $A \equiv g^a \bmod p$ oder den diskreten Logarithmus $b$ von $B \equiv g^b \bmod p$ berechnen kann. Eine andere Methode ist bisher nicht bekannt.

Allerdings könnte sich eine dritte Partei Oskar zwischen Alice und Bob stellen und sich Alice und Bob gegenüber jeweils für den anderen Partner ausgeben, ohne dass diese es merken. Um dies zu verhindern, können Alice und Bob alle Nachrichten mit einer elektronischen Unterschrift versehen. Wie dies geht, behandeln wir in dem Abschnitt 2.13.

## 2.10 Das ElGamal-Kryptosystem

Das ElGamal-Verfahren wurde 1985 von Taher ElGamal (geb. 1955) entwickelt und dient sowohl der Signaturerzeugung wie auch der Verschlüsselung [34]. Wie bei RSA ist das ElGamal-Verfahren ein asymmetrischer Verschlüsselungsalgorithmus, der einen öffentlichen und einen geheimen Schlüssel verwendet. Während die Sicherheit des RSA-Verfahrens darauf beruht, dass man keine effizienten Faktorisierungsverfahren kennt, benutzt ElGamal das Problem, diskrete Logarithmen zu finden. Die Grundidee des Verfahrens ist einfach: Man multipliziert eine Nachricht mit dem Schlüssel aus dem Diffie-Hellman-Schlüsselaustausch. Man benötigt auch hier wieder eine Primzahl $p$ und einen großen Primfaktor $q$ von $p - 1$. Typischerweise wird man zuerst $q$ genügend groß wählen und dann die Primzahleigenschaft von $p = 2q + 1$ überprüfen. Die Chancen, dass $p$ eine Primzahl ist, sind relativ gut, wenn man bei den Probedivisionen für $q$ gleichzeitig sicherstellt, dass auch $2q + 1$ keine kleinen Teiler hat.

Alle von $\pm 1$ verschiedenen Elemente in $\mathbb{F}_p^*$ haben die Ordnung $q$ oder $2q = p - 1$. Hat $g$ die Ordnung $q$, so hat $-g$ die Ordnung $2q$ und umgekehrt. Wir können also davon ausgehen, dass $g$ die Ordnung $p - 1$ hat. Alice wählt als geheimen Schlüssel eine zufällige Zahl in $a \in \{2, \ldots, p - 2\}$ und berechnet

$$A = g^a \bmod p$$

Der öffentliche Schlüssel besteht aus dem Tripel $(p, g, A)$. Die Verschlüsselung einer Nachricht $m$ von Bob an Alice geschieht blockweise, damit können wir annehmen, dass der Klartext $m$ in $\{0, \ldots, p - 1\}$ liegt. Bob wählt ein zufälliges $b \in \{2, \ldots, p - 2\}$ und setzt $B = g^b$. Nun berechnet Bob den Wert $c$ durch $c = A^b m \bmod p$. Der Geheimtext besteht nun aus dem Paar $(B, c)$. Alice entschlüsselt den Text, indem sie $c$ mit $B^{p-1-a}$ in $\mathbb{F}_p^*$ multipliziert. Dies führt zum richtigen Ergebnis:

$$B^{p-1-a} c \equiv B^{-a} c \equiv g^{-ba} c \equiv g^{-ab} c \equiv A^{-b} A^b m \equiv m \mod p$$

**Beispiel 2.4.** Sei $p$ die Sophie-Germain-Primzahl 11 und $g = 2$. Der geheime Schlüssel sei $a = 4$. Alice veröffentlicht also das Tripel $(p, g, A) = (11, 2, 5)$. Bob will die Nachricht $m = 7$ versenden und hat hierfür $b = 3$ und damit $B = 8$ gewählt. Er berechnet $c \equiv 5^3 \cdot 7 \equiv 6 \bmod 11$ und sendet das Paar $(8, 6)$ an Alice. Diese berechnet $8^6 \cdot 6 \equiv 7 \bmod 11$ und erhält so den Klartext der Nachricht. $\Diamond$

Für das ElGamal-Verfahren ist es nicht wirklich notwendig, dass $p$ eine Sophie-Germain-Primzahl ist. Ebenso kann man sich davon lösen, dass man in der multiplikativen Gruppe eines Körpers rechnet. Es genügt, dass $g$ ein Gruppenelement mit einer großen Ordnung ist; in $\mathbb{F}_p^*$ für eine Sophie-Germain-Primzahl $p$ ist dies besonders einfach zu gewährleisten. Oft verwendet man jedoch auch elliptische Kurven als Grundstruktur.

Ein Nachteil des ElGamal-Verfahrens ist, dass der verschlüsselte Text doppelt so lang ist wie der Klartext. Außerdem ist es ein Problem, dass Bob dazu gebracht werden muss, für jede Nachricht $m$ eine eigene Zufallszahl $b$ zu verwenden. Würde Bob stets das gleiche $b$ verwenden, so könnte Oskar in den Besitz der ersten Nachricht gekommen sein. Typischerweise bleiben geheime Nachrichten nicht sehr lange geheim oder Oskar errät, dass die erste Nachricht *Hallo Alice* ist. Sieht Oskar die beiden verschlüsselten Botschaften $(B, c)$ und $(B, c')$ und weiß er, dass $c$ für die Nachricht $m$ steht, so erhält er $m'$ aus der Rechnung $m' \equiv mc^{-1}c' \bmod p$.

## 2.11 Das Merkle-Hellman-Kryptosystem und Shamirs Angriff

Das Merkle-Hellman-Kryptosystem basiert auf dem *Rucksackproblem*, welches zu einer langen Liste NP-vollständiger Probleme gehört, siehe etwa [38]. Es wurde von Ralph C. Merkle (geb. 1952) und Hellman entwickelt und 1978 veröffentlicht [60]. Die Hoffnung war zunächst, ein besonders sicheres kryptographisches System entworfen zu haben, bis diese Hoffnung durch Shamir gründlich zerstört wurde. Dieser Abschnitt stellt zunächst das Merkle-Hellman Verfahren in seiner ursprünglichen Fassung vor und zeigt dann die Methode von Shamir, das Verfahren zu brechen. In unserer Darstellung folgen wir im Wesentlichen der Originalarbeit [77], sind aber etwas weniger technisch und im Gegenzug weniger allgemein.

Die Eingabe für das Rucksackproblem besteht aus einer Folge $(s_1, \ldots, s_n, c)$ binär codierter natürlicher Zahlen und die Frage ist, ob eine Teilmenge $I \subseteq \{1, \ldots, n\}$ existiert mit

$$\sum_{i \in I} s_i = c$$

Die Idee ist, dass $c$ das Fassungsvermögen eines Rucksacks ist und $s_i$ die Größe des $i$-ten Stücks bezeichnet. Die Frage ist dann, ob der Rucksack maximal gefüllt werden kann. Aufgrund der NP-Vollständigkeit ist nach heutigem Stand des Wissens nicht damit zu rechnen, dass es einen polynomiellen Algorithmus zur Lösung dieses Entscheidungsproblems gibt. Die algorithmische Schwierigkeit ergibt sich durch die binäre Codierung, denn bei unärer Codierung ist das Problem in polynomieller Zeit lösbar; siehe Aufgabe 2.8. Andererseits ist das Problem in Spezialfällen sehr einfach, auch wenn die Eingaben binär sind.

Wir sagen, dass eine Folge positiver reeller Zahlen $(s_1, \ldots, s_n)$ *stark wächst*, wenn $s_j > \sum_{i=1}^{j-1} s_i$ für alle $1 \le j \le n$ gilt. Die Folge mit $s_i = 2^i$ ist stark wachsend, aber die Folge der Fibonacci-Zahlen $F_i$ ist nicht stark wachsend. Für stark wachsende Folgen ist das Rucksackproblem in linearer Zeit lösbar und die Lösung ist eindeutig: Wenn man die Gewichte von $s_n$ bis $s_1$ nacheinander durchgeht, dann ist jeweils klar, ob man das gerade betrachtete Gewicht benötigt oder nicht.

### Das Kryptosystem

Die kryptographische Idee basiert darauf, die Eigenschaft, stark wachsend zu sein, durch eine Modulo-Rechnung zu verbergen. Das Merkle-Hellman-Kryptosystem besteht aus einem geheimen und einen öffentlichen Teil: Alice wählt geheim eine stark wachsende Folge $(s_1, \ldots, s_n)$ und einen *Modulus* $m$. Dies ist eine Zahl mit $m > \sum_{i=1}^{n} s_n$. Vorzugsweise soll $m$ eine Primzahl sein, denn Alice benötigt noch zwei geheime Zahlen $1 < u, w < m$ mit $uw \equiv 1 \bmod m$. Konkret wurde $n = 100$ vorgeschlagen und dass die Zahlen $s_i$ jeweils $n + i - 1$ Bits und $m$ schließlich $2n$ Bits haben sollten. Um die Reihenfolge der Zahlen $s_i$ zu verschleiern, wählt Alice noch eine Permutation $\pi$. Sie veröffentlicht die Folge $(a_1, \ldots, a_n)$ mit Werten $0 < a_i < m$ und

$$a_{\pi(i)} = s_i u \bmod m$$

Typischerweise ist $a_i$ also eine Zahl mit $2n$ Bits. Bob verschlüsselt jetzt einen Text $(x_1, \ldots, x_n) \in \mathbb{B}^n$, also eine Bitfolge der Länge $n$, durch die Summe

$$y = \sum_{i \leq n} x_i a_i$$

Bob übermittelt $y$ über einen öffentlichen Kanal an Alice. Es gilt $y < n2^{2n}$, also besteht $y$ aus etwa $2n + \log n$ Bits. Alice empfängt $y$ und berechnet $c = yw \bmod m$. Sie weiß jetzt

$$c \equiv \sum_{i \leq n} x_{\pi(i)} a_{\pi(i)} w \equiv \sum_{i \leq n} x_{\pi(i)} s_i \quad \bmod m$$

und nach Wahl von $m$ folgt daraus $c = \sum_{i \leq n} x_{\pi(i)} s_i$. Da $(s_1, \ldots, s_n)$ stark wachsend ist, kann sie die Folge $(x_{\pi(1)}, \ldots, x_{\pi(n)}) \in \mathbb{B}^n$ rekonstruieren und kennt damit alle $x_i$ für $1 \leq i \leq n$.

### Der Angriff von Shamir

Wir zeigen nun, dass das Merkle-Hellman-System in der eben beschriebenen Form unsicher ist und gebrochen werden kann. Die entscheidende Beobachtung ist, dass es gar nicht darauf ankommt, die Permutation $\pi$, die Folge $(s_1, \ldots, s_n)$, oder die Zahlen $m$ und $w$ zu berechnen. Das Ziel des Angriffs ist vielmehr die Berechnung einer Permutation $\sigma$, einer stark wachsenden Folge positiver rationaler Zahlen $(r_1, \ldots, r_n, 1)$ und einer Zahl $V$ mit $0 < V < 1$ und

$$r_i \equiv a_{\sigma(i)} V \bmod 1$$

Hierbei bedeutet $a \equiv b \bmod 1$, dass sich die rationalen Zahlen $a$ und $b$ um eine ganze Zahl unterscheiden. Ist das Ziel erreicht, so gilt

$$yV = \sum_{i \leq n} x_i a_i V = \sum_{i \leq n} x_{\sigma(i)} a_{\sigma(i)} V \equiv \sum_{i \leq n} x_{\sigma(i)} r_i \bmod 1$$

Wegen $1 > \sum_{i=1}^{n} r_i$ und weil die Folge der $r_i$ stark wachsend ist, kann man hieraus effizient alle $x_{\sigma(i)}$ gewinnen. Dies ist vielleicht nicht die Folge $x_{\pi(i)}$, aber darauf kommt es ja gar nicht an. Da dem Angreifer $\sigma$ bekannt ist, kann er aus $x_{\sigma(i)}$ die $x_i$ berechnen, und nur dies ist von Interesse.

Zunächst ist es unklar, wie wir diese gesuchten Werte finden können, aber es gibt eine ganz wichtige Hilfe: Wir wissen, dass $\sigma$ und die Folge $(r_1, \ldots, r_n)$ und die Zahl $V$ mit den gewünschten Eigenschaften existieren! Setzen wir $r_i = s_i / m$ für $1 \le i \le n$ und $V = w / m$ so haben wir mit $\sigma = \pi$ eine Lösung gefunden. Wir fixieren jetzt den unbekannten Wert $v = w / m$ und versuchen, uns mit $V$ dem Wert $v$ anzunähern.

Für jeden Index $1 \le i \le n$ betrachten wir die Funktion $f_i : [0, 1) \to [0, 1)$ mit $f_i(V) = a_i V \bmod 1$ über dem halboffenen reellen Einheitsintervall $[0, 1)$. Das Schaubild dieser Funktion ist ein Sägezahngraph. Es gibt genau $a_i$ Nullstellen und bis auf die Sprungstellen ist die Steigung $a_i$. Die Nullstellen sind $0, 1/a_i, \ldots, (a_i - 1)/a_i$. Zahlen dieser Form bezeichnen wir im Folgenden als *Positionen*.

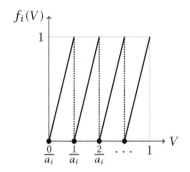

An der Stelle $v$ wertet sich die Funktion $f_{\pi(i)}$ zu $f_{\pi(i)}(v) = a_{\pi(i)} v \bmod 1 = (s_i u \bmod m) w / m \bmod 1 = s_i / m$ aus. Da $(s_1, \ldots, s_n, 1)$ streng monoton wachsend ist, bedeutet dies, dass die Permutation $\pi$ durch die Anordnung der Funktionswerte $f_i(v)$ bestimmt ist. Auf dieser Beobachtung beruht der Algorithmus zum Brechen des Merkle-Hellman-Verfahrens. Es geht im Prinzip nur darum, den Wert $v$ genau genug zu approximieren.

Es gibt weniger als $n^4$ Möglichkeiten für die Anfangsfolge $(\pi(1), \ldots, \pi(4))$. Ohne Einschränkung befinden wir uns daher in Phase des Angriffs, bei dem die Werte $\pi(1), \ldots, \pi(4)$ korrekt sind. Liegt nicht die richtige Anfangsfolge vor, so wissen wir nicht, ob der Angriff zum Ziel führt. Wird das Ziel nicht erreicht, so probieren wir die nächste Möglichkeit für $\pi(1), \ldots, \pi(4)$. Wenn das Ziel mit einer falschen Hypothese über $\pi(1), \ldots, \pi(4)$ erreicht wird, so spielt dies keine Rolle. Nach maximal vier Vertauschungen in der Folge $(a_1, \ldots, a_n)$ dürfen danach annehmen, dass $\pi(j) = j$ für $1 \le j \le 4$ gilt. Die $a_i$ korrespondieren nach dieser Umbennung mit den kleinsten Werten $s_1, \ldots, s_4$.

Wir setzen $J = \{1, \ldots, 4\}$. Wir wählen ein $\lambda \ge 0$ mit $a_j > 2^{2n+j-\lambda}$ für alle $j \in J$. Wir können davon ausgehen, dass $\lambda$ eine relativ kleine Konstante ist oder höchstens sublinear mit $n$ wächst, da $j$ durch 4 begrenzt ist. Als Nächstes betrachten wir für jedes $1 \le j \le 4$ eine natürliche Zahl $c_j$ mit $0 < c_j < a_j$ und

$$v = \frac{c_j}{a_j} + \varepsilon_j \tag{2.1}$$

wobei $0 \le \varepsilon_j < 1/a_j$. Es ist $a_j v = c_j + a_j \varepsilon_j$ und daher $a_j v \bmod 1 = s_j/m = a_j \varepsilon_j < 1$ für alle $j \in J$ (wegen $\pi(j) = j$ für $j \in J$). Aus den Größenabschätzungen $m > 2^{2n-1}$ und $a_j > 2^{2n+j-\lambda}$ sowie $s_j < 2^{n+j-1}$ (aufgrund der Bitlänge von $s_j$) folgt $2^{2n-1+2n+j-\lambda} \varepsilon_j < 2^{n+j-1}$ und damit

$$\varepsilon_j < 2^{-3n+\lambda} \tag{2.2}$$

Sei $\ell \in J$ mit $\frac{c_j}{a_j} \le \frac{c_\ell}{a_\ell}$ für alle $j \in J$. Im Folgenden nehmen wir $c_\ell \ne 0$ an. Weiter unten werden wir nochmals auf diesen Punkt eingehen und ihn rechtfertigen. Für den Augenblick, kann man $c_\ell \ne 0$ als den Fall ansehen, den wir zuerst behandeln. Aus (2.1) und (2.2) folgt nun

$$0 \le \frac{c_\ell}{a_\ell} - \frac{c_j}{a_j} = \varepsilon_j - \varepsilon_\ell < 2^{-3n+\lambda}$$

Wegen $c_\ell \ne 0$ hat damit hat das folgende diophantische Ungleichungssystem eine ganzzahlige Lösung in den vier Unbekannten $c_j$ mit $j \in J$:

$$0 \le \frac{c_\ell}{a_\ell} - \frac{c_j}{a_j} < 2^{-3n+\lambda}, \quad 1 \le c_\ell < a_\ell \quad \text{und} \quad 0 \le c_j < a_j \text{ für } j \in J \setminus \{\ell\} \tag{2.3}$$

Durch $v$ wird mindestens eine Lösung des Systems (2.3) gewährleistet. Für das Folgende benötigen wir nur den Wert $c_\ell$ und den Index $\ell \in J$. Allerdings müssen wir für jedes $\ell \in J$ alle möglichen Lösungen berechnen und erhalten auf diese Weise a priori eine Liste $c_{\ell,1}, c_{\ell,2}, c_{\ell,3}, \ldots$. Die Anzahl der $\ell \in J$ ist nur 4, aber die einzelnen Listen könnten zu lang werden und damit den Angriff scheitern lassen. Die folgende Heuristik zeigt, dass lange Listen nicht zu befürchten sind. Ganz im Gegenteil, wir können davon ausgehen, nur genau ein $\ell$ und nur ein $c_\ell \ne 0$ zu finden und selbst dies nur, wenn wir die richtige Menge $\{\pi(1), \ldots, \pi(4)\}$ untersuchen. In den anderen Fällen wird wahrscheinlich gar keine Lösung gefunden (was dann auch zeigt, dass $\{\pi(1), \ldots, \pi(4)\}$ nicht korrekt gewählt wurde).

Um die Heuristik zu erklären, nehmen wir für einen Moment an, dass die Zahlen $a_j$ für $j \in J$ unabhängige Zufallsvariablen sind. Fixieren wir eine Position $0 < p/a_\ell < 0$, so ist die Wahrscheinlichkeit, dass der Durchschnitt des Intervalls

$$[\,p/a_\ell - 2^{-3n+\lambda},\ p/a_\ell\,]$$

mit jeder Positionenmenge $\mathbb{N}/a_j$ für $j \in J \setminus \{\ell\}$ nicht leer ist, höchstens $(2^{-n+\lambda})^3 = 2^{-3n+3\lambda}$. Summieren wir über alle möglichen $p$, so ergibt sich unter dieser Annahme, dass die Wahrscheinlichkeit, überhaupt eine Lösung zu finden, kleiner als $2^{-n+3\lambda}$ ist. Nach der Annahme über $\lambda$ strebt die Wahrscheinlichkeit gegen Null. Für $\lambda \in \mathcal{O}(1)$

strebt die Wahrscheinlichkeit sogar exponentiell schnell gegen Null. Nun sind die Werte $a_j$ nicht unabhängig und es gibt, bei der richtigen Wahl von $\{\pi(1), \dots, \pi(4)\}$ und $\ell$, mindestens eine Lösung. Allerdings kann man fast sicher davon ausgehen, dass es auch in diesem Fall nur genau eine Lösung $(c_j)_{j \in J} \in \mathbb{N}^4$ gibt. Diese kann in Polynomialzeit gefunden werden, da es nur eine konstante Anzahl von Ungleichungen gibt.

Gibt es wider Erwarten mehrere Lösungen, so muss ein Verwender des Systems davon ausgehen, dass ein Angreifer alle Lösungen findet und sie nacheinander durchprobieren kann. Zur Vereinfachung dürfen wir uns vorstellen, dass $\{\pi(1), \dots, \pi(4)\}$ richtig ist und bei dieser Wahl genau eine Lösung $c_\ell$ des Systems (2.3) mit $\ell \in J$ existiert und dass $c_\ell$ sowie $\ell \in J$ bekannt sind.

Setzen wir $\alpha = c_\ell / a_\ell$ und $\varepsilon = 2^{-3n+\lambda}$, so folgt aus Gleichung (2.1) die Eigenschaft $v \in [\alpha, \alpha + \varepsilon]$. Für jeden Index $1 \le i \le n$ kann maximal eine Position $p/a_i$ im Intervall $[\alpha, \alpha + \varepsilon]$ liegen, denn der Abstand $\frac{1}{a_i}$ zwischen $p/a_i$ und $(p+1)/a_i$ ist zu groß für $\varepsilon$. Der Graph der Funktion $f_i$ mit $f_i(V) = a_i V \bmod 1$ innerhalb des Intervalls $[\alpha, \alpha + \varepsilon]$ besteht daher aus maximal zwei Segmenten, die wir leicht berechnen können. Es gibt maximal $\mathcal{O}(n^2)$ Schnittpunkte, und wir unterteilen $[\alpha, \alpha + \varepsilon]$ in maximal $\mathcal{O}(n^2)$ Teilintervalle, so dass sich keine Schnittpunkte und keine Positionen im Inneren der Teilintervalle befinden. Da $(0, s_1/m, \dots, s_n/m, 1)$ streng monoton wachsend ist, liegt $v$ im Inneren eines solchen Teilintervalls. Dies ist ein gute Stelle, den bisher ausgeschlossenen Fall $c_\ell = 0$ zu reintegrieren. Er führt auf den Sonderfall $\alpha = 0$. In dem Intervall $[0, \varepsilon]$ gibt es gar keine Schnittpunkte und wir erhalten nur einen einziges weiteres Intervall $(0, \varepsilon)$ mit möglicher Lage $v \in (0, \varepsilon)$. Sei nun $(\beta, \beta + \delta)$ das Innere eines Teilintervalls (wobei wir jetzt $\beta = 0$ und $\delta = \varepsilon$ erlauben). Der Graph jeder Funktion $f_i$ liefert innerhalb von $(\beta, \beta + \delta)$ genau ein Segment. Die Segmente sind also linear von unten nach oben angeordnet, und dies definiert eine Permutation $\sigma$.

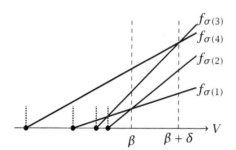

Für alle $V \in (\beta, \beta + \delta)$ hat die zugehörige Permutation $\sigma$ die Eigenschaft

$$0 < a_{\sigma(1)} V \bmod 1 < \cdots < a_{\sigma(n)} V \bmod 1 < 1$$

Die allerwenigsten dieser Folgen $(a_{\sigma(1)} V \bmod 1, \dots, a_{\sigma(n)} V \bmod 1, 1)$ werden stark wachsend sein. Jedoch spätestens in der Phase des Angriffs, bei dem

$\{\pi(1)\ldots\pi(4)\}$ und $c_\ell$ korrekt sind, ist die Existenz einer solchen Folge in einem der Teilintervalle garantiert. In dieser Phase ist es das Intervall $(\beta, \beta + \delta)$ mit $v \in (\beta, \beta + \delta)$. Hier stimmt $\sigma$ mit $\pi$ überein. Wir wissen natürlich gar nicht, ob wir uns in der richtigen Phase oder bei dem richtigen $\beta$ befinden. Aber wir wissen um die Existenz dieser Möglichkeit und wir wollen ja nur überprüfen, ob $(a_{\sigma(1)}V \bmod 1, \ldots, a_{\sigma(n)}V \bmod 1, 1)$ stark wachsend ist.

Zunächst definieren wir für $1 \leq i \leq n$ natürliche Zahlen $c_i$ durch $\lfloor a_i\beta \rfloor$. Für $V \in (\beta, \beta + \delta)$ gilt dann $a_iV \bmod 1 = a_i - c_i$.

Zu jedem Intervall $(\beta, \beta + \delta)$ mit zugehöriger Permutation $\sigma$ erhalten wir damit die folgenden $n + 3$ linearen Ungleichungen in der Unbestimmten $V$:

$$\sum_{k=1}^{i-1}(a_{\sigma(k)}V - c_{\sigma(k)}) < a_{\sigma(i)}V - c_{\sigma(i)}, \quad \sum_{k=1}^{n}(a_kV - c_k) < 1, \quad \beta < V < \beta + \delta$$

Schreiben wir dies in etwas übersichtlicherer Form, so erhalten wir:

$$c_{\sigma(i)} - \sum_{k=1}^{i-1}c_{\sigma(k)} < \left(a_{\sigma(i)} - \sum_{k=1}^{i-1}a_{\sigma(k)}\right)V \quad \text{für } 1 \leq i \leq n$$

$$\left(\sum_{k=1}^{n}a_k\right)V < 1 + \sum_{k=1}^{n}c_k$$

$$\beta < V < \beta + \delta$$

Hieraus ergeben sich für jede Wahl von $\beta$ zwei rationale Zahlen $0 \leq L, R \leq 1$ mit der Lösungsmenge $V \in (L, R)$. In der richtigen Phase und wenn $v \in (\beta, \beta + \delta)$ gilt, liegt $v$ im Inneren eines solchen Intervalls $(L, R)$. Es ist also garantiert, ein Intervall mit $L < R$ zu finden.

Wir setzen $V = \frac{R-L}{2}$ und definieren $r_{\sigma(i)} = a_{\sigma(i)}V - c_{\sigma(i)}$. Damit ist das Ziel des Angriffs erreicht, denn die Folge $(0, r_1, \ldots, r_n, 1)$ ist stark wachsend. Wir können jetzt wie Alice alle Nachrichten entschlüsseln.

Betrachten wir noch einmal die Komplexität des Angriffs. Wir müssen im schlechtesten Fall $\mathcal{O}(n^4)$ Möglichkeiten testen, um $\pi(1), \ldots, \pi(4)$ zu finden. Bei jeder Möglichkeit werden in Polynomialzeit Lösungen $(c_j)_{j\in J} \in \mathbb{N}^4$ gefunden, sofern sie existieren. Man kann davon ausgehen, dass die Lösungen bei Existenz eindeutig sind, aber selbst eine sehr großzügige Abschätzung einer polynomiellen Anzahl von Lösungen, würde die prinzipielle Stärke des Angriffs nicht schmälern. Als Nächstes werden bei jeder Wahl von $\pi(1), \ldots, \pi(4)$ und jeder Lösung $(c_j)_{j\in J} \in \mathbb{N}^4$ nur $\mathcal{O}(n^2)$ viele Intervalle betrachtet. Jedes dieser Intervalle definiert ein lineares Ungleichungssystem in einer Variablen $V$. Dies sind nur polynomiell viele. Mindestens eines dieser Gleichungssysteme definiert eine stark wachsende Folge $(0, r_{\sigma(1)}, \ldots, r_{\sigma(n)}, 1)$. Das Merkle-Hellman-Verfahren ist untauglich.

Wie auch von Shamir bemerkt, offenbart sich ein weiterer Schwachpunkt des Merkle-Hellman-Verfahrens: Wir können den Angriff lange vor der Übermittlung der ersten Nachricht beginnen, denn die Berechnungen können starten, sowie Alice die Parameter ausgibt. Wir haben womöglich Tage oder Wochen Zeit, um $\sigma$ und eine stark wachsende Folge $(r_{\sigma(1)}, \ldots, r_{\sigma(n)})$ zu berechnen.

## 2.12 Kryptographische Hashfunktionen

Kryptographische Hashfunktionen finden unter anderem Anwendung bei digitalen Signaturen, wie wir sie im nächsten Kapitel kennen lernen werden. Als Alphabet betrachten wir in diesem Abschnitt nur $\mathbb{B} = \{0, 1\}$, die eingeführten Begriffsbildungen lassen sich aber an beliebige endliche Alphabete anpassen. Eine *Hashfunktion* ist eine Abbildung

$$h : \mathbb{B}^* \to \mathbb{B}^n$$

für ein $n \in \mathbb{N}$. Eine *Kompressionsfunktion* ist eine Abbildung

$$g : \mathbb{B}^m \to \mathbb{B}^n$$

für natürliche Zahlen $m > n$. Eine Hashfunktion bildet also Wörter beliebiger Länge auf Wörter einer festen Länge $n$ ab. Eine Kompressionsfunktion ist eine Funktion, die Wörter einer bestimmten Länge auf Wörter einer festen kleineren Länge abbildet. Sowohl Hashfunktionen als auch Kompressionsfunktionen sind nicht injektiv. Um Hashfunktionen in der Kryptographie effizient verwenden zu können, verlangen wir, dass wir $h(x)$ für alle $x$ leicht errechnen können. Allerdings wollen wir gerade nicht, dass es effizient möglich ist zu einem $s \in \mathbb{B}^n$ ein $x$ zu finden mit $h(x) = s$. Eine Abbildung mit diesen beiden Eigenschaften bezeichnet man als *Einwegfunktion*. Nach derzeitigem Forschungsstand ist nicht bekannt, ob Einwegfunktionen überhaupt existieren. Basierend auf dem Prinzip der relativen Berechnungssicherheit gibt es jedoch viele Abbildungen, bei denen man allgemein annimmt, dass das Berechnen von Urbildern schwierig ist. Eine Funktion, bei der derzeit keine effizienten Verfahren zur Bestimmung von Urbildern bekannt sind, ist die Exponentiation in endlichen Gruppen. Die Berechnung von Urbildern ist gerade das Lösen des diskreten Logarithmus, siehe Abschnitt 3.4.

Eine *Kollision* ist ein Paar $(x, x')$ mit $h(x) = h(x')$ und $x \neq x'$. Eine Funktion $h$ heißt *kollisionsresistent*, falls es schwierig ist eine Kollision $(x, x')$ zu finden. Alle Hash- und Kompressionsfunktionen besitzen eine Kollision, da sie nicht injektiv sind. Kollisionsresistente Hashfunktionen sind Einwegfunktionen: Wenn man einen Algorithmus hat, der das Urbild $x$ von einem Bild $y$ berechnet, dann wählt man zufällig ein $x'$ und berechnet $y = h(x')$ und dazu das Urbild $x$. Man hat nun eine Kollision $(x, x')$, falls $x \neq x'$ ist. Die Wahrscheinlichkeit hierfür ist genügend hoch, da $f$ in hohem Maße nicht injektiv ist. Wenn sich nun keine Kollisionen effizient berechnen lassen, dann lassen sich auch Urbilder nicht effizient bestimmen.

Eine Verschlüsselungsfunktion $c_k : \mathbb{B}^n \to \mathbb{B}^n$ mit Schlüssel $k \in \mathbb{B}^n$ liefert folgende kanonische Kompressionsfunktionen $g : \mathbb{B}^{2n} \to \mathbb{B}^n$:

(a) $g(k, x) = c_k(x) \oplus x$

(b) $g(k, x) = c_k(x) \oplus x \oplus k$

(c) $g(k, x) = c_k(x \oplus k) \oplus x$

(d) $g(k, x) = c_k(x \oplus k) \oplus x \oplus k$

Hierbei bezeichnet $\oplus$ das bitweise exklusive Oder. Alle Abbildungen lassen sich leicht berechnen (vorausgesetzt, dass dies für $c_k$ der Fall ist) aber bei einer guten Verschlüsselungsfunktion nur schwer invertieren. Belastbarere Aussagen gibt es hier in der Regel nicht. Zum einen liegt dies daran, dass derartige Aussagen über die Sicherheit von Verschlüsselungsfunktionen nicht bekannt sind; zum anderen kommt es auch darauf an, wie sich $\oplus$ zu $c_k$ verhält. Ist beispielsweise $c_k(x) = x \oplus k$, dann sind alle obigen Kompressionsfunktionen leicht zu invertieren.

Wir nehmen nun an, dass uns eine kollisionsresistente Kompressionsfunktion $g : \mathbb{B}^{2n} \to \mathbb{B}^n$ vorliegt; so gehen wir beispielsweise davon aus, dass die oben definierten Funktionen bei einer genügend guten Verschlüsselungsfunktion kollisionsresistent sind. Wir wollen mit Hilfe von $g$ eine kollisionsresistente Hashfunktion $h : \mathbb{B}^* \to \mathbb{B}^n$ konstruieren. Hierzu verwenden wir die *Merkle-Damgård-Konstruktion* nach Ralph Merkle und Ivan Damgård. Um die Darstellung etwas zu vereinfachen, nehmen wir an, dass wir nur die Hashwerte von Nachrichten mit weniger als $2^n$ Bits berechnen. Für den typischen Wert $n = 128$ ist diese Zahl größer als die geschätzte Anzahl von Atomen im Universum. Kollisionen mit mehr als $2^{128}$ Bits könnten wir also ohnehin nicht aufschreiben.

Sei $x \in \mathbb{B}^*$ ein beliebiges Wort mit weniger als $2^n$ Bits. Wir fügen zu $x$ möglichst wenige Nullen hinzu, so dass wir ein Wort $x'$ erhalten, dessen Länge durch $n$ teilbar ist. Sei $\ell_x \in \mathbb{B}^n$ die Binärcodierung der Länge von $x$; hierbei lassen wir führende Nullen zu, damit $\ell_x$ genau $n$ Bits lang ist. Die Länge des Wortes $\overline{x} = x' \ell_x$ ist durch $n$ teilbar. Wir können also schreiben $\overline{x} = x_1 \cdots x_s$ mit $x_i \in \mathbb{B}^n$ und $s \geq 1$. Man beachte, dass $x_s = \ell_x$ gilt. Wir setzen nun $H_0 = 0^n \in \mathbb{B}^n$ und $H_i = g(H_{i-1} \cdot x_i)$ für $i \geq 1$. Hierbei bezeichnet $\cdot$ die Konkatenation. Den Hashwert von $x$ setzen wir auf

$$h(x) = H_s$$

Angenommen, wir kennen zwei verschiedene Wörter $x, y \in \mathbb{B}^*$ der Länge kleiner $2^n$ mit $h(x) = h(y)$. Wir zeigen nun, dass wir daraus eine Kollision für $g$ berechnen können. Seien hierzu $\overline{x} = x_1 \cdots x_s$ und $\overline{y} = y_1 \cdots y_t$ die oben beschriebenen Erweiterungen von $x$ und $y$ mit $x_i, y_i \in \mathbb{B}^n$. Seien $H_0, \ldots, H_s$ die Zwischenergebnisse bei der Berechnung des Hashwerts von $x$, und seien $G_0, \ldots, G_t$ die Zwischenergebnisse für $y$. Ohne Einschränkung sei $s \leq t$. Wenn $H_{s-i-1} \neq G_{t-i-1}$ und $H_{s-i} = G_{t-i}$ gilt, dann ist

$$(H_{s-i-1} \cdot x_{s-i}, G_{s-i-1} \cdot y_{s-i})$$

eine Kollision von $g$, da sich beide Wörter unter $g$ zu $H_{s-i}$ auswerten. Wenn diese Situation nicht eintritt, dann gilt wegen $H_s = h(x) = h(y) = G_t$ die Eigenschaft

$H_{s-i} = G_{t-i}$ für alle $0 \leq i \leq s$. Wir zeigen unter dieser Voraussetzung, dass ein Index $i \in \{0, \ldots, s-1\}$ existiert mit $x_{s-i} \neq y_{t-i}$. Nehmen wir mit Widerspruch an, dass $x_{s-i} = y_{t-i}$ für all $0 \leq i < s$ gilt. Dann ist insbesondere $\ell_x = x_s = y_t = \ell_y$. Das heißt, $x$ und $y$ sind gleich lang, woraus $s = t$ und $x = y$ folgt; dies ist ein Widerspruch. Also existiert ein Index $i \in \{0, \ldots, s-1\}$ mit $x_{s-i} \neq y_{t-i}$. Dann ist $(H_{s-i-1} \cdot x_{s-i}, G_{s-i-1} \cdot y_{s-i})$ eine Kollision von $g$.

## 2.13 Digitale Signaturen

Das US-amerikanische National Institute of Standards and Technology (NIST) hat 1991 das Verfahren *Digital Signature Algorithm* (DSA) für digitale Signaturen vorgeschlagen. Möchte jemand eine entsprechend unterschriebene Nachricht versenden, so werden ein Zufallszahlengenerator und ein effizienter Primzahltest benötigt. Außerdem verlässt man sich auf allgemein bekannte sichere Hashfunktionen, wie wir sie im vorigen Abschnitt beschrieben haben. Eine Hashfunktion berechnet zu einem prinzipiell beliebig langen Bitstring einen kleinen Wert. In dem zu DSA gehörenden Szenario werden Hashwerte mit der Bitlänge 160 benötigt.

Wir beschreiben jetzt die neun Schritte, die Alice vornehmen muss, um eine Nachricht nach dem DSA-Standard zu unterschreiben. Die ersten fünf Schritte sind unabhängig von dem Inhalt der Nachricht:
(1) Alice wählt eine Primzahl $q$ mit etwa 160 Bits.
(2) Sie wählt eine Primzahl $p$ mit 512 Bits mit $p \equiv 1 \bmod q$.
(3) Sie sucht ein $g_0 \in \mathbb{F}_p^*$ mit $g_0^{\frac{p-1}{q}} \not\equiv 1 \bmod p$ und setzt $g = g_0^{\frac{p-1}{q}} \bmod p$.
(4) Alice wählt $x$ mit $0 < x < q$ zufällig und setzt $y = g^x \bmod p$.
(5) Alice veröffentlicht $(q, p, g, y)$ und welche Hashfunktion zum Versenden von Nachrichten verwendet wird. Das einzige Geheimnis von Alice ist bisher die Zahl $x$.

Es ist nicht schwierig, eine Primzahl $q$ mit der genauen Bitlänge 160 zu finden. Dann kann man die Suche nach $p$ mit einer Zufallszahl starten, die genau 512 Bits hat. Dann springen wir zur nächsten Zahl, die um 1 verringert durch $q$ teilbar ist. Von dort aus addieren wir Vielfache von $q$ hinzu, bis wir auf eine Primzahl $p$ treffen.

Unklar ist vielleicht die Bedeutung von $g = g_0^{(p-1)/q} \not\equiv 1 \bmod p$ und wieso es Alice gelingt, ein solches $g$ zu finden. Wir wissen, dass die multiplikative Gruppe $\mathbb{F}_p^*$ zyklisch ist und daher eine eindeutige Untergruppe $U$ der Ordnung $q$ hat, denn es gilt $q \mid p-1$. Tatsächlich benötigt Alice ein erzeugendes Element $g$ von $U$. Jedes $g_0 \in \mathbb{F}_p^*$ liefert mit $g = g_0^{(p-1)/q}$ ein Element $g \in U$. Dies besagt der kleine Satz von Fermat. Ist $g \not\equiv 1 \bmod p$, so ist $g$ ein erzeugendes Element, da $q$ eine Primzahl ist. Die Chancen, ein erzeugendes Element zu finden, sind vorzüglich: Der Homomorphismus $\mathbb{F}_p^* \to U$ mit $f \mapsto f^{\frac{p-1}{q}}$ ist surjektiv und alle Elemente von $U$ werden gleich oft getroffen. Damit ist die Wahrscheinlichkeit $1 - 1/q$, dass $g$ die Gruppe $U$ erzeugt.

Die Sicherheit des Verfahrens beruht darauf, dass für $y$ potentiell $q$ Werte möglich und gleichwahrscheinlich sind und dass man kein effizientes Verfahren kennt, von $y \in \{1, \ldots, p-1\}$ auf den Wert $x$ zwischen 0 und $q$ zu schließen. Die einzig bekannte Methode ist, den diskreten Logarithmus von $y$ zur Basis $g$ zu berechnen. Die Ordnung $q$ hat eine Binärlänge von 160 Bits und sollte damit zu groß sein, um dies durchzuführen.

Nach diesen allgemeinen Vorbereitungen beschreiben wir, welche Schritte Alice jetzt tun muss, um eine unterschriebene Nachricht $m$ an Bob zu versenden.

(6) Alice berechnet von der Nachricht $m$ den Hashwert $h$ mit $0 < h < q$.

(7) Sie wählt eine zufällige Zahl $k$ mit $0 < k < q$ und berechnet $g^k \bmod p \in \{2, \ldots, p-1\}$.

(8) Sie berechnet den Rest $r \in \{0, \ldots, q-1\}$ mit $g^k \equiv r \bmod q$.

(9) Schließlich berechnet sie $s \in \{0, \ldots, q-1\}$ mit $sk \equiv h + xr \bmod q$.

Der letzte Schritt ist möglich, weil $k \in \mathbb{F}_q^*$ gilt. Alice sendet an Bob die Nachricht $m$ mit dem Paar $(r, s)$ als Unterschrift. Die Unterschrift ist ein Bitstring der Länge 320.

Empfängt Bob eine Nachricht $m$ mit der Unterschrift $(r, s)$, so verifiziert er die Unterschrift folgendermaßen. Er berechnet den Hashwert $h$ und dann $u = s^{-1}h \bmod q$ und $v = s^{-1}r \bmod q$. Dann überprüft er:

$$r \equiv (g^u y^v \bmod p) \quad \bmod q$$

Wenn diese Kongruenz erfüllt ist, dann wird die Unterschrift akzeptiert. Um einzusehen, dass dies richtig ist, betrachten wir die folgenden Zeilen. Aufgrund der Rechnung von Alice wissen wir $sk \equiv h + xr \bmod q$. Es folgt

$$k \equiv s^{-1}h + xs^{-1}r \equiv u + xv \quad \bmod q$$
$$g^k \equiv g^u g^{xv} \equiv g^u y^v \quad \bmod p$$

was $r \equiv (g^u y^v \bmod p) \bmod q$ impliziert. Dies zeigt, dass alle korrekt erstellten Unterschriften akzeptiert werden. Man beachte, dass die Unterschrift $(r, s)$ nur zu einem einzigen Hashwert $h$ passt. Man kann also nicht eine Unterschrift $(r, s)$ von Alice abfangen und sie für eine Nachricht $m'$ mit Hashwert $h'$ und $h' \neq h$ verwenden.

Angenommen, Oskar versucht eine Unterschrift zu fälschen. Wir können annehmen, dass er den richtigen Hashwert $h$ verwendet, der zur Nachricht $m$ passt. Das Problem für Oskar ist, dass nach der Festlegung von $(h, r, s)$, die Werte $k \bmod q$ und $x \bmod q$ direkt auseinander hervorgehen. Oskar kann also $k$ genau dann bestimmen, wenn er $x$ bestimmen kann. Hat er keinerlei Information über $x$, so sind für ihn alle Elemente $g^k \in U$ gleichwahrscheinlich. Um die Kongruenz $r \equiv (g^k \bmod p) \bmod q$ zu lösen, kennt man kein besseres Verfahren als letztlich den diskreten Logarithmus von $y$ zur Basis $g$ zu bestimmen, was wiederum nichts anderes bedeutet, als $x$ zu berechnen. Um zu verhindern, dass der öffentliche Schlüssel $(q, p, g, y)$ kompromittiert ist, kann man Zertifizierungsstellen einsetzen, welche die öffentlichen Schlüssel unterschreiben.

Als zweites Verfahren für digitale Unterschriften erwähnen wir noch *RSA-Signaturen*. Die Idee dazu ist, bei einem Kryptosystem die Reihenfolge von Verschlüsselung und Entschlüsselung zu vertauschen. Das RSA-Verfahren funktioniert, weil die Verschlüsselung $c$ und die Entschlüsselung $d$ zu einander inverse bijektive Funktionen sind. Bob kennt den öffentlichen RSA-Schlüssel von Alice und kann die Verschlüsselungsfunktion $c$ berechnen, aber nur Alice kennt die Entschlüsselungsfunktion $d$. Wenn Alice eine unterschriebene Nachricht $m$ an Bob senden will, dann berechnet sie den Hashwert $h(m)$ und sendet an Bob das Paar $(m, d(h(m)))$. Wenn Bob eine Nachricht $(m, s)$ von Alice erhält, dann berechnet er $h(m)$ und akzeptiert, falls $h(m) = c(s)$ gilt. Wenn die Nachricht von Alice stammt, dann ist $c(s) = c(d(h(m))) = h(m)$.

## 2.14 Teilen von Geheimnissen

Beim *Teilen von Geheimnissen* (engl. *secret sharing*) geht es um folgende Situation: Alice will ein Geheimnis $s$ auf $n$ Personen aufteilen, so dass $t$ dieser Personen das Geheimnis rekonstruieren können; für weniger als $t$ Personen soll es bei einem Zusammentreffen hingegen nicht möglich sein, Informationen über $s$ zu gewinnen. Solche Mechanismen werden häufig bei Zugangskontrollen zu Systemen oder zu Information eingesetzt. So kann man sich zum Beispiel vorstellen, dass ein Unternehmen eine sehr wichtige Kundendatei besitzt, welche mit einem Schlüssel $s$ verschlüsselt ist. Die Inhaberin Alice möchte nicht, dass ein einzelner der zwanzig Berater auf die Datei Zugriff hat, da er die Datei entwenden und an die Konkurrenz verkaufen könnte. Wenn sich jedoch drei oder mehr Berater zusammentun, dann sollen sie mit der Kundendatei arbeiten können. Hiebei soll es egal sein, welche drei der zwanzig Berater auf Einträge aus der Kundendatei zugreifen wollen. Eine weitere häufig anzutreffende Anforderung ist, dass Personen hinzukommen könnten, welche Zugriff auf das Geheimnis $s$ haben sollen. Im obigen Beispiel könnte Alice weitere Berater einstellen.

Wir stellen das Teilen von Geheimnissen nach Shamir vor [76]. Hierzu nehmen wir an, dass das Geheimnis $s$ eine natürliche Zahl ist. Alice wählt sich zunächst eine Primzahl $p$, die erheblich größer als $n$ und $s$ sein sollte. Die Primzahl $p$ wird veröffentlicht. Nun konstruiert sich Alice ein zufälliges Polynom $a(X)$, indem sie unabhängig und gleichverteilt Koeffizienten $a_1, \ldots, a_{t-1} \in \mathbb{F}_p$ wählt. Zusammen mit dem Geheimnis $s$ definieren diese das Polynom

$$a(X) = s + \sum_{i=1}^{t-1} a_i X^i \in \mathbb{F}_p[X]$$

Damit hat $a$ einen Grad kleiner $t$, und das Polynom wertet sich an der Stelle 0 zu $a(0) = s$ aus. Als Nächstes teilt Alice der $i$-ten Person die Information $(i, a(i))$ über einen sicheren Kanal mit. Wenn nun $t$ oder mehr Personen zusammen kommen, dann können diese aus ihren $t$ Funktionswerten die Koeffizienten des Polynoms $a$ und damit das Geheimnis $s$ rekonstruieren.

Anstelle des Lösens eines linearen Gleichungssystems (z. B. mit dem gaußschen Eliminationsverfahren) lässt sich auch die *Lagrange-Interpolation* benutzen. Für paarweise verschiedene Stützstellen $x_1, \ldots, x_t \in \mathbb{F}_p$ sei das *Lagrange-Polynom* $\ell_i(X)$ definiert durch

$$\ell_i(X) = \prod_{\substack{1 \leq j \leq t \\ j \neq i}} \frac{X - x_j}{x_i - x_j}$$

Damit ist $\ell_i$ ein Polynom vom Grad $t - 1$, und es gilt

$$\ell_i(x_j) = \begin{cases} 1 & \text{falls } i = j \\ 0 & \text{sonst} \end{cases}$$

Sind $a(x_1), \ldots, a(x_t)$ bekannt, dann können wir $\tilde{a}(X) = \sum_{1 \leq i \leq t} a(x_i)\ell_i(X)$ bestimmen. Das Polynom $a(X) - \tilde{a}(X)$ hat bei $x_1, \ldots, x_t$ jeweils eine Nullstelle. Da $a(X) - \tilde{a}(X)$ höchtens den Grad $t - 1$ hat, ist es das Nullpolynom. Daher gilt $a(X) = \tilde{a}(X)$. Dies zeigt, dass $t$ und mehr Personen das Geheimnis $s$ rekonstruieren können. Es ist auch leicht einzusehen, dass problemlos zusätzliche Personen hinzugefügt werden können.

Wir müssen noch zeigen, dass weniger als $t$ Personen keine Information über das Geheimnis $s$ erhalten. Seien hierzu $t - 1$ verschiedene Stützstellen $x_1, \ldots, x_{t-1} \in \mathbb{F}_p \setminus \{0\}$ mit den Auswertungen $a(x_1), \ldots, a(x_{t-1})$ bekannt. Bei weniger Auswertungen, weiß man nicht mehr über das Geheimnis $s$. Mit der Lagrange-Interpolation sieht man, dass es genau $p$ Polynome $\tilde{a}(X) \in \mathbb{F}_p[X]$ mit Grad kleiner $t$ gibt, bei denen $\tilde{a}(x_i) = a(x_i)$ für alle $1 \leq i < t$ gilt. Jedes dieser Polynome liefert ein anderes Geheimnis $\tilde{s} = \tilde{a}(0)$. Da jedes solche Polynom $\tilde{a}(X)$ gleich wahrscheinlich ist, ist auch bei Kenntnis von $a(x_i)$ für $1 \leq i < t$ jedes Geheimnis $\tilde{s}$ gleich wahrscheinlich.

## 2.15 Elektronische Verpflichtung

Das folgende Gespräch zwischen Alice, Mitarbeitern der Anlageberatung Ruin Invest, und einem potentiellen Kunden Bob wurde abgehört.[4]

*Bob:* Nennen Sie mir fünf Aktien, die Sie zum Kauf empfehlen. Wenn im kommenden Monat alle im Kurs steigen, dann werde ich Ihr Kunde.

---

4 Dieses Szenario wurde einem Vorlesungsskript von Holger Petersen vom Sommersemester 2007 an der Universität Stuttgart entnommen.

*Alice:* Würde ich Ihnen die Aktien nennen, dann könnten Sie investieren, ohne uns zu bezahlen. Ich schlage vor, Sie sehen sich unsere Empfehlung des letzten Monats an. Sie werden erstaunt sein, welche Gewinne Sie bei einem Kauf gemacht hätten.

*Bob:* Wie soll ich sicher sein, dass sie wirklich genau diese Aktien empfohlen haben? Sie könnten doch einfach fünf Gewinner heraussuchen. Wenn Sie mir jetzt die aktuellen Aktien nennen, weiß ich, dass Sie Ihre Wahl nicht verändern können. Ich würde Sie nicht betrügen und in die empfohlenen Aktien investieren.

*Alice:* Auch wir betrügen Sie nicht, und wir nennen Ihnen die im letzten Monat empfohlenen Aktien.

Das gegenseitige Misstrauen führt hier zu einem Problem. Als mechanische Lösung könnte die aktuelle Empfehlung in einem verschlossenen Kuvert an einer sicheren Stelle hinterlegt werden. Dann könnte die Wahl im Nachhinein überprüft werden. Eine elektronische Version um dieses Problem zu lösen, bezeichnet man als *elektronische Verpflichtung*. Alice legt sich auf eine Information $t$ (hier ein Bit) fest. Unter Verwendung eines symmetrischen Verschlüsselungsverfahrens ergeben sich die folgenden Schritte:

(1) Alice wählt einen (zunächst geheimen) zufälligen Schlüssel $k$.
(2) Bob erzeugt einen Zufallsstring $x$ und sendet ihn an Alice.
(3) Alice verschlüsselt $xt$ mit dem Schlüssel $k$, d. h., sie berechnet $y = c_k(xt)$.
(4) Alice sendet $y$ an Bob.

Damit hat sich Alice auf $xt$ festgelegt. Und später kann Bob die Wahl von Alice überprüfen:

(5) Alice sendet den Schlüssel $k$ an Bob.
(6) Bob entschlüsselt die Nachricht $y$ mit $s$ und prüft, dass $d_k(y) = xt$ für ein Bit $t$ gilt. Danach ist Bob überzeugt, dass Alice sich auf $t$ festgelegt hat.

Wie kann Alice betrügen? Sie könnte nach einem Schlüssel $k'$ suchen, der ein gewünschtes $t'$ ergibt. Dann muss aber auch $d_{k'}(y) = xt'$ für den Zufallsstring $x$ gelten. Dies entspricht bei zufälliger Wahl des Schlüssels $k$ einem Angriff mit bekanntem Klartext, dem ein gutes Verfahren widerstehen sollte. Bob hat eine noch schlechtere Position, denn er kennt neben dem Geheimtext $y$ nur einen Präfix des Klartextes (nämlich $x$).

Eine öffentliche kollisionsresistente Hashfunktion $f$ kann ebenfalls benutzt werden, um eine Verpflichtung einzugehen. Das Protokoll hierfür läuft wie folgt ab:

(1) Alice wählt zwei zufällige Bitstrings $x_1, x_2$.
(2) Alice schickt $f(x_1 x_2 t)$ und $x_1$ an Bob.

Nun hat Alice sich wiederum auf $t$ festgelegt. Später kann Bob die Information $t$ von Alice überprüfen:

(3) Alice sendet $x_1 x_2 t$ an Bob.
(4) Bob vergleicht $f(x_1 x_2 t)$ und $x_1$ mit den vorher von Alice erhaltenen Werten.

Da $f$ schwierig zu invertieren ist, kann Bob das Bit $t$ nicht bestimmen, bevor er $x_1 x_2 t$ erhält (insbesondere weil mehrere Urbilder von $f(x_1 x_2 t)$ den Präfix $x_1$ haben könnten). Durch Offenlegung eines Teils der Zufallsinformation kann geprüft werden, dass Alice keine speziellen Strings wählt, die es erleichtern würden, eine Kollision zu finden. Alice muss also den „wahren" Wert von $t$ offenlegen. Der Hauptvorteil dieses Protokolls ist es, dass Bob keine Nachrichten verschicken muss. Alice könnte also einen Radiosender oder Zeitungsanzeigen benutzen.

**Beispiel 2.5.** Alice und Bob telefonieren miteinander. Sie wollen entscheiden, wer am nächsten Tag in die Kryptographie-Vorlesung muss, um mitzuschreiben. Hierzu wirft jeder von ihnen eine Münze. Bei gleichem Ausgang (zweimal Kopf oder zweimal Zahl) geht Alice zur Vorlesung, andernfalls geht Bob hin. Wenn Alice den Ausgang ihres Münzwurfs an Bob übermittelt, könnte er sein Ergebnis so wählen, dass Alice zur Vorlesung gehen muss; umgekehrt tritt dieselbe Situation ein, wenn Bob den Ausgang seines Münzwurfs zuerst mitteilt. Daher einigen sie sich auf das folgende Protokoll. Alice verpflichtet sich zu einem Bit $t$, danach gibt Bob seinen Münzwurf in Form eines Bits $t'$ bekannt. Schließlich offenbart Alice ihr Bit $t$, und beide wissen, wer in die Vorlesung muss. ◇

## Aufgaben

**2.1.** Entschlüsseln Sie die Kommunikation zwischen Friedrich dem Großen und Voltaire auf Seite 52.

**2.2.** Ist jede Verschlüsselungsfunktion mit einer endlichen Menge von Geheimtexten (bei festem Schlüssel $k$) surjektiv?

**2.3.** Sei $n = 7 \cdot 11 = 77$ und $e = 43$.

**(a)** Wie viele Elemente besitzt die multiplikative Gruppe $(\mathbb{Z}/77\mathbb{Z})^*$?

**(b)** Bestimmen Sie $s \in \mathbb{N}$ mit $es \equiv 1 \bmod \varphi(n)$.

**(c)** Die Nachricht $y = 5$ wurde nach dem RSA-Verfahren mit dem öffentlichen Schlüssel $(77, 43)$ verschlüsselt. Wie lautet der Klartext $x$?

**2.4.** Die Nachricht $x$ wurde mit den beiden RSA-Schlüsseln $(551, 5)$ und $(551, 11)$ verschlüsselt. Die sich ergebenden Chiffren sind $277$ und $429$. Bestimmen Sie daraus den Klartext $x$.

**2.5.** (Multi-Prime-RSA) Seien $p_1, \ldots, p_m$ paarweise verschiedene Primzahlen, sei $n = p_1 \cdots p_m$, und sei $s \cdot e \equiv 1 \bmod \varphi(n)$. Nachrichten $x, y \in \{0, \ldots, n-1\}$ werden durch $c(x) = x^e \bmod n$ verschlüsselt und durch $d(y) = y^s \bmod n$ entschlüsselt. Zeigen Sie, dass das Verfahren korrekt ist, d. h., dass $d(c(x)) = x$ gilt für alle $x \in \{0, \ldots, n-1\}$.

**2.6.** Sei $n = 11 \cdot 23 = 253$.

**(a)** Verschlüsseln Sie die Nachricht 17 nach dem Rabin-Verfahren mit dem öffentlichen Schlüssel $n$.

**(b)** Entschlüsseln Sie den Geheimtext 36 nach dem Rabin-Verfahren mit dem geheimen Schlüssel $(11, 23)$.

**(c)** Bob will 8-Bit-Nachrichten $x \in 00\{0,1\}^4 00$ nach dem Rabin-Verfahren mit dem öffentlichen Schlüssel $n$ verschlüsselt an Alice schicken. Kann Alice diese Nachrichten eindeutig entschlüsseln?

**2.7.** Sei $n = 2 \cdot 23 + 1 = 47$ und $g = 5$.

**(a)** Was ist die Ordnung von $g$ in $(\mathbb{Z}/n\mathbb{Z})^*$?

**(b)** Seien $a = 16$ und $b = 9$ die geheimen Schlüssel von Alice und Bob. Wie lauten die öffentlichen Schlüssel $A$ und $B$ und der gemeinsame geheime Schlüssel $k$ nach dem Diffie-Hellman-Verfahren?

**(c)** Bob will die Nachricht $x = 33$ mit dem öffentlichen Schlüssel $(n, g, A)$ und dem geheimen Schlüssel $b$ nach dem ElGamal-Verfahren verschlüsseln (mit $A, b$ wie oben). Wie lautet der Geheimtext $(y, B)$?

**2.8.** Zeigen Sie, dass sich das Rucksackproblem $(s_1, \ldots, s_n, c)$ bei binärer Codierung der $s_i$ und unärer Codierung von $c$ in $\mathcal{O}(n \cdot c)$ Schritten lösen lässt.

**2.9.** Nach dem Merkle-Hellman-System ist der Geheimtext 90 mit Hilfe der Liste $(43, 72, 16, 46, 50)$, dem Multiplikator $u = 57$ und der Primzahl 71 verschlüsselt worden. Wie lautet der Klartext?

**2.10.** Zeigen Sie, dass Folgen $(s_i)_{i \in \mathbb{N}}$ mit $s_{i+1} \geq 2s_i > 0$ stark wachsend sind.

**2.11.** Sei $h : X \to Y$ eine Kompressionsfunktion. Für $y \in Y$ definieren wir $\|y\| = |\{x \mid h(x) = y\}|$. Weiter sei $N$ die Anzahl der Kollisionen von $h$ und $m = \sum_{y \in Y} \|y\|/|Y|$ die mittlere Größe von $\|y\|$. Zeigen Sie die folgenden Beziehungen:

$$\sum_{y \in Y} \|y\| = |X|, \qquad m = \frac{|X|}{|Y|}, \qquad N = \sum_{y \in Y} \binom{\|y\|}{2} = \frac{1}{2} \sum_{y \in Y} \|y\|^2 - \frac{|X|}{2}$$

$$\sum_{y \in Y} (\|y\| - m)^2 = 2N + |X| - \frac{|X|^2}{|Y|}, \qquad N \geq \frac{1}{2}\left(\frac{|X|^2}{|Y|} - |X|\right)$$

**2.12.** Sei $h_1 : \{0,1\}^{2m} \to \{0,1\}^m$ eine kollisionsresistente Kompressionsfunktion. Die Funktionen $h_i : \{0,1\}^{2^i m} \to \{0,1\}^m$ für $i > 1$ sind definiert durch $h_i(x_1 x_2) = h_1(h_{i-1}(x_1)h_{i-1}(x_2))$ für $x_1, x_2 \in \{0,1\}^{2^{i-1}m}$. Zeigen Sie, dass dann auch $h_i$ kollisionsresistent ist.

**2.13.** Sei $n = pq$ für zwei geheime Primzahlen $p$ und $q$ der Form $p = 2p' + 1$ und $q = 2q' + 1$, wobei $p'$ und $q'$ auch wieder Primzahlen sind. Sei $a \in (\mathbb{Z}/n\mathbb{Z})^*$ ein

Element der Ordnung $2p'q'$. Die Kompressionsfunktion $h : \{1, \ldots, n^2\} \to (\mathbb{Z}/n\mathbb{Z})^*$ werde durch $h(x) = a^x \bmod n$ definiert. Die Werte $n = 603241$ und $a = 11$ werden verwendet, um solch eine Kompressionsfunktion festzulegen. Benutzen Sie die Kollisionen $h(1294755) = h(80115359)$, um $n$ zu faktorisieren.

**2.14.** (ElGamal-Signaturen) Sei $p$ eine Primzahl. Der Klartextraum ist $\mathcal{T} = (\mathbb{Z}/p\mathbb{Z})^*$ und der Unterschriftenraum ist $\mathcal{U} = (\mathbb{Z}/p\mathbb{Z})^* \times \mathbb{Z}/(p-1)\mathbb{Z}$. Ein Schlüssel hat die Form $k = (p, \alpha, \beta, m, s) \in \mathbb{N}^5$ wobei $\beta = \alpha^m \bmod p$ und $s \in (\mathbb{Z}/(p-1)\mathbb{Z})^*$. Die Unterschriftenfunktion $u_k : \mathcal{T} \to \mathcal{U}$ ist definiert durch $u_k(x) = (\gamma, \delta)$ wobei $\gamma = \alpha^s \bmod p$ und $\delta = (x - m\gamma)s^{-1} \bmod (p-1)$. Die Verifikationsfunktion ist

$$v_k(x, \gamma, \delta) = \begin{cases} \texttt{true} & \text{falls } \beta^\gamma \gamma^\delta \equiv \alpha^x \mod p \\ \texttt{false} & \text{sonst} \end{cases}$$

**(a)** Zeigen Sie, dass genau dann $v_k(x, \gamma, \delta) = \texttt{true}$ gilt, wenn $u_k(x) = (\gamma, \delta)$ eine gültige Unterschrift ist.

**(b)** Erzeugen Sie aus der Kenntis von $(p, \alpha, \beta)$ unterschriebene Texte.

**(c)** Sei $(\gamma, \delta)$ eine gültige Unterschrift für $x$. Seien $h, i, j$ ganze Zahlen mit $0 \le h, i, j \le p - 2$ und $\mathrm{ggT}(h\gamma - j\delta, p - 1) = 1$. Folgende Werte werden berechnet

$$\lambda = \gamma^h \alpha^i \beta^j \bmod p$$
$$\mu = \delta\lambda(h\gamma - j\delta)^{-1} \bmod (p-1)$$
$$x' = \lambda(hx + i\delta)(h\gamma - j\delta)^{-1} \bmod (p-1)$$

Zeigen Sie, dass $(\lambda, \mu)$ eine gültige Unterschrift für $x'$ ist.

**2.15.** Verteilen Sie das Geheimnis 42 nach dem Shamir-Verfahren gleichmäßig auf drei Leute, so dass nur zwei zusammen das Geheimnis zusammensetzen können.

**2.16.** Die Firma Ruin Invest hat zwei Direktoren, sieben Abteilungsleiter und 87 weitere Mitarbeiter. Die wertvolle Kundendatei wird mit einem geheimen Schlüssel geschützt. Entwickeln Sie ein Verfahren zur Verteilung der Schlüsselinformation für die folgenden Gruppen von Zugangsberechtigungen: (i) Beide Direktoren gemeinsam, (ii) mindestens ein Direktor und alle sieben Abteilungsleiter, (iii) mindestens ein Direktor, mindestens vier Abteilungsleiter und mindestens 11 Mitarbeiter.

**2.17.** Eine Gruppe von mindestens drei Mitarbeitern einer Firma beschließt, ihr Durchschnittseinkommen zu berechnen, um es mit der persönlichen Gehaltshöhe zu vergleichen. Alle sind ehrlich, aber keiner möchte gegenüber den anderen sein Einkommen offenbaren. Geben Sie ein Protokoll an, das dieses Problem löst.

**2.18.** Alice und Bob wollen bestimmen, wer das höhere Gehalt hat. Dabei soll keiner die Höhe des Gehalts des anderen erfahren. Geben Sie hierfür ein Protokoll an.

*Hinweis:* Sie können von einer endlichen Menge möglicher Gehälter ausgehen.

**2.19.** Geben Sie ein faires Protokoll für ein elektronisches Roulettespiel an. Sie brauchen die Setzungen nicht im Detail zu behandeln.

## Zusammenfassung

### Begriffe

- symmetrisches Kryptosystem
- Klartext
- Geheimtext, Chiffre
- Schlüssel
- globale Lösung
- lokale Lösung
- Informationsgewinn
- Kerckhoffs' Prinzip
- Ciphertext-Only-Angriff
- Known-Plaintext-Angriff
- Chosen-Plaintext-Angriff
- Chosen-Ciphertext-Angriff
- perfekte Sicherheit
- Berechnungssicherheit
- relative Berechnungssicherheit
- pragmatische Sicherheit
- Caesar-Verfahren
- Verschiebungs-Verschlüsselung
- monoalphabetische Substitution
- Häufigkeitsanalyse
- polyalphabetische Substitution
- Vigenère-Verfahren
- Koinzidenz-Index

- Kronecker-Delta
- Vernam-One-Time-Pad
- asymmetrisches Kryptosystem
- Public-Key-Verfahren
- Man-In-The-Middle-Angriff
- RSA-Verfahren
- Rabin-Verfahren
- Diffie-Hellman-Schlüsselaustausch
- ElGamal-Verfahren
- Merkle-Hellman-Verfahren
- Rucksackproblem
- stark wachsende Folge
- Hashfunktion
- Kompressionsfunktion
- Einwegfunktion
- Kollision
- kollisionsresistent
- Merkle-Damgård-Konstruktion
- digitale Signatur
- Digital Signature Algorithm (DSA)
- RSA-Signatur
- Teilen von Geheimnissen
- elektronische Verpflichtung

### Methoden und Resultate

- Schema einer verschlüsselten Kommunikation

- Häufigkeit der Zeichen des Klartextraumes ungleich verteilt und Häufigkeitsverteilung bekannt ⇒ Häufigkeitsananlyse bei monoalphabetischer Substitution möglich

- Wissen über Doppellaute wie „th" und häufig vorkommende Wörter wie „the" im Englischen ist bei Häufigkeitsanalyse sehr nützlich.

- Bei der polyalphabetischen Substitution wird jedes $d$-te Zeichen mit der gleichen monoalphabetischen Substitution verschlüsselt.

- Koinzidenz-Index dient zur Berechnung der Schlüssellänge bei der polyalphabetischen Substitution; damit lässt sich eine Häufigkeitsanalyse anwenden.
- Das Vernam-One-Time-Pad gewährleistet perfekte Sicherheit.
- Die Schlüssellänge beim Vernam-One-Time-Pad ist optimal.
- Wenn die Schlüssel unabhängig vom Klartext sind, dann müssen die Schlüssel beim Vernam-One-Time-Pad zufällig und gleichverteilt gewählt werden.
- RSA-Verfahren: Ver- und Entschlüsselung durch Exponentiation in $\mathbb{Z}/n\mathbb{Z}$; $n$ ist Produkt zweier großer Primzahlen; Sicherheit basiert auf Faktorisierung
- Rabin-Verfahren: Verschlüsselung durch Quadrieren in $\mathbb{Z}/n\mathbb{Z}$; $n$ ist dabei das Produkt zweier großer Primzahlen; Sicherheit basiert auf Faktorisierung
- Die Entschlüsselung beim Rabin-Verfahren liefert bis zu vier mögliche Klartexte, wenn man den Klartextraum $\mathbb{Z}/n\mathbb{Z}$ nicht einschränkt.
- Diffie-Hellman-Schlüsselaustausch: Schlüssel $g^{ab}$ für Gruppenelement $g$, wobei nur $g^a$ und $g^b$ verschickt werden; Sicherheit basiert auf diskretem Logarithmus
- ElGamal-Verfahren: Verschlüsselung durch Multiplikation mit dem Diffie-Hellman-Schlüssel; Sicherheit basiert auf diskretem Logarithmus
- Merkle-Hellman-Verfahren: Nachrichten werden als Fassungsvermögen eines vorgegebenen Rucksackproblems verschlüsselt; Verfahren ist nicht sicher
- Shamirs Angriff auf das Merkle-Hellman-Verfahren
- Kompressionsfunktionen aus Verschlüsselungsfunktionen
- Die Merkle-Damgård-Konstruktion macht aus einer kollisionsresistenten Kompressionsfunktion eine kollisionsresistente Hashfunktion.
- Erzeugen von Signaturen mit dem Digital Signature Algorithm (DSA)
- Konstruktion von RSA-Signaturen
- Teilen von Geheimnissen nach Shamir
- Lagrange-Polynome und Lagrange-Interpolation
- Elektronische Verpflichtungen mittels eines symmetrischen Kryptosystems
- Elektronische Verpflichtungen mittels einer kollisionsresistenten Hashfunktion

# 3 Zahlentheoretische Algorithmen

Im Folgenden sei $\mathbb{R}_{\geq 0}$ die Menge der nichtnegativen reellen Zahlen. Wir beginnen mit einigen Techniken zur Laufzeitanalyse von Algorithmen. Hierzu definieren wir für eine Funktion $f : \mathbb{R}_{\geq 0} \to \mathbb{R}_{\geq 0}$ die Funktionenklasse

$$\mathcal{O}(f) = \{g : \mathbb{R}_{\geq 0} \to \mathbb{R}_{\geq 0} \mid \exists c > 0 \; \exists n_0 \geq 0 \; \forall n \geq n_0 : g(n) \leq c \cdot f(n)\}$$

als die Menge der Funktionen, die höchstens so schnell wachsen wie $f$. Die $\mathcal{O}$-Notation wurde von Edmund Georg Hermann Landau (1877–1938) propagiert. Bei der Laufzeitabschätzung rekursiver Algorithmen treten häufig Rekursionsgleichungen auf. Im Folgenden stellen wir asymptotische Abschätzungen für eine große Klasse solcher Rekursionsgleichungen bereit.

**Lemma 3.1.** *Seien $a, b$ positive reelle Zahlen und $f, g : \mathbb{R}_{\geq 0} \to \mathbb{R}_{\geq 0}$ mit $f(1) \leq g(1)$. Wenn $f(n) \leq a \cdot f(n/b) + g(n)$ für alle $n > 1$ gilt, dann ist $f(b^k) \leq \sum_{i=0}^{k} a^i \cdot g(b^{k-i})$ für alle $k \in \mathbb{N}$.*

*Beweis.* Für $k = 0$ gilt die Behauptung. Sei nun $k > 0$. Nach Definition gilt $f(b^k) \leq a \cdot f(b^{k-1}) + g(b^k)$. Mit der Induktionsvoraussetzung für $k - 1$ folgt:

$$f(b^k) \leq g(b^k) + a \sum_{i=0}^{k-1} a^i \cdot g(b^{k-1-i}) = \sum_{i=0}^{k} a^i \cdot g(b^{k-i}) \qquad \square$$

Indem wir verschiedene Fälle für die Parameter $a$, $b$ und die Funktion $g$ unterscheiden, erhalten wir den folgenden Satz.

**Satz 3.2 (Master-Theorem).** *Seien $a, b, c \in \mathbb{R}_{\geq 0}$ mit $b > 1$ und $f : \mathbb{R}_{\geq 0} \to \mathbb{R}_{\geq 0}$ sei schwach monoton steigend mit $f(n) \leq a \cdot f(n/b) + \mathcal{O}(n^c)$. Dann gilt:*

$$f(n) \in \begin{cases} \mathcal{O}(n^c) & \text{falls } a < b^c \\ \mathcal{O}(n^c \log n) & \text{falls } a = b^c \\ \mathcal{O}(n^{\log_b a}) & \text{falls } a > b^c \end{cases}$$

*Beweis.* Es genügt, den Fall $f(n) \leq a \cdot f(n/b) + n^c$ zu behandeln. Ferner genügt es, $n = b^k$ mit $k \in \mathbb{N}$ zu betrachten, denn $f$ ist schwach monoton und auf der rechten Seite stehen Funktionen $p$ mit $p(bn) \in \mathcal{O}(p(n))$. Setzen wir $g(n) = n^c$, so ist $f(b^k) \leq n^c \sum_{i=0}^{k} (\frac{a}{b^c})^i$ nach Lemma 3.1. Falls $a < b^c$ gilt, ergibt sich folgende Abschätzung:

$$f(n) \leq n^c \cdot \sum_{i=0}^{\infty} \left(\frac{a}{b^c}\right)^i = n^c \cdot \frac{1}{1 - \frac{a}{b^c}} \in \mathcal{O}(n^c)$$

Für $a = b^c$ erhalten wir $f(n) \leq n^c \cdot (k+1) \in \mathcal{O}(n^c \log n)$. Sei nun $a > b^c$. Dann gilt:

$$f(n) \leq n^c \sum_{i=0}^{k} \left(\frac{a}{b^c}\right)^i = n^c \frac{\left(\frac{a}{b^c}\right)^{k+1} - 1}{\frac{a}{b^c} - 1} \in \mathcal{O}\left(n^c \left(\frac{a}{b^c}\right)^{\log_b(n)}\right) = \mathcal{O}\left(n^{\log_b a}\right)$$

Damit sind alle drei Fälle bewiesen. □

**Das Geburtstagsparadoxon**

Im Falle von randomisierten Algorithmen ist das *Geburtstagsparadoxon* oft nützlich. Die Idee ist, dass bei einer zufälligen Folge von Elementen aus einer $n$-elementigen Menge bereits nach $\mathcal{O}(\sqrt{n})$ Folgengliedern mit hoher Wahrscheinlichkeit zwei gleiche Elemente auftreten. Wenn man als Grundmenge die 366 möglichen Geburtstage zugrunde legt, dann kann man ausrechnen, dass bei 23 Leuten die Wahrscheinlichkeit für zwei Personen mit dem gleichen Geburtstag größer als $1/2$ ist. Da hier 23 überraschend klein wirkt, erklärt dies den Namen *Geburtstagsparadoxon*.

Sei $N$ eine $n$-elementige Menge. Wir betrachten eine zufällige Folge der Länge $m$ mit Elementen aus $N$. Die Wahrscheinlichkeit, dass die ersten $i+1$ Folgenglieder alle verschieden sind, ist dann:

$$\frac{n}{n} \cdot \frac{n-1}{n} \cdots \frac{n-i}{n} = 1 \cdot \left(1 - \frac{1}{n}\right) \cdots \left(1 - \frac{i}{n}\right)$$

Die Wahrscheinlichkeit, dass alle $m$ Folgenglieder verschieden sind, ist daher:

$$\prod_{i=0}^{m-1} \left(1 - \frac{i}{n}\right)$$

Dies geht von einer Gleichverteilung der Elemente aus; wenn sich jedoch gewisse Elemente häufen, dann wird die Wahrscheinlichkeit für eine Übereinstimmung noch größer. Mit der Ungleichung $(1 + x) \leq e^x$ ergibt sich für die Wahrscheinlichkeit keiner Übereinstimmung die folgende Abschätzung:

$$\prod_{i=0}^{m-1} \left(1 - \frac{i}{n}\right) \leq \prod_{i=0}^{m-1} e^{-\frac{i}{n}} = e^{-\sum_{i=0}^{m-1} \frac{i}{n}} = e^{-\frac{m(m-1)}{2n}}$$

Der Grenzwert $1/2$ wird also spätestens im Bereich von $m = \sqrt{2n \ln 2}$ unterschritten. Das Geburtstagsparadoxon bildet die Grundlage für die Laufzeitabschätzung bei sogenannten $\rho$-Methoden.

## 3.1 Schnelle Exponentiation

Sei $M$ ein Monoid. Bei der schnellen Exponentiation geht es darum, bei Eingabe von $a \in M$ und $n \in \mathbb{N}$ das Element $a^n$ mit möglichst wenig Monoidoperationen zu berechnen. Naiv kann man $a^n$ durch die rekursive Vorschrift $a^n = a \cdot a^{n-1}$ mit $n - 1$ Operation bestimmen. Wenn nun $n$ binär gegeben ist, so führt dies auf einen exponentiellen Algorithmus. Wenn $n$ gerade ist, so kann man $a^n$ aus $a^{n/2}$ durch Quadrieren bestimmen. Die schnelle Exponentiation versucht nun, möglichst oft zu quadrieren. Außerdem sollen nur konstant viele Monoidelemente gespeichert werden. Dies gewährleistet der folgende Algorithmus:

```
/* Voraussetzung ist a ∈ M, n ∈ ℕ */
/* Berechnet wird aⁿ */
function exp(a, n)
begin
    e := 1;
    while n > 0 do
        if n ungerade then e := a · e fi;
        a := a²; n := ⌊n/2⌋
    od;
    return e
end
```

Wenn $n$ ungerade ist, dann gilt $a^n = a \cdot a^{n-1}$, und $n - 1$ ist gerade. Daher kann $n$ in jedem Schleifendurchlauf halbiert werden. Pro Schleifendurchlauf sind maximal 2 Monoidoperationen möglich, so dass der obige Algorithmus maximal $2\lfloor \log_2 n \rfloor + 2$ Operation erfordert. Dieses Maximum wird bei Zahlen der Form $n = 2^k - 1$ angenommen. Im Falle von $M = \mathbb{Z}/m\mathbb{Z}$ mit modularer Multiplikation als Verknüpfung spricht man bei dem obigen Verfahren auch von der *schnellen modularen Exponentiation*. Dies soll betonen, dass man nicht zuerst die Zahl $a^n \in \mathbb{Z}$ berechnet und dann den Rest modulo $m$ bestimmt, sondern dass man alle Zwischenergebnisse modulo $m$ rechnet. So bleiben diese Zahlen durch $m$ beschränkt, wohingegen $a^n$ schon für Zahlen $a$ und $n$ mit nur wenigen Stellen schnell zu groß wird.

**Bemerkung 3.3.** Der obige Ansatz ist nicht immer optimal. Betrachten wir die Berechnung von $a^{15}$. Mit der schnellen Exponentiation benötigen wir 6 Operationen: 3 mal Quadrieren liefert die Elemente $a^2, a^4, a^8$; und mit 3 weiteren Multiplikationen erhalten wir $a^{15} = a \cdot a^2 \cdot a^4 \cdot a^8$. Wenn wir hingegen die 5 Elemente $a^2, a^3 = a \cdot a^2$, $a^6 = (a^3)^2$, $a^{12} = (a^6)^2$ und $a^{15} = a^{12} \cdot a^3$ mit je einer Operation berechnen, dann genügen 5 Multiplikationen. Der allgemeine Ansatz hierzu sind Additionsketten. Eine *Additionskette* für $n \in \mathbb{N} \setminus \{0\}$ ist eine Folge $(a_0, \ldots, a_k)$ von natürlichen Zahlen mit der Eigenschaft $a_0 = 1$, $a_k = n$ und jede Zahl $a_i$ für $i \geq 1$ ist die Summe von zwei (nicht notwendigerweise verschiedenen) vorhergehenden Zahlen. Die Länge $k$ ist dabei die Anzahl der benötigten Monoidoperationen zur Berechnung von $a^n$ durch die Additionskette. Die Additionskette für 15, welche sich aus der schnellen Exponentiation ergibt, ist $(1, 2, 3, 4, 7, 8, 15)$. Der Rechenweg mit 5 Multiplikationen verwendet die Additionskette $(1, 2, 3, 6, 12, 15)$. Der wesentliche algorithmische Nachteil (außer dass man optimale Additionsketten berechnen muss, was aber keine Monoidoperationen erfordert) ist, dass im Allgemeinen alle Zwischenergebnisse gespeichert werden müssen. Im besten Fall können mit Additionsketten knapp die Hälfte der benötigten Monoidoperationen eingespart werden, siehe Abschnitt 4.6.3 in [45].     ◊

## 3.2 Probabilistische Primzahlerkennung

Für viele Anwendungen wie beispielsweise das RSA-Kryptosystem benötigt man große Primzahlen. Dies führt zu der Frage, wie man für eine gegebene Zahl $n$ schnell prüfen kann, ob sie eine Primzahl ist. Wir werden im nächsten Kapitel einen deterministischen Polynomialzeitalgorithmus für dieses Problem vorstellen. Seine Laufzeit kann allerdings nicht mit den hier vorgestellten probabilistischen Verfahren konkurrieren. Die beiden Verfahren dieses Abschnitts laufen in Runden ab. In jeder Runde wird zufällig eine Zahl $a \in \{1, \dots, n-1\}$ ausgewählt und abhängig von $a$ wird entweder ausgegeben, dass $n$ zusammengesetzt ist oder dass $n$ eine Primzahl sein könnte. Wenn ausgegeben wird, dass $n$ zusammengesetzt ist, dann ist $n$ auch tatsächlich zusammengesetzt. Wenn aber ausgegeben wird, dass $n$ möglicherweise eine Primzahl ist, dann könnte $n$ dennoch zusammengesetzt sein. Beide Verfahren haben jedoch die Eigenschaft, dass man bei einer zusammengesetzen Zahl mit einer Wahrscheinlichkeit von mindestens $1/2$ auf ein $a$ trifft, das $n$ als zusammengesetzt enttarnt. Daher ist bei $k$ unabhängigen Runden gewährleistet, dass man eine zusammengesetzte Zahl mit einer Wahrscheinlichkeit von mindestens $1 - 2^{-k}$ entdeckt. Wenn über $150$ Runden ausgegeben wird, dass $n$ eine Primzahl sein könnte, dann ist die Fehlerwahrscheinlichkeit kleiner als:[1]

$$0,00000\,00000\,00000\,00000\,00000\,00000\,00000\,00000\,00000\,71168\,582133$$

### 3.2.1 Der Miller-Rabin-Primzahltest

Die Ausgangssituation ist wie folgt: Sei $n \geq 3$ eine ungerade Zahl. Nach einer gewissen Zahl von Probedivisionen vermuten wir, dass $n$ eine Primzahl sein könnte. Der Miller-Rabin-Primzahltest ist benannt nach Gary Lee Miller und Michael Oser Rabin. Er widerlegt entweder die Primzahleigenschaft oder liefert das Ergebnis, dass $n$ mit der Mindestwahrscheinlichkeit 1/2 eine Primzahl ist. Tatsächlich leistet der Test sogar 3/4 statt nur 1/2, aber dies erfordert eine etwas aufwendigere Argumentation.

---

1 Möglicherweise verbirgt sich hinter 0711 68582133 eine real existierende Telefonnummer in Deutschland, aber eine Übereinstimmung von „scheinbar zufälligen" Zahlen mit existierenden Rufnummern ist nicht überraschend. Sie findet sich schon in dem Buch von Douglas Adams (1952–2001) *The Hitchhiker's Guide to the Galaxy*.

Erinnern wir uns an den Fermat-Test. Dieser wählt $a \in \{1, \ldots, n-1\}$ zufällig und testet $a^{n-1} \equiv 1 \bmod n$. Der Test ist genau dann brauchbar, wenn $n$ keine Carmichael-Zahl ist. Dies ist eine zusammengesetzte Zahl $n$, für die $a^{n-1} \equiv 1 \bmod n$ für alle zu $n$ teilerfremden Zahlen $a$ gilt. Man weiß heute, dass es unendlich viele von ihnen gibt [2]. Die kleinste ist $561 = 3 \cdot 11 \cdot 17$. Es gilt $a^{80} \equiv 1 \bmod 561$ für die zu 561 teilerfremden Zahlen, denn 80 ist ein gemeinsames Vielfaches der Zahlen $2 = \varphi(3)$, $10 = \varphi(11)$ und $16 = \varphi(17)$. Nun ist 80 aber ein Teiler von 560. Der Miller-Rabin-Test verfeinert den Fermat-Test und wird auch mit Carmichael-Zahlen fertig. Er ist auch für große Zahlen effizient durchführbar und durch Wiederholungen kann das Ergebnis so gut abgesichert werden, dass er für praktische Zwecke, etwa für kryptographische Anwendungen, hervorragend geeignet ist.

Bei Eingabe einer ungeraden Zahl $n \geq 3$ arbeitet der Miller-Rabin-Test wie folgt:

(1) Schreibe $n - 1 = 2^\ell u$ mit $u$ ungerade.
(2) Wähle $a \in \{1, \ldots, n-1\}$ zufällig und setze $b = a^u \bmod n$.
(3) Falls $b = 1$ ist, gebe „$n$ ist wahrscheinlich eine Primzahl" aus.
(4) Für $b \neq 1$ berechne in $\mathbb{Z}/n\mathbb{Z}$ durch sukzessives Quadrieren die Folge

$$(b, b^{2^1}, b^{2^2}, b^{2^3}, \ldots, b^{2^{\ell-1}})$$

(5) Falls $-1$ in dieser Folge vorkommt, so gebe „$n$ ist wahrscheinlich eine Primzahl" aus; andernfalls gebe „$n$ ist keine Primzahl" aus.

Sei zunächst $n$ eine Primzahl. Dann gilt $a^{n-1} \equiv 1 \bmod n$. Ist $b \equiv 1 \bmod n$, so wird „$n$ ist wahrscheinlich eine Primzahl" ausgegeben. Sei also $b \not\equiv 1 \bmod n$. Da $b^{2^\ell} \equiv a^{n-1} \equiv 1 \bmod n$ gilt, muss in der Folge $(b, b^{2^1}, b^{2^2}, b^{2^3}, \ldots, b^{2^{\ell-1}})$ eine Zahl $c$ vorkommen, die quadriert in $\mathbb{Z}/n\mathbb{Z}$ gleich 1 ist, ohne selbst 1 zu sein. Aber $\mathbb{Z}/n\mathbb{Z}$ ist ein Körper, in dem das Polynom $X^2 - 1$ nur die beiden Nullstellen $\pm 1$ hat. Also wird in jedem Fall „$n$ ist wahrscheinlich eine Primzahl" ausgeben, sofern $n$ wirklich eine Primzahl ist.

Interessant ist also nur der Fall, dass $n$ keine Primzahl ist. Wir werden in Satz 3.6 zeigen, dass es dann in höchstens der Hälfte aller Fälle zu der Ausgabe „$n$ ist wahrscheinlich eine Primzahl" kommt.

**Satz 3.4.** *Sei $n > 1$ eine ungerade Zahl mit mindestens zwei verschiedenen Primteilern. Sei $\ell \geq 1$, sei $u$ ungerade und sei*

$$G = \{a \in (\mathbb{Z}/n\mathbb{Z})^* \mid a^{2^\ell u} \equiv 1 \bmod n\}$$
$$H = \{a \in G \mid a^k \equiv \pm 1 \bmod n\}$$

*für $k = \min\{2^{\ell'-1}u \mid \ell' \geq 0, \ \forall a \in G : a^{2^{\ell'}u} = 1\}$. Dann ist $H \neq (\mathbb{Z}/n\mathbb{Z})^*$.*

*Beweis.* Wegen $(-1)^u = -1$ und $-1 \in G$ gilt $k \in \mathbb{N}$. Multiplikativ ist $H$ eine Untergruppe von $G$, und $G$ wiederum ist eine Untergruppe von $(\mathbb{Z}/n\mathbb{Z})^*$. Wenn $G \neq$

$(\mathbb{Z}/n\mathbb{Z})^*$ gilt, dann ist auch $H \neq (\mathbb{Z}/n\mathbb{Z})^*$. Sei also $G = (\mathbb{Z}/n\mathbb{Z})^*$. Wir schreiben $n = rs$ mit $r, s \geq 3$ und $\gcd(r, s) = 1$. Nach Wahl von $k$ existiert $a \in G$ mit $a^k \not\equiv 1 \bmod n$. Sei $c \equiv a \bmod r$ und $c \equiv 1 \bmod s$. Wegen $s \geq 3$ gilt $c^k \equiv c \not\equiv -1 \bmod s$. Daraus erhalten wir $c^k \not\equiv \pm 1 \bmod n$ und $c \in G \setminus H$. Dies zeigt $H \neq G$. $\qquad \square$

Da $H$ eine Untergruppe von $(\mathbb{Z}/n\mathbb{Z})^*$ ist, sind unter den Voraussetzungen von Satz 3.4 mindestens die Hälfte der Elemente aus $(\mathbb{Z}/n\mathbb{Z})^*$ nicht in $H$. Wir haben die Aussage des vorigen Satzes etwas allgemeiner gehalten als für den Miller-Rabin-Test nötig. Insbesondere brauchen die Zahlen $\ell$ und $u$ in Satz 3.4 die Forderung $2^\ell u = n - 1$ nicht zu erfüllen. In der folgenden Bemerkung sehen wir, dass man dadurch in gewissen Fällen das *Miller-Rabin-Schema* (d. h., wenn man im ersten Schritt des Miller-Rabin-Tests nicht fordert, dass $n - 1 = 2^\ell u$ gilt) auch zur Faktorisierung verwenden kann.

**Bemerkung 3.5.** Aus Satz 3.4 folgt unter den dortigen Voraussetzungen, dass für alle $a \notin H$ eine der folgenden Bedingungen erfüllt ist:

(a) $a^{2^\ell u} \not\equiv 1 \bmod n$   oder

(b) $-1 \notin \{b, b^2, b^{2^2}, \ldots, b^{2^{\ell-1}}\}$

Für ein zufälliges Element $a \in \{1, \ldots, n-1\}$ tritt damit eine dieser beiden Bedingungen in mindestens 50% der Fälle ein. Falls Bedingung (a) dadurch erfüllt ist, dass $a$ modulo $n$ nicht invertierbar ist, dann finden wir mit $\gcd(a, n)$ einen nichttrivialen Teiler von $n$. Wenn hingegen Bedingung (a) für $a \in (\mathbb{Z}/n\mathbb{Z})^*$ erfüllt ist, dann gilt $G \neq (\mathbb{Z}/n\mathbb{Z})^*$. Wenn $a^{2^\ell u} \equiv 1 \bmod n$ und Bedingung (b) zutrifft, dann gibt es ein Element $c \in \{b, b^2, b^{2^2}, \ldots, b^{2^{\ell-1}}\}$ mit $c \not\equiv \pm 1 \bmod n$ und $c^2 \equiv 1 \bmod n$. Daraus folgt $(c - 1)(c + 1) \equiv 0 \bmod n$, und wir erhalten mit $\gcd(c - 1, n)$ einen nichttrivialen Teiler von $n$. Insbesondere liefert die Hälfte aller Elemente $a \in \{1, \ldots, n-1\}$ entweder einen Teiler von $n$ oder das Ergebnis $G \neq (\mathbb{Z}/n\mathbb{Z})^*$. Falls $\varphi(n) \mid 2^\ell u$ gilt, dann ist $G = (\mathbb{Z}/n\mathbb{Z})^*$ und man kann Satz 3.4 wie eben beschrieben für ein probabilistisches Verfahren zur Faktorisierung von $n$ verwenden. Wenn beispielsweise alle Primfaktoren von $\varphi(n)$ in $\{p_1, \ldots, p_m\}$ enthalten sind, dann kann $n$ faktorisiert werden, indem man $\ell$ und $u$ so wählt, dass $2^\ell u = \prod_{i=1}^m p_i^{\lfloor \log_{p_i} n \rfloor}$ gilt. $\qquad \diamond$

Kommen wir nun zur Erfolgswahrscheinlichkeit des Miller-Rabin-Tests bei zusammengesetzten Zahlen.

**Satz 3.6.** *Sei $n > 1$ ungerade. Wenn $n$ keine Primzahl ist, dann liefert der Miller-Rabin-Test bei mindestens der Hälfte aller Elemente $a \in (\mathbb{Z}/n\mathbb{Z})^*$ die Ausgabe „$n$ ist keine Primzahl".*

*Beweis.* Sei $n - 1 = 2^\ell u$ mit $u$ ungerade. Wir definieren

$$G = \{a \in (\mathbb{Z}/n\mathbb{Z})^* \mid a^{n-1} \equiv 1 \bmod n\}$$
$$H = \{a \in G \mid a^k \equiv \pm 1 \bmod n\}$$

für $k = \min\{2^{\ell'-1}u \mid \ell' \geq 0,\ \forall a \in G\colon a^{2^{\ell'}u} = 1\}$. Die Gruppe $H$ ist eine Untergruppe von $G$, und $G$ ist eine Untergruppe von $(\mathbb{Z}/n\mathbb{Z})^*$. Bei allen Elementen $a \notin H$ ist die Ausgabe „$n$ ist keine Primzahl". Wenn $H \neq (\mathbb{Z}/n\mathbb{Z})^*$ ist, dann ist der Index der Untergruppe $H$ in $(\mathbb{Z}/n\mathbb{Z})^*$ mindestens 2. Daher genügt es, $H \neq (\mathbb{Z}/n\mathbb{Z})^*$ zu zeigen. Wir können $G = (\mathbb{Z}/n\mathbb{Z})^*$ annehmen. Aus Satz 1.64 folgt, dass alle Primzahlexponenten in $n$ höchstens 1 sind. Mit Satz 3.4 sehen wir schließlich $H \neq (\mathbb{Z}/n\mathbb{Z})^*$. $\qquad\square$

Wenn man für eine ungerade Zahl $n \geq 3$ den Miller-Rabin-Test $k$-mal wiederholt und jedes Mal „$n$ ist wahrscheinlich eine Primzahl" ausgegeben wird, dann kann man mit einer Wahrscheinlichkeit von $1 - 2^{-k}$ annehmen, dass $n$ eine Primzahl ist. Insbesondere wird durch ausreichend viele Wiederholungen $k$ die Wahrscheinlichkeit $2^{-k}$ für einen Fehler verschwindend gering. Mit einer etwas technischeren Abschätzung kann man zeigen, dass der Miller-Rabin-Test sogar in 75% aller Fälle bei zusammengesetzten Zahlen $n$ die Ausgabe „$n$ ist keine Primzahl" liefert. Insbesondere ist die Fehlerwahrscheinlichkeit nach $k$ Runden sogar höchstens $4^{-k}$, siehe etwa [4].

### Die Sicherheit des geheimen Schlüssels bei RSA

Mit Hilfe des Miller-Rabin-Schemas zeigen wir, dass der geheime Schlüssel beim RSA-Verfahren sicher ist. Für das RSA-Verfahren werden zwei verschiedene genügend große Primzahlen $p$ und $q$ bestimmt und $n = pq$ gesetzt. Dann berechnet man Zahlen $e, s \geq 3$ mit $es \equiv 1 \bmod \varphi(n)$. Der öffentliche Schlüssel ist das Paar $(n, e)$, und der geheime Schlüssel ist $s$. Verschlüsselt wird durch $x \mapsto x^e \bmod n$; entschlüsseln kann man mittels $y \mapsto y^s \bmod n$. Wenn man $n$ faktorisieren kann, dann kann man aus der Kenntnis von $e$ den geheimen Schlüssel $s$ effizient berechnen. Es wird jedoch allgemein angenommen, dass es keine effizienten Verfahren zur Faktorisierung großer Zahlen gibt und dass es deshalb nicht durchführbar ist, $n$ zu faktorisieren. Wir zeigen, dass es mit der Kenntnis des geheimen Schlüssels $s$ leicht möglich ist, die Faktoren von $n$ zu bestimmen. Da nun angenommen wird, dass Letzteres nicht effizient durchführbar ist, gibt es damit auch kein effizientes Verfahren zur Berechnung von $s$ bei Kenntnis des öffentlichen Schlüssels $(n, e)$.

Sei $s \in \mathbb{N}$ eine Zahl mit $(x^e)^s = x^{es} \equiv x \bmod n$ für alle $x \in \mathbb{Z}$. Dann gilt $a^{es-1} \equiv 1 \bmod n$ für alle $a \in (\mathbb{Z}/n\mathbb{Z})^*$. Wir schreiben $es - 1 = 2^\ell u$ mit $u$ ungerade. Mit Satz 3.4 folgt mit den dortigen Bezeichnern, dass $H \subsetneq G = (\mathbb{Z}/n\mathbb{Z})^*$ gilt. Insbesondere finden wir mit dem folgenden Verfahren mit hoher Wahrscheinlichkeit einen Faktor von $n$:

(1) Rate ein $a \in \{2, \ldots, n - 1\}$ zufällig.
(2) Wenn $\mathrm{ggT}(a, n) \neq 1$ gilt, dann liefert dies einen Teiler von $n$.
(3) Setze $b = a^u \bmod n$.

(4) Falls $b \neq 1$ gilt, dann betrachte die Folge $b, b^2, b^{2^2}, \ldots, b^{2^{\ell-1}}$ modulo $n$. Wenn $-1$ in dieser Folge nicht auftritt, dann gibt es wegen $b^{2^\ell} \equiv 1 \bmod n$ in dieser Folge ein Element $c \not\equiv \pm 1 \bmod n$ mit $c^2 \equiv 1 \bmod n$. Mittels $\mathrm{ggT}(c-1, n)$ erhalten wir einen Teiler von $n$.

(5) Wenn kein Teiler gefunden wurde, dann wiederhole das Verfahren mit einem neuen $a$.

Wie wir in Bemerkung 3.5 gesehen haben, liefert das obige Verfahren in jedem Durchlauf mit einer Wahrscheinlichkeit von mindestens 50% einen Teiler von $n$. Unter der Annahme, dass die Faktorisierung von $n$ nicht effizient möglich ist, zeigt dies, dass es einem Angreifer beim RSA-Verfahren nicht möglich ist, den geheimen Schlüssel zu berechnen.

### 3.2.2 Der Solovay-Strassen-Primzahltest

Robert Martin Solovay (geb. 1938) und Volker Strassen (geb. 1936) kombinierten das Euler-Kriterium und das quadratische Reziprozitätsgesetz zu einem probabilistischen Primzahltest, dem *Solovay-Strassen-Test*. Um zu testen, ob eine ungerade Zahl $n$ eine Primzahl ist, rät man in jedem Durchgang zufällig ein $a \in (\mathbb{Z}/n\mathbb{Z})^*$ und berechnet $a^{\frac{n-1}{2}} \bmod n$ durch schnelle modulare Exponentiation sowie $\left(\frac{a}{n}\right)$ mit dem Algorithmus zur Berechnung des Jacobi-Symbols. Wenn $a^{\frac{n-1}{2}} \bmod n \neq \left(\frac{a}{n}\right)$ gilt, dann ist $n$ sicher keine Primzahl. Wir zeigen nun, dass man für zusammengesetzte Zahlen $n$ bei jedem Durchgang mit einer Wahrscheinlichkeit von mindestens 50% ein $a$ findet mit $a^{\frac{n-1}{2}} \bmod n \neq \left(\frac{a}{n}\right)$. Wenn $n$ bei diesem Test $k$ Durchläufe überstanden hat, dann ist $n$ mit einer Wahrscheinlichkeit von höchstens $2^{-k}$ keine Primzahl.

**Satz 3.7.** *Sei* $E(n) = \{a \in (\mathbb{Z}/n\mathbb{Z})^* \mid a^{\frac{n-1}{2}} \equiv \left(\frac{a}{n}\right) \bmod n\}$ *für* $n \geq 3$ *ungerade. Dann ist* $E(n)$ *eine Untergruppe von* $(\mathbb{Z}/n\mathbb{Z})^*$ *und es gilt:*

$$E(n) = (\mathbb{Z}/n\mathbb{Z})^* \iff n \text{ ist eine Primzahl}$$

*Beweis.* Es gilt $1 \in E(n)$; damit ist $E(n)$ nicht leer und nach Satz 1.67 (d) eine Gruppe. Die Richtung von rechts nach links folgt aus dem Euler-Kriterium (Satz 1.65) und Zolotarevs Lemma (Satz 1.66). Sei nun $E(n) = (\mathbb{Z}/n\mathbb{Z})^*$. Insbesondere gilt $a^{n-1} \equiv 1 \bmod n$ für alle $a \in (\mathbb{Z}/n\mathbb{Z})^*$. Nach Satz 1.64 ist $n$ quadratfrei. Angenommen, $n$ ist zusammengesetzt. Dann gilt $n = pm$ für eine Primzahl $p \geq 3$ mit $\mathrm{ggT}(p, m) = 1$. Sei $b$ kein Quadrat modulo $p$. Mit dem chinesischen Restsatz finden wir $a \in \mathbb{Z}$ mit $a \equiv b \bmod p$ und $a \equiv 1 \bmod m$. Insbesondere ist $a \in (\mathbb{Z}/n\mathbb{Z})^*$. Nun gilt:

$$\left(\frac{a}{n}\right) = \left(\frac{a}{p}\right)\left(\frac{a}{m}\right) = \left(\frac{b}{p}\right)\left(\frac{1}{m}\right) = (-1) \cdot 1 = -1$$

Aus $E(n) = (\mathbb{Z}/n\mathbb{Z})^*$ folgt $a^{\frac{n-1}{2}} \equiv -1 \bmod n$ und somit $a^{\frac{n-1}{2}} \equiv -1 \bmod m$. Dies ist ein Widerspruch zu $a \equiv 1 \bmod m$. $\qquad\square$

Wenn $n$ ungerade und zusammengesetzt ist, dann ist der Index der Untergruppe $E(n)$ in $(\mathbb{Z}/n\mathbb{Z})^*$ mindestens 2. Daraus folgt, dass mindestens die Hälfte der Elemente aus $(\mathbb{Z}/n\mathbb{Z})^*$ nicht in $E(n)$ liegt. Alle diese Elemente führen beim Solovay-Strassen-Test zu einem Durchlauf, bei dem $n$ als zusammengesetzte Zahl entlarvt wird.

Der Solovay-Strassen-Test spielt in Praxis eine untergeordnete Rolle und kann in gewisser Weise nicht mit dem Miller-Rabin-Test konkurrieren, der konzeptionell und algorithmisch einfacher ist. Der Solovay-Strassen-Test unterliegt, weil mit derselben Zahl $a$, die ausgibt, dass $n$ zusammengesetzt ist, auch der Miller-Rabin-Test dieses Ergebnis findet. Dies zeigen wir in Satz 3.9.

**Lemma 3.8.** *Sei $a \in \mathbb{Z}$ und sei $p$ eine ungerade Primzahl mit $p \nmid a$. Sei $m$ die Ordnung von $a$ in $(\mathbb{Z}/p\mathbb{Z})^*$, und sei $n$ die Ordnung von $a$ in $(\mathbb{Z}/p^b\mathbb{Z})^*$ für $b \geq 1$. Dann gilt $m \mid n$ und $n/m \in \{p^i \mid 0 \leq i < b\}$.*

*Beweis.* Aus $a^n \equiv 1 \bmod p^b$ folgt $a^n \equiv 1 \bmod p$ und damit $m \mid n$. Aus $|(\mathbb{Z}/p^b\mathbb{Z})^*|$ $= (p-1)p^{b-1}$ folgt $n \mid (p-1)p^{b-1}$. Wir schreiben $n = kp^c$ mit $p \nmid k$. Zu zeigen ist $k \mid m$. Aus $a^m \equiv 1 \bmod p$ folgt $a^m = 1 + \ell p$ für ein $\ell \in \mathbb{Z}$. Nach Lemma 1.61 gilt $a^{mp^{b-1}} = (1+\ell p)^{p^{b-1}} \equiv 1 + np^b \bmod p^{b+1}$ und damit $a^{mp^{b-1}} \equiv 1 \bmod p^b$. Daraus folgt $n = kp^c \mid mp^{b-1}$. Da $p$ eine Primzahl ist und $p \nmid k$ gilt, folgt $k \mid m$. □

Sei $n \geq 3$ ungerade und $a \in \mathbb{Z}$ mit $\mathrm{ggT}(a,n) = 1$. Die Zahl $n$ ist eine *Pseudoprimzahl* zur Basis $a$, wenn $a^{n-1} \equiv 1 \bmod n$ gilt (und $n$ damit bei Wahl von $a$ den Fermat-Test besteht); $n$ ist eine *Euler'sche Pseudoprimzahl* zur Basis $a$, wenn $a^{(n-1)/2} \equiv \left(\frac{a}{n}\right) \bmod n$ gilt (und $n$ damit bei Wahl von $a$ den Solovay-Strassen-Test besteht); und $n$ ist eine *starke Pseudoprimzahl* zur Basis $a$, wenn $n - 1 = 2^\ell u$ mit $u$ ungerade und eine der folgenden Bedingungen gilt:

- $a^u \equiv 1 \bmod n$, oder

- es existiert $0 \leq k < \ell$ mit $a^{2^k u} \equiv -1 \bmod n$.

Bei dieser Wahl von $a$ bestehen starke Pseudoprimzahlen den Miller-Rabin-Test. Je weniger Basen es gibt, zu denen eine zusammengesetzte Zahl $n$ eine (Euler'sche/ starke) Pseudoprimzahl ist, desto wahrscheinlicher entdeckt der jeweilige Primzahltest, dass $n$ keine Primzahl ist. Carmichael-Zahlen sind Pseudoprimzahlen zu allen Basen.

Falls $n$ eine Euler'sche Pseudoprimzahl zur Basis $a$ ist, so gilt $a^{(n-1)/2} \bmod n \in \{1, -1\}$ und damit $a^{n-1} = (a^{(n-1)/2})^2 \equiv 1 \bmod n$. Also ist $n$ eine Pseudoprimzahl zur Basis $a$. Daher schneidet der Solovay-Strassen-Test bei zusammengesetzen Zahlen niemals schlechter (und bei Carmichael-Zahlen immer besser) ab als der Fermat-Test. Der nächste Satz zeigt, dass der Miller-Rabin-Test noch besser abschneidet, siehe auch Aufgabe 3.3.

**Satz 3.9.** *Jede starke Pseudoprimzahl $n$ zur Basis $a$ ist auch eine Euler'sche Pseudoprimzahl zur Basis $a$.*

*Beweis.* Es ist $a \in (\mathbb{Z}/n\mathbb{Z})^*$ und $\mathrm{ggT}(a, n) = 1$. Mit $\mathrm{ord}_m(a)$ bezeichnen wir die Ordnung von $a$ in $(\mathbb{Z}/m\mathbb{Z})^*$. Um die Notation kurz zu halten, verwenden wir die Schreibweise $b^k \parallel m$, wenn $b^k \mid m$ und $b^{k+1} \nmid m$ gilt. Wir schreiben $n = p_1 \cdots p_t$ für nicht notwendigerweise verschiedene Primzahlen $p_i$. Sei $\ell_i \in \mathbb{N}$ mit $2^{\ell_i} \parallel p_i - 1$. Durch Umsortieren können wir $\ell_1 \leq \cdots \leq \ell_t$ annehmen. Sei $k \geq 0$ maximal, so dass $2^k \mid \mathrm{ord}_{p^b}(a)$ für alle $p^b \parallel n$ gilt. Da $a$ eine starke Pseudoprimzahl zur Basis $a$ ist, gilt nun $2^k \parallel \mathrm{ord}_{p^b}(a)$ für alle $p^b \parallel n$ (im Falle von $a^u \equiv 1 \bmod n$ gilt $k = 0$ wegen $\mathrm{ord}_{p^b}(a) \mid u$ und $u$ ungerade; im Falle von $a^{2^j u} \equiv -1 \bmod n$ ist $k = j + 1$). Es gilt $\mathrm{ord}_p(a) \mid \mathrm{ord}_{p^b}(a)$ und $\mathrm{ord}_{p^b}(a) / \mathrm{ord}_p(a)$ ist eine Potenz von $p$ (möglicherweise auch $1 = p^0$) und damit ungerade, siehe Lemma 3.8. Also gilt $2^k \parallel \mathrm{ord}_{p_i}(a)$ für alle $1 \leq i \leq t$. Es folgt $k \leq \ell_1$.

Sei $s$ die Anzahl der Exponenten $\ell_i$ mit $k = \ell_i$. Es gilt $2^k \mid \mathrm{ord}_n(a) \mid n - 1$. Für $i \leq s$ ist $p_i - 1 \equiv 2^k \bmod 2^{k+1}$, und für $i > s$ gilt $p_i - 1 \equiv 0 \bmod 2^{k+1}$. Damit gilt $n = p_1 \cdots p_t \equiv (2^k + 1)^s \bmod 2^{k+1}$. Für $k = 0$ muss damit $s = 0$ gelten, da $n$ ungerade ist. Betrachten wir nun den Fall $k > 0$. Dann ist $(2^k + 1)^2 = 2^{2k} + 2^{k+1} + 1 \equiv 1 \bmod 2^{k+1}$. Daraus folgt

$$n \equiv \begin{cases} (2^k + 1)^{2s'} \equiv 1^{s'} \equiv 1 \bmod 2^{k+1} & \text{für } s = 2s' \\ (2^k + 1)^{2s'+1} \equiv 2^k + 1 \not\equiv 1 \bmod 2^{k+1} & \text{für } s = 2s' + 1 \end{cases}$$

Dies zeigt, dass $2^k \parallel n - 1$ oder $2^{k+1} \mid n - 1$ gilt, je nachdem ob $s$ ungerade oder gerade ist – auch in dem Fall $k = 0$. Für $p^b \parallel n$ gilt $a^{(n-1)/2} \equiv -1 \bmod n$ falls $2^k \parallel n - 1$, und es ist $a^{(n-1)/2} \equiv 1 \bmod n$ falls $2^{k+1} \mid n - 1$. Daraus folgt:

$$a^{(n-1)/2} \bmod n = \begin{cases} -1 & \text{falls } s \text{ ungerade} \\ 1 & \text{falls } s \text{ gerade} \end{cases}$$

Nach dem Euler-Kriterium gilt genau dann $\left(\frac{a}{p}\right) = -1$, wenn die Äquivalenz $2^h \parallel \mathrm{ord}_p(a) \Leftrightarrow 2^h \parallel p - 1$ erfüllt ist. Damit ist

$$\left(\frac{a}{p_i}\right) = \begin{cases} -1 & \text{falls } i \leq s, \text{ da } 2^{\ell_i} = 2^k \parallel \mathrm{ord}_{p_i}(a) \\ 1 & \text{falls } i > s, \text{ da } 2^{\ell_i} \nmid \mathrm{ord}_{p_i}(a) \end{cases}$$

Es folgt wie gewünscht $\left(\frac{a}{n}\right) = \prod_i \left(\frac{a}{p_i}\right) = (-1)^s \equiv a^{(n-1)/2} \bmod n$. $\qquad\square$

Der hier vorgestellte Beweis von Satz 3.9 stammt von Pomerance, Selfridge und Wagstaff [68].

## 3.3 Faktorisierung ganzer Zahlen

Die Sicherheit vieler Kryptosysteme basiert auf der Annahme, dass es nicht möglich ist, große Zahlen schnell zu faktorisieren. Wir wollen in diesem Kapitel einige Verfahren zum Faktorisieren kennenlernen, die zeigen, dass sich gewisse Zahlen leicht faktorisieren lassen. Daraus erhalten wir unmittelbar Kriterien für schlecht gewählte Schlüssel bei gewissen Kryptosystemen. Beim Faktorisieren einer Zahl $n$ will man einen Faktor $m$ von $n$ mit $1 < m < n$ finden. Um $n$ schließlich in seine Primfaktoren zu zerlegen, kann man die erhaltenen Faktoren von $n$ weiter faktorisieren. Bevor man anfängt, eine Zahl $n$ zu faktorisieren, kann man mit einem Primzahltest wie dem Miller-Rabin-Test überprüfen, ob $n$ zusammengesetzt ist.

### 3.3.1 Pollards $(p - 1)$-Methode

Ein Idee von John Michael Pollard zur Faktorisierung ist wie folgt. Sei $p$ ein Primteiler von $n$. Mit dem kleinen Satz von Fermat erhalten wir $a^k \equiv 1 \bmod p$ für alle Vielfachen $k$ von $p - 1$. Wenn nun $p - 1$ nur Primfaktoren aus einer Menge $B$ enthält, dann kann man $k = \prod_{q \in B} q^{\lfloor \log_q n \rfloor}$ setzen. Häufig wählt man $B$ als die Menge der Primzahlen bis zu einer gewissen Größe. Wenn $a^k \not\equiv 1 \bmod n$ gilt, dann erhalten wir schießlich mit $\mathrm{ggT}(a^k - 1, n)$ einen Teiler von $n$. Dies führt auf den folgenden Algorithmus, um einen Teiler von $n$ zu finden:
(1)  Setze $k = \prod_{q \in B} q^{\lfloor \log_q n \rfloor}$.
(2)  Berechne $\mathrm{ggT}(a^k - 1, n)$ für ein zufälliges $a \in \{2, \dots, n - 1\}$.
(3)  Falls dies keinen echten Teiler von $n$ liefert, dann versuche ein neues $a$ oder eine größere Basis $B$ von Primzahlen.

Das Problem bei dieser Methode ist, dass die Struktur der Gruppe $(\mathbb{Z}/n\mathbb{Z})^*$ fest ist. Wenn kein Primteiler $p$ von $n$ die Eigenschaft hat, dass $p - 1$ nur kleine Primfaktoren besitzt, dann funktioniert das Verfahren nicht. Bei einer zu großen Basis $B$ wird $k$ riesig und das Verfahren ineffizient.

### 3.3.2 Pollards rho-Methode zur Faktorisierung

Die Grundidee bei sogenannten $\rho$-Methoden ist das Geburtstagsparadoxon. Die Wahrscheinlichkeit ist hoch, dass bei einer Folge von $\mathcal{O}(\sqrt{|M|})$ zufälligen Elementen aus einer endlichen Menge $M$ zwei gleiche dabei sind. Anstelle einer Zufallsfolge bestimmt man eine *Pseudozufallsfolge* $m_0, m_1, \dots$ mit der Eigenschaft, dass sich $m_{i+1}$ eindeutig aus $m_i$ berechnet. Damit folgt aus $m_i = m_j$, dass $m_{i+k} = m_{j+k}$ für alle $k \geq 0$ gilt. Darüberhinaus soll sich $m_0, m_1, \dots$ für einen Betrachter wie eine Zufallsfolge verhalten. Insbesondere ist die Wahrscheinlichkeit hoch, nach $\mathcal{O}(\sqrt{|M|})$ Schritten zwei Indizes $i < j$ zu finden mit $m_i = m_j$. Die Form des folgenden Bildes ist der Namensgeber dieser Gruppe von Verfahren.

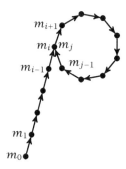

Nehmen wir an, $n$ enthält den Primteiler $p$, und sei $f : \mathbb{Z}/p\mathbb{Z} \to \mathbb{Z}/p\mathbb{Z}$ eine beliebige Abbildung. Da der Wertebereich von $f$ endlich ist, muss sich in der Folge $x_0, f(x_0), f^2(x_0), \ldots$ schließlich ein Wert wiederholen. Wenn sich $f$ genügend zufällig verhält, dann tritt dieses Phänomen mit hoher Wahrscheinlichkeit bereits nach den ersten $\mathcal{O}(\sqrt{p})$ Schritten auf. Häufig verwendet man die Funktion $f(x) = x^2 + a \bmod p$ mit $a \notin \{-2, -1, 0\}$; sehr typisch ist $f(x) = x^2 + 1 \bmod p$. Da wir aber leider $p$ noch nicht kennen, berechnen wir $F(x) = x^2 + a \bmod n$ anstelle von $f$. Damit gilt:

$$F^i(x_0) \equiv f^i(x_0) \bmod p$$

Die Hoffnung ist nun, zwei Elemente zu finden, die gleich sind in der $f$-Folge, aber verschieden in der $F$-Folge. Für zwei solche Indizes $i \neq j$ gilt:

$$f^i(x_0) \equiv f^j(x_0) \quad \bmod p$$
$$F^i(x_0) \not\equiv F^j(x_0) \quad \bmod n$$

Mit diesem Paar $i, j$ erhalten wir nun einen nichttrivialen Teiler von $n$, indem wir den $\mathrm{ggT}(F^j(x_0) - F^i(x_0), n)$ berechnen. Das Problem hierbei ist, dass das Speichern aller $F^i(x_0)$ zu aufwendig ist, ebenso wie der Vergleich aller $F^i(x_0)$ miteinander. Die Lösung ist, den Abstand, welchen wir zwischen $i$ und $j$ vermuten, immer weiter erhöhen. Sei $x_i = F^i(x_0)$ und $y_i = F^{2i}(x_0)$. Wenn $x_i \equiv x_{i+k} \bmod p$ gilt, dann folgt daraus $x_j \equiv x_{j+k} \bmod p$ für alle $j \geq i$. Insbesondere sehen wir für $j = k\ell \geq i$, dass $x_j \equiv x_{2j} = y_j \bmod p$ gilt. Dies führt zum folgenden Algorithmus:
(1) Wähle $x_0 \in \{0, \ldots, n-1\}$ zufällig, und setze $y_0 = x_0$.
(2) Für alle $i \geq 1$ betrachte nacheinander die Paare

$$(x_i, y_i) = (F(x_{i-1}), F^2(y_{i-1}))$$

und überprüfe, ob $\mathrm{ggT}(y_i - x_i, n)$ einen nichttrivialen Teiler von $n$ liefert.
(3) Sobald $\mathrm{ggT}(y_i - x_i, n) = n$ gilt, wird die Berechnung abgebrochen und mit einem neuen Startwert $x_0$ oder einer anderen Funktion $F$ neu gestartet.

Wenn $\mathrm{ggT}(y_i - x_i, n) = n$ gilt, dann haben wir einen Zyklus für die $F$-Folge entdeckt. Das Problem ist, dass die $\rho$-Methode zur Faktorisierung nur dann effizient ist, wenn $n$

einen genügend kleinen Primfaktor $p$ besitzt. Das Verfahren benötigt im Erwartungswert $\mathcal{O}(\sqrt{p})$ arithmetische Operationen um einen Teiler von $n$ zu finden. Wenn nun
der kleinste Primfaktor in $\mathcal{O}(\sqrt{n})$ ist, dann werden im Schnitt $\mathcal{O}(\sqrt[4]{n})$ Operationen
ausgeführt. Für große Zahlen ist dies nicht durchführbar.

## 3.4 Diskreter Logarithmus

Es sind derzeit keine Verfahren bekannt, mit denen man große Zahlen schnell faktorisieren kann, und es wird auch angenommen, dass keine solchen Verfahren existieren.
Darauf beruht die Sicherheit vieler Kryptosysteme. Man kann jedoch nicht gänzlich
ausschließen, dass man eines Tages hinreichend schnell faktorisieren kann. Deshalb
ist man an Kryptosystemen interessiert, deren Sicherheit auf der Schwierigkeit anderer Berechnungsprobleme basiert. Ein solches Problem ist der diskrete Logarithmus.

Sei $G$ eine Gruppe und $g \in G$ ein Element der Ordnung $q$. Sei $U$ die von $g$ erzeug-
te Untergruppe von $G$, damit gilt $|U| = q$. Dann definiert $x \mapsto g^x$ einen Isomorphis-
mus $\mathbb{Z}/q\mathbb{Z} \to U$, der für viele Anwendungen mittels schneller Exponentation leicht
zu berechnen ist. Das Problem des *diskreten Logarithmus* besteht darin, aus Kenntnis des Elements $g^x \in G$ den Wert $x \bmod q$ zu ermitteln. Ist $G$ die additive Gruppe
$(\mathbb{Z}/n\mathbb{Z}, +, 0)$, so ist dies einfach, da uns der euklidische Algorithmus zur Verfügung
steht. Aber was ist zu tun, wenn der euklidische Algorithmus nicht zur Verfügung
steht?

Es scheint so, dass dann selbst in den einfachsten Fällen die Umkehrabbildung
von $x \mapsto g^x$ nicht effizient zu berechnen ist. In den Anwendungen reicht es daher,
dass man mit der multiplikativen Gruppe eines endlichen Körpers oder mit einer endlichen Gruppe von Punkten auf einer elliptischen Kurve arbeitet. Bei elliptischen Kurven erreicht man offenbar die gleiche Sicherheit mit weniger Bits, aber da wir elliptische Kurven noch nicht behandelt haben, beschränken wir uns auf den Fall $\mathbb{F}_p^*$ für
eine Primzahl $p$.

Seien die Primzahl $p$ und das Element $g \in \mathbb{F}_p^*$ gewählt. Die Ordnung von $g$ in $\mathbb{F}_p^*$
sei $q$. Insbesondere ist $q$ ein Teiler von $p-1$. Angenommen wir erhalten $h = g^x \in \mathbb{F}_p^*$.
Die Aufgabe ist, ein $x' \leq p-1$ mit $g^{x'} = h$ zu bestimmen. Die naive Methode ist, alle
in Frage kommenden $x'$ durchzuprobieren. Die erwartete Suchzeit liegt bei $q/2$. Dies
ist hoffnungslos, selbst wenn $q$ eine Binärdarstellung der Länge 60 hat. In typischen
Anwendungen werden $q$ und $p$ Binärdarstellungen zwischen 160 bis vielleicht maximal 1000 Bits haben. Mittels schneller modularer Exponentiation lässt sich selbst für
tausendstellige Zahlen $x, y, z$ der Wert $x^y \bmod z$ effizient berechnen. Damit kann
in der Tat die Abbildung $\mathbb{Z}/q\mathbb{Z} \to U$ mit $x \mapsto g^x$ auch für große Werte effizient ermittelt werden. Die heute bekannten Algorithmen zur Berechnung des diskreten Loga-
rithmus erreichen bei Zahlen der Größe $n$ eine Laufzeit von $\mathcal{O}(\sqrt{n})$ auf elliptischen
Kurven. Dies gilt als subexponentiell und ist deutlich besser als $\mathcal{O}(n)$, aber immer

noch zu schlecht, um 160-stellige Zahlen sinnvoll zu behandeln. Man beachte, dass eine 160-stellige Zahl in der Größenordnung $2^{160}$ ist.

### 3.4.1 Shanks' Babystep-Giantstep-Algorithmus

Sei $G$ eine endliche Gruppe der Ordnung $n$, sei $g \in G$ ein Element der Ordnung $q$, und sei $y$ eine Potenz von $g$. Wir suchen eine Zahl $x$ mit $g^x = y$, den diskreten Logarithmus von $y$ zur Basis $g$. Ein klassisches Verfahren, um den diskreten Logarithmus zu berechnen, ist der *Babystep-Giantstep-Algorithmus* von Daniel Shanks (1917–1996). Hierfür bestimmen wir eine Zahl $m \in \mathbb{N}$, welche ungefähr die Größe $\sqrt{q}$ haben sollte. Falls $q$ unbekannt ist, behilft man sich mit $m$ in der Größenordnung $\sqrt{n}$ und schreibt an den folgenden Stellen $n$ statt $q$. Für alle $r \in \{m - 1, \ldots, 0\}$ berechnet man in den Babysteps die Werte $g^{-r} = g^{q-r} \in G$ und legt die Paare $(r, y g^{-r})$ in einer Tabelle $B$ ab. In der Praxis sollte man für eine effiziente Implementierung Hashwerte verwenden.

Man beachte, dass es für genau ein $r$ mit $0 \le r < m$ eine Zahl $s$ gibt mit $x = sm + r$. Setzen wir $z = y g^{-r}$, so befindet sich das Paar $(r, z)$ in der Tabelle, und es ist $z = g^{sm}$. Jetzt kommen die Giantsteps: Wir berechnen $h = g^m$, und testen dann für alle $s$ mit $0 \le s < \lceil q/m \rceil$, ob sich ein Tabelleneintrag $(r, h^s)$ findet. Wenn wir solche Zahlen $r$ und $s$ gefunden haben, dann ist $x = sm + r$ der gesuchte Wert.

Der bestimmende Faktor in der Laufzeit ist $m$, also ungefähr $\sqrt{q}$ beziehungsweise $\sqrt{n}$. Dies ist wenig erfreulich, aber schnellere Verfahren sind nicht bekannt. Das größere Problem bei diesem Verfahren ist der riesige Speicherbedarf, um die $m$ Paare $(r, z)$ abzulegen. Selbst wenn man mit Hashing und anderen Verfahren die Tabelle verkleinern kann, muss eine enorme Datenmenge verwaltet und gespeichert werden. Für realistische Größen wie $q \ge 2^{100}$ ist der Babystep-Giantstep-Algorithmus undurchführbar.

### 3.4.2 Pollards rho-Methode für den diskreten Logarithmus

Wie eben sei $G$ eine endliche Gruppe der Ordnung $n$, das Element $g \in G$ habe Ordnung $q$, und $y$ sei eine Potenz von $g$. Gesucht ist eine Zahl $x$ mit $g^x = y$. Pollards $\rho$-Methode zur Berechnung von $x$ hat eine ähnliche Laufzeit wie Shanks' Babystep-Giantstep-Algorithmus, benötigt jedoch nur konstant viel Speicher. Der Preis, mit dem man sich diesen Vorteil erkauft, ist, dass die $\rho$-Methode keine garantierte Laufzeitschranke für den worst-case bereitstellt, sondern auf dem Geburtstagsparadoxon beruht und nur im Erwartungswert die Laufzeit $\mathcal{O}(\sqrt{q})$ gewährleistet.

Zunächst zerlegen wir $G$ in drei disjunkte Mengen $P_1$, $P_2$ und $P_3$. In $G = \mathbb{F}_p^*$ könnte man etwa die $P_i$ durch die Reste modulo 3 definieren. Im Prinzip ist die genaue Zerlegung unerheblich, aber sie sollte sich leicht berechnen lassen und gewährleisten, dass das folgende Schema so etwas wie einen Zufallsweg durch die von $g$ erzeugte Untergruppe in $G$ liefert. Die obige Partition definiert wie folgt eine Abbildung $f : \mathbb{Z}/q\mathbb{Z} \times \mathbb{Z}/q\mathbb{Z} \to \mathbb{Z}/q\mathbb{Z} \times \mathbb{Z}/q\mathbb{Z}$:

$$
f(r, s) = \begin{cases} (r + 1, s) & \text{falls } g^r y^s \in P_1 \\ (2r, 2s) & \text{falls } g^r y^s \in P_2 \\ (r, s + 1) & \text{falls } g^r y^s \in P_3 \end{cases}
$$

Sei $f(r, s) = (r', s')$ und $h = g^r y^s$ und $h' = g^{r'} y^{s'}$, dann gilt $h' = gh$ für $h \in P_1$, es gilt $h' = h^2$ für $h \in P_2$ und $h' = hy$ für $h \in P_3$. Die $\rho$-Methode startet mit einem zufälligen Paar $(r_1, s_1)$ und iteriert die Berechnung durch

$$
(r_{i+1}, s_{i+1}) = f(r_i, s_i)
$$

für $i \geq 1$. Wir setzen $h_i = g^{r_i} y^{s_i}$ und beachten, dass sich $h_{i+1}$ eindeutig aus der Kenntnis von $h_i$ ergibt. Daher läuft die Folge $(h_1, h_2, \dots)$ in $G$ nach einem Anfangsstück in einen Kreis hinein und sieht daher wie der griechische Buchstabe $\rho$ aus, was der Methode ihren Namen gibt.

Es gibt $t$ und $r$ mit $h_t = h_{t+r}$. Nun gilt $h_\ell = h_{\ell+r}$ für alle $\ell \geq t$. Dies nutzen wir aus, um den Speicherbedarf konstant zu halten. Wir könnten wie in Abschnitt 3.3.2 vorgehen, um verschiedene Indizes $i, j$ mit $h_i = h_j$ zu finden. Wir wollen hier einen alternativen Ansatz behandeln, welchen man auch bei der $\rho$-Methode für die Faktorisierung verwenden kann. Wir rechnen in Phasen. Zu Anfang jeder Phase sei ein Wert $h_\ell$ gespeichert. In der ersten Phase setzen wir $\ell = 1$. Dann berechnen wir für $k = 1, \dots, \ell$ jeweils den Wert $h_{\ell+k}$ und vergleichen ihn mit $h_\ell$. Wir stoppen, falls ein $h_\ell = h_{\ell+k}$ gefunden wird. Ansonsten ersetzen wir $h_\ell$ durch $h_{2\ell}$ und $\ell$ durch $2\ell$ und beginnen eine neue Phase. Man beachte, dass wir spätestens dann stoppen, wenn $\ell$ größer oder gleich $t + r$ geworden ist. Denn dann erreichen wir mit $k = r$ die Situation $h_\ell = h_{\ell+k}$.

Wir stoppen also mit den Paaren $(r, s) = (r_\ell, s_\ell)$ und $(r', s') = (r_{\ell+k}, s_{\ell+k})$, für welche $g^r y^s = g^{r'} y^{s'}$ gilt. Dies impliziert $g^{r+xs} = g^{r'+xs'}$ und damit $r + xs \equiv r' + xs' \bmod q$. Es folgt $x(s - s') \equiv r' - r \bmod q$. Die Wahrscheinlichkeit für $s = s'$ ist gering und ist $q$ eine Primzahl, so können wir die Kongruenz eindeutig lösen. Das Verfahren kann aber auch in allgemeineren Situationen angewendet werden und womöglich erhalten wir verschiedene $x$, die die letzte Kongruenz lösen. Sind es nicht zu viele, so probieren wir für alle diese Lösungen $x$ aus, ob sich $g^x = y$ ergibt. Andernfalls starten wir mit einem anderen zufälligen Paar $(r_1, s_1)$ neu.

Die Analyse der Laufzeit hängt vom Erwartungswert des minimalen Wertes $t + r$ ab, welcher $h_t = h_{t+r}$ liefert. Verhält sich die Folge $(h_1, h_2, \dots)$ zufällig, dann suchen wir ein $k$, so dass die Wahrscheinlichkeit für die Existenz von $h_t = h_{t+r}$ mit $1 \leq t < t + r \leq k$ größer als $1/2$ ist. Das Geburtstagsparadoxon sagt, dass $k$ ziemlich genau in dem Bereich $\sqrt{q}$ liegt. Dies führt zu einer erwarteten Laufzeit von $\mathcal{O}(\sqrt{q})$ für Pollards $\rho$-Methode.

### 3.4.3 Reduktion der Gruppenordnung nach Pohlig-Hellman

Wenn man die Primfaktorisierung der Ordnung einer zyklischen Gruppe $G$ kennt, dann kann man das Problem des diskreten Logarithmus auf die Primteiler reduzieren. Das Verfahren hierzu wurde von Stephen Pohlig und Martin Hellman veröffentlicht. Sei $|G| = n$ mit

$$n = \prod_{p \mid n} p^{e(p)}$$

wobei das Produkt über alle Primteiler $p$ von $n$ läuft. Gegeben seien $y, g \in G$, wobei $y$ eine Potenz von $g$ ist. Gesucht ist eine Zahl $x$ mit $y = g^x$. Wir setzen:

$$n_p = \frac{n}{p^{e(p)}} \qquad g_p = g^{n_p} \qquad y_p = y^{n_p}$$

Die Elemente $G_p = \{h^{n_p} \mid h \in G\}$ bilden eine Untergruppe von $G$. Wenn $h$ ein Erzeuger von $G$ ist, dann ist $h^{n_p}$ ein Erzeuger von $G_p$. Insbesondere enthält $G_p$ genau $p^{e(p)}$ Elemente. Der folgende Satz zeigt, dass es ausreichend ist, den diskreten Logarithmus in den Gruppen $G_p$ zu lösen.

**Satz 3.10.** *Für alle Primzahlen $p$ mit $p \mid n$ sei $x_p \in \mathbb{N}$ mit $y_p = g_p^{x_p}$ geben. Wenn $x \equiv x_p \bmod p^{e(p)}$ für alle Primzahlen $p \mid n$ gilt, dann ist $y = g^x$.*

*Beweis.* Es gilt $(g^{-x}y)^{n_p} = g_p^{-x_p} y_p = 1$. Also ist die Ordnung von $g^{-x}y$ ein Teiler von $n_p$ für alle $p \mid n$. Der größte gemeinsame Teiler aller $n_p$ ist 1, so dass die Ordnung von $g^{-x}y$ auch 1 sein muss. Dies zeigt $y = g^x$. $\qquad\square$

Mit dem chinesischen Restsatz lässt sich nach Satz 3.10 aus den Lösungen in den Gruppen $G_p$ eine Lösung in $G$ berechnen. Wir vereinfachen das Problem für $G_p$ noch weiter, indem wir den diskreten Logarithmus auf Gruppen der Ordnung $p$ reduzieren. Ohne Einschränkung sei nun $|G| = p^e$ für eine Primzahl $p$. Wegen $x < p^e$ existiert eine eindeutige Darstellung

$$x = x_0 \cdot p^0 + \cdots + x_{e-1} \cdot p^{e-1}$$

mit $0 \le x_i < p$. Wir berechnen $x_0, \ldots, x_{e-1}$ nacheinander wie folgt. Seien $x_0, \ldots, x_{i-1}$ für $i \ge 0$ bereits bekannt. Für $z_i = y g^{-(x_0 \cdot p^0 + \cdots + x_{i-1} \cdot p^{i-1})}$ gilt:

$$g^{x_i \cdot p^i + \cdots + x_{e-1} \cdot p^{e-1}} = z_i$$

Beide Seiten potenziert mit $p^{e-i-1}$ ergibt

$$(g^{p^{e-1}})^{x_i} = z_i^{p^{e-i-1}} \tag{3.1}$$

da $g^{p^{e'}} = 1$ für $e' \ge e$ gilt. Das Element $g^{p^{e-1}}$ erzeugt eine Gruppe der Ordnung kleiner gleich $p$, und die Zahl $x_i$ ergibt sich durch Lösen des diskreten Logarithmus in Gleichung (3.1) innerhalb dieser Gruppe. Dies ist zum Beispiel mit Shanks'

Babystep-Giantstep-Algorithmus oder Pollards $\rho$-Methode mit $\mathcal{O}(\sqrt{p})$ Gruppenoperationen möglich.

Für beliebige zyklische Gruppen $G$ mit $|G| = n$ ergibt sich damit ein Verfahren zur Berechnung des diskreten Logarithmus, welches

$$\mathcal{O}\left(\sum_{p|n} e(p) \cdot (\log n + \sqrt{p})\right)$$

Gruppenoperationen erfordert. Die etwas grobe Abschätzung $e(p) \cdot \log n$ deckt hierbei die Berechnung von $g_p$, $y_p$ und der $z_i$ ab.

## 3.5 Wurzelziehen in endlichen Körpern

Unter dem Wurzelziehen in einer Gruppe $G$ verstehen wir folgendes Problem. Gegeben sei ein Element $a \in G$, von dem man weiß, dass ein $b \in G$ mit $a = b^2$ existiert. Das Ziel ist die Berechnung eines Elements $b$ mit $a = b^2$. Die Lösung ist im Allgemeinen nicht eindeutig. In Restklassenringen modulo $n$ ist es oft schwierig, Wurzeln zu ziehen. In diesem Abschnitt zeigen wir, dass sich dieses Problem in endlichen Körpern mit probabilistischen Verfahren effizient lösen lässt. Sei $\mathbb{F}$ ein endlicher Körper. Bei Eingabe eines Elements $a \in \mathbb{F}$ wollen wir ein Element $b \in \mathbb{F}$ berechnen mit $b^2 = a$. Wir nennen $b$ die *Quadratwurzel* von $a$ und sagen $a$ ist ein *Quadrat* oder ein *quadratischer Rest*. Wenn $b$ eine Wurzel von $a$ ist, dann ist auch $-b$ eine Wurzel von $a$. Da quadratische Gleichungen über Körpern höchstens zwei Lösungen besitzen, sind $b$ und $-b$ dann die einzigen Wurzeln von $a$. Es gibt einige Spezialfälle, in denen das Wurzelziehen – die Berechnung von $b$ – besonders einfach ist. Bevor wir ein allgemeines Verfahren untersuchen, betrachten wir zunächst zwei dieser Spezialfälle.

Sei $G$ eine endliche Gruppe ungerader Ordnung und $a \in G$. Wir setzen $b = a^{(|G|+1)/2}$. Der Clou hierbei ist, dass $(|G| + 1)/2$ eine ganze Zahl ist. Nach Korollar 1.4 gilt $a^{|G|} = 1$. Daraus folgt $b^2 = a^{|G|}a = a$. Also ist $b$ eine Quadratwurzel von $a$. Dies deckt den Fall $\mathbb{F} = \mathbb{F}_{2^n}$ ab, denn in diesem Fall hat die multiplikative Gruppe $\mathbb{F}^* = \mathbb{F} \setminus \{0\}$ eine ungerade Ordnung. Insbesondere ist in $\mathbb{F}_{2^n}$ jedes Element ein Quadrat.

Bevor wir nun zum zweiten Spezialfall kommen, wollen wir noch feststellen, dass im Allgemeinen nicht jedes Element eines Körpers ein Quadrat ist. Ein einfaches Beispiel hierfür ist $\mathbb{F}_3 = \{0, 1, -1\}$. In diesem Körper ist $-1$ kein Quadrat. Mit dem Euler-Kriterium in Satz 1.65 kann man überprüfen, ob ein Element $a$ eines Körpers $\mathbb{F}$ mit einer ungeraden Anzahl von Elementen ein Quadrat ist: Es gilt genau dann $a^{(|\mathbb{F}|-1)/2} = 1$, wenn $a$ ein Quadrat ist. Wir untersuchen nun den Fall $|\mathbb{F}| \equiv -1 \bmod 4$ gesondert, da hier das Wurzelziehen einfach ist. Sei $a$ ein Quadrat. Die Zahl $|\mathbb{F}| + 1$ ist durch 4 teilbar und $b = a^{(|\mathbb{F}|+1)/4}$ ist eine Wurzel von $a$, denn es gilt

$$b^2 = a^{\frac{|\mathbb{F}|+1}{2}} = a \cdot a^{\frac{|\mathbb{F}|-1}{2}} = a$$

Wir betrachten nun noch zwei Algorithmen für beliebige endliche Körper $\mathbb{F}$ mit $|\mathbb{F}|$ ungerade.

### 3.5.1 Der Algorithmus von Tonelli

Sei $\mathbb{F}$ ein endlicher Körper mit einer ungeraden Anzahl an Elementen $q = |\mathbb{F}|$. Wir stellen das Wurzelziehen in $\mathbb{F}$ nach dem probabilistischen Verfahren von Alberto Tonelli (1849–1921) aus dem Jahre 1891 vor. Hierzu schreiben wir $q - 1 = 2^\ell u$ mit $u$ ungerade und setzen

$$G_i = \{g \in \mathbb{F}^* \mid g^{2^i u} = 1\}$$

Jede der Mengen $G_{i-1}$ ist eine Untergruppe von $G_i$, und es gilt $G_\ell = \mathbb{F}^*$. Da $\mathbb{F}^*$ zyklisch ist, sind auch alle Gruppen $G_i$ zyklisch. Sei $x$ ein Erzeuger von $\mathbb{F}^*$. Dann ist $x^{2^{\ell-i}}$ ein Erzeuger von $G_i$. Wir sehen insbesondere, dass der Index von $G_{i-1}$ in $G_i$ genau 2 ist.

Sei $g \in \mathbb{F}^*$ kein Quadrat. Mit dem Euler-Kriterium folgt $-1 = g^{2^{\ell-1}u} = (g^{2^i})^{2^{\ell-i-1}u}$. Also gilt $g^{2^i} \in G_{\ell-i} \setminus G_{\ell-i-1}$, und $G_{\ell-i-1}$ und $g^{2^i} G_{\ell-i-1}$ sind die beiden Nebenklassen von $G_{\ell-i-1}$ in $G_{\ell-i}$. Damit alterniert man durch Multiplikation mit $g^{2^i}$ zwischen diesen beiden Nebenklassen. Jede Faktorgruppe $G_i/G_{i-1}$ wird von einer Potenz von $g$ erzeugt. Damit wird auch $\mathbb{F}^*/G_0$ von $g$ erzeugt. Insbesondere lässt sich jedes Element $a \in \mathbb{F}^*$ als Produkt $g^k h$ mit $h \in G_0$ schreiben. Die Idee ist nun, die Wurzeln aus $g^k$ und $h$ separat zu ziehen. Bei $h$ ist dies einfach, da $G_0$ ungerade Ordnung hat. Wenn $a$ ein Quadrat ist, dann ist $k$ gerade: Nach dem Euler-Kriterium gilt

$$1 = a^{2^{\ell-1}u} = (g^k h)^{2^{\ell-1}u} = g^{2^{\ell-1}uk} \cdot 1$$

und wegen $g^{2^{\ell-1}u} = -1$ muss $k$ gerade sein, womit $g^{k/2}$ eine Wurzel von $g^k$ ist. Es verbleibt daher, den Exponenten $k$ zu bestimmen. Sei $k = \sum_{j\geq 0} k_j 2^j$ die Binärdarstellung von $k$. Für die ersten $i$ Bits $k_0, \ldots, k_{i-1}$ erhalten wir mit $g^{2^\ell u} = 1$ die Rechnung:

$$
\begin{aligned}
1 = h^{2^{\ell-i}u} &= (ag^{-k})^{2^{\ell-i}u} \\
&= a^{2^{\ell-i}u} g^{-\left(\sum_{j\geq 0} k_j 2^j\right)\cdot 2^{\ell-i}u} \\
&= a^{2^{\ell-i}u} g^{-\left(\sum_{j=0}^{i-1} k_j 2^j\right)\cdot 2^{\ell-i}u} \\
&= \left(a \cdot g^{-\sum_{j=0}^{i-1} k_j 2^j}\right)^{2^{\ell-i}u}
\end{aligned}
$$

Dies zeigt $a \cdot g^{-\sum_{j=0}^{i-1} k_j 2^j} \in G_{\ell-i}$. Wenn $k_0, \ldots, k_{i-2}$ bereits bekannt sind, dann legt diese Bedingung das Bit $k_{i-1}$ eindeutig fest, denn es gilt $g^{2^{i-1}} \notin G_{\ell-i}$. Wir erhalten schließlich den folgenden Algorithmus:

(1) Wähle so lange ein zufälliges Element $g \in \mathbb{F}^*$, bis $g$ kein Quadrat ist.

(2) Bestimme $k_0, \ldots, k_{\ell-1}$ nacheinander, so dass stets $a \cdot g^{-\sum_{j=0}^{i-1} k_j 2^j} \in G_{\ell-i}$ gilt.

(3) Setze $k = \sum_{j=0}^{\ell-1} k_j 2^j$ und $h = ag^{-k}$.

(4) Gebe $b = g^{k/2} h^{(u+1)/2}$ als die Wurzel von $a$ zurück.

Bei jedem Durchlauf des ersten Schritts ist $g$ mit Wahrscheinlichkeit $1/2$ kein Quadrat, so dass ein geeignetes $g$ mit einer hohen Wahrscheinlichkeit bereits nach wenigen Durchläufen gefunden wird. Um zu testen, ob $c \in G_{\ell-i}$ gilt, berechnet man $c^{2^{\ell-i}u}$. Mit schneller Exponentiation ist dies mit $\mathcal{O}(\log q)$ Operationen in $\mathbb{F}$ möglich. Dieser Test muss $\ell$ mal durchgeführt werden, so dass $\mathcal{O}(\ell \log q)$ Operationen in $\mathbb{F}$ ausreichen. Wegen $\ell \leq \log q$ sind dies im schlimmsten Fall $\mathcal{O}(\log^2 q)$ Operationen. Die verbleibenden Schritte sind in $\mathcal{O}(\log q)$.

Durch einen Trick von Shanks lässt sich dies noch etwas verbessern. Hierzu berechnet man $c = a^u$. Das Element $g^u$ ist kein Quadrat, da

$$(g^u)^{2^{\ell-1}u} = \left(g^{2^{\ell-1}u}\right)^u = (-1)^u = -1$$

gilt. Indem wir $g$ durch $g^u$ ersetzen, können wir nach Schritt (1) im Algorithmus von Tonelli $g^{2^{\ell-1}} = -1$ annehmen. Die Bedingung $ag^{-\sum_{j=0}^{i-1} k_j 2^j} \in G_{\ell-i}$ ist nun äquivalent zu $(cg^{-\sum_{j=0}^{i-1} k_j 2^j})^{2^{\ell-i}} = 1$. Dies lässt sich mit $\mathcal{O}(\ell)$ Körperoperationen überprüfen. Dadurch verbessert sich also die Komplexität des Algorithmus auf $\mathcal{O}(\ell^2 + \log q)$ Operationen in $\mathbb{F}$.

### 3.5.2 Der Algorithmus von Cipolla

Sei $\mathbb{F}$ ein endlicher Körper mit einer ungeraden Anzahl an Elementen. Als Nächstes betrachten wir den randomisierten Algorithmus von Michele Cipolla (1880–1947) zum Finden einer Quadratwurzel. Dieser rechnet mit Polynomen in $\mathbb{F}[X]$. Im Folgenden sei die Eingabe $a \in \mathbb{F}^*$ ein Quadrat:

(1) Wähle solange ein zufälliges Element $t \in \mathbb{F}$, bis $t^2 - 4a$ kein Quadrat ist.

(2) Setze $f = X^2 - tX + a$.

(3) Berechne $b = X^{(|\mathbb{F}|+1)/2} \bmod f$. Dies ist die Wurzel von $a$.

Wir zeigen nun, dass die Wahrscheinlichkeit hoch ist, im ersten Schritt ein geeignetes Element $t$ zu finden.

**Satz 3.11.** *Sei $a \in \mathbb{F}^*$ ein Quadrat. Wählt man ein zufälliges $t \in \mathbb{F}$, dann ist $t^2 - 4a$ mit Wahrscheinlichkeit $(|\mathbb{F}| - 1)/(2|\mathbb{F}|)$ kein Quadrat.*

*Beweis.* Durch quadratische Ergänzung sieht man, dass $t^2 - 4a$ genau dann ein Quadrat ist, wenn das Polynom $X^2 - tX + a$ über $\mathbb{F}$ in Linearfaktoren zerfällt. Die Anzahl der Polynome $X^2 - tX + a$ mit $t \in \mathbb{F}$, die über $\mathbb{F}$ in Linearfaktoren zerfallen, ist gleich der Anzahl der Polynome $(X - \alpha)(X - \beta)$ mit $\alpha\beta = a$. Wählt man $\alpha$, dann ist $\beta$ fest. Es gilt genau dann $\alpha = \beta$, wenn $\alpha$ eine der beiden Quadratwurzeln von $a$ ist. Es gibt $|\mathbb{F}| - 3$ viele Möglichkeiten, $\alpha$ so zu wählen, dass $\alpha \neq \beta$ und $\alpha\beta = a$

gilt (da $a \neq 0$ ist). Aufgrund der Symmetrie in $\alpha$ und $\beta$ liefert dies $(|\mathbb{F}| - 3)/2$ Polynome. Hinzu kommen noch die beiden Möglichkeiten, dass $\alpha = \beta$ eine der beiden Quadratwurzeln von $a$ ist. Es bleiben noch $(|\mathbb{F}| - 1)/2$ Polynome übrig, die nicht in Linearfaktoren zerfallen. Dies beweist die Aussage des Satzes. $\qquad\square$

Wenn $t^2 - 4a$ kein Quadrat ist, dann ist das Polynom $f = X^2 - tX + a \in \mathbb{F}[X]$ irreduzibel. Mit Satz 1.49 folgt nun, dass $\mathbb{K} = \mathbb{F}[X]/f$ ein Körper ist, der $\mathbb{F}$ enthält. Der Körper $\mathbb{K}$ enthält $X$ als Element. Eine für uns wichtige Eigenschaft des Elements $X \in \mathbb{K}$ liefert der folgende Satz.

**Satz 3.12.** *In $\mathbb{K}$ gilt $X^{|\mathbb{F}|+1} = a$.*

*Beweis.* Wir betrachten das Polynom $h = Y^2 - tY + a \in \mathbb{K}[Y]$. Dieses Polynom hat in $\mathbb{K}$ genau die Nullstellen $X$ und $t - X$. Beides sind Elemente aus $\mathbb{K} \setminus \mathbb{F}$. Es gilt $a = X(t - X)$ und $a = a^{|\mathbb{F}|}$. Daraus folgt $a = a^{|\mathbb{F}|} = X^{|\mathbb{F}|}(t - X)^{|\mathbb{F}|}$. Also sind $X^{|\mathbb{F}|}$ und $(t - X)^{|\mathbb{F}|}$ Nullstellen von $h$. Da $h$ aber nur zwei Nullstellen besitzt, gilt $\{X, t - X\} = \{X^{|\mathbb{F}|}, (t - X)^{|\mathbb{F}|}\}$. Da das Polynom $Y^{|\mathbb{F}|} - Y$ genau die Elemente aus $\mathbb{F}$ als Nullstellen besitzt, folgt $t - X \neq (t - X)^{|\mathbb{F}|}$ und weiter $t - X = X^{|\mathbb{F}|}$. Schließlich erhalten wir $X^{|\mathbb{F}|+1} = XX^{|\mathbb{F}|} = X(t - X) = a$. $\qquad\square$

Aus Satz 3.11 folgt, dass wir mit hoher Wahrscheinlichkeit nach wenigen Durchläufen ein geeignetes Element $t \in \mathbb{F}$ finden, und dass der Algorithmus von Cipolla daher (randomisiert) effizient abgearbeitet werden kann. Nachdem $t$ gefunden wurde, benötigt der Algorithmus noch $\mathcal{O}(\log q)$ Körperoperationen. Aus Satz 3.12 folgt, dass $b \in \mathbb{K}$ eine Quadratwurzel von $a$ ist. Nun hat $a$ nach Voraussetzung zwei Quadratwurzeln in $\mathbb{F}$. Da die Gleichung $Y^2 = a$ aber nur zwei Lösungen besitzt, folgt $b \in \mathbb{F}$. Dies zeigt die Korrektheit des Algorithmus von Cipolla.

## 3.6 Multiplikation und Division

Hat man zwei Binärzahlen der Länge $n$, so braucht man bei der Schulmethode zur Multiplikation der beiden Zahlen $\Theta(n^2)$ Operationen. Seien nun die beiden Zahlen $r$ und $s$ mit je $2k$ Bits wie folgt zusammengesetzt:

| $r =$ | $A$ | $B$ |
|-------|-----|-----|
| $s =$ | $C$ | $D$ |

Dabei sind $A$ die höchstwertigen $k$ Bits von $r$ und $B$ die niederwertigsten $k$ Bits von $r$. Analoges gilt für $C$, $D$ und $s$. Wir können also $r = A\,2^k + B$ und $s = C\,2^k + D$ schreiben. Daraus folgt:

$$rs = AC\,2^{2k} + (AD + BC)\,2^k + BD$$

Statt diesen Ansatz zu verfolgen, berechnet der Algorithmus von Karatsuba (nach Anatoli Alexejewitsch Karatsuba, 1937–2008) rekursiv die drei Produkte $AC$, $(A + B)(C + D)$ und $BD$. Damit können wir $rs$ mit nur drei Multiplikationen von Zahlen mit höchstens $k$ Bits berechnen:

$$rs = AC\,2^{2k} + (A + B)(C + D)\,2^k - (AC + BD)\,2^k + BD$$

Sei $t_{\text{mult}}(n)$ die Zeit, die dieses rekursive Verfahren zur Multiplikation von Zahlen mit $n$ Bits benötigt. Da man $n$-Bit-Zahlen in $\mathcal{O}(n)$ addieren kann, erhalten wir für $t_{\text{mult}}(n)$ mit Hilfe des Master-Theorems (Satz 3.2) die folgende Abschätzung:

$$t_{\text{mult}}(n) = 3 \cdot t_{\text{mult}}(n/2) + \mathcal{O}(n) \in \mathcal{O}(n^{\log_2(3)}) = \mathcal{O}(n^{1,58496\ldots})$$

Wir haben also durch einen Teile-und-Herrsche-Ansatz den Exponenten des naiven Verfahrens von 2 auf $1,58496\ldots$ verringert.

Eine andere wichtige arithmetische Operation ist das Modulo-Rechnen. Aufgrund von

$$a \bmod m = a - m \left\lfloor \frac{a}{m} \right\rfloor$$

lässt sich diese Operation auf Subtraktion, Multiplikation und Ganzzahldivision zurückführen. Die Subtraktion ist nach der Schulmethode bereits linear in der Anzahl der Stellen der beteiligten Zahlen. Für die Multiplikation haben wir eben einen Algorithmus kennengelernt, der besser als quadratisch ist. Es bleibt noch die Division. Hierfür skizzieren wir im Folgenden ein Verfahren, das nur mit Subtraktionen und Multiplikationen genügend viele Nachkommastellen des Kehrwerts einer ganzen Zahl berechnet. Wenn wir genügend viele Nachkommastellen von $\frac{1}{m}$ kennen, können wir $\lfloor \frac{a}{m} \rfloor$ durch eine Multiplikation von $a$ und $\frac{1}{m}$ berechnen. Die Stellen von $\frac{1}{m}$, die nur zu Nachkommastellen von diesem Produkt beitragen, brauchen wir nicht zu kennen.

Zur Annäherung von $\frac{1}{m}$ kann man das Newton-Verfahren (Sir Isaac Newton, 1643–1727) verwenden, um die Nullstelle von $f(x) = \frac{1}{x} - m$ zu berechnen. Hierzu berechnet man immer bessere Näherungswerte $x_i$ für diese Nullstelle durch die Vorschrift

$$x_{i+1} = x_i - \frac{f(x_i)}{f'(x_i)}$$

In unserem speziellen Fall ergibt sich die Bildungsvorschrift

$$x_{i+1} = 2x_i - mx_i^2$$

Wenn wir mit einem Startwert $x_0$ zwischen 0 und $\frac{1}{m}$ anfangen, konvergiert die Folge $(x_i)_{i \in \mathbb{N}}$ sehr schnell gegen $\frac{1}{m}$. Ein geeigneter Startwert ist z. B. $x_0 = 2^{-\lceil \log_2 m \rceil}$. Der Wert $\lceil \log_2 m \rceil$ kann an der Anzahl der Binärstellen von $m$ abgelesen werden. Den Startwert $x_0$ kann man binär als eine Sequenz von Nachkomma-Nullen gefolgt von einer 1 ohne weitere Rechnung angeben. Das Problem, nicht mit ganzen Zahlen zu rechnen, kann man dadurch eliminieren, dass man vorher mit einer genügend großen Zweierpotenz multipliziert; dies ist mit einer einfachen Verschiebeoperation möglich.

## 3.7 Die diskrete Fourier-Transformation

Die diskrete Fourier-Transformation (nach Jean Baptiste Joseph Fourier, 1768–1830) dient der schnellen Multiplikation von Polynomen. Es sei $R$ ein kommutativer Ring und $b \geq 1$ eine natürliche Zahl, die in $R$ invertierbar ist. Es gibt damit das multiplikative Inverse $b^{-1} \in R$. Dies gilt immer, wenn $R$ ein Körper der Charakteristik Null ist, wie etwa $\mathbb{C}$. Es gilt für Körper der Charakteristik $p$ mit $\mathrm{ggT}(b, p) = 1$. Es gilt auch, wenn $b = 2^r$ eine Zweierpotenz und $R = \mathbb{Z}/n\mathbb{Z}$ ist, falls $n$ ungerade ist. Man beachte, dass $\mathbb{Z}/n\mathbb{Z}$ diverse Nullteiler haben kann.

Das $b$-fache direkte Produkt $R^b$ von $R$ besteht aus allen Vektoren der Form $(u_0, \ldots, u_{b-1})$ mit $u_i \in R$. Für $R^b$ gibt es zwei natürliche Multiplikationen. Wir können komponentenweise multiplizieren:

$$(u_0, \ldots, u_{b-1}) \cdot (v_0, \ldots, v_{b-1}) = (u_0 v_0, \ldots, u_{b-1} v_{b-1})$$

Oder wir fassen einen Vektor $(u_0, \ldots, u_{b-1})$ als ein Polynom $\sum_i u_i X^i$ auf und multiplizieren Polynome in dem Restklassenring $R[X]/(X^b - 1)$. Um zwischen diesen beiden Arten der Multiplikation zu unterscheiden, schreiben wir das Produkt der Polynome $f$ und $g$ als $f * g$. Die Konvention ist $u_i = 0$ für alle $i < 0$ und alle $i \geq b$. Dies erspart das Mitführen expliziter Summationsgrenzen. In diesem Ring gilt $X^b = 1$ und wir erhalten

$$\left( \sum_i u_i X^i \right) * \left( \sum_i v_i X^i \right) = \sum_i \left( \sum_j u_j v_{i-j} \right) X^i = \sum_i \left( \sum_j u_j v_{i-j} \right) X^{i \bmod b}$$

Sei jetzt $\omega \in R$ eine $b$-te Einheitswurzel, also ein Element mit $\omega^b = 1$. Dann können wir $f(X) \in R[X]/(X^b - 1)$ bei Potenzen $\omega^i$ auswerten und

$$f(X) \mapsto (f(1), f(\omega), f(\omega^2), \ldots, f(\omega^{b-1}))$$

definiert einen Ringhomomorphismus von $R[X]/(X^b - 1)$ nach $R^b$. Eine *primitive $b$-te Einheitswurzel* ist ein Element $\omega \in R$, welches den folgenden Bedingungen genügt:
(a) $\omega^b = 1$,
(b) $\sum_{i=0}^{b-1} \omega^{ki} = 0$ für alle $1 \leq k < b$.

Ist $\omega$ eine primitive $b$-te Einheitswurzel so auch $\omega^{-1}$, da man die Gleichung in Bedingung (b) mit $\omega^{-k(b-1)}$ multiplizieren kann. Ist $c \geq 1$ ein Teiler von $b$, dann ist $\omega^c$ eine primitive $(b/c)$-te Einheitswurzel in $R$, denn es gilt

$$\sum_{i=0}^{b/c-1} \omega^{kci} = c^{-1} \sum_{i=0}^{b/c-1} c \, \omega^{k'i} = c^{-1} \sum_{i=0}^{b-1} \omega^{k'i} = c^{-1} \cdot 0 = 0$$

mit $k' = kc < b$. Man beachte, dass beim dritten Term der obigen Gleichung jede Potenz $\omega^{k'i}$ genau $c$-mal gezählt wird. Nach Korollar 1.53 ist $e^{(2\pi\sqrt{-1})/b}$ eine primitive

$b$-te Einheitswurzel in $\mathbb{C}$. Die diskrete Fourier-Transformation ist in Ringen $R$ möglich, bei denen $b$ ein multiplikatives Inverses $b^{-1}$ hat und die eine primitive $b$-te Einheitswurzel $\omega$ besitzen. Für solche Ringe $R$ sind der Polynomring $R[X]/(X^b - 1)$ mit der Rechenregel $X^b = 1$ und das direkte Produkt $R^b$ isomorph. Die Isomorphie lässt sich durch Matrixmultiplikationen erklären. Für die $\{0, \ldots, b - 1\} \times \{0, \ldots, b - 1\}$-Matrizen $F = (\omega^{ij})_{i,j}$ und $\overline{F} = (\omega^{-ij})_{i,j}$ gilt die Beziehung:

$$F \cdot \overline{F} = (\omega^{ij})_{i,j} \cdot (\omega^{-ij})_{i,j} = \left( \sum_{k=0}^{b-1} \omega^{ik-kj} \right)_{i,j} = \left( \sum_{k=0}^{b-1} \omega^{k(i-j)} \right)_{i,j}$$

Hierbei bezeichnet $(a_{ij})_{i,j}$ die Matrix mit Eintrag $a_{ij}$ an der Stelle $(i, j)$. Für $i \neq j$ gilt $\sum_{k=0}^{b-1} \omega^{k(i-j)} = 0$, und für $i = j$ ist diese Summe gleich $b$. Damit ist $F \cdot \overline{F}$ die Diagonalmatrix mit dem Wert $b$ in der Diagonalen. Insbesondere sind die Matrizen $F$ und $\overline{F}$ invertierbar und $F \cdot \overline{F} \cdot b^{-1}$ ist die Einheitsmatrix. Nun gilt $(a_0, \ldots, a_{b-1}) \cdot F = \left( \sum_k a_k \omega^{kj} \right)_j$, und wir erhalten den folgenden Ringisomorhismus $F : R[X]/(X^b - 1) \to R^b$, welcher ein Element $f(X) = \sum_i a_i X^i$ abbildet auf

$$(a_0, \ldots, a_{b-1}) \cdot F = (f(1), f(\omega), f(\omega^2), \ldots, f(\omega^{b-1}))$$

Insbesondere kann man die Multiplikation mit der Matrix $F$ als das Auswerten eines Polynoms $f$ an den Stellen $1, \omega, \omega^2, \ldots, \omega^{b-1}$ interpretieren. Die Abbildung $F : R[X]/(X^b - 1) \to R^b$ heißt die *diskrete Fourier-Transformation*. Für die Umkehrabbildung ersetzt man die Matrix $F$ durch $\overline{F}$ und multipliziert am Ende das Ergebnis noch skalar mit $b^{-1}$.

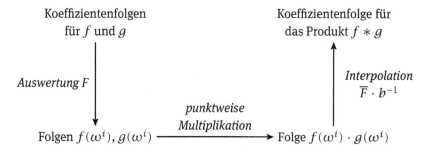

**Abb. 3.1:** Berechnung von $f * g$ mit der diskreten Fourier-Transformation.

Um die Koeffizienten $z_i$ in $f(X) * g(X) = \sum_i z_i X^i$ zu berechnen, ergibt sich entsprechend der Abbildung 3.1 die folgende Strategie:
1. Berechne $F(f(X))$ und $F(g(X))$, also $f(\omega^i)$ und $g(\omega^i)$ für $0 \le i < b$.
2. Bilde die Produkte $h_i = f(\omega^i) \cdot g(\omega^i)$ in $R$ für $0 \le i < b$.
3. Berechne $(h_0, \ldots, h_{b-1}) \cdot \overline{F} \cdot b^{-1} = (z_0, \ldots, z_{b-1})$.

Da $F$ ein Ringisomorphismus ist, gilt:

$$f * g = (F(f) \cdot F(g)) \cdot \overline{F} \cdot b^{-1}$$

Wir betrachten jetzt den Spezialfall, dass $b$ eine Zweierpotenz ist, also $b = 2^r$ für ein $r \geq 1$. Dann lässt sich die Berechnung $F(f(X))$ mittels einer Teile-und-Herrsche-Strategie effizient durchführen. Dies führt wie folgt auf die schnelle Fourier-Transformation (engl. *Fast Fourier Transform*, FFT). Wir schreiben Polynome $f(X)$ vom Grad kleiner als $b$ in der Form:

$$f(X) = f_0(X^2) + X f_1(X^2)$$

Die Polynome $f_j$ haben den Grad kleiner als $b/2$ und $\omega^2$ ist eine primitive $(b/2)$-te Einheitswurzel. Wenn $f = (a_0, \ldots, a_{b-1})$ gilt, dann ist $f_0 = (a_0, a_2, \ldots, a_{b-2})$ und $f_1 = (a_1, a_3, \ldots, a_{b-1})$. Es ergibt sich

$$f(\omega^i) = f_0(\omega^{2i}) + \omega^i f_1(\omega^{2i})$$

Sei $F' : R[X]/(X^{b/2} - 1) \to R^{b/2}$ die Fourier-Transformation der Dimension $b/2$ mit der Einheitwurzel $\omega^2$. Wenn wir $F'(f_0) = (u_0, \ldots, u_{b/2-1})$ und $F'(f_1) = (v_0, \ldots, v_{b/2-1})$ berechnet haben, dann erhalten wir $F(f)$ wie folgt. Mit den Vektoren

$$u = (u_0, \ldots, u_{b/2-1}, u_0, \ldots, u_{b/2-1})$$
$$v = (v_0, \ldots, v_{b/2-1}, v_0, \ldots, v_{b/2-1})$$
$$w = (1, \omega, \omega^2, \ldots, \omega^{b-1})$$

der Länge $b$ berechnen wir durch komponentenweise Verknüpfung

$$F(f) = u + w \cdot v$$

Die Tranformierten $F'(f_0)$ und $F'(f_1)$ können wir rekursiv nach demselben Verfahren bestimmen. Die Additionen in $R$ und Multiplikationen mit $\omega^i$ sowie $b^{-1}$ nennen wir elementare arithmetische Operationen. Sei $t(b)$ die Anzahl der elementaren arithmetischen Operationen, welche bei diesem Schema zur Berechnung von $F(f)$ nötig sind. Dann genügt $t(b)$ der Rekursionsgleichung $t(b) \leq 2 t(b/2) + \mathcal{O}(b)$, da man zur Berechnung der Fourier-Transformierten zwei rekursive Aufrufe für $f_0$ und $f_1$ halber Größe benötigt. Die Ergebnisse dieser beiden Aufrufe werden mit linear vielen Operationen zur Transformierten von $f$ kombiniert. Mit dem Master-Theorem, Satz 3.2, folgt $t(b) \in \mathcal{O}(b \log b)$.

Um das Produkt $f(X) * g(X)$ zweier Polynome vom Grad kleiner als $d$ in $R[X]$ zu berechnen, können wir $b$ als kleinste Zweierpotenz mit $b > 2d$ wählen. Wenn eine primitive $b$-te Einheitswurzel $\omega$ bekannt ist, dann lässt sich mit der schnellen Fourier-Transformation das Produkt von $f(X)$ und $g(X)$ nach dem Schema in Abbildung 3.1 mit nur $\mathcal{O}(d \log d)$ vielen elementaren arithmetischen Operationen bestimmen. Im Gegensatz dazu benötigt der naive Ansatz $\mathcal{O}(d^2)$ elementare arithmetische Operationen.

## 3.8 Primitive Einheitswurzeln

Sei $b \in \mathbb{N}$, und sei $\mathbb{F}$ ein Körper der Charakteristik Null oder der Charakteristik $p$ mit $\mathrm{ggT}(b, p) = 1$. Dann ist $b$ in $\mathbb{F}$ invertierbar. Außerdem berechnet sich die formale Ableitung des Polynoms $X^b - 1$ zu $bX^{b-1}$. Hieraus folgt, dass das Polynom $X^b - 1$ keine mehrfachen Nullstellen hat. In einem Erweiterungskörper von $\mathbb{F}$ zerfällt $X^b - 1$ in Linearfaktoren und in diesem sind die $b$ Nullstellen paarweise verschieden. Die Gruppe der $b$-ten Einheitswurzeln besitzt damit $b$ Elemente. Sie ist zyklisch und wird von einem Element $\omega$ erzeugt. Es gilt also $\omega^b = 1$ und $\omega^k \neq 1$ für alle $1 \leq k < b$. Hieraus folgt $(1 - \omega^k) \sum_{i=0}^{b-1} \omega^{ki} = 1 - \omega^{bk} = 0$ für alle $1 \leq k < b$. Da ein Körper keine Nullteiler hat, muss $\sum_{i=0}^{b-1} \omega^{ki} = 0$ gelten, und das erzeugende Element $\omega$ ist eine primitive $b$-te Einheitswurzel. Für $\mathbb{F} = \mathbb{C}$ können wir etwa $\omega = e^{(2\pi\sqrt{-1})/b}$ wählen.

Im Allgemeinen hat ein Ring jedoch Nullteiler und damit sind die Eigenschaften $\omega^b = 1$ und $\omega^k \neq 1$ für alle $1 \leq k < b$ nicht hinreichend, um $\sum_{i=0}^{b-1} \omega^{ki} = 0$ zu folgern. Der Rest dieses Abschnitts ist dem folgenden Satz gewidmet, der für die schnelle Multiplikation großer Zahlen nach Schönhage und Strassen von entscheidender Bedeutung ist.

**Satz 3.13.** *Es sei $b = 2^r$, sei $m$ ein Vielfaches von $b$, und sei $n = 2^m + 1$. Setze $\psi = 2^{m/b}$ und $\omega = \psi^2$. Dann gelten in dem Ring $R = \mathbb{Z}/n\mathbb{Z}$ die folgenden Aussagen:*

(a) $b^{-1} = -2^{m-r}$

(b) $\psi^b = -1$

(c) $\omega$ *ist eine primitive $b$-te Einheitswurzel.*

*Beweis.* In $R$ gilt $2^m = -1$. Die Aussagen $b^{-1} = -2^{m-r}$ und $\psi^b = -1$ sowie $\omega^b = 1$ sind daher trivial. Zu zeigen ist $\sum_{i=0}^{b-1} \omega^{ki} = 0$ für alle $1 \leq k < b$. Da $b = 2^r$ eine Zweierpotenz ist, liefert eine Induktion nach $r$:

$$\sum_{i=0}^{b-1} \omega^{ki} = (1 + \omega^k) \sum_{i=0}^{b/2-1} (\omega^2)^{ki} = \prod_{p=0}^{r-1} (1 + \omega^{2^p k})$$

Sei nun $k = 2^\ell u$ mit $u$ ungerade. Wegen $0 \leq \ell < r$ hat ein Faktor in dem Produkt die Form $1 + \omega^{2^{r-1}u}$. Nun ist $\omega^{2^{r-1}} = \psi^{2 \cdot 2^{r-1}} = \psi^b = -1$. Da $u$ ungerade ist, erhalten wir $1 + \omega^{2^{r-1}u} = 1 + (-1)^u = 1 - 1 = 0$. $\qquad\square$

## 3.9 Multiplikation nach Schönhage und Strassen

Die Multiplikation von zwei Zahlen mit jeweils $n$ Bits erfordert nach der Schulmethode $n^2$ elementare Rechenopererationen. Erst 1960 bemerkte Karatsuba, dass es mit einem überraschend einfachen Teile-und-Herrsche-Ansatz auch deutlich schneller geht; er zeigte, dass asymptotisch weniger als $n^{1,6}$ Rechenopererationen ausreichen, siehe Abschnitt 3.6. Ein entscheidender Durchbruch gelang Arnold Schönhage (geb.

1934) und Volker Strassen im Jahr 1971, als sie ein Verfahren mit einer fast linearen Zahl von Rechenopererationen angeben konnten [73]. Genauer zeigten sie, dass die Multiplikation von zwei Zahlen mit jeweils $n$ Bits in der Zeit $\mathcal{O}(n \log n \log \log n)$ auf einer Mehrband-Turingmaschine realisiert werden kann. Erst 35 Jahre später konnte Martin Fürer (geb. 1947) diese Zeitschranke weiter verbessern auf $\mathcal{O}(n \log n \, 2^{\log^* n})$; siehe [37]. Hierbei ist $\log^* n$ die Anzahl von Anwendungen des Zweierlogarithmus bis das Ergebnis kleiner als 1 ist. Die Funktion $2^{\log^* n}$ wächst asymptotisch deutlich langsamer als $\log \log n$; auf allen realistischen Eingaben ist jedoch $\log \log n$ kleiner.

| $n$ | 1 | 2 | 100 | $2^{100}$ | $2^{2^{100}}$ | $2^{2^{2^{100}}}$ |
|---|---|---|---|---|---|---|
| $\log \log n$ | 1 | 1 | 3 | 7 | 100 | $2^{100}$ |
| $2^{\log^* n}$ | 1 | 2 | 16 | 32 | 64 | 128 |

Im Rest dieses Abschnitts beweisen wir das Resultat von Schönhage-Strassen.

**Satz 3.14.** *Die Multiplikation von zwei natürlichen $n$-Bit-Zahlen lässt sich mit $\mathcal{O}(n \log n \log \log n)$ Bit-Operationen realisieren.*

Die Eingabe besteht aus zwei natürlichen Zahlen $u$ und $v$, wir können annehmen, dass die Binärdarstellung des Produkts $uv$ höchstens $n$ Bits erfordert und dass $n = 2^s$ eine Zweierpotenz ist. Es reicht $uv$ modulo $2^n + 1$ zu berechnen. In diesem Restklassenring gilt $2^n = -1$. Wir definieren $b = 2^{\lceil s/2 \rceil}$ und $\ell = 2^{\lfloor s/2 \rfloor}$. Als Merkregel halten wir fest:

- $2^n + 1$ ist groß und ungerade.
- $n = 2^s$ ist die Eingabegröße und eine Zweierpotenz.
- $s \in \mathbb{N}$ ist eine kleine Zahl ($s$ wie *small*).
- $b = 2^{\lceil s/2 \rceil}$, $\ell = 2^{\lfloor s/2 \rfloor}$, $n = b\ell$, $b \mid 2\ell$ und $\ell \le \sqrt{n} \le b \le 2\ell$.

Wir zerlegen die Eingabe in $b$ Blöcke der Länge $\ell$ und schreiben $u = \sum_i u_i 2^{\ell i}$ und $v = \sum_i v_i 2^{\ell i}$, wobei $0 \le u_i, v_i < 2^\ell$ für alle $i$ ist. Die Konvention ist, dass $u_i = v_i = 0$ für alle $i < 0$ und für alle $i \ge b$ gilt. Sei $y_i = \sum_j u_j v_{i-j}$; nur für $0 \le i < 2b$ kann $y_i \ne 0$ sein. Für $0 \le i < b$ sind höchstens $i + 1$ Summanden $u_j v_{i-j}$ in $y_i$ nicht Null, woraus $y_i < (i+1)2^{2\ell}$ folgt; und in $y_{b+i}$ sind dies höchstens $b - i - 1$ Summanden, was $y_{b+i} < (b - i - 1)2^{2\ell}$ zeigt. Mit $2^{b\ell} = -1$ erhalten wir

$$ uv = \sum_i \Big( \sum_j u_j v_{i-j} \Big) 2^{\ell i} = \sum_i y_i 2^{\ell i} = \sum_{i=0}^{b-1} \underbrace{( y_i - y_{b+i} )}_{= \, w_i} 2^{\ell i} $$

Es gilt $-(b - i - 1)2^{2\ell} < w_i < (i+1)2^{2\ell}$. Daher genügt es, die $w_i$ modulo $b(2^{2\ell} + 1)$ zu bestimmen. Da $b$ eine Zweierpotenz und $2^{2\ell} + 1$ ungerade ist, können wir nach dem chinesischen Restsatz die $w_i$ modulo $b$ und modulo $2^{2\ell} + 1$ berechnen und daraus dann $w_i$ bestimmen. Sei hierzu $w_i' \equiv w_i \bmod b$ und $w_i'' \equiv w_i \bmod 2^{2\ell} + 1$, dann erhalten wir $w_i$ aus $w_i'$ und $w_i''$ mittels

$$w_i \equiv w_i'(2^{2\ell} + 1) - w_i''2^{2\ell} \mod b(2^{2\ell} + 1)$$

denn es gilt $2^{2\ell} \equiv 0 \mod b$. Die so berechneten $w_i$ mit $-(b - i)2^{2\ell} < w_i < i2^{2\ell}$ haben jeweils $\mathcal{O}(\sqrt{n})$ Bits. Wir müssen aus $w_0, \dots, w_{b-1}$ den Wert

$$\sum_{i=0}^{b-1} w_i 2^{\ell i} \mod (2^n + 1)$$

berechnen. Dies erfordert $\mathcal{O}(\sqrt{n})$ viele Additionen bzw. Subtraktionen, jeweils der Länge $\mathcal{O}(\sqrt{n})$. Insbesondere ist dies mit den Schulmethoden in Linearzeit möglich. Es verbleibt zu zeigen, wie man die $w_i'$ und die $w_i''$ berechnet.

Wir beschreiben nun die Berechnung der $w_i'$. Als Erstes setzen wir hierzu $u_i' = u_i \mod b$ und $v_i' = v_i \mod b$ für $0 \le i < b$. Dies ist einfach, da $b$ eine Zweierpotenz ist und $u_i$ und $v_i$ binär gegeben sind. Mit $y_i' = \sum_j u_j' v_{i-j}'$ gilt $w_i' = (y_i' - y_{b+i}') \mod b$. Daher genügt es, die $y_i'$ für $0 \le i < 2b$ zu bestimmen. Es gilt $0 \le y_i' < 2b^3$, also reichen $1 + 3 \log b < 4 \log b$ Bits für jedes $y_i'$. Setze $u' = \sum_i u_i' 2^{(4 \log b)i}$ und $v' = \sum_i v_i' 2^{(4 \log b)i}$. Dies bedeutet, dass $u'$ aus den $u_i'$ zusammengesetzt wird, indem man jeweils genügend lange Blöcke von Nullen dazwischen einfügt; $v'$ ist entsprechend konstruiert. Dann gilt:

$$u' \cdot v' = \sum_i \Big( \sum_j u_j' v_{i-j}' \Big) 2^{(4 \log b)i} = \sum_i y_i' 2^{(4 \log b)i}$$

Die Binärlängen von $u'$ und $v'$ sind durch $4b \log b$ begrenzt, also können wir mit der Methode von Karatsuba das Produkt $u' \cdot v'$ in der Zeit $\mathcal{O}((b \log b)^{1,6}) \subseteq \mathcal{O}(b^2) = \mathcal{O}(n)$ exakt berechnen. Die Werte aller $y_i$ können hieraus direkt abgelesen werden, da sich die entsprechenden Bereiche nicht überlappen.

Als Nächstes wollen wir die $w_i''$ bestimmen. Wir setzen $N = 2^{2\ell} + 1$ und $R = \mathbb{Z}/N\mathbb{Z}$. Insbesondere gilt $2^{2\ell} = -1$ in $R$. Man beachte, dass $N$ ungefähr $2^{2\sqrt{n}} + 1$ ist. Die Zahl $N$ ist groß, aber wesentlich kleiner als $2^n$. Wir rechnen im Polynomring $R[X]/(X^b - 1)$. Die Elemente $\psi = 2^{2\ell/b}$ und $\omega = \psi^2$ haben die in Satz 3.13 genannten Eigenschaften. Damit ist dieser Polynomring isomorph zum direkten Produkt $R^b$, und man kann Multiplikationen von Polynomen auf Multiplikationen in $R$ reduzieren. Dies wurde in Abschnitt 3.7 gezeigt. Wir betrachten die beiden folgenden Polynome:

$$f(X) = \sum_i u_i \psi^i X^i \qquad\qquad g(X) = \sum_i v_i \psi^i X^i$$

Dann gilt wegen $\psi^b = -1$ und $X^b = 1$ die folgende Beziehung:

$$f(X) * g(X) = \sum_i \Big( \sum_j u_j v_{i-j} \Big) \psi^i X^i = \sum_i y_i \psi^i X^i = \sum_{i=0}^{b-1} (y_i - y_{b+i}) \psi^i X^i$$

Durch den Faktor $\psi^i$ bei der Definition von $f$ und $g$ erhält $y_{b+i}$ das gewünschte negative Vorzeichen. Wir setzen $h(X) = f(X) * g(X) \in R[X]/(X^b - 1)$ und schreiben

$h(X) = \sum_{i=0}^{b-1} z_i X^i$. Dann erhalten wir die $w_i''$ durch:

$$w_i'' = z_i \psi^{-i} \bmod 2^{2\ell} + 1$$

Die $z_i$ berechnen wir mit der schnellen diskreten Fourier-Transformation, wobei wir für die Multiplikationen im Ring $R$ den Algorithmus rekursiv aufrufen. Es verbleibt zu zeigen, wie wir die Zahl $z_i \psi^{-i} \bmod 2^{2\ell} + 1$ effizient berechnen können. Hierfür reicht die Zeitschranke $\mathcal{O}(\ell)$. Elemente in $R$ repräsentieren wir durch Zahlen $z$ in dem Bereich $0 \leq z \leq 2^{2\ell}$. Wir können $z \in R$ effizient mit $-1$ multiplizieren indem wir $2^{2\ell} + 1 - z$ nach der Schulmethode berechnen. Wegen $\psi^{-i} = -\psi^{b-i}$ genügt es, Elemente $z\psi^j \bmod 2^{2\ell} + 1$ für $0 < j < b$ zu berechnen. Nun ist $\psi^j = 2^{2\ell j/b} = 2^k$ für $0 < k < 2\ell$. Der Wert $z2^k$ ist ein Shift um $k$ Bits. Wir schreiben $z2^k = z' + z''2^{2\ell}$ mit $0 \leq z', z'' < 2^{2\ell}$. Damit gilt $z\psi^j = z2^k \equiv z' - z'' \bmod 2^{2\ell} + 1$.

### Übersicht über den Algorithmus

Wir geben im Folgenden eine Skizze des Ablaufs des Algorithmus. Dabei bedeutet $x \in R$, dass in dem Ring $R$ das Element $x$ vorliegt oder berechnet wurde. Pfeile stehen für einen kausalen Zusammenhang. Um einen besseren Überblick über die Größenverhältnisse zu geben, haben wir $b$ und $\ell$ jeweils durch $\sqrt{n}$ ersetzt.

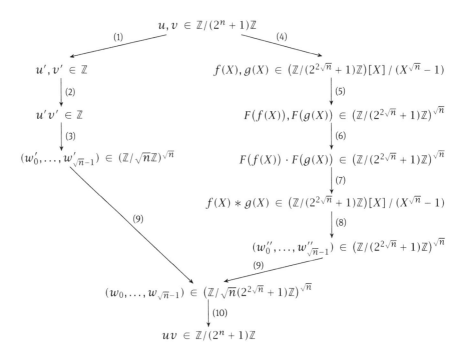

Die einzelnen Schritte des Algorithmus können wie folgt skizziert werden.

(1) Die Zahlen $u$ und $v$ werden jeweils in $\sqrt{n}$ Blöcke mit je $\sqrt{n}$ Bits zerlegt. Jeder Block wird modulo $\sqrt{n}$ gerechnet; danach werden die Blöcke mit ausreichend vielen Nullen dazwischen zu $u'$ und zu $v'$ zusammengesetzt.

(2) Die Zahlen $u'$ und $v'$ werden mit der Multiplikation nach Karatsuba multipliziert.

(3) Aus dem Produkt $u'v'$ können aufgrund des Abschirmens mit ausreichend vielen Nullen die Blöcke $w'_0, \ldots, w'_{\sqrt{n}-1}$ wieder rekonstruiert werden.

(4) Die $\sqrt{n}$-Bit-Blöcke werden als Zahlen modulo $2^{2\sqrt{n}} + 1$ aufgefasst und als Koeffizienten der Polynome $f$ und $g$ interpretiert.

(5) Von $f$ und $g$ berechnet man die Fourier-Transformierten $F(f)$ und $F(g)$.

(6) Beim Produkt $F(f) \cdot F(g)$ wird für jede der $\sqrt{n}$ Multiplikationen im Ring $\mathbb{Z}/(2^{2\sqrt{n}} + 1)\mathbb{Z}$ der Algorithmus rekursiv aufgerufen.

(7) Mit der inversen Fourier-Transformation wird das Produkt der Polynome $f$ und $g$ bestimmt.

(8) Die Werte $w''_i$ ergeben sich als Koeffizienten des Polynoms $f(X) * g(X)$.

(9) Aufgrund des chinesischen Restsatzes lassen sich die Zahlen $w'_i \bmod \sqrt{n}$ und $w''_i \bmod (2^{2\sqrt{n}} + 1)$ zu $w_i \bmod \sqrt{n}(2^{2\sqrt{n}} + 1)$ zusammensetzen.

(10) Aus den Zahlen $w_i$ wird das Produkt $uv$ zusammengesetzt.

### Laufzeitanalyse

Die Berechnung von $F(f(X))$, $F(g(X))$ und $(h_0, \ldots, h_{b-1}) \cdot \overline{F} \cdot b^{-1}$ benötigt $\mathcal{O}(b \log b)$ elementare arithmetische Operationen, von denen jede mit jeweils $\mathcal{O}(\ell)$ Bit-Operationen durchgeführt werden kann. Dies ergibt $\mathcal{O}(\ell \cdot b \log b) = \mathcal{O}(n \log n)$ Operationen. Rekursiv müssen noch $b$ Produkte $h_i = f(\omega^i) \cdot g(\omega^i)$ modulo $2^{2\ell} + 1$ berechnet werden. Sei $M(n)$ die Anzahl der Bit-Operationen, um zwei $n$-Bit-Zahlen mit dem Algorithmus von Schönhage und Strassen zu multiplizieren. Dann ergibt sich für $M(n)$ die Rekursionsgleichung:

$$M(n) \in b \cdot M(2\ell) + \mathcal{O}(n \log n)$$

Also gilt $M(n)/n \in 2M(2\ell)/2\ell + \mathcal{O}(\log n)$. Für $n = 2^s$ und $t(s) = M(2^s)/2^s$ erhalten wir:

$$t(s) \leq 2t(s/2 + 1) + \mathcal{O}(s)$$

Hieraus folgt $t(s) \in \mathcal{O}(s \log s)$ mit dem Master-Theorem, Satz 3.2. Dies zeigt schließlich $M(n) \in \mathcal{O}(n \log n \log \log n)$.

## Aufgaben

**3.1.** (Master-Theorem II) Sei $\sum_{i=0}^{k} \alpha_i < 1$. Zeigen Sie: Aus

$$f(n) \leq \sum_{i=0}^{k} f(\lceil \alpha_i n \rceil) + \mathcal{O}(n)$$

folgt $f(n) \in \mathcal{O}(n)$.

**3.2.** Zeigen Sie, dass auf Eingabe zweier Binärzahlen $a, b \in \mathbb{N}$ in polynomieller Zeit entscheidbar ist, ob ein $c \in \mathbb{Q}$ mit $c^2 = a/b$ existiert.

**3.3.** Zeigen Sie, dass $1729$ eine Euler'sche Pseudoprimzahl zur Basis 2, jedoch keine starke Pseudoprimzahl zur Basis 2 ist. Finden Sie des Weiteren mit Hilfe von Bemerkung 3.5 einen nichttrivialen Teiler von $1729$.

**3.4.** (Lucas-Test; nach Édouard Lucas, 1842–1891) Sei $n \geq 1$ und $a \in \mathbb{Z}$. Zeigen Sie, dass $n$ eine Primzahl ist, wenn die folgenden beiden Bedingungen gelten:

(i)  $a^{n-1} \equiv 1 \bmod n$ und

(ii) $a^{(n-1)/q} \not\equiv 1 \bmod n$ für alle Primteiler $q$ von $n - 1$.

**3.5.** (Pépin-Test; nach Théophile Pépin, 1826–1904) Sei $n \geq 1$. Zeigen Sie, dass die *Fermat-Zahl* $f_n = 2^{2^n} + 1$ genau dann eine Primzahl ist, wenn die Kongruenz $3^{(f_n-1)/2} \equiv -1 \bmod f_n$ gilt.

**3.6.** Sei $p > 2$ eine Primzahl. Dann ist die *Mersenne-Zahl* $n = 2^p - 1$ (nach Marin Mersenne, 1588–1648) genau dann eine Primzahl, wenn im Polynomring $(\mathbb{Z}/n\mathbb{Z})[X]$ folgende Kongruenz gilt:

$$X^{(n+1)/2} \equiv -1 \quad \bmod X^2 - 4X + 1$$

**3.7.** (Lucas-Lehmer-Test; nach É. Lucas und Derrick Lehmer, 1905–1991) Sei $p > 2$ eine Primzahl und $n = 2^p - 1$ die zugehörige Mersenne-Zahl. Die Folge $(\ell_j)_{j \in \mathbb{N}}$ ist definiert durch $\ell_0 = 4$ und $\ell_{j+1} = \ell_j^2 - 2 \bmod n$. Zeigen Sie, dass $n$ genau dann eine Primzahl ist, wenn $\ell_{p-2} = 0$ gilt.

**3.8.** Finden Sie mit Hilfe von Pollards $(p - 1)$-Methode einen nichttrivialen Teiler von $n = 253$. Im ersten Schritt sei $B = \{2, 3\}$ und $a = 2$. Im zweiten Schritt sei $B = \{2, 3, 5\}$ und $a = 2$.

**3.9.** Finden Sie mit Pollards $\rho$-Methode einen nichttrivialen Teiler von $n = 689$. Hierbei sei $F(x) = x^2 + 1 \bmod n$ und der Startwert $x_0 = 12$.

**3.10.** Berechnen Sie den diskreten Logarithmus von 3 zur Basis 2 in der multiplikativen Gruppe $(\mathbb{Z}/19\mathbb{Z})^*$. Benutzen Sie hierzu Shanks' Babystep-Giantstep-Algorithmus.

**3.11.** Sei $G$ eine endliche Gruppe und $g \in G$. Zeigen Sie, wie man mit Hilfe des Babystep-Giantstep-Algorithmus die Ordnung von $g$ bestimmen kann.

**3.12.** Sei $G = (\mathbb{Z}/23\mathbb{Z})^*$ und $g = 3$.

**(a)** Bestimmen Sie die Ordnung von $g$ in $G$.

**(b)** Berechnen Sie mit Pollards $\rho$-Methode den diskreten Logarithmus von 18 zur Basis 3 in $G$. Teilen Sie $G$ bezüglich der Restklassen modulo 3 auf und benutzen Sie $r_1 = s_1 = 1$ als Startwerte.

**3.13.** Berechnen Sie den diskreten Logarithmus von 5 zur Basis 2 in der multiplikativen Gruppe $(\mathbb{Z}/19\mathbb{Z})^*$. Führen Sie das Problem hierzu mit der Pohlig-Hellman-Methode auf den diskreten Logarithmus in Gruppen kleinerer Ordnung zurück.

**3.14.** Sei $p = 2^{2^k} + 1$ eine Fermat-Primzahl. Zeigen Sie, dass sich diskrete Logarithmen in $(\mathbb{Z}/p\mathbb{Z})^*$ in deterministischer Polynomialzeit berechnen lassen.

**3.15.** Eine *lineare diophantische Gleichung* hat die Form $a_1 X_1 + \cdots + a_n X_n = a_{n+1}$ mit $a_i \in \mathbb{Z}$. Zeigen Sie, wie man überprüfen kann, ob eine Lösung $(x_1, \ldots, x_n) \in \mathbb{Z}^n$ existiert und wie man eine solche berechnet.

**3.16.** Berechnen Sie die Wurzel von 2 im Körper $\mathbb{F}_{41} = \mathbb{Z}/41\mathbb{Z}$. Verwenden Sie den Algorithmus von Tonelli mit der Wahl $g = 3$ im ersten Schritt.

**3.17.** Sei $p$ eine Primzahl mit $p \equiv 5 \bmod 8$. Wir betrachten den Körper $\mathbb{F}_p$ und ein Quadrat $a \in \mathbb{F}_p$. Zeigen Sie: Wenn $a^{(p-1)/4} = 1$ gilt, dann ist $a^{(p+3)/8}$ eine Wurzel von $a$; und wenn $a^{(p-1)/4} = -1$ gilt, dann ist $2^{-1}(4a)^{(p+3)/8}$ eine Wurzel von $a$.

**3.18.** Sei $p$ eine Primzahl mit $p \equiv -1 \bmod 4$ und sei $f(X) = X^2 + 1$.

**(a)** Zeigen Sie, dass das Polynom $f(X)$ in $\mathbb{F}_p[X]$ irreduzibel ist.

**(b)** Zeigen Sie, wie man effizient ein Element $a$ findet mit $1 \le a < p - 1$, $\left(\frac{a}{p}\right) = 1$ und $\left(\frac{a+1}{p}\right) = -1$.

**(c)** Zeigen Sie, dass man in $\mathbb{F}_{p^2} = \mathbb{F}_p[X]/f$ in Polynomialzeit Wurzeln ziehen kann.

**3.19.** Berechnen Sie die Wurzel von 2 im Körper $\mathbb{F}_{23} = \mathbb{Z}/23\mathbb{Z}$. Verwenden Sie hierzu den Algorithmus von Cipolla mit der Wahl $t = 0$ im ersten Schritt.

**3.20.** Sei $\mathbb{F}$ ein Körper mit einer ungeraden Anzahl von Elementen. Sei $a \in \mathbb{F}^*$ die Eingabe für den Algorithmus von Cipolla und $b$ die Ausgabe. Zeigen Sie, dass $b \notin \mathbb{F}$ gilt, wenn $a$ kein Quadrat ist.

**3.21.** Sei $q = 97$, $b = 4$ und $\omega = -22$.

**(a)** Zeigen Sie, dass $\omega$ eine primitive $b$-te Einheitswurzel in $\mathbb{F}_q$ ist.

**(b)** Geben Sie die Fourier-Matrizen $F, \overline{F} \in \mathbb{F}_q^{b \times b}$ bezüglich $\omega$ an.

**(c)** Berechnen Sie das Produkt $f * g$ der Polynome $f(X) = 1 + X + X^2$ und $g(X) = 2 + 3X$ mittels schneller Fourier-Transformation.

**3.22.** Seien $p_1, p_2, p_3 \in 2^{56}\mathbb{Z} + 1$ verschiedene Primzahlen mit höchstens 64 Bits, sei $\omega_i$ eine primitive $2^{56}$-te Einheitswurzel im Körper $K_i = \mathbb{Z}/p_i\mathbb{Z}$, und sei $F_i$ die Fourier-Transformation in $K_i$ mit Einheitswurzel $\omega_i$. Bei Eingabe von zwei Zahlen $u = \sum_{j\geq 0} u_j 2^{64j}$ und $v = \sum_{j\geq 0} v_j 2^{64j}$ mit $0 \leq u_j, v_j < 2^{64}$ bestimmen wir $U_i(X) = \sum_{j\geq 0}(u_j \bmod p_i)X^j$ und $V_i(X) = \sum_{j\geq 0}(v_j \bmod p_i)X^j$. Dann berechnen wir in $K_i$ die Koeffizienten von

$$W_i(X) = U_i(X) * V_i(X) = F_i^{-1}\big(F_i(U_i) \cdot F_i(V_i)\big) = \sum_{j\geq 0} w_{i,j} X^j$$

mit Hilfe der schnellen Fourier-Transformation. Schließlich ermitteln wir das Polynom $W(X) = \sum_{j\geq 0} w_j X^j$ mit $w_j \equiv w_{i,j} \bmod p_i$ mittels des chinesischen Restsatzes. Am Ende geben wir die Zahl $w = W(2^{64})$ zurück. Wie ist die Laufzeit des Algorithmus? Wie groß dürfen $u$ und $v$ höchstens sein, damit $w = uv$ gilt?

## Zusammenfassung

### Begriffe

| | |
|---|---|
| – Additionskette | – diskreter Logarithmus |
| – Pseudoprimzahl | – Quadrat, quadratischer Rest |
| – Euler'sche Pseudoprimzahl | – Quadratwurzel, Wurzel |
| – starke Pseudoprimzahl | – Wurzelziehen in Gruppen |
| – Faktorisierung | – primitive Einheitswurzel |
| – Pseudozufallsfolge | – elementare arithmetische Operation |

### Methoden und Resultate

- Master-Theorem zur Abschätzung von Rekursionsgleichungen
- Geburtstagsparadoxon: Für zufällige Folgen von $m$ Ereignissen aus $\Omega$ mit $m \geq \sqrt{2|\Omega| \ln 2}$ ist die Wahrscheinlichkeit für zwei gleiche Folgenglieder $\geq 1/2$.
- Schnelle Exponentiation zur Berechnung von $a^n$ mit $\mathcal{O}(\log n)$ Multiplikationen
- Ablauf des Miller-Rabin-Primzahltests
- Miller-Rabin-Schema liefert Algorithmus zur Faktorisierung von $n$, wenn Vielfaches von $\varphi(n)$ bekannt ist oder wenn $\varphi(n)$ nur kleine Primteiler hat
- Miller-Rabin-Primzahltest hat Fehlerwahrscheinlichkeit $\leq 1/2$ (sogar $\leq 1/4$)
- Miller-Rabin-Schema zeigt, dass der geheime RSA-Schlüssel sicher ist.
- Der Solovay-Strassen-Primzahltest hat eine Fehlerwahrscheinlichkeit $\leq 1/2$.
- $n$ Euler'sche Pseudoprimzahl zur Basis $a$ $\Rightarrow$ $n$ Pseudoprimzahl zur Basis $a$
- $n$ starke Pseudoprimzahl zur Basis $a$ $\Rightarrow$ $n$ Euler'sche Pseudoprimzahl zur Basis $a$
- Pollards $(p-1)$-Methode

- Pollards $\rho$-Methode zur Faktorisierung
- Shanks' Babystep-Giantstep-Algorithmus für den diskreten Logarithmus
- Pollards $\rho$-Methode für den diskreten Logarithmus
- Pohlig-Hellman-Verfahren für den diskreten Logarithmus: Schritt 1 ist Reduktion auf Primzahlpotenzen, Schritt 2 ist Reduktion auf Primteiler
- Wurzelziehen in Gruppen ungerader Ordnung
- Wurzelziehen in $\mathbb{F}_q$ mit $q \equiv -1 \bmod 4$
- Tonelli-Algorithmus zum Wurzelziehen in $\mathbb{F}_q$ mit $q$ ungerade
- Cipolla-Algorithmus zum Wurzelziehen in $\mathbb{F}_q$ mit $q$ ungerade
- Multiplikation nach Karatsuba in $\mathcal{O}(n^{1,58496\ldots})$
- Division mit Newton-Verfahren
- Diskrete Fourier-Transformation: Ringisomorphismus $R[X]/(X^b - 1) \to R^b$
- Schnelle Fourier-Transformation: Berechnung der diskreten Fourier-Transformation mit $\mathcal{O}(b \log b)$ elementaren arithmetischen Operationen
- Primitive Einheitswurzeln in $\mathbb{Z}/(2^m + 1)\mathbb{Z}$
- Multiplikation großer Zahlen nach Schönhage-Strassen in $\mathcal{O}(n \log n \log \log n)$

# 4 Primzahlerkennung in Polynomialzeit

Im August 2002 eilte eine Nachricht durch die mathematisch interessierte Fachwelt, die sich dank des Internets innerhalb von Stunden weltweit verbreitete: „PRIMES is in $P$". Die indischen Wissenschaftler Manindra Agrawal, Neeraj Kayal und Nitin Saxena hatten einen polynomiellen Primzahltest gefunden. Aus den Initialen der Nachnamen ergibt sich der Name *AKS-Test* für dieses Verfahren. Der Test basiert weder auf unbewiesenen Hypothesen, wie der verallgemeinerten Riemannschen Vermutung (Georg Friedrich Bernhard Riemann, 1826–1866), noch macht er nur probabilistische Aussagen wie der Miller-Rabin-Test aus Abschnitt 3.2.1. Das Problem PRIMES: „Teste, ob eine Zahl in Binärdarstellung eine Primzahl ist", liegt also in der Komplexitätsklasse $P$ der polynomialzeitberechenbaren Probleme.

Eine Sensation ist die Einfachheit des Verfahrens. Wir können hier auf alle Details eingehen. Keinerlei zahlentheoretische Erkenntnisse, die über den Stoff des Buches hinausgehen, werden benötigt. Die Arbeit von Agrawal, Kayal und Saxena wurde im Jahre 2006 mit dem Gödel-Preis ausgezeichnet (Kurt Gödel, 1906–1978).[1]

Es gibt inzwischen einige Lehrbücher, die den AKS-Test behandeln, siehe beispielsweise [16, 29, 35]. Unsere Darstellung ist etwas einfacher durch die Verwendung von Erweiterungskörpern anstelle von Kreisteilungspolynomen. Das notwendige Vorwissen für das Verständnis des AKS-Tests ist gering. Es werden nur Teile der Abschnitte 1.1, 1.4, 1.5, 1.6 und 1.8 benötigt.

## 4.1 Die Grundidee

Die Kernidee zum AKS-Primzahltest spiegelt sich in dem folgenden Lemma wider. Der Beweis ist ganz ähnlich zum Beweis des kleinen Satzes von Fermat.

**Lemma 4.1.** *Sei $n$ eine Primzahl und $a \in \mathbb{Z}$. Dann gilt in dem Polynomring $\mathbb{Z}[X]$ die Kongruenz:*

$$(X + a)^n \equiv X^n + a \mod n$$

*Beweis.* Es gilt $(X + a)^n \equiv X^n + a^n \equiv X^n + a \mod n$. Die erste Kongruenz folgt aus Satz 1.27 und die zweite aus dem kleinen Satz von Fermat 1.28. □

Tatsächlich gilt, dass für alle $a$ mit $\mathrm{ggT}(n, a) = 1$ auch die Umkehrung von Lemma 4.1 gilt. Sie wird im Folgenden nicht benötigt und ist als Primzahltest in dieser Form auch nicht anwendbar, denn beim Ausmultiplizieren von $(X + a)^n$ müssten im Prinzip alle $n + 1$ Koeffizienten berechnet werden, und die Zahl der Koeffizienten ist exponentiell in der Eingabegröße $\lfloor \log_2 n \rfloor + 1$. Um die Umkehrung zu sehen, betrach-

---

[1] Der Gödel-Preis wird jährlich für die beste Arbeit auf dem Gebiet der theoretischen Informatik verliehen, die in den letzten 13 Jahren erschienen ist.

ten wir eine Primzahl $p$, die $n$ echt teilt und es sei $p^k$ die größte $p$-Potenz die $n$ teilt. Dann ist $p^k$ auch die größte $p$-Potenz die $n^{\underline{p}} = n(n-1)\cdots(n-p+1)$ teilt. Es folgt, dass $p^{k-1}$ die größte $p$-Potenz ist, die $\binom{n}{p}$ teilt. Damit verschwindet der Term $\binom{n}{p}X^p a^{n-p}$ nicht modulo $n$.

Die Idee ist nun, die Kongruenz $(X+a)^n \equiv X^n + a \bmod n$ abzuschwächen und nur $(X+a)^n \equiv X^n + a \bmod (X^r - 1, n)$ für eine kleine Zahl $r \in \mathbb{N}$ zu testen. Dies wiederum müssen wir dann für $a$ mit $|a| \leq \ell$ überprüfen, wobei $\ell$ genügend groß ist. Der Kunstgriff wird sein zu zeigen, dass $r$ und $\ell$ polylogarithmisch in $n$ gewählt werden können. Wir bemerken zunächst, dass die Kongruenz $(X+a)^n \equiv X^n + a \bmod (X^r - 1, n)$ auch als Gleichheit $(X+a)^n = X^n + a$ in dem Restklassenring $\mathbb{Z}[X]/(X^r - 1, n)$ geschrieben werden kann, wobei $(X^r - 1, n)$ das von den Polynomen $X^r - 1$ und $n$ erzeugte Ideal ist. Anders ausgedrückt: Eine Kongruenz

$$f_1(X) \equiv f_2(X) \mod (X^r - 1, n)$$

bedeutet, dass es Polynome $g(X), h(X) \in \mathbb{Z}[X]$ gibt mit

$$f_1(X) = f_2(X) + (X^r - 1)g(X) + nh(X)$$

Aus dieser Beschreibung folgt unmittelbar, dass aus der Kongruenz modulo $n$ die Kongruenz modulo $(X^r - 1, n)$ folgt. Um $(X+a)^n \bmod (X^r - 1, n)$ zu berechnen, kann schnelle Exponentation verwendet werden, und man darf jede Potenz $X^r$ durch 1 ersetzen und die Koeffizienten modulo $n$ rechnen. Die betrachteten Polynome haben also höchstens $r$ Koeffizienten, von denen jeder kleiner als $n$ ist. Falls also $r$ polylogarithmisch in $n$ ist, kann damit $(X+a)^n \equiv X^n + a \bmod (X^r - 1, n)$ in Polynomialzeit getestet werden.

## 4.2 Technische Vorbereitungen

Wir stellen einige Werkzeuge bereit, die wir für den Korrektheitsbeweis des AKS-Tests benötigen. Die hier gezeigten Beweise wurden in dieser Form auch in [23] behandelt. Wir beginnen mit zwei elementaren Aussage der Kombinatorik. Für eine Menge $A$ bezeichnen wir mit $\binom{A}{k}$ die Menge der $k$-elementigen Teilmengen von $A$.

**Satz 4.2.** *Für jede endliche Menge $A$ gilt $\left|\binom{A}{k}\right| = \binom{|A|}{k}$.*

*Beweis.* Sei $|A| = n$. Der Satz ist richtig für $k \leq 0$ oder $k \geq n$. Für $0 < k < n$ gibt es $n(n-1)\cdots(n-k+1)$ Folgen $(a_1, \ldots, a_k)$ mit paarweise verschiedenen Elementen $a_i \in A$. Zwei solcher Folgen repräsentieren genau dann dieselbe Teilmenge von $A$, wenn die Folgen bis auf eine Permutation der Indizes übereinstimmen. Es gibt $k!$ solcher Permutationen, also ist der Satz bewiesen. $\square$

Der folgende Satz wird im Zusammenhang mit dem Ziehen von Kugeln aus einer Urne häufig unter dem Stichwort *„ungeordnete Auswahl mit Wiederholung"* genannt.

**Satz 4.3.** *Für alle* $\ell, t \in \mathbb{N}$ *gilt* $|\{(e_1, \ldots, e_\ell) \in \mathbb{N}^\ell \mid \sum_{k=1}^{\ell} e_k \leq t\}| = \binom{t+\ell}{\ell}$.

*Beweis.* Wir stellen uns $t + \ell$ Punkte vor, die waagerecht in einer Reihe liegen. Aus diesen Punkten wählen wir $\ell$ Punkte aus und ersetzen diese durch Striche. Nach Satz 4.2 gibt es hierfür $\binom{t+\ell}{\ell}$ Möglichkeiten. Jede solche Auswahl entspricht genau einem $\ell$-Tupel $(e_1, \ldots, e_\ell) \in \mathbb{N}^\ell$ mit $\sum_{k=1}^{\ell} e_k \leq t$.

$$
\underbrace{\underbrace{\bullet \, \bullet \cdots \bullet \bullet}_{e_1 \text{ Punkte}} \mid \underbrace{\bullet \, \bullet \cdots \bullet \bullet}_{e_2 \text{ Punkte}} \mid \cdots \mid \underbrace{\bullet \, \bullet \cdots \bullet \bullet}_{e_\ell \text{ Punkte}} \mid \underbrace{\bullet \, \bullet \cdots \bullet \bullet}_{\text{Überschuss}}}_{t \text{ Punkte und } \ell \text{ Striche}}
$$

Zunächst werden $e_1$ Punkte bis zum ersten Strich abgetragen. Nach dem ersten Strich werden $e_2$ Punkte abgetragen, so fahren wir fort. Nach dem $\ell$-ten Strich kann noch ein Überschuss an Punkten folgen, um insgesamt $t$ Punkte zu erhalten. So lassen sich die Lösungen der Ungleichung und Auswahlen an Punkten und Strichen bijektiv aufeinander abbilden. $\square$

Wir erinnern uns, dass $\binom{t+\ell}{\ell} = \frac{(t+\ell)!}{t! \, \ell!} = \binom{t+\ell}{t}$ gilt. Aus dem vorigen Satz folgt daher

$$
\left| \left\{ (e_0, \ldots, e_\ell) \in \mathbb{N}^\ell \,\middle|\, \sum_{k=0}^{\ell} e_k < t \right\} \right| = \binom{t+\ell}{t-1} \tag{4.1}
$$

Das kleinste gemeinsame Vielfache der Zahlen $1, \ldots, n$ bezeichnen wir mit $\mathrm{kgv}(n)$. Wir leiten in diesem Abschnitt eine untere Schranke für das Wachstum von $\mathrm{kgV}(n)$ her. Der vorgestellte Beweis basiert auf einem Artikel von Mohan Nair [64].

**Lemma 4.4.** *Für alle* $m, n \in \mathbb{N}$ *mit* $1 \leq m \leq n$ *gilt* $m\binom{n}{m} \mid \mathrm{kgV}(n)$.

*Beweis.* Wir untersuchen das Integral $I = \int_0^1 x^{m-1}(1-x)^{n-m} \, dx$. Die Auswertung geschieht auf zwei Weisen. Zunächst wenden wir wieder den Binomialsatz an, um $(1-x)^{n-m}$ als $\sum_k (-1)^k \binom{n-m}{k} x^k$ zu schreiben. Damit folgt:

$$
x^{m-1}(1-x)^{n-m} = \sum_k (-1)^k \binom{n-m}{k} x^{m-1+k}
$$

Die Auswertung des Integrals ergibt also:

$$
I = \sum_k (-1)^k \binom{n-m}{k} \int_0^1 x^{m-1+k} \, dx = \sum_k (-1)^k \binom{n-m}{k} \frac{1}{m+k}
$$

Multiplizieren wir $I$ mit dem kleinsten gemeinsamen Vielfachen aller Zahlen bis $n$, also mit $\mathrm{kgV}(n)$, so wird $I \cdot \mathrm{kgV}(n)$ eine alternierende Summe über ganze Zahlen, da $\frac{\mathrm{kgV}(n)}{m+k} \in \mathbb{N}$ für $0 \leq k \leq n - m$. Da der Wert von $I$ positiv ist, muss $I \cdot \mathrm{kgV}(n) \in \mathbb{N}$

gelten. Induktiv nach $n - m$ zeigen wir $1/I = m\binom{n}{m}$. Für $m = n$ gilt:

$$I = \int_0^1 x^{m-1}(1-x)^{n-n}\,dx = \int_0^1 x^{m-1}\,dx = \left[\frac{1}{m}x^m\right]_0^1 = \frac{1}{m} = \frac{1}{m\binom{m}{m}}$$

Sei nun $1 \le m < n$. Durch partielle Integration $\int u' \cdot v = u \cdot v - \int u \cdot v'$ mit $u = \frac{1}{m}x^m$, $u' = x^{m-1}$, $v = (1-x)^{n-m}$ und $v' = -(n-m)(1-x)^{n-m-1}$ ergibt sich wegen $u(1) \cdot v(1) = u(0) \cdot v(0) = 0$ zunächst

$$I = \int_0^1 x^{m-1}(1-x)^{n-m}\,dx = \int_0^1 -u \cdot v'$$

$$= \frac{n-m}{m}\int_0^1 x^{(m+1)-1}(1-x)^{n-(m+1)}\,dx$$

Mit Induktion erhalten wir

$$I = \frac{n-m}{m} \cdot \frac{1}{(m+1)\binom{n}{m+1}} = \frac{1}{m\binom{n}{m}}$$

Es folgt $\frac{\mathrm{kgV}(n)}{m\binom{n}{m}} \in \mathbb{N}$ und damit $m\binom{n}{m} \mid \mathrm{kgV}(n)$. $\qquad\square$

Da $\binom{2n}{n}$ der größte Binomialkoeffizient in der Binomialentwicklung von $4^n = (1+1)^{2n} = \sum_k \binom{2n}{k}$ ist, ist $\binom{2n}{n}$ größer als der Mittelwert $4^n/(2n+1)$. Für $n \ge 3$ gilt insbesondere

$$\binom{2n}{n} > \frac{4^n}{2n+1} > 2^n \tag{4.2}$$

Mit Lemma 4.4 folgt daraus $\mathrm{kgV}(2n) \ge n\binom{2n}{n} > n2^n$ für $n \ge 3$. Diese Abschätzung verbessern wir im folgenden Satz noch etwas.

**Satz 4.5.** *Für alle $n \ge 7$ gilt $\mathrm{kgV}(n) > 2^n$.*

*Beweis.* Mit Lemma 4.4 lassen sich zwei Teiler von $\mathrm{kgV}(2n+1)$ herleiten:

$$(2n+1)\binom{2n}{n} = (n+1)\binom{2n+1}{n+1} \mid \mathrm{kgV}(2n+1)$$

$$n\binom{2n}{n} \mid \mathrm{kgV}(2n) \mid \mathrm{kgV}(2n+1)$$

Da $n$ und $2n+1$ teilerfremd sind, ist $n(2n+1)\binom{2n}{n}$ ein Teiler von $\mathrm{kgV}(2n+1)$. Mit Gleichung (4.2) ergibt dies $n \cdot 4^n < n\,(2n+1)\binom{2n}{n} \le \mathrm{kgV}(2n+1)$. Sei $n \ge 4$. Dann gilt

$$2^{2n+2} = 4 \cdot 2^{2n} \le n \cdot 4^n < \mathrm{kgV}(2n+1) \le \mathrm{kgV}(2n+2)$$

Damit gilt $2^n <$ kgV$(n)$ für alle $n \geq 9$. Es bleiben noch die Fälle $n = 7$ und $n = 8$ zu untersuchen. Dies weisen wir mit den folgenden Rechnungen direkt nach: $2^7 = 128 < 420 =$ kgV$(7)$, $2^8 = 256 < 840 =$ kgV$(8)$. $\qquad\square$

## 4.3 Von kleinen Zahlen und großen Ordnungen

Für ggT$(n, r) = 1$ definieren wir ord$_r(n)$ als die Ordnung von $n$ in der multiplikativen Gruppe $(\mathbb{Z}/r\mathbb{Z})^*$, also

$$\text{ord}_r(n) = \min\{i \mid i \geq 1, \ n^i \equiv 1 \bmod r\}$$

Bevor wir das eigentliche Verfahren vorstellen, beweisen wir ein technisches Lemma. Dieses besagt, dass unter gewissen Voraussetzungen stets eine kleine Zahl $r$ existiert, so dass ord$_r(n)$ groß ist. Für den Rest des Abschnitts bezeichnet log wie üblich den Logarithmus zur Basis 2.

**Lemma 4.6.** *Sei $n$ eine Primzahl und seien $m \in \mathbb{N}$ mit $7 \leq m^2 \log n < n$. Dann gibt es eine positive Zahl $r \leq m^2 \log n$ mit ord$_r(n) > m$.*

*Beweis.* Sei $s = \lfloor m^2 \log n \rfloor$. Da $n$ eine Primzahl und größer als $s$ ist, ist ord$_r(n)$ für alle $1 \leq r \leq s$ definiert. Mit Widerspruch nehmen wir an, dass ord$_r(n) \leq m$ für alle $1 \leq r \leq s$ gilt. Da $n$ prim ist, gibt es für jedes $1 \leq r \leq s$ ein $1 \leq i \leq m$ mit $n^i \equiv 1 \bmod r$. Also teilt $r$ den Wert $n^i - 1$ und damit auch das Produkt $\prod_{i=1}^m (n^i - 1)$. Hieraus folgt, dass kgV$(s)$ ein Teiler von $\prod_{i=1}^m (n^i - 1)$ ist. Mit Satz 4.5 ergibt sich

$$2^s \leq \text{kgV}(s) \leq \prod_{i=1}^m (n^i - 1) < n^{m^2}$$

Also gilt $s < m^2 \log n$. Dies ist ein Widerspruch zur Wahl von $s$. $\qquad\square$

Wir wenden dieses Lemma schließlich mit $m = \lfloor \log^2 n \rfloor$ an.

**Satz 4.7.** *Sei $n > 2^{25}$ eine Primzahl. Dann gibt es ein $r \in \mathbb{N}$ mit $r \leq \log^5 n$ und ord$_r(n) > \log^2 n$.*

*Beweis.* Für $n \geq 2^{25}$ ist $n > \log^5 n$, und mit $m = \lfloor \log^2 n \rfloor$ finden wir nach Lemma 4.6 ein passendes $r$ mit $r \leq \log^5 n$. $\qquad\square$

## 4.4 Der Agrawal-Kayal-Saxena-Primzahltest

Der AKS-Primzahltest arbeitet auf Eingabe $n \in \mathbb{N}$ wie folgt.
(1) Falls $n < 2^{25}$ ist, teste $n$ direkt. Ab jetzt gilt $n > \log^5 n$.
(2) Teste, ob $n = m^k$ für ein $m \in \mathbb{N}$ und $k \geq 2$. Ab jetzt gilt zudem $n \neq p^k$ für alle Primzahlen $p$ und $k \geq 2$.

(3) Suche in dem Bereich $\log^2 n < r \le \log^5 n$ eine Zahl $r \in \mathbb{N}$ mit $\mathrm{ggT}(r,n) = 1$ und $\mathrm{ord}_r(n) > \log^2 n$. Wird keine solche Zahl $r$ gefunden (oder finden wir ein $r$ mit $\mathrm{ggT}(r,n) \ne 1$), so ist $n$ nach Satz 4.7 keine Primzahl, und wir brechen hier ab. Ab jetzt sei $r \in \mathbb{N}$ mit $\mathrm{ggT}(r,n) = 1$ und $\log^2 n < r \le \log^5 n$ sowie $\mathrm{ord}_r(n) > \log^2 n$.

(4) Für alle $a \in \{2,\dots,r-1\}$ teste, ob $\mathrm{ggT}(a,n) = 1$ gilt. Ab jetzt gilt zusätzlich $\mathrm{ggT}(a,n) = 1$ für alle $1 \le a \le r$.

(5) Setze $\ell = \lfloor \sqrt{\varphi(r)}\log n \rfloor$ und teste für alle $a \in \{1,\dots,\ell\}$ die Kongruenz

$$(X + a)^n \equiv X^n + a \mod (X^r - 1, n)$$

(6) Ist der Test für alle $a \in \{1,\dots,\ell\}$ positiv, so ist $n$ eine Primzahl, ansonsten ist $n$ zusammengesetzt.

**Satz 4.8.** *Der AKS-Test kann in Polynomialzeit (in der Eingabegröße $\log n$) durchgeführt werden und ist korrekt.*

Der Rest dieses Abschnitts ist dem Beweis von Satz 4.8 gewidmet. Die Zahl $2^{25}$ ist eine Konstante und hat keinen Einfluss auf die asymptotische Laufzeit. Für jeden Exponenten $k \le \log n$ kann man mit binärer Suche testen, ob eine Zahl $m$ mit $n = m^k$ existiert. Insbesondere ist der Test $n = m^k$ in Polynomialzeit möglich. Die Werte $a, \ell, r$ sind polynomiell durch $\log^5 n$ beschränkt. Der euklidische Algorithmus zum Test von $\mathrm{ggT}(a,n) = 1$ ist polynomiell und für jedes Paar $(a, r)$ kann die Kongruenz

$$(X + a)^n \equiv X^n + a \mod (X^r - 1, n)$$

in Polynomialzeit geprüft werden. Für eine Primzahl $n$ sagt der AKS-Test, dass $n$ prim ist. Dies folgt aus Lemma 4.1 und Satz 4.7. Zu zeigen bleibt noch, dass der Test herausfindet, wenn eine Zahl zusammengesetzt ist. Mit Widerspruch nehmen wir daher an, dass der AKS-Algorithmus ausgibt, $n$ sei eine Primzahl, obwohl eine Primzahl $p < n$ existiert, die $n$ teilt. Insgesamt können wir die folgenden Annahmen treffen:

- $p$ ist eine Primzahl und $p \mid n$
- $\forall k \ge 1 : n \ne p^k$
- $r \le \log^5 n < n$
- $\forall 1 \le a \le r : \mathrm{ggT}(a,n) = 1$
- $\log^2 n < \mathrm{ord}_r(n) \le \varphi(r)$
- $\ell = \lfloor \sqrt{\varphi(r)}\log n \rfloor \le \varphi(r)$
- $\forall 0 \le a \le \ell : (X + a)^n \equiv X^n + a \mod (X^r - 1, n)$

Aus diesen Annahmen werden wir einen Widerspruch ableiten. Sei $\mathbb{F}$ der Zerfällungskörper des Polynoms $f(X) = X^r - 1$ über $\mathbb{F}_p$. Damit ist $\mathbb{F}$ ein endlicher Erweiterungskörper von $\mathbb{F}_p$, in dem das Polynom $f(X)$ in Linearfaktoren zerfällt:

$$f(X) = X^r - 1 = \prod_{i=1}^{r}(X - \alpha_i)$$

mit $\alpha_i \in \mathbb{F}$. Da $f'(X) = rX^{r-1}$ mit $r \not\equiv 0 \bmod p$ gilt, folgt $f'(\alpha_i) \neq 0$ für alle Nullstellen $\alpha_i$ und damit sind sie paarweise verschieden nach Lemma 1.47. Daher bildet die Menge

$$U = \{\alpha_1, \ldots, \alpha_r\} \subseteq \mathbb{F}^*$$

eine Untergruppe der Ordnung $r$. Diese ist nach Satz 1.52 zyklisch. Es gibt $\varphi(r)$ verschiedene Möglichkeiten, ein erzeugendes Element von $U$ zu wählen. Sei

$$L = \{0, 1, \ldots, \ell\}$$

Da weder 0 noch 1 die Gruppe $U$ erzeugen und $\ell \leq \varphi(r)$ gilt, gibt es in $\mathbb{F}^*$ ein erzeugendes Element $\alpha$ von $U$ mit $-\alpha \neq a$ für alle $a \in L$. Dieses $\alpha$ halten wir fest und notieren $\alpha + a \neq 0$ in $\mathbb{F}$ für alle $a \in L$. Wegen $\ell < r < p$ können wir $L \subseteq \mathbb{F}_p \subseteq \mathbb{F}$ auffassen.

**Definition 4.9.** Eine Zahl $m \in \mathbb{N}$ heißt *introspektiv* für ein Polynom $g(X) \in \mathbb{F}_p[X]$, falls gilt

$$\forall \beta \in U: \quad g(\beta)^m = g(\beta^m)$$

**Lemma 4.10.** *Seien $m_1, m_2$ introspektiv für $g(X) \in \mathbb{F}_p[X]$. Dann ist auch $m_1 m_2$ introspektiv für $g(X)$.*

*Beweis.* Falls $\beta \in U$ ist auch $\beta^{m_1} \in U$ und es folgt $g(\beta)^{m_1 m_2} = g(\beta^{m_1})^{m_2} = g(\beta^{m_1 m_2})$. $\square$

**Lemma 4.11.** *Die Zahlen $\frac{n}{p}$ und $p$ sind introspektiv für alle $(X + a)$ mit $a \in L$.*

*Beweis.* Die Primzahl $p$ ist für jedes Polynom $g(X) \in \mathbb{F}_p[X]$ introspektiv, da $x \mapsto x^p$ in Charakteristik $p$ ein Körperautomorphismus ist. Also gilt $g(\beta)^p = g(\beta^p)$ für alle $\beta \in \mathbb{F}$. Es bleibt noch $(\beta + a)^{\frac{n}{p}} = \beta^{\frac{n}{p}} + a$ für alle $\beta \in U$ zu zeigen. Wir benutzen erneut, dass $x \mapsto x^p$ ein Körperautomorphismus ist. Daher gilt in $\mathbb{F}$

$$(\beta + a)^{\frac{n}{p}} = \beta^{\frac{n}{p}} + a$$
$$\Leftrightarrow (\beta + a)^n = (\beta^{\frac{n}{p}} + a)^p$$
$$\Leftrightarrow (\beta + a)^n = \beta^n + a^p$$
$$\Leftrightarrow (\beta + a)^n = \beta^n + a$$

Nach Annahme ist die letzte Gleichung richtig, denn es gilt sogar $(X + a)^n \equiv X^n + a \bmod (X^r - 1, n)$, und wir haben $\beta^r = 1$ und $p \mid n$. $\square$

**Lemma 4.12.** *Sei $m$ introspektiv für Polynome $g(X), h(X) \in \mathbb{F}_p[X]$. Dann ist $m$ introspektiv für das Polynom $(g \cdot h)(X) = g(X) \cdot h(X)$.*

*Beweis.* Es ist $(g \cdot h)(\beta)^m = g(\beta)^m \cdot h(\beta)^m = g(\beta^m) \cdot h(\beta^m) = (g \cdot h)(\beta^m)$. $\square$

**Lemma 4.13.** *Für alle $i, j \geq 0$, alle $a \in L$ und alle $e_a \in \mathbb{N}$ ist $\left(\frac{n}{p}\right)^i p^j$ introspektiv für das Polynom $g(X) = \prod_{a \in L}(X + a)^{e_a}$.*

*Beweis.* Nach Lemma 4.11 und Lemma 4.12 sind $\frac{n}{p}$ und $p$ introspektiv für $g(X)$. Aus Lemma 4.10 folgt, dass $i$ und $j$ frei wählbar sind. □

Im Folgenden sei

$$G = \left\{ \left(\frac{n}{p}\right)^i p^j \bmod r \in \mathbb{Z}/r\mathbb{Z} \,\middle|\, i, j \geq 0 \right\}$$

die von $\frac{n}{p}$ und $p$ erzeugte Untergruppe von $(\mathbb{Z}/r\mathbb{Z})^*$. Wir setzen $t = |G|$ und bemerken $\log^2 n < \mathrm{ord}_r(n) \leq t \leq \varphi(r)$. Sei jetzt $P$ die Menge der Polynome

$$P = \left\{ \prod_{a \in L} (X + a)^{e_a} \,\middle|\, \sum_{a \in L} e_a < t \right\}$$

Dann gilt mit Gleichung (4.1) die Beziehung $|P| = \binom{t+\ell}{t-1}$. Es sei

$$\mathcal{G} = \{ g(\alpha) \in \mathbb{F} \mid g \in P \}$$

Dann gilt $\mathcal{G} \subseteq \mathbb{F}^*$, da $\alpha + a \neq 0$ für alle $a \in L = \{0, \ldots, \ell\}$ erfüllt ist. Wir werden nun $|\mathcal{G}|$ auf zwei verschiedene Weisen abschätzen und anschließend zeigen, dass sich diese beiden Abschätzungen widersprechen.

**Lemma 4.14.** *Die Abbildung $P \to \mathbb{F}^*$ mit $g(X) \mapsto g(\alpha)$ ist injektiv.*

*Beweis.* Seien $g_1(X), g_2(X) \in P$ mit $g_1(\alpha) = g_2(\alpha)$. Betrachte $m = (\frac{n}{p})^i p^j$. Dann gilt

$$g_1(\alpha^m) = g_1(\alpha)^m = g_2(\alpha)^m = g_2(\alpha^m)$$

Also hat das Polynom $g_1(X) - g_2(X)$ mindestens die $t$ Nullstellen $\alpha^m$ mit $m \in G$. Andererseits ist der Grad von $g_1(X) - g_2(X)$ kleiner als $t$, also ist $g_1(X) = g_2(X)$ und die Abbildung $g(X) \mapsto g(\alpha)$ ist injektiv. □

Aufgrund von Lemma 4.14 gilt $|\mathcal{G}| = |P| = \binom{t+\ell}{t-1}$. Wir betrachten jetzt eine Menge von introspektiven Zahlen $\hat{I} \subseteq \mathbb{N}$, die wie folgt definiert ist:

$$\hat{I} = \left\{ \left(\frac{n}{p}\right)^i p^j \,\middle|\, 0 \leq i, j \leq \lfloor \sqrt{t} \rfloor \right\}$$

Es ist nun genau die Annahme, dass $n$ mindestens zwei Primteiler besitzt, die uns gewährleistet, dass $\hat{I}$ aus genügend vielen Zahlen besteht. Da $\frac{n}{p}$ einen von $p$ verschiedenen Primteiler hat, enthält $\hat{I}$ genau $(\lfloor \sqrt{t} \rfloor + 1)^2$ Elemente, und es gilt $|\hat{I}| > t = |G|$. Die Abbildung $\hat{I} \to G : m \mapsto (m \bmod r)$ kann daher nicht injektiv sein. Es gibt also $1 \leq m_1 < m_2$ mit $m_1, m_2 \in \hat{I}$ und $m_1 \equiv m_2 \bmod r$. Man beachte auch, dass $m_2 \leq n^{\sqrt{t}}$ gilt. Wir zeigen jetzt, dass alle Elemente $g(\alpha) \in \mathcal{G}$ Nullstellen des nichttrivialen Polynoms $Y^{m_1} - Y^{m_2}$ sind. Wegen $\alpha^r = 1$ gilt $\alpha^{m_1} = \alpha^{m_2}$. Für $g(\alpha) \in \mathcal{G}$

folgt nun $g(\alpha)^{m_1} - g(\alpha)^{m_2} = g(\alpha^{m_1}) - g(\alpha^{m_2}) = 0$. Als Konsequenz ergibt sich $|G| \le m_2 \le n^{\sqrt{t}}$, da das Polynom $Y^{m_1} - Y^{m_2}$ höchstens $m_2$ Nullstellen haben kann. Hierzu liefert die folgende Rechnung einen Widerspruch:

$$
\begin{aligned}
|G| &= \binom{t + \ell}{t - 1} & &\text{Lemma 4.14} \\
&\ge \binom{\ell + 1 + \lfloor \sqrt{t} \log n \rfloor}{\lfloor \sqrt{t} \log n \rfloor} & &\text{da } \sqrt{t} > \log n \\
&\ge \binom{2\lfloor \sqrt{t} \log n \rfloor + 1}{\lfloor \sqrt{t} \log n \rfloor} & &\text{da } \ell = \lfloor \sqrt{\varphi(r)} \log n \rfloor \ge \lfloor \sqrt{t} \log n \rfloor \\
&> 2^{\sqrt{t} \log n} & &\text{mit Gleichung (4.2), da } n \text{ groß genug ist} \\
&= n^{\sqrt{t}}
\end{aligned}
$$

Dies beweist die Korrektheit des AKS-Tests und damit Satz 4.8.

Wir fassen die einzelnen Schritte noch einmal grob zusammen. Die Annahmen in dem Widerspruchsbeweis führen auf einen Körper $\mathbb{F}$ und eine Wahl von $\alpha \in \mathbb{F}$. Ein mehrfach verwendetes Prinzip ist, dass bei Körpern nur das Nullpolynom mehr Nullstellen besitzt, als der Grad vorgibt. Diese Argumentation kennt man im Spezialfall der komplexen Zahlen aus der Kombinatorik unter dem Schlagwort *Polynommethode*. Dann wird eine Menge $G$ von Exponenten betrachtet, die angewendet auf $\alpha$ zu verschiedenen Elementen $\alpha^m$ aus $\mathbb{F}$ führen. Abhängig von $|G|$ beschreiben wir eine Menge $P$ von Polynomen. Von der Menge $P$ können wir aufgrund der Konstruktion genau angeben, wie viele Elemente sie enthält. Die Menge $P$ betten wir durch Auswertung an $\alpha$ in die multiplikative Gruppe von $\mathbb{F}$ ein. Die Teilmenge von $\mathbb{F}$, welche der Menge $P$ entspricht, nennen wir $G$ und es gilt $|G| = |P|$. Der nächste Schritt zeigt dann, dass alle Elemente von $G$ Nullstellen eines Polynoms kleinen Grades sind. Dies liefert eine zweite Abschätzung von $|G|$, welche allerdings der ersten widerspricht.

# 5 Elliptische Kurven

Die komplexen Zahlen $\mathbb{C}$ können nach Johann Carl Friedrich Gauß (1777–1855) als Zahlenebene visualisiert werden. Ziehen wir den unendlich fernen Rand dieser Ebene zu einem Punkt zusammen, so erhalten wir die Oberfläche einer Kugel. Der neue Punkt entspricht in der folgenden Zeichnung etwa dem Nordpol und die reellen Zahlen erscheinen dort als Kreis.

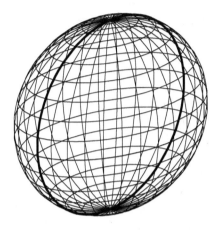

Das typische Bild einer *elliptischen Kurve* über $\mathbb{C}$ ist komplizierter und entsteht durch Betrachtung eines Gitters. Im einfachsten Fall ist dieses Gitter die additive Untergruppe $L = \mathbb{Z} \times i\mathbb{Z}$. Für ein Gitter $L$ können wir die Faktorgruppe $\mathbb{C}/L$ bilden. Von dieser Gruppe können wir uns ein dreidimensionales Bild machen, ähnlich wie wir uns eine Kugeloberfläche im dreidimensionalen Raum vorstellen. Bei $\mathbb{C}/L$ ergibt sich allerdings keine Kugel, sondern ein *Torus*, also eine Art Rettungsring oder Donut. Wir starten mit dem Einheitsquadrat $[0, 1] \times [0, 1]$ im zweidimensionalen Raum, also in der Zahlenebene $\mathbb{C}$. Dann liegen die vier Randpunkte von $[0, 1] \times [0, 1]$ in dem Gitter $L$ und wir erhalten $\mathbb{C}/L$, indem wir den oberen mit dem unteren und den linken mit dem rechten Rand des Einheitsquadrats $[0, 1] \times [0, 1]$ zusammenkleben. Das Ergebnis ist also ein Torus, der die Gruppe $\mathbb{C}/L$ realisiert. Wir erkennen, dass es in $\mathbb{C}/L$ genau vier Elemente der Ordnung kleiner oder gleich 2 gibt. Sie entsprechen in dem Einheitsquadrat $[0, 1] \times [0, 1]$ den Punkten $(0, 0)$, $(0, 1/2)$, $(1/2, 0)$, $(1/2, 1/2)$. Die Klein'sche Vierergruppe $\mathbb{Z}/2\mathbb{Z} \times \mathbb{Z}/2\mathbb{Z}$ erscheint damit als Untergruppe von $\mathbb{C}/L$.

Tatsächlich entspricht ein Torus genau den komplexen Lösungen einer kubischen Gleichung vom Typ $y^2 = x^3 + Ax + B$. Wir werden dies hier nicht zeigen, da sich unsere Anwendungen auf diskrete Kurven beziehen. Die Entsprechung zwischen Gittern und kubischen Gleichungen wird nicht benötigt, und wir müssten dafür elliptische Funktionen einführen, wie sie etwa in [36] behandelt werden.

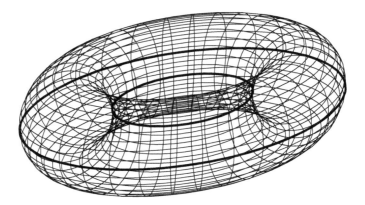

Bildet man die Schnittmenge des Torus mit der Äquatorebene, so entstehen zwei Kreise. Diese liegen ineinander. Schneiden wir den äußeren Kreis auf und ziehen die Endpunkte ins Unendliche, so erhalten das Standardbild einer elliptischen Kurve über den reellen Zahlen, wobei die Punkte auf dieser Kurve erneut einer kubischen Gleichung genügen. Dabei sollten wir uns vorstellen, dass der Punkt $(0,0)$ auf dem Torus jetzt ein unendlicher Fernpunkt geworden ist.

Die drei Schaubilder in Abbildung 5.1 realisieren die elliptischen Kurven (über $\mathbb{R}$) zu den drei Gleichungen $y^2 = x^3 - x + B$ mit $B \in \{-1, 0, 1\}$. Das mittlere Schaubild beschreibt z. B. die Menge der Punkte

$$\left\{ (a, b) \in \mathbb{R} \times \mathbb{R} \mid b^2 = a^3 - a \right\}$$

Eine solche Punktmenge nennen wir *Kurve*. In gewisser Weise sind es diese Kurven, die uns auf das eigentliche Studium der zugrunde liegenden Struktur führen. Wenn $(a, b)$ ein Punkt der Kurve ist, dann ist $(a, -b)$ ebenfalls ein Punkt auf der Kurve. Das Bild sieht kaum nach einer Ellipse aus und tatsächlich ist der Zusammenhang zwi

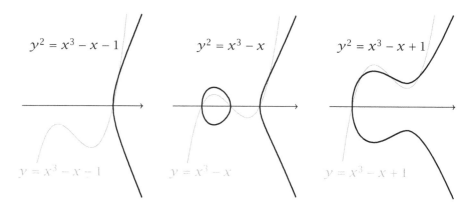

**Abb. 5.1:** Elliptische Kurven über $\mathbb{R}$.

schen Ellipsen und elliptischen Kurven nur über den Umweg über elliptische Funktionen einzusehen, auf die wir hier nicht eingehen. Wir behandeln das Thema nicht in der vollen Allgemeinheit. Charakteristik 2 schließen wir aus und in Charakteristik 3 beschäftigen wir uns nur mit Kurven, die in Weierstraß-Form vorliegen (nach Karl Theodor Wilhelm Weierstraß, 1815–1897).

Durch unseren Fokus auf diskrete Methoden sind vor allem elliptische Kurven über endlichen Körpern interessant. Hierfür starten wir mit einer algebraischen Gleichung $y^2 = x^3 + Ax + B$ mit Koeffizienten in $\mathbb{Z}$ und untersuchen die Punkte, die modulo einer Primzahl $p$ in einem einem endlichen Körper dieser Gleichung genügen. Sei etwa $p = 101$ und $\mathbb{F}_p = \mathbb{Z}/p\mathbb{Z}$. Füllen wir eine $p \times p$-Matrix mit den Punkten

$$\left\{ (x, y) \in \mathbb{F}_p \times \mathbb{F}_p \ \middle|\ y^2 = x^3 + Ax + B \right\}$$

so erhalten wir beispielsweise die Bilder in Abbildung 5.2.

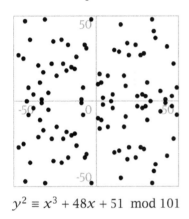

$$y^2 \equiv x^3 + 48x + 51 \mod 101$$

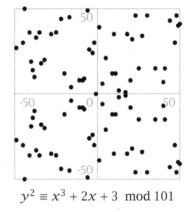

$$y^2 \equiv x^3 + 2x + 3 \mod 101$$

**Abb. 5.2:** Elliptische Kurven über $\mathbb{Z}/101\mathbb{Z}$.

Es verstecken sich Geraden und kreisförmige Gebilde, aber das genaue Schema sieht dahingeworfen aus. Dieses „regelmäßige Chaos" macht die elliptischen Kurven z. B. für kryptographische Anwendungen bedeutsam. Vielleicht wird in ferner Zukunft das RSA-Verfahren gebrochen, und die Kryptographie mit Hilfe von elliptischen Kurven bleibt dennoch sicher. Die Lage der Punkte folgt einer präzisen geometrischen Struktur und versteckt eine abelsche Gruppe, mit deren Gruppenstruktur ein Computer sehr effizient rechnen kann. Der Faszination elliptischer Kurven erliegen ganze Mathematikergenerationen. Ihr Studium führte Andrew Wiles (geb. 1953) zur Lösung des großen Satzes von Fermat, nach dem für eine ungerade Primzahl $p$ die Gleichung $x^p + y^p = z^p$ keine Lösung mit positiven natürlichen Zahlen hat.

Im Folgenden bezeichne $K$ einen Körper und $k$ einen algebraisch abgeschlossenen Körper, der $K$ enthält. Damit ist $k$ stets unendlich; es ist ein Erweiterungskörper von $K$, in dem jedes Polynom in Linearfaktoren zerfällt. Für $K = \mathbb{Q}$ oder $K = \mathbb{R}$ wählen wir $k = \mathbb{C}$. Für $K = \mathbb{F}_p$ begnügen wir uns mit dem Wissen, dass ein algebraischer

Abschluss existiert und dieser unendlich viele Elemente enthalten muss. Um Sonderfälle zu vermeiden, schließen wir Körper der Charakteristik 2 aus. Für Körper der Charakteristik 3 behandeln wir elliptische Kurven nicht in der vollen Allgemeinheit, sondern betrachten nur eine Teilfamilie, siehe Aufgabe 5.1.

Wir wählen Koeffizienten $A, B \in K$ und betrachten das Polynom $s(X) = X^3 + AX + B = (X - a_1)(X - a_2)(X - a_3)$. Uns interessiert nur der (generische) Fall, dass die drei Nullstellen $a_1, a_2, a_3 \in k$ paarweise verschieden sind. Dies bedeutet, dass $4A^3 + 27B^2 \neq 0$ gilt, siehe Aufgabe 5.2. Das Polynom $s(X)$ führt uns auf eine Gleichung mit zwei Unbekannten:

$$y^2 = x^3 + Ax + B$$

Die Lösungen dieser Gleichung bilden die Punkte einer Kurve in $k \times k$. Die Menge

$$E(K) = \left\{ (a, b) \in K \times K \ \middle|\ b^2 = a^3 + Aa + B \right\}$$

nennen wir *elliptische Kurve* über $K$. Insbesondere haben wir $E(K) \subseteq E(k)$. Je nach Betrachtungsweise gehört zu $E(K)$ und $E(k)$ noch ein sogenannter Fernpunkt $\mathcal{O}$. In einer projektiven Herleitung wäre der Fernpunkt von Anfang an auf natürliche Art dabei. In der hier gewählten Darstellung nehmen wir ihn jeweils bei Bedarf explizit hinzu.

Im Gegensatz zu $E(K)$ enthält $E(k)$ stets unendlich viele Punkte, denn $k$ enthält unendlich viele Elemente. Da $k$ algebraisch abgeschlossen ist, können wir stets die Wurzel ziehen, und es gibt für alle $a \in k$ ein Element $b \in k$ in der Art, dass $(a, b)$ ein Punkt auf der Kurve ist. Insbesondere gibt es unendlich viele Punkte $(a, b) \in E(k)$. Für einen Punkt $P = (a, b) \in k \times k$ setzen wir $\overline{P} = (a, -b)$ und bei Bedarf $\overline{\mathcal{O}} = \mathcal{O}$. Neben $\mathcal{O}$ gibt es also genau drei weitere Punkte $P_i = (a_i, 0)$, die auf der elliptischen Kurve $E(k)$ liegen und für die $P = \overline{P}$ gilt. Diese vier Punkte bilden (wie wir später leicht einsehen können) die Untergruppe von Elementen der Ordnung kleiner oder gleich 2. Zerfällt das Polynom $s(X)$ bereits über $K$ in Linearfaktoren, so liegen die $P_i$ bereits in $E(K)$.

Ist $K = \mathbb{F}_q$ für eine Primzahlpotenz $q = p^n$, so muss $|E(K)| \leq 2q$ gelten, denn jede $X$-Koordinate liefert höchstens zwei Lösungen in der $Y$-Koordinate. Der tiefliegende Satz von Helmut Hasse (1898–1979) sagt es genauer:

$$q - 2\sqrt{q} \ \leq\ |E(\mathbb{F}_q)| \ \leq\ q + 2\sqrt{q} \tag{5.1}$$

Zur elliptischen Kurve gehört eigentlich noch der Fernpunkt $\mathcal{O}$, der in der Formel oben nicht mitgezählt wurde. Je nachdem ob man ihn mitzählt oder nicht, variiert der Satz von Hasse. Abstrakt ist der *Fernpunkt* $\mathcal{O}$ einfach ein weiterer Punkt, den wir uns unendlich fern vorstellen. Die Gruppenstruktur werden wir später auf $E(K) \cup \{\mathcal{O}\}$

definieren. Die Formel (5.1) verbindet in gewisser Weise *Zufall und Notwendigkeit*[1]: Würden wir für jeden Punkt $a \in \mathbb{F}_q$ zufällig und unabhängig ein $c \in \mathbb{F}_q$ wählen und dann die Paare $(a, b)$, $(a, -b)$ zählen, falls $c$ ein Quadrat ist und $b^2 = c$ gilt, so würden wir $q$ Paare erwarten mit einer Abweichung der Ordnung $\sqrt{q}$.

## 5.1 Gruppenstruktur

Eine *Gerade* in $k \times k$ ist eine Punktmenge $L$, die entweder durch die Gleichung $x = a$ oder durch $y = \mu x + \nu$ beschrieben wird. Im ersten Fall sprechen wir auch von einer *Senkrechten*. Wir stellen uns vor, dass der Fernpunkt $\mathcal{O}$ auf jeder Senkrechten liegt, aber auf keiner anderen Geraden.

Wir untersuchen den Durchschnitt von Geraden mit den Punkten auf einer elliptischen Kurve $E(k)$, die durch $y^2 = x^3 + Ax + B$ gegeben wird. Wird $L$ durch die Gleichung $x = a$ beschrieben, so liegen die Punkte $P = (a, b)$ und $\overline{P} = (a, -b)$ im Durchschnitt $L \cap E(k)$, falls $b^2 = a^3 + Aa + B$ gilt. Für $b = 0$ ist $P = \overline{P}$ und der Punkt erscheint doppelt. Betrachten wir zusätzlich den Fernpunkt $\mathcal{O}$, so gehört dieser auch zum Durchschnitt mit der Senkrechten.

Wird $L$ durch die Gleichung $y = \mu x + \nu$ beschrieben, und liegt $P = (a, b)$ im Durchschnitt von $L$ und $E(k)$, so ist $a$ eine Nullstelle des folgenden Polynoms:

$$t(x) = s(x) - (\mu x + \nu)^2 = x^3 - \mu^2 x^2 + (A - 2\mu\nu)x + B - \nu^2$$

Dieses Polynom dritten Grades hat über $k$ genau drei (nicht notwendigerweise verschiedene) Nullstellen, und jede Nullstelle definiert über die Geradengleichung eindeutig eine dazugehörige $y$-Koordinate. Schreiben wir $t(x) = (x - x_1)(x - x_2)(x - x_3)$, so folgt $a \in \{x_1, x_2, x_3\}$ und $x_1 + x_2 + x_3 = \mu^2$. Setzen wir $y_i = \mu x_i + \nu$ für $i = 1, 2, 3$, so erhalten wir:

$$L \cap E(k) = \{ (x_i, y_i) \mid i = 1, 2, 3 \}$$

Wenn wir die beiden Punkte $(x_1, y_1)$ und $(x_2, y_2)$ kennen, dann können wir den dritten Punkt $(x_3, y_3)$ durch folgende Formeln bestimmen:

$$x_3 = \mu^2 - x_2 - x_1$$
$$y_3 = \mu x_3 + \nu$$

Den Parameter $\nu$ der Geradengleichung können wir durch die Vorschrift

$$\nu = y_1 - \mu x_1$$

ermitteln. Um den Parameter $\mu$ zu berechnen, müssen wir zwischen den Fällen $x_1 \neq x_2$ und $x_1 = x_2$ unterscheiden. Angenommen, es gilt $x_1 \neq x_2$. Dann bestimmt sich

---

[1] In Anlehnung an *Le hasard et la nécessité. Essai sur la philosophie naturelle de la biologie moderne* nach Jacques Monod (1910–1976).

$\mu$ durch

$$\mu = \frac{y_2 - y_1}{x_2 - x_1}$$

Gilt $x_1 = x_2$, so ist $x_1$ eine doppelte Nullstelle von $t(x)$, und es gilt

$$0 = t'(x_1) = 3x_1^2 - 2\mu^2 x_1 + A - 2\mu\nu = 3x_1^2 + A - 2\mu y_1$$

Für $y_1 = 0$ wäre $x_1$ auch eine doppelte Nullstelle von $s(x)$, was ausgeschlossen wurde. Also gilt $y_1 \neq 0$, und zusammen mit $2 \neq 0$ in $k$ ergibt sich

$$\mu = \frac{3x_1^2 + A}{2y_1}$$

Anschaulich entspricht der Wert $\mu$ der Steigung der Tangente im Punkt $(x_1, y_1)$ der elliptischen Kurve. Man beachte, dass die Tangentensteigung genau dann unendlich wird, wenn $x$ eine Nullstelle von $s(x) = x^3 + Ax + B$ ist.

Wir halten noch fest, dass wir in vielen Fällen die Rechnungen im Körper $K$ durchführen können, ohne den algebraischen Abschluss $k$ betrachten zu müssen. Seien $x_1, A, B, \mu, \nu \in K$ und wie oben $t(x) = s(x) - (\mu x + \nu)^2 = (x - x_1)(x - x_2)(x - x_3)$. Dann liegt $x_2$ genau dann in $K$, wenn dies für $x_3$ der Fall ist. Ist $x_2$ in $K$, so gilt $L \cap E(k) = \{(x_i, y_i) \mid i = 1, 2, 3\} \subseteq E(K)$. Falls also zwei Punkte einer Geraden auf $E(K)$ liegen, so befindet sich auch der dritte Punkt auf $E(K)$. Dies führt zur entscheidenden Idee, wie sich die kommutative Gruppenstruktur auf $E(K) \cup \{\mathcal{O}\}$ ergibt. Den Fernpunkt $\mathcal{O}$ machen wir zum neutralen Element und die Summe von drei Punkten (mit Vielfachheiten) von $E(K)$, die auf einer gemeinsamen Geraden liegen, setzen wir auf Null.

Wir machen diese Regel zur Verknüpfung explizit. Dies führt auf Fallunterscheidungen. Seien $P = (x_1, y_1)$ und $Q = (x_2, y_2)$ zwei Punkte von $E(K)$:

(1) Wir setzen $P + \mathcal{O} = \mathcal{O} + P = P$ sowie $\mathcal{O} + \mathcal{O} = \mathcal{O}$.

(2) Ist $x_1 = x_2$ und $y_1 = -y_2$, so liegen $P$ und $Q$ auf einer Senkrechten, und der dritte Punkt auf dieser Geraden ist $\mathcal{O} = \overline{\mathcal{O}}$. Deshalb setzen wir

$$P + Q = \mathcal{O}$$

(3) Ist $x_1 = x_2$ und $y_1 \neq -y_2$, so folgt $y_1 = y_2 \neq 0$ und $P = Q$. Wir berechnen die Tangentensteigung $\mu = \frac{3x_1^2 + A}{2y_1}$ und $x_3 = \mu^2 - 2x_1$ sowie $y_3 = y_1 + \mu(x_3 - x_1)$. Der dritte Punkt auf der Geraden durch $P$ und $Q$ ist $R = (x_3, y_3)$. Um $P + Q + R = \mathcal{O}$ zu erreichen, definieren wir

$$2P = P + Q = \overline{R}$$

(4) Ist $x_1 \neq x_2$, so ziehen wir eine Gerade durch $P$ und $Q$. Dies bedeutet, wir berechnen $\mu = \frac{y_2 - y_1}{x_2 - x_1}$ und $x_3 = \mu^2 - x_2 - x_1$ sowie $y_3 = y_1 + \mu(x_3 - x_1)$. Wir setzen $\overline{R} = (x_3, -y_3)$ und

$$P + Q = \overline{R}$$

**Satz 5.1.** *Die oben angegebene Verknüpfung definiert auf $E(K) \cup \{O\}$ die Struktur einer abelschen Gruppe mit $\{O\}$ als neutralem Element.*

Mit den oben angegebenen Regeln folgt $-P = \overline{P}$ falls $P = (a, b)$ und $\overline{P} = (a, -b)$ gesetzt wird. Ferner ergibt sich sofort $P + Q = Q + P$. Unklar, und schwierig zu zeigen, ist nur das Assoziativgesetz

$$(P + Q) + R = P + (Q + R)$$

Um die Assoziativität zu sehen, nehmen wir einen Umweg über Polynome. Der Beweis des Assoziativitätsgesetzes umfasst die beiden nächsten Unterabschnitte.

### 5.1.1 Polynome über elliptischen Kurven

In diesem Abschnitt arbeiten wir mit einem algebraisch abgeschlossenen Körper $k$. Wir wollen Polynome über $E(k)$ definieren und untersuchen. Dabei sei wie oben $s(X) = X^3 + AX + B$. Die Nullstellen von $s(X)$ seien wie bisher $a_1, a_2, a_3 \in k$ und diese seien paarweise verschieden. Der Polynomring in zwei Unbekannten $X$ und $Y$ wird mit $k[X, Y]$ bezeichnet. Jedes $f(X, Y) \in k[X, Y]$ lässt sich bei $(a, b) \in k \times k$ zu $f(a, b)$ auswerten. Wir beschränken uns jetzt auf die Auswertung bei Punkten der elliptischen Kurve. An diesen Punkten liefert die Auswertung für ein $f(X, Y) \in k[X, Y]$ stets den gleichen Wert wie die Auswertung eines Polynoms der Form

$$g(X, Y) = f(X, Y) + (Y^2 - s(X)) \cdot h(X, Y)$$

mit beliebigen Polynomen $h(X, Y) \in k[X, Y]$. Wir können also in dem Ring $k[X, Y]$ eine Gleichung $Y^2 = s(X)$ einführen und betrachten den Quotientenring

$$k[x, y] = k[X, Y] / (Y^2 = s(X))$$

wobei $(Y^2 = s(X))$ das von $Y^2 - s(X)$ erzeugte Ideal ist. Diesen Ring bezeichnen wir mit $k[x, y]$ und nennen ihn den *Polynomring über $E(k)$*. Für ein Polynom $f \in k[x, y]$ und einen Punkt $P = (a, b) \in E(k)$ ist der Funktionswert $f(P) = f(a, b) \in k$ wohldefiniert. Im Folgenden werden wir zeigen, dass der Ring $k[x, y]$ sich ähnlich gutartig verhält wie ein herkömmlicher Polynomring. Hierzu werden wir die Norm eines Polynoms einführen, welche es uns ermöglicht, unser Wissen über Polynome in nur einer Variablen zu verwenden. Mit Hilfe der Norm werden wir dann einen Gradbegriff einführen, der die sogenannte Gradformel erfüllt. Der übliche Gradbegriff lässt sich hier nicht anwenden, da z. B. $y^2 = s(x)$ sowohl Grad 2 als auch Grad 3 hätte. Danach zeigen wir dann, dass sich für Punkte auf der elliptischen Kurve die Ordnung einer Nullstelle sinnvoll definieren lässt. Wie dies zu bewerkstelligen ist, ist nicht ganz offensichtlich, da z. B. der Punkt $(a_1, 0)$ der elliptischen Kurve eine Nullstelle des Polynoms $x + y - a_1$ ist, sich aber weder $x - a_1$ noch $y$ herausfaktorisieren lässt.

Mit $k[x]$ meinen wir das Bild des Polynomrings $k[X]$ in $k[x, y]$. Es ist klar, dass wir $k[X]$ mit $k[x]$ identifizieren können. Man beachte jedoch, dass etwa $(y^3 - y^2)(y + 1)$ ein Element aus $k[x]$ ist, was man dem Polynom $(y^3 - y^2)(y + 1)$ nicht sofort ansieht.

Zu jedem $f \in k[x, y]$ finden wir aufgrund der Gleichung $y^2 = s(x)$ Polynome $v(x), w(x) \in k[x]$ mit $f = v(x) + y \cdot w(x)$. Die Umrechnung ist einfach, denn es gilt

$$f = \sum_{i \geq 0} f_i(x) y^i = \sum_{i \geq 0} f_{2i}(x) s(x)^i + y \sum_{i \geq 0} f_{2i+1}(x) s(x)^i$$

**Lemma 5.2.** *Ein Polynom $f \in k[x, y]$ mit $f \neq 0$ hat nur endlich viele Nullstellen auf einer elliptischen Kurve.*

*Beweis.* Sei $f = v(x) + y \cdot w(x)$. Wir reduzieren das Problem auf ein Polynom mit nur einer Variablen. Betrachte

$$\begin{aligned} g(x) &= f \cdot (v(x) - y w(x)) \\ &= v^2(x) - y^2 w^2(x) \\ &= v^2(x) - s(x) w^2(x) \in k[x] \end{aligned}$$

Gilt $f(P) = 0$ für unendlich viele $P \in E(k)$, so hat das Polynom $g$ unendlich viele Nullstellen in $k$, also ist es Null. Da der Grad in $x$ von $v^2(x)$ und $w^2(x)$ jeweils gerade (oder $-\infty$) ist, der von $s(x)$ jedoch 3 ist, folgt $v(x) = w(x) = 0$ und damit $f = 0$. $\qquad\square$

Das Lemma impliziert die Eindeutigkeit der Darstellung $f = v(x) + y w(x)$. Denn sei $v(x) + y w(x) = \tilde{v}(x) + y \tilde{w}(x)$. Betrachten wir $g = v(x) - \tilde{v}(x) + y(w(x) - \tilde{w}(x))$, so gilt $g(P) = 0$ für alle $P \in E(k)$. Lemma 5.2 sagt dann $v(x) = \tilde{v}(x)$ und $w(x) = \tilde{w}(x)$.

Das Lemma 5.2 erlaubt es auch, für $f = v(x) + y w(x) \in k[x, y]$ die Funktion $\overline{f} \in k[x, y]$ durch $\overline{f} = v(x) - y w(x)$ zu definieren. Aus der Eindeutigkeit der Darstellung $f = v(x) + y w(x)$ folgt die Wohldefiniertheit von $\overline{f}$. Implizit leistete $\overline{f}$ schon im letzten Beweis gute Dienste, auch wenn wir an jener Stelle noch nicht wussten (und auch nicht benutzten), dass $\overline{f}$ wohldefiniert ist. Formal können wir jetzt die *Norm* von $f$ mit Hilfe von $\overline{f}$ definieren:

$$N(f) = f \overline{f} = v^2(x) - s(x) w^2(x)$$

Die Norm $N(f)$ ist also ein Polynom in $k[x]$. Insbesondere ist $N(x) = x^2$ und $N(y) = -s(x)$. Wie man leicht nachrechnet, gilt $N(f \cdot g) = N(f) \cdot N(g)$. Für $f \in k[x]$ sei $\deg_x(f)$ der Grad von $f$ als Polynom in $k[X]$. Dann gilt:

$$\deg_x(N(f)) = \max\{2\deg_x(v(x)), \, 3 + 2\deg_x(w(x))\}$$

Dies gilt, da der Grad von $v^2(x)$ gerade (oder $-\infty$) ist, während der von $s(x) w^2(x)$ ungerade (oder $-\infty$) ist. Außerdem bemerken wir, dass mit $N(f) = 0$ auch $f = 0$

gelten muss. Wir definieren den *Grad* von $f \in k[x, y]$ durch:

$$\deg(f) = \deg_x(N(f))$$

Man beachte, dass $\deg(f)$ niemals 1 werden kann, alle anderen Werte aus $\{-\infty, 0, 2, 3, \ldots\}$ werden angenommen. Wie sich noch herausstellen wird, ist dies ein wichtiger Schlüssel zum Verständnis elliptischer Kurven. Die Gradabbildung faktorisiert sich also wie folgt:

$$\deg : k[x, y] \xrightarrow{N} k[x] \xrightarrow{\deg_x} \{-\infty\} \cup \mathbb{N}$$

Hierbei handelt es sich um Monoidhomomorphismen, wobei wir in $k[x, y]$ und $k[x]$ multiplikativ und in $\{-\infty\} \cup \mathbb{N}$ additiv rechnen. In dem Monoid $\{-\infty\} \cup \mathbb{N}$ ist übrigens $-\infty$ ein Nullelement und 0 das Einselement.

Wir halten fest, $\deg(f) \neq 1$ und $\deg(f \cdot g) = \deg(f) + \deg(g)$ für alle $f, g \in k[x, y]$. Ferner ist der Ring $k[x, y]$ nullteilerfrei. Denn sei $f \cdot g = 0$ in $k[x, y]$. Dann gilt $N(f)N(g) = 0$ in $k[x]$, also $N(f) = 0$ oder $N(g) = 0$. Hieraus folgt, wie eben gesehen, $f = 0$ oder $g = 0$. Da $k[x, y]$ nullteilerfrei ist, können wir den Quotientenkörper $k(x, y)$ bilden. Dieser besteht aus den Brüchen $\frac{p(x,y)}{q(x,y)}$ mit $p(x, y), q(x, y) \in k[x, y]$, wobei das Polynom im Nenner $q(x, y)$ nicht verschwindet. Addition und Multiplikation sind wie bei „normalen" Brüchen erklärt. Wir nennen $k(x, y)$ den *Funktionenkörper* von $E(k)$ und seine Elemente *rationale Funktionen*. Eine rationale Funktion $f(x, y)$ induziert eine fast überall definierte Abbildung $E(k) \to k$ vermöge $(a, b) \mapsto f(a, b)$ für $P = (a, b) \in E(k)$. Stimmen rationale Funktionen $f(x, y)$ und $g(x, y)$ an unendlich vielen Punkten $P \in E(k)$ überein, so gilt $f(x, y) = g(x, y)$ in $k(x, y)$. Dies liegt daran, dass Polynome nach Lemma 5.2 nur endlich viele Nullstellen haben. Jede rationale Funktion $f(x, y)$ lässt sich in der Form $\frac{u(x)+yv(x)}{q(x)}$ mit $u(x), v(x), q(x) \in k[x]$ schreiben, wobei $q(x)$ nicht das Nullpolynom ist. Der Funktionenkörper $k(x, y)$ wird erst im Abschnitt 5.3 über Endomorphismen eine wichtige Rolle spielen.

Als Nächstes soll für ein Polynom $f \in k[x, y]$ die Ordnung $\mathrm{ord}_P(f)$ an einem Punkt $P \in E(k)$ definiert werden. Wir erinnern uns, jedes Polynom $f \in k[X]$ kann über dem algebraisch abgeschlossenen Körper $k$ in Linearfaktoren zerlegt werden:

$$f(X) = \prod_{i=1}^{n} (X - x_i)^{d_i}$$

wobei $d_i$ die Ordnung (oder Vielfachheit) der Nullstelle $x_i \in k$ angibt und $\sum_{i=1}^{n} d_i = \deg_x(f)$ gilt. Für Polynome $f \in k[x, y]$ gilt ein analoges Resultat, wie der folgende Satz zeigt.

**Satz 5.3.** *Sei $f \in k[x, y]$ mit $f \neq 0$ und $P = (a, b) \in E(k)$. Für genau ein $d \in \mathbb{N}$ gibt es $g, h \in k[x, y]$ mit $g(P) \neq 0 \neq h(P)$ und Produktdarstellungen:*

$$f \cdot g = (x - a)^d h \qquad \text{falls } a \notin \{a_1, a_2, a_3\}$$
$$f \cdot g = y^d h \qquad \text{falls } a \in \{a_1, a_2, a_3\}$$

*Hierbei sind $a_1, a_2, a_3$ die Nullstellen von $s(X)$.*

*Beweis.* Zunächst zeigen wir die Eindeutigkeit von $d$. Betrachte $f \cdot g = (x - a)^d h$ und $f \cdot \tilde{g} = (x - a)^e \tilde{h}$ für $d > e \geq 0$. Es folgt $(x - a)^d \tilde{g} h = (x - a)^e \tilde{h} g$ und damit:

$$(x - a)^e ((x - a)^{d-e} \tilde{g} h - \tilde{h} g) = 0$$

Da $(x - a)^e$ nicht das Nullpolynom ist, muss $(x - a)^{d-e} \tilde{g} h = \tilde{h} g$ gelten. Wegen $d > e$ gilt $((x - a)^{d-e} \tilde{g} h)(P) = 0$ und damit auch $\tilde{h} g(P) = \tilde{h}(P) g(P) = 0$. Also ist $g(P) = 0$ oder $\tilde{h}(P) = 0$. Für alle $a$ gibt es damit höchstens ein $d$ mit $f \cdot g = (x - a)^d h$ und $g(P) \neq 0 \neq h(P)$.

Die Eindeutigkeit des Exponenten $d$ im Fall $a \in \{a_1, a_2, a_3\}$ behandeln wir völlig analog. Vorher bemerken wir noch, dass aus $P = (a, b) \in E(k)$ die Gleichung $b = 0$ folgt. Sei $f \cdot g = y^d h$ und $f \cdot \tilde{g} = y^e \tilde{h}$ für $d > e \geq 0$. Wie eben folgt:

$$y^e (y^{d-e} \tilde{g} h - \tilde{h} g) = 0$$

Da $y^e$ nicht das Nullpolynom ist, muss $y^{d-e} \tilde{g} h = \tilde{h} g$ gelten. Aus $d > e$ folgt nun $y^{d-e} \tilde{g} h(P) = 0$ und damit auch $\tilde{h}(P) g(P) = 0$. Dies ist ein Widerspruch zu $g(P) \neq 0 \neq \tilde{h}(P)$.

Wir zeigen jetzt die Existenz von $d$. Wir finden zunächst ein $e \geq 0$ mit

$$f = (x - a)^e (v(x) + y w(x))$$

und $v(a) \neq 0$ oder $w(a) \neq 0$.

Wir betrachten zunächst $b \neq 0$, dies bedeutet $a \notin \{a_1, a_2, a_3\}$. Ist $v(a) + b w(a) \neq 0$, so können wir $d = e$, $g = 1$ und $h = v(x) + y w(x)$ wählen. Ist $b \neq 0$ und $v(a) + b w(a) = 0$, so muss $v(a) - b w(a) \neq 0$ gelten, da ansonsten $2v(a) = 0 = 2b w(a)$ wäre, was im Widerspruch zu $v(a) \neq 0$ oder $w(a) \neq 0$ steht. Für $b \neq 0$ und $v(a) - b w(a) \neq 0$ setzen wir $g = v(x) - y w(x)$ und erhalten $g(P) \neq 0$ und

$$f \cdot g = (x - a)^e N(g) \in k[x]$$

Als Polynom in $x$ kann $(x - a)^e N(g)$ als $(x - a)^d h(x)$ geschrieben werden mit $h(a) = h(P) \neq 0$.

Es verbleibt der Fall $b = 0$. Wir können ohne Einschränkung $a = a_1$ annehmen. Es folgt

$$f \cdot (x - a_2)^e (x - a_3)^e = s^e(x)(v(x) + y w(x)) = y^{2e}(v(x) + y w(x))$$

Für $v(a) \neq 0$ können wir $g = (x - a_2)^e (x - a_3)^e$ und $h = v(x) + y w(x)$ wählen, denn wegen $b = 0$ gilt in diesem Fall $h(P) = v(a)$. Es verbleibt $a = a_1$, $b = 0$ und $v(a) = 0$. Für ein $c > 0$ gilt $v(x) = (x - a)^c \tilde{v}(x)$ und $\tilde{v}(a) \neq 0$. Damit gilt

$$f \cdot (x - a_2)^{c+e} (x - a_3)^{c+e} = y^{2e}(s^c(x)\tilde{v}(x) + y \tilde{w}(x))$$

mit $\tilde{w}(x) = (x - a_2)^c (x - a_3)^c w(x)$. Man beachte, es gilt $\tilde{w}(a) \neq 0$. Setzen wir $h = \tilde{w}(x) + y s^{c-1}(x) \tilde{v}(x)$, so gilt auch $h(P) = \tilde{w}(a) \neq 0$, da $b = 0$ ist. Wir haben das Ziel erreicht, denn es gilt

$$f(x - a_2)^{c+e}(x - a_3)^{c+e} = y^{2e+1}h \qquad \square$$

Für ein Polynom $f \neq 0$ und für einen Punkt $P \in E(k)$ sei $d \in \mathbb{N}$ wie in Satz 5.3 erklärt. Wir nennen $d$ die *Ordnung* von $f$ bei $P$ und schreiben $d = \mathrm{ord}_P(f)$. Es ist klar, dass $f(P) = 0$ genau dann gilt, wenn $d > 0$ ist. Für $d > 0$ sprechen wir auch von der *Vielfachheit* der Nullstelle $P$. Eine wichtige Eigenschaft der Ordnung ergibt sich direkt aus der Eindeutigkeit in Satz 5.3:

$$\mathrm{ord}_P(f \cdot g) = \mathrm{ord}_P(f) + \mathrm{ord}_P(g)$$

für alle $f, g \in k[x, y]$ und $P \in E(k)$. Die Begriffe lassen sich auf rationale Funktionen übertragen: Für $f = p/q \in k(x, y)$ und $P \in E(k)$ seien $d_p$ und $d_q$ die Ordnungen bei $P$, dann ist die Differenz $d = d_p - d_q$ eine wohldefinierte ganze Zahl. Die Zahl $d \in \mathbb{Z}$ nennen wir die *Ordnung* von $f$ bei $P$. Für $d \geq 0$ ist $f(P)$ definiert. Dies trifft auf fast alle Punkte der Kurve zu. Für $d > 0$ sprechen wir von einer *Nullstelle der rationalen Funktion*, und bei $d < 0$ sprechen wir von einem *Pol der rationalen Funktion*, wobei $d$ dann die Vielfachheit ist. Das folgende Lemma besagt, dass rationale Funktionen ohne Pole stets Polynome sind.

**Lemma 5.4.** *Seien $f, h \in k[x, y]$ mit $f \neq 0 \neq h$ und $\mathrm{ord}_P(f) \leq \mathrm{ord}_P(h)$ für alle $P \in E(k)$. Dann gibt es ein Polynom $g \in k[x, y]$ mit $f \cdot g = h$.*

*Beweis.* Wegen $\mathrm{ord}_P(f\overline{f}) \leq \mathrm{ord}_P(h\overline{f})$ reicht es, $f\overline{f} \cdot g = h\overline{f}$ zu zeigen. Dies bedeutet, wir können $f \in k[x]$ annehmen. Es folgt eine Induktion nach dem Grad von $f$. Für $\deg_x(f) = 0$ ist $f \in k$ konstant und $g = f^{-1}h$ erfüllt die Anforderungen des Satzes. Bei $\deg_x(f) = 1$ genügt es, den normierten Fall $f = x - a$ zu betrachten. Sei $h = v(x) + y w(x)$ und $P = (a, b)$ ein Punkt auf der Kurve. Wegen $\mathrm{ord}_P(x - a) = \mathrm{ord}_{\overline{P}}(x - a) \geq 1$ folgt $v(a) + b w(a) = 0 = v(a) - b w(a)$. Für $b \neq 0$ folgt $v(a) = w(a) = 0$ und damit enthält $h$ einen Faktor $x - a$. Übrig bleibt noch der Fall $b = 0$, $v(a) = 0$ und $w(a) \neq 0$. Wir können $a = a_1$ annehmen. Wegen $(x - a)(x - a_2)(x - a_3) = s(x) = y^2$ ist $\mathrm{ord}_P(x - a) = 2$. Andererseits gilt $\mathrm{ord}_P(h) = 1$, denn

$$h \cdot (x - a_2)(x - a_3) = s(x)\tilde{v}(x) + y\tilde{w}(x)$$
$$= y(y\tilde{v}(x) + \tilde{w}(x))$$

Hierbei ist $\tilde{w}(x) = (x - a_2)(x - a_3)w(x)$, und $\tilde{v}(x)$ ist durch $v(x) = (x - a)\tilde{v}(x)$ bestimmt. Es ergibt sich ein Widerspruch zu $\mathrm{ord}_P(x - a) \leq \mathrm{ord}_P(h)$. Die Situation $b = 0$, $v(a) = 0$ und $w(a) \neq 0$ kann daher in diesem Fall nicht eintreten und der Fall $\deg_x(f) = 1$ ist erledigt.

Sei also $\deg_x(f) > 1$. Dann lässt sich $f$ schreiben als $f = f_1 \cdot f_2$, wobei $\deg_x(f_1)$ und $\deg_x(f_2)$ beide kleiner sind als $\deg_x(f)$. Wir können die Induktionsvoraussetzung auf $f_1$ und $h$ anwenden. Dies liefert uns die Existenz von $g_1 \in k[x, y]$ mit $f_1 \cdot g_1 = h$. Nun gilt $\mathrm{ord}_P(f_2) \le \mathrm{ord}_P(g_1)$ für alle $P \in E(k)$. Wieder mit Induktion existiert $g_2 \in k[x, y]$ mit $f_2 g_2 = g_1$. Damit erhalten wir $f g_2 = f_1 f_2 g_2 = f_1 g_1 = h$. $\qquad\qquad\square$

### 5.1.2 Divisoren

Ein *Divisor* (mit nichtnegativen Koeffizienten) meint hier eine formale Summe $D = \sum_{P \in E(k)} n_P P$, wobei $n_P \in \mathbb{N}$ für alle $P$ gelten soll und $n_P = 0$ für fast alle $P$ ist. Die Summe ist also endlich. Divisoren können wir addieren:

$$\left( \sum_{P \in E(k)} m_P P \right) + \left( \sum_{P \in E(k)} n_P P \right) = \sum_{P \in E(k)} (m_P + n_P) P$$

Die leere Summe mit $n_P = 0$ für alle $P \in E(k)$ ist das neutrale Element. Der *Grad* eines Divisors $D = \sum_{P \in n_P} n_P P$ ergibt sich durch

$$\deg(D) = \sum_{P \in E(k)} n_P$$

Offensichtlich ist $\deg(D_1 + D_2) = \deg(D_1) + \deg(D_2)$. Der Satz 5.3 ordnet jedem Polynom $f$ einen eindeutigen Divisor $\mathrm{div}(f)$ zu:

$$\mathrm{div}(f) = \sum_{P \in E(k)} \mathrm{ord}_P(f) P$$

Da $\mathrm{ord}_P(f \cdot g) = \mathrm{ord}_P(f) + \mathrm{ord}_P(g)$ gilt, folgt $\mathrm{div}(f \cdot g) = \mathrm{div}(f) + \mathrm{div}(g)$. Die Divisoren vom Typ $\mathrm{div}(f)$ werden *Hauptdivisoren* genannt. Berechnen wir zunächst den Hauptdivisor zu $f = x - a$. Es sei $P = (a, b)$. Ist $a \in \{a_1, a_2, a_3\}$, so gilt $\mathrm{div}(x - a) = 2P$. Für $a \notin \{a_1, a_2, a_3\}$ ist $P \ne \overline{P}$ und $\mathrm{div}(x - a) = P + \overline{P}$. Also gilt unabhängig von $a$ stets $\mathrm{div}(x - a) = P + \overline{P}$.

Im nächsten Schritt sei $f = f(x) \in k[x]$. Dann gilt $f = \prod_{i=1}^{n} (x - x_i)^{d_i}$ mit $\deg_x(f) = \sum_{i=1}^{n} d_i$. Wählen wir zu jedem $i$ ein $y_i \in k$ mit $P_i = (x_i, y_i) \in E(k)$, so lässt sich der Hauptdivisor zu $f$ folgendermaßen darstellen:

$$\mathrm{div}(f) = \sum_{i=1}^{n} d_i (P_i + \overline{P_i})$$

Es folgt für $f \in k[x]$ die Formel

$$\deg(f) = 2\deg_x(f) = \deg(\mathrm{div}(f))$$

Für einen Divisor $D = \sum_{P \in E(k)} n_P P$ definieren wir weiter $\overline{D} = \sum_{P \in E(k)} n_P \overline{P}$. Offensichtlich ist $\deg(D) = \deg(\overline{D})$. Sei jetzt $f \in k[x, y]$, dann gilt $f(\overline{P}) = \overline{f}(P)$. Es folgt $\mathrm{ord}_{\overline{P}}(f) = \mathrm{ord}_P(\overline{f})$ und damit $\mathrm{div}(\overline{f}) = \overline{\mathrm{div}(f)}$. Wir erhalten die Formel

$$
\begin{aligned}
2\deg(f) &= \deg(N(f)) \\
&= \deg(\mathrm{div}(N(f))) \\
&= \deg(\mathrm{div}(f)) + \deg(\mathrm{div}(\overline{f})) \\
&= 2\deg(\mathrm{div}(f))
\end{aligned}
$$

Hieraus folgt:

$$
\deg(f) = \deg(\mathrm{div}(f))
$$

Ein Hauptdivisor kann also niemals den Grad 1 haben. Da für $P = (a, b) \in E(k)$ der Divisor $P + \overline{P} = \mathrm{div}(x - a)$ ein Hauptdivisor ist, sind alle Divisoren vom Typ $D + \overline{D}$ Hauptdivisoren.

Wir untersuchen jetzt die Hauptdivisoren zu einem linearen Polynom $f = \mu x + \nu + \gamma y$. Der Fall $\gamma = 0$ wurde oben schon behandelt. Sei also ohne Einschränkung $\gamma = -1$. Der Hauptdivisor berechnet sich aus den drei Schnittpunkten der Geraden $L = \{(x, y) \in k \times k \mid y = \mu x + \nu\}$ mit der elliptischen Kurve. Die zugehörigen Formeln finden sich in Abschnitt 5.1.

Wir rechnen von nun an modulo Hauptdivisoren. Formal definieren wir eine Äquivalenzrelation durch $D \sim D'$, falls $D + \mathrm{div}(f) = D' + \mathrm{div}(f')$ für gewisse Polynome $f, f' \in k[x, y]$ gilt. Mit $[D]$ bezeichnen wir die Äquivalenzklasse von $D$. Ist $D_1 \sim D_1'$ und $D_2 \sim D_2'$, so gilt auch $D_1 + D_2 \sim D_1' + D_2'$. Also bilden die Klassen vermöge $[D_1] + [D_2] = [D_1 + D_2]$ ein kommutatives Monoid. Die Hauptdivisoren liegen alle in einer Klasse, und diese ist das neutrale Element. Dieses Monoid ist sogar eine Gruppe, denn $D + \overline{D}$ ist ein Hauptdivisor, also gilt $[\overline{D}] = -[D]$, oder anders ausgedrückt $[D + \overline{D}] = 0$. Die Gruppe, die aus diesen Klassen besteht, heißt *Picard-Gruppe* nach Charles Émile Picard (1856–1941) und wird mit $\mathrm{Pic}^0(E(k))$ bezeichnet. Im Prinzip könnten allerdings alle Divisoren in eine Klasse gefallen sein. Wir zeigen jetzt, dass dies nicht der Fall ist, sondern dass wir vielmehr die Picard-Gruppe $\mathrm{Pic}^0(E(k))$ mit der elliptischen Kurve einschließlich des Fernpunktes identifizieren können.

Betrachten wir zunächst die Klasse der Hauptdivisoren. Können auch andere Divisoren in dieser Klasse sein? Die Antwort ist *nein* und dies folgt aus Lemma 5.4. Denn sei $D + \mathrm{div}(f) = \mathrm{div}(h)$ für Polynome $f, h \in k[x, y]$, dann gilt $\mathrm{ord}_P(f) \leq \mathrm{ord}_P(h)$ für alle $P \in E(k)$ und es gibt ein Polynom $g$ mit $f \cdot g = h$. Damit ist $D = \mathrm{div}(g)$ ein Hauptdivisor. Insbesondere enthält die Null-Klasse keinen Divisor vom Grad 1. Für $P \in E(k)$ ist dann $[P] \neq 0$ in $\mathrm{Pic}^0(E(k))$ und die Picard-Gruppe damit nicht trivial.

Betrachten wir zwei Punkte $P, Q \in E(k)$, so ist $[P] \neq [Q]$ gleichbedeutend mit $[P + \overline{Q}] \neq 0$. Ist $Q \neq P \neq \overline{Q}$, so sind die $x$-Koordinaten von $\overline{P}$ und $Q$ verschieden und es gibt genau eine Gerade durch $\overline{P}$ und $Q$, die die elliptische Kurve in einem weiteren Punkt $R$ schneidet. Dann ist $P + \overline{Q} + R$ ein Hauptdivisor zu einem linearen

Polynom und daher $[P + \overline{Q}] = [R] \neq 0$. Es folgt $[P] \neq [Q]$. Ist $Q \neq P = \overline{Q}$, so ist $[P + \overline{Q}] = [2P] = [\overline{R}]$ für den Schnittpunkt $R$ der Tangente bei $P$ mit $E(k)$. Für zwei verschiedene Punkte $P, Q \in E(k)$, gilt also stets $[P] \neq [Q]$. Wir benötigen noch den (unendlich fernen) Punkt $\mathcal{O}$ und setzen $[\mathcal{O}] = 0$.

**Satz 5.5.** *Die Abbildung*

$$E(k) \cup \{\mathcal{O}\} \to \mathrm{Pic}^0(E(k))$$

$$P \mapsto [P]$$

*liefert einen kanonischen Isomorphismus abelscher Gruppen.*

*Beweis.* Wie wir eben gesehen haben, ist die Abbildung injektiv. Sie ist auch surjektiv. Denn einen Divisor der Form $P + \overline{P}$ können wir durch 0 ersetzen und zu jedem Divisor $P + Q$ mit $P \neq \overline{Q}$ finden wir eine Gerade und damit einen weiteren Punkt $R$ auf der Kurve mit der Eigenschaft, dass $P + Q + R$ ein Hauptdivisor ist. Also kann $P + Q$ durch $\overline{R}$ ersetzt werden. Dieses Verfahren endet bei 0 und damit beim Fernpunkt oder bei einem Divisor vom Grad 1, also einem Punkt auf der Kurve. Die Homomorphie-Eigenschaft $P + Q \mapsto [P] + [Q]$ folgt direkt aus der Konstruktion. □

Die Punkte der elliptischen Kurve $E(k)$ zusammen mit $\mathcal{O}$ bilden also in natürlicher Weise eine abelsche Gruppe. Die Formeln in Abschnitt 5.1 zeigen darüberhinaus, dass $E(K) = \{(a, b) \in K \times K \mid b^2 = s(a)\}$ zusammen mit dem Fernpunkt eine Untergruppe ist. Die in Abschnitt 5.1 eingeführte Addition stimmt mit der Addition in der Picard-Gruppe überein. Das noch ausstehende Assoziativgesetz ist also eine Konsequenz der Interpretation der Punkte der Kurve als Divisoren und der Interpretation von Geraden als Hauptdivisoren. Damit ist Satz 5.1 vollständig bewiesen, denn das Assoziativgesetz gilt für $\mathrm{Pic}^0(E(k))$ per definitionem.

## 5.2 Anwendungen elliptischer Kurven

Für viele Anwendungen kann man direkt mit den elliptischen Kurven rechnen und benötigt kein intensives Vorstudium ihrer Eigenschaften. Man kann in gewisser Weise hier einsteigen, ohne Details aus dem vorigen Abschnitt zu kennen. Wir wiederholen daher die wichtigsten Eigenschaften der hier betrachteten Kurven. Hierfür sei zunächst $K$ ein Körper mit einer von 2 verschiedenen Charakteristik und es seien $A, B \in K$ mit $4A^3 + 27B^2 \neq 0$. Die von den Parametern $A$ und $B$ (oder vermöge der Gleichung $Y^2 = X^3 + AX^2 + B$) definierte *elliptische Kurve* $\widetilde{E}(K)$ besteht aus den Punkten

$$\widetilde{E}(K) = \left\{ (x, y) \in K \times K \mid y^2 = x^3 + Ax + B \right\} \cup \{\mathcal{O}\}$$

wobei $\mathcal{O}$ ein neuer Punkt – der sogenannte *Fernpunkt* – ist. Auf $\widetilde{E}(K)$ existiert eine Addition $+$. Damit wird $(\widetilde{E}(K), +, \mathcal{O})$ zu einer abelschen Gruppe, wobei $\mathcal{O}$ die Null ist und sich für von Null verschiedene Punkte $P = (x_1, y_1) \in E(K)$ und $Q = (x_2, y_2) \in E(K)$ die Summe $P + Q$ wie folgt ergibt:

(1) Falls $x_1 \neq x_2$, setzen wir $\mu = \frac{y_2 - y_1}{x_2 - x_1}$. Wir definieren $x_3 = \mu^2 - x_2 - x_1$, $y_3 = \mu(x_1 - x_3) - y_1$ und $P + Q = (x_3, y_3)$.

(2) Falls $x_1 = x_2$ und $y_1 = y_2 \neq 0$ ist $P = Q$. Wir setzen $\mu = \frac{3x_1^2 + A}{2y_1}$. Genau wie eben definieren wir $x_3 = \mu^2 - x_2 - x_1$ und $y_3 = \mu(x_1 - x_3) - y_1$ und $2P = P + Q = (x_3, y_3)$.

(3) Falls $x_1 = x_2$ und $y_1 = -y_2$ definieren wir $P + Q = \mathcal{O}$.

Aus Fall (3) ergibt sich die Definition inverser Elemente. Für $P = (x_1, y_1) \in E(K)$ ist $-P = (x_1, -y_1)$. Damit tritt Fall (1) genau dann ein, wenn $P \neq Q$ und $P \neq -Q$ gilt. Ein vollständiger Beweis der Gruppengesetze wurde in Abschnitt 5.1 gegeben. Dort findet sich auch die geometrische Interpretation der Verknüpfung.

### 5.2.1 Diffie-Hellman mit elliptischen Kurven

Viele kryptographische Protokolle basieren auf dem Rechnen in (zyklischen) Gruppen. Eine typische Möglichkeit hierzu ist das Rechnen in der von $g \in (\mathbb{Z}/p\mathbb{Z})^*$ erzeugten Untergruppe $\langle g \rangle$ von $(\mathbb{Z}/p\mathbb{Z})^*$. Die Analogie bei elliptischen Kurven ist das Rechnen in $\langle P \rangle$, wobei $P$ ein Punkt auf einer elliptischen Kurve über einem endlichen Körper ist. Aus Gründen der kryptographischen Sicherheit stellt man noch gewisse Anforderungen an die von $P$ erzeugte Untergruppe $\langle P \rangle$. Beispielsweise sollte diese Gruppe nicht zu klein sein und die Ordnung sollte nicht nur von kleinen Primzahlen geteilt werden. Der Vorteil bei elliptischen Kurven ist nun, dass man die gleiche Sicherheit wie beim Rechnen in $(\mathbb{Z}/p\mathbb{Z})^*$ bereits mit kleineren Schlüssellängen erreicht.

Exemplarisch für das Transformieren eines kryptographischen Protokolls auf elliptische Kurven wollen wir hier den Schlüsselaustausch nach Diffie und Hellman behandeln. Die „klassische" Variante hiervon findet man in Abschnitt 2.9. Alice und Bob wollen sich auf einen gemeinsamen Schlüssel einigen, den außer ihnen niemand kennt. Das Problem ist, dass jegliche Kommunikation zwischen den beiden abgehört werden kann. Der gemeinsame Schlüssel kann dann beispielsweise für ein symmetrisches Verschlüsselungsverfahren wie DES verwendet werden. Bei symmetrischen Verschlüsselungsverfahren wird zum Verschlüsseln und zum Entschlüsseln die gleiche Information verwendet (im Gegensatz zu asymmetrischen Verfahren wie z. B. RSA).

Zuerst wählt Alice eine elliptische Kurve $\widetilde{E}(\mathbb{Z}/p\mathbb{Z})$ mit Parametern $A$ und $B$ über einem Körper $\mathbb{Z}/p\mathbb{Z}$ und einen Punkt $P = (x, y)$ auf dieser Kurve. Die Reihenfolge hierbei ist wie folgt: Alice wählt $A, x, y \in \mathbb{Z}/p\mathbb{Z}$ zufällig und berechnet dann $B$ durch die Vorschrift $B = y^2 - x^3 - Ax$. Dann schickt sie $p, A, B, x, y$ an Bob. Nun wählt Alice eine geheime Zahl $a \in \mathbb{N}$ und berechnet $a \cdot P$. Die Koordinaten dieses Punktes schickt sie an Bob. Bob verfährt analog. Er wählt eine geheime Zahl $b \in \mathbb{N}$, berechnet $b \cdot P$ und schickt diesen Punkt an Alice. Beide können nun den Punkt

$$Q = ab \cdot P = a \cdot (b \cdot P) = b \cdot (a \cdot P) \in \tilde{E}(\mathbb{Z}/p\mathbb{Z})$$

berechnen, ohne dabei Kenntnis über die geheime Zahl des jeweils anderen zu haben. Den Punkt $Q$ können sie nun als gemeinsamen Schlüssel verwenden (z. B. in Form der ersten $n$ Bits in der Binärdarstellung). Da es als schwierig gilt, aus der Kenntnis der Punkte $P$ und $a \cdot P$ die Zahl $a$ zu bestimmen (Stichwort: diskreter Logarithmus), kann ein Angreifer durch Abhören der ausgetauschten Zahlen nicht in den Besitz der geheimen Zahlen $a$ oder $b$ gelangen, weshalb er den Punkt $Q$ nicht berechnen kann.

### 5.2.2 Pseudokurven

Eine wichtige Voraussetzung bei dem Beweis der Gruppengesetze ist, dass es sich bei $K$ um einen Körper handelt. In diesem Abschnitt wollen wir elliptische Kurven über Restklassenringen $\mathbb{Z}/n\mathbb{Z}$ betrachten, wie sie im Abschnitt 5.2.3 zur Faktorisierung mit elliptischen Kurven verwendet werden. Falls $n$ keine Primzahl ist, dann handelt es sich hierbei nicht um einen Körper. Die Gruppengesetze können wir also nicht mehr voraussetzen. Selbst die Verknüpfung von zwei Punkten ist nicht mehr in allen Fällen definiert, da nicht mehr alle Nenner in den obigen Rechnungen invertierbar sind.

Sei $n \in \mathbb{N}$ eine weder durch 2 noch durch 3 teilbare Zahl größer 1. Eine *Pseudokurve* über $\mathbb{Z}/n\mathbb{Z}$ ist eine Kurve $E : Y^2 = X^3 + AX + B$ mit $A, B \in \mathbb{Z}$ und $\gcd(4A^3 + 27B^2, n) = 1$. Der Name *Pseudokurve* soll deutlich machen, dass $\mathbb{Z}/n\mathbb{Z}$ kein Körper zu sein braucht. Wir übertragen die Verknüpfung von elliptischen Kurven auf Pseudokurven, allerdings mit der Einschränkung, dass nicht mehr alle Ergebnisse definiert sind. Betrachten wir die oben dargestellten Regeln für die Verknüpfung $P + Q$. Im Fall (1) ist das Ergebnis nur dann definiert, wenn $x_2 - x_1$ in $\mathbb{Z}/n\mathbb{Z}$ invertierbar ist. Dies ist genau dann der Fall, wenn $\gcd(x_2 - x_1, n) = 1$ gilt. Im Fall (2) wiederum ist das Ergebnis nur dann definiert, wenn $2y_1$ invertierbar ist, und im Fall (3) ist das Ergebnis stets definiert. Insbesondere existiert zu jedem Punkt $P$ der Pseudokurve ein Punkt $-P$. Ein Fall, der bei zusammengesetzten Zahlen $n$ auftreten kann, ist $x_1 \equiv x_2 \bmod n$ und $y_1 \not\equiv \pm y_2 \bmod n$, sodass keiner der Fälle (1), (2) oder (3) eintritt und das Ergebnis ebenfalls nicht definiert ist. Damit haben wir eine partielle Verknüpfung auf

$$\tilde{E}(\mathbb{Z}/n\mathbb{Z}) = \left\{ (x, y) \in (\mathbb{Z}/n\mathbb{Z})^2 \mid y^2 \equiv x^3 + AX + B \bmod n \right\} \cup \{\mathcal{O}\}$$

eingeführt. Wie üblich identifizieren wir hierbei $\mathbb{Z}/n\mathbb{Z}$ mit $\{0, \dots, n-1\}$.

**Satz 5.6.** *Seien $P, Q \in \tilde{E}(\mathbb{Z}/n\mathbb{Z})$ und sei $P + Q$ definiert, dann ist $P + Q \in \tilde{E}(\mathbb{Z}/n\mathbb{Z})$.*

*Beweis.* Ohne Einschränkung können wir $P \neq \mathcal{O}$ und $Q \neq \mathcal{O}$ annehmen. Sei $P = (x_1, y_1)$ und $Q = (x_2, y_2)$. Der erste Fall ist $x_1 \not\equiv x_2 \bmod n$, und $x_2 - x_1$ ist modulo

$n$ invertierbar. Die Aussage folgt in diesem Fall im Wesentlichen aus der Herleitung der Formeln in Abschnitt 5.1. Allerdings sind ein paar kleinere Anpassungen nötig. Sei $\mu \equiv (y_2 - y_1) \cdot (x_2 - x_1)^{-1} \bmod n$ und $v \equiv y_1 - \mu x_1 \bmod n$. Dann ist $P + Q = (x_3, y_3)$ mit $x_3 = \mu^2 - x_2 - x_1 \bmod n$ und $y_3 = \mu(x_1 - x_3) - y_1 \bmod n$. Es gilt

$$y_2 \equiv \mu(x_2 - x_1) + y_1 \equiv \mu x_2 + v \mod n$$

Deshalb sind $P$ und $Q$ Punkte auf der Geraden $Y = \mu X + v$ über $\mathbb{Z}/n\mathbb{Z}$. Sei $s(X) = X^3 + AX + B$ und $g(X) = \mu X + v$. Nun sind $x_1$ und $x_2$ beides Nullstellen des Polynoms $t(X) = s(X) - (g(X))^2$ dritten Grades über $\mathbb{Z}/n\mathbb{Z}$. Aus Korollar 1.45 folgt $t(X) = (X - x_1)t'(X)$ für ein Polynom $t'$ mit Grad 2. Da $x_2 - x_1$ invertierbar ist, ist $x_2$ eine Nullstelle von $t'$. Zusammen mit der Gradformel in Satz 1.40 ergibt sich nun

$$t(X) = (X - x_1)(X - x_2)(X - x_3')$$

für ein $x_3' \in \mathbb{Z}/n\mathbb{Z}$. Durch Koeffizientenvergleich bei $X^2$ sehen wir $x_3' = x_3$. Die Geradengleichung liefert uns $y_3' = \mu x_3 + y_1 - \mu x_1 = -\mu(x_1 - x_3) + y_1$. Also ist $(x_3, y_3') \in \tilde{E}(\mathbb{Z}/n\mathbb{Z})$. Aus $y_3 = -y_3'$ folgt schließlich $P + Q \in \tilde{E}(\mathbb{Z}/n\mathbb{Z})$.

Der zweite Fall ist $x_1 \equiv x_2 \bmod n$. Wir können $y_1 \equiv -y_2 \bmod n$ ausschließen, da der Fernpunkt auf $\tilde{E}(\mathbb{Z}/n\mathbb{Z})$ liegt. Da $P + Q$ definiert ist, muss also $y_1 \equiv y_2 \bmod n$ gelten und $2y_1$ ist modulo $n$ invertierbar. Insbesondere gilt $P = Q$. Wir benutzen in diesem Fall die Abgeschlossenheit der Verknüpfung von elliptischen Kurven über $\mathbb{Q}$. Wir interpretieren $x_1, y_1 \in \{0, \ldots, n-1\} \subseteq \mathbb{Q}$. Sei $B' = B + kn$ mit

$$y_1^2 = x_1^3 + Ax_1 + B' \quad \text{in } \mathbb{Q}$$

Sei $E'$ die durch $A$ und $B'$ definierte Kurve. Es gilt $\tilde{E}'(\mathbb{Z}/n\mathbb{Z}) = \tilde{E}(\mathbb{Z}/n\mathbb{Z})$ und $P = (x_1, y_1) \in \tilde{E}'(\mathbb{Q})$. Aufgrund der Verknüpfungsvorschriften existieren $x_3', y_3' \in \mathbb{Z}$ mit

$$2P = \left( \frac{x_3'}{(2y_1)^2}, \frac{y_3'}{(2y_1)^2} \right) \in \tilde{E}'(\mathbb{Q})$$

und $x_3' \cdot (2y_1)^{-2} \equiv x_3 \bmod n$ sowie $y_3' \cdot (2y_1)^{-2} \equiv y_3 \bmod n$. Hierbei bezeichnet $(2y_1)^{-2}$ das Inverse von $(2y_1)^2$ modulo $n$ und $(x_3, y_3)$ das Ergebnis der Verknüpfung $2P = P + Q$ in der Pseudokurve $\tilde{E}(\mathbb{Z}/n\mathbb{Z})$. Aus $2P \in \tilde{E}'(\mathbb{Q})$ folgt nun $(x_3, y_3) \in \tilde{E}(\mathbb{Z}/n\mathbb{Z})$. □

Sei $m > 1$ ein Teiler von $n$. Dann ist $\tilde{E}(\mathbb{Z}/m\mathbb{Z})$ auch wieder eine Pseudokurve. Aus dem Homomorphiesatz der Ringtheorie 1.22 wissen wir, dass $\bmod\, m : \mathbb{Z}/n\mathbb{Z} \to \mathbb{Z}/m\mathbb{Z} : x \mapsto x \bmod m$ ein Ringhomomorphismus ist. Wir erweitern diese Abbildung auf Punkte $P = (x, y) \in \tilde{E}(\mathbb{Z}/n\mathbb{Z})$ durch

$$P \bmod m = (x \bmod m, y \bmod m)$$

und setzen $\mathcal{O} \bmod m = \mathcal{O}$. Wenn nun $P$ ein Punkt der Pseudokurve $\tilde{E}(\mathbb{Z}/n\mathbb{Z})$ ist, dann ist $P \bmod m$ ebenfalls ein Punkt der Pseudokurve $\tilde{E}(\mathbb{Z}/m\mathbb{Z})$. Ein wichtiger Spezialfall dieser Modulo-Operation auf Kurvenpunkten ergibt sich, wenn $m$ eine Primzahl ist. Dann ist $\tilde{E}(\mathbb{Z}/m\mathbb{Z})$ eine elliptische Kurve, da $m > 3$ und $4A^3 + 27B^2 \neq 0$

in $\mathbb{Z}/m\mathbb{Z}$ gilt. Der folgende Satz stellt einen Zusammenhang zwischen der Verknüpfung auf beiden Pseudokurven dar. Das Hauptproblem hierbei ist, dass $P + Q$ in $\tilde{E}(\mathbb{Z}/n\mathbb{Z})$ eventuell durch andere Vorschriften berechnet werden könnte als $(P \bmod m) + (Q \bmod m)$ in $\tilde{E}(\mathbb{Z}/m\mathbb{Z})$. Wir zeigen, dass $P+Q$ in diesen Fällen nicht definiert ist.

**Satz 5.7.** *Sei $m > 1$ ein Teiler von $n$ und seien $P, Q \in \tilde{E}(\mathbb{Z}/n\mathbb{Z})$ Punkte, für die $P + Q$ definiert ist. Dann ist $(P \bmod m) + (Q \bmod m)$ in $\tilde{E}(\mathbb{Z}/m\mathbb{Z})$ definiert und es gilt*

$$(P \bmod m) + (Q \bmod m) = (P + Q) \bmod m$$

*Beweis.* Wir können ohne Einschränkung $P \neq \mathcal{O}$ und $Q \neq \mathcal{O}$ annehmen. Sei $P = (x_1, y_1)$ und $Q = (x_2, y_2)$. Der Ringhomomorphismus $\bmod\ m : \mathbb{Z}/n\mathbb{Z} \rightarrow \mathbb{Z}/m\mathbb{Z}$ ist kompatibel mit der Inversenbildung, d. h., für $\mathrm{ggT}(x, n) = 1$ gilt

$$x^{-1} \bmod m = (x \bmod m)^{-1}$$

wobei auf der linken Seite der Gleichung das Inverse modulo $n$ gemeint ist und auf der rechten das Inverse in $\mathbb{Z}/m\mathbb{Z}$. Wenn wir zur Berechnung der Punkte in $\tilde{E}(\mathbb{Z}/n\mathbb{Z})$ und in $\tilde{E}(\mathbb{Z}/m\mathbb{Z})$ die selben Rechenvorschriften anwenden, gilt also die Aussage, dass wir $\bmod\ m$ in den Rechnungen hineinziehen können. Insbesondere ist dann $(P \bmod m) + (Q \bmod m)$ definiert. Die verbleibenden Fälle sind:

(a) $x_1 \not\equiv x_2 \bmod n$ und $x_1 \equiv x_2 \bmod m$

(b) $x_1 \equiv x_2 \bmod n$, $y_1 \equiv y_2 \not\equiv 0 \bmod n$ und $y_1 \equiv -y_2 \bmod m$

(c) $x_1 \equiv x_2 \bmod n$ und $y_1 \not\equiv \pm y_2 \bmod n$

In Fall (a) ist $P+Q$ nicht definiert, weil $x_2 - x_1$ durch $m$ teilbar und deshalb modulo $n$ nicht invertierbar ist. Damit ist die Voraussetzung der Aussage nicht erfüllt. In Fall (b) ist $P+Q$ ebenfalls nicht definiert, denn es gilt $2y_1 \equiv y_1 + y_2 \bmod n$ und $m \mid y_1 + y_2$. Deshalb ist $2y_1$ nicht invertierbar. Wenn der Fall (c) eintritt, ist $P + Q$ auch nicht definiert. $\square$

### 5.2.3 Faktorisierung mit elliptischen Kurven

Bei der Faktorisierung von Zahlen $n$ sucht man nach nichttrivialen Teilern von $n$, d. h., man versucht ein $m \in \{2, \ldots, n - 1\}$ zu finden mit $m \mid n$. Auch wenn es keinen Beweis dafür gibt, gilt Faktorisierung von Binärzahlen als ein Problem, welches nicht in polynomieller Zeit lösbar ist. Deshalb bemüht man einen Algorithmus zur Faktorisierung erst dann, wenn man sicher weiß, dass eine Zahl keine Primzahl ist. Wir haben bereits mehrere Primzahltests kennen gelernt. Ein weiterer typischer Vorbereitungsschritt ist kleine Teiler durch Probedivision auszuschließen. Die Idee, elliptische Kurven zur Faktorisierung einzusetzen, stammt von Hendrik Willem Lenstra Jr. (geb. 1949). Wir stellen im Folgenden eine probabilistische Variante davon vor. Die

Grundidee hierzu ist die sogenannte $(p - 1)$-Methode von Pollard, welche wir hier noch einmal kurz wiederholen. Sei $n$ eine zusammengesetzte Zahl, sei $p$ ein Primteiler von $n$ und sei $a \in \mathbb{N}$ mit $\mathrm{ggT}(a, n) = 1$. Wir nehmen an, dass $k \in \mathbb{N}$ ein Vielfaches von $p - 1$ ist. Nach dem kleinen Satz von Fermat gilt $a^{p-1} \equiv 1 \bmod p$ und damit auch

$$a^k \equiv 1 \bmod p$$

Nun gilt $p \mid a^k - 1$ und $p \mid n$. Falls $a^k \not\equiv 1 \bmod n$ ist, liefert $\mathrm{ggT}(a^k - 1, n)$ einen nichttrivialen Teiler von $n$. Man hat bei diesem Verfahren gewisse Wahlmöglichkeiten für $a$ und $k$. Eine mögliche Strategie für die Wahl von $k$ ist zu hoffen, dass $p - 1$ in kleine Primteiler zerfällt. Da wir $p$ zu diesem Zeitpunkt noch nicht kennen, bietet es sich z. B. an

$$k = \prod_{\ell \leq C} \ell^{\left\lfloor \frac{\log n}{\log \ell} \right\rfloor}$$

zu wählen, wobei $C$ eine Zahl ist, von der wir erwarten, dass sie größer als jeder Primteiler von $p - 1$ ist. Damit sich $k$ in einer vernünftigen Größenordnung bewegt, darf $C$ nicht zu groß sein. Bei der Wahl von $a$ bieten sich beliebige Werte aus $(\mathbb{Z}/n\mathbb{Z})^*$ an. Der Nachteil des Verfahrens ist, dass sich die Struktur von $\mathbb{Z}/n\mathbb{Z}$ nicht verändern lässt. Wenn beispielsweise $p - 1$ für keinen Teiler $p$ von $n$ aus ausschließlich kleinen Primteilern besteht, führt Pollards $(p - 1)$-Algorithmus nicht zum Erfolg. Hier kommen die Pseudokurven ins Spiel, denn zu jedem $n$ gibt es sehr viele Pseudokurven $\widetilde{E}(\mathbb{Z}/n\mathbb{Z})$.

Bei Lenstras Verfahren wählt man auch zunächst eine Schranke $C$ und konstruiert daraus wie eben eine Zahl $k$. Je größer die Zahl $C$ ist, desto besser sind unsere Chancen, einen Teiler zu finden. Allerdings dauern dann die Rechnungen auch länger. Die Idee ist nun, zufällig eine Pseudokurve $\widetilde{E}(\mathbb{Z}/n\mathbb{Z})$ und einen Punkt $P \in \widetilde{E}(\mathbb{Z}/n\mathbb{Z})$ auf der Kurve zu wählen. Dann versucht man

$$k \cdot P = \underbrace{P + \cdots + P}_{k \text{ mal}}$$

zu berechnen. Die Hoffnung ist, dass bei diesem Versuch das Ergebnis einer Verknüpfung einmal nicht definiert ist. Dies liefert uns dann einen nichttrivialen Teiler von $n$. Sollte die Berechnung von $k \cdot P$ gelingen, dann wiederholen wir diesen Schritt mit einer neuen Pseudokurve und einem neuen Punkt auf dieser Kurve. Dies ist bei Pollards $(p - 1)$-Algorithmus nicht möglich.

Kommen wir nun zu den Details des Verfahrens. Man bestimmt zunächst zufällige $A, x, y \in \{0, \ldots, n - 1\}$ und berechnet dann $B$ durch die Vorschrift:

$$B = y^2 - x^3 - Ax \bmod n$$

Wenn nun $\mathrm{ggT}(4A^3 + 27B^2, n) \neq 1$ gilt, dann haben wir entweder einen nichttrivialen Teiler von $n$ gefunden oder wir wiederholen diesen Prozess. Wenn wir zuerst $A$ und $B$ bestimmen würden, wäre es schwieriger einen (zufälligen) Punkt auf der

Kurve zu finden. Die Pseudokurve $\widetilde{E}(\mathbb{Z}/n\mathbb{Z})$ ist nun gegeben durch die Gleichung $E : Y^2 = X^3 + AX + B$ mit $\text{ggT}(4A^3 + 27B^2, n) = 1$ und der Punkt auf $\widetilde{E}(\mathbb{Z}/n\mathbb{Z})$ ist $P = (x, y)$.

Die Verknüpfung auf Pseudokurven braucht nicht bei allen möglichen Klammerungen definiert zu sein. Es könnte beispielsweise bei der Berechnung von $5 \cdot P$ sein, dass $((P+P)+(P+P))+P$ definiert ist, während $(P+P)+((P+P)+P)$ nicht definiert ist. Der Unterschied ist hier, dass bei der zweiten Rechnung $3 \cdot P = (P+P)+P$ als Zwischenergebnis auftritt. Des Weiteren können wir bei zwei Klammerungen, bei denen alle Zwischenschritte definiert sind, nicht voraussetzen, dass sie dasselbe Ergebnis liefern. Diese Problematik umgeht man dadurch, dass man sich auf einen Algorithmus für die Berechnung von $k \cdot P$ festlegt. Dieser bestimmt dann eine eindeutige Klammerung. In diesem Sinne kann man $k \cdot P$ als Abkürzung für das Ergebnis sehen, welches dieser Algorithmus bei der Berechnung $k \cdot P$ produziert. Dieses Ergebnis kann auch undefiniert sein. Um $k \cdot P$ möglichst effizient auszurechnen, verwendet man einen Algorithmus analog zur schnellen Exponentiation, nur dass diesmal die Verknüpfung nicht Multiplikation sondern Addition ist.

**Lemma 5.8.** *Wenn die Verknüpfung $Q + R$ zweier Punkte $Q, R \in \widetilde{E}(\mathbb{Z}/n\mathbb{Z})$ nicht definiert ist, liefert dies einen nichttrivialen Teiler von $n$.*

*Beweis.* Sei $Q = (x_1, y_1)$ und $R = (x_2, y_2)$. Wenn $Q + R$ nicht definiert ist, dann kann dies drei mögliche Ursachen haben. Der erste Fall ist $x_1 \not\equiv x_2 \bmod n$, aber $x_2 - x_1$ ist modulo $n$ nicht invertierbar. Dann ist $x_2 - x_1$ kein Vielfaches von $n$, aber auch nicht teilerfremd zu $n$. Deshalb ist $\text{ggT}(x_2 - x_1, n)$ ein nichttrivialer Teiler von $n$. Der zweite Fall ist $x_1 \equiv x_2 \bmod n$ und $y_1 \equiv y_2 \not\equiv 0 \bmod n$, aber $2y_1$ ist modulo $n$ nicht invertierbar. Da $n$ ungerade ist, liefert $\text{ggT}(y_1, n)$ einen nichttrivialen Teiler von $n$. Der dritte Fall ist $x_1 \equiv x_2 \bmod n$, aber $y_1 \not\equiv \pm y_2 \bmod n$. Dann gilt

$$y_2^2 - y_1^2 \equiv (x_2^3 + Ax_2 + B) - (x_1^3 + Ax_1 + B) \equiv 0 \mod n$$

Also ist $y_2^2 - y_1^2 = (y_2 + y_1)(y_2 - y_1)$ ein Vielfaches von $n$, aber weder $y_2 + y_1$ noch $y_2 - y_1$ sind Vielfache von $n$. Deshalb sind $\text{ggT}(y_2 + y_1, n)$ und $\text{ggT}(y_2 - y_1, n)$ beides nichttriviale Teiler von $n$. $\qquad\square$

Falls die Verknüpfung $Q + R$ zweier Punkte $Q$ und $R$ während eines Zwischenschritts zur Berechnung von $k \cdot P$ nicht definiert ist, dann erhalten wir einen nichttrivialen Teiler von $n$. Was uns noch fehlt, ist eine Ursache, warum das Ergebnis einer Zwischenrechnung irgendwann einmal undefiniert sein sollte (oder zumindest, warum Undefiniertheit mit einer gewissen Wahrscheinlichkeit einmal eintritt). Sei $p > 3$ ein Primteiler von $n$. Dann ist $\widetilde{E}(\mathbb{Z}/p\mathbb{Z})$ eine elliptische Kurve. Die Hoffnung ist nun, dass die Ordnung von $\widetilde{E}(\mathbb{Z}/p\mathbb{Z})$ nur kleine Primteiler besitzt. Dann gilt nämlich $k \cdot (P \bmod p) = \mathcal{O}$ in $\widetilde{E}(\mathbb{Z}/p\mathbb{Z})$. Es ist nun sehr unwahrscheinlich, dass für alle anderen Primteiler $q$ von $n$ ebenfalls $k \cdot (P \bmod q) = \mathcal{O}$ in $\widetilde{E}(\mathbb{Z}/q\mathbb{Z})$ gilt. Aus Satz 5.7

folgt nun, dass $k \cdot P$ in $\tilde{E}(\mathbb{Z}/n\mathbb{Z})$ nicht definiert ist; denn anderfalls müsste $k \cdot P = \mathcal{O}$ gelten, da nur der Fernpunkt durch mod $p$ auf den Fernpunkt abgebildet wird. Dies wiederum würde $k \cdot (P \bmod q) = \mathcal{O}$ in $\tilde{E}(\mathbb{Z}/q\mathbb{Z})$ implizieren – im Widerspruch zu unserer Annahme.

### 5.2.4 Primzahlzertifizierung nach Goldwasser-Kilian

Die Idee bei der Zertifizierung der Primzahleigenschaft einer Zahl $n$ ist es, für $n$ einen effizient überprüfbaren Beweis anzugeben, der nachweist, dass $n$ eine Primzahl ist. Ein Ansatz hierfür geht auf Henry Cabourn Pocklington (1870–1952) zurück.

**Satz 5.9** (Pocklington). *Seien $a, k, n, q \in \mathbb{N}$ mit $n - 1 = q \cdot k$ und $q > k$, und seien folgende Eigenschaften erfüllt:*

(a)  *$q$ ist eine Primzahl,*

(b)  *$a^{n-1} \equiv 1 \bmod n$ und*

(c)  *$\mathrm{ggT}(a^k - 1, n) = 1$.*

*Dann ist $n$ eine Primzahl.*

*Beweis.* Angenommen $n$ ist keine Primzahl. Dann existiert ein Primteiler $p$ von $n$ mit $p \le \sqrt{n}$. Sei $d$ die Ordnung von $a$ in $(\mathbb{Z}/p\mathbb{Z})^*$. Aus (b) folgt $a^{n-1} \equiv 1 \bmod p$; deshalb ist $d$ ein Teiler von $n - 1$. Aus (c) erhalten wir, dass $d$ kein Teiler von $k$ ist. Mit (a) ergibt sich, dass $q$ ein Teiler von $d$ ist. Insgesamt erhalten wir $\sqrt{n} > p - 1 \ge d \ge q$. Aus $q > k$ folgt aber $q \ge \sqrt{n}$. Dies ist ein Widerspruch. Also ist $n$ eine Primzahl.  □

**Beispiel 5.10.** Wir wollen einen (mit rechnerischer Hilfe) leicht zu überprüfenden Beweis dafür angeben, dass $2\,922\,259$ eine Primzahl ist. Es gilt $2922259 - 1 = 1721 \cdot 1698$ sowie

$$2^{2922259-1} \equiv 1 \quad \bmod 2922259$$
$$\mathrm{ggT}(2^{1698} - 1, 2922259) = 1$$

Beides lässt sich mit der schnellen modularen Exponentiation und dem euklidischen Algorithmus effizient überprüfen. Wenn wir jetzt noch wüssten, dass $1721$ eine Primzahl ist, dann würde aus dem Satz von Pocklington 5.9 folgen, dass $2\,922\,259$ eine Primzahl ist. Wir benutzen den gleichen Ansatz um einen Beweis für die Primalität von $1721$ anzugeben. Es gilt $1721 - 1 = 43 \cdot 40$ und

$$2^{1721-1} \equiv 1 \quad \bmod 1721$$
$$\mathrm{ggT}(2^{40} - 1, 1721) = 1$$

Wir wollen nun noch „beweisen", dass 43 eine Primzahl ist. Es gilt $43 - 1 = 7 \cdot 6$ und

$$2^{43-1} \equiv 1 \mod 43$$
$$\mathrm{ggT}(2^6 - 1, 43) = 1$$

Da wir wissen, dass 7 eine Primzahl ist, folgt nun dass 43 eine Primzahl ist. Daraus wiederum folgt, dass 1721 ein Primzahl ist und schließlich, dass 2 922 259 eine Primzahl ist. Das Zertifikat für die Primzahleigenschaft besteht nun aus allen beteiligten Zahlen:

$$
\begin{array}{lll}
n_1 = 43 & q_1 = 7 & a_1 = 2 \\
n_2 = 1721 & q_2 = 43 & a_2 = 2 \\
n_3 = 2\,922\,259 & q_3 = 1721 & a_3 = 2
\end{array}
$$

Man kann das Verfahren (in umgekehrter Reihenfolge) auch dazu verwenden, „beweisbare" Primzahlen zu erzeugen. Ein Web-Interface, über welches man sich „persönliche" Primzahlen erzeugen kann, findet sich (2013) unter [27]. ◊

Das Problem an der Zertifizierung nach Pocklington ist, dass sie in dieser Form nur für Zahlen $n$ funktioniert, bei denen $n - 1$ einen großen Primteiler besitzt. Der Algorithmus von Shafrira Goldwasser (geb. 1958) und Joseph John Kilian überträgt die Idee von Pocklington auf elliptische Kurven. Hier stehen einem durch die Wahl verschiedener Kurven sehr viele Gruppen zur Verfügung. Ähnlich wie bei der Faktorisierung würde man dieses Verfahren erst dann anwenden, wenn man mit hoher Sicherheit bereits weiß, dass $n$ eine Primzahl ist.

**Satz 5.11** (Goldwasser-Kilian). *Sei $n \in \mathbb{N}$ und sei $E$ eine Pseudokurve über $\mathbb{Z}/n\mathbb{Z}$. Sei $\mathcal{O} \neq P \in \tilde{E}(\mathbb{Z}/n\mathbb{Z})$ und sei $q > (\sqrt[4]{n} + 1)^2$ eine Primzahl. Wenn $q \cdot P = \mathcal{O}$ in $\tilde{E}(\mathbb{Z}/n\mathbb{Z})$ gilt, dann ist $n$ eine Primzahl.*

*Beweis.* Angenommen $n$ ist keine Primzahl. Dann existiert ein Primteiler $p$ von $n$ mit $p \leq \sqrt{n}$. Sei $d$ die Ordnung von $P$ mod $p$ in der elliptischen Kurve $\tilde{E}(\mathbb{Z}/p\mathbb{Z})$. Nach Satz 5.7 gilt $q \cdot (P \bmod p) = \mathcal{O}$ in $\tilde{E}(\mathbb{Z}/p\mathbb{Z})$. Daraus folgt $d \mid q$. Weil $q$ eine Primzahl ist und $d \neq 1$ gilt, folgt nun $d = q$. Also ist $q \leq |\tilde{E}(\mathbb{Z}/p\mathbb{Z})|$. Nach der Formel von Hasse (5.1) ist jedoch $|\tilde{E}(\mathbb{Z}/p\mathbb{Z})| \leq (\sqrt[4]{n} + 1)^2$ und wir erhalten einen Widerspruch. □

**Bemerkung 5.12.** Wenn man in dem Satz 5.11 die stärkere Forderung $q > 2\sqrt{n} + 1$ an die Primzahl $q$ stellt (was für die Anwendung eine unwesentliche Einschränkung ist), dann lässt sich die Aussage ohne die Formel von Hasse (5.1) beweisen. Stattdessen genügt die schwächere Abschätzung $|\tilde{E}(\mathbb{Z}/p\mathbb{Z})| \leq 2p + 1$ in obigem Beweis. ◊

Wir beschreiben nun den Algorithmus von Goldwasser und Kilian. Ein wichtiger Schritt in diesem Algorithmus ist die effiziente Berechnung der Anzahl der Punkte auf einer elliptischen Kurve über einem endlichen Körper. Der erste deterministische

Polynomialzeitalgorithmus für diese Aufgabe stammt von René Schoof (geb. 1955). Er benötigt $\mathcal{O}(m^9)$ Operationen, wenn $m = \log(p)$ die Anzahl der Bits der Primzahl $p$ ist, um $|\tilde{E}(\mathbb{Z}/p\mathbb{Z})|$ zu berechnen und war damit in seiner ursprünglichen Form nicht praktikabel. Insbesondere durch Verbesserungen von Arthur Oliver Lonsdale Atkin (1925–2008) und Noam Elkies (geb. 1966) kann man heute jedoch davon ausgehen, dass die Berechnung im Wesentlichen $\mathcal{O}(m^4)$ Operationen erfordert. Eine weitere Zutat ist ein probabilistischer Algorithmus zur Berechnung von Quadratwurzeln in endlichen Körpern. Eine Möglichkeit hierfür ist der Algorithmus von Cipolla aus Abschnitt 3.5.2.

Wir wollen beweisen, dass $n \in \mathbb{N}$ eine Primzahl ist. Außerdem soll dieser Test ein Zertifikat für diese Eigenschaft liefern. Für kleine Zahlen $n$ schauen wir in einer Tabelle nach. Deshalb können wir annehmen, dass $n$ eine hinreichend große Zahl ist. Als Erstes überzeugen wir uns durch einen probabilistischen Test, dass $n$ mit hoher Wahrscheinlichkeit eine Primzahl ist. Dann wählen wir eine zufällige (Pseudo-)Kurve $E$ über $\mathbb{Z}/n\mathbb{Z}$ und berechnen etwa mit dem Algorithmus von Schoof unter der Annahme, dass $n$ eine Primzahl ist, die Anzahl $|\tilde{E}(\mathbb{Z}/p\mathbb{Z})|$. Ist diese Berechnung etwa wegen einer Division durch Null nicht möglich, so ist $n$ keine Primzahl. Wir suchen solange, bis $|\tilde{E}(\mathbb{Z}/p\mathbb{Z})| = k \cdot q$ ist, wobei $q$ sehr wahrscheinlich eine Primzahl ist mit $(\sqrt[4]{n} + 1)^2 < q < p/2$ und $k$ „klein" sein soll. Da es genügend viele Primzahlen gibt, darf man sogar $k = 2$ fordern. Bevor wir $q$ als Primzahl zertifizieren, wählen wir einen zufälligen Punkt $P = (x, y)$ auf $\tilde{E}(\mathbb{Z}/n\mathbb{Z})$. Hierzu wählen wir zufällige $x \in \mathbb{Z}/n\mathbb{Z}$, bis ein $y \in \mathbb{Z}/n\mathbb{Z}$ mit $y^2 \equiv x^3 + Ax + B \bmod n$ gefunden wird. Zur Berechnung von $y$ verwenden wir eines der randomisierten Verfahren zum Wurzelziehen in endlichen Körpern. Scheitert das Verfahren, so bestehen gute Chancen, einen echten Teiler von $n$ zu finden und damit $n$ als nicht prim nachzuweisen. Im nächsten Schritt berechnen wir $P' = k \cdot P$ in $\tilde{E}(\mathbb{Z}/n\mathbb{Z})$. Ist $k \cdot P$ nicht definiert, so ist $n$ keine Primzahl. Falls $k \cdot P = \mathcal{O}$ ist, suchen wir einen neuen Punkt $P \in \tilde{E}(\mathbb{Z}/n\mathbb{Z})$. Für $P' \neq 1$ muss jetzt $P'$ die Ordnung $q$ haben oder $n$ ist keine Primzahl. Gelingt uns die Berechnung von $q \cdot P' = \mathcal{O}$ in $\tilde{E}(\mathbb{Z}/n\mathbb{Z})$, so folgt aus Satz 5.11, dass $n$ eine Primzahl ist, es sei denn, $q$ ist keine Primzahl. Zum Abschluss wenden wir daher das Verfahren rekursiv für $q$ an und zertifizieren so $q$ als Primzahl. Das Zertifikat für die Primalität von $n$ besteht aus den Parametern von $E$, aus dem Punkt $P$, sowie aus $q$ und einem Zertifikat für die Primzahleigenschaft von $q$. Wenn der Algorithmus ein Ergebnis liefert, ist dieses immer korrekt. Allerdings kann nicht garantiert werden, dass der Algorithmus nach endlich vielen Schritten ein Ergebnis liefert. Aufgrund der Vielfalt von elliptischen Kurven zeigt sich jedoch in der Praxis, dass der Algorithmus mit einer sehr hohen Wahrscheinlichkeit terminiert und in der Laufzeit durchaus mit dem AKS-Algorithmus aus Kapitel 4 konkurrieren kann (und zusätzlich zu diesem Algorithmus noch ein Zertifikat für die Primzahleigenschaft liefert, welches schnell zu überprüfen ist).

## 5.3 Endomorphismen elliptischer Kurven

Es sei $k$ ein algebraisch abgeschlossener Körper mit einer von 2 verschiedenen Charakteristik und $E(k)$ eine elliptische Kurve, die durch die Gleichung $y^2 = x^3 + Ax + B$ definiert ist. Insbesondere hat $s(x) = x^3 + Ax + B$ keine mehrfachen Nullstellen. Mit $k(x, y)$ bezeichnen wir entsprechend Abschnitt 5.1.1 den Funktionenkörper von $E(k)$. Im vorigen Abschnitt hatten wir den Satz von Hasse in Gleichung (5.1) benutzt, um die Laufzeitanalyse im Goldwasser-Kilian-Test (Satz 5.11) zu verbessern. Wenn man auf die Formel von Hasse verzichtet, ist das Ergebnis allerdings nur unwesentlich schlechter und damit nicht essentiell verändert. Auf der anderen Seite ist Gleichung (5.1) für tieferes Verständnis der elliptischen Kurven unerlässlich. Die bekannten Beweise dieser Formel beruhen auf dem Studium von Endomorphismen. Dieser Abschnitt gibt eine Einführung in die grundlegenden Begriffe und Sätze der Theorie zu Endomorphismen elliptischer Kurven.

Hat der Körper $k$ eine Charakteristik $p > 0$ und liegen $A$ und $B$ in einer endlichen Körpererweiterung $\mathbb{F}_q$ des Primkörpers $\mathbb{F}_p$, so betrachten wir den Frobenius-Automorphismus, der $a \in k$ nach $a^q$ abbildet. Wir wissen schon, dass $a = a^q$ genau dann für $a \in k$ gilt, wenn $a \in \mathbb{F}_q$. Insbesondere gilt $A^q = A$ und $B^q = B$. Also ist $s(x)^q = s(x^q)$. Hieraus folgt, dass die Frobenius-Abbildung $\phi_q : E(k) \to E(k)$, die $(a, b) \in E(k)$ nach $(a^q, b^q) \in E(k)$ schickt, wohldefiniert und bijektiv ist. Denn für alle $x, y \in k$ gilt $y^2 = s(x)$ genau dann, wenn $y^{2q} = s(x)^q = s(x^q)$. Wenn wir in Zukunft die Frobenius-Abbildung $\phi_q$ bei elliptischen Kurven erwähnen, meinen wir stets diese Situation, dass $A, B \in \mathbb{F}_q$ sind und $q$ eine Primzahlpotenz ist.

Ein *rationaler Morphismus* $\rho$ ist eine fast überall definierte Abbildung von $E(k)$ nach $E(k)$, die für Punkte $P \in E(k)$ im Definitionsbereich durch $\rho(P) = (f(P), g(P))$ mit $f(x, y), g(x, y) \in k(x, y)$ gegeben ist. Insbesondere darf der Definitionsbereich von $\rho$ die Pole von $f$ und $g$ nicht enthalten. Es ist klar, dass $\rho$ die beiden rationalen Funktionen $f(x, y)$ und $g(x, y)$ eindeutig bestimmt. Beispielsweise ist $\phi_q$ rationaler Morphismus, der überall definiert und bijektiv ist. Die Hintereinanderausführung rationaler Morphismen ist wieder ein rationaler Morphismus.

Wir geben zwei wichtige Beispiele für rationale Morphismen. Ist $T = (a, b) \in E(k)$, so ist die Translation $\tau(P) = P + T$ rational, denn für alle $(x, y) \in E(k) \setminus \{T, -T\}$ gilt $\tau(x, y) = (x_T, y_T)$ mit $x_T = \frac{(y-b)^2}{(x-a)^2} - x - a$ und $y_T = \frac{(y-b)(x-x_T)}{(x-a)} - y$. Ebenso leicht sieht man, dass $\sigma(P) = 2P$ ein rationaler Morphismus ist. Der zweite Morphismus definiert auch einen Gruppenhomomorphismus. Dies führt auf den folgenden Begriff:

Ein *Endomorphismus* von $E(k)$ ist ein Gruppenhomomorphismus $\alpha$ von $E(k) \cup \{\mathcal{O}\}$ in sich selbst, der entweder trivial ist (also $E(k)$ nach $\mathcal{O}$ schickt) oder mit einem rationalen Morphismus fast überall übereinstimmt. Hieraus folgt sofort, dass nicht triviale Endomorphismen einen endlichen Kern haben, denn fast alle Bildpunkte liegen auf $E(k)$ und sind damit von $\mathcal{O}$ verschieden.

**Lemma 5.13.** *Seien $\alpha$ und $\beta$ Endomorphismen, die an fast allen Punkten von $E(k)$ übereinstimmen. Dann ist $\alpha = \beta$.*

*Beweis.* Sei $P \in E(k)$. Wir zeigen $\alpha(P) = \beta(P)$. Zunächst ist $\alpha(P + T) = \beta(P + T) \neq \mathcal{O}$ für fast alle $T \in E(k)$. Fast alle dieser $T$ erfüllen auch $\alpha(T) = \beta(T) \neq \mathcal{O}$. Nun sind $\alpha$ und $\beta$ Homomorphismen, also folgt:

$$\alpha(P) = \alpha(P + T) - \alpha(T) = \beta(P + T) - \beta(T) = \beta(P) \qquad \square$$

**Satz 5.14.** *Der rationale Frobenius-Morphismus $\phi_q$ ist Endomorphismus.*

*Beweis.* Siehe Aufgabe 5.9. $\qquad \square$

**Satz 5.15.** *Die Endomorphismen bilden einen Ring mit $(\alpha + \beta)(P) = \alpha(P) + \beta(P)$ sowie $(\alpha \cdot \beta)(P) = \alpha(\beta(P))$.*

*Beweis.* Die Endomorphismen einer abelschen Gruppe $A$ bilden einen Ring mit diesen Operationen. Also müssen wir nur den Abschluss als rationale Morphismen zeigen. Dies ist klar für die Hintereinanderausführung. Für die Summe siehe Aufgabe 5.7. $\qquad \square$

Damit wir für das Folgende sinnvoll mit Endomorphismen rechnen können, benötigen wir Normalformen.

**Lemma 5.16.** *Sei $\alpha$ ein nicht trivialer Endomorphismus, dann gibt es Polynome $p(x)$, $q(x)$, $u(x)$, $v(x) \in k[x]$, für die $\alpha(x, y) = (\frac{p(x)}{q(x)}, \frac{yu(x)}{v(x)})$ für fast alle $(x, y) \in E(k)$ gilt. Ferner sind $p(x)/q(x)$ und $u(x)/v(x)$ nicht konstant.*

*Beweis.* Siehe Aufgabe 5.8. $\qquad \square$

**Satz 5.17.** *Sei $\alpha$ ein Endomorphismus mit $\alpha(P) = (r_1(P), r_2(P))$ für fast alle $P \in E(k)$. Dann gelten die folgenden Aussagen:*

- *$\alpha(P) = (r_1(P), r_2(P))$ für alle $P \in E(k)$, bei denen $r_1(P)$ definiert ist.*
- *Der Kern von $\alpha$ ist die Menge der Punkte $P \in E(k)$, bei denen $r_1(P)$ nicht definiert ist.*

*Beweis.* Nach Lemma 5.16 dürfen wir $r_1(x, y) = \frac{p(x)}{q(x)}$ und $r_2(x, y) = \frac{yu(x)}{v(x)}$ setzen. Für fast alle $(x, y) \in E(k)$ gilt also

$$\frac{y^2 u^2(x)}{v^2(x)} = \frac{(x^3 + Ax + B)u^2(x)}{v^2(x)} = \frac{p^3(x)}{q^3(x)} + \frac{xAp(x)}{q(x)} + B$$

Wir können annehmen, dass $u(x)$ und $v(x)$ keine gemeinsamen Nullstellen haben. Da im Nenner alle Nullstellen von $v(x)$ doppelt erscheinen, aber $x^3 + Ax + B$ nur einfache Nullstellen besitzt, hat $\frac{p^3(x)}{q^3(x)} + \frac{xAp(x)}{q(x)} + B$ bei jeder Nullstelle von $v(x)$ einen Pol. Aus $v(x) = 0$ folgt also $q(x) = 0$. Der rationale Morphismus $\rho(P) = (r_1(P), r_2(P))$ ist daher überall definiert, wo $r_1$ keinen Pol hat. Für fast alle $T \in E(k)$ können wir einen rationalen Morphismus $\rho_T$ definieren, der für fast alle $P$ durch

$\rho_T(P) = \rho(P+T) - \rho(T)$ gegeben ist. Wir dürfen annehmen, dass $\rho(P+T) = \alpha(P+T)$ und $\rho(T) = \alpha(T)$ gilt. Nun ist $\alpha$ ein Homomorphismus, also gilt $\rho_T(P) = \alpha(P)$ für fast alle $P$. Dies bedeutet aber nichts anderes als $\rho_T = \rho$. Jetzt betrachten wir ein festes $P \in E(k)$, bei dem $r_1(P)$ definiert ist. Wir müssen noch zeigen, dass auch hier $\rho(P) = \alpha(P)$ gilt. Für fast alle $T$ gilt nun $\rho(P) = \rho_T(P) = \rho(P+T) - \rho(T) = \alpha(P+T) - \alpha(T) = \alpha(P)$. Insbesondere gilt $\alpha(P) \neq \mathcal{O}$ genau dann, wenn $\rho(P)$ definiert ist. $\qquad\square$

Der *Grad* von $\alpha$ ist definiert als

$$\deg(\alpha) = \max\{\deg(p(x)), \deg(q(x))\}$$

Hierbei nehmen wir an, dass $\alpha(x,y) = (\frac{p(x)}{q(x)}, \frac{yu(x)}{v(x)})$ für fast alle $(x,y) \in E(k)$ gilt und $p(x)$ keine gemeinsame Nullstelle mit $q(x)$ hat. Wir nennen $\alpha$ *separabel*, wenn eine der Ableitungen $p'(x)$ oder $q'(x)$ nicht identisch Null ist.

Der Frobenius-Endomorphismus hat Grad $q$, aber er ist nicht separabel. Eine direkte Rechnung zeigt, dass die Multiplikation mit 2, also $\alpha(P) = 2P$, separabel ist (Aufgabe 5.10.). Der Grad von $\alpha$ ist 4. Dies kann man direkt nachrechnen und es folgt auch aus dem nächsten Satz.

**Satz 5.18.** *Für jeden nicht trivialen Endomorphismus $\alpha$ gelten die folgenden Aussagen:*
- *Der Gruppenhomomorphismus $\alpha$ ist surjektiv.*
- *Ist $\alpha$ separabel, so gilt $|\ker(\alpha)| = \deg(\alpha)$.*
- *Ist $\alpha$ nicht separabel, so gilt $|\ker(\alpha)| < \deg(\alpha)$.*

*Beweis.* Wir beginnen mit der Surjektivität. Sei $P \in E(k)$. Offensichtlich ist $P = (P+T) - T$ für alle $T \in E(k)$. Sind nun $(P+T)$ und $T$ im Bild von $\alpha$, so auch $P$. Es reicht also zu zeigen, dass für fast alle $P \in E(k)$ ein $P' \in E(k)$ mit $\alpha(P') = P$ existiert. Insbesondere gilt ohne Einschränkung $P \neq -P$.

Als Nächstes zeigen wir mit Widerspruch, dass $p(x) - aq(x)$ für höchstens ein $a \in k$ konstant sein kann. Angenommen es gibt $a_1 \neq a_2$, für die $p(x) - a_1q(x)$ und $p(x) - a_2q(x)$ beide konstant sind. Dann gibt es $c, d \in k$ mit $p(x) - a_1q(x) = c$ und $p(x) - a_2q(x) = d$. Dann ist $(a_1 - a_2)q(x) = c - d$ konstant und damit ist $q(x)$ konstant. Ferner ist $a_2p(x) - a_1a_2q(x) = a_2c$ und $a_1p(x) - a_1a_2q(x) = a_1d$. Hieraus folgt, dass auch $p(x)$ konstant ist. Aber es sind nicht beide Polynome $p(x)$ und $q(x)$ konstant. Für fast alle $a \in k$ ist $p(x) - aq(x)$ nicht konstant und hat eine Nullstelle $a'$. Ohne Einschränkung gilt jetzt $P = (a,b)$ und, wegen $P \neq -P$, auch $b \neq -b$.

Betrachte jetzt einen Punkt $(a',b') \in E(k)$. Dann gilt entweder $\alpha(a',b') = (a,b)$ und $\alpha(a',-b') = (a,-b)$ oder $\alpha(a',b') = (a,-b)$ und $\alpha(a',-b') = (a,b)$. Also ist $P$ das Bild von $P' = (a',b')$ oder das Bild von $-P'$.

Wegen $b \neq -b$ sehen wir noch mehr: Die Anzahl der $P' \in E(k)$ mit $\alpha(P') = (a,b)$ entspricht genau der Anzahl der Nullstellen von $p(x) - aq(x)$, falls $p(x) - aq(x)$ nicht konstant ist und $b \neq -b$ gilt. Wir erhalten sofort $|\ker(\alpha)| \leq \deg(\alpha)$, denn die Anzahl der $P' \in E(k)$ mit $\alpha(P') = P$ ist genau $|\ker(\alpha)|$ für jedes $P$. Ist nun $\alpha$ nicht separabel, so hat $p(x) - aq(x)$ immer mehrfache Nullstellen, da sowohl $p'(x)$ als auch $q'(x)$ verschwinden. Dies beweist die dritte Aussage im Satz. Sei also $p'(x)$ oder $q'(x)$ nicht identisch Null. Damit ist die Ableitung $p'(x) - aq'(x)$ nicht identisch Null und hat nur endlich viele Nullstellen. Für fast alle $a \in k$ ist $p(x) - aq(x)$ nicht konstant, hat keine mehrfachen Nullstellen und es ist $b \neq -b$. Dies zeigt $|\ker(\alpha)| = \deg(\alpha)$, falls $\alpha$ separabel ist. □

**Bemerkung 5.19.** Nach Aufgabe 5.11. definiert die Abbildung $P \mapsto \phi_q(P) - P$ den surjektiven Endomorphismus $(\phi_q - 1)$, und der Kern besteht aus der über $\mathbb{F}_q$ definierten elliptischen Kurve $E(\mathbb{F}_q) \cup \{\mathcal{O}\}$.

Um den Satz von Hasse zu beweisen, begibt man sich auf den folgenden Weg: Zunächst zeigt man, dass $(\phi_q - 1)$ separabel ist. Damit reduziert sich das Problem, $E(\mathbb{F}_q)$ zu bestimmen, darauf, den Grad von $(\phi_q - 1)$ abzuschätzen. Dies ist durchaus schwierig und technisch. Der Beweis benutzt typischerweise das Konzept der *Weil-Paarungen* und wird etwa in [85] ausgeführt. Weil-Paarungen wurden 1940 von André Weil (1906–1998) definiert. ◊

## Weiterführende Literatur

Es gibt eine immense Anzahl wissenschaftlicher Artikel und Lehrbücher über elliptische Kurven. Eine Standardreferenz ist [79], allerdings verweist der Autor bei (zu) vielen Beweisen ohne weitere Erklärung auf das Buch von Robin Hartshorne (geb. 1938) über *Algebraische Geometrie* [41], welches das Gebiet sehr allgemein behandelt und Alexander Grothendiecks (geb. 1928) Begriffsbildung der *Schemata* benutzt. Es ist nicht als Einführung in die Theorie elliptischer Kurven konzipiert und als solche ungeeignet. Als Einführung in die Theorie elliptischer Kurven eignet sich z. B. [85]. Erwähnen möchten wir noch [47, 54]. Kryptographische Anwendungen elliptischer Kurven werden auch in Lehrbüchern wie [48, 86] von Neal Koblitz (geb. 1948) und Annette Werner (geb. 1966) behandelt. Allerdings verzichten beide Bücher unter anderem auf den Beweis der Gruppenstruktur. (Der hier geführte Beweis für die Gruppenstruktur elliptischer Kurven benutzt die Methode der „Divisoren" und erfordert keine Kenntnisse, die über den Stoff dieses Buches hinausgehen.) Koblitz gilt zusammen mit Victor Saul Miller (geb. 1947) als Mitbegründer der Kryptographie auf elliptischen Kurven, siehe [46] und [61]. Seit Mitte der 1980er Jahre hat die Kryptographie auf elliptischen Kurven eine rasante Entwicklung genommen und sich in der Praxis neben dem RSA-Verfahren etabliert.

## Aufgaben

**5.1.** In allgemeiner Form wird eine elliptische Kurve durch eine Gleichung vom folgenden Typ definiert.

$$(y'')^2 + cx''y'' + dy'' = (x'')^3 + e(x'')^2 + A''x'' + B'' \qquad (5.2)$$

**(a)** Zeigen Sie, dass sich Gleichung (5.2) über Körpern der Charakteristik ungleich 2 durch Koordinatenwechsel auf die folgende Form bringen lässt.

$$y^2 = (x')^3 + e'(x')^2 + A'x' + B' \qquad (5.3)$$

**(b)** Zeigen Sie, dass sich Gleichung (5.3) über Körpern der Charakteristik ungleich 3 durch eine Koordinatenverschiebung von $x$ als Weierstraß-Gleichung $y^2 = x^3 + Ax + B$ schreiben lässt.

**5.2.** Zeigen Sie, dass das Polynom $x^3 + Ax + B$ genau dann mehrfache Nullstellen hat, wenn $4A^3 + 27B^2 = 0$ ist. Achten Sie darauf, auch in Charakteristik 2 und 3 korrekt zu argumentieren.

**5.3.** Sei $p \geq 3$ eine Primzahl und $y^2 = x^3 + Ax + B$ eine elliptische Kurve über $\mathbb{F}_p$. Für $z \in \mathbb{F}_p$ setzen wir

$$\left(\frac{z}{p}\right) = \begin{cases} 1 & \text{falls } z \neq 0 \text{ und } z \text{ ein Quadrat in } \mathbb{F}_p \text{ ist} \\ -1 & \text{falls } z \neq 0 \text{ und } z \text{ kein Quadrat in } \mathbb{F}_p \text{ ist} \\ 0 & \text{falls } z = 0 \end{cases}$$

Zeigen Sie $|E(\mathbb{Z}_p)| = p + \sum_{x=0}^{p-1} \left(\frac{x^3 + Ax + B}{p}\right)$.

**5.4.** Sei $y^2 = x^3 + x + 6$ eine Kurve über $\mathbb{F}_{11}$. Zeigen Sie:

**(a)** $y^2 = x^3 + x + 6$ ist eine elliptische Kurve über $\mathbb{F}_{11}$

**(b)** $E(\mathbb{F}_{11}) \cup \mathcal{O}$ ist zyklisch.

**5.5.** Sei $y^2 = x^3 + x$ eine Kurve über $\mathbb{F}_5$. Zeigen Sie:

**(a)** $y^2 = x^3 + x$ ist eine elliptische Kurve über $\mathbb{F}_5$.

**(b)** $E(\mathbb{F}_5) \cup \mathcal{O}$ ist isomorph zur Klein'schen Vierergruppe $\mathbb{Z}/2\mathbb{Z} \times \mathbb{Z}/2\mathbb{Z}$.

**Hinweis:** In den folgenden Aufgaben sei $E(k)$ eine elliptische Kurve, gegeben durch $y^2 = x^3 + Ax + B$ über einem algebraisch abgeschlossenen Körper $k$ mit von 2 und 3 verschiedener Charakteristik. Außerdem soll $4A^3 + 27B^2 \neq 0$ sein.

**5.6.** Zeigen Sie, dass

$$\{ P \in E(k) \mid 3P = \mathcal{O} \} \cup \{\mathcal{O}\}$$

isomorph zur Gruppe $\mathbb{Z}/3\mathbb{Z} \times \mathbb{Z}/3\mathbb{Z}$ ist.

**5.7.** Zeigen Sie, dass für rationale Morphismen $\alpha$ und $\beta$ einer elliptischen Kurve auch $(\alpha + \beta)(P) = \alpha(P) + \beta(P)$ ein rationaler Morphismus ist.

**5.8.** Sei $\alpha$ ein nicht trivialer Endomorphismus. Zeigen Sie, dass es Polynome $p(x)$, $q(x)$, $u(x)$, $v(x) \in k[x]$ gibt, für die $\alpha(x, y) = (\frac{p(x)}{q(x)}, \frac{yu(x)}{v(x)})$ für fast alle $(x, y) \in E(k)$ gilt. Zeigen Sie weiterhin, dass $p(x)/q(x)$ und $u(x)/v(x)$ nicht konstant sind.

**5.9.** Zeigen Sie, dass der Frobenius-Morphismus $\phi_q$ ein Endomorphismus ist.

*Hinweis:* Verwenden Sie etwa $E(k) \cup \{\mathcal{O}\} = \text{Pic}^0(E(k))$ nach Satz 5.5.

**5.10.** Zeigen Sie, dass der Endomorphismus $\alpha(P) = 2P$ von $E(k)$ separabel ist.

**5.11.** Zeigen Sie, dass die Abbildung $P \mapsto \phi_q(P) - P$ einen surjektiven Endomorphismus $(\phi_q - 1)$ definiert und dass der Kern aus der über $\mathbb{F}_q$ definierten elliptischen Kurve $E(\mathbb{F}_q) \cup \{\mathcal{O}\}$ besteht.

## Zusammenfassung

### Begriffe

- elliptische Kurve $E$
- Fernpunkt $\mathcal{O}$
- inverser Punkt $\overline{P}$
- Gerade, Senkrechte
- Addition von Punkten
- Polynomring über $E$
- Norm $N(f)$
- Grad eines Polynoms $\deg(f)$
- Ordnung $\text{ord}_P(f)$
- Divisor

- Grad eines Divisors $\deg(D)$
- Hauptdivisor $\text{div}(f)$
- Picard-Gruppe $\text{Pic}^0(E)$
- Pseudokurve
- Primzahlzertifikat
- rationaler Morphismus
- Frobenius-Morphismus
- Endomorphismenring
- Grad eines Endomorphismus
- separabler Endomorphismus

### Methoden und Resultate

- Für jede elliptische Kurve $E$ über $\mathbb{F}_q$ gilt $|E \cup \{\mathcal{O}\}| \le 2q + 1$.
- Über algebraisch abgeschlossenen Körpern schneidet jede Gerade eine Kurve $E$ in drei Punkten (mit Vielfachheiten).
- Die Addition $P + Q = -R$ ist so gewählt, dass $P, Q, R$ auf einer Geraden liegen.
- Jedes Polynom $f \ne 0$ hat nur endlich viele Nullstellen auf einer Kurve $E$.
- Darstellung $f = v(x) + yw(x)$ in $k[x, y]$ ist eindeutig.
- Ordnung einer Nullstelle von $f \in k[x, y]$ ist eindeutig.
- Wenn $f \ne 0 \ne g$, und für alle $P \in E$ gilt $\text{ord}_P(f) \le \text{ord}_P(g)$, dann $f \mid g$.
- $\text{ord}_P(f \cdot g) = \text{ord}_P(f) + \text{ord}_P(g)$
- $\text{div}(f \cdot g) = \text{div}(f) + \text{div}(g)$

- $\deg(f) = \deg(\operatorname{div}(f))$
- $E \cup \{\mathcal{O}\}$ und $\operatorname{Pic}^0(E)$ sind isomorph; insbesondere ist $E \cup \{\mathcal{O}\}$ eine Gruppe.
- Konstruktion von Punkt $P$ und Kurve $E$ mit $P \in E$.
- Diffie-Hellman-Schlüsselaustausch mit elliptischen Kurven
- Struktur von Pseudokurven
- Faktorisierung mit elliptischen Kurven nach Lenstra: Undefiniertheit bei Addition von zwei Punkten liefert Teiler
- Primzahlzertifizierung nach Pocklington
- Primzahlzertifizierung nach Goldwasser-Kilian
- Der Frobenius-Morphismus ist ein Endomorphismus.
- Endomorphismen bilden einen Ring
- Für separable Endomorphismen ist der Grad die Größe des Kerns.

# 6 Kombinatorik auf Wörtern

Sei $\Sigma$ eine Menge. Die Elemente aus $\Sigma$ nennen wir hier *Buchstaben* und $\Sigma$ das *Alphabet*. An einigen Stellen werden wir fordern, dass $\Sigma$ endlich ist. Mit $\Sigma^n$ bezeichnen wir die Menge der Sequenzen aus $n$ Buchstaben über $\Sigma$. Für $(a_1, \ldots, a_n) \in \Sigma^n$ schreiben wir auch $a_1 \cdots a_n$. Wir sagen, dass $a_1 \cdots a_n$ ein *Wort* der *Länge* $|a_1 \cdots a_n| = n$ ist, und sein *Alphabet* ist $\text{alph}(a_1 \cdots a_n) = \{a_1, \ldots, a_n\} \subseteq \Sigma$. Mit $\Sigma^*$ bezeichnen wir die Menge der Wörter über $\Sigma$, d. h.

$$\Sigma^* = \bigcup_{n \in \mathbb{N}} \Sigma^n$$

Man beachte, dass der Plural hier tatsächlich „Wörter" lautet und nicht „Worte". Mit $\varepsilon$ meinen wir das *leere Wort*. Häufig begegnet man auch den Bezeichnungen 1 oder $\lambda$ für das leere Wort. Es ist das einzige Element von $\Sigma^*$, dessen Länge 0 ist und dessen Alphabet leer ist. Es gilt $\varnothing^* = \{\varepsilon\}$. Sobald $\Sigma$ nicht leer ist, ist $\Sigma^*$ unendlich. Auf $\Sigma^*$ können wir eine Verknüpfung $\cdot$ definieren: Für $a_1 \cdots a_n, b_1 \cdots b_m \in \Sigma^*$ definieren wir:

$$(a_1 \cdots a_n) \cdot (b_1 \cdots b_m) = a_1 \cdots a_n b_1 \cdots b_m$$

Das heißt, die Verknüpfung zweier Wörter ist durch die Aneinanderreihung der Sequenzen gegeben. Bei dieser Verknüpfung spricht man häufig auch von der *Konkatenation*. Die Konkatenation ist assoziativ und besitzt das leere Wort $\varepsilon$ als neutrales Element. Mit der Konkatenation als Verknüpfung bildet $\Sigma^*$ ein Monoid, das sogenannte *freie Monoid* über $\Sigma$. Die Bezeichnung „frei" ist hierbei durch folgende algebraische Eigenschaft von $\Sigma^*$ begründet:

**Satz 6.1** (Universelle Eigenschaft). *Sei $M$ ein Monoid und $\varphi : \Sigma \to M$ eine Abbildung. Dann lässt sich $\varphi$ eindeutig zu einem Homomorphismus $\varphi : \Sigma^* \to M$ erweitern, indem man $\varphi(a_1 \cdots a_n) = \varphi(a_1) \cdots \varphi(a_n)$ für $n \geq 0$ definiert.*

*Beweis.* Für $n = 0$ ergibt sich $\varphi(\varepsilon) = 1$, wie es bei Monoidhomomorphismen gefordert ist. Seien $a_1 \cdots a_n, b_1 \cdots b_m \in \Sigma^*$ zwei Wörter. Dann gilt:

$$\varphi(a_1 \cdots a_n b_1 \cdots b_m) = \varphi(a_1) \cdots \varphi(a_n)\, \varphi(b_1) \cdots \varphi(b_m)$$
$$= \varphi(a_1 \cdots a_n)\, \varphi(b_1 \cdots b_m)$$

Dies zeigt, dass die Fortsetzung auf $\Sigma^*$ ein Monoidhomomorphismus ist. Sei $\psi : \Sigma^* \to M$ ein beliebiger Monoidhomomorphismus mit $\psi(a) = \varphi(a)$ für alle $a \in \Sigma$. Dann ist $\psi(a_1 \cdots a_n) = \psi(a_1) \cdots \psi(a_n) = \varphi(a_1) \cdots \varphi(a_n) = \varphi(a_1 \cdots a_n)$. Also gilt $\psi = \varphi$. Dies zeigt die Eindeutigkeit der Fortsetzung von $\phi$. $\qquad\square$

**Beispiel 6.2.** Sei $M$ ein endliches Monoid. Dann ist $M^*$ ein unendliches Monoid. Wenn man Satz 6.1 auf die identische Abbildung $M \to M$ anwendet, erhalten wir einen surjektiven Homomorphismus:

$$M^* \to M, \ (m_1, \ldots, m_n) \mapsto m_1 \cdots m_n$$

Hierbei bezeichnet $m_1 \cdots m_n$ jenes Element aus $M$, das man erhält, wenn man die einzelnen Elemente der Sequenz $(m_1, \ldots, m_n) \in M^*$ in $M$ verknüpft. Man nennt diese kanonische Abbildung auch *Auswertungshomomorphismus*.

Sei $\Sigma$ eine beliebige Menge. Wenn wir Satz 6.1 auf die Abbildung $\Sigma \to \mathbb{N}$ mit $a \mapsto 1$ anwenden, dann sehen wir, dass die Längenfunktion $\Sigma^* \to \mathbb{N} : w \mapsto |w|$ ein Homomorphismus ist, d. h., es gilt $|vw| = |v| + |w|$. Analog können wir Satz 6.1 auf die Abbildung $\Sigma \to 2^\Sigma$ mit $a \mapsto \{a\}$ anwenden und erhalten, dass die Alphabetabbildung $\Sigma^* \to (2^\Sigma, \cup, \varnothing)$ mit $w \mapsto \mathrm{alph}(w)$ ein Homomorphismus ist, d. h., es gilt $\mathrm{alph}(vw) = \mathrm{alph}(v) \cup \mathrm{alph}(w)$. ◊

Die *Kombinatorik auf Wörtern* beschäftigt sich mit Strukturaussagen und Eigenschaften von Wörtern. Typische Anwendungen hiervon sind Textalgorithmen wie die Mustererkennung sowie die Codierungstheorie mit Codes variabler Länge. Wenn $x = uvw$ gilt, dann heißt $u$ ein *Präfix*, $v$ ein *Faktor* und $w$ ein *Suffix* von $x$. Für $u \in \Sigma^*$ bezeichnen wir mit $u^n$ die $n$-fache Konkatenation $u \cdots u$ von $u$. Wenn $u = x^n$ für $n \in \mathbb{N}$ gilt, dann sagen wir $u$ ist eine *Potenz* von $x$.

## 6.1 Kommutation, Transposition und Konjugation

In diesem Abschnitt beschäftigen wir uns mit Fällen, in denen Wörter, die gewissen Gleichungen genügen, eine spezielle Struktur haben. Im Einzelnen betrachten wir Kommutation, Transposition und Konjugation. Diese Begriffe sind für beliebige Monoide definiert. Für die Kommutation zweier Elemente gibt es eine einfache hinreichende Bedingung. Sei $M$ ein Monoid und $x, y \in M$. Gilt $x = r^k$ und $y = r^m$ für gewisse $r \in M$ und $k, m \in \mathbb{N}$, so folgt $xy = yx$. Wie wir in Satz 6.3 (b) sehen werden, gilt in freien Monoiden auch die Umkehrung. Daher können wir die Lösungsmenge der Wortgleichung $xy = yx$ genau bestimmen. Elemente $x, y \in M$ heißen *transponiert*, falls es $r, s \in M$ gibt mit $x = rs$ und $y = sr$. Die Transposition ist eine reflexive und symmetrische Relation, aber im Allgemeinen ist sie nicht transitiv; siehe etwa Aufgabe 6.1. Wir werden jedoch zeigen, dass sie in freien Monoiden transitiv ist.

Ein Element $x \in M$ heißt zu $y \in M$ *konjugiert* (genauer *links-konjugiert*), falls es ein $z \in M$ gibt mit $zx = yz$. Die Konjugationsrelation ist immer reflexiv und transitiv, aber im Allgemeinen nicht symmetrisch. Betrachte etwa das Monoid $M = a^* \cup ba^* \subseteq \{a, b\}^*$ mit der Multiplikation $x \cdot a = xa$ und $x \cdot b = b$ für alle $x$. Dann ist $b$ zu $a$ konjugiert, aber nicht umgekehrt. In Gruppen ist die Konjugation symmetrisch und damit eine Äquivalenzrelation, da hier die drei Aussagen $zx = yz$, $x = z^{-1}yz$ und $y = zxz^{-1}$ gleichbedeutend sind. Sind Elemente $x, y$ in einem Monoid durch $x = rs$ und $y = sr$ transponiert, so sind sie auch konjugiert, da dann $sx = srs = ys$ ist. Satz 6.3 (a) besagt, dass in freien Monoiden auch die Umkehrung gilt. In freien Monoiden stimmt die Konjugation also mit der Transposition überein. In Abschnitt 8.7 werden wir sehen, dass sich die Aussagen zur Kommutation, Transposition und Konjugation von freien Monoiden auf freie Gruppen übertragen.

Der folgende Satz von Roger Conant Lyndon (1917–1988) und Marcel-Paul Schützenberger (1920–1996) ist grundlegend für die Kombinatorik auf Wörtern. Er beschreibt die Struktur von konjugierten Wörtern. Im zweiten Teil des Satzes geht es um miteinander kommutierende Wörter.

**Satz 6.3** (Lyndon, Schützenberger 1962). *Seien $x, y, z \in \Sigma^*$ Wörter.*

(a) *Wenn $x \neq \varepsilon$ und $zx = yz$ gilt, dann existieren $r, s \in \Sigma^*$ und $k \in \mathbb{N}$ mit $x = sr$, $y = rs$ und $z = (rs)^k r$. Insbesondere stimmt die Konjugation mit der Transposition überein; und beides sind Äquivalenzrelationen.*

(b) *Wenn $xy = yx$ gilt, dann sind $x$ und $y$ beide Potenzen eines Wortes $r \in \Sigma^*$.*

*Beweis.* Zu (a): Wenn $|z| \leq |x|$ gilt, dann ist $z$ ein Suffix von $x$, also existiert entsprechend dem folgenden Bild ein Wort $s$ mit $x = sz$ und $y = zs$. Die Aussage gilt nun mit $z = r$ und $k = 0$.

Sei nun $|z| > |x|$. Dann ergibt sich das folgende Bild:

Also ist $z = z'x = yz'$ und $|z'| < |z|$, da $x \neq \varepsilon$. Mit Induktion nach $|z|$ existieren nun $r, s \in \Sigma^*$ und $k' \in \mathbb{N}$ mit $x = sr$, $y = rs$ und $z' = (rs)^{k'} r$. Die Aussage gilt also mit $k = k' + 1$.

Zu (b): Wenn $x = \varepsilon$ gilt, dann ist die Aussage mit $r = y$ erfüllt. Andernfalls können wir aus Symmetriegründen annehmen, dass $x$ und $y$ beide nicht leer sind. Mit Teil (a) erhalten wir $x = st = ts$ und $y = (st)^k s$. Mit Induktion nach $|xy|$ sind $s$ und $t$ Potenzen desselben Wortes $r$. Das gleiche trifft damit auch auf $x$ und $y$ zu. □

## 6.2 Der Satz von Fine und Wilf

Offensichtlich gilt in Satz 6.3 (b) auch die Umkehrung: Wenn $u$ und $v$ Potenzen desselben Wortes sind, dann ist $uv = vu$. Der folgende Satz von Nathan Jacob Fine (1916–1994) und Herbert Saul Wilf (1931–2012) gibt eine andere hinreichende Bedingung für Kommutativität: Wenn $u^m$ und $v^n$ einen genügend langen Präfix gemeinsam haben, dann kommutieren $u$ und $v$. Um eine komfortablere Induktionsvoraussetzung zu erhalten, zeigen wir eine etwas stärkere Aussage. Der hier vorgestellte Beweis stammt von Jeffrey Outlaw Shallit (geb. 1957).

**Satz 6.4.** *Seien $u, v \in \Sigma^*$ nichtleere Wörter, $s \in u\{u,v\}^*$ und $t \in v\{u,v\}^*$. Wenn $s$ und $t$ einen gemeinsamen Präfix der Länge $|u| + |v| - \mathrm{ggT}(|u|, |v|)$ haben, dann gilt $uv = vu$.*

*Beweis.* Ohne Einschränkung gilt $|u| \leq |v|$. Die Aussage ist trivial für $|u| = 0$, also gilt $1 \leq |u| \leq |v|$. Wegen $\mathrm{ggT}(|u|, |v|) \leq |v|$ folgt $v = uw$. Zu zeigen ist $uw = wu$, denn hieraus folgt $uv = u(uw) = u(wu) = (uw)u = vu$. Die Aussage $uw = wu$ ist trivial für $|w| = 0$. Wegen $|s| \geq |u| + |v| - \mathrm{ggT}(|u|, |v|) > |u|$ gilt $s \in uu\{u,w\}^*$. Zusammen mit $t \in uw\{u,w\}^*$ folgt $s' \in u\{u,w\}^*$ und $t' \in w\{u,w\}^*$ für die Wörter $s', t'$ mit $s = us'$ und $t = ut'$. Es gilt $\mathrm{ggT}(|u|, |v|) = \mathrm{ggT}(|u|, |w|)$ und $|v| = |u| + |w|$, also haben $s'$ und $t'$ einen gemeinsamen Präfix der Länge $|u| + |w| - \mathrm{ggT}(|u|, |w|)$. Mit Induktion folgt $uw = wu$ und damit die Behauptung. $\qquad\square$

Für alle positiven ganzen Zahlen $p, q$ definieren wir das Wortpaar $\sigma(p,q) \in \{a,b\}^* \times \{a,b\}^*$ induktiv wie folgt:

$$
\sigma(p,q) = \begin{cases}
(a^p, a^{p-1}b) & \text{falls } p = q \\
(v, u) & \text{falls } p > q \text{ und } \sigma(q,p) = (u,v) \\
(u, uv) & \text{falls } p < q \text{ und } \sigma(p, q-p) = (u,v)
\end{cases}
$$

Das Wortpaar $(u,v) = \sigma(p,q)$ hat die Eigenschaften $|u| = p$, $|v| = q$, $uv \neq vu$ und die Wörter $u$ und $v$ stimmen auf den ersten $p + q - \mathrm{ggT}(p,q) - 1$ Zeichen überein. Deshalb ist die Schranke $|u| + |v| - \mathrm{ggT}(|u|, |v|)$ im Satz von Fine und Wilf bestmöglich.

Eine natürliche Zahl $p \geq 1$ ist eine *Periode* des Wortes $a_1 \cdots a_n$ mit $a_i \in \Sigma$, wenn $a_i = a_{i+p}$ für alle $1 \leq i \leq n - p$ gilt. Beispielsweise hat das Wort $aabaaba$ die Perioden 3, 6 und 7. Die Länge $|u|$ ist stets eine Periode eines nichtleeren Wortes $u$. Der Satz von Fine und Wilf wird häufig in der Form von Korollar 6.5 formuliert: Wenn ein genügend langes Wort $w$ zwei Perioden besitzt, dann ist auch deren größter gemeinsamer Teiler eine Periode von $w$.

**Korollar 6.5** (Fine, Wilf 1965). *Wenn ein Wort $w$ mit $|w| \geq p + q - \mathrm{ggT}(p,q)$ zwei Perioden $p$ und $q$ besitzt, dann ist auch $\mathrm{ggT}(p,q)$ eine Periode von $w$.*

*Beweis.* Sei $w$ sowohl ein Präfix von $s = u^k$ als auch von $t = v^\ell$ mit $|u| = p$ und $|v| = q$. Mit Satz 6.4 gilt $uv = vu$. Nach Satz 6.3 (b) sind $u$ und $v$ beides Potenzen eines Wortes $x$. Damit ist auch $s$ eine Potenz von $x$, und $|x|$ sowie jedes Vielfache sind Perioden von $w$. Die Länge von $x$ teilt sowohl $p$ als auch $q$. Damit ist $|x|$ auch ein Teiler von $\mathrm{ggT}(p,q)$. $\qquad\square$

Das Wort $w = a^{p-1}ba^{p-1}$ hat als Perioden sowohl $p$ als auch $p + 1$, aber $\gcd(p, p + 1) = 1$ ist keine Periode von $w$. Dies ist kein Widerspruch zu Korollar 6.5, da $|w| = 2p - 1 < p + (p + 1) - 1$ gilt.

## 6.3 Kruskals Baumtheorem

Ein Wort $a_1 \cdots a_n$ mit $a_i \in \Sigma$ ist ein *Teilwort* von $v$, wenn sich $v$ schreiben lässt als $v = v_0 a_1 v_1 \cdots a_n v_n$. Wir schreiben $u \preceq v$, wenn $u$ ein Teilwort von $v$ ist. In diesem Abschnitt wollen wir zeigen, dass es in jeder unendlichen Menge $L$ von Wörtern über einem endlichen Alphabet zwei verschiedene Wörter $u, v \in L$ gibt mit $u \preceq v$. Diese Aussage ist als Higmans Lemma bekannt. Wir werden sie im etwas abstrakteren Kontext der Quasiordnungen und Wohlquasiordnungen beweisen. Dieses Vorgehen erlaubt es uns, Kruskals Baumtheorem mit denselben Methoden herzuleiten. Bei Kruskals Baumtheorem handelt es sich um eine Verallgemeinerung von Higmans Lemma auf endliche Bäume.

Eine *Quasiordnung* $(X, \leq)$ ist eine Menge $X$ ausgestattet mit einer reflexiven und transitiven Relation $\leq$. Das heißt, $\leq$ ist eine Teilmenge von $X \times X$ und für alle $x, y, z \in X$ gilt $x \leq x$ sowie die Implikation:

$$\text{Aus } x \leq y \text{ und } y \leq z \text{ folgt } x \leq z\,.$$

Im Gegensatz zu Halbordnungen brauchen Quasiordnungen nicht antisymmetrisch zu sein, d. h., es kann $x \neq y$ gelten, obwohl $x \leq y$ und $y \leq x$ ist. Wir schreiben $x < y$, wenn $x \leq y$ und $y \not\leq x$ gilt. Zwei Elemente $x, y \in X$ sind *unvergleichbar*, wenn weder $x \leq y$ noch $y \leq x$ gilt. Eine Folge $(x_i)_{i \in \mathbb{N}}$ mit $x_i \in X$ ist eine unendliche *echt absteigende Kette*, wenn $x_i > x_{i+1}$ für alle $i$ gilt. Eine Teilmenge $Y \subseteq X$ ist eine *Antikette*, wenn je zwei verschiedene Elemente aus $Y$ unvergleichbar sind. Eine Folge $(x_i)_{i \in \mathbb{N}}$ heißt *gut*, wenn $i < j$ existieren mit $x_i \leq x_j$. Wenn eine unendliche Folge nicht gut ist, dann sagen wir, sie ist *schlecht*. Eine Quasiordnung $(X, \leq)$ ist eine *Wohlquasiordnung*, wenn alle unendlichen Folgen gut sind.

Auf einer endlichen Menge ist jede Quasiordnung auch eine Wohlquasiordnung. Insbesondere definiert die Identität auf einer endlichen Menge eine Wohlquasiordnung. Die ganzen Zahlen $(\mathbb{Z}, |)$ mit der Teilbarkeitsrelation $|$ sind eine Quasiordnung, welche keine Wohlquasiordnung bildet, da z. B. die Folge der Primzahlen schlecht ist. Die natürlichen Zahlen $(\mathbb{N}, \leq)$ mit der üblichen Ordnung bilden eine Wohlquasiordnung: Sei $(x_i)_{i \in \mathbb{N}}$ ein Folge in $\mathbb{N}$ und sei $x_j$ der kleinste Wert, der angenommen wird; dann gilt $x_j \leq x_{j+1}$. Die ganzen Zahlen $(\mathbb{Z}, \leq)$ hingegen sind keine Wohlquasiordnung, da beispielsweise die Folge $(-i)_{i \in \mathbb{N}}$ schlecht ist. Ähnlich sind die positiven reellen Zahlen $(\mathbb{R}_{\geq 0}, \leq)$ keine Wohlquasiordnung, da $(\frac{1}{i+1})_{i \in \mathbb{N}}$ schlecht ist.

Eine der Hauptmotivationen für die Betrachtung von Wohlquasiordnungen ist, dass sie sich in vielerlei Hinsicht wie endliche Mengen verhalten. Ein wichtiges Werkzeug bei dem Zusammenspiel von endlichen und unendlichen Mengen ist der Satz von Ramsey (Frank Plumpton Ramsey, 1903–1930). Es existieren viele Varianten dieses Satzes; wir behandeln hier nur Kantenfärbungen von unendlichen vollständigen Graphen mit endlich vielen Farben.

**Satz 6.6** (Ramsey 1930). *Sei $V$ eine unendliche Menge von Knoten und $C$ eine endliche Menge von Farben. Für jede Färbung $c : \binom{V}{2} \to C$ existiert eine unendliche Teilmenge $X \subseteq V$, so dass $\binom{X}{2}$ bezüglich $c$ nur mit einer einzigen Farbe gefärbt ist.*

*Beweis.* Wir definieren endliche Teilmengen $X_i \subseteq V$ und unendliche Teilmengen $Y_i \subseteq V$ mit

- $X_i \subseteq X_{i+1}$ und $X_{i+1} \setminus X_i = \{x_{i+1}\}$, $Y_{i+1} \subsetneq Y_i$, $X_i \cap Y_i = \emptyset$,

- für alle $x_i$ existiert eine Farbe $r_i \in C$ mit $c(x_i, y) = r_i$ für alle $y \in Y_i$.

Zu Anfang ist $X_0 = \emptyset$ und $Y_0 = V$. Seien nun $X_i$ und $Y_i$ bereits definiert. Wir wählen einen beliebigen Knoten $x_{i+1} \in Y_i$ und setzen $X_{i+1} = X_i \cup \{x_{i+1}\}$. Da $C$ endlich ist, existiert eine unendliche Teilmenge $Y_{i+1} \subseteq Y_i \setminus \{x_{i+1}\}$, so dass alle Kanten $\{x_{i+1}, y\}$ für $y \in Y_{i+1}$ unter $c$ dieselbe Farbe haben.

Wir setzen nun $X' = \bigcup_{i \geq 0} X_i$ und definieren eine Färbung $d : X' \to C$ durch $d(x_i) = r_i$. Nun existiert eine unendliche Teilmenge $X \subseteq X'$, so dass alle Knoten aus $X$ dieselbe Farbe $r$ bezüglich $d$ haben. Für $x_i, x_j \in X$ mit $i < j$ gilt $c(x_i, x_j) = d(x_i) = r$, denn es ist $x_j \in Y_i$. Daher haben alle Kanten aus $\binom{X}{2}$ unter $c$ die Farbe $r$. $\qquad\square$

Wir kommen nun zu einer einfachen aber nützlichen Charakterisierung von Wohlquasiordnungen.

**Satz 6.7.** *Sei $(X, \leq)$ eine Quasiordnung. Dann sind die folgenden Eigenschaften äquivalent:*

(a) *$(X, \leq)$ ist eine Wohlquasiordnung, d. h., alle unendlichen Folgen sind gut.*

(b) *Es gibt keine unendlichen echt absteigenden Folgen und keine unendlichen Antiketten.*

(c) *Jede unendliche Folge $(x_i)_{i \in \mathbb{N}}$ in $X$ hat eine unendliche Teilfolge $(x_{i_j})_{j \in \mathbb{N}}$ mit $x_{i_j} \leq x_{i_{j+1}}$ für alle $j$.*

*Beweis.* Die Implikationen von (a) nach (b) und von (c) nach (a) sind trivial. Wir zeigen nun „(b) $\Rightarrow$ (c)". Sei $(x_i)_{i \in \mathbb{N}}$ eine unendliche Folge in $X$. Wir definieren eine Färbung $c$ auf $\{(i, j) \in \mathbb{N} \mid i < j\}$ durch

$$c(i, j) = \begin{cases} \leq & \text{falls } x_i \leq x_j \\ > & \text{falls } x_i > x_j \\ \| & \text{falls } x_i, x_j \text{ unabhängig sind} \end{cases}$$

Dies definiert einen unendlichen vollständigen Graphen mit Knotenmenge $\mathbb{N}$, dessen Kanten mit drei Farben gefärbt sind. Nach dem Satz von Ramsey 6.6 existiert eine unendliche einfarbige Teilmenge $\{i_1, i_2, \ldots\} \subseteq \mathbb{N}$. Nach Voraussetzung kann die Farbe dieser Teilmenge weder > noch ∥ sein, so dass $x_{i_1} \leq x_{i_2} \leq \cdots$ eine unendliche aufsteigende Folge ist. □

**Bemerkung 6.8.** Viele Ergebnisse bezüglich Wohlquasiordnungen haben die Gestalt „Wenn $(X, \leq)$ ein Wohlquasiordnung ist, dann auch $(X', \leq')$". Beispielsweise ist $(Y, \leq)$ ein Wohlquasiordnung, wenn $Y \subseteq X$ für eine Wohlquasiordnung $(X, \leq)$ gilt; die Ordnung auf $Y$ ist hierbei die Einschränkung der Ordnung auf $X$. Ähnlich bildet eine Quasiordnung $(X, \preceq)$ ein Wohlquasiordnung, wenn $(X, \leq)$ eine Wohlquasiordnung ist und $\leq$ eine Teilmenge von $\preceq$ ist. In diesem Fall nennt man $(X, \preceq)$ eine *Vergröberung* von $(X, \leq)$. ◊

Wenn $(X, \leq)$ und $(Y, \leq)$ zwei Quasiordnungen sind, dann wird das direkte Produkt $X \times Y$ durch komponentenweisen Vergleich zu einer Quasiordnung; dies bedeutet, für $(x, y), (x', y') \in X \times Y$ setzen wir $(x, y) \leq (x', y')$, falls $x \leq x'$ und $y \leq y'$ gilt.

**Satz 6.9.** *Wenn $(X, \leq)$ und $(Y, \leq)$ beides Wohlquasiordnungen sind, dann ist auch $(X \times Y, \leq)$ mit komponentenweisem Vergleich eine Wohlquasiordnung.*

*Beweis.* Sei $(x_i, y_i)_{i \in \mathbb{N}}$ eine Folge in $X \times Y$. Nach Satz 6.7 (c) exisitiert eine Teilfolge $(x_{i_j})_{j \in \mathbb{N}}$ von $(x_i)_{i \in \mathbb{N}}$ mit $x_{i_j} \leq x_{i_{j+1}}$. Die Folge $(y_{i_j})_{j \in \mathbb{N}}$ besitzt zwei Folgenglieder $y_{i_k} \leq y_{i_\ell}$ für $k < \ell$. Dies liefert $(x_{i_k}, y_{i_k}) \leq (x_{i_\ell}, y_{i_\ell})$. □

Die folgende Aussage über $\mathbb{N}^k$ mit der komponentenweisen Ordnung wird oft einer Arbeit von Dickson (Leonard Eugene Dickson, 1874–1954) aus dem Jahr 1913 zugeschrieben [18]. Sie wurde häufig wiederentdeckt und scheint auch schon zuvor bekannt gewesen zu sein.

**Korollar 6.10** (Dicksons Lemma). $(\mathbb{N}^k, \leq)$ *ist eine Wohlquasiordnung.*

*Beweis.* Da $(\mathbb{N}, \leq)$ ein Wohlquasiordnung ist, folgt die Behauptung aus Satz 6.9 mit Induktion nach $k$. □

In $\mathbb{N}^k$ kann es nach Dicksons Lemma keine unendlichen Antiketten geben, aber es können dennoch beliebig große Antiketten auftreten. Zum Beispiel ist $A_n = \{(i, n - i) \mid 0 \leq i \leq n\}$ eine Antikette der Größe $n + 1$ in $\mathbb{N}^2$.

Sei $(X, \leq)$ eine Quasiordnung. Wir definieren auf den Wörtern aus $X^*$ wie folgt die *Teilwortrelation*. Sei $u = a_1 \cdots a_n$ mit $a_i \in X$. Wir setzen $u \preceq v$, wenn $v$ eine Faktorisierung $v = v_0 b_1 v_1 \cdots b_n v_n$ besitzt, die $b_i \in X$ und $v_i \in X^*$ sowie $a_i \leq b_i$ für alle $i$ erfüllt. Damit bildet $(X^*, \preceq)$ eine Quasiordnung. Wenn $u \preceq v$ gilt, dann nennen wir $u$ ein *Teilwort* von $v$. Das folgende Ergebnis von Graham Higman (1917–2008) aus dem Jahr 1952 besagt, dass die Teilwortrelation über einer Wohlquasiordnung auch wieder eine Wohlquasiordnung definiert [42]. Der hier vorgestellte Beweis ist von Crispin St. John Alvah Nash-Williams (1932–2001) und basiert auf der Technik der sogenannten minimalen schlechten Folgen [65].

**Satz 6.11** (Higmans Lemma). *Sei* $(X, \leq)$ *eine Wohlquasiordnung. Dann bildet auch* $(X^*, \preceq)$ *mit der Teilwortrelation eine Wohlquasiordnung.*

*Beweis.* Angenommen, $(X^*, \preceq)$ ist keine Wohlquasiordnung. Dann existieren schlechte Folgen in $X^*$. Wir definieren induktiv eine minimale schlechte Folge $(u_i)_{i \in \mathbb{N}}$ wie folgt. Angenommen, wir hätten $u_0, \ldots, u_{i-1}$ bereits geeignet konstruiert, dann wählen wir $u_i$ als ein kürzestes Wort, so dass eine schlechte Folge existiert, welche mit $u_0, \ldots, u_i$ beginnt. Dieser Prozess definiert eine schlechte Folge $(u_i)_{i \in \mathbb{N}}$. Insbesondere sind alle Wörter $u_i$ nicht leer. Wir schreiben $u_i = a_i v_i$ mit $a_i \in X$ und $v_i \in X^*$. Die Folge $(a_i)_{i \in \mathbb{N}}$ besitzt nach Satz 6.7 (c) eine unendliche aufsteigende Teilfolge $(a_{i_j})_{j \in \mathbb{N}}$. Aus $u_i \preceq v_j$ folgt $u_i \preceq u_j$. Wenn also die Folge $(v_{i_j})_{j \in \mathbb{N}}$ schlecht wäre, dann wäre auch

$$u_0, \ldots, u_{i_0 - 1}, v_{i_0}, v_{i_1}, v_{i_2}, \ldots$$

schlecht, im Widerspruch zur Definition von $u_{i_0}$. Also existieren $k < \ell$ mit $v_{i_k} \preceq v_{i_\ell}$. Mit $a_{i_k} \leq a_{i_\ell}$ folgt daraus $u_{i_k} \preceq u_{i_\ell}$ im Widerspruch dazu, dass $(u_i)_{i \in \mathbb{N}}$ schlecht ist. Also gibt es keine schlechten Folgen, und $(X^*, \preceq)$ ist eine Wohlquasiordnung. $\qquad\square$

Eine häufige Anwendung von Higmans Lemma ergibt sich für die Wohlquasiordnung $(\Sigma, =)$, wenn $\Sigma$ ein endliches Alphabet ist. Dann ist $u = a_1 \cdots a_n$ mit $a_i \in \Sigma$ ein Teilwort von $v$, wenn $v = v_0 a_1 v_1 \cdots a_n v_n$ für $v_i \in \Sigma^*$ gilt. Aus diesem Spezialfall von Higmans Lemma lässt sich leicht Dicksons Lemma (Korollar 6.10) herleiten: Ein $k$-Tupel $(n_1, \ldots, n_k) \in \mathbb{N}^k$ codiert man als Wort $a_1^{n_1} \cdots a_k^{n_k}$ über dem Alphabet $\Sigma = \{a_1, \ldots, a_k\}$. Eine Folge $(x_i)_{i \in \mathbb{N}}$ in $\mathbb{N}^k$ übersetzt sich so in eine Folge $(u_i)_{i \in \mathbb{N}}$ von Wörtern $u_i \in \Sigma^*$; und es gilt genau dann $x_i \leq x_j$, wenn $u_i$ ein Teilwort von $u_j$ ist.

Eine Verallgemeinerung von Higmans Lemma ist Kruskals Baumtheorem (Joseph Bernard Kruskal, 1928–2010) aus dem Jahr 1960. Hierbei wird gezeigt, dass die endlichen Bäume bezüglich der Teilbaumrelation eine Wohlquasiordnung bilden [51]. Je nachdem welche Art von Bäumen man zugrunde legt, erhält man unterschiedliche Varianten von Kruskals Baumtheorem. Wir verwenden hier gewurzelte Bäume, bei denen die Kinder eines jeden Knotens angeordnet sind. Außerdem sind die Knoten des Baums mit Elementen einer Wohlquasiordnung beschriftet. Dieses Szenario liefert eine der allgemeinsten Varianten von Kruskals Baumtheorem.

Sei $X$ eine Menge. Wir definieren die Klasse $\mathcal{T}_X$ der endlichen *Bäume* über $X$ induktiv wie folgt:

– Wenn $t_1, \ldots, t_n$ Bäume in $\mathcal{T}_X$ sind, dann ist auch $x(t_1, \ldots, t_n)$ für alle $x \in X$ ein Baum in $\mathcal{T}_X$.

Hierbei bezeichnet $x(t_1, \ldots, t_n)$ den Baum, dessen Wurzel mit $x$ beschriftet ist und dessen Kinder die Bäume $t_1, \ldots, t_n$ sind (in dieser Reihenfolge). Da bei den Kindern eines Knotens $x$ die Reihenfolge unterschieden wird, spricht man oft auch von *angeordneten Bäumen*. Der Baum $x(t_1, \ldots, t_n)$ ist im folgenden Bild veranschaulicht. Man beachte, dass Bäume hierbei von oben nach unten orientiert sind; insbesondere

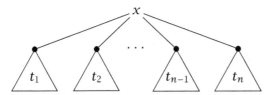

**Abb. 6.1:** Ein Baum $x(t_1, \ldots, t_n)$.

zeichnen wir die Elternknoten stets weiter oben als die Kindknoten. Mit $n = 0$ sehen wir, dass jeder Baum, der nur aus einer mit $x$ beschrifteten Wurzel besteht, zu $\mathcal{T}_X$ gehört.

Sei $(X, \leq)$ eine Quasiordnung. Wir definieren die Teilbaumrelation $\ll$ auf $\mathcal{T}_X$ induktiv wie folgt:

- Sei $n \geq 0$. Wenn $x \leq y$ und $s_i \ll t_i$, dann gilt für alle endlichen Folgen $u_i$ von Bäumen aus $\mathcal{T}_X$, dass $x(s_1, \ldots, s_n) \ll y(u_0, t_1, u_1, \ldots, t_n, u_n)$.
- Wenn $s \ll t$, dann gilt auch $s \ll x(t)$ für alle $x \in X$.

Die Idee ist, dass $s \ll t$ genau dann gilt, wenn man $t$ in den Baum $s$ durch die folgenden drei Operationen überführen kann: (a) Ersetzen einer Beschriftung $y \in X$ eines beliebigen Knotens durch $x \in X$ mit $x \leq y$; (b) Entfernen von Unterbäumen an einem beliebigen Knoten in $t$; und (c) Entfernen („Überspringen") von Knoten, welche nur ein Kind haben. Insbesondere ist $\ll$ eine Quasiordnung. Wenn $s \ll t$ gilt, dann nennen wir $s$ einen *Teilbaum* von $t$. Im folgenden Beispiel aus $\mathcal{T}_{\{a,b\}}$ über der Wohlquasiordnung $(\{a, b\}, =)$ gilt $t_3 \ll t_2 \ll t_1$, wohingegen $t_4$ kein Teilbaum von $t_1$ ist.

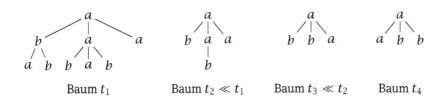

|  |  |  |  |
|---|---|---|---|
| Baum $t_1$ | Baum $t_2 \ll t_1$ | Baum $t_3 \ll t_2$ | Baum $t_4$ |

**Satz 6.12** (Kruskals Baumtheorem). *Für jede Wohlquasiordnung $(X, \leq)$ bildet $(\mathcal{T}_X, \ll)$ mit der Teilbaumrelation auch eine Wohlquasiordnung.*

*Beweis.* Angenommen, $(\mathcal{T}_X, \ll)$ ist keine Wohlquasiordnung. Dann existieren schlechte Folgen. Wir bestimmen induktiv eine minimale schlechte Folge $(t_i)_{i \in \mathbb{N}}$ von Bäumen $t_i \in \mathcal{T}_X$. Angenommen, $t_0, \ldots, t_{i-1}$ sind bereits geeignet konstruiert. Dann wählen wir einen Baum $t_i$ mit einer minimalen Anzahl von Knoten, so dass eine schlechte Folge existiert, welche mit $t_0, \ldots, t_i$ beginnt. Dieser Prozess liefert eine schlechte Folge $(t_i)_{i \in \mathbb{N}}$. Sei $x_i$ die Beschriftung der Wurzel von $t_i$. Da $(X, \leq)$ eine

Wohlquasiordnung ist, existiert nach Satz 6.7 (c) eine unendliche aufsteigende Teil-folge $(x_{i_j})_{j \in \mathbb{N}}$ von $(x_i)_{i \in \mathbb{N}}$ mit $x_{i_j} \leq x_{i_{j+1}}$. Wir schreiben $t_{i_j} = x_{i_j}(s_1^j, \ldots, s_{n_j}^j)$ mit $s_k^j \in \mathcal{T}_X$. Sei $S_j = \{s_1^j, \ldots, s_{n_j}^j\}$ und $S = \bigcup_{j \in \mathbb{N}} S_j$.

**Behauptung 6.13.** $(S, \ll)$ *mit der Teilbaumrelation ist eine Wohlquasiordnung.*

*Beweis von Behauptung 6.13.* Angenommen $(s_i')_{i \in \mathbb{N}}$ ist eine schlechte Folge in $S$. Sei $j$ minimal mit $S_j \cap \{s_i' \mid i \in \mathbb{N}\} \neq \varnothing$. Durch Weglassen von endlich vielen Folgenglie-dern am Anfang können wir $s_0' \in S_j$ annehmen. Aufgrund der Minimalität von $t_{i_j}$ ist die Folge

$$t_0, \ldots, t_{i_j - 1}, s_0', s_1', \ldots$$

gut. Da $(t_i)_{i \in \mathbb{N}}$ und $(s_i')_{i \in \mathbb{N}}$ beide schlecht sind, existieren $t_k$ und $s_\ell'$ mit $k < i_j$, so dass $t_k \ll s_\ell'$ gilt. Sei $s_\ell' \in S_m$. Dann ist $t_k \ll x_{i_m}(s_\ell') \ll t_{i_m}$, und nach Wahl von $j$ gilt $k < i_m$. Dies ist ein Widerspruch. $\square$

Nach Higmans Lemma (Satz 6.11) bilden die Wörter $S^*$ mit der Teilwortrelation $\preceq$ eine Wohlquasiordnung. Wir betrachten die Folge $(u_j)_{j \in \mathbb{N}}$ mit $u_j = s_1^j \cdots s_{n_j}^j \in S^*$. Da sie gut ist, existieren $k < \ell$ mit $u_k \preceq u_\ell$. Zusammen mit $x_{i_k} \leq x_{i_\ell}$ ergibt sich schließlich $t_{i_k} \ll t_{i_\ell}$, ein Widerspruch. $\square$

Der hier vorgestellte Beweis von Kruskals Baumtheorem ist angelehnt an den Be-weis von Crispin Nash-Williams [65]. Higmans Lemma ist ein Spezialfall von Kruskals Baumtheorem: Ein Wort $a_1 \cdots a_n \in X^*$ mit $a_i \in X$ codiert man durch den Baum $a(a_1, \ldots, a_n)$ für ein festes $a \in X$; alternativ geht auch die eher vertikale Codierung $a_1(a_2(\cdots a_{n-1}(a_n) \cdots))$.

Häufig betrachtet man auch Bäume, bei denen die Kinder nicht angeordnet sind. Dieser Spezialfall von Kruskals Theorem lässt sich mit Bemerkung 6.8 leicht aus Satz 6.12 herleiten. Die sich hierbei ergebende Teilbaumrelation ist ein Spezialfall der sogenannten *Minorenrelation* auf Graphen. In einer Serie von zwanzig Veröffentli-chungen mit zusammen mehr als 500 Seiten haben George Neil Robertson (geb. 1938) und Paul D. Seymour (geb. 1950) gezeigt, dass die endlichen Graphen mit der Mino-renrelation eine Wohlquasiordnung bilden. Das abschließende Resultat findet sich in [71].

## Aufgaben

**6.1.** Betrachten Sie das folgende Monoid $M = \Sigma^* / \{ac = ca\}$ mit Erzeugermenge $\Sigma = \{a, b, c\}$, bei dem wir Wörter der Form $uacv$ mit $ucav$ identifizieren; dies be-deutet, wir rechnen wie mit Wörtern, aber mit der zusätzlichen Rechenregel $ac = ca$. So gilt in $M$ zum Beispiel $bcaaa = bacaa = baaca = baaac$ aber $abc \neq cba$. Zeigen Sie, dass die Transposition von Elementen in $M$ nicht transitiv ist.

**6.2.** (Levi-Lemma; nach Friedrich Wilhelm Daniel Levi, 1888–1966) Sei $M$ ein Monoid. Zeigen Sie, dass die folgenden Eigenschaften äquivalent sind:

(i) $M$ ist isomorph zum freien Monoid $\Sigma^*$ für eine Menge $\Sigma$.

(ii) Es existiert ein Homomorphismus $\varphi : M \to \mathbb{N}$ mit $\varphi^{-1}(0) = 1_M$, und für alle $p, q, x, y \in M$ mit $pq = xy$ existiert ein Element $u \in M$, für das $p = xu$, $y = uq$ oder $x = pu, q = uy$ gilt.

**6.3.** Bestimmen Sie ein nicht freies Monoid, in dem für alle Elemente $p, q, x, y$ mit $pq = xy$ ein Element $u$ existiert, für das $p = xu$, $y = uq$ oder $x = pu, q = uy$ gilt (vergleiche mit Aufgabe 6.2.).

**6.4.** Sei $<$ eine lineare Ordnung auf $\Sigma$. Wir definieren die *lexikographische Ordnung* $\prec$ auf $\Sigma^*$ durch $u \prec v$, falls $u$ ein echter Präfix von $v$ ist oder falls $u = ras$ und $v = rbt$ für $r, s, t \in \Sigma^*$, $a, b \in \Sigma$ und $a < b$ gilt. Zeigen Sie:

**(a)** $\forall w \in \Sigma^* : u \prec v \Leftrightarrow wu \prec wv$

**(b)** Falls $u$ kein Präfix von $v$ ist, dann gilt $\forall w, z \in \Sigma^* : u \prec v \Rightarrow uw \prec vz$.

**6.5.** Ein Wort $w \in \Sigma^*$ heißt *primitiv*, falls sich $w$ nicht schreiben lässt als $w = u^i$ mit $i > 1$. Zeigen Sie, dass die folgenden Aussagen äquivalent sind:

(i) $w$ ist primitiv.

(ii) $w$ ist kein echter Faktor von $w^2$.

(iii) Die zyklische Vertauschung $va$ von $w = av$ mit $a \in \Sigma$ ist primitiv.

**6.6.** Eine *Primitivwurzel* eines Wortes $w$ ist ein primitives Wort $u$ mit $w = u^i$ für $i \in \mathbb{N}$. Zeigen Sie, dass jedes nichtleere Wort $w$ genau eine Primitivwurzel besitzt.

**6.7.** Ein Wort $w \in \Sigma^*$ heißt *Lyndon-Wort*, falls $w$ primitiv ist und $w = uv \prec vu$ für jede Zerlegung $w = uv$ mit $u \neq \varepsilon \neq v$ gilt. Hierbei bezeichnet $\prec$ wieder die lexikographische Ordnung zu einer gegebenen linearen Ordnung auf den Buchstaben. Zeigen Sie, dass die folgenden Aussagen äquivalent sind:

(i) $w$ ist ein Lyndon-Wort.

(ii) Für alle echten Suffixe $v$ von $w$ gilt $w \prec v$.

(iii) $w \in \Sigma$ oder es existiert eine Zerlegung $w = uv$ für Lyndon-Wörter $u, v$ mit $u \prec v$.

**6.8.** (Lyndon-Faktorisierung [14]) Sei $<$ eine lineare Ordnung auf den Buchstaben und sei $\prec$ die zugehörige lexikographische Ordnung. Zeigen Sie, dass sich jedes Wort $w \in \Sigma^*$ eindeutig zerlegen lässt in $w = \ell_1 \cdots \ell_n$ wobei $\ell_1, \ldots, \ell_n$ Lyndon-Wörter sind mit $\ell_n \preceq \cdots \preceq \ell_1$.

## Zusammenfassung

### Begriffe

- Buchstabe
- Alphabet $\Sigma$, Wörter $\Sigma^*$
- Länge eines Wortes
- leeres Wort $\varepsilon$
- Konkatenation
- freies Monoid
- Präfix
- Suffix
- Faktor
- Potenz
- transponiert
- konjugiert

- Periode
- Quasiordnung
- unvergleichbar
- Antikette
- echt absteigende Kette
- gute/schlechte Folge
- Wohlquasiordnung
- Teilwort
- Teilwortrelation $\preceq$
- (angeordneter) Baum
- Teilbaum
- Teilbaumrelation $\ll$

### Methoden und Resultate

- Universelle Eigenschaft freier Monoide: Jede Abbildung $\varphi : \Sigma \to M$ lässt sich eindeutig zu einem Homomorphismus $\varphi : \Sigma^* \to M$ erweitern.
- Lyndon und Schützenberger: $x \neq \varepsilon, zx = yz \Rightarrow x = sr, y = rs, z = (rs)^k r$
- $xy = yx \Rightarrow x, y$ sind beides Potenzen von einem Wort $r$
- Fine und Wilf: Wort $w$ hat Perioden $p, q$, und es gilt $|w| \geq p + q - \mathrm{ggT}(p, q)$ $\Rightarrow w$ hat Periode $\mathrm{ggT}(p, q)$
- Ramsey: Für jede Färbung $c : \binom{V}{2} \to C$ mit $|V| = \infty$ und $|C| < \infty$ existiert $X \subseteq V$ mit $|X| = \infty$ und $\left| c\binom{X}{2} \right| = 1$.
- Sei $(X, \leq)$ Quasiordnung. Dann: $(X, \leq)$ ist Wohlquasiordnung $\Leftrightarrow$ es gibt keine unendlichen echt absteigenden Folgen und keine unendlichen Antiketten $\Leftrightarrow$ jede unendliche Folge hat unendliche aufsteigende Teilfolge
- Teilmengen von Wohlquasiordnungen sind Wohlquasiordnungen
- Vergröberungen von Wohlquasiordnungen sind Wohlquasiordnungen
- $(X, \leq)$ und $(Y, \leq)$ sind Wohlquasiordnungen $\Rightarrow (X \times Y, \leq)$ mit komponentenweisem Vergleich ist Wohlquasiordnung
- Dicksons Lemma: $(\mathbb{N}^k, \leq)$ ist eine Wohlquasiordnung.
- Higmans Lemma: Die Teilwortrelation ist eine Wohlquasiordnung.
- Kruskals Baumtheorem: Die Teilbaumrelation ist eine Wohlquasiordnung.

# 7 Automatentheorie

Viele Themengebiete der Theoretischen Informatik beschäftigen sich mit der Einordnung von *formalen Sprachen* entsprechend ihrer Schwierigkeit, wobei unterschiedliche Disziplinen verschiedene Maße für die „Schwierigkeit" verwenden. Hierbei versteht man unter einer formalen Sprache üblicherweise eine Teilmenge in einem endlich erzeugten freien Monoid $\Sigma^*$. Der Zusatz „formal" dient nur zur Abgrenzung gegenüber natürlichen Sprachen. Meistens lassen wir diesen Zusatz fort und nennen $L \subseteq \Sigma^*$ eine *Sprache*. Die Klassifikation von Sprachen geschieht nach ganz unterschiedlichen Gesichtspunkten. In der Komplexitätstheorie beispielsweise verwendet man häufig die Anzahl der Rechenschritte einer Maschine (oder die Größe des benötigten Speichers) als Maß. Ein anderes Schwierigkeitsmaß ist die Kompliziertheit der Mechanismen, mit denen sich eine Sprache beschreiben lässt. Eine bekannter Ansatz hierzu ist die Chomsky-Hierarchie nach Avram Noam Chomsky (geb. 1928), welcher Grammatiken als Beschreibungsmechanismen verwendet. Es zeigt sich, dass reguläre Sprachen bezüglich vieler Schwierigkeitsmaße sehr natürliche Charakterisierungen besitzen. Im Folgenden untersuchen wir reguläre Sprachen nicht nur in freien Monoiden, sondern in einem allgemeineren Kontext. Hierfür betrachten wir Teilmengen von beliebigen Monoiden. Es zeigt sich, dass der Begriff „regulär" dann zwei durchaus verschiedene Dinge bezeichnet. Daher werden wir genauer zwischen rationalen und erkennbaren Mengen unterscheiden. Die Hauptergebnisse der nächsten beiden Abschnitte sind, dass die rationalen Mengen mit den nichtdeterministischen endlichen Automaten korrespondieren, wohingegen deterministische Automaten mit endlicher Zustandsmenge die erkennbaren Mengen definieren. In Abschnitt 7.3 zeigen wir schließlich, dass die Begriffe *rational* und *erkennbar* über endlich erzeugten freien Monoiden übereinstimmen und daher einheitlich der Begriff *regulär* verwendet werden kann.

Für Teilmengen $L$ und $K$ eines Monoids $M$ bezeichnet $LK = L \cdot K = \{uv \mid u \in L,\ v \in K\}$ deren Produkt. Ferner sei $L^0 = \{1\}$ und $L^{n+1} = L \cdot L^n$ für $n \in \mathbb{N}$. Zu jeder Teilmenge $L \subseteq M$ definieren wir

$$L^* = \bigcup_{n \in \mathbb{N}} L^n = \{u_1 \cdots u_n \mid u_i \in L,\ n \geq 0\}$$

Dies ist das von $L$ erzeugte Untermonoid innerhalb von $M$. Man nennt diese Operation auf Teilmengen häufig *Kleene-Stern* nach Stephen Cole Kleene (1909–1994) oder einfach nur *Stern*. Der Kleene-Stern ist nicht zu verwechseln mit dem freien Monoid; zum Beispiel enthält der Kleene-Stern von $\{a, aa\}$ für $a \in \Sigma$ das Wort $aaa = a \cdot aa = aa \cdot a = a \cdot a \cdot a$. Im freien Monoid hingegen, welches vom Alphabet $\{a, aa\}$ erzeugt wird, sind die Wörter $a \cdot aa$, $aa \cdot a$ und $a \cdot a \cdot a$ alle verschieden; insbesondere muss man unterscheiden, ob man mit $aa$ das Zeichen des Alphabets $\{a, aa\}$ meint oder das Produkt $a \cdot a$. Auch wenn wir für den Kleene-Stern dieselbe Schreibweise verwenden wie für das freie Monoid, so sind diese beiden Operationen im jeweiligen Kontext leicht zu unterscheiden. Ist $M$ frei von der Teilmenge $\Sigma \subseteq M$ erzeugt, so ist die Unterscheidung bei dem Ausdruck $\Sigma^*$ auch gar nicht notwendig.

## 7.1 Erkennbare Mengen

Im Folgenden geben wir eine algebraische Sichtweise, welche unmittelbar auf den Begriff der *Erkennbarkeit* führt. Über freien Monoiden ist dieser algebraische Standpunkt besonders gut dazu geeignet, die „Schwierigkeit" von Teilklassen regulärer Mengen zu untersuchen und die Zugehörigkeit zu einer Teilklasse zu entscheiden. Mit den sternfreien Sprachen behandeln wir in Abschnitt 7.4 eine solche Unterklasse.

Sei $M$ ein Monoid. Eine Teilmenge $L \subseteq M$ wird von einem Homomorphismus $\varphi : M \to N$ *erkannt*, wenn $L = \varphi^{-1}(\varphi(L))$ gilt. Wir sagen dann auch, dass $N$ die Menge $L \subseteq M$ *erkennt*. Eine Teilmenge von $M$ heißt *erkennbar* (engl. *recognizable*), falls sie von einem endlichen Monoid $N$ erkannt wird. Die Menge aller erkennbaren Teilmengen von $M$ wird in Anlehnung an den englischen Term mit $\mathrm{REC}(M)$ bezeichnet. Ist $L \subseteq M$ erkennbar, so wird $L$ von einem surjektiven Homomorphismus $\varphi : M \to N$ auf ein endliches Monoid $N$ erkannt, da wir in der Definition der Erkennbarkeit das Monoid $N$ durch das Untermonoid $\phi(M)$ ersetzen können. Ist $\phi$ durch die Bilder einer erzeugenden Menge $\Sigma$ von $M$ gegeben, so können wir die Zughörigkeit $u \in L$ für $u = a_1 \cdots a_n$ mit $a_i \in \Sigma$ testen; wir müssen nur $\phi(u) = \phi(a_1) \cdots \phi(a_n)$ in $N$ berechnen und nachsehen, ob $\phi(x)$ in der endlichen Teilmenge $\phi(L) \subseteq N$ liegt. Ist $\psi : M' \to M$ ein Homomorphismus zwischen Monoiden und ist $L \subseteq M$ eine Teilmenge, welche von $\varphi : M \to N$ erkannt wird, so wird $\psi^{-1}(L) \subseteq M'$ von $\varphi \circ \psi : M' \to N$ erkannt. Dies bedeutet, dass die erkennbaren Mengen unter inversen Homomorphismen abgeschlossen sind.

In endlichen Monoiden $M$ gilt $\mathrm{REC}(M) = 2^M$, da jede Teilmenge von $M$ von der identischen Abbildung $M \to M$ erkannt wird.

**Bemerkung 7.1.** Ist $G$ eine Gruppe, so ist $G$ genau dann endlich, wenn die endlichen Teilmengen erkennbar sind. Die eine Richtung ist klar. Umgekehrt sei $N$ endlich und $\varphi : G \to N$ ein surjektiver Homomorphismus, der $\{1\}$ erkennt. Dann ist $N$ eine Gruppe. Ferner ist $\{1\}$ das Urbild der Eins in $N$ und damit der Kern von $\varphi : G \to N$. Also ist $\varphi$ injektiv, und $G$ ist ebenfalls endlich. $\Diamond$

**Satz 7.2.** *Die erkennbaren Mengen über einem Monoid $M$ sind abgeschlossen unter endlicher Vereinigung, endlichem Durchschnitt und Komplement.*

*Beweis.* Das triviale Monoid erkennt $\varnothing$ und $M$. Dies zeigt den Abschluss unter leerer Vereinigung und leerem Durchschnitt. Seien jetzt $\varphi_1 : M \to N_1$ und $\varphi_2 : M \to N_2$ zwei Homomorphismen mit $L_i = \phi_i^{-1}(F_i)$ für $F_i = \phi_i(L_i)$ und $i = 1, 2$. Der Homomorphismus $\varphi_1 : M \to N_1$ erkennt auch das Komplement $M \setminus L_1$. Betrachte $\psi : M \to N_1 \times N_2$ mit $\psi(u) = (\varphi_1(u), \varphi_2(u))$. Dann gilt $\psi^{-1}(F_1 \times F_2) = L_1 \cap L_2$ und $\psi^{-1}\big((F_1 \times N_2) \cup (N_1 \times F_2)\big) = L_1 \cup L_2$. $\square$

Erkennbare Mengen sind unter inversen Homomorphismen und booleschen Kombinationen abgeschlossen. Der surjektive Homomorphismus $\psi : \{a, b\}^* \to \mathbb{Z}$ mit $a \mapsto 1$ und $b \mapsto -1$ zeigt, dass erkennbare Mengen im Allgemeinen nicht unter Homomorphismen abgeschlossen sind, denn die Menge $\{\varepsilon\} \subseteq \{a, b\}^*$ ist erkennbar, aber $\psi(\{\varepsilon\}) = \{0\} \subseteq \mathbb{Z}$ ist in der additiven Gruppe $\mathbb{Z}$ nach Bemerkung 7.1 nicht erkennbar. Das folgende Beispiel von Shmuel Winograd (geb. 1936) zeigt, dass erkennbare Mengen im Allgemeinen weder unter Produkt noch unter Kleene-Stern abgeschlossen sind.

**Beispiel 7.3.** Wir erweitern die Addition von $\mathbb{Z}$ auf $M = \mathbb{Z} \cup \{e, a\}$ durch $e + m = m$ für $m \in M$, $a + a = 0$ und $a + k = k$ für $k \in \mathbb{Z}$. Damit bildet $M$ ein kommutatives Monoid mit $e$ als neutralem Element. Betrachte einen Homomorphismus $\varphi : M \to N$ mit $\varphi^{-1}(\varphi(L)) = L$, und sei $\tilde{\varphi} : \mathbb{Z} \to N$ die Einschränkung von $\varphi$ auf $\mathbb{Z} \subseteq M$. Mit $F = \varphi(L)$ gilt $\tilde{\varphi}^{-1}(F) = \varphi^{-1}(F) \cap \mathbb{Z} = L \cap \mathbb{Z}$. Aus $L \in \mathrm{REC}(M)$ folgt also $L \cap \mathbb{Z} \in \mathrm{REC}(\mathbb{Z})$. Nach Bemerkung 7.1 gilt $\{0\} \notin \mathrm{REC}(\mathbb{Z})$. Als Nächstes zeigen wir $\{a\} \in \mathrm{REC}(M)$. Sei $N = \{e, a, n\}$ ein kommutatives Monoid mit neutralem Element $e$, mit Nullelement $n$ und mit $a + a = n$. Sei $\varphi : M \to N$ der Homomorphismus mit $e \mapsto e$, $a \mapsto a$ und $k \mapsto n$ für $k \in \mathbb{Z}$. Dann gilt $\varphi^{-1}(a) = \{a\}$ und damit $\{a\} \in \mathrm{REC}(M)$. Anderseits sind $L_1 = \{a\} + \{a\} = \{0\}$ und $L_2 = \{a\}^* = \{e, a, 0\}$ nicht in $\mathrm{REC}(M)$, da sonst auch $L_i \cap \mathbb{Z} = \{0\} \in \mathrm{REC}(\mathbb{Z})$ gelten würde. $\diamond$

Man kann jeder Teilmenge $L \subseteq M$ ein kleinstes Monoid zuordnen, welches die Menge $L$ erkennt. Dieses Monoid heißt *syntaktisches Monoid* von $L$ und wird mit $\mathrm{Synt}(L)$ bezeichnet. Zur Definition betrachten wir zunächst die *syntaktische Kongruenz* $\equiv_L$. Sie ist eine binäre Relation über $M$ und definiert durch $u \equiv_L v$, falls

$$\forall x, y \in M : xuy \in L \Leftrightarrow xvy \in L$$

gilt. Man kann also $u$ „syntaktisch" in einem beliebigen Kontext durch $v$ ersetzen und ändert dabei nicht die Zugehörigkeit zu $L$. Die Relation $\equiv_L$ ist eine Äquivalenzrelation. Das syntaktische Monoid $\mathrm{Synt}(L)$ ist die Menge der Äquivalenzklassen

$$\mathrm{Synt}(L) = \{[u] \mid u \in M\}$$

wobei $[u] = \{v \in M \mid u \equiv_L v\}$ ist. Wir übertragen die Verknüpfung des Monoids $M$ auf die Menge $\mathrm{Synt}(L)$:

$$[u] \cdot [v] = [uv]$$

Dies ist wohldefiniert, denn für $[u] = [u']$, $[v] = [v']$ und $x, y \in M$ gilt:

$$\begin{aligned} xuvy \in L &\Leftrightarrow xu'vy \in L & \text{da } u \equiv_L u' \\ &\Leftrightarrow xu'v'y \in L & \text{da } v \equiv_L v' \end{aligned}$$

Dies zeigt $uv \equiv_L u'v'$ und damit $[uv] = [u'v']$. Aus den entsprechenden Eigenschaften des Monoids $M$ folgt, dass die Verknüpfung auf $\mathrm{Synt}(L)$ assoziativ ist mit $[1]$

als neutralem Element. Dies zeigt schließlich, dass die Abbildung $\mu : M \to \mathrm{Synt}(L)$ mit $\mu(u) = [u]$ ein surjektiver Homomorphismus ist. Außerdem gilt $\mu^{-1}(\mu(L)) = L$, denn aus $\mu(u) = \mu(v)$ folgt entweder $u, v \in L$ oder $u, v \notin L$. Also erkennt das Monoid $\mathrm{Synt}(L)$ die Teilmenge $L$. Aus dem nächsten Satz folgt, dass $\mathrm{Synt}(L)$ das kleinste Monoid ist, das $L$ erkennt.

**Satz 7.4.** *Sei* $L \subseteq M$ *und* $\varphi : M \to N$ *ein Homomorphismus mit* $L = \varphi^{-1}(\varphi(L))$. *Dann definiert die Vorschrift* $\varphi(u) \mapsto [u]$ *einen surjektiven Homomorphismus von dem Untermonoid* $\phi(M) \subseteq N$ *auf* $\mathrm{Synt}(L)$.

*Beweis.* Die Zuordnung $\varphi(u) \mapsto [u]$ ist wohldefiniert: Für $\varphi(u) = \varphi(v)$ und $x, y \in M$ gilt

$$xuy \in L \Leftrightarrow \varphi(xuy) \in \varphi(L) \Leftrightarrow \varphi(xvy) \in \varphi(L) \Leftrightarrow xvy \in L$$

Also ist $[u] = [v]$. Ferner ist $\phi(M) \to \mathrm{Synt}(L) : \varphi(u) \mapsto [u]$ eine surjektive Abbildung. Die Homomorphieeigenschaft folgt nun aus $1 = \varphi(1) \mapsto [1]$, $\varphi(uv) = \varphi(u)\varphi(v)$ sowie $\varphi(uv) \mapsto [uv]$ und $\varphi(u)\varphi(v) \mapsto [u][v]$ für alle $u, v \in M$. □

Ein verwandtes Konzept zur Erkennbarkeit durch Monoide ist die Akzeptanz durch Automaten. Ein *M-Automat* $\mathcal{A} = (Q, \cdot, q_0, F)$ besteht aus einer Menge von Zuständen $Q$, einem *Startzustand* $q_0 \in Q$, einer Menge von *Endzuständen* $F \subseteq Q$ und einer *Übergangsfunktion* $\cdot : Q \times M \to Q$. Die Übergangsfunktion muss für alle $q \in Q$ und $u, v \in M$ die folgenden beiden Eigenschaften erfüllen:

$$(q \cdot u) \cdot v = q \cdot (uv)$$
$$q \cdot 1 = q$$

Die von einem *M*-Automaten $\mathcal{A}$ *akzeptierte* Teilmenge von *M* ist

$$L(\mathcal{A}) = \{u \in M \mid q_0 \cdot u \in F\}$$

Wir können uns vorstellen, dass wir im Startzustand $q_0$ starten und uns nach dem „Lesen" von $u \in M$ im Zustand $q_0 \cdot u$ befinden. Die *M*-Automaten sind damit *deterministisch*. In Abschnitt 7.2 werden wir das Automatenkonzept erweitern und auch *nichtdeterministische M*-Automaten betrachten.

Automaten werden häufig durch kantenbeschriftete gerichtete Graphen dargestellt. Hierfür wählen wir zunächst eine Teilmenge $\Sigma \subseteq M$, die das Monoid $M$ erzeugt. Man kann $\Sigma = M$ setzen, aber vielfach wird man $\Sigma$ möglichst klein wählen. Wir setzen $\delta = \{(p, u, p \cdot u) \mid p \in Q, u \in \Sigma\}$ und zeichnen eine mit $u$ beschriftete Kante von $p$ nach $p \cdot u$. Eine Kante $(p, u, q)$ mit $p, q \in Q$ und $u \in \Sigma$ bedeutet also $p \cdot u = q$. Kanten dieser Form nennen wir auch *Transitionen*. Automaten werden gerne bildlich dargestellt. Der Startzustand wird durch einen eingehenden Pfeil markiert, während Endzustände durch einen Doppelkreis gekennzeichnet werden. Wir zeichnen Startzustände, Endzustände und Transitionen wie folgt:

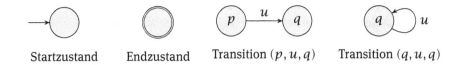

Startzustand   Endzustand   Transition $(p, u, q)$   Transition $(q, u, q)$

Um $p \cdot u$ für beliebige $(p, u) \in Q \times M$ zu bestimmen, reicht es $u = u_1 \cdots u_n$ mit $u_i \in \Sigma$ zu faktorisieren und dann die Zustände $p, p \cdot u_1, \ldots, p \cdot u_1 \cdots u_n$ nacheinander zu verfolgen. Da $\Sigma$ erzeugend ist, existiert dieser Pfad, und er führt von $p$ nach $p \cdot u$.

Wir erhalten zwei unterschiedliche Endlichkeitsbegriffe für Automaten. Ein $M$-Automat ist *endlich*, falls die Menge der Transitionen $\delta$ endlich ist. Er hat *endlich viele Zustände*, falls $Q$ endlich ist. Ist $\delta$ endlich, so können wir $Q$ durch die endliche Menge $\{q_0\} \cup \{p, q \in Q \mid \exists u \in \Sigma : (p, u, q) \in \delta\}$ ersetzen ohne die akzeptierte Menge zu verändern. Ohne Einschränkung hat daher jeder endliche Automat auch nur endlich viele Zustände. Falls $M$ endlich erzeugt ist, können wir umgekehrt annehmen, dass jeder $M$-Automat mit endlich vielen Zuständen auch nur endlich viele Transitionen besitzt, da wir dann $\Sigma$ als eine endliche Teilmenge von $M$ wählen können.

Damit die Zustandsmenge keine überflüssigen Zustände enthält, können wir bei Bedarf davon ausgehen, dass alle Zustände $Q$ *erreichbar* sind. Dies bedeutet, dass für alle $q \in Q$ ein Element $u \in M$ existiert mit $q_0 \cdot u = q$.

**Beispiel 7.5.** Die Menge $\{-1, +1\}$ ist eine Erzeugermenge des Monoids der ganzen Zahlen $\mathbb{Z}$ mit der Addition als Verknüpfung. Der $\mathbb{Z}$-Automat $\mathcal{A} = (\{0, 1, 2, 3, 4, 5\}, \delta, 0, \{1, 4\})$ mit $\delta(q, k) = (q + k) \bmod 6$ besitzt folgende graphische Darstellung:

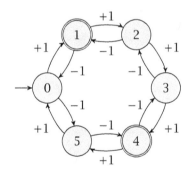

Die von $\mathcal{A}$ akzeptierte Menge ist $L(\mathcal{A}) = \{k + 6\ell \mid k \in \{1, 4\}, \ell \in \mathbb{Z}\}$. ◇

Jeder Teilmenge $L \subseteq M$ lässt sich ein kanonischer Automat zuordnen, welcher der *minimale Automat* von $L$ genannt wird. Hierfür definieren wir zunächst die *Leistung* von einem Element $u \in M$ durch

$$L(u) = \{v \in M \mid uv \in L\}$$

Diese Teilmengen werden als Zustände interpretiert. Man beachte, dass $L = L(1)$ gilt. Dies ist der natürliche Startzustand. Formal ist der *minimale Automat* $\mathcal{A}_L$ von $L \subseteq M$ wie folgt definiert:

$$\mathcal{A}_L = (Q_L, \cdot, q_{0L}, F_L)$$
$$Q_L = \{L(u) \mid u \in M\}$$
$$q_{0L} = L = L(1)$$
$$F_L = \{L(u) \mid 1 \in L(u)\}$$
$$L(u) \cdot v = L(uv)$$

Sei $L(u) = L(u')$. Dann gilt:

$$x \in L(uv) \Leftrightarrow uvx \in L \Leftrightarrow vx \in L(u) = L(u') \Leftrightarrow u'vx \in L \Leftrightarrow x \in L(u'v)$$

Dies zeigt $L(uv) = L(u'v)$ und damit die Wohldefiniertheit der Übergangsfunktion; das heißt, der Wert der Abbildung $L(u) \cdot v$ ist unabhängig von der Wahl des Repräsentanten der Klasse $L(u)$. Direkt aus der Definition folgt nun $L(u) \cdot 1 = L(u)$ sowie $(L(u) \cdot v) \cdot w = L(uv) \cdot w = L(uvw) = L(u) \cdot vw$. Der minimale Automat $\mathcal{A}_L$ akzeptiert genau die Menge $L$, denn es ist $L(1) \cdot u = L(u)$, und $u \in L$ ist äquivalent zu $1 \in L(u)$.

**Beispiel 7.6.** Betrachten wir die Menge $L = \{k + 6\ell \mid k \in \{1, 4\}, \ell \in \mathbb{Z}\}$ aus Beispiel 7.5. Die Addition von Vielfachen von 3 ändert die Zugehörigkeit zu $L$ nicht. Es genügt deshalb die Leistungen $L(0)$, $L(1)$ und $L(2)$ zu bestimmen: $L(0) = 1 + 3\mathbb{Z}$, $L(1) = 3\mathbb{Z}$ und $L(2) = -1 + 3\mathbb{Z}$. Daraus ergibt sich der folgende minimale Automat $\mathcal{A}_L$:

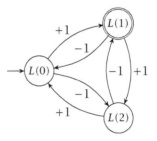

$\Diamond$

Der folgende Satz begründet die Begriffsbildung „minimaler" Automat.

**Satz 7.7.** *Sei $L \subseteq M$ von einem M-Automaten $\mathcal{A}$ akzeptiert und $\mathcal{A}_L$ der minimale Automat von L. Dann definiert die Vorschrift $q_0 \cdot u \mapsto L(u)$ eine surjektive Abbildung von der Menge der erreichbaren Zustände in $\mathcal{A}$ auf die Menge der Zustände in $\mathcal{A}_L$. Insbesondere hat $\mathcal{A}_L$ höchstens so viele Zustände wie $\mathcal{A}$.*

*Beweis.* Aus $q = q_0 \cdot u$ folgt unmittelbar $L(u) = \{v \mid q \cdot v \in F\}$. Deshalb ist die Abbildung $q_0 \cdot u \mapsto L(u)$ wohldefiniert. Sie ist surjektiv, da für jedes $u \in M$ der erreichbare Zustand $q_0 \cdot u$ ein Urbild von $L(u)$ ist. □

**Bemerkung 7.8** (Automatenminimierung nach Moore). Der Satz 7.7 liefert implizit ein Minimierungsverfahren für $M$-Automaten. Zunächst erweitern wir den Begriff der *Leistung* auf Zustände. Für einen Zustand $p \in Q$ setzen wir $L(p) = \{v \in M \mid p \cdot v \in F\}$. Die akzeptierte Menge von $\mathcal{A}$ ist dann genau die Leistung des Startzustands. Ferner sehen wir, dass für $u \in M$ und $L(p) = L(q)$ auch $L(p) \cdot u = L(q) \cdot u$ gelten muss. Verschmelzen wir Zustände gleicher Leistung zu einer Klasse $[p]$ und setzen $[p] \cdot u = [p \cdot u]$, so induziert die in Satz 7.7 definierte Vorschrift eine Bijektion zwischen $\{[p] \mid p \in Q \text{ ist erreichbar}\}$ und den Zuständen $\{L(u) \mid u \in M\}$ des Minimalautomaten.

Der folgende *Markierungsalgorithmus* von Edward Forrest Moore (1925–2003) markiert Kanten zwischen Zuständen, deren Endpunkte verschiedene Leistung haben; danach wird aus der Menge der Zustände mit gleicher Leistung jeweils ein Vertreter bestimmt [62]. Die erste der beiden Phasen arbeitet wie folgt.

(1) Starte mit dem vollständigen Graphen mit Knotenmenge $Q$ und voller Kantenmenge $\binom{Q}{2}$ sowie einer erzeugenden Menge $\Sigma$ von $M$.
(2) Markiere eine Kante $\{p, q\}$, falls ein Eckpunkt von $\{p, q\}$ ein Endzustand ist und der andere nicht.
(3) Betrachte eine markierte Kante $\{p', q'\}$. Dann markiere alle noch unmarkierten Kanten $\{p, q\}$ mit $\{p', q'\} = \{p \cdot a, q \cdot a\}$ mit $a \in \Sigma$. Lösche danach die Kante $\{p', q'\}$.
(4) Wiederhole den vorigen Schritt, bis keine neuen Kanten in $\binom{Q}{2}$ gelöscht werden.

Dies beendet die erste Phase. Es werden in dieser Phase nur Kanten $\{p, q\}$ gelöscht, wenn $L(p) \neq L(q)$ gilt. Dies ergibt sich wie folgt. Ein Zustand $p \in F$ hat nicht die gleiche Leistung wie $q \notin F$. Der Unterschied ergibt sich in diesem Fall durch $1 \in L(p) \setminus L(q)$. Haben ferner $p \cdot a$ und $q \cdot a$ unterschiedliche Leistung, etwa wegen $v \in L(p \cdot a) \setminus L(q \cdot a)$, so auch $p$ und $q$ wegen $av \in L(p) \setminus L(q)$. Gilt umgekehrt $L(p) \neq L(q)$, etwa wegen $a_1 \cdots a_n \in L(p) \setminus L(q)$ mit $a_i \in \Sigma$, so werden die Kanten $\{p \cdot a_1 \cdots a_n, q \cdot a_1 \cdots a_n\}, \ldots, \{p \cdot a_1, q \cdot a_1\}, \{p, q\}$ in dieser Reihenfolge gelöscht. Im Folgenden betrachten wir nur noch die verbleibenden Kanten, die zu keiner Zeit gelöscht wurden. In dem entstandenen Graphen sind die Zusammenhangskomponenten Cliquen, und diese können wir mit den Zuständen in $\mathcal{A}_L$ identifizieren.

In der zweiten Phase werden nacheinander alle noch vorhandenen Kanten $\{p', q'\}$ betrachtet und einer der Knoten, etwa $q'$, gelöscht. Wenn $p \cdot u = q'$ in $\mathcal{A}$ gegolten hat, dann wird $p \cdot u = p'$ gesetzt ($p'$ und $q'$ werden „verschmolzen"). Am Ende sind keine Kanten mehr vorhanden und aus jeder Zusammenhangskomponente nach der ersten Phase wurde genau ein Zustand ausgewählt. Die Konstruktion liefert jetzt einen Automaten, den wir mit $\mathcal{B}$ bezeichnen. Wenn $p = q_0 \cdot u$ ist, dann ist $L(p) = L(u)$, also liefert die Vorschrift aus Satz 7.7 eine Bijektion zwischen den Zuständen von $\mathcal{B}$ und dem Minimalautomaten von $L$. Dies zeigt die Korrektheit von Moores Schema.

Im Falle von endlichen Automaten kann man alle Schritte sukzessive durchführen und das Verfahren terminiert. $\diamond$

Man kann jedem $M$-Automaten $\mathcal{A} = (Q, \cdot, q_0, F)$ ein Monoid zuordnen. Hierzu wird jedes Element von $M$ als eine Abbildung auf den Zuständen interpretiert. Das so erhaltene Monoid nennt man *Transitionsmonoid* von $\mathcal{A}$. Wir geben nun eine etwas formalere Darstellung dieser Konstruktion an. Für $u \in M$ definieren wir die Abbildung $\delta_u : Q \to Q$ durch $\delta_u(q) = q \cdot u$. Das Transitionsmonoid von $\mathcal{A}$ ist nun gegeben durch $\{\delta_u \mid u \in M\}$. Es gilt $\delta_v(\delta_u(q)) = q \cdot uv = \delta_{uv}(q)$ für alle $q \in Q$. Damit ist die Verknüpfung $\delta_u \cdot \delta_v = \delta_{uv}$ wohldefiniert. Das Transitionsmonoid ist ein Untermonoid des Monoids $\{f : Q \to Q\}$ aller Abbildungen von $Q$ nach $Q$. Es erkennt $L(\mathcal{A})$ durch den Homomorphismus, der $u \in M$ auf $\delta_u$ abbildet.

**Satz 7.9.** *Das syntaktische Monoid einer Teilmenge $L \subseteq M$ und das Transitionsmonoid des minimalen Automaten $\mathcal{A}_L$ sind isomorph.*

*Beweis.* Sei $T$ das Transitionsmonoid von $\mathcal{A}_L$. Nach Satz 7.4 ist der Homomorphismus $\delta_u \mapsto [u]$ eine Surjektion von $T$ auf das syntaktische Monoid $\mathrm{Synt}(L)$. Wir müssen nur zeigen, dass er injektiv ist. Sei hierfür $[u] = [v]$, also $u \equiv_L v$. Für einen Zustand $L(x) = \{y \mid xy \in L\}$ in $\mathcal{A}_L$ gilt $\delta_u(L(x)) = L(x) \cdot u = L(xu)$. Dies liefert für alle $y \in M$ die Äquivalenz

$$y \in \delta_u(L(x)) = L(xu) \Leftrightarrow xuy \in L \Leftrightarrow xvy \in L \Leftrightarrow y \in L(xv) = \delta_v(L(x))$$

und damit $\delta_u(L(x)) = \delta_v(L(x))$. Dies zeigt $\delta_u = \delta_v$. $\square$

Der folgende Satz von John R. Myhill, Sr. (1923–1987) und Anil Nerode (geb. 1932) besagt, dass Erkennbarkeit und Akzeptanz durch $M$-Automaten mit endlich vielen Zuständen gleichwertig sind [66].

**Satz 7.10.** *Sei $L \subseteq M$. Die folgenden Aussagen sind äquivalent:*

(a) *$L$ ist erkennbar, d. h. $L \in \mathrm{REC}(M)$.*

(b) *$L$ wird von einem $M$-Automaten mit endlich vielen Zuständen akzeptiert.*

(c) *Der minimale Automat $\mathcal{A}_L$ hat endlich viele Zustände.*

(d) *Das syntaktische Monoid $\mathrm{Synt}(L)$ ist endlich.*

*Beweis.* (a) $\Rightarrow$ (b): Sei $N$ ein endliches Monoid und $\varphi : M \to N$ ein Homomorphismus mit $\varphi^{-1}(\varphi(L)) = L$. Wir definieren einen endlichen $M$-Automaten $\mathcal{A}_N = (N, \cdot, 1_N, \varphi(L))$ mit $n \cdot u = n\,\varphi(u)$. Es gilt nun

$$L(\mathcal{A}_N) = \{u \mid 1_N \cdot \varphi(u) \in \varphi(L)\} = \varphi^{-1}(\varphi(L)) = L$$

Also akzeptiert $\mathcal{A}_N$ die Menge $L$. (b) $\Rightarrow$ (c): Dies folgt aus Satz 7.7. (c) $\Rightarrow$ (d): Wenn $\mathcal{A}_L$ nur endlich viele Zustände hat, dann gibt es auch nur endlich viele Abbildungen von $Q_L$ nach $Q_L$. Also ist das Transformationsmonoid von $\mathcal{A}_L$ endlich und damit nach Satz 7.9 auch das syntaktische Monoid $\mathrm{Synt}(L)$. (d) $\Rightarrow$ (a): Dies folgt, da das syntaktische Monoid $\mathrm{Synt}(L)$ die Menge $L$ erkennt. □

**Korollar 7.11.** *Sei $L \subseteq M$. Die folgenden Aussagen sind äquivalent:*

(a) *$M$ ist endlich erzeugt und $L$ ist erkennbar.*

(b) *$L$ wird von einem endlichen $M$-Automaten akzeptiert.*

*Beweis.* (a) $\Rightarrow$ (b): Sei $\Sigma$ eine endliche Erzeugermenge von $M$, und sei $L$ von einem Automaten mit endlicher Zustandsmenge $Q$ akzeptiert. Dann genügt die Teilmenge $\delta = \{(p, a, q) \mid a \in \Sigma,\ p \cdot a = q\}$ von $Q \times \Sigma \times Q$ als Transitionen. (b) $\Rightarrow$ (a): Sei $L$ von einem Automaten mit endlich vielen Transitionen $\delta$ akzeptiert. Dann bilden die Elemente $\{a \in M \mid \exists p, q \in Q\colon (p, a, q) \in \delta\}$ eine endliche Erzeugermenge; und da wir annehmen können, dass der Automat nur endlich viele Zustände besitzt, ist $L$ nach Satz 7.10 erkennbar. □

## 7.2 Rationale Mengen

In diesem Abschnitt führen wir rationale Mengen ein und erweitern das Konzept der $M$-Automaten auf nichtdeterministische Automaten. Wir zeigen, dass rationale Mengen und nichtdeterministische endliche $M$-Automaten dieselbe Ausdrucksstärke besitzen. Die Familie $\mathrm{RAT}(M)$ der *rationalen Mengen* über einem Monoid $M$ ist induktiv wie folgt definiert:

- Es gilt $L \in \mathrm{RAT}(M)$ für alle endlichen Teilmengen $L$ von $M$.
- Sind $K, L \in \mathrm{RAT}(M)$, so gilt auch $K \cup L \in \mathrm{RAT}(M)$ und $KL \in \mathrm{RAT}(M)$.
- Ist $L \in \mathrm{RAT}(M)$, so gilt auch $L^* \in \mathrm{RAT}(M)$.

Dabei ist, wie schon früher vereinbart, $KL = \{uv \in M \mid u \in K,\ v \in L\}$, und $L^*$ bezeichnet das von $L$ erzeugte Untermonoid von $M$. Zum Beispiel beschreibt $\{(0, 2, 4)\}\{(0, 1, 2), (1, 0, 2)\}^*$ über dem Monoid $M = \mathbb{N} \times \mathbb{N} \times \mathbb{N}$ mit der Addition als Verknüpfung die Menge:

$$\{(\ell, m, n) \mid 2(\ell + m) = n \text{ und } m \geq 2\}$$

Ein *nichtdeterministischer $M$-Automat* $\mathcal{A} = (Q, \delta, I, F)$ besteht aus einer Menge $Q$ von Zuständen, einer Übergangsrelation $\delta \subseteq Q \times M \times Q$, einer Menge von Startzuständen $I \subseteq Q$ (engl. *initial states*) und einer Menge von Endzuständen $F \subseteq Q$ (engl. *final states*). Er heißt *endlich*, falls $\delta$ eine endliche Menge ist. Die Elemente aus $\delta$ nennen wir *Transitionen* oder *Übergänge*, und das Element $u \in M$ heißt *Beschriftung* der Transition $(p, u, q)$. Grob gesprochen dekoriert der Automat $\mathcal{A}$ die Elemente aus $M$ mit Zuständen, indem er jedem $u \in M$ mögliche Läufe zuordnet. Ein *Lauf* (engl. *run*) auf $\mathcal{A}$ ist eine Sequenz von der Form

$$r = q_1 u_1 q_2 \cdots u_n q_{n+1}$$

mit $(q_i, u_i, q_{i+1}) \in \delta$ für alle $1 \le i \le n$. Wir sagen, $r$ ist ein *Lauf auf* $u \in M$, falls $u = u_1 \cdots u_n$ gilt; er ist *akzeptierend*, falls $q_1 \in I$ und $q_{n+1} \in F$ gilt. Die von $\mathcal{A}$ *akzeptierte Menge* ist

$$L(\mathcal{A}) = \{u \in M \mid \mathcal{A} \text{ hat einen akzeptierenden Lauf auf } u\}$$

Zwei $M$-Automaten sind *äquivalent*, wenn sie die gleiche Menge akzeptieren. Für eine gegebene Erzeugermenge $\Sigma$ von $M$ heißt ein Automat $\mathcal{A}$ *buchstabierend*, wenn $\delta \subseteq Q \times \Sigma \times Q$ gilt, d. h., wenn alle Beschriftungen in $\Sigma$ sind.

Wir nennen einen nichtdeterministischen $M$-Automaten *deterministisch*, falls die Menge der Startzustände $I$ aus genau einem Zustand besteht und falls für jeden Zustand $q_1 \in Q$ und jedes Element $u \in M$ genau ein Zustand $p \in Q$ mit den folgenden beiden Eigenschaften existiert:

–   Es existiert mindestens ein Lauf $q_1 u_1 q_2 \cdots u_n q_{n+1}$ mit $u = u_1 \cdots u_n$.

–   Alle Läufe $q_1 u_1 q_2 \cdots u_n q_{n+1}$ mit $u = u_1 \cdots u_n$ enden im Zustand $q_{n+1} = p$.

Wir können dann $q_1 \cdot u = p$ setzen und erhalten einen $M$-Automaten im Sinne von Abschnitt 7.1. Umgekehrt definiert jeder $M$-Automat wie in Abschnitt 7.1 einen deterministischen $M$-Automaten entsprechend der obigen Vereinbarung. Der Begriff nichtdeterministischer $M$-Automat ist also allgemeiner als der bisher verwendete Begriff des $M$-Automaten.

Der folgende Automat über dem Monoid $\mathbb{N} \times \mathbb{N}$ mit Addition als Verknüpfung erkennt die Menge $\{(m, n) \mid m = n - 4, m \text{ gerade}\}$:

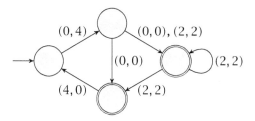

Als Verallgemeinerung von nichtdeterministischen Automaten wollen wir rationale Mengen als Beschriftungen zulassen. Ein *$M$-Automat mit rationalen Beschriftungen* ist ein Tupel $\mathcal{A} = (Q, \delta, I, F)$, wobei $Q, I, F$ wie bei nichtdeterministischen Automaten sind und $\delta$ eine Teilmenge von $Q \times \mathrm{RAT}(M) \times Q$ ist. Ein *Lauf* von $\mathcal{A}$ ist eine Sequenz von der Form $q_0 u_1 q_1 \cdots u_n q_n$ mit $q_i \in Q$, $u_i \in M$ und für jedes $i \in \{1, \ldots, n\}$ existiert eine Transition $(q_{i-1}, L_i, q_i) \in \delta$ mit $u_i \in L_i$. Akzeptierende Läufe und die von $\mathcal{A}$ akzeptierte Menge $L(\mathcal{A})$ werden wie oben definiert. Wie zuvor ist $\mathcal{A}$ endlich, wenn $\delta$ eine endliche Menge ist; dies bedeutet aber nicht, dass die Menge $L \in \mathrm{RAT}(M)$ bei jeder Transition $(p, L, q) \in \delta$ endlich sein muss.

Zur Umwandlung von rationalen Mengen in nichtdeterministische Automaten verwenden wir die *Thompson-Konstruktion* [83] nach Kenneth Lane Thompson (geb. 1943). Vielen ist Thompson vor allem als Informatikpionier und Mitentwickler des Betriebssystems Unix bekannt.

**Lemma 7.12.** *Für jede Menge $L \in \text{RAT}(M)$ existiert ein nichtdeterministischer endlicher $M$-Automat $\mathcal{A}$ mit $L = L(\mathcal{A})$.*

*Beweis.* Sei $1 \in M$ das neutrale Element. Für jede rationale Menge $L$ konstruieren wir einen Automaten $\mathcal{A}_L$ mit den folgenden Invarianten:

- $L = L(\mathcal{A}_L)$
- $\mathcal{A}_L$ hat genau einen Startzustand $i_L$, und $i_L$ hat keine eingehenden Transitionen (d. h. $(q, u, i_L) \notin \delta$ für alle Zustände $q$ und alle $u \in M$).
- $\mathcal{A}_L$ hat genau einen Endzustand $f_L \neq i_L$, und $f_L$ hat keine ausgehenden Transitionen (d. h. $(f_L, u, q) \notin \delta$ für alle Zustände $q$ und alle $u \in M$).

Die Konstruktion ist mit Induktion nach der Anzahl der verschachtelten Operationen Vereinigung, Produkt und Stern, welche nötig sind, um $L$ darzustellen. Wenn $L = \{u_1, \ldots, u_n\}$ endlich ist, dann ist $\mathcal{A}_L$ der folgende Automat:

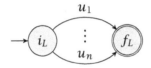

Wenn $L = K \cup K'$ für $K, K' \in \text{RAT}(M)$ und wenn die Automaten $\mathcal{A}_K$ und $\mathcal{A}_{K'}$ bereits konstruiert sind, dann erhalten wir $\mathcal{A}_L$ durch:

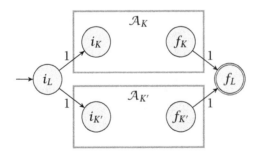

Dies bedeutet, wir nehmen die disjunkte Vereinigung von $\mathcal{A}_K$ und $\mathcal{A}_{K'}$ inklusive aller Transitionen und fügen einen neuen Startzustand $i_L$ und einen neuen Endzustand $f_L$ hinzu. Wenn $L = KK'$ ist, dann ist $\mathcal{A}_L$ definiert durch:

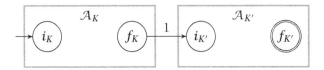

Für $L = K^*$ erhalten wir schließlich:

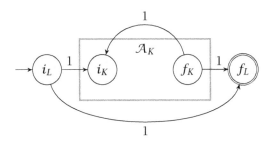

In allen Fällen gilt $L = L(\mathcal{A}_L)$. $\qquad\qquad\qquad\qquad\qquad\qquad\qquad$ □

Als Nächstes zeigen wir, dass man bei jedem Automaten annehmen kann, dass keine Transitionen von der Form $(p, 1, q)$ vorkommen. Falls $M$ ein freies Monoid ist, so sind dies sogenannte $\varepsilon$-*Transitionen*. Entsprechend wird das Vorgehen im folgenden Beweis häufig als *Elimination von $\varepsilon$-Transitionen* bezeichnet.

**Lemma 7.13.** *Sei $\mathcal{A}$ ein nichtdeterministischer endlicher $M$-Automat und $\Sigma$ eine gegebene Erzeugermenge von $M$. Dann existiert ein äquivalenter nichtdeterministischer endlicher $M$-Automat $\mathcal{B}$ mit Kantenbeschriftung in $\Sigma$ und mit nur einem Startzustand, der $L$ akzeptiert.*

*Beweis.* Wir überführen $\mathcal{A} = (Q, \delta, I, F)$ durch eine Folge von Ersetzungen in den gesuchten Automaten $\mathcal{B} = (Q', \delta', \{i\}, F')$. Da $\delta$ endlich ist, können wir auch annehmen, dass $Q$ endlich ist. Sei $u \in M \setminus (\Sigma \cup \{1\})$ und $(p, u, q) \in \delta$ eine Transition. Dann existieren $a_1, \ldots, a_n \in \Sigma$ mit $u = a_1 \cdots a_n$ und $n \geq 2$. Wir nehmen neue Zustände $q_2, \ldots, q_n$ zu $Q$ hinzu und entfernen die Transition $(p, u, q)$ aus $\delta$. Dann fügen wir die Transitionen

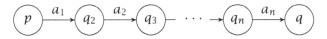

hinzu. So verfahren wir mit allen Transitionen, deren Beschriftung in $M \setminus (\Sigma \cup \{1\})$ ist. Als Nächstes fügen wir einen neuen Zustand $i$ und Transitionen $\{(i, 1, q_0) \mid q_0 \in I\}$

hinzu. Der Zustand $i$ ist ab jetzt der einzige Startzustand. Durch Hinzufügen von Transitionen mit Beschriftung 1 können wir annehmen, dass immer wenn $(p, 1, q)$ und $(q, 1, r)$ Transitionen sind, dann ist auch $(p, 1, r)$ eine Transition. Wir setzen die Endzustände auf

$$F' = F \cup \{p \in Q \mid (p, 1, q) \text{ ist Transition mit } q \in F\}$$

Dies ändert die akzeptierte Menge nicht. Deshalb haben wir nun einen zu $\mathcal{A}$ äquivalenten Automaten $\mathcal{B}' = (Q', \delta'', \{i\}, F')$ erhalten, dessen Beschriftungen alle in $\Sigma \cup \{1\}$ sind.

Als Nächstes entfernen wir jede Transition $(p, 1, q) \in \delta''$ und fügen stattdessen die Transitionen $\{(p, a, q') \mid (q, a, q') \in \delta'', a \in \Sigma\}$ hinzu. Dies liefert uns den Automaten $\mathcal{B}$. Jeder Lauf in $\mathcal{B}$ besitzt ein kanonisches Gegenstück in $\mathcal{B}'$. Sei nun $r = q_0 u_1 q_1 \cdots u_n q_n$ ein akzeptierender Lauf von $\mathcal{B}'$ mit $u_i \in \Sigma \cup \{1\}$. Da wir in $\mathcal{B}'$ alle transitiven 1-Transitionen hinzugenommen hatten, können wir annehmen, dass von zwei aufeinander folgenden $u_i$ und $u_{i+1}$ nicht beide 1 sind. Nach Konstruktion von $F'$ können wir $u_n \neq 1$ annehmen (oder es gilt $n = 0$). Wenn $u_i = 1$ ist, dann ist also $i < n$ und $u_{i+1} \neq 1$. Deshalb können wir im Fall $u_i = 1$ stets den Teillauf $q_{i-1} u_i q_i u_{i+1} q_{i+1}$ von $r$ durch $q_{i-1} u_{i+1} q_{i+1}$ ersetzen und erhalten so einen akzeptierenden Lauf in $\mathcal{B}$. Dies zeigt $L(\mathcal{B}) = L(\mathcal{B}')$. Zusammen mit $L(\mathcal{B}') = L(\mathcal{A})$ folgt die Behauptung. $\square$

Als Nächstes wollen wir zeigen, dass nichtdeterministische Automaten nur rationale Mengen akzeptieren. Hierzu betrachten wir etwas allgemeiner Automaten mit rationalen Beschriftungen und eliminieren nach und nach Zustände. Die Transitionen, die dabei wegfallen, werden durch rationale Mengen in den Beschriftungen der verbleibenden Kanten ersetzt. Das zugrunde liegende Verfahren wird oft als *Zustandselimination* bezeichnet.

**Lemma 7.14.** *Sei $\mathcal{A}$ ein endlicher $M$-Automat mit rationalen Beschriftungen. Dann gilt $L(\mathcal{A}) \in \mathrm{RAT}(M)$.*

*Beweis.* Es sei $\mathcal{A} = (Q, \delta, I, F)$. Ohne Einschränkung gilt $Q = \{q_2, \ldots, q_n\}$. Da rationale Mengen abgeschlossen sind unter Vereinigung, können wir annehmen, dass für alle $q_i, q_j \in Q$ höchstens eine Transition $(q_i, L_{i,j}, q_j) \in \delta$ existiert. Wir fügen zwei neue Zustände $q_0$ und $q_1$ zu $Q$ hinzu und erhalten so die Zustandsmenge $Q' = \{q_0, \ldots, q_n\}$. Darüber hinaus sei:

$$\delta' = \delta \cup \{(q_0, \{1\}, i) \mid i \in I\} \cup \{(f, \{1\}, q_1) \mid f \in F\}$$

Der Automat $\mathcal{B} = (Q', \delta', \{q_0\}, \{q_1\})$ ist äquivalent zu $\mathcal{A}$. Außerdem erfüllt $\mathcal{B}$ die folgenen Invarianten: Der Startzustand $q_0$ hat keine eingehenden Transitionen, der Endzustand $q_1$ hat keine ausgehenden Transitionen, und für $q_i, q_j \in Q'$ gibt es höchstens eine Transition $(q_i, L_{i,j}, q_j) \in \delta'$.

Wenn $n > 1$ gilt, dann konstruieren wir einen zu $\mathcal{B}$ äquivalenten Automaten $C = (Q'', \delta'', q_0, q_1)$ mit $Q'' = \{q_0, \ldots, q_{n-1}\}$, so dass $C$ ebenfalls die drei Invarianten von $\mathcal{B}$ erfüllt. Als Erstes entfernen wir den Zustand $q_n$ und alle seine Transitionen, dann ersetzen wir jede Transition $(q_i, L_{i,j}, q_j) \in \delta'$ mit $i, j < n$ durch $(q_i, L'_{i,j}, q_j)$ mit:

$$L'_{i,j} = L_{i,j} \cup L_{i,n} L^*_{n,n} L_{n,j}$$

Hierbei ist $L_{k,\ell} = \varnothing$, wenn es keine Transition von $q_k$ zu $q_\ell$ gibt. Dieses Vorgehen ist im folgenden Bild nochmals veranschaulicht:

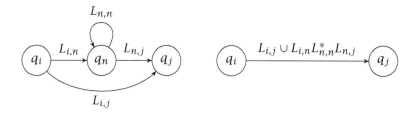

Im Automaten $\mathcal{B}$          Im Automaten $C$

Durch wiederholtes Eliminieren von Zuständen können wir bei $\mathcal{B}$ annehmen, dass $n = 1$ gilt. Wenn $(q_0, L_{0,1}, q_1) \in \delta'$ ist, dann gilt $L(\mathcal{B}) = L_{0,1} \in \mathrm{RAT}(M)$; andernfalls ist $L(\mathcal{B}) = \varnothing \in \mathrm{RAT}(M)$. □

Mit den obigen drei Lemmata ergibt sich schließlich, dass $\mathrm{RAT}(M)$ und die von nichtdeterministischen endlichen $M$-Automaten akzeptierten Mengen übereinstimmen. Wir fassen dies im folgenden Satz zusammen.

**Satz 7.15.** *Sei $M$ ein Monoid und $L \subseteq M$. Dann sind die folgenden Aussagen äquivalent:*

(a) *$L$ ist rational.*

(b) *$L$ wird von einem nichtdeterministischen endlichen $M$-Automaten akzeptiert.*

(c) *$L$ wird von einem buchstabierenden nichtdeterministischen endlichen $M$-Automaten mit nur einem Startzustand akzeptiert.*

(d) *$L$ wird von einem endlichen $M$-Automaten mit rationalen Beschriftungen akzeptiert.*

*Beweis.* Die Implikation (a) $\Rightarrow$ (b) ist Lemma 7.12, und (b) $\Rightarrow$ (c) sieht man mit Lemma 7.13. Für (c) $\Rightarrow$ (d) ersetzt man alle Transitionen $(p, u, q)$ durch $(p, \{u\}, q)$. Die Richtung (d) $\Rightarrow$ (a) ist Lemma 7.14. □

**Lemma 7.16.** *Jede rationale Teilmenge $L \subseteq M$ ist in einem endlich erzeugten Untermonoid von $M$ enthalten.*

*Beweis.* Da jeder nichtdeterministische endliche Automat $\mathcal{A}$ nur endlich viele Kanten besitzt, können hier auch nur endlich viele Beschriftungen $U \subseteq M$ vorkommen. Insbesondere gilt $L(\mathcal{A}) \subseteq U^* \subseteq M$. Deshalb ist nach Satz 7.15 jede rationale Teilmenge $L$ von $M$ in einem endlich erzeugten Untermonoid von $M$ enthalten. $\qquad\square$

Aus dem vorigen Lemma folgt insbesondere, dass $M$ genau dann eine rationale Teilmenge von $M$ ist, wenn $M$ endlich erzeugt ist. Insbesondere sind rationale Teilmengen nicht abgeschlossen unter inversen Homomorphismen, denn der Homomorphismus $\psi : M \rightarrow \{1\}$ liefert die Teilmenge $M$ als Urbild der rationalen Teilmenge $\{1\}$. Andererseits sind rationale Teilmengen abgeschlossen unter Homomorphismen, da man hierzu in nichtdeterministischen Automaten jede Kantenbeschriftung durch ihr homomorphes Bild ersetzen kann.

Der Satz von James Dawson McKnight, Jr. (1928–1981) charakterisiert endlich erzeugte Monoide durch das Verhältnis von $\mathrm{REC}(M)$ zu $\mathrm{RAT}(M)$, siehe [59]:

**Satz 7.17** (McKnight). *Ein Monoid $M$ ist genau dann endlich erzeugt, wenn $\mathrm{REC}(M) \subseteq \mathrm{RAT}(M)$ gilt.*

*Beweis.* Die erkennbare Menge $M$ kann nach Lemma 7.16 nur dann rational sein, wenn $M$ endlich erzeugt ist. Die Umkehrung folgt aus Korollar 7.11 und Satz 7.15. $\qquad\square$

Wenn $M$ ein freies Monoid über einem endlichen Alphabet ist, dann nennen wir die rationalen Mengen aus $M$ auch *regulär*. Im nächsten Abschnitt beschäftigen wir uns mit den regulären Sprachen. Wir werden sehen, dass die regulären Sprachen und die erkennbaren Mengen übereinstimmen. Dies ist die Aussage des Satzes von Kleene, welchen wir im nächsten Abschnitt behandeln.

## 7.3 Reguläre Sprachen

Wir haben gesehen, dass die erkennbaren und die rationalen Teilmengen im Allgemeinen unvergleichbare Klassen sind. Endliche Teilmengen von $M$ sind immer rational, aber etwa in unendlichen Gruppen nicht erkennbar, siehe Bemerkung 7.1. Andererseits ist die erkennbare Menge $\mathbb{N}$ über dem Monoid der natürlichen Zahlen $\mathbb{N}$ mit der Multiplikation als Verknüpfung nicht rational, da das Monoid $(\mathbb{N}, \cdot, 1)$ nicht endlich erzeugt ist. Wir folgen weiterhin der Konvention, Teilmengen in einem endlich erzeugten freien Monoid als *Sprachen* zu bezeichnen; deren Elemente heißen *Wörter*. Wir zeigen nun, dass alle rationalen Sprachen auch erkennbar sind. Dieses Ergebnis ist als der Satz von Kleene über reguläre Sprachen bekannt [44], und die Eigenschaften *regulär*, *rational* und *erkennbar* sind für endlich erzeugte freie Monoide gleichbedeutend.

**Satz 7.18** (Kleene). *Sei $\Sigma^*$ ein endlich erzeugtes freies Monoid. Eine Sprache $L \subseteq \Sigma^*$ ist genau dann rational, wenn sie von einem deterministischen endlichen Automaten akzeptiert wird. Mit anderen Worten, $\mathrm{REC}(\Sigma^*) = \mathrm{RAT}(\Sigma^*)$.*

*Beweis.* Die Inklusion $\text{REC}(\Sigma^*) \subseteq \text{RAT}(\Sigma^*)$ folgt aus Satz 7.17. Sei nun $L \subseteq \Sigma^*$ rational. Nach Satz 7.15 existiert ein buchstabierender nichtdeterministischer endlicher $\Sigma^*$-Automat $\mathcal{A} = (Q, \delta, I, F)$ mit $n = |Q|$ Zuständen, welcher die Sprache $L$ akzeptiert. Wir berechnen über die sogenannte *Potenzautomatenkonstruktion* einen äquivalenten deterministischen Automaten mit maximal $2^n$ Zuständen. Das Ergebnis dieser Konstruktion ist der *Potenzautomat* $\mathcal{B}$. Die Zustände sind Teilmengen von $Q$. Wir beginnen mit $I$ und machen $I$ zum Startzustand. Angenommen, $P \subseteq Q$ ist schon ein Zustand von $\mathcal{B}$. Für jeden Buchstaben $a \in \Sigma$ definieren wir

$$P \cdot a = \{p' \in Q \mid \exists p \in P : (p, a, p') \in \delta\}$$

Falls noch nicht vorhanden, nehmen wir $P \cdot a$ als Zustand von $\mathcal{B}$ auf. Auf diese Weise werden maximal alle Teilmengen von $Q$ zu Zuständen in $\mathcal{B}$, was die obere Schranke $2^n$ erklärt. Mit Induktion nach der Länge $|w|$ ergibt sich für alle Wörter $w \in \Sigma^*$, dass wir in $\mathcal{B}$ nach Lesen von $w$ mit Start in $I$ in derjenigen Menge $P$ sind, welche genau aus den Zuständen $q \in Q$ besteht, für die es in $\mathcal{A}$ einen mit $w$ beschrifteten Lauf von einem $p \in I$ nach $q$ gibt. Erklären wir also diejenigen Teilmengen zu Endzuständen von $\mathcal{B}$, die mindestens einen Endzustand enthalten, so definiert $\mathcal{B}$ den gewünschten deterministischen Automaten, der ebenfalls $L$ erkennt. $\qquad\square$

Über $\Sigma^*$ sind die Konzepte von deterministischen und nichtdeterministischen endlichen Automaten genau dann äquivalent, wenn $\Sigma$ endlich ist. Die Potenzautomatenkonstruktion im Beweis von Satz 7.18 zeigt uns, wie wir aus einem buchstabierenden nichtdeterministischen Automaten mit $n$ Zuständen einen äquivalenten deterministischen erzeugen können, der maximal $2^n$ Zustände hat und die gleiche reguläre Sprache $L$ akzeptiert. Hieraus können wir den Minimalautomaten $\mathcal{A}_L$ erzeugen und dann durch das Transformationsmonoid ein kleinstes erkennendes Monoid konstruieren. Im schlimmsten Fall betrachten wir bei dieser Analyse das Monoid aller Abbildungen auf den Zuständen $2^Q$. Bei $n = |Q|$ hat dieses Monoid bis zu $2^{n2^n}$ Elemente! Für $n = 3$ ist diese Zahl größer als 10 Millionen. Wir zeigen im nächsten Satz, dass für $n = 3$ das syntaktische Monoid $\text{Synt}(L)$ höchstens 512 Elemente hat. Wichtiger ist, dass wir die Rechnungen durch boolesche $n \times n$-Matrizen realisieren können, die sich wiederum effizient multiplizieren lassen.

**Satz 7.19.** *Sei $\Sigma$ endlich und $\mathcal{A}$ ein buchstabierender nichtdeterministischer endlicher Automat über $\Sigma^*$ mit $n$ Zuständen und $L = L(\mathcal{A})$. Dann hat das syntaktische Monoid von $L$ höchstens $2^{n^2}$ Elemente.*

*Beweis.* Ohne Einschränkung sei $\mathcal{A} = (Q, \delta, I, F)$ mit $Q = \{1, \ldots, n\}$. Für jeden Buchstaben $a \in \Sigma$ definieren wir eine boolesche $n \times n$-Matrix $A^a$, indem wir den Eintrag $A^a_{i,j}$ auf 1 setzen, falls $(i, a, j)$ eine Transition ist; falls $(i, a, j)$ keine Transition ist, setzen wir $A^a_{i,j} = 0$. Die Einträge gehören dann zu $\mathbb{B} = \{0, 1\}$ mit der Disjunktion $\vee$ als Addition und der Konjunktion $\wedge$ als Multiplikation. Boolesche $n \times n$-Matrizen mit der Multiplikation bilden ein Monoid $\mathbb{B}^{n \times n}$ und damit definiert die Zuordnung $\phi(a) = A^a$ einen Homomorphismus $\phi$ von $\Sigma^*$ nach $\mathbb{B}^{n \times n}$. Ist jetzt $w = a_1 \cdots a_m$ ein Wort und $\phi(w) = B = A^{a_1} \cdots A^{a_m}$, so gilt genau dann $B_{i,j} = 1$, wenn es einen mit $w$ beschrifteten Pfad von $i$ nach $j$ gibt. Wählen wir noch $P = \{B \in \mathbb{B}^{n \times n} \mid \exists i \in I, j \in F : B_{i,j} = 1\}$, so gilt $\phi^{-1}(P) = L$. Also erkennt $\phi$ die Sprache $L$. Das syntaktische Monoid ist nach Satz 7.4 das homomorphe Bild eines Untermonoids von $\mathbb{B}^{n \times n}$ und enthält daher höchstens $2^{n^2}$ Elemente. $\qquad\square$

Eine wichtige Konsequenz aus dem Satz von Kleene ist, dass die rationalen Sprachen über endlich erzeugten freien Monoiden abgeschlossen sind unter Durchschnitt und Komplementbildung. Wie das folgende Beispiel zeigt, ist dies für allgemeine Monoide nicht der Fall.

**Beispiel 7.20.** Sei $M = \mathbb{N} \times \{a, b\}^*$ mit der Addition als Verknüpfung in der ersten Komponente. Die Menge $L_1 = \{(1, a), (0, b)\}^* \in \mathrm{RAT}(M)$ enthält die Elemente $(n, w) \in M$, bei denen $w$ genau $n$ Vorkommen des Buchstaben $a$ besitzt. Analog definieren wir $L_2 = \{(0, a), (1, b)\}^* \in \mathrm{RAT}(M)$; und es gilt genau dann $(n, w) \in L_2$, wenn $w$ genau $n$ Vorkommen des Buchstaben $b$ hat. Angenommen, $L_1 \cap L_2$ wäre rational. Da rationale Teilmengen abgeschlossen sind unter homomorphen Bildern, wäre auch die Projektion auf die zweite Komponente rational. Dies ist die Sprache $K = \{w \in \{a, b\}^* \mid w \text{ enthält genau so viele } a\text{'s wie } b\text{'s}\}$. Das syntaktische Monoid von $K$ ist $\mathbb{Z}$. Also ist $K$ nicht erkennbar, und nach dem Satz von Kleene ist $K$ nicht rational. Daher ist $L_1 \cap L_2$ nicht rational. Wenn $\mathrm{RAT}(M)$ abgeschlossen wäre unter Komplementbildung, dann wäre $\mathrm{RAT}(M)$ nach der Regel von de Morgan auch abgeschlossen unter Durchschnitt. $\qquad\diamond$

## 7.4 Sternfreie Sprachen

Als Anwendung des algebraischen Ansatzes bei erkennbaren Sprachen wollen wir in diesem Abschnitt eine Charakterisierung von sternfreien Sprachen behandeln. Über freien Monoiden sind sternfreie Sprachen eine Unterklasse der rationalen Sprachen. Über beliebigen Monoiden hingegen sind die rationalen Mengen und die sternfreien Mengen unvergleichbar. Die Familie $\mathrm{SF}(M)$ der *sternfreien Mengen* über $M$ ist induktiv wie folgt definiert:

- Für jede endliche Teilmenge $L$ von $M$ gilt $L \in \mathrm{SF}(M)$.
- Sind $K, L \in \mathrm{SF}(M)$, so gilt auch $K \cup L \in \mathrm{SF}(M)$ und $KL \in \mathrm{SF}(M)$.
- Ist $L \in \mathrm{SF}(M)$, so gilt auch $M \setminus L \in \mathrm{SF}(M)$.

Mit der Regel von DeMorgan (Augustus De Morgan, 1806–1871) ist $\mathrm{SF}(M)$ auch unter Durchschnitt abgeschlossen. Im Gegensatz zu rationalen Sprachen erlauben wir bei sternfreien Sprachen keine Sternoperationen (daher auch der Name). Stattdessen ist die Komplementbildung möglich. Aus dem Satz von Kleene 7.18 folgt, dass rationale Wortsprachen unter Komplementbildung abgeschlossen sind, da die erkennbaren Sprachen unter Komplementbildung abgeschlossen sind. Deshalb gilt für endliche Alphabete $\Sigma$ die Inklusion $\mathrm{SF}(\Sigma^*) \subseteq \mathrm{RAT}(\Sigma^*)$. Ein Resultat von Schützenberger (Marcel-Paul Schützenberger, 1920–1996) setzt die sternfreien Sprachen mit einer Teilklasse endlicher Monoide in Beziehung [74]. Ein Monoid $N$ ist *aperiodisch*, falls eine Zahl $n \in \mathbb{N}$ existiert, so dass für alle $u \in N$ gilt $u^n = u^{n+1}$.

**Satz 7.21** (Schützenberger). *Sei $L \subseteq \Sigma^*$ eine Wortsprache über einem endlichen Alphabet $\Sigma$. Dann ist $L$ genau dann sternfrei, wenn $L$ von einem endlichen aperiodischen Monoid erkannt wird.*

Der Rest dieses Abschnitts ist dem Beweis des obigen Satzes gewidmet. Über endlich erzeugten freien Monoiden $\Sigma^*$ kann man die sternfreien Sprachen alternativ auch so definieren: $\emptyset \in \mathrm{SF}(\Sigma^*)$, für alle $a \in \Sigma$ ist $\{a\} \in \mathrm{SF}(\Sigma^*)$, und für Sprachen $K, L \subseteq \mathrm{SF}(\Sigma^*)$ sind auch die Sprachen $K \cup L$, $\Sigma^* \setminus L$ und $KL$ in $\mathrm{SF}(\Sigma^*)$. Unter anderem ist die Sprache $A^*$ für $A \subseteq \Sigma$ sternfrei, obwohl bei ihrer naiven Definition ein Stern auftaucht, denn es gilt $A^* = \Sigma^* \setminus \bigcup_{b \notin A} \Sigma^* b \Sigma^*$. Wenn $\Gamma \subseteq \Sigma$ gilt, dann ist $\mathrm{SF}(\Gamma^*) \subseteq \mathrm{SF}(\Sigma^*)$. Bei einem sternfreien Ausdruck für $L \in \mathrm{SF}(\Gamma^*)$ muss man hierbei nur jede Komplementbildung $\Gamma^* \setminus K$ durch $(\Sigma^* \setminus K) \cap \Gamma^*$ ersetzen und erhält einen sternfreien Ausdruck für $L$ über dem Alphabet $\Sigma$.

Wir besprechen nun eine nützliche Konstruktion auf Monoiden. Sei $M$ ein Monoid und $c \in M$. Wir definieren eine Verknüpfung $\circ$ auf $cM \cap Mc$ durch

$$xc \circ cy = xcy$$

Sei $xc = x'c$ und $cy = cy'$. Dann gilt $xc \circ cy = xcy = x'cy = x'cy' = x'c \circ cy'$. Dies zeigt, dass $\circ$ wohldefiniert ist. Seien $cx = x'c$ und $cy$ Elemente in $cM \cap Mc$. Dann gilt $cx \circ cy = x'c \circ cy = x'cy = cxy$. Die Rechenregeln von $M$ übertragen sich hierdurch auf $cM \cap Mc$. Insbesondere ist die Verknüpfung $\circ$ auf $cM \cap Mc$ assoziativ, da die Verknüpfung von $M$ assoziativ ist. Damit ist $M_c = (cM \cap Mc, \circ, c)$ ein Monoid mit $c$ als neutralem Element; wir nennen es den *lokalen Divisor von $M$ an $c$*. Für weitere Eigenschaften und Anwendungen lokaler Divisoren verweisen wir auf das Krohn-Rhodes-Theorem 7.37 sowie die entsprechende Fachliteratur [19–22, 24, 25]. Wir nehmen im Folgenden stets an, dass $M$ endlich und aperiodisch ist und dass $x^n = x^{n+1}$ für alle $x \in M$ gilt. Wie bei der Assoziativität folgt $x^n = x^{n+1}$ für alle $x \in cM \cap Mc$. Wir benötigen die folgende Eigenschaft von aperiodischen Monoiden.

**Lemma 7.22.** *Sei $M$ aperiodisch. Dann gilt $1 = x_1 \cdots x_k$ in $M$ genau dann, wenn $1 = x_i$ für alle $1 \le i \le k$.*

*Beweis.* Es genügt, die Behauptung für $k = 2$ zu zeigen. Sei $u^n = u^{n+1}$ für alle $u \in M$. Aus $1 = xy$ folgt $1 = x \cdot 1 \cdot y = x^2 y^2 = x^n y^n = x^{n+1} y^n = x \cdot 1 = x$. Analog zeigt man $1 = y$. Die Umkehrung ist trivial. $\qquad\qquad\square$

Falls $c \neq 1$ ist, folgt aus Lemma 7.22, dass $1 \notin cM \cap Mc$ und damit $|cM \cap Mc| < |M|$ gilt.

**Lemma 7.23.** *Falls $L \subseteq \Sigma^*$ von einem endlichen aperiodischen Monoid $M$ erkannt wird, dann ist $L$ sternfrei.*

*Beweis.* Sei $\varphi : \Sigma^* \to M$ ein Homomorphismus, der $L$ erkennt. Es gilt $L = \bigcup_{p \in \varphi(L)} \varphi^{-1}(p)$. Deshalb genügt es für alle $p \in M$ zu zeigen, dass $\varphi^{-1}(p)$ sternfrei ist. Sei $\Sigma_1 = \{a \in \Sigma \mid \varphi(a) = 1\}$. Aus Lemma 7.22 folgt $\varphi^{-1}(1) = \Sigma_1^* \in \mathrm{SF}(\Sigma^*)$. Sei nun $p \neq 1$. Für $c \in \Sigma$ mit $\varphi(c) \neq 1$ definieren wir $\Sigma_c = \Sigma \setminus \{c\}$. Durch Einschränkung von $\varphi$ auf den Definitionsbereich $\Sigma_c^*$ ergibt sich nun der Homomorphismus $\varphi_c : \Sigma_c^* \to M$ mit $w \mapsto \varphi(w)$. Da jedes Wort $w$ mit $\varphi(w) \neq 1$ ein Zeichen $c$ enthält mit $\varphi(c) \neq 1$, gilt:

$$\varphi^{-1}(p) = \bigcup_{\substack{c \in \Sigma \\ \varphi(c) \neq 1}} \bigcup_{p = p_1 p_2 p_3} \varphi_c^{-1}(p_1) \cdot (\varphi^{-1}(p_2) \cap c\Sigma^* \cap \Sigma^* c) \cdot \varphi_c^{-1}(p_3)$$

Die Sprache $\varphi_c^{-1}(p_1)$ enthält den Präfix vor dem ersten $c$ und $\varphi_c^{-1}(p_3)$ entspricht den Suffixen nach dem letzten $c$. Mit Induktion nach der Größe des Alphabets sind $\varphi_c^{-1}(p_1)$ und $\varphi_c^{-1}(p_3)$ in $\mathrm{SF}(\Sigma_c^*) \subseteq \mathrm{SF}(\Sigma^*)$. Es verbleibt zu zeigen, dass für $p \in \varphi(c)M \cap M\varphi(c)$ die Sprache $\varphi^{-1}(p) \cap c\Sigma^* \cap \Sigma^* c$ sternfrei ist. Sei $T = \{\varphi(w \mid w \in \Sigma_c^*\}$. Wir definieren eine Substitution

$$\sigma : \{\varepsilon\} \cup c\Sigma^* \to T^* \text{ mit } cv_1 \cdots cv_k \mapsto \varphi_c(v_1) \cdots \varphi_c(v_k)$$

wobei $v_i \in \Sigma_c^*$ gilt. Hierbei bezeichnet $T^*$ das freie Monoid über der Menge $T$ und nicht den Kleene-Stern. Die Abbildung $\sigma$ ersetzt maximale $c$-freie Faktoren $v$ durch $\varphi_c(v)$. Sei $\psi : T^* \to M_{\varphi(c)}$ der Homomorphismus in den lokalen Divisor von $M$ an $\varphi(c)$, der sich aus $T \to M_{\varphi(c)}$ mit $\varphi_c(w) \mapsto \varphi(cwc)$ durch die universelle Eigenschaft freier Monoide (Satz 6.1) ergibt. Für $w = cv_1cv_2 \cdots cv_k \in \{\varepsilon\} \cup c\Sigma^*$ mit $v_i \in \Sigma_c^*$ und $k \geq 0$ gilt

$$\begin{aligned}
\psi\sigma(w) &= \psi(\varphi_c(v_1)\varphi_c(v_2) \cdots \varphi_c(v_k)) \\
&= \varphi(cv_1c) \circ \varphi(cv_2c) \circ \cdots \circ \varphi(cv_kc) \\
&= \varphi(cv_1cv_2 \cdots cv_kc) = \varphi(wc)
\end{aligned}$$

Es folgt

$$wc \in \varphi^{-1}(p) \cap c\Sigma^* \cap \Sigma^* c \quad \Leftrightarrow \quad w \in \sigma^{-1}\psi^{-1}(p)$$

und damit $\varphi^{-1}(p) \cap c\Sigma^* \cap \Sigma^* c = \sigma^{-1}\psi^{-1}(p) \cdot c$. Deshalb genügt es $\sigma^{-1}\psi^{-1}(p) \in \mathrm{SF}(\Sigma^*)$ zu zeigen. Mit Induktion nach der Größe des erkennenden Monoids folgt $\psi^{-1}(p) \in \mathrm{SF}(T^*)$, und mit Induktion nach der Größe des Alphabets gilt $\varphi_c^{-1}(t) \in$

$\mathrm{SF}(\Sigma^*)$ für alle $t \in T$. Mit struktureller Induktion zeigen wir nun $\sigma^{-1}(K) \in \mathrm{SF}(\Sigma^*)$ für jede Sprache $K \in \mathrm{SF}(T^*)$:

$$
\begin{aligned}
\sigma^{-1}(t) &= c \cdot \varphi_c^{-1}(t) && \text{für } t \in T \\
\sigma^{-1}(T^* \setminus K) &= (\Sigma^* \setminus \sigma^{-1}(K)) \cap (\{\varepsilon\} \cup c\Sigma^*) && \text{für } K \in \mathrm{SF}(T^*) \\
\sigma^{-1}(K_1 \cup K_2) &= \sigma^{-1}(K_1) \cup \sigma^{-1}(K_2) && \text{für } K_1, K_2 \in \mathrm{SF}(T^*) \\
\sigma^{-1}(K_1 \cdot K_2) &= \sigma^{-1}(K_1) \cdot \sigma^{-1}(K_2) && \text{für } K_1, K_2 \in \mathrm{SF}(T^*)
\end{aligned}
$$

Die letzte Beziehung gilt wegen $\sigma(cw_1cw_2) = \sigma(cw_1)\sigma(cw_2)$. $\qquad\square$

**Lemma 7.24.** *Das syntaktische Monoid einer sternfreien Sprache ist aperiodisch.*

*Beweis.* Wir zeigen, dass für jede sternfreie Sprache $L \in \mathrm{SF}(\Sigma^*)$ eine Zahl $n(L) \in \mathbb{N}$ existiert, so dass für alle $x, y, u \in \Sigma^*$ gilt:

$$
xu^{n(L)}y \in L \Leftrightarrow xu^{n(L)+1}y \in L
$$

Wir setzen $n(\emptyset) = 1$, und für $a \in \Sigma$ definieren wir $n(\{a\}) = 2$. Seien nun $K, L \in \mathrm{SF}(\Sigma^*)$ Sprachen, für die $n(L)$ und $n(K)$ bereits geeignet definiert sind. Dann setzen wir $n(\Sigma^* \setminus L) = n(L)$ sowie $n(K \cup L) = \max\left(n(K), n(L)\right)$ und $n(KL) = n(K) + n(L) + 1$. Wir weisen nur die Korrektheit von $n(KL)$ nach; der entsprechende Nachweis für die übrigen Konstruktionen verläuft ähnlich. Sei $w = xu^{n(K)+n(L)+2}y \in KL$. Wir nehmen an, dass die Aufteilung von $w = w_1w_2$ mit $w_1 \in K$ und $w_2 \in L$ bei einem der $u$-Faktoren geschieht. Aufteilungen bei $x$ und $y$ sind einfacher. Sei $u = u'u''$ und $w_1 = xu^{n_1}u' \in K$ und $w_2 = u''u^{n_2}y \in L$ mit $n_1 + 1 + n_2 = n(K) + n(L) + 2$. Nun gilt $n_1 \geq n(K) + 1$ oder $n_2 \geq n(L) + 1$. Ohne Einschränkung sei $n_1 \geq n(K) + 1$. Nach Voraussetzung gilt $xu^{n_1-1}u' \in K$ und damit $xu^{n(K)+n(L)+1}y \in KL$. Ganz analog zeigt man, dass aus $xu^{n(K)+n(L)+1}y \in KL$ auch $xu^{n(K)+n(L)+2}y \in KL$ folgt. $\qquad\square$

*Beweis von Satz 7.21.* Wenn $L$ von einem endlichen und aperiodischen Monoid erkannt wird, dann ist $L$ nach Lemma 7.23 sternfrei. Wenn $L$ sternfrei ist, dann ist $\mathrm{Synt}(L)$ aufgrund von Lemma 7.24 aperiodisch. Mit dem Satz von Kleene 7.18 folgt $\mathrm{SF}(\Sigma^*) \subseteq \mathrm{RAT}(\Sigma^*)$ und dass alle sternfreien Sprachen erkennbar sind. Nach Satz 7.10 ist $\mathrm{Synt}(L)$ endlich. Da $\mathrm{Synt}(L)$ die Sprache $L$ erkennt, folgt die Behauptung. $\qquad\square$

Mit Satz 7.4 folgt aus dem Satz von Schützenberger 7.21, dass eine Sprache $L$ genau dann sternfrei ist, wenn ihr syntaktisches Monoid $\mathrm{Synt}(L)$ endlich und aperiodisch ist. Da man zu jedem rationalen Ausdruck das zugehörige syntaktische Monoid effektiv berechnen kann, lässt sich damit überprüfen, ob eine gegebene rationale Sprache sternfrei ist. So ist das syntaktische Monoid der Sprache $(aa)^* \in \mathrm{RAT}(\{a\}^*)$ die Gruppe $\mathbb{Z}/2\mathbb{Z}$. Deshalb ist $(aa)^*$ nicht sternfrei. Überraschenderweise ist die ähnlich aussehende Sprache $(ab)^* \in \mathrm{RAT}(\{a, b\}^*)$ sternfrei, denn für $\Sigma = \{a, b\}$ gilt

$\Sigma^* = \Sigma^* \setminus \varnothing \in \mathrm{SF}(\Sigma^*)$ und

$$(ab)^* = \{\varepsilon\} \cup (a\Sigma^* \cap \Sigma^* b \cap (\Sigma^* \setminus \Sigma^* aa\Sigma^*) \cap (\Sigma^* \setminus \Sigma^* bb\Sigma^*)) \in \mathrm{SF}(\Sigma^*)$$

Verschiedene logische Beschreibungsmechanismen definieren genau die stern-freien Sprachen [20]. Dadurch spielen diese im Bereich der formalen Verifikation eine zentrale Rolle. Die Grundidee hierbei ist es, Eigenschaften von Systemen exakt nach-zuweisen und nicht etwa nur durch einige erfolgreiche Testfälle zu belegen. Für die Spezifikation der zu überprüfenden Eigenschaften werden häufig Logiken verwendet, welche nur sternfreie Sprachen definieren können.

## 7.5 Das Krohn-Rhodes-Theorem

Das Krohn-Rhodes-Theorem ist ein fundamentales Ergebnis in der Theorie endlicher Monoide. Krohn und Rhodes zeigten 1965, dass sich jedes endliche Monoid als Quo-tient eines Untermonoids in einem Kranzprodukt von Flipflops und endlichen einfa-chen Gruppen darstellen lässt [49]. Eine solche Darstellung eines Monoids $M$ bezeich-net man als *Krohn-Rhodes-Zerlegung*. Die in der Literatur gebräuchlichste Darstellung des Krohn-Rhodes-Theorems verwendet sogenannte Transformationsmonoide, siehe etwa [24, 32, 50, 70, 81]. Das Konzept der Transformationsmonoide ist eine Mischform aus Automaten und herkömmlichen Monoiden. Gérard Lallement (1935–2006) veröf-fentlichte 1971 einen Beweis des Krohn-Rhodes-Theorems, welcher nur Monoide im herkömmlichen Sinn benutzt [52]; leider war dieser Beweis falsch, und die Berichti-gung basierte wieder auf Transformationsmonoiden [53]. Der hier dargestellte Beweis verwendet nur herkömmliche Monoide, ist aber an einen ähnlichen Beweis mit Trans-formationsmonoiden angelehnt [24]. Die Schlüsseltechnik sind lokale Divisoren, wie wir sie in Abschnitt 7.4 über sternfreie Sprachen eingeführt haben.

Wir beginnen diesen Abschnitt damit, die nötige Terminologie formal einzufüh-ren. Dies beinhaltet das Konzept der Divisoren. Um nachzuweisen, dass ein Monoid $M$ Divisor eines Monoids $N$ ist, arbeitet man oft bequemer mit Überlagerungen. Da-nach betrachten wir Flipflops und Verallgemeinerungen davon. Mit dem zentralen Begriff des Kranzprodukts können wir schließlich das Krohn-Rhodes-Theorem for-mulieren. Es folgt eine Zerlegungstechnik für beliebige endliche Gruppen in einfache Gruppen. Eine Gruppe $G$ ist *einfach*, wenn $\{1\}$ und $G$ ihre einzigen Normalteiler sind. Ein wichtiger Induktionsparameter in unserem Beweis des Krohn-Rhodes-Theorems ist die Anzahl der Elemente, welche weder invertierbar noch eine Rechtsnull sind; wir nennen solche Elemente konventionell. Als zentralen Mosaikstein geben wir eine Zerlegung eines Monoids $M$ in einen lokalen Divisor $M_c$ und ein augmentiertes Un-termonoid $N^{\#}$ an. Bei letzterem handelt es sich um ein Erweiterungsmonoid von $N$, bei dem man jedem Element $x \in N$ eindeutig eine Rechtsnull $\overline{x}$ aus $N^{\#}$ zuordnen kann.

### Divisoren und Überlagerungen

Seien $M$ und $N$ Monoide. Wenn ein Untermonoid $U$ von $N$ und ein surjektiver Homomorphismus $\varphi : U \to M$ existieren, dann ist $M$ ein *Divisor* von $N$. In diesem Fall schreiben wir $M \prec N$. Die intuitive Idee ist, dass $N$ mehr kann als $M$ und dass sich $M$ durch $N$ „darstellen" lässt. Etwas formaler gilt zum Beispiel, dass $N$ jede Sprache erkennen kann, die von $M$ erkannt wird. Eine Gruppe $G$ ist ein *Gruppendivisor* von $N$, wenn $G$ ein Divisor von $N$ ist, welcher eine Gruppe bildet. Um $M \prec N$ nachzuweisen, kann man in vielen Fällen bequemer mit Überlagerungen arbeiten. Sei $\psi : N \to M$ eine partielle surjektive Abbildung, so dass für jedes $m \in M$ mindestens ein Element $\hat{m} \in N$ existiert mit

$$\psi(n)\, m = \psi(n\, \hat{m}) \qquad \text{für alle } n \in N, \text{ bei denen } \psi(n) \text{ definiert ist.}$$

Hierbei bezeichnet man $\hat{m}$ als eine *Überdeckung* von $m$. Die Abbildung $\psi$ nennen wir eine *Überlagerung* von $M$ durch $N$.

**Lemma 7.25.** *Es gilt genau dann $M \prec N$, wenn eine Überlagerung $\psi : N \to M$ von $M$ durch $N$ existiert.*

*Beweis.* Sei zunächst $M \prec N$. Dann gibt es ein Untermonoid $U$ von $N$ und einen surjektiven Homomorphismus $\varphi : U \to M$. Die partielle Abbildung $\varphi : N \to M$ definiert eine Überlagerung von $M$ durch $N$. Jedes Urbild aus $\varphi^{-1}(m)$ ist eine Überdeckung von $m \in M$.

Sei nun $\psi : N \to M$ eine Überlagerung. Wir definieren

$$U = \{n \in N \mid n \text{ ist eine Überdeckung eines Elements } m \in M\}$$

Es ist $1 \in U$, da $1$ eine Überdeckung des neutralen Elements von $M$ ist. Seien $\hat{a}$ und $\hat{b}$ Überdeckungen von $a, b \in M$. Dann gilt $\psi(n)ab = \psi(n\hat{a})b = \psi(n\hat{a}\hat{b})$. Also ist $\hat{a}\hat{b}$ eine Überdeckung von $ab \in M$. Dies zeigt, dass $U$ ein Untermonoid von $N$ ist. Wir definieren eine Abbildung $\varphi : U \to M$ durch $\varphi(\hat{a}) = a$. Angenommen, es gilt $\hat{a} = \hat{b}$. Das heißt, $\hat{a}$ ist sowohl eine Überdeckung von $a$ als auch von $b$. Da $\psi$ surjektiv ist, existiert $n \in N$ mit $\psi(n) = 1$. Dann gilt $a = \psi(n)a = \psi(n\hat{a}) = \psi(n\hat{b}) = \psi(n)b = b$. Also ist $\varphi$ wohldefiniert. Es gilt $\varphi(1) = 1$ und $\varphi(\hat{a}\hat{b}) = ab = \varphi(\hat{a})\varphi(\hat{b})$, da $\hat{a}\hat{b}$ eine Überdeckung von $ab$ ist. Dies zeigt, dass $\varphi$ ein surjektiver Homomorphismus ist. $\square$

Das Konzept der Überlagerung ist zwar technischer als das eines Divisors, viele Beweise lassen sich jedoch mit Überlagerungen etwas leichter formulieren, da man das Untermonoid $U$ nicht explizit angeben muss. Im folgenden verwenden wir Lemma 7.25 frei, ohne jedes Mal darauf zu verweisen.

**Lemma 7.26.** *Wenn $M \prec N$ und $N \prec P$ gilt, dann ist $M \prec P$.*

*Beweis.* Seien $\psi_1 : N \rightarrow M$ und $\psi_2 : P \rightarrow N$ Überlagerungen. Wir schreiben $\hat{m} \in N$ für Überdeckungen von $m \in M$ und $\tilde{n} \in P$ für Überdeckungen von $n \in N$. Dann ist $\psi_1 \circ \psi_2 : P \rightarrow M$ eine Überlagerung, denn $\tilde{n} \in P$ für $n = \hat{m} \in N$ ist eine Überdeckung von $m \in M$. $\qquad\square$

### Flipflops

Sei $X$ eine beliebige Menge und $1_U \notin X$. Wir definieren ein Monoid $U_X = X \cup \{1_U\}$ mit der Verknüpfung $xy = y$ für alle $x \in U_X$, $y \in X$ und mit $xy = x$ für $y = 1_U$. Per Definition ist $1_U$ das neutrale Element. Die Assoziativität folgt, weil in einem Produkt ungleich $1_U$ – unabhängig von der Klammerung – stets das letzte Element aus $X$ das Ergebnis ist. Wenn $|X| = |Y|$ gilt, dann sind $U_X$ und $U_Y$ isomorph. Sei $\varphi : X \rightarrow Y$ eine Bijektion. Wenn wir zusätzlich $\varphi(1_U) = 1_U$ setzen, dann ist $\varphi$ ein Isomorphismus von $U_X$ nach $U_Y$. Man schreibt daher oft $U_n$ für $n \in \mathbb{N}$ und meint damit $U_X$ mit $|X| = n$. Das Monoid $U_2$ bezeichnet man auch als *Flipflop*.

**Satz 7.27.** *Es gilt $U_{n+1} \prec U_n \times U_2$.*

*Beweis.* Sei $X = \{x_0, \ldots, x_n\}$, $Y = X \setminus \{x_0\}$ und $Z = \{x_0, t\}$ mit $t \neq x_0$. Wir zeigen $U_X \prec U_Y \times U_Z$. Hierzu definieren wir eine Überlagerung $\psi : U_Y \times U_Z \rightarrow U_X$ durch

$$\psi(y, z) = \begin{cases} z & \text{für } z = x_0 \\ y & \text{sonst} \end{cases}$$

Eine Überdeckung von $1_U$ ist $(1_U, 1_U)$, eine Überdeckung von $x_0$ ist $(1_U, x_0)$, und eine Überdeckung von $x_i$ mit $i \geq 1$ ist $(x_i, t)$; denn für $x \in U_X$ gilt

$$\psi(y, z)x = \begin{cases} \psi(y, z) = \psi((y, z)(1, 1)) & \text{für } x = 1_U \\ x_0 = \psi(y, x_0) = \psi((y, z)(1, x_0)) & \text{für } x = x_0 \\ x = \psi(x, t) = \psi((y, z)(x, t)) & \text{für } x \notin \{1_U, x_0\} \end{cases}$$

In jedem Fall gilt also $\psi(y, z)x = \psi((y, z)\hat{x})$. $\qquad\square$

### Das Kranzprodukt

Wenn $M$ ein Monoid und $X$ eine beliebige Menge ist, dann definieren wir auf den Abbildungen $M^X = \{f : X \rightarrow M \mid f \text{ ist Abbildung}\}$ eine Verknüpfung $f * g$ durch $(f * g)(x) = f(x)\,g(x)$. Man kann $M^X$ als Produkt von $|X|$ Kopien von $M$ interpretieren (auch wenn $X$ unendlich ist). Die Verknüpfung $*$ ist dann die komponentenweise Verknüpfung dieser $|X|$-Tupel. Insbesondere ist $M^X$ mit der Verknüpfung $*$ ein Monoid.

Seien $M$ und $N$ zwei Monoide. Wir definieren auf $M^N \times N$ wie folgt eine Verknüpfung. Für $(f, n), (f', n') \in M^N \times N$ setzen wir $(f, n)(f', n') = (g, nn')$; hierbei ist $g : N \to M$ definiert durch $g(x) = f(x)f'(xn)$ für $x \in N$. Für die Menge $M^N \times N$ mit dieser Verknüpfung schreiben wir $M \wr N$ und nennen es das *Kranzprodukt* (engl. *wreath product*) von $M$ und $N$. Wir zeigen nun, dass $M \wr N$ ein Monoid bildet. Das neutrale Element ist $(\iota, 1)$ mit $\iota(x) = 1$ für alle $x \in N$. Für $f \in M^N$ und $n \in N$ bezeichnen wir mit $nf : N \to M$ die Abbildung mit $(nf)(x) = f(xn)$. Die Verknüpfung in $M \wr N$ lässt sich nun schreiben als $(f, n)(f', n') = (f * nf', nn')$. Seien nun $(f, a), (g, b), (h, c) \in M^N \times N$. Dann zeigt die folgende Rechnung, dass die Verknüpfung in $M \wr N$ assoziativ ist:

$$((f, a)(g, b))(h, c) = (f * ag, ab)(h, c) = (f * ag * abh, abc)$$
$$= (f * a(g * bh), abc) = (f, a)(g * bh, bc)$$
$$= (f, a)((g, b)(h, c))$$

Man beachte, dass $n(f * g) = nf * ng$ gilt. Als Nächstes zeigen wir, dass das direkte Produkt ein Divisor des Kranzprodukts ist.

**Lemma 7.28.** *Seien $M$ und $N$ zwei Monoide. Dann gilt $M \times N \prec M \wr N$.*

*Beweis.* Sei $U$ das Untermonoid von $M^N \times M$, welches aus allen Elementen $(f, n)$ besteht, so dass $f$ konstant ist. Ein surjektiver Homomorphismus $\varphi : U \to M \times N$ ist gegeben durch $\varphi(f, n) = (f(1), n)$. Man beachte, dass $f(1) = f(x)$ für alle $x \in N$ gilt, da $f$ konstant ist. Nun gilt $\varphi((f, n)(f', n')) = \varphi(f * nf', nn') = (f(1)f'(n), nn') = (f(1)f'(1), nn') = (f(1), n)(f'(1), n') = \varphi(f, n) \varphi(f', n')$. $\quad\square$

Wie das folgende Lemma zeigt, überträgt sich die Divisionbeziehung zwischen Monoiden auf das Kranzprodukt. Der Beweis ist nicht schwierig, jedoch technisch.

**Lemma 7.29.** *Aus $M \prec M'$ und $N \prec N'$ folgt $M \wr N \prec M' \wr N'$.*

*Beweis.* Wir gliedern den Beweis in zwei Teile. Als Erstes behandeln wir Untermonoide, und danach zeigen wir die Aussage für homomorphe Bilder. Sei also zunächst $M$ ein Untermonoid von $M'$ und $N$ ein Untermonoid von $N'$. Wir definieren eine Überlagerung $\psi : M' \wr N' \to M \wr N$ durch $\psi(g', b) = (g, b)$ falls $b \in N$ und $g'(x) \in M$ für alle $x \in N$ gilt; hierbei ist $g \in M^N$ die Einschränkung von $g' \in M'^{N'}$ auf den Definitionsbereich $N$. Für $(f, a) \in M \wr N$ setzen wir $\widehat{(f, a)} = (f', a)$, wobei $f'$ eine beliebige Funktion ist, deren Einschränkung auf $N$ die Abbildung $f$ ergibt. Für $b \in N$ und $g'(x) \in M$ für alle $x \in N$ gilt:

$$\psi\left((g', b)\widehat{(f, a)}\right) = \psi(g' * bf', ba) = (g * bf, ba) = (g, b)(f, a)$$
$$= \psi(g', b)(f, a)$$

Seien nun $\varphi_1 : M' \to M$ und $\varphi_2 : N' \to N$ surjektive Homomorphismen. Sei $T = \{f' : M' \to N' \mid f'(x') = f'(y')$ falls $\varphi_2(x') = \varphi_2(y')\}$. Die Menge $T$ bildet mit komponentenweiser Multiplikation ein Untermonoid von $M'^{N'}$. Für $b' \in N'$ und $f' \in T$ gilt $a' f' \in T$, denn für $\varphi_2(x') = \varphi_2(y')$ gilt $\varphi_2(b'x') = \varphi_2(b'y')$ und damit $b'f'(x') = f'(b'x') = f'(b'y') = b'f'(y')$. Für eine Abbildung $f' \in T$ definieren wir $\widetilde{f'} : N \to M$ durch die Vorschrift $\widetilde{f'}(x) = \varphi(f'(\varphi_2^{-1}(x)))$; man beachte hierbei $|f'(\varphi_2^{-1}(x))| = 1$ nach Konstruktion von $T$. Für jedes Element $m \in M$ wählen wir ein Urbild $m' \in \varphi_1^{-1}(m)$. Analog wählen wir für jedes $n \in N$ ein Urbild $n' \in \varphi_2^{-1}(n)$. Zu einer Abbildung $f : M \to N$ definieren wir $f' \in T$ durch die Vorschrift $f'(x) = m'$, falls $f(\varphi_1(x)) = m$ ist. Für die so konstruierte Abbildung $f'$ gilt $\widetilde{f'} = f$.

Wir definieren nun eine Überlagerung $\psi : M' \wr N' \to M \wr N$, welche nur auf der Menge $T \times N'$ definiert ist. Hierzu setzen wir $\psi(g', b') = (\widetilde{g'}, \varphi_2(b'))$. Für $(f, a) \in M \wr N$ definieren wir $\overline{(f, a)} = (f', a')$. Für $f \in M^N$, $g \in T$, $b' \in N'$ und $a \in N$ gilt nun

$$\psi\left((g', b')\overline{(f, a)}\right) = \psi\left((g', b')(f', a')\right) = \psi(g' * b'f', b'a')$$

$$= \left(\widetilde{g' * b'f'}, \varphi_2(b'a')\right) = \left(\widetilde{g'} * \varphi_2(b')f, \varphi_2(b')a\right)$$

$$= (\widetilde{g'}, \varphi_2(b'))(f, a) = \psi(g', b')(f, a)$$

Da $\psi$ surjektiv ist, definiert $\psi$ also tatsächlich eine Überlagerung. $\qquad\square$

Wir haben uns nun mit den nötigen Begriffen vertraut gemacht, um das Krohn-Rhodes-Theorem formulieren zu können.

**Satz 7.30** (Krohn-Rhodes-Theorem, 1965). *Sei $M$ ein endliches Monoid. Sei $C_M$ die kleinste Menge von endlichen Monoiden, welche $U_2$ und alle einfachen Gruppendivisoren von $M$ enthält, und welche abgeschlossen ist unter Kranzprodukten. Dann existiert $N \in C_M$ mit $M \prec N$.*

Nach weiterer Vorarbeit beweisen wir das Krohn-Rhodes-Theorem am Ende dieses Abschnitts. Als Teil dieser Vorarbeit geben wir Zerlegungen verschiedener Monoide an. Aus Satz 7.27 folgt mit Lemma 7.28 und Lemma 7.29, dass $U_n$ ein Divisor eines Monoids aus $C_{U_n}$ ist.

### Zerlegung von Gruppen

Der folgende Satz liefert die Krohn-Rhodes-Zerlegung von endlichen Gruppen $G$, da man diese so lange weiter zerlegen kann, bis keine nichttrivialen Normalteiler mehr existieren.

**Satz 7.31.** *Sei $G$ eine Gruppe und $N$ ein Normalteiler von $G$. Dann gilt $G \prec N \wr (G/N)$.*

*Beweis.* Sei $H = G/N$ und seien $h_1, h_2, \ldots \in G$ Repräsentanten der Nebenklassen von $N$, d. h., für alle $x \in G$ existiert genau ein $i$ mit $Nh_i = Nx$. Wir können $H$ durch $Nh_i \mapsto h_i$ mit $\{h_1, h_2, \ldots\}$ identifizieren. Für $g \in G$ sei $[g] = h_i$, falls $Ng = Nh_i$

gilt. Wir definieren eine Abbildung $\psi : N^H \times H \to G$ durch $\psi(f, h) = f(1)h$. Für $g \in G$ setzen wir $\hat{g} = (f_g, [g]) \in N^H \times H$ mit $f_g(x) = xg[xg]^{-1}$ für $x \in H$. Dann ist $f_g(x) \in N$, da $Nxg = N[xg]$ gilt. Wir müssen noch zeigen, dass $\hat{g}$ eine Überdeckung von $g$ ist:

$$\psi((f, h)\, \hat{g}) = \psi((f, h)\, (f_g, [g])) = \psi(f * hf_g, [h[g]]) = \psi(f * hf_g, [hg])$$
$$= f(1)\, f_g(h)\, [hg] = f(1)\, hg[hg]^{-1}\, [hg] = f(1)\, hg = \psi(f, h)\, g$$

Also definiert $\psi$ eine Überlagerung. $\qquad\square$

Ein Element $x$ eines Monoids $M$ ist eine *Rechtsnull*, wenn $x \neq 1$ ist und $ax = x$ für alle $a \in M$ gilt. Wenn $x \in M$ eine Rechtsnull ist und $a \in M$ beliebig, dann ergeben auch die Produkte $ax = x$ und $xa$ jeweils eine Rechtsnull.

**Satz 7.32.** *Wenn sich ein Monoid $M$ als Vereinigung von $G$ und $Z$ schreiben lässt, so dass alle Elemente in $G$ invertierbar und alle Elemente in $Z$ Rechtsnullen sind, dann gilt $M \prec U_Z \wr G$.*

*Beweis.* Wir definieren eine Überlagerung $\psi : U_Z \wr G \to M$ durch $\psi(f, g) = f(1)\, g$. Hierbei setzen wir $1_U \cdot g = g$. Zu $m \in M$ definieren wir eine Überdeckung $\hat{m}$ durch $\hat{m} = (\iota, m)$ für $m \in G$ und $\hat{m} = (f_m, 1)$ für $m \in Z$; die Abbildungen $\iota, f_m : G \to U_Z$ sind definiert durch $\iota(g) = 1_U$ und $f_m(g) = mg^{-1}$ für alle $g \in G$. Zu beachten ist, dass $mg^{-1}$ tatsächlich eine Rechtsnull ist. Für alle $z \in Z$, $g \in G$ und $(f, h) \in U_Z \wr G$ gilt

$$\psi((f, h)\, (\iota, g)) = \psi(f * h\iota, hg) = \psi(f, hg) = f(1)\, hg = \psi(f, h)\, g$$

und

$$\psi((f, h)\, (f_z, 1)) = \psi(f * hf_z, h) = f(1)\, f_z(h)\, h = f(1)\, zh^{-1}\, h$$
$$= f(1)\, z = z = \psi(f, h)\, z$$

Die beiden letzten Gleichheiten verwenden, dass $z$ eine Rechtsnull ist. $\qquad\square$

**Konventionelle Elemente**

Für Monoide $M$, die sich als disjunkte Vereinigung von Rechtsnullen und invertierbaren Elementen schreiben lassen, gilt nach Satz 7.32 das Krohn-Rhodes-Theorem. Die schwierigen Elemente sind also genau diejenigen, die weder invertierbar noch eine Rechtsnull sind. Dies führt auf die folgende Begriffsbildung. Ein Element $x \in M$ ist *konventionell*, wenn $x$ weder invertierbar noch eine Rechtsnull ist.

**Lemma 7.33.** *Wenn $N$ ein endliches Untermonoid eines Monoids $M$ ist, dann sind alle konventionellen Elemente von $N$ auch konventionell in $M$.*

*Beweis.* Wir betrachten ein konventionelles Element $x \in N$. Da $x$ keine Rechtsnull ist, existiert $a \in N$ mit $ax \neq x$. Also ist $x$ auch keine Rechtsnull in $M$. Angenommen, $x$ besitzt ein Inverses $y \in M$. Das Element $x$ erzeugt eine zyklische Unterhalbgruppe $\langle x \rangle$ von $N$. Da $\langle x \rangle$ endlich ist, existiert $n \geq 1$ mit $x^{2n} = x^n$; siehe Aufgabe 7.1. (a). Die Multiplikation mit $y^n$ liefert $x^n = 1$. Damit ist $y = x^{n-1} \in \langle x \rangle \subseteq N$, und $x$ ist auch in $N$ invertierbar. Dieser Widerspruch zeigt, dass $x$ auch in $M$ nicht invertierbar ist. $\qquad\square$

**Lemma 7.34.** *Sei* $\varphi : M \to N$ *ein surjektiver Homomorphismus und* $y \in N$ *konventionell. Dann sind alle Elemente aus* $\varphi^{-1}(y)$ *konventionell.*

*Beweis.* Sei $\varphi(x) = y$ für $x \in M$. Angenommen, es existiert $z \in M$ mit $xz = zx = 1$, dann ergibt sich durch $y\varphi(z) = \varphi(x)\varphi(z) = \varphi(xz) = \varphi(1) = 1 = \varphi(z)y$ ein Widerspruch dazu, dass $y$ nicht invertierbar ist. Angenommen, es gilt $ax = x$ für alle $a \in M$, dann ergibt sich aus $\varphi(a)y = \varphi(a)\varphi(x) = \varphi(ax) = \varphi(x) = y$ zusammen mit der Surjektivität von $\varphi$, dass $y$ eine Rechtsnull ist. Dies ist ein Widerspruch. Also ist $x$ konventionell. $\qquad\square$

## Lokale Divisoren

Der lokale Divisor von $M$ an $c \in M$ ist die Menge $M_c = cM \cap Mc$ mit der Verknüpfung $xc \circ cy = xcy$. Wir haben schon in Abschnitt 7.4 gesehen, dass $M_c$ ein Monoid ist. Sei $U = \{x \in M \mid cx \in Mc\}$. Dann gilt $1 \in U$. Für $x, y \in U$ gilt $cxy \in Mcy \subseteq MMc = Mc$ und damit $xy \in U$. Dies zeigt, dass $U$ ein Untermonoid von $M$ ist. Die Abbildung $\varphi : U \to M_c$ mit $\varphi(x) = cx$ ist nach Definition von $U$ surjektiv. Es gilt $\varphi(1) = c$; das heißt, dass das neutrale Element 1 von $M$ auf das neutrale Element $c$ von $M_c$ abgebildet wird. Des Weiteren ist $\varphi(xy) = cxy = cx \circ cy = \varphi(x) \circ \varphi(y)$, und $\varphi$ ist ein Homomorphismus. Also gilt $M_c \prec M$, was die Terminologie *lokaler Divisor* begründet.

**Lemma 7.35.** *Sei* $M$ *ein endliches Monoid, und sei* $c \in M$ *konventiell. Dann hat* $M_c$ *weniger konventionelle Elemente als* $M$.

*Beweis.* Mit $k(N)$ bezeichnen wir die Anzahl der konventionellen Elemente eines Monoids $N$. Angenommen, in $M$ gibt es ein invertierbares Element $x$, welches zur Teilmenge $cM \cap Mc$ gehört. Dann existieren $y \in M$ und $a, b \in M$ mit $xy = yx = 1$ und $x = ca = bc$. Es folgt $cay = 1 = ybc$ sowie $yb = yb \cdot cay = ybc \cdot ay = ay$, so dass $yb = ay$ ein Inverses von $c$ im Monoid $M$ ist. Dies ist ein Widerspruch. Also ist kein invertierbares Element aus $M$ in der Teilmenge $cM \cap Mc$ enthalten.

Sei $x$ eine Rechtsnull in $M$, welche in der Teilmenge $cM \cap Mc$ enthalten ist. Wir schreiben $M_c$, wenn wir das Monoid $cM \cap Mc$ mit der Verknüpfung $\circ$ meinen (hierbei ist $xc \circ cy = xcy$). Es existiert $a \in M$ mit $x = ca$. Für alle Elemente $yc \in M_c$ gilt $yc \circ x = yc \circ ca = yca = yx = x$. Also ist $x$ auch eine Rechtsnull im Monoid $M_c$.

Sei $K$ die Menge der konventionellen Elemente aus dem Monoid $M_c$ und sei $E$ die Menge der invertierbaren Elemente aus dem Monoid $M_c$. Dann sind alle Elemente aus $E \cup K$ im Monoid $M$ konventionell. Da $c \in E$ gilt, zeigt dies $k(M_c) = |K| < |K| + |E| \le k(M)$. $\square$

## Augmentierte Monoide

Sei $M$ ein Monoid. Wir erweitern die Verknüpfung von $M$ auf die disjunkte Vereinigung $M^{\#} = M \cup \{\overline{x} \mid x \in M \text{ ist keine Rechtsnull}\}$, indem wir für Nicht-Rechtsnullen $a \in M$ und beliebige Elemente $b \in M$ und $x \in M^{\#}$ definieren:

$$x\overline{a} = \overline{a}, \qquad \overline{a}b = \begin{cases} ab & \text{wenn } ab \in M \text{ Rechtsnull} \\ \overline{ab} & \text{wenn } ab \in M \text{ keine Rechtsnull} \end{cases}$$

Wir nennen $M^{\#}$ das *augmentierte Monoid* von $M$. Als Nächstes zeigen wir, dass $M^{\#}$ tatsächlich ein Monoid bildet. Das neutrale Element von $M$ ist auch neutral in $M^{\#}$. Sei

$$R = \{\overline{x} \mid x \in M \text{ ist keine Rechtsnull}\} \cup \{x \in M \mid x \text{ ist Rechtsnull}\}$$

Für $x, y, z \in M^{\#}$ betrachten wir die beiden Klammerungen des Produkts $xyz$. Wir können annehmen, dass $x, y, z$ nicht alle in $M$ sind. Wenn $z \in R$ ist, dann gilt $xyz = z$ unabhängig von der Klammerung. Sei also $z \notin R$. Betrachten wir zunächst den Fall, dass $y \in R$. Dann folgt $yz \in R$ und es gilt $(xy)z = yz = x(yz)$. Sei nun $y \notin R$ und $x = \overline{a}$ für eine Nicht-Rechtsnull $a$. In diesem Fall muss man unterscheiden, welche der Elemente $ay$, $yz$ und $ayz$ Rechtsnullen sind. Wenn eines der drei Produkte eine Rechtsnull ergibt, dann gilt $(\overline{a}y)z = ayz = \overline{a}(yz)$; andernfalls ist $(\overline{a}y)z = \overline{ayz} = \overline{a}(yz)$. Also ist die Verknüpfung in $M^{\#}$ assoziativ.

Alle Elemente aus $\{\overline{x} \mid x \in M \text{ ist keine Rechtsnull}\}$ sind Rechtsnullen in $M^{\#}$, und jede Rechtsnull in $M$ ist auch eine Rechtsnull in $M^{\#}$. Deshalb stimmen sowohl die Mengen der invertierbaren Elemente als auch die Mengen der konventionellen Elemente in $M$ und in $M^{\#}$ überein.

**Lemma 7.36.** *Wenn $N \prec M^{\#}$ gilt und $N$ eine Gruppe ist, dann folgt $N \prec M$.*

*Beweis.* Da $1 \in M \subseteq M^{\#}$ gilt, genügt es, den Fall $|N| \ge 2$ zu betrachten. Sei $U \subseteq M^{\#}$ ein Untermonoid und $\varphi : U \to N$ ein surjektiver Homomorphismus. Wir betrachten beliebige zu einander inverse Elemente $a, b \in N \setminus \{1\}$ sowie beliebige Urbilder $e, x, y \in U$ mit $\varphi(e) = 1$, $\varphi(x) = a$ und $\varphi(y) = b$. Angenommen, $e$ ist eine Rechtsnull; dann gilt $1 = \varphi(e) = \varphi(xe) = \varphi(x)\varphi(e) = a \cdot 1 = a$ im Widerspruch zur Wahl von $a$. Angenommen, $x$ ist eine Rechtsnull; dann ergibt sich durch $a = \varphi(x) = \varphi(yx) = \varphi(y)\varphi(x) = ba = 1$ ein Widerspruch. Also enthält $U$ keine Rechtsnullen. Da alle Elemente aus $M^\# \setminus M$ Rechtsnullen sind, folgt $U \subseteq M$. Dies zeigt $N \prec M$.                                                                                                   $\square$

### Der Beweis des Krohn-Rhodes-Theorems

Das Kernstück unseres Beweises des Krohn-Rhodes-Theorems ist der folgende Satz, welcher $M$ als ein Kranzprodukt eines lokalen Divisors $M_c$ und eines augmentierten Untermonoids $N$ darstellt.

**Satz 7.37.** *Sei $M$ ein Monoid, welches von $A$ erzeugt wird; sei $c \in A$ und sei $N$ das von $A \setminus \{c\}$ erzeugte Untermonoid von $M$. Dann gilt:*

$$M \prec (U_N \times M_c) \wr (N^\# \times U_1)$$

*Beweis.* Sei $Z = \{\overline{x} \mid x \in N$ ist keine Rechtsnull$\}$ disjunkt zu $N$, und sei $N^\# = N \cup Z$ das augmentierte Monoid. Wir erweitern $^-$ zu einer Abbildung $^- : N \to N^\#$ indem wir $\overline{x} = x$ setzen, falls $x \in N$ eine Rechtsnull ist. Für jedes Element $x \in N$ ist dann $\overline{x}$ eine Rechtsnull in $N^\#$. In $N^\#$ gilt nun $\overline{a}b = \overline{ab}$ für alle $a, b \in N$. Zu jedem Element $x \in N^\#$ existiert ein eindeutiges Element $n \in N$ mit $x \in \{n, \overline{n}\}$; dieses Element bezeichnen wir mit $x^*$. Wir schreiben $U_1$ als Menge $\{1, 0\}$ mit der Multiplikation als Verknüpfung.

Wir definieren eine partielle Abbildung $\psi : (U_N \times M_c)^{N^\# \times U_1} \times N^\# \times U_1 \to M$, von der wir zeigen werden, dass sie eine Überlagerung ist. Die Elemente aus $(U_N \times M_c)^{N^\# \times U_1}$ schreiben wir als Paar von Abbildungen $(f, g)$ mit $f : N^\# \times U_1 \to U_N$ und $g : N^\# \times U_1 \to M_c$. Für $(f, g, x, e) \in (U_N \times M_c)^{N^\# \times U_1} \times N^\# \times U_1$ mit $x \in N^\#$ und $e \in U_1$ setzen wir

$$\psi(f, g, x, e) = \begin{cases} x^* & \text{falls } e = 1 \text{ und } g(1, 1) = c \\ f(1, 1) \cdot g(1, 1) \cdot x^* & \text{falls } e = 0 \text{ und } f(1, 1) \in N \end{cases}$$

Sowohl für $e = 1$ und $g(1, 1) \neq c$ als auch für $e = 0$ und $f(1, 1) = 1_U$ ist $\psi$ nicht definiert. Die Abbildung $\psi$ ist surjektiv, da sich $M$ schreiben lässt als $M = N \cup N \cdot M_c \cdot N$; dies kann man dadurch sehen, dass ein Produkt $w = a_1 \cdots a_n$ mit $a_i \in A$ entweder das Element $c$ nicht enthält, oder man kann $w$ direkt vor dem ersten $c$ und direkt hinter dem letzten $c$ faktorisieren (diese beiden Vorkommen von $c$ können auch übereinstimmen). Der erste Teil $N$ in der Vereinigung $N \cup N \cdot M_c \cdot N$ wird mit $e = 1$ abgedeckt, während der zweite Teil als Bild der Elemente $(f, g, x, 0)$ mit $f(1, 1) \in N$ auftritt.

Wenn $w = a_1 \cdots a_n \in M$ gilt und $a_i$ die Überdeckung $\hat{a}_i$ besitzt, dann ist $\hat{a}_1 \cdots \hat{a}_n$ eine Überdeckung von $w$. Es genügt daher zu zeigen, dass jeder Erzeuger $a \in A$ eine Überdeckung hat. Wir setzen $\hat{c} = (f_c, g_c, \overline{1}, 0)$, und für $a \neq c$ setzen wir

$\hat{a} = (f_a, g_a, a, 1)$; hierbei ist

$$f_c(x, 1) = x^* \in U_N \qquad\qquad g_c(x, 1) = c \in M_c$$
$$f_c(x, 0) = 1_U \in U_N \qquad\qquad g_c(x, 0) = c\,x^*c \in M_c$$
$$f_a(x, e) = 1_U \in U_N \qquad\qquad g_a(x, e) = c \in M_c$$

für $x \in N^\#$ und $e \in U_1$. Es lässt sich nun leicht nachrechnen, dass hierdurch Überdeckungen definiert sind. Der Vollständigkeit halber führen wir die entsprechenden Rechnungen aus.

Sei $u = (f, g, x, e) \in (U_N \times M_c)^{N^\# \times U_1} \times N^\# \times U_1$ und $a \in A \setminus \{c\}$. Betrachten wir zunächst den Fall $e = 1$ und $g(1, 1) = c$. Dann gilt:

$$\begin{aligned}
\psi(u \cdot \hat{c}) &= \psi(u \cdot (f_c, g_c, \overline{1}, 0)) = \psi(f * (x, 1)f_c, g * (x, 1)g_c, \overline{1}, 0) \\
&= (f(1, 1)\, f_c(x, 1)) \cdot (g(1, 1) \circ g_c(x, 1)) \cdot 1 \\
&= (f(1, 1)\, x^*) \cdot (g(1, 1) \circ c) \\
&= x^* \cdot g(1, 1) = x^* \cdot c = \psi(u) \cdot c
\end{aligned}$$

Dabei wird das Produkt $f(1, 1)\, x^*$ in $U_N$ berechnet. Zur Erinnerung: Die Abbildung $(x, e)f_c : N^\# \times U_1 \to U_N$ ist durch $((x, e)f_c)(y, k) = f_c(yx, ke)$ definiert, $f * f'$ ist definiert durch $(f * f')(y, k) = f(y, k)\, f'(y, k)$, und $g * g'$ ergibt sich aus $(g * g')(y, k) = g(y, k) \circ g'(y, k)$. Sei wieder $e = 1$ und $g(1, 1) = c$. Dann ist

$$\begin{aligned}
\psi(u \cdot \hat{a}) &= \psi(u \cdot (f_a, g_a, a, 1)) = \psi(f * (x, 1)f_a, g * (x, 1)g_a, xa, 1) \\
&= (xa)^* = x^*a = \psi(u) \cdot a
\end{aligned}$$

Für die vorletzte Gleichheit beachte man, dass $xa \in \{x^*a, \overline{x^*a}\}$ gilt. Für $e = 0$ ergeben sich die folgenden Rechnungen:

$$\begin{aligned}
\psi(u \cdot \hat{c}) &= \psi(f * (x, 0)f_c, g * (x, 0)g_c, \overline{1}, 0) \\
&= (f(1, 1)\, f_c(x, 0)) \cdot (g(1, 1) \circ g_c(x, 0)) \cdot 1 \\
&= f(1, 1) \cdot (g(1, 1) \circ c\,x^*c) = f(1, 1) \cdot g(1, 1) \cdot x^*c = \psi(u) \cdot c
\end{aligned}$$

und

$$\begin{aligned}
\psi(u \cdot \hat{a}) &= \psi(f * (x, 0)f_a, g * (x, 0)g_a, xa, 0) \\
&= (f(1, 1)\, f_a(x, 0)) \cdot (g(1, 1) \circ g_a(x, 0)) \cdot (xa)^* \\
&= f(1, 1) \cdot g(1, 1) \cdot x^*a = \psi(u) \cdot a
\end{aligned}$$

Also ist $\psi$ tatsächlich eine Überlagerung. □

Wir können nun die bisherigen Resultate zu einem Beweis des Krohn-Rhodes-Theorems von Seite 195 kombinieren; das heißt, wir starten mit $U_2$ und den einfachen Gruppendivisoren von $M$ als Bausteinen, und zeigen dass sich $M$ durch Kranzprodukte und Divisoren daraus zusammensetzen lässt.

*Beweis des Krohn-Rhodes-Theorems 7.30.* Sei $\mathcal{D}_M$ die kleinste Menge von endlichen Monoiden, welche $U_2$ und alle einfachen Gruppendivisoren von $M$ enthält, und welche abgeschlossen ist unter Divisoren und Kranzprodukten. Nach Lemma 7.26 und Lemma 7.29 genügt es, $M \in \mathcal{D}_M$ zu zeigen. Sei $k(M)$ die Anzahl der konventionellen Elemente von $M$. Der Beweis ist mit Induktion nach $k(M)$. Wenn $k(M) = 0$ ist, dann können wir $M$ nach Satz 7.32 in ein Kranzprodukt von $U_n$ und einer Gruppe $G$ zerlegen. Nach Satz 7.27 und Lemma 7.28 ist $U_n$ ein Divisor eines Kranzprodukts von Monoiden $U_2$, und nach Satz 7.31 ist $G$ ein Divisor von Kranzprodukten einfacher Untergruppen (wir können $G$ immer weiter zerlegen, bis keine der auftretenden Gruppen einen nichttrivialen Normalteiler besitzt). Also gilt $U_n, G \in \mathcal{D}_M$ und damit $M \in \mathcal{D}_M$.

Wir nehmen nun an, dass $M$ mindestens ein konventionelles Element besitzt. Sei $A$ eine minimale Erzeugermenge von $M$. Dann gibt es einen konventionellen Erzeuger $c \in A$. Sei $N$ das von $A \setminus \{c\}$ erzeugte Untermonoid von $M$. Aus der Minimalität von $A$ folgt $c \notin N$. Nach Lemma 7.33 gilt $k(N^\#) = k(N) < k(M)$. Aus Lemma 7.36 folgt mit Induktion $N^\# \in \mathcal{D}_N \subseteq \mathcal{D}_M$. Lemma 7.35 zeigt $k(M_c) < k(M)$, woraus $M_c \in \mathcal{D}_{M_c} \subseteq \mathcal{D}_M$ mit Induktion folgt. Schließlich folgt $M \in \mathcal{D}_M$ aus Satz 7.37, Lemma 7.28 und Satz 7.27. Man beachte, dass $U_1 \prec U_2$ gilt. $\qquad\square$

## 7.6 Presburger-Arithmetik

Der Gödel'sche Unvollständigkeitssatz sagt, dass es für gegebene arithmetische Formeln über den natürlichen Zahlen im Allgemeinen unentscheidbar ist, ob sie wahr sind. In diesem Abschnitt wollen wir zeigen, dass man von jeder arithmetischen Formel über $\mathbb{N}$, in der nur Additionen und keine Multiplikationen vorkommen, entscheiden kann, ob sie wahr ist. Etwas genauer handelt es sich bei der Presburger-Arithmetik nach Mojżesz Presburger (1904–1943) um die wahren Aussagen, welche mit Logik erster Stufe (engl. *first-order logic* FO) über den natürlichen Zahlen mit der Addition ausgedrückt werden können [69].

Die Syntax der hier betrachteten Logik $\text{FO}[\mathbb{N}, +]$ ist induktiv wie folgt definiert:
-   Für Variablen $x, y, z$ und Konstanten $n \in \mathbb{N}$ gehören die Formeln $x = n$ und $x + y = z$ zu $\text{FO}[\mathbb{N}, +]$.
-   Wenn $\varphi$ und $\psi$ in $\text{FO}[\mathbb{N}, +]$ sind, dann gehören auch $\varphi \vee \psi$ und $\neg\varphi$ zu $\text{FO}[\mathbb{N}, +]$.
-   Wenn $\varphi$ in $\text{FO}[\mathbb{N}, +]$ ist, dann gehört auch $\exists x \, \varphi$ zu $\text{FO}[\mathbb{N}, +]$.

Wie üblich verwenden wir die abkürzenden Schreibweisen $\varphi \wedge \psi$ für $\neg(\neg\varphi \vee \neg\psi)$ sowie $\forall x \, \varphi$ für $\neg\exists x \, \neg\varphi$. Eine Variable $x$ ist *frei* in $\varphi$, wenn sie nicht im Gültigkeitsbereich eines Quantors steht; um später unnötige Fallunterscheidungen zu vermeiden, fordern wir hier nicht, dass $x$ in $\varphi$ vorkommt. Wir schreiben $\varphi(x_1, \ldots, x_n)$, um anzudeuten, dass $x_1, \ldots, x_n$ die freien Variablen von $\varphi$ sind. Ein *Satz* ist eine Formel, in der keine freien Variablen vorkommen. Der Wahrheitswert eines Satzes ist eindeutig bestimmt. Die Menge der wahren Sätze aus $\text{FO}[\mathbb{N}, +]$ bildet die *Presburger-*

*Arithmetik.* Wir wollen nun zeigen, dass man die Presburger-Arithmetik mit Hilfe von Automaten entscheiden kann; das heißt, für einen gegebenen Satz $\varphi$ aus FO[$\mathbb{N}$, +] wollen wir entscheiden, ob $\varphi$ wahr ist. Wir fassen deshalb nochmals einige Operationen zusammen, welche auf Automaten effektiv möglich sind. Wir haben dabei nicht den Anspruch, möglichst effizient zu sein; stattdessen wollen wir zeigen, dass sich geeignete Konstruktionen aus den bereits eingeführten Techniken herleiten lassen. Im Folgenden bezeichnen wir wie in Abschnitt 7.1 mit $\Sigma^*$-Automaten deterministische Automaten. Die hier betrachteten Automaten sind alle endlich.

**Satz 7.38.** *Seien $\Sigma$ und $\Gamma$ endliche Alphabete und sei $\pi : \Sigma^* \to \Gamma^*$ ein Homomorphismus. Seien zwei endliche $\Sigma^*$-Automaten $\mathcal{A}$ und $\mathcal{B}$ gegeben. Dann kann man für $\Sigma^* \setminus L(\mathcal{A})$ und $L(\mathcal{A}) \cup L(\mathcal{B})$ effektiv akzeptierende $\Sigma^*$-Automaten und für $\pi(L(\mathcal{A}))$ einen akzeptierenden $\Gamma^*$-Automaten berechnen.*

*Beweis.* Die Umwandlung eines erkennenden Homomorphismus in einen äquivalenten Automaten wird im Beweis von Satz 7.10 beschrieben. Umgekehrt liefert das Transitionsmonoid eines Automaten ein erkennendes Monoid. Die Aussage für $\Sigma^* \setminus L(\mathcal{A})$ und $L(\mathcal{A}) \cup L(\mathcal{B})$ folgt nun aus Satz 7.2 über den Abschluss erkennbarer Mengen unter booleschen Operationen, da auch hier die im Beweis verwendeten Techniken effektiv sind. Alternativ kann man auch Komplementautomaten und die Produktautomatenkonstruktion verwenden, siehe Aufgabe 7.6. und Aufgabe 7.7.

Sei nun $\mathcal{A} = (Q, \delta, q_0, F)$. Wir setzen $\delta' = \{(p, \pi(a), q) \mid p \cdot a = q \text{ in } \mathcal{A}\}$ und erhalten dadurch den nichtdeterministischen endlichen $\Gamma^*$-Automaten $C = (Q, \delta', \{q_0\}, F)$. Es gilt $L(C) = \pi(L(\mathcal{A}))$. Mit Lemma 7.13 existiert ein äquivalenter buchstabierender Automat, und mit der Konstruktion im Beweis des Satzes von Kleene 7.18 erhalten wir einen erkennenden Homomorphismus für die Sprache $\pi(L(\mathcal{A}))$. $\qquad\square$

Unser Vorgehen zum Entscheiden der Presburger-Arithmetik kann oft auf ähnliche Entscheidungsprobleme aus der Logik angewendet werden und wird als die *automatentheoretische Methode* bezeichnet. Jede Formel $\varphi(x_1, \ldots, x_k)$ definiert eine Teilmenge von $\mathbb{N}^k$ durch:

$$\{(n_1, \ldots, n_k) \in \mathbb{N}^k \mid \varphi(n_1, \ldots, n_k) \text{ ist wahr}\}$$

Hierbei bezeichnet $\varphi(n_1, \ldots, n_k)$ die Formel, die entsteht, wenn man jedes Vorkommen der freien Variable $x_i$ in $\varphi$ durch die Konstante $n_i$ ersetzt. Beispielsweise definiert $\varphi(x, y) = \exists z (z + z = y)$ die Menge $\mathbb{N} \times 2\mathbb{N}$.

Bei den Teilmengen von $\mathbb{N}^k$, welche sich mit der oben beschriebenen Logik definieren lassen, bewegen wir uns immer noch im Rahmen rationaler Mengen. Genauer kann man in kommutativen Monoiden den Begriff einer *semilinearen Menge* definieren. Dies sind die endlichen Vereinigungen von *linearen Mengen*. Schließlich heißt eine Teilmenge $L$ in einem kommutativen Monoid $(M, +)$ *linear*, wenn es eine endliche Teilmenge $\{p_0, p_1, \ldots, p_\ell\} \subseteq M$ gibt mit $L = p_0 + \{p_1, \ldots, p_\ell\}^*$. Semilineare Teilmengen sind rational. Andererseits sind semilineare Mengen unter Sternbildung abgeschlossen, denn es gilt $(K \cup L)^* = K^*L^*$ und $(p_0 + \{p_1, \ldots, p_\ell\})^* = \{p_0, \ldots, p_\ell\}^*$. Also stimmen die rationalen und die semilinearen Teilmengen in kommutativen Monoiden überein. In [39] und [33] wurde der folgende Zusammenhang hergestellt: Für $L \subseteq \mathbb{N}^k$ sind die folgenden Eigenschaften äquivalent: (i) $L$ ist semilinear. (ii) $L$ ist definierbar in Logik erster Stufe mit Addition. Wir sind in diesem Abschnitt in erster Linie daran interessiert, wie man herausfindet, ob eine Formel ohne freie Variablen wahr ist. Hierzu konstruieren wir Wort-Automaten für die Lösungsmengen beliebiger Formeln.

Die Elemente von $\mathbb{N}^k$ stellen wir wie folgt als Wörter über dem Alphabet $\{0, 1\}^k$ dar: Zahlen $n$ aus $\mathbb{N}$ werden durch ihre Binärdarstellung codiert; eine Zeichenfolge $b_0 \cdots b_\ell \in \{0, 1\}^*$ ist eine Darstellung von $n$, wenn gilt $n = \sum_{i=0}^{\ell} b_i 2^i$. Die niederwertigste Stelle steht links, und führende Nullen am rechten Ende der Zeichenfolge sind erlaubt. Das leere Wort stellt die Zahl 0 dar. Die von einem Wort aus $\{0, 1\}^*$ dargestellte Zahl ist eindeutig, aber jede Zahl hat aufgrund der führenden Nullen unendlich viele Darstellungen. Die Elemente des Alphabets $\{0, 1\}^k$ schreiben wir oft spaltenweise. Ein Wort

$$\begin{pmatrix} b_{0,1} \\ \vdots \\ b_{0,k} \end{pmatrix} \cdots \begin{pmatrix} b_{\ell,1} \\ \vdots \\ b_{\ell,k} \end{pmatrix} \in (\{0, 1\}^k)^*$$

ist eine *Codierung* von $(n_1, \ldots, n_k) \in \mathbb{N}^k$, wenn für alle $1 \le i \le k$ die $i$-te Spur $b_{0,i} \cdots b_{\ell,i}$ eine Darstellung von $n_i$ ist. Entsprechend wird dieses Vorgehen oft als *Spurtechnik* bezeichnet. Damit setzen wir die von $\varphi(x_1, \ldots, x_k)$ definierte Sprache auf

$$L(\varphi) = \{u \in (\{0, 1\}^k)^* \mid u \text{ ist eine Codierung von } (n_1, \ldots, n_k), \text{ so}$$

$$\text{dass } \varphi(n_1, \ldots, n_k) \text{ wahr ist}\}$$

Das heißt, $L(\varphi)$ besteht genau aus den Codierungen derjenigen Zahlentupel, die $\varphi(x_1, \ldots, x_k)$ erfüllen.

**Lemma 7.39.** *Für jede Formel $\varphi \in \mathrm{FO}[\mathbb{N}, +]$ mit freien Variablen $x_1, \ldots, x_k$ kann man einen Automaten $\mathcal{A}_\varphi$ über $(\{0, 1\}^k)^*$ berechnen mit $L(\mathcal{A}_\varphi) = L(\varphi)$.*

*Beweis.* Wir nehmen an, dass Variablennamen nicht wiederverwendet werden; damit haben unterschiedliche Variablen auch stets unterschiedliche Namen. Der Beweis ist mit Induktion über den Formelaufbau. Für $n \in \mathbb{N}$ sei $b_0 \cdots b_\ell \in \{0, 1\}^*$ die kürzeste Darstellung von $n$. Ein Automat mit $\ell + 2$ Zuständen für den Fall, dass $\varphi(x_1, \ldots, x_k)$ der Formel $x_1 = n$ entspricht, ist gegeben durch:

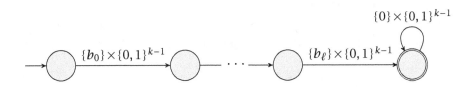

Für $x_1 + x_2 = x_3$ verwenden wir den folgenden Automaten:

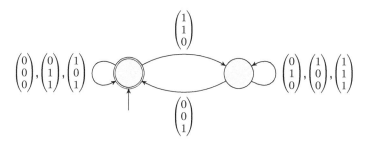

wobei wir an den Transitionen immer nur die ersten drei Komponenten vermerkt haben; die übrigen Komponenten aus $\{0,1\}^{k-3}$ sind überall beliebig. Da bei Formeln von der Form $x + y = z$ auch manche der Variablen gleich sein könnten, brauchen wir auch noch einen Automaten für die Formel $x_1 = x_2$. Dieser ist gegeben durch:

Wenn nun $\varphi = \neg\psi$ gilt, dann ist $L(\varphi) = (\{0,1\}^k)^* \setminus L(\psi)$. Wenn $\varphi = \psi_1 \vee \psi_2$ gilt, dann ist $L(\varphi) = L(\psi_1) \cup L(\psi_2)$. Sei nun $\varphi = \exists x_k\,\psi(x_1,\dots,x_k)$ und $\pi :$ $\{0,1\}^k \to \{0,1\}^{k-1}$ mit $\pi(b_1,\dots,b_k) = (b_1,\dots,b_{k-1})$ die Projektion auf die ersten $k-1$ Komponenten. Durch zeichenweise Anwendung definiert $\pi : (\{0,1\}^k)^* \to (\{0,1\}^{k-1})^*$ einen Homomorphismus, bei dem die letzte Spur vergessen wird. Es gilt $L(\varphi) = \pi(L(\psi))$. Mit Induktion und nach Satz 7.38 existiert auch in den letzten drei Fällen ein geeigneter Automat $\mathcal{A}_\varphi$. $\qquad\square$

Aus obigem Lemma erhalten wir nun sofort den folgenden Satz.

**Satz 7.40** (Presburger 1929). *Die Presburger-Arithmetik ist entscheidbar.*

*Beweis.* Sei $\varphi$ ein Satz aus $\mathrm{FO}[\mathbb{N}, +]$. Nach Lemma 7.39 können wir einen Automaten $\mathcal{A}_\varphi$ über dem einelementigen Alphabet $\{0,1\}^0$ berechnen mit $L(\mathcal{A}_\varphi) = L(\varphi)$. Für den Automaten $\mathcal{A}_\varphi$ können wir prüfen, ob ein Endzustand vom Startzustand aus erreichbar ist. Da der Satz $\varphi$ genau dann wahr ist, wenn $L(\varphi)$ nicht leer ist, folgt daraus die Entscheidbarkeit. $\qquad\square$

Der automatentheoretische Ansatz lässt sich nicht auf die Arithmetik der natürlichen Zahlen mit Addition und Multiplikation anwenden, da für die Formel $x \cdot y = z$ keine geeignete Darstellung durch Automaten existiert. Dies folgt beispielsweise aus dem Gödel'schen Unvollständigkeitssatz [40]. Yuri Matiyasevich (geb. 1947) zeigte, dass sogar für Formeln ohne Negation und ohne universelle Quantoren (nur mit existentiellen Quantoren, Konjunktion, Addition $x + y = z$, Konstanten $x = n$ und Multiplikation $x \cdot y = z$) der Wahrheitsgehalt unentscheidbar ist [57]. Er hatte damit die Unlösbarkeit des zehnten Hilbert'schen Problems bewiesen: Es ist unentscheidbar, ob ein Polynom mit ganzzahligen Koeffizienten der Form $p(X_1, \ldots, X_n)$ eine Nullstelle in $\mathbb{Z}^n$ hat. Hilbert hatte dieses Problem in der Ausarbeitung zu seinem berühmten Vortrag vor dem internationalen Mathematiker Kongress zur Jahrhundertwende 1900 gestellt. Als Matiyasevich es 1970 löste, war er noch keine 23 Jahre alt. Allerdings konnte er auf Vorarbeiten von Martin Davis (geb. 1928), Hilary Putnam (geb. 1926) and Julia Robinson (1919–1985) zurückgreifen. Die Lösung des zehnten Hilbert'schen Problems wird daher heute meistens allen vier Personen zugeschrieben.

## 7.7 Automaten über unendlichen Wörtern

Julius Richard Büchi (1924–1984) hat um 1960 ein Automatenmodell für Sprachen über unendlichen Wörtern eingeführt, welches rein äußerlich dieselbe Gestalt hat wie nichtdeterministische Automaten [10]. Die ursprüngliche Motivation Büchis für die Einführung dieses Konzepts war die Entscheidbarkeit *monadischer Prädikatenlogik zweiter Stufe* über $(\mathbb{N}, \leq)$; siehe [11]. Dieser Formalismus wird oft mit MSO$(\mathbb{N}, \leq)$ bezeichnet (MSO steht für den englischen Term *monadic second order*). In der Logik MSO$(\mathbb{N}, \leq)$ darf man sowohl über Elemente $x \in \mathbb{N}$ als auch über Teilmengen $X \subseteq \mathbb{N}$ quantifizieren; als atomare Prädikate sind nur $x \leq y$ und $x \in X$ zugelassen. Das Entscheidbarkeitsresultat Büchis ist umso beeindruckender, wenn man bedenkt, dass schon die Prädikatenlogik erster Stufe über den natürlichen Zahlen mit Addition und Multiplikation unentscheidbar ist [40].

Sei $\Sigma$ ein endliches Alphabet. Mit $\Sigma^\omega$ bezeichnen wir die Menge der unendlichen Sequenzen $a_1 a_2 \cdots$ mit $a_i \in \Sigma$. Die Elemente von $\Sigma^\omega$ heißen *unendliche Wörter* oder manchmal auch *$\omega$-Wörter*. Entsprechend ist eine *$\omega$-Sprache* eine Teilmenge von $\Sigma^\omega$. Wenn klar ist, dass es sich bei den Elementen von $L$ um unendliche Wörter handelt, dann verwenden wir auch einfach den Begriff *Sprache*. Für $U \subseteq \Sigma^*$ und $L \subseteq \Sigma^\omega$ ist $UL = \{u\alpha \in \Sigma^\omega \mid u \in U,\ \alpha \in L\}$ die Konkatenation von $U$ und $L$. Wir schreiben $\Sigma^+$ für die Menge der endlichen nichtleeren Wörter $\Sigma^* \setminus \{\varepsilon\}$. Wenn $V \subseteq \Sigma^+$ gilt, dann ist $V^\omega = \{v_1 v_2 \cdots \in \Sigma^\omega \mid v_i \in V\}$ die unendliche Iteration von $V$.

Ein *Büchi-Automat* $\mathcal{A} = (Q, \delta, I, F)$ über $\Sigma$ besteht aus einer endlichen Menge von Zuständen $Q$, einer Menge von Startzuständen $I \subseteq Q$, einer Menge von Endzuständen $F \subseteq Q$ und einer Übergangsrelation $\delta \subseteq Q \times \Sigma \times Q$. Ein *Lauf* von $\mathcal{A}$ auf dem unendlichen Wort $\alpha = a_1 a_2 \cdots$ mit $a_i \in \Sigma$ ist eine Sequenz der Form

$$r = q_0 a_1 q_1 a_2 \cdots$$

mit $(q_i, a_{i+1}, q_{i+1}) \in \delta$ für alle $i \in \mathbb{N}$. Der Lauf $r$ ist *akzeptierend*, falls $q_0 \in I$ und $q_i \in F$ für unendlich viele $i \in \mathbb{N}$ gilt. Wird unendlich oft ein Endzustand aus

$F$ besucht, dann gibt es einen Zustand $q \in Q$, der unendlich oft besucht wird (da $Q$ endlich ist). Wir schreiben $p \xrightarrow{w} q$ für ein endliches Wort $w \in \Sigma^*$, wenn es in $\mathcal{A}$ einen Lauf auf $w$ von Zustand $p$ nach $q$ gibt. Mit $p \xrightarrow[F]{w} q$ drücken wir aus, dass ein Lauf auf $w$ von $p$ nach $q$ existiert, welcher einen Endzustand besucht; dies ist insbesondere dann erfüllt, wenn $p \in F$ oder $q \in F$ gilt. Die vom Büchi-Automaten $\mathcal{A}$ *akzeptierte* $\omega$-Sprache ist:

$$L(\mathcal{A}) = \{\alpha \in \Sigma^\omega \mid \text{es gibt einen akzeptierenden Lauf von } \mathcal{A} \text{ auf } \alpha\}$$

Eine Sprache $L \subseteq \Sigma^\omega$ ist $\omega$-*regulär*, wenn $L$ von einem Büchi-Automaten akzeptiert wird.

### 7.7.1 Deterministische Büchi-Automaten

Ein Büchi-Automat $\mathcal{A} = (Q, \delta, I, F)$ ist *deterministisch*, wenn $|I| = 1$ gilt und wenn für alle $p \in Q$ und $a \in \Sigma$ höchstens ein Zustand $q \in Q$ mit $(p, a, q) \in \delta$ existiert. Der folgende Büchi-Automat erkennt die $\omega$-reguläre Sprache $(\{a, b\}^* aa)^\omega$:

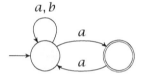

Dieser Automat ist nicht deterministisch, da der Startzustand zwei ausgehende $a$-Kanten besitzt. Der folgende deterministische Büchi-Automat erkennt dieselbe Sprache:

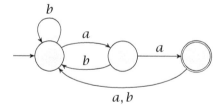

Jetzt betrachten wir die Frage, ob ein Buchstabe unendlich oder nur endlich oft vorkommt. Die Sprache $\{a, b\}^* b^\omega$ der unendlichen Wörter mit nur endliche vielen $a$'s wird vom folgenden nichtdeterministischen Büchi-Automaten akzeptiert, der den Übergang von $\{a, b\}^*$ zum Suffix $b^\omega$ „rät".

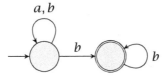

Für die Sprache der Wörter mit unendlich vielen $a$'s finden wir deterministische Automaten, denn jeder der beiden folgenden deterministischen Büchi-Automaten akzeptiert genau diese Wörter. Die Zustandszahl der beiden Automaten ist minimal, sie sind jedoch strukturell verschieden. Es gibt also im Gegensatz zu der Situation bei endlichen Wörtern keine eindeutigen minimalen Automaten.

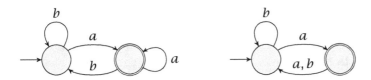

   Eine Besonderheit deterministischer Büchi-Automaten ist auch, dass beim Vertauschen von End- mit Nichtendzuständen nicht unbedingt das Komplement erkannt wird. Führen wir diese Vertauschungen bei den beiden letzten Automaten durch, so akzeptieren beide danach auch Wörter mit unendlich vielen $a$'s; so wird beispielsweise das Wort $(ab)^\omega$ mit unendlich vielen $a$'s akzeptiert.

   Über endlichen Wörtern ist nach dem Satz von Kleene 7.18 jeder nichtdeterministische Automat äquivalent zu einem deterministischen Automaten. Das Beispiel „unendlich viele $a$'s" zeigt uns, dass diese Aussage bei Büchi-Automaten nicht zutrifft: Angenommen, $L = \{a,b\}^* b^\omega$ wird von einem deterministischen Büchi-Automaten $\mathcal{A} = (Q, \delta, \{q_0\}, F)$ akzeptiert. Dann existiert ein akzeptierender Lauf auf $ab^\omega \in L$. Insbesondere gilt $q_0 \cdot ab^{n_1} \in F$ für $n_1 \in \mathbb{N}$. Das Wort $ab^{n_1} ab^\omega$ gehört zu $L$ und wie eben existiert $n_2 \in \mathbb{N}$ mit $q_0 \cdot ab^{n_1} ab^{n_2} \in F$. Schließlich erhalten wir auf diese Weise ein unendliches Wort $\alpha = ab^{n_1} ab^{n_2} ab^{n_3} \cdots$, welches unendlich oft einen Endzustand von $\mathcal{A}$ besucht. Wegen $\alpha \notin L$ ist dies ein Widerspruch. Also existiert kein deterministischer Büchi-Automat, der $L$ erkennt.

   Da das Komplement von $L$ von einem deterministischen Büchi-Automaten akzeptiert wird, sind die deterministischen $\omega$-regulären Sprachen nicht unter Komplement abgeschlossen.

**Satz 7.41.** *Wenn $L_1, L_2 \subseteq \Sigma^\omega$ von deterministischen Büchi-Automaten erkannt werden, dann auch $L_1 \cup L_2$ und $L_1 \cap L_2$.*

*Beweis.* Für $i = 1, 2$ sei $\mathcal{A}_i = (Q_i, \delta_i, \{q_{0,i}\}, F_i)$ ein deterministischer Büchi-Automat mit $L(\mathcal{A}_i) = L_i$. Wir verwenden eine Variante der sogenannten Produktautomatenkonstruktion. Sei $Q = Q_1 \times Q_2 \times \{1, 2\}$ und $q_0 = (q_{0,1}, q_{0,2}, 1)$. Die Übergangsrelation $\delta \subseteq Q \times \Sigma \times Q$ verhält sich auf der ersten Komponente des Zustands wie $\delta_1$, auf der zweiten Zustandskomponente wie $\delta_2$, und in der letzten Komponente merkt sich der Automat, in welcher Komponente er als Nächstes einen Endzustand sehen will, wenn er stets zwischen $F_1$ und $F_2$ wechselt, d. h., für $((p_1, p_2, j), a, (q_1, q_2, j')) \in \delta$ gilt $(p_1, a, q_1) \in \delta_1$, $(p_2, a, q_2) \in \delta_2$ und

$$j' = \begin{cases} 3 - j & \text{falls } p_j \in F_j \\ j & \text{sonst} \end{cases}$$

Nun akzeptiert der Automat $\mathcal{B} = (Q, \delta, \{q_0\}, F)$ mit $F = (Q_1 \times F_2 \times \{1, 2\}) \cup (F_1 \times Q_2 \times \{1, 2\})$ die Sprache $L_1 \cup L_2$, und $\mathcal{C} = (Q, \delta, \{q_0\}, F')$ mit $F' = F_1 \times Q_2 \times \{1\}$ erkennt $L_1 \cap L_2$, da zwischen zwei Besuchen eines Endzustands aus $F'$ ein Zustand mit zweiter Komponente in $F_2$ besucht werden muss. □

Die dritte Zustandskomponente wird bei der Produktautomatenkonstruktion im vorigen Beweis für die Vereinigung nicht benötigt. Beim Durchschnitt hingegen will man unendlich oft Zustände aus $F_1$ und aus $F_2$ sehen; da diese aber nicht gleichzeitig auftreten müssen, verwendet man die dritte Komponente um zwischen den Endzuständen der beiden Automaten $\mathcal{A}_1$ und $\mathcal{A}_2$ hin- und herzuschalten. Die Konstruktion funktioniert auch für nichtdeterministische Büchi-Automaten. Insbesondere sind die $\omega$-regulären Sprachen unter Durchschnitt und Vereinigung abgeschlossen.

### 7.7.2 Omega-rationale Ausdrücke

Aufbauend auf den rationalen Sprachen $\mathrm{RAT}(\Sigma^*)$ über endlichen Wörtern definieren wir die $\omega$-*rationalen Sprachen* induktiv wie folgt:
- Wenn $V \in \mathrm{RAT}(\Sigma^*)$ ist mit $\varepsilon \notin V$, dann ist $V^\omega$ eine $\omega$-rationale Sprache.
- Wenn $U \in \mathrm{RAT}(\Sigma^*)$ und $L \subseteq \Sigma^\omega$ eine $\omega$-rationale Sprache ist, dann ist $UL$ ebenfalls $\omega$-rational.
- Die Vereinigung von zwei $\omega$-rationalen Sprachen ist $\omega$-rational.

**Lemma 7.42.** *Seien $U \subseteq \Sigma^*$ und $V \subseteq \Sigma^+$ rational, und seien $K, L \subseteq \Sigma^\omega$ zwei $\omega$-reguläre Sprachen. Dann sind $V^\omega$, $UL$ und $K \cup L$ ebenfalls $\omega$-regulär.*

*Beweis.* Sei $\mathcal{A} = (Q, \delta, q_0, F)$ ein deterministischer Automat, der $V$ akzeptiert. Wir fügen zu $\delta$ noch die Transitionen $\{(p, a, q_0) \mid (p, a, q) \in \delta,\ q \in F\}$ hinzu und verwenden $q_0$ als einzigen Start- und Endzustand. Der so entstandene nichtdeterministische Büchi-Automat erkennt $V^\omega$.

Sei nun $\mathcal{A} = (Q, \delta, q_0, F)$ ein Automat für $U$, und sei $\mathcal{B} = (P, \delta', I', F')$ ein Büchi-Automat für $L$. Ohne Einschränkung sind $P$ und $Q$ disjunkt, und es gilt $\varepsilon \notin U$. Wir setzen $\mathcal{C} = (P \cup Q, \delta \cup \delta' \cup \delta'', \{q_0\}, F')$ mit

$$\delta'' = \{(p, a, q) \mid (p, a, q') \in \delta,\ q' \in F,\ q \in I'\}$$

Nun gilt $L(C) = UL$. Die disjunkte Vereinigung zweier Büchi-Automaten ist wieder ein Büchi-Automat. Deshalb ist $K \cup L$ auch $\omega$-regulär. $\qquad\square$

**Satz 7.43.** *Sei $L \subseteq \Sigma^{\omega}$. Dann sind die folgenden Eigenschaften äquivalent:*

(a) *$L$ ist $\omega$-regulär.*

(b) *$L$ ist eine endliche Vereinigung von Sprachen der Form $UV^{\omega}$ für rationale Sprachen $U, V \subseteq \Sigma^{+}$.*

(c) *$L$ ist $\omega$-rational.*

*Beweis.* (a) $\Rightarrow$ (b): Sei $\mathcal{A} = (Q, \delta, I, F)$ ein Büchi-Automat mit $L(\mathcal{A}) = L$. Für $p, q \in Q$ sei $L_{pq} = \{w \in \Sigma^{+} \mid p \xrightarrow{w} q\}$. Nach dem Satz von Kleene 7.18 sind alle Sprachen $L_{pq}$ rational. Es gilt

$$L = \bigcup_{p \in I, q \in F} L_{pq} L_{qq}^{\omega} \, \mathcal{Y}$$

da jeder akzeptierende Lauf bei einem Startzustand $p$ beginnt und einen Endzustand $q$ unendlich oft besucht. Die Implikation (b) $\Rightarrow$ (c) ist trivial, und (c) $\Rightarrow$ (a) folgt aus den Abschlusseigenschaften in Lemma 7.42. $\qquad\square$

Unendliche Wörter von der Form $uv^{\omega}$ für $u, v \in \Sigma^{+}$ heißen *ultimativ periodisch*. Wenn ein Büchi-Automat $\mathcal{A} = (Q, \delta, I, F)$ eine nichtleere Sprache akzeptiert, dann gibt es Zustände $p \in I$ und $q \in F$ sowie Wörter $u, v \in \Sigma^{+}$ mit $p \xrightarrow{u} q$ und $q \xrightarrow{v} q$. Insbesondere akzeptiert $\mathcal{A}$ ein ultimativ periodisches Wort $uv^{\omega}$. Deshalb kann man testen, ob die von einem Büchi-Automaten $\mathcal{A}$ erkannte Sprache nicht leer ist: Man sucht nach Zuständen $(p, q) \in I \times F$, so dass ein Pfad von $p$ nach $q$ sowie ein Kreis $q$ zu $q$ existiert.

### 7.7.3 Erkennbarkeit omega-regulärer Sprachen

Sei $\varphi : \Sigma^{+} \to S$ ein Homomorphismus in eine Halbgruppe $S$. Für $s \in S$ schreiben wir $[s]$ abkürzend für die Menge $\varphi^{-1}(s) = \{u \in \Sigma^{+} \mid \varphi(u) = s\}$. Der Homomorphismus $\varphi$ erkennt eine $\omega$-Sprache $L \subseteq \Sigma^{\omega}$, falls gilt

$$L = \bigcup \{[s][t]^{\omega} \mid s, t \in S, \ [s][t]^{\omega} \cap L \neq \varnothing\}$$

Insbesondere folgt dann aus $[s][t]^{\omega} \cap L \neq \varnothing$, dass $[s][t]^{\omega} \subseteq L$ gilt. Das folgende Lemma liefert eine bei unendlichen Wörtern häufig verwendete Technik.

**Lemma 7.44.** *Sei $\varphi : \Sigma^{+} \to S$ ein Homomorphismus in eine endliche Halbgruppe $S$ und sei $\alpha = u_1 u_2 \cdots$ ein unendliches Wort mit $u_i \in \Sigma^{+}$. Dann existiert ein $t \in S$ und eine unendliche Folge von Indizes $1 \leq i_1 < i_2 < \cdots$, so dass $\varphi(u_{i_j+1} \cdots u_{i_{j+1}}) = t = t^2$ für alle $j \geq 1$ gilt.*

*Beweis.* Sei $x_i = \varphi(u_i)$. Wir betrachten den unendlichen vollständigen Graphen mit Knotenmenge $\mathbb{N}$. Eine Kante $\{i, j\}$ mit $i < j$ wird mit dem Halbgruppenelement

$x_{i+1} \cdots x_j \in S$ gefärbt. Nach dem Satz von Ramsey 6.6 existiert eine unendliche Teilmenge $1 < i_1 < i_2 < \cdots$ von $\mathbb{N}$ und ein $t \in S$ mit $x_{i_j+1} \cdots x_{i_{j'}} = t$ für alle $1 \le j < j'$. Insbesondere ist $t^2 = (x_{i_1+1} \cdots x_{i_2})(x_{i_2+1} \cdots x_{i_3}) = x_{i_1+1} \cdots x_{i_3} = t$. $\qquad\square$

Für eine $\omega$-Sprache $L \subseteq \Sigma^\omega$ gibt es verschiedene Möglichkeiten, eine syntaktische Kongruenz zu definieren; siehe z. B. [82]. Die syntaktische Kongruenz $\equiv_L$ nach Arnold (André Arnold, geb. 1945) basiert auf der Idee, nur ultimativ periodische Wörter zu betrachten [3]. Wie wir im folgenden Lemma sehen werden, reicht dies bei $\omega$-regulären Sprachen aus. Für $u, v \in \Sigma^+$ gilt $u \equiv_L v$, wenn für alle $x, y, z \in \Sigma^*$ die folgenden beiden Bedingungen erfüllt sind:

$$xuyz^\omega \in L \iff xvyz^\omega \in L$$
$$x(uy)^\omega \in L \iff x(vy)^\omega \in L$$

Sei $[u]_L = \{v \in \Sigma^+ \mid u \equiv_L v\}$ die Äquivalenzklasse von $u$. Für $u \equiv_L u'$ und $v \equiv_L v'$ gilt

$$xuvyz^\omega \in L \iff xu'vyz^\omega \in L \iff xu'v'yz^\omega \in L$$
$$x(uvy)^\omega \in L \iff x(u'vy)^\omega = xu'(vyu')^\omega \in L$$
$$\iff xu'(v'yu')^\omega = x(u'v'y)^\omega \in L$$

und damit $uv \equiv_L u'v'$. Daraus folgt, dass die Verknüpfung $[u]_L \cdot [v]_L = [uv]_L$ wohldefiniert ist. Damit bildet die Menge der Äquivalenzklassen $\mathrm{Synt}(L) = \{[u]_L \mid u \in \Sigma^+\}$ eine Halbgruppe. Wir nennen $\mathrm{Synt}(L)$ die *syntaktische Halbgruppe* von $L$ und $\mu_L : \Sigma^+ \to \mathrm{Synt}(L)$ mit $\mu_L(u) = [u]_L$ den *syntaktischen Homomorphismus*.

Die Situation bei syntaktischen Halbgruppen über unendlichen Wörtern ist etwas komplizierter als über endlichen Wörtern, da der syntaktische Homomorphismus $\mu_L$ die $\omega$-Sprache $L$ nicht zu erkennen braucht. Sei beispielsweise $\alpha \in \Sigma^\omega$ nicht ultimativ periodisch. Dann besteht die syntaktische Halbgruppe der Sprache $L = \{\alpha\}$ nur aus einem Element, denn alle in der Definition von $\equiv_L$ betrachteten Wörter sind ultimativ periodisch und damit nicht in $L$. Insbesondere erkennt hier der syntaktische Homomorphismus $\mu_L$ die Sprache $L$ nicht. Wenn $L$ von einem Homomorphismus auf eine endliche Halbgruppe erkannt wird, dann wird $L$ auch von $\mu_L$ erkannt. Dies zeigt das folgende Lemma.

**Lemma 7.45.** *Sei $L \subseteq \Sigma^\omega$, und sei $\varphi : \Sigma^+ \to S$ ein surjektiver Homomorphismus auf eine endliche Halbgruppe $S$, der $L$ erkennt. Dann erkennt auch $\mu_L : \Sigma^+ \to \mathrm{Synt}(L)$ die Sprache $L$, und $\varphi(u) \mapsto \mu_L(u)$ definiert einen surjektiven Homomorphismus von $S$ auf $\mathrm{Synt}(L)$.*

*Beweis.* Zunächst zeigen wir, dass die Zuordnung $\varphi(u) \mapsto \mu_L(u)$ wohldefiniert ist. Die Surjektivität und die Homomorphieeigenschaft ergeben sich dann daraus. Sei

$\varphi(u) = \varphi(v)$. Dann gilt

$$xuyz^\omega \in L \Leftrightarrow [\varphi(xuy)][\varphi(z)]^\omega \subseteq L \Leftrightarrow xvyz^\omega \in L$$
$$x(uy)^\omega \in L \Leftrightarrow [\varphi(x)][\varphi(uy)]^\omega \subseteq L \Leftrightarrow x(vy)^\omega \in L$$

wobei die letzte Äquivalenz jeweils $\varphi(u) = \varphi(v)$ verwendet. Dies zeigt $u \equiv_L v$ und damit die Wohldefiniertheit von $\varphi(u) \mapsto \mu_L(u)$.

Sei $\alpha \in [u]_L[v]_L^\omega \cap L$ und $\beta \in [u]_L[v]_L^\omega$. Zu zeigen ist $\beta \in L$. Wir schreiben $\alpha = u_0 v_1 v_2 \cdots$ und $\beta = \hat{u}_0 \hat{v}_1 \hat{v}_2 \cdots$ mit $u_0 \equiv_L u \equiv_L \hat{u}_0$ und $v_i \equiv_L v \equiv_L \hat{v}_i$. Nach Lemma 7.44 existieren $t \in S$ und Indizes $1 \leq i_1 < i_2 < \cdots$ mit $\varphi(v_{i_j+1} \cdots v_{i_{j+1}}) = t$ für alle $j \geq 1$. Mit der Wahl von $s = \varphi(u_0 v_1 \cdots v_{i_1})$ gilt $\alpha \in [s][t]^\omega \cap L$ und damit $[s][t]^\omega \subseteq L$. Wir betrachten nun die Faktorisierungen von $\alpha$ und $\beta$ welche sich aus den Indizes $1 \leq i_1 < i_2 < \cdots$ ergeben. Sei hierzu

$$p_0 = u_0 v_1 \cdots v_{i_1} \qquad q_j = v_{i_j+1} \cdots v_{i_{j+1}}$$
$$\hat{p}_0 = \hat{u}_0 \hat{v}_1 \cdots \hat{v}_{i_1} \qquad \hat{q}_j = \hat{v}_{i_j+1} \cdots \hat{v}_{i_{j+1}}$$

Damit ist $\alpha = p_0 q_1 q_2 \cdots$ und $\beta = \hat{p}_0 \hat{q}_1 \hat{q}_2 \cdots$, und es gilt $p_0 \equiv_L \hat{p}_0$ sowie $q_j \equiv_L \hat{q}_j$ wegen $u_0 \equiv_L \hat{u}_0$ und $v_i \equiv_L \hat{v}_i$. Mit Lemma 7.44 existieren $\hat{t} \in S$ und Indizes $1 \leq j_1 < j_2 < \cdots$ mit $\varphi(\hat{q}_{j_k+1} \cdots \hat{q}_{j_{k+1}}) = \hat{t}$. Mit $\hat{s} = \varphi(\hat{p}_0 \hat{q}_1 \cdots \hat{q}_{i_1})$ gilt $\beta \in [\hat{s}][\hat{t}]^\omega$. Um die syntaktische Kongruenz zu verwenden, konstruieren wir geeignete ultimativ periodische Wörter. Sei

$$x = p_0 q_1 \cdots q_{j_1} \qquad y = q_{j_1+1} \cdots q_{j_2}$$
$$\hat{x} = \hat{p}_0 \hat{q}_1 \cdots \hat{q}_{j_1} \qquad \hat{y} = \hat{q}_{j_1+1} \cdots \hat{q}_{j_2}$$

Es gilt $xy^\omega \in [s][t]^\omega$ und $\hat{x}\hat{y}^\omega \in [\hat{s}][\hat{t}]^\omega$. Mit $x \equiv_L \hat{x}$ und $y \equiv_L \hat{y}$ sehen wir

$$xy^\omega \in L \Leftrightarrow \hat{x}y^\omega \in L \Leftrightarrow \hat{x}\hat{y}^\omega \in L$$

Zusammen mit $xy^\omega \in [s][t]^\omega \subseteq L$ folgt daraus $\hat{x}\hat{y}^\omega \in [\hat{s}][\hat{t}]^\omega \cap L$. Schließlich erhalten wir $[\hat{s}][\hat{t}]^\omega \subseteq L$ und $\beta \in L$. Dies zeigt, dass der syntaktische Homomorphismus $\mu_L$ die Sprache $L$ erkennt. $\square$

Aus Lemma 7.45 folgt, dass, wenn $L$ von einem Homomorphismus in eine endliche Halbgruppe erkannt wird, $\mathrm{Synt}(L)$ die bis auf Isomorphie eindeutige kleinste Halbgruppe ist, welche $L$ erkennt.

**Satz 7.46.** *Sei $L \subseteq \Sigma^\omega$. Dann sind die folgenden Eigenschaften äquivalent:*

(a) *$L$ ist $\omega$-regulär.*

(b) *$L$ wird von einem Homomorphismus $\varphi : \Sigma^+ \to S$ in eine endliche Halbgruppe $S$ erkannt.*

(c) *Die syntaktische Halbgruppe $\mathrm{Synt}(L)$ ist endlich, und der syntaktische Homomorphismus $\mu_L : \Sigma^+ \to \mathrm{Synt}(L)$ erkennt $L$.*

*Beweis.* (a) ⇒ (b): Sei $\mathcal{A} = (Q, \delta, I, F)$ ein Büchi-Automat, der $L$ akzeptiert. Wir definieren eine Äquivalenzrelation auf $\Sigma^+$ durch $u \equiv_{\mathcal{A}} v$, falls für alle $p, q \in Q$ die beiden folgenden Äquivalenzen gelten:

$$p \xrightarrow{u} q \;\; \Leftrightarrow \;\; p \xrightarrow{v} q$$
$$p \xrightarrow[F]{u} q \;\; \Leftrightarrow \;\; p \xrightarrow[F]{v} q$$

Sei $[u]_{\mathcal{A}} = \{v \in \Sigma^+ \mid u \equiv_{\mathcal{A}} v\}$. Wenn $u \equiv_{\mathcal{A}} u'$ und $v \equiv_{\mathcal{A}} v'$ gilt, dann ist $uv \equiv_{\mathcal{A}} u'v'$. Deshalb ist die Verknüpfung $[u]_{\mathcal{A}}[v]_{\mathcal{A}} = [uv]_{\mathcal{A}}$ wohldefiniert, die Menge $S_{\mathcal{A}} = \{[u]_{\mathcal{A}} \mid u \in \Sigma^+\}$ bildet eine Halbgruppe, und $\varphi_{\mathcal{A}} : \Sigma^+ \to S_{\mathcal{A}}$ mit $u \mapsto [u]_{\mathcal{A}}$ definiert einen surjektiven Homomorphismus. Die Äquivalenzklasse von $u$ ist durch die Funktion $\delta_u : Q \times Q \to \{1, 2, 3\}$ mit

$$\delta_u(p, q) = \begin{cases} 1 & \text{falls } p \xrightarrow[F]{u} q \\ 2 & \text{falls } p \xrightarrow{u} q \text{ aber nicht } p \xrightarrow[F]{u} q \\ 3 & \text{sonst} \end{cases}$$

vollständig beschrieben, d. h., wenn $\delta_u = \delta_v$ gilt, dann ist $u \equiv_{\mathcal{A}} v$. Da es nur endlich viele mögliche Abbildungen $Q \times Q \to \{1, 2, 3\}$ gibt, ist $S_{\mathcal{A}}$ endlich.

Es bleibt noch zu zeigen, dass $\varphi_{\mathcal{A}}$ die Sprache $L$ erkennt. Sei $\alpha \in [u]_{\mathcal{A}}[v]_{\mathcal{A}}^{\omega} \cap L$ und $\beta \in [u]_{\mathcal{A}}[v]_{\mathcal{A}}^{\omega}$. Dann existieren Faktorisierungen $\alpha = u_0 v_1 v_2 \cdots$ und $\beta = \hat{u}_0 \hat{v}_1 \hat{v}_2 \cdots$ mit $u_0 \equiv_{\mathcal{A}} u \equiv_{\mathcal{A}} \hat{u}_0$ und $v_i \equiv_{\mathcal{A}} v \equiv_{\mathcal{A}} \hat{v}_i$. Da $\alpha \in L$ ist, existieren Zustände $q_0, q_1, \ldots$ mit $q_0 \in I$ und

$$q_0 \xrightarrow{u_0} q_1 \xrightarrow{v_1} q_2 \xrightarrow{v_2} q_3 \cdots$$

so dass unendlich oft $q_i \xrightarrow[F]{v_i} q_{i+1}$ gilt. Es folgt

$$q_0 \xrightarrow{\hat{u}_0} q_1 \xrightarrow{\hat{v}_1} q_2 \xrightarrow{\hat{v}_2} q_3 \cdots$$

und für unendlich viele $i$ gilt $q_i \xrightarrow[F]{\hat{v}_i} q_{i+1}$. Damit wird $\beta$ von $\mathcal{A}$ akzeptiert, was $\beta \in L$ zeigt.

Die Implikation (b) ⇒ (c) ist Lemma 7.45. Die Richtung (c) ⇒ (a) folgt aus Satz 7.43, da $[u]_L = \{v \in \Sigma^+ \mid u \equiv_L v\}$ nach dem Satz von Kleene 7.18 rational ist. $\qquad\square$

**Korollar 7.47.** *Die Klasse der $\omega$-regulären Sprachen ist abgeschlossen unter Vereinigung, Durchschnitt und Komplement.*

*Beweis.* Seien $L_1, L_2 \subseteq \Sigma^{\omega}$, und sei $\varphi_i : \Sigma^+ \to S_i$ für $i = 1, 2$ ein Homomorphismus in eine endliche Halbgruppe $S_i$, der $L_i$ erkennt. Dann erkennt $\varphi_1$ auch $\Sigma^{\omega} \setminus L_1$. Wir definieren $\psi : \Sigma^+ \to S_1 \times S_2$ durch $\psi(u) = (\varphi_1(u), \varphi_2(u))$. Der Homomorphismus $\psi$ erkennt sowohl $L_1 \cup L_2$ als auch $L_1 \cap L_2$. $\qquad\square$

## Aufgaben

**7.1.** Sei $S$ eine endliche Halbgruppe. Zeigen Sie:

**(a)** Für jedes $x \in S$ gibt es in der Menge $\{x^k \mid k \geq 1\} \subseteq S$ genau ein idempotentes Element. Ein Element $e \in S$ ist *idempotent*, wenn $e^2 = e$ gilt.

**(b)** Für alle $x \in S$ ist $x^{|S|!}$ idempotent.

**7.2.** Eine Halbgruppe $S$ ist *zyklisch*, wenn ein Element $x \in S$ existiert mit $S = \{x^k \mid k \geq 1\}$. Bestimmen Sie alle zyklischen Halbgruppen mit $n$ Elementen.

**7.3.** Sei $\varphi : \Sigma^* \to M$ ein Homomorphismus in ein endliches Monoid $M$. Zeigen Sie, dass eine Zahl $n \geq 1$ existiert mit $\varphi(\Sigma^n) = \varphi(\Sigma^{2n})$. Die kleinste solche Zahl bezeichnet man als den *Stabilisierungsindex* von $\varphi$.

**7.4.** Sei $M$ ein Monoid und $L \subseteq M$ erkennbar. Zeigen Sie, dass dann auch $\sqrt{L} = \{u \in M \mid uu \in L\}$ erkennbar ist.

**7.5.** (Satz von Mezei) Seien $M_1$ und $M_2$ Monoide. Zeigen Sie, dass $L \subseteq M_1 \times M_2$ genau dann erkennbar ist, wenn $L$ eine endliche Vereinigung von Sprachen der Form $K_1 \times K_2$ mit $K_1 \in \text{REC}(M_1)$ und $K_2 \in \text{REC}(M_2)$ ist.

**7.6.** Sei $\mathcal{A} = (Q, \cdot, q_0, F)$ ein deterministischer $M$-Automat. Dann ist der *Komplementautomat* $\mathcal{B} = (Q, \cdot, q_0, Q \setminus F)$. Zeigen Sie $L(\mathcal{B}) = M \setminus L(\mathcal{A})$.

**7.7.** Gegeben seien deterministische $M$-Automaten $\mathcal{A}_1 = (Q_1, \cdot, q_1, F_1)$ und $\mathcal{A}_2 = (Q_2, \cdot, q_2, F_2)$. Für jede beliebige Teilmenge $F \subseteq Q_1 \times Q_2$ lässt sich der *Produktautomat* $\mathcal{B} = (Q_1 \times Q_2, \cdot, (q_1, q_2), F)$ mit $(p, q) \cdot a = (p \cdot a, q \cdot a)$ bilden.

**(a)** Wählen Sie $F$ so, dass $L(\mathcal{B}) = L(\mathcal{A}_1) \cup L(\mathcal{A}_2)$ gilt.

**(b)** Wählen Sie $F$ so, dass $L(\mathcal{B}) = L(\mathcal{A}_1) \cap L(\mathcal{A}_2)$ gilt.

**7.8.** Sei $\Sigma = \{a, b\}$ und $L = ((ab)^* a \cup abb)^* \in \text{RAT}(\Sigma^*)$.

**(a)** Finden Sie nach Thompson einen $\Sigma^*$-Automaten $\mathcal{A}$ mit $L = L(\mathcal{A})$.

**(b)** Wandeln Sie $\mathcal{A}$ in einen buchstabierenden Automaten $\mathcal{A}'$ um.

**(c)** Wandeln Sie $\mathcal{A}'$ in einen deterministischen Automaten $\mathcal{B}$ um.

**(d)** Geben Sie einen zu $\mathcal{B}$ äquivalenten Automaten $\mathcal{B}'$ an, der minimal ist.

**(e)** Bestimmen Sie einen Automaten $C$ mit $L(C) = \Sigma^* \setminus L$.

**(f)** Geben Sie einen rationalen Ausdruck für $\Sigma^* \setminus L$ an.

**7.9.** (Automatenminimierung nach Janusz A. Brzozowski) Es sei $\Sigma$ ein endliches Alphabet. Für einen buchstabierenden nichtdeterministischen endlichen $\Sigma^*$-Automaten $\mathcal{A} = (Q, \delta, I, F)$ bezeichne $\mathcal{A}^\rho$ den Automaten $(Q, \delta^\rho, F, I)$, wobei $\delta^\rho = \{(q, a, p) \mid (p, a, q) \in \delta\}$ gelte (hierbei steht $\rho$ für das englische Wort *reverse*). Der nichtdeterministische Automat $\mathcal{A}^\rho$ akzeptiert die *Spiegelsprache* $L(\mathcal{A})^\rho = \{a_n \cdots a_1 \mid a_1$

$\cdots a_n \in L(\mathcal{A})$, $a_i \in \Sigma$}. Schließlich bezeichnen wir mit $\mathcal{P}(\mathcal{A})$ den Potenzautomaten von $\mathcal{A}$. Zeigen Sie, dass für einen deterministischen endlichen $\Sigma^*$-Automaten $\mathcal{A} = (Q, \delta, q_0, F)$, bei dem alle Zustände erreichbar sind, der Automat $\mathcal{P}(\mathcal{A}^\rho)$ der minimale $\Sigma^*$-Automat für die Sprache $L(\mathcal{A})^\rho$ ist.

*Bemerkung:* Für jeden buchstabierenden nichtdeterministischen Automaten erhält man also nach den vier Operationen Spiegeln–Potenzautomat–Spiegeln–Potenzautomat den äquivalenten minimalen Automaten [9].

**7.10.** Eine nichtleere Klasse endlicher Monoide **V** ist eine *Varietät*, wenn die folgenden beiden Abschlusseigenschaften gelten: (i) Aus $N \in \mathbf{V}$ und $N' \prec N$ folgt $N' \in \mathbf{V}$. (ii) Aus $N_1, N_2 \in \mathbf{V}$ folgt $N_1 \times N_2 \in \mathbf{V}$. Für ein beliebiges Monoid $M$ sei $\mathcal{V}(M)$ die Menge der Teilmengen von $M$, welche von einem Monoid aus der Varietät **V** erkannt werden. Zeigen Sie:

**(a)** Das Teilmengensystem $\mathcal{V}(M)$ ist abgeschlossen unter endlicher Vereinigung, endlichem Durchschnitt und unter Komplementbildung.

**(b)** Es gilt genau dann $L \in \mathcal{V}(M)$, wenn $\mathrm{Synt}(L) \in \mathbf{V}$ ist.

**7.11.** Sei $\Sigma$ ein endliches Alphabet und $L \subseteq \Sigma^*$. Zeigen Sie, dass die folgenden Eigenschaften äquivalent sind:

(i)   $L$ ist eine boolesche Kombination von Sprachen der Form $B^*$ für $B \subseteq \Sigma$.

(ii)  Für alle $x, y \in \mathrm{Synt}(L)$ gilt $x^2 = x$ sowie $xy = yx$.

**7.12.** Sei $M$ ein endliches Monoid und $C$ die kleinste Familie von endlichen Monoiden, welche $U_2$ enthält und welche abgeschlossen ist unter Kranzprodukten und Divisoren. Zeigen Sie:

**(a)** $M$ ist genau dann aperiodisch, wenn $\{1\}$ sein einziger Gruppendivisor ist.

**(b)** $M$ ist genau dann aperiodisch, wenn $M \in C$ gilt.

**7.13.** Sei $\varphi : \Sigma^+ \to S$ ein Homomorphismus in eine endliche Halbgruppe $S$, und sei $L \subseteq \Sigma^\omega$. Zeigen Sie, dass $L$ genau dann von $\varphi$ erkannt wird, wenn gilt:

$$L = \bigcup \{[s][e]^\omega \mid s, e \in S, \ se = s, \ e^2 = e, \ [s][e]^\omega \cap L \neq \varnothing\}$$

**7.14.** Sei $\varphi : \Sigma^+ \to S$ ein Homomorphismus in eine endliche Halbgruppe $S$. Für $\alpha, \beta \in \Sigma^\omega$ setzen wir $\alpha \sim_\varphi \beta$, wenn Faktorisierungen $\alpha = u_1 u_2 \cdots$ und $\beta = v_1 v_2 \cdots$ existieren mit $u_i, v_i \in \Sigma^+$ und $\varphi(u_i) = \varphi(v_i)$. Zeigen Sie, dass $\varphi$ genau dann $L$ erkennt, wenn aus $\alpha \in L$ und $\alpha \sim_\varphi \beta$ folgt, dass $\beta \in L$ gilt.

# Zusammenfassung

### Begriffe

- (formale) Sprache
- Kleene-Stern
- erkennen
- erkennbar, REC$(M)$
- syntaktisches Monoid
- $M$-Automat
- Zustand, Transition
- akzeptieren
- endlicher $M$-Automat
- endlich viele Zustände
- erreichbare Zustände
- Leistung
- minimaler Automat $\mathcal{A}_L$
- Transitionsmonoid
- rational, RAT$(M)$
- nichtdeterministisch
- deterministisch
- Beschriftung
- (akzeptierender) Lauf
- äquivalente Automaten
- buchstabierend

- reguläre Sprache
- sternfrei SF$(M)$
- aperiodisch
- lokaler Divisor $M_c$
- einfache Gruppe
- Divisor, Gruppendivisor
- Überdeckung $\hat{m}$
- Überlagerung
- Flipflop $U_2$
- Kranzprodukt $M \wr N$
- Rechtsnull
- konventionelles Element
- augmentiertes Monoid
- Presburger-Arithmetik
- unendliche Wörter $\Sigma^\omega$
- $\omega$-Sprache
- Büchi-Automat
- $\omega$-regulär, $\omega$-rational
- ultimativ periodisch
- erkennen von $L \subseteq \Sigma^\omega$
- syntaktischer Hom. $\mu_L$

### Methoden und Resultate

- REC$(M)$ ist abgeschlossen unter booleschen Operationen.
- Das syntaktische Monoid ist das kleinste Monoid, das $L$ erkennt.
- Der minimale Automat ist der kleinste Automat, der $L$ akzeptiert.
- Automatenminimierung nach Moore
- Das syntaktische Monoid ist das Transitionsmonoid des minimalen Automaten.
- $L \in$ REC$(M) \Leftrightarrow L$ wird von det. $M$-Automaten mit $|Q| < \infty$ akzeptiert
- Thompson-Konstruktion: Umwandlung von RAT nach nichtdet. endl. Automat
- Elimination von $\varepsilon$-Transitionen und Konstruktion buchstabierender Automaten
- Zustandselimination: Umwandlung von nichtdet. endl. Automaten nach RAT
- $L \in$ RAT$(M) \Leftrightarrow L$ wird von nichtdet. endl. $M$-Automaten akzeptiert
- McKnight: $M$ endlich erzeugt $\Leftrightarrow$ REC$(M) \subseteq$ RAT$(M)$
- Kleene: Sei $\Sigma$ endlich. Dann: REC$(\Sigma^*) =$ RAT$(\Sigma^*)$
- Schützenberger: Für $\Sigma$ endl. gilt: $L \in$ SF$(\Sigma^*) \Leftrightarrow$ Synt$(L)$ endl. und aperiodisch

- Krohn-Rhodes: Jedes endliche Monoid $M$ ist Divisor eines Kranzprodukts bestehend aus Monoiden $U_2$ und einfachen Gruppendivisoren von $M$.

- Die Presburger-Arithmetik ist entscheidbar.

- Deterministische Büchi-Automaten können nicht jede $\omega$-reguläre Sprachen akzeptieren (Beispiel: „endlich viele $a$'s").

- Deterministische Büchi-Automaten sind unter Vereinigung und Durchschnitt abgeschlossen, aber nicht unter Komplement.

- Jede nichtleere $\omega$-reguläre Sprache enthält ein ultimativ periodisches Wort.

- $L$ ist $\omega$-regulär $\Leftrightarrow$ $L$ ist $\omega$-rational $\Leftrightarrow$ $L$ wird von Homomorphismus in ein endliches Monoid erkannt $\Leftrightarrow$ $\mathrm{Synt}(L)$ ist endlich und $\mu_L$ erkennt $L$

- $K, L \subseteq \Sigma^\omega$ sind $\omega$-regulär $\Rightarrow$ $K \cup L$, $K \cap L$, $\Sigma^\omega \setminus L$ sind $\omega$-regulär

# 8 Diskrete unendliche Gruppen

## 8.1 Das Wortproblem

Bereits um 1910 formulierte Max Dehn (1878–1952) drei fundamentale algorithmische Probleme für endlich dargestellte unendliche Gruppen: 1. Das Wortproblem: Ist ein gegebenes Gruppenelement $g$ (als Wort in Erzeugern) das Einselement in der Gruppe? 2. Das Konjugationsproblem: Sind zwei Elemente $g$ und $h$ konjugiert? 3. Das Isomorphieproblem: Definieren zwei gegebene Darstellungen isomorphe Gruppen? (Tatsächlich wurde das Isomorphieproblem schon 1908 von Heinrich Tietze (1880–1964) aufgeworfen.)

Wir wissen heute, dass diese Fragen im Allgemeinen unentscheidbar sind. Dieser Nachweis gelang allerdings erst in der Mitte der 1950er Jahre und wurde unabhängig in Russland von Pyotr Sergeyevich Novikov (1901–1975) und im Westen von William Werner Boone (1929–1983) gezeigt. Wir werden uns in diesem Kapitel nicht diesem (schwierigen) Unentscheidbarkeitsresultat widmen, sondern zunächst den Begriff einer (endlichen) Darstellung mittels *Semi-Thue-Systemen* präzise fassen. Dann zeigen wir, wie dieser Ansatz in Spezialfällen auf eine Lösung des Wortproblems führt.

In diesem Abschnitt bezeichne $\Gamma$ ein *Alphabet*, also eine Menge von Elementen, die wir *Buchstaben* nennen. In den Anwendungen wird $\Gamma$ endlich sein, aber die meisten Begriffsbildungen gelten allgemein. Wir wiederholen zunächst einige Begriffe aus Kapitel 6. Ein *Wort* ist eine Sequenz von Buchstaben $w = a_1 \cdots a_m$ mit $m \in \mathbb{N}$ und $a_i \in \Gamma$ für $1 \leq i \leq m$. Die Zahl $m$ ist dann die *Länge* des Wortes und wird mit $|w|$ bezeichnet. Das *leere Wort* hat die Länge 0 und wird hier mit 1 bezeichnet. Damit wird die Menge der Wörter $\Gamma^*$ zu einem Monoid; die Multiplikation ist die *Konkatenation* $a_1 \cdots a_m \cdot b_1 \cdots b_n = a_1 \cdots a_m b_1 \cdots b_n$.

Ist $\Gamma$ mit einer linearen Ordnung $<$ versehen, so induziert dies eine *lexikographische Ordnung* auf $\Gamma^*$. Die Wörter sind dann wie in einem Lexikon angeordnet: Für $a, b \in \Gamma$ mit $a < b$ steht ein Wort der Form $pau$ vor jedem Wort der Form $pbv$. Ein Problem dieser Ordnung ist, dass vor dem Buchstaben $b$ die unendlich vielen Wörter stehen, die mit $a$ beginnen. (Man hätte viel zu blättern, um irgendein Wort mit einem $b$ zu finden.) Dieses Problem wird dadurch umgangen, dass man die *längenlexikographische Ordnung* betrachtet. In dieser Ordnung ist $u < v$, falls $|u| < |v|$. Für $|u| = |v|$ ordnet man dann $u$ und $v$ bezüglich der lexikographischen Ordnung an. Ist $\Gamma$ endlich, so stehen vor jedem $u \in \Gamma^*$ dann nur endlich viele kleinere Wörter. Auch wenn das Lexikon dann weiterhin unendlich viele Seiten hat, findet man jeden Eintrag nach endlicher Zeit.

Ist $M$ ein beliebiges Monoid, so lässt sich jede Abbildung $\pi : \Gamma \to M$ zu einem Monoidhomomorphismus $\pi : \Gamma^* \to M$ eindeutig fortsetzen. Es gilt dann $\pi(a_1 \cdots a_m) = \pi(a_1) \cdots \pi(a_m)$. Man hat also die freie Wahl, Buchstaben Monoidelemente zuzuordnen und erhält stets einen eindeutig bestimmten Homomorphismus. Dies erklärt die Begriffsbildung *freies Monoid* für $\Gamma^*$ und wurde bereits in Satz 6.1 genauer ausgeführt. Wenn ein Homomorphismus $\pi : \Gamma^* \to M$ surjektiv ist, so spricht man von einer Darstellung von $M$ und das Monoid $M$ heißt *endlich erzeugt*. In endlich erzeugten Monoiden können wir (sinnvoll) nach einer Lösung des *Wortproblems* fragen: Gegeben sei eine Darstellung $\pi : \Gamma^* \to M$. Gesucht ist ein Algorithmus, der auf Eingabe von zwei Wörtern $u, v \in \Gamma^*$ die Antwort liefert, ob $\pi(u) = \pi(v)$ gilt. Die Existenz des Algorithmus ist nun wirklich eine Eigenschaft von $M$ und nicht von der Darstellung $\pi$. Denn sei $\psi : \Gamma^* \to M$ ein anderer Homomorphismus, so gibt es für alle $a \in \Gamma$ ein Wort $w_a \in \Gamma^*$ mit $\pi(w_a) = \psi(a)$. (Dies benutzt, dass $\pi$ surjektiv ist!) Wollen wir also klären, ob $\psi(u) = \psi(v)$ gilt, so berechnen wir zunächst (in linearer Zeit) Wörter $W_u, W_v \in \Gamma^*$ mit $\pi(W_u) = \psi(u)$ und $\pi(W_v) = \psi(v)$. Danach stellen wir die Frage „$\pi(W_u) = \pi(W_v)$?" dem existierenden Algorithmus für $\pi$.

## 8.2 Ersetzungssysteme

Der Begriff eines *Ersetzungssystems* kann sehr allgemein gefasst werden. Es besteht aus einer Menge $X$ und einer binären Relation $\Rightarrow\ \subseteq X \times X$. Meistens schreiben wir $x \Rightarrow y$ um auszudrücken, dass $(x, y)$ zur Relation $\Rightarrow$ gehört. Wir sagen dann, dass $x$ in einem Schritt nach $y$ abgeleitet bzw. dass $y$ in einem Schritt von $x$ aus erreicht werden kann. Die Bedeutung von Ersetzungssystemen manifestiert sich vor allem in der *Church-Rosser-Eigenschaft*, die unten erklärt wird. Sie ist benannt nach Alonzo Church (1903–1995) und John Barkley Rosser, Sr. (1907–1989), die über diese Begriffsbildung ein wichtiges Resultat zur Theorie des Lambda-Kalküls und damit wesentlichen Beitrag der Berechenbarkeitstheorie lieferten [15].

### 8.2.1 Termination und Konfluenz

Ist $\Rightarrow\ \subseteq X \times X$ ein Ersetzungssystem, so verwenden wir die folgenden Abschlussbezeichnungen:

(a) $\Longleftrightarrow$ symmetrischer Abschluss
(b) $\overset{+}{\Longrightarrow}$ transitiver Abschluss
(c) $\overset{*}{\Longrightarrow}$ reflexiver und transitiver Abschluss
(d) $\overset{*}{\Longleftrightarrow}$ reflexiver, symmetrischer und transitiver Abschluss

Wir schreiben auch $y \Longleftarrow x$, falls $x \Longrightarrow y$, und $x \overset{\leq k}{\Longrightarrow} y$, falls $y$ in höchstens $k$ Schritten von $x$ aus erreicht werden kann. Das Ersetzungssystem $\Rightarrow$ heißt

(a) *stark konfluent*, falls $y \Longleftarrow x \Longrightarrow z$ impliziert $\exists w : y \overset{\leq 1}{\Longrightarrow} w \overset{\leq 1}{\Longleftarrow} z$,
(b) *konfluent*, falls $y \overset{*}{\Longleftarrow} x \overset{*}{\Longrightarrow} z$ impliziert $\exists w : y \overset{*}{\Longrightarrow} w \overset{*}{\Longleftarrow} z$,
(c) *Church-Rosser*, falls $y \overset{*}{\Longleftrightarrow} z$ impliziert $\exists w : y \overset{*}{\Longrightarrow} w \overset{*}{\Longleftarrow} z$,
(d) *lokal konfluent*, falls $y \Longleftarrow x \Longrightarrow z$ impliziert $\exists w : y \overset{*}{\Longrightarrow} w \overset{*}{\Longleftarrow} z$,

(e) *terminierend* oder *noethersch*, falls keine unendlichen Ketten existieren:

$$x_0 \Longrightarrow x_1 \Longrightarrow \cdots x_{i-1} \Longrightarrow x_i \Longrightarrow \cdots$$

(f) *konvergent* oder *vollständig*, falls es lokal konfluent und terminierend ist.

Die Bedeutung der Konvergenz liegt in der Tatsache, dass Konvergenz die Church-Rosser-Eigenschaft impliziert. Dies werden wir jetzt erläutern und dabei weitere Aussagen herleiten.

**Satz 8.1.** *Es gelten die folgenden Eigenschaften.*

(a) *Starke Konfluenz impliziert Konfluenz.*

(b) *Konfluenz ist äquivalent zur Church-Rosser-Eigenschaft.*

(c) *Konfluenz impliziert lokale Konfluenz, aber die Umkehrung ist im Allgemeinen falsch.*

(d) *Konvergenz impliziert Konfluenz (d. h. ein lokal konfluentes System, welches terminierend ist, ist konfluent).*

*Beweis.* Die Tatsache, dass starke Konfluenz die Konfluenz impliziert kann mit Induktion unmittelbar Abbildung 8.1 entnommen werden. Die Äquivalenz von Konfluenz und Church-Rosser-Eigenschaft folgt aus Abbildung 8.2. Die Aussage, dass Konfluenz lokale Konfluenz impliziert, ist trivial. Die Umkehrung gilt nicht, wie man der folgenden Situation entnimmt.

$$a \Longleftarrow b \Longleftrightarrow c \Longrightarrow d$$

Die Aussage, dass terminierende lokal konfluente Systeme konfluent sind und damit die Church-Rosser-Eigenschaft besitzen, beweisen wir mit Widerspruch. Wir nehmen an, dass ein $z$ existiert, bei dem das System nicht konfluent ist. Es gibt also $y \overset{k}{\Longleftarrow} z \overset{m}{\Longrightarrow} x$, aber kein $w$ mit $y \overset{*}{\Longrightarrow} w \overset{*}{\Longleftarrow} x$. Dann ist notwendig $k \geq 1$ und $m \geq 1$.

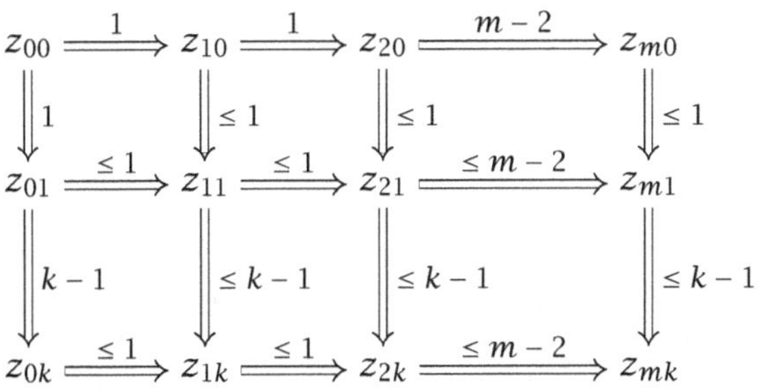

**Abb. 8.1:** Starkes Konfluenzgitter.

**Abb. 8.2:** Konfluenz impliziert Church-Rosser.

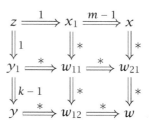

**Abb. 8.3:** Termination und lokale Konfluenz ergeben Konfluenz.

Da Termination vorliegt, können wir annehmen, dass das System konfluent auf allen $z'$ ist, für die gilt $z \stackrel{+}{\Longrightarrow} z'$. Betrachte jetzt Abbildung 8.3. Aufgrund der lokalen Konfluenz existieren $w_{11}$ und Ersetzungen $y_1 \stackrel{*}{\Longrightarrow} w_{11} \stackrel{*}{\Longleftarrow} x_1$. Nach Wahl von $z$ ist das System konfluent auf $x_1$, $y_1$ und $w_{11}$. Dies führt uns zu $w_{21}$, $w_{12}$ und damit zu $w$ im Widerspruch zur Annahme. $\qquad\square$

Der Satz 8.1 liefert für konvergente Systeme ein Verfahren, um $y \stackrel{*}{\Longleftrightarrow} z$ zu überprüfen: Zunächst führen wir wiederholt Ersetzungen $y = y_0 \Longrightarrow \cdots \Longrightarrow y_m$ und $z = z_0 \Longrightarrow \cdots \Longrightarrow z_n$ durch, bis wir bei Elementen $y_m$ bzw. $z_m$ angelangen, für die keine weiteren Ersetzungen mehr möglich sind. Die Termination garantiert, dass $y_m$ und $z_n$ existieren. Danach testen wir $y_m = z_n$ in $X$. Angenommen, die Antwort ist positiv, dann gilt natürlich $y \stackrel{*}{\Longleftrightarrow} z$. Wie ist es mit der anderen Richtung? Es gilt $y \stackrel{*}{\Longleftrightarrow} z$ genau dann, wenn $y_m \stackrel{*}{\Longleftrightarrow} z_n$ erfüllt ist. Andererseits impliziert $y_m \stackrel{*}{\Longrightarrow} w \stackrel{*}{\Longleftarrow} z_n$ jetzt $y_m = w = z_n$. Aufgrund von Satz 8.1 hat das System die Church-Rosser-Eigenschaft. Für $y_m \neq z_n$ gilt also, dass $y$ und $z$ in verschiedenen Klassen der Äquivalenzrelation $\stackrel{*}{\Longleftrightarrow}$ liegen.

Damit wir das Verfahren algorithmisch verwerten können, müssen natürlich weitere Voraussetzungen erfüllt sein. Wir müssen Elemente in $X$ so darstellen können, dass wir effektiv $y = z$ in $X$ entscheiden können. Ferner müssen wir testen können, ob für ein $x \in X$ ein $y \in X$ mit $x \stackrel{*}{\Longrightarrow} y \neq x$ existiert und falls ja, müssen wir ein solches $y$ effektiv berechnen können. In günstigen Fällen ist diese Situation gegeben, aber dann verbleibt das Problem, vorab zu testen, ob ein System konvergent ist. Dieses gehört zu den unentscheidbaren Probleme, wie man durch eine Reduktion auf das klassische *Halteproblem von Turingmaschinen* zeigen kann. Die Unentscheidbarkeit des Halteproblems bedeutet, dass es kein allgemeines Verfahren gibt, Computerprogramme auf Termination zu überprüfen. Wichtig sind daher möglichst gute hinreichende Bedingungen für die Konvergenz.

### 8.2.2 Semi-Thue-Systeme und Darstellungen von Monoiden

Wir interessieren uns in diesem Abschnitt vor allem für *Wortersetzungssysteme*, die nach Axel Thue (1863–1922) auch Semi-Thue-Systeme genannt werden. Dies sind Ersetzungssysteme über freien Monoiden. Sei $T$ zunächst ein beliebiges Monoid. Jede Relation $S \subseteq T \times T$ definiert ein *Ersetzungssystem* $\underset{S}{\Longrightarrow} \subseteq T \times T$ indem wir $x \underset{S}{\Longrightarrow} y$ durch die folgende Bedingung definieren:

$$\text{Es gibt } p, q \in T \text{ und } (\ell, r) \in S \text{ mit } x = p\ell q \text{ sowie } y = prq.$$

Wir können also in $x$ einen Faktor, der eine linke Seite einer Regel von $S$ ist, durch die rechte Seite ersetzen und erhalten so $y$. Elemente $x \in T$, für die kein $y$ mit $x \underset{S}{\Longrightarrow} y$ existiert, heißen *irreduzibel* oder *irreduzible Normalformen* und die Menge aller irreduzible Normalformen bezeichnen wir mit IRR$(S)$.

Die Relation $\underset{S}{\overset{*}{\Longleftrightarrow}} \subseteq T \times T$ ist eine *Kongruenz*. Dies bedeutet, wir können Äquivalenzklassen multiplizieren, indem wir Repräsentanten multiplizieren:

$$[x] \cdot [y] = [xy]$$

Die Kongruenzklassen bilden ein Monoid, das je nach Kontext verschieden bezeichnet wird. Wir schreiben hierfür $T / \underset{S}{\overset{*}{\Longleftrightarrow}}$ oder $T / \{\ell = r \mid (\ell, r) \in S\}$ oder einfach $T/S$. Wir können also $S$ als Menge von *definierenden Relationen* für das Quotientenmonoid $T/S$ auffassen. Wir nennen $S$ konvergent, wenn $\underset{S}{\Longrightarrow}$ diese Eigenschaft hat. Für ein konvergentes System $S$ induziert der kanonische Homomorphismus $T \to T/S$ eine Bijektion zwischen IRR$(S)$ und dem Quotientenmonoid $T/S$. Die Elemente aus $T/S$ werden also durch irreduzible Normalformen repräsentiert.

Ist $T = \Gamma^*$ ein freies Monoid, so nennen wir $S$ ein *Semi-Thue-System*. Statt $(\ell, r) \in S$ schreiben wir bei Semi-Thue-Systemen auch $\ell \to r \in S$.

**Beispiel 8.2.** Sei $\Gamma = \{a_1, \ldots, a_n\}$ ein geordnetes Alphabet mit $a_i < a_j$ für $i < j$. Dann ist $S = \{a_j a_i \to a_i a_j \mid i < j\}$ konvergent. Das Quotientenmonoid $\Gamma^*/S$ ist gerade $\mathbb{N}^n$ und die irreduziblen Normalformen sind die Wörter aus $a_1^* \cdots a_n^*$. ◇

**Beispiel 8.3.** Sei $\Gamma = \{a, b, c\}$ und $S = \{ba \to ab, ca \to ac, cb \to bc, abc \to 1\}$ Dann gilt $\Gamma^*/S = \mathbb{Z} \times \mathbb{Z}$, aber $S$ ist nicht konvergent. ◇

In den beiden letzten Beispielen ist die Termination von $S$ offensichtlich, denn die rechten Seiten sind längenlexikographisch kleiner als die linken. Aber woher wissen wir, dass das erste System (lokal) konfluent ist und das zweite nicht? Dies führt

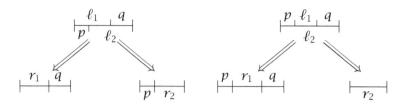

**Abb. 8.4:** Kritische Paare.

auf den Begriff eines kritischen Paares. Ein *kritisches Paar* ist ein Paar $(u, v)$ von Wörtern für das Regeln $(\ell_1, r_1), (\ell_2, r_2) \in S$ und Wörter $p, q$ existieren und dann eine der folgenden Bedingungen gilt, siehe auch Abbildung 8.4.

(a) $\ell_1 q = p\ell_2$, $|\ell_1 q| < |\ell_1 \ell_2|$, $u = r_1 q$ und $v = pr_2$:

$$u = r_1 q \underset{S}{\Longleftarrow} \ell_1 q = p\ell_2 \underset{S}{\Longrightarrow} pr_2 = v$$

(b) $p\ell_1 q = \ell_2$, $u = pr_1 q$ und $v = r_2$:

$$u = pr_1 q \underset{S}{\Longleftarrow} p\ell_1 q = \ell_2 \underset{S}{\Longrightarrow} r_2 = v$$

1. oder 2. Ein kritisches Paar entsteht also durch das Vorhandensein zweier linker Seiten, die sich überlappen. Es gilt nun, dass ein Semi-Thue-System $S$ genau dann lokal konfluent ist, wenn für alle kritisches Paare $(u, v)$ ein $w$ existiert mit $u \underset{S}{\overset{*}{\Longrightarrow}} w \underset{S}{\overset{*}{\Longleftarrow}} v$. Sind nämlich in einem Wort zwei Regeln mit nicht-überlappenden linken Seiten anwendbar, so ist klar, dass die beiden Ergebniswörter mit jeweils einem weiteren Ersetzungsschritt in dasselbe Wort überführt werden können. Ist $S$ endlich, so gibt es nur endlich viele kritische Paare. Dies führt auf das folgende Entscheidbarkeitsresultat.

**Satz 8.4.** *Es ist entscheidbar, ob ein endliches und terminierendes Semi-Thue-System $S \subseteq \Gamma^* \times \Gamma^*$ lokal konfluent ist.*

*Beweis.* Da $S$ endlich ist, gibt es nur endlich viele kritische Paare, die wir alle berechnen können. Für jedes solche Paar $(u, v)$ berechnen wir $u \underset{S}{\overset{*}{\Longrightarrow}} \hat{u} \in \mathrm{IRR}(S)$ und $v \underset{S}{\overset{*}{\Longrightarrow}} \hat{v} \in \mathrm{IRR}(S)$. Dies ist möglich, da $S$ endlich ist und terminiert. Ist $S$ lokal konfluent, so wissen wir, dass $S$ auch konfluent ist, daher ist für lokale Konfluenz notwendig, dass ein $w \in \Gamma^*$ existiert mit $\hat{u} \underset{S}{\overset{*}{\Longrightarrow}} w \underset{S}{\overset{*}{\Longleftarrow}} \hat{v}$. Nun sind $\hat{u}$ und $\hat{v}$ irreduzibel, also muss schon $\hat{u} = \hat{v}$ gelten, was wir testen können. Diese Gleichheit für alle kritischen Paare ist natürlich auch hinreichend, um lokale Konfluenz zu garantieren. $\qquad\square$

Wir nennen ein Monoid $M$ *endlich dargestellt* oder *endlich präsentiert*, wenn es isomorph zu einem Quotientenmonoid $\Gamma^*/S$ ist, wobei $S$ und $\Gamma$ endlich sind. Jedes endlich erzeugte Monoid hat die Form $\Gamma^*/S$. Hierfür reicht es eine endliche erzeugende Menge $\Gamma$ von $M$ zu wählen. Dies liefert einen surjektiven Homomorphismus

$\pi : \Gamma^* \to M$ und es reicht, $S = \{(\ell, r) \mid \pi(\ell) = \pi(r)\}$ zu wählen. Im Allgemeinen ist $S$ dann unendlich. Die Existenz eines endlichen Systems $S$ mit $\Gamma^*/S = M$ hängt nicht von $\pi : \Gamma^* \to M$ ab, sondern nur von $M$. Betrachte hierfür ein endliches $S$ und einen weiteren surjektiven Homomorphismus $\psi : \Gamma'^* \to M$, der $\Gamma'^*/S' = M$ induziert und bei dem $\Gamma'$ endlich ist. Wir wollen zeigen, dass in $S'$ eine endliche Teilmenge $S''$ existiert mit $\Gamma'^*/S'' = \Gamma'^*/S'$. Zunächst finden wir einen Homomorphismus $\phi : \Gamma^* \to \Gamma'^*$ mit $\psi(\phi(u)) = \pi(u)$ für alle $u \in \Gamma^*$. Dies ist die Liftungseigenschaft freier Monoide, siehe Satz 6.1. Für alle $a' \in \Gamma'$ gibt es ein Wort $u_a \in \Gamma^*$ mit $a' \overset{*}{\underset{S'}{\Longleftrightarrow}} \phi(u_a)$, denn $\psi(a')$ ist gleich einem $\pi(u_a)$. Ferner gilt für alle $(\ell, r) \in S$ auch $\phi(\ell) \overset{*}{\underset{S'}{\Longleftrightarrow}} \phi(r)$, da ja $\Gamma'^*/S' = M$. Dann gibt es aber schon eine endliche Teilmenge $S'' \subseteq S'$ mit $a' \overset{*}{\underset{S''}{\Longleftrightarrow}} \phi(u_a)$ für alle $a' \in \Gamma'$ und $\phi(\ell) \overset{*}{\underset{S''}{\Longleftrightarrow}} \phi(r)$ für alle $(\ell, r) \in S$, da $\Gamma$ und $S$ endlich sind. Wir erhalten eine Sequenz von Homomorphismen:

$$\Gamma^*/S \xrightarrow{\phi} \Gamma'^*/S'' \xrightarrow{\mathrm{id}} \Gamma'^*/S' \xrightarrow{\psi} M$$

Über den Pfeilen stehen die jeweiligen Homomorphismen, die diese Abbildungen induzieren. Die Verknüpfung der Homomorphismen liefert die durch $\pi$ induzierte Bijektion von $\Gamma^*/S$ nach $M$. Also muss $\Gamma^*/S \xrightarrow{\phi} \Gamma'^*/S''$ injektiv sein. Wegen $a' \overset{*}{\underset{S''}{\Longleftrightarrow}} \phi(u_a)$ für alle $a' \in \Gamma'$ ist diese Abbildung auch surjektiv. Dies zeigt $\Gamma'^*/S'' = \Gamma'^*/S'$ und damit die Behauptung.

Das nächste Beispiel führt uns auf den Begriff einer *freien Gruppe*.

**Beispiel 8.5.** Es sei $\Gamma = \Sigma \cup \overline{\Sigma}$, wobei $\overline{\Sigma} = \{\overline{a} \mid a \in \Sigma\}$ eine disjunkte Kopie von $\Sigma$ sei. Wir erweitern $a \mapsto \overline{a}$ zu einer Involution auf $\Gamma$ durch $\overline{\overline{a}} = a$ für alle $a \in \Gamma$ und setzen $\overline{a_1 \cdots a_n} = \overline{a_n} \cdots \overline{a_1}$. Betrachte jetzt das stark konfluente und konvergente System $S$:

$$S = \{a\overline{a} \to 1 \mid a \in \Gamma\}$$

Dann definiert $S$ die *freie Gruppe mit Basis* $\Sigma$:

$$F(\Sigma) = \Gamma^*/S \qquad\qquad \Diamond$$

Ist $G$ eine beliebige Gruppe und $\phi(a) \in G$ für alle $a \in \Sigma$ definiert, so setzen wir $\phi(\overline{a}) = \phi(a)^{-1} \in G$ und erhalten einen Homomorphismus $\phi : \Gamma^* \to G$ mit $\phi(a\overline{a}) = \phi(\overline{a}a) = 1$ für alle $a \in \Gamma$. Dies bedeutet, dass wir jede Abbildung $\phi : \Sigma \to G$ eindeutig zu einem Gruppenhomomorphismus $\phi : F(\Sigma) = \Gamma^*/S \to G$ fortsetzen können. Damit ist $F(\Sigma)$ „frei" über $\Sigma$. Wir erkennen auch, dass alle Wörter aus $\Sigma^*$ irreduzibel sind, also erhalten wir eine Einbettung $\Sigma^* \subseteq F(\Sigma)$, was, a priori, nicht selbstverständlich ist.

Freie Gruppen wurden erstmals Ende des 19ten Jahrhunderts von Mathematikern untersucht. Insbesondere schrieb der erste Rektor der Technischen Universität München Walther Franz Anton Ritter von Dyck (1856–1934) hierzu wichtige Arbeiten [30, 31]. Dycks Name erscheint auch in dem Begriff *Dyck-Wort*, siehe z. B. [23]. Der Zusammenhang zwischen Dyck-Wörtern und freien Gruppen erkennt man wie folgt. Lesen wir ein Paar von Buchstaben $(a, \overline{a})$ als ein Klammerpaar und unterscheiden nicht zwischen „öffnenden" und „schließenden" Klammern, so entsprechen die wohlgeformten Klammerausdrücke genau denjenigen Wörtern über $\Gamma$, die durch Regelanwendungen $a\overline{a} \to 1$ auf das leere Wort reduziert werden. Es sind also die Wörter aus $\Gamma^*$, die in der freien Gruppe $F(\Sigma)$ das neutrale Element repräsentieren. Historisch benutzte allerdings Dyck gar nicht die hier gewählte Darstellung. Er stellte die freie Gruppe $F(a, b)$ über zwei Erzeugern durch drei Buchstaben $a, b, c$ dar und verzichtete auf explizite inverse Buchstaben. Das System, mit dem er arbeitete, lautet:

$$S_{\text{Dyck}} = \{abc \to 1, \, bca \to 1, \, cab \to 1\}$$

Das System $S_{\text{Dyck}}$ ist wie das System $S$ in Beispiel 8.5 ebenfalls stark konfluent, sehr symmetrisch und kommt mit einer minimalen Anzahl von Buchstaben aus. Für $\Sigma = \{a, b\}$ induziert die Inklusion $\{a, b\} \subseteq \{a, b, c\}$ einen kanonischen Isomorphismus und eine alternative Repräsentation der freien Gruppe:

$$F(\Sigma) = \{a, \overline{a}, b, \overline{b}\}^* / S = \{a, b, c\}^* / S_{\text{Dyck}}$$

## 8.3 Frei partiell kommutative Monoide und Graphgruppen

In der Informatik werden *frei partiell kommutative Monoide* untersucht, um gewisse Aspekte nebenläufiger Systeme zu untersuchen. Die Idee ist, die *Nebenläufigkeit* oder *Unabhängigkeit* (engl. *independence*) von Ereignissen $a$ und $b$ durch eine Vertauschbarkeit $ab = ba$ zu beschreiben. In diesem Zusammenhang wurde durch Antoni Mazurkiewicz (geb. 1934) die Bezeichnung *Spurmonoid* etabliert, siehe [28].

In einer abstrakten Sichtweise starten wir mit einem endlichen (geordneten) Alphabet $\Sigma$ und einer partiellen *Unabhängigkeitsrelation* $I \subseteq \Sigma \times \Sigma$, von der wir aus technischen Gründen annehmen, dass sie irreflexiv und symmetrisch ist. Damit ist das Paar $(\Sigma, I)$ nichts anderes als ein ungerichteter Graph ohne Schlingen und Mehrfachkanten. Das *frei partiell kommutative Monoid* $M(\Sigma, I)$ ist definiert als

$$M(\Sigma, I) = \Sigma^* / \{ab = ba \mid (a, b) \in I\}$$

**Beispiel 8.6.** Es sei $(\Sigma, I)$ ein endlicher Graph.

(a) Für $I = \varnothing$ ist $M(\Sigma, I) = \Sigma^*$.

(b) Für einen vollständigen Graphen $(\Sigma, I)$ gilt $M(\Sigma, I) = \mathbb{N}^\Sigma$. Allgemein liegt $M(\Sigma, I)$ dazwischen; und die Längenabbildung, die die Buchstaben zählt, liefert kanonische Homomorphismen:

$$\Sigma^* \to M(\Sigma, I) \to \mathbb{N}^\Sigma \tag{8.1}$$

(c) Ist $(\Sigma, I)$ eine disjunkte Vereinigung $(\Sigma_1, I_1) \cup (\Sigma_2, I_2)$, so erhalten wir ein freies Produkt $M(\Sigma, I) = M(\Sigma_1, I_1) * M(\Sigma_2, I_2)$.

(d) Das *Komplexprodukt* von $(\Sigma_1, I_1)$ und $(\Sigma_2, I_2)$ ist der Graph $(\Sigma, I)$, wobei $\Sigma$ die disjunkte Vereinigung $\Sigma_1$ und $\Sigma_2$ ist und die Relation $I$ durch $I_1, I_2$ und allen Kanten zwischen $\Sigma_1$ und $\Sigma_2$ gegeben wird. Es ist also $I = I_1 \cup I_2 \cup \{xy \mid x \in \Sigma_1,\ y \in \Sigma_2\}$. Für das Komplexprodukt erhalten wir ein direktes Produkt $M(\Sigma, I) = M(\Sigma_1, I_1) \times M(\Sigma_2, I_2)$.

(e) Ist $\Sigma = \{a, b, c\}$ und gelten in $M(\Sigma, I)$ die Beziehungen $ac = ca$ sowie $ab \neq ba$ und $bc \neq cb$, so ist $M(\Sigma, I) = (\mathbb{N} \times \mathbb{N}) * \mathbb{N}$. ◇

Wir erweitern die Relation $I$ zu einer Relation $I \subseteq \Sigma^* \times \Sigma^*$, indem wir $(u, v) \in I$ setzen, falls alle Buchstaben, die in $u$ vorkommen, zu allen Buchstaben, die in $v$ vorkommen, in der Relation $I$ stehen. Betrachte jetzt das folgende, im Allgemeinen unendliche, Semi-Thue-System:

$$S = \{bua \to abu \mid a, b \in \Sigma,\ a < b,\ (a, bu) \in I\} \tag{8.2}$$

Das System terminiert, da es Wörter lexikographisch verkleinert. Eine direkte Betrachtung der kritischen Paare liefert lokale Konfluenz. Beispielsweise haben wir $bcuva \underset{S}{\Longleftarrow} cubva \underset{S}{\Longrightarrow} cuabv$ und $bcuva \underset{S}{\overset{*}{\Longrightarrow}} abcuv \underset{S}{\overset{*}{\Longleftarrow}} cuabv$ für $a, b, c \in \Sigma$, $a < b < c$, $(c, bu), (a, bcuv) \in I$.

Insbesondere können wir das Wortproblem in $M(\Sigma, I)$ entscheiden, indem wir irreduzible Normalformen bestimmen. Wir erkennen auch, dass die Menge $\mathrm{IRR}(S)$ genau die längenlexikographisch minimalen Normalformen beschreibt. In den Aufgaben werden wir die Existenz endlicher konvergenter Systeme besprechen, die $M(\Sigma, I)$ darstellen.

Frei partiell kommutative Monoide können in frei partiell kommutative Gruppen eingebettet werden, genau wie freie Monoide Untermonoide der freien Gruppen sind. Frei partiell kommutative Gruppen werden in der Mathematik seit langem untersucht und spielen dort eine prominente Rolle. Es haben sich diverse Namen für sie eingebürgert. Sie heißen dort auch *Graphgruppen*, weil die definierenden Relationen durch einen ungerichteten Graphen gegeben werden, oder *rechtwinklige Artingruppen* (engl. „Right angled Artin group" oder *RAAG*). Diese Namensgebung erklärt sich daher, dass Spiegelungen in der Ebene um senkrecht aufeinander stehenden Graden kommutieren. Graphgruppen betten sich in in *rechtwinklige Coxetergruppen* ein. Die Gruppen sind nach Emil Artin (1898–1962) bzw. nach Harold Coxeter (1907–2003) benannt. Coxetergruppen haben ebenfalls eine direkte geometrische Interpretation und verschiedene Lehrbücher sind ihrem Studium gewidmet [7, 17].

Wir beginnen mit der formalen Definition frei partiell kommutativen Gruppen und legen die Graphdefinition zu Grunde. Sei $(\Sigma, I)$ ein endlicher ungerichteter Graph, also kann genau wie eben $I$ als eine Unabhängigkeitsrelation aufgefasst werden. Dann definieren wir die *frei partiell kommutative Gruppe* als Quotienten der freien Gruppe $F(\Sigma)$ durch

$$G(\Sigma, I) = F(\Sigma) / \{ab = ba \mid (a, b) \in I\}$$

Zum Rechnen in dieser Gruppe ist eine Darstellung durch ein konvergentes Semi-Thue-System vorteilhaft. Wie im Fall der freien Gruppen betrachten wir zunächst $\Gamma = \Sigma \cup \overline{\Sigma}$, wobei $\overline{\Sigma} = \{\overline{a} \mid a \in \Sigma\}$ eine disjunkte Kopie von $\Sigma$ sei, und erweitern $a \mapsto \overline{a}$ zu einer Involution auf $\Gamma$ durch $\overline{\overline{a}} = a$ für alle $a \in \Gamma$. Die Relation $I$ erweitern wir auf $\Gamma$ durch Hinzunahme aller Paare $(a, \overline{b}), (\overline{a}, b), (\overline{a}, \overline{b})$ für $(a, b) \in I$. Außerdem ordnen wir $\Sigma$ linear an und erweitern die lineare Ordnung auf $\Gamma$ in einer speziellen eindeutigen Weise. Wir verlangen, dass für alle $a, b \in \Sigma$ mit $a < b$ dann $a < \overline{a} < b$ in $\Gamma$ gilt. Durch diesen Trick wird das folgende Semi-Thue-System konvergent:

$$S = \{bua \to abu, a\overline{a} \to 1 \mid a, b \in \Gamma, \ a < b, \ (a, bu) \in I\} \tag{8.3}$$

Wir erhalten $G(\Sigma, I) = \Gamma^*/S$. Mit Hilfe dieses Systems $S$ können wir das Wortproblem der Gruppe $G(\Sigma, I)$ lösen, indem wir die die irreduziblen Normalformen berechnen. In einer geeigneten Implementierung gelingt diese Berechnung in Linearzeit.

Ausgehend von $(\Sigma, I)$ ist die *rechtwinklige Coxetergruppe* $C(\Sigma, I)$ wie folgt definiert:

$$C(\Sigma, I) = \Sigma^*/\{a^2 = 1, \ ab = ba \mid (a, b) \in I\}$$

A priori sind rechtwinklige Coxetergruppen also Quotienten der entsprechenden Graphgruppen. Um eine Einbettung in die andere Richtung zu erhalten, müssen wir den unterliegenden Graphen verändern. Dies werden wir Aufgabe 8.3. ausführen.

## 8.4 Freie und semidirekte Produkte

Die Konstruktion von semidirekten, freien und amalgamierten Produkten lässt sich sehr bequem mittels konvergenter Semi-Thue-Systeme erklären. In diesem Abschnitt seien $M$ und $K$ Monoide mit Alphabeten $\Sigma_M = M \setminus \{1\}$ und $\Sigma_K = K \setminus \{1\}$. Diese Alphabete seien disjunkt, sie sind im Allgemeinen unendlich, und die Monoide teilen sich die 1. Jedes Monoid kann durch eine Multiplikationstabelle beschrieben werden. Diese Tabelle ist ein stark konfluentes Semi-Thue-System; für $M$ enthält $S_M$ die Regeln $xy \to [xy]$, wobei wir $x, y \in \Sigma_M \subseteq M$ und ihr Produkt $[xy] \in M$ interpretieren. Das System $S_K$ ist analog definiert.

Beginnen wir mit dem freien Produkt von $M$ und $K$. Wir setzen $\Sigma = \Sigma_M \cup \Sigma_K$ und $S = S_M \cup S_K$. Dann ist $S$ stark konfluent, da es gar keine Überlappungen zwischen Regeln aus $S_M$ und $S_K$ gibt. Das *freie Produkt* ist jetzt definiert als

$$M * K = \Sigma^*/S = (\Sigma_M \cup \Sigma_K)^*/(S_M \cup S_K)$$

Sind $M$ und $K$ Gruppen, so ist auch $M * K$ eine Gruppe. Die *universelle Eigenschaft* des freien Produkts $M * K$ ist, dass die Homomorphismen von $M * K$ in ein Monoid $M'$ genau den Paaren $(f, g)$ von Homomorphismen $f : M \to M'$ und $g : K \to M'$ entsprechen. Elemente aus $M * K$ sind alternierende Sequenzen von „Buchstaben" aus $\Sigma_M$ und $\Sigma_K$. Wir erkennen auch, dass eine endlich erzeugte freie Gruppe das iterierte freie Produkt von den zyklischen Gruppen $\mathbb{Z}$ ist.

Als Nächstes erklären wir semidirekte Produkte. Hierfür benötigen wir einen Monoidhomomorphismus $\alpha : K \to \mathrm{Aut}(M)$, wobei $\mathrm{Aut}(M)$ die Automorphismengruppe des Monoids $M$ sei. Beispielsweise $K = M = \mathbb{Z}$ und $\alpha(x)(m) = (-1)^x \cdot m$. Wir schreiben in diesem Abschnitt $^x m$ statt $\alpha(x)(m)$ für $x \in K$ und $m \in M$. Damit ergeben sich die Rechenregeln

$$^x m \, ^x m' = {}^x(mm') \text{ und } {}^x({}^y m) = {}^{xy} m$$

Die Idee ist jetzt, $^x m$ als einen inneren Automorphismus $xmx^{-1} = {}^x m$ in dem semidirekten Produkt zu realisieren. Das Problem, dass uns im Allgemeinen kein $x^{-1}$ zur Verfügung steht, ist gleichzeitig der Schlüssel der Konstruktion. Wir ersetzen einfach die Gleichung $xmx^{-1} = {}^x m$ durch $xm = {}^x mx$, die im Gruppenfall äquivalent ist und darüber hinaus in allen Monoiden Sinn macht. Wie eben sei $\Sigma = \Sigma_M \cup \Sigma_K$ und $S = S_M \cup S_K$. Wir erweitern $S$ zu einem System $S_\alpha$ durch

$$S_\alpha = S_M \cup S_K \cup \{ xm \to {}^x mx \mid x \in \Sigma_K, \ m \in \Sigma_M \}$$

Das System $S_\alpha$ terminiert, da es längenlexikographisch reduziert, wenn Buchstaben aus $\Sigma_M$ kleiner als die in $\Sigma_K$ gewählt werden. Die lokale Konfluenz ergibt sich aus den obigen Rechenregeln. Also ist $S_\alpha$ konvergent. Die Normalformberechnung schiebt die Elemente aus $K$ nach rechts. Wir können $\mathrm{IRR}(S_\alpha)$ dann als Menge der Paare in $M \times K$ deuten.

Dies führt zu einer ganz expliziten Darstellung. Das *semidirekte Produkt* $M \rtimes_\alpha K$ ist definiert durch die Menge $M \times K$ und die Multiplikation:

$$(m, x) \cdot (n, y) = (m \, {}^x n, xy)$$

Wir müssen nicht mehr nachrechnen, dass dies ein Monoid ist, da wir, per Konstruktion, $M \rtimes_\alpha K = \Sigma^* / S_\alpha$ als ein Quotientenmonoid vom freien Produkt $M * K$ mit den definierenden Gleichungen $xm = {}^x mx$ gedeutet haben.

Wir sehen noch mehr: $M$ und $K$ liegen in $M \rtimes_\alpha K$ vermöge $M \times \{1\}$ und $\{1\} \times K$. Sind $M$ und $K$ Gruppen, so ist $M$ ein Normalteiler; und die durch $x$ aus $K$ auf $M$ wirkende Konjugation $(1, x)(m, 1)(1, x^{-1})$ ergibt $({}^x m, 1) = (\alpha(x)(m), 1)$ und wird damit zum Automorhismus $\alpha(x) \in \mathrm{Aut}(M)$.

Für $K = M = \mathbb{Z}$ gibt es genau zwei semidirekte Produkte, nämlich das direkte Produkt $\mathbb{Z} \times \mathbb{Z}$ und die nicht abelsche Gruppe $\mathbb{Z} \rtimes \mathbb{Z}$ mit der Multiplikation $(x, m) \cdot (y, n) = (x + (-1)^m \cdot y, m + n)$. Für $K = \mathbb{Z}/2\mathbb{Z}$ und $M = \mathbb{Z}$ ist die Situation ganz ähnlich. Wir erhalten nur ein nicht kommutatives semidirektes Produkt $\mathbb{Z} \rtimes (\mathbb{Z}/2\mathbb{Z})$ mit der Multiplikation wie eben, nur rechnen wir in der zweiten Komponente modulo 2. Realisieren wir das freie Produkt $(\mathbb{Z}/2\mathbb{Z}) * (\mathbb{Z}/2\mathbb{Z})$ durch $\{a, b\}^* / \{a^2 = b^2 = 1\}$ und setzen wir $a = (1, 1) \in \mathbb{Z} \rtimes (\mathbb{Z}/2\mathbb{Z})$ und $b = (0, 1) \in \mathbb{Z} \rtimes (\mathbb{Z}/2\mathbb{Z})$, so erkennen wir mittels der umgekehrten Zuordnung $(x, m) \mapsto (ab)^x b^m$, dass die Gruppen $(\mathbb{Z}/2\mathbb{Z}) * (\mathbb{Z}/2\mathbb{Z})$ und $\mathbb{Z} \rtimes (\mathbb{Z}/2\mathbb{Z})$ isomorph sind. Für das Nachrechnen ist zu beachten, dass für $y \in \mathbb{Z}$ die Gleichung $(ab)^y = (ba)^{-y}$ in $(\mathbb{Z}/2\mathbb{Z}) * (\mathbb{Z}/2\mathbb{Z})$ gilt.

## 8.5 Amalgamierte Produkte und HNN-Erweiterungen

Die Konstruktionen von HNN-Erweiterungen und amalgamierten Produkten erläutern wir für Gruppen. Wir beginnen mit amalgamierten Produkten und betrachten drei Gruppen $U$, $G$ und $H$ sowie zwei injektive Homomorphismen $\phi : U \rightarrow G$ und $\psi : U \rightarrow H$. Zum Beispiel können $U$, $G$ und $H$ die endlichen zyklischen Gruppen $\mathbb{Z}/2\mathbb{Z}$, $\mathbb{Z}/4\mathbb{Z}$ und $\mathbb{Z}/6\mathbb{Z}$ sein.

Wir definieren jetzt das *amalgamierte Produkt* $G *_U H$ als Quotientengruppe des freien Produkts $G * H$ durch

$$G *_U H = G * H / \{\phi(u) = \psi(u) \mid u \in U\} \tag{8.4}$$

Wir erkennen daran die universelle Eigenschaft: Die Homomorphismen von $G *_U H$ in eine Gruppe (oder ein Monoid) $K$ entsprechen genau den Paaren $(g, h)$ von Homomorphismen $g : G \rightarrow K$ und $h : H \rightarrow K$, die der Bedingung $g(\phi(u)) = h(\psi(u))$ für alle $u \in U$ genügen.

In Abschnitt 8.9 untersuchen wir die spezielle lineare Gruppe $\mathrm{SL}(2, \mathbb{Z})$ der $2 \times 2$ Matrizen mit Koeffizienten in $\mathbb{Z}$. Wählen wir $S = \left( \begin{smallmatrix} 0 & 1 \\ -1 & 0 \end{smallmatrix} \right)$ und $R = \left( \begin{smallmatrix} 0 & -1 \\ 1 & 1 \end{smallmatrix} \right)$. so kann man leicht nachrechnen, dass $S$ die Ordnung 4 und $R$ die Ordnung 6 hat. Es gilt nämlich $S^4 = R^6 = \left( \begin{smallmatrix} 1 & 0 \\ 0 & 1 \end{smallmatrix} \right)$ und $S^2 = R^3 = \left( \begin{smallmatrix} -1 & 0 \\ 0 & -1 \end{smallmatrix} \right)$. Insbesondere erhalten wir ein Paar von Homomorphismen $\mathbb{Z}/4\mathbb{Z} \rightarrow \mathrm{SL}(2, \mathbb{Z})$ mit $1 \bmod 4 \mapsto S$ und $\mathbb{Z}/6\mathbb{Z} \rightarrow \mathrm{SL}(2, \mathbb{Z})$ mit $1 \bmod 6 \mapsto R$. Aufgrund der universellen Eigenschaft amalgamierter Produkte erhalten wir nun einen Homomorphismus von $(\mathbb{Z}/4\mathbb{Z}) *_{\mathbb{Z}/2\mathbb{Z}} (\mathbb{Z}/6\mathbb{Z})$ in die $\mathrm{SL}(2, \mathbb{Z})$ wegen $S^2 = R^3$. Satz 8.28 wird uns zeigen, dass dieser Homomorphismus sogar ein Isomorphismus ist. Um dies zu verstehen, werden nur gute Normalformen für amalgamierte Produkte benötigt, wie wir sie jetzt herleiten werden, dann kann man direkt in den Abschnitt 8.9 springen.

Kehren wir zur allgemeinen Situation $G * H / \{\phi(u) = \psi(u) \mid u \in U\}$ zurück. Es ist, a priori, unklar, ob die natürlichen Abbildungen $G \rightarrow G *_U H$ und $H \rightarrow G *_U H$ injektiv sind. Im Prinzip könnte $G *_U H$ in vielen Fällen die triviale Gruppe sein. Dies ist jedoch nicht der Fall; und um dies beweisen, werden wir ein konvergentes Semi-Thue-System $S \subseteq \Sigma^* \times \Sigma^*$ einführen, welches $G *_U H$ darstellt. Dabei werden $S$ und $\Sigma$ unendlich sein, sofern $G \cup H$ dies ist.

Wir starten hierfür mit der Situation, dass $\phi : U \rightarrow G$ und $\psi : U \rightarrow H$ Inklusionen sind und $G \cap H = U$ gilt. Dies vereinfacht die Notation.

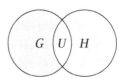

Wir teilen jetzt $G$ und $H$ in Nebenklassen ein. Hierfür wählen wir Repräsentantensysteme mit $1 \in A \subseteq G$ und $1 \in B \subseteq H$ von $G/U$ und $H/U$. Als Alphabete wählen wir

$\Sigma_A = (U \cup A) \setminus \{1\}$ und $\Sigma_B = (U \cup B) \setminus \{1\}$ sowie $\Sigma = \Sigma_A \cup \Sigma_B$. Jedes Element $g \in G \cup H$ hat eine eindeutige Darstellung als Wort $cu \in \Sigma^*$ mit $c \in A \cup B$ und $u \in U$. Genauer gilt, es gibt eine Darstellung der Länge null ($g = 1$), eins ($1 \neq g \in U \cup A \cup B$) oder zwei (sonst).

Mit eckigen Klammern bezeichnen wir Elemente in $G$ oder $H$. Das Semi-Thue-System $S$ besteht jetzt aus den folgenden Regeln:

$$\begin{aligned} vw &\to au \quad \text{für } v, w \in \Sigma_A, u \in U, a \in A, [vw] = [au] \text{ und } v \neq a \\ vw &\to bu \quad \text{für } v, w \in \Sigma_B, u \in U, b \in B, [vw] = [bu] \text{ und } v \neq b \end{aligned} \qquad (8.5)$$

**Satz 8.7.** *Das Semi-Thue-System $S$ aus (8.5) ist konvergent und $\Sigma^*/S$ ist kanonisch isomorph zum amalgamierten Produkt $G *_U H$.*

*Beweis.* Zunächst überzeugen wir uns davon, dass $\Sigma^*/S$ und $G *_U H$ isomorph sind. Die Isomorphie wird durch die natürlichen Inklusionen $\Sigma_A \to G$ und $\Sigma_B \to H$ induziert. Sie ist also kanonisch und dies rechtfertigt die Bezeichnung $\Sigma^*/S = G *_U H$. Wegen $\Sigma_A \cap \Sigma_B \subseteq U$ ist der natürliche Homomorphismus $\Sigma^* \to G *_U H$ wohldefiniert, denn im amalgamierten Produkt werden ja alle $u \in G \cap U$ mit den $u \in H \cap U$ identifiziert. Die Gruppe $G *_U H$ wird von den Elementen aus $G$ und $H$ erzeugt und diese Erzeugenden können bereits durch Wörter aus $\Sigma^*$ der Länge kleiner oder gleich zwei dargestellt werden. Also ist $\Sigma^* \to G *_U H$ surjektiv. Aufgrund der Forderungen $[vw] = [au]$ und $[vw] = [bu]$ ist auch die induzierte Abbildung $\pi : \Sigma^*/S \to G *_U H$ wohldefiniert und ein surjektiver Homomorphismus. Es verbleibt die Injektivität zu zeigen.

Hierfür definieren wir Abbildungen $\phi_G : G \to \Sigma^*/S$ und $\phi_H : H \to \Sigma^*/S$ durch $\phi_G(g) = au$ bzw. $\phi_H(h) = bu$, wenn $[g] = [au], a \in A, u \in U$ bzw. $[h] = [bu], b \in B, u \in U$ gelten. Diese Abbildungen sind wohldefiniert, da $A$ und $B$ Repräsentantenmengen der entsprechenden Linksnebenklassen sind. Wir müssen zeigen, dass $\phi_G$ und $\phi_H$ Homomorphismen sind. Hier kommt das System $S$ ins Spiel. Seien $\phi_G(g) = au$, $\phi_G(g') = a'u'$ und $\phi_G(gg') = a''u''$, dann folgt über maximal vier Ersetzungsschritte:

$$\phi_G(g)\phi_G(g') = aua'u' \overset{\leq 1}{\underset{S}{\Rightarrow}} a\tilde{a}\tilde{u}u' \overset{\leq 1}{\underset{S}{\Rightarrow}} a''\hat{u}\tilde{u}u' \overset{\leq 2}{\underset{S}{\Rightarrow}} a''u'' = \phi_G(gg')$$

Hieraus folgt die Homomorphie von $\phi_G$. Analog definiert $\phi_H$ einen Homomorphismus. Für alle $u \in U = G \cap H$ gilt nun $\phi_G(u) = \phi_H(u)$, also induzieren $\phi_G$ und $\phi_H$ einen Homomorphismus $\phi : G *_U H \to \Sigma^*/S$. Schließlich gilt $\phi(\pi(c)) = c$ für alle $c \in \Sigma$. Dies beweist, dass $\pi$ injektiv ist. Der Nachweis $\Sigma^*/S = G *_U H$ war etwas mühsam, aber dafür rein mechanisch.

Wir widmen uns jetzt der Konvergenz von $S$. Hierfür müssen Termination und lokale Konfluenz nachgewiesen werden. Wir beginnen mit der Termination.

Sei $x \in \Sigma^*$ ein Wort der Länge $n$. Wir zeigen jetzt, dass höchstens $\mathcal{O}(n^2)$ Ersetzungsschritte für $x$ möglich sind. Längenverkürzende Regeln können höchstens $n$

mal verwendet werden. Setze jetzt $C = \Sigma \setminus U$. Betrachte jetzt eine längenerhaltende Regel $vw \to cu$ mit $c \in A \cup B$, $u \in U$. Dann ist $|cu| = 2$ und $c \in C$. Für $w \in U$ würde $v = c$ gelten, was ausgeschlossen ist. Sei daher ohne Einschränkung $w = a' \in A$, dann ist auch $c = a \in A$. Für $v \in A$ hat die Regel also die Form $a''a' \to au$. Eine Regelanwendung $a''a' \to au$ verringert die Anzahl der Buchstaben aus $C$. Also kann insgesamt höchstens $n$-mal eine Regel dieses Typs angewendet werden, denn keine Regelanwendung erhöht die Anzahl der Buchstaben aus $C$. Damit reicht es zu zählen, wie oft eine Regel vom Typ $u'a' \to au$ mit $a, a' \in A$ und $u, u'$ angewendet werden kann. Durch eine solche Regelanwendung wandert ein Buchstabe aus $U$ nach rechts und dies kann pro Buchstabe höchstens $n$ mal passieren, dann stößt er rechts an. Insgesamt gibt es höchstens $n$ Buchstaben aus $U$, also erhalten wir maximal $\mathcal{O}(n^2)$ Regelanwendungen.

Der Nachweis der lokalen Konfluenz ist reine Routine, indem alle kritischen Paare betrachtet werden. Die kritischen Paare entstehen durch Wörter der Länge 3, deren Buchstaben alle drei in $\Sigma_A$ oder alle drei in $\Sigma_B$ liegen. Man beachte, wenn der mittlere Buchstabe aus $U$ kommt, geht weder von $bua$ noch von $aub$ mit $a \in A$, $u \in U$ und $b \in B$ ein kritisches Paar aus. Alle Wörter, deren Buchstaben ganz zu $\Sigma_A$ oder ganz zu $\Sigma_B$ gehören, haben eine Interpretation in $G$ oder $H$ und daher eine eindeutige irreduzible Normalform, die entweder die Form $au$ oder $bu$ hat mit $a \in A$, $b \in B$ und $u \in U$.

Das System $S$ stellt also das amalgamierte Produkt $G *_U H$ dar und es ist konvergent. $\qquad\square$

Eine direkte Konsequenz aus Satz 8.7 ist, dass sich $G$ und $H$ in $G *_U H$ wie gewünscht einbetten: Alle Wörter der Form $au$ oder $bu$ mit $a \in A$, $b \in B$ und $u \in U$ sind irreduzibel. Dies impliziert die angekündigte Einbettung von $G \cup H$ in das amalgamierte Produkt $G *_U H = \Sigma^*/S$. Diese Eigenschaft konnten wir nicht der Gleichung (8.4) ansehen.

Die Normalformen in IRR$(S)$ bestehen aus alternierenden Sequenzen von Buchstaben aus $A$ und $B$, die als letzten Buchstaben ein Element aus $U$ haben. Jedes Wort $w \in$ IRR$(S)$ hat also die Form

$$w = a_1 b_1 \cdots a_m b_m u$$

mit $m \geq 0$ und $a_i \in A$, $b_j \in B$ sowie $u \in U$. Verlangen wir noch $a_i \neq 1$ für $2 \leq i \leq m$ und $b_j \neq 1$ für $1 \leq j < m$, so ist die Darstellung eindeutig.

Für viele Anwendungen ist dieses System $S$ unnötig genau. Begnügen wir uns mit dem Alphabet $\Gamma = (G \cup H) \setminus \{1\}$ und Regeln, die jeweils Wörter der Länge 2 oder 3 zu einem Wort in $\Gamma \cup \{1\}$ ausrechnen, wenn dies in $G$ oder in $H$ möglich ist.

Hierfür betrachten wir ein System $S'$ wie folgt:

$$S' = \{vuw \to [vuw] \mid u \in U \wedge (v, w \in \Gamma \cap G \vee v, w \in \Gamma \cap H)\}$$

Starten wir mit einem Wort in $w \in \Gamma^*$, so erhalten wir eine bezüglich $S'$ irreduzible Sequenz

$$w = g_1 \cdots g_n$$

mit $n \geq 0$ und $g_i \in \Gamma$ mit $g_i \in G \Leftrightarrow g_{i+1} \notin G$ für alle $1 \leq i \leq n$. Um dies effektiv durchführen zu können, nehmen wir an, dass $G$ durch ein Alphabet $\Gamma_0$ und $H$ durch ein Alphabet $\Gamma_1$ endlich erzeugt wird, wobei $\Gamma_0 \cap \Gamma_1 = \emptyset$ gilt. Wir nehmen ferner an, dass wir von einem Wort $u \in \Gamma_i^*$ feststellen können, ob $u \in U$ gilt. Außerdem nehmen wir an, dass wir für $u \in U \cap \in \Gamma_i^*$ effektiv eine Darstellung als Wort in $u \in \Gamma_{1-i}^*$ berechnen können. Schließlich müssen wir entscheiden können, ob $g = 1$ für ein $g \in \Gamma_0^* \cup \Gamma_1^*$ gilt.

Fassen wir den letzten Absatz nochmals zusammen: Das Wortproblem in $G *_U H$ ist lösbar, wenn die folgenden Vorraussetzungen erfüllt sind: Die Wortprobleme in $G$ und $H$ sind lösbar, die Zugehörigkeit zur Untergruppe $U$ ist jeweils entscheidbar und für $u \in U$ können wir effektiv zwischen Repräsentationen durch Wörter in $\Gamma_0^*$ und $\Gamma_1^*$ wechseln.

Wir wenden uns jetzt einer weiteren wichtigen Konstruktion innerhalb der kombinatorischen Gruppentheorie zu. Es handelt sich dabei um HNN-Erweiterungen, die nach ihren Erfindern Graham Higman, Bernhard Neumann (1909–2002) und Hanna Neumann (1914–1971) benannt wurden. Ihre explizite Konstruktion findet sich in [43].

Wir starten mit einer Gruppe $G$ und einem Isomorphismus $\phi : A \to B$ zwischen Untergruppen $A$ und $B$ von $G$. Die zentrale Idee ist, $G$ in eine größere Gruppe einzubetten, in der $\phi$ zu einem inneren Automorphismus wird, d. h., $\phi$ wird durch ein Element $t$ mit $tat^{-1} = \phi(a)$ für alle $a \in A$ realisiert. Die geforderte Eigenschaft führt auf die folgende Konstruktion. Es sei $t$ ein neues Symbol und $F(t)$ die freie Gruppe über $t$ (also $F(t) \cong \mathbb{Z}$). Die *HNN-Erweiterung* von $G$ in Bezug auf $\phi : A \to B$ ist die folgende Quotientengruppe:

$$\mathrm{HNN}(G; A, B, \phi) = G * F(t) / \{tat^{-1} = \phi(a) \mid a \in A\}$$

**Beispiel 8.8.** Seien $p, q \in \mathbb{Z}$ mit $0 < p \leq |q|$. Die *Baumslag-Solitar-Gruppe* $\mathrm{BS}(p, q)$ wird durch zwei Erzeugende $a, t$ und die Relation $ta^p t^{-1} = a^q$ definiert. Es ist also eine HNN-Erweiterung, bezüglich der Untergruppen $p\mathbb{Z}$ und $q\mathbb{Z}$ von $\mathbb{Z}$. Die Familie der Einrelatorgruppen $\mathrm{BS}(p, q)$ wurde 1962 von Gilbert Baumslag (geb. 1933) und Donald Solitar (1932–2008) eingeführt. Es finden sich in dieser Familie Standardbeispiele für überraschende Phänomene der Gruppentheorie. So ist etwa die $\mathrm{BS}(2, 3)$ nicht „hopfsch". Dies bedeutet, es gibt einen surjektiven Homomorphismus von $\mathrm{BS}(2, 3)$ auf sich, der nicht injektiv ist. Ein solcher Homomorphismus ist etwa durch $t \mapsto t$ und $a \mapsto a^2$ gegeben, siehe Aufgabe 8.7.

Die Gruppe $\mathrm{BS}(1, -1)$ entspricht dem semidirekten Produkt $\mathbb{Z} \rtimes \mathbb{Z}$. Die Gruppe $\mathrm{BS}(1, 2)$ entspricht dem semidirekten Produkt $\mathbb{Z}[1/2] \rtimes \mathbb{Z}$. Hier bezeichnet $\mathbb{Z}[1/2]$ die additive Gruppe der Brüche $p/2^k$ mit $p, k \in \mathbb{Z}$. Die Multiplikation in $\mathbb{Z}[1/2] \rtimes \mathbb{Z}$ ist definiert durch $(r, m) \cdot (s, n) = (r + 2^m s, m + n)$. $\qquad \diamond$

Um einzusehen, dass sich $G$ und $F(t)$ in die HNN-Erweiterung einbetten, gehen wir genau wie bei amalgamierten Produkten vor. Die formalen Beweise folgen damit Schritt für Schritt der schon bekannten Technik.

Als Alphabet wählen wir jetzt $\Sigma = \{t, \bar{t}\} \cup G \setminus \{1\}$; und erhalten damit einen kanonischen surjektiven Homomorphismus $\Sigma^* \to \text{HNN}(G; A, B, \phi)$. Wir wählen Repräsentantenmengen $C \subseteq G$ und $D \subseteq G$ mit $1 \in C$ und $1 \in D$ so, dass jedes $g \in G$ eindeutige Darstellungen $g = ca = db$ mit $a \in A$, $b \in B$, $c \in C$ und $d \in D$ hat. In der HNN-Erweiterung gilt dann $g\bar{t} = ca\bar{t} = c\bar{t}\phi(a)$ und $gt = dbt = dt\phi^{-1}(b)$. Wir können also Elemente aus $A$ über ein $t^{-1} = \bar{t}$ und ebenso Elemente aus $B$ über ein $t$ nach rechts schieben. Links bleiben dann die Repräsentanten zurück. Diese Betrachtung führt uns also in natürlicher Weise auf das folgende Semi-Thue-System.

$$
\begin{aligned}
t\bar{t} &\to 1 \\
\bar{t}t &\to 1 \\
gh &\to [gh] && \text{für } g, h \in G \setminus \{1\} \text{ und } gh = [gh] \text{ in } G \\
g\bar{t} &\to c\bar{t}\phi(a) && \text{für } c \in C,\, 1 \ne a \in A \text{ und } g = [ca] \text{ in } G \\
gt &\to dt\phi^{-1}(b) && \text{für } d \in D,\, 1 \ne b \in B \text{ und } g = [db] \text{ in } G
\end{aligned}
\tag{8.6}
$$

Die Isomorphie zwischen $\Sigma^*/S$ und $\text{HNN}(G; A, B, \phi)$ sowie die lokale Konfluenz von $S$ sind „trivial", also rein mechanisch und folgen dem Schema, wie wir es bei den amalgamierten Produkten gesehen haben. Etwas mehr Beachtung müssen wir der Termination schenken, da das System $S$ sogar die Längen vergrößert. Sei $x \in \Sigma^*$ wieder ein Wort der Länge $n$. Zunächst markieren wir alle Buchstaben in dem Wort außer den $t$'s und $\bar{t}$'s. Danach entfernen wir wieder die Marken bei denjenigen $1 \ne c \in C$ (bzw. $1 \ne d \in D$), wenn rechts davon ein $\bar{t}$ (bzw. $t$) steht. Diese Regel für Markierungen erhalten wir während der Ersetzungsschritte aufrecht. Nach einer Regelanwendung kann nur dann eine Marke erzeugt werden, wenn etwa ein Faktor $c\bar{t}t$ vorhanden ist und $\bar{t}t$ gelöscht wird. Dies verringert die Anzahl der $t$'s und die Anzahl der Marken bleibt daher insgesamt durch $n$ begrenzt. Jede Regelanwendung verringert jetzt die Anzahl der $t$ oder die Anzahl der Marken oder eine Marke wandert um genau eine Position näher an den rechten Rand heran. Wir erhalten also maximal $n^2$ mögliche Ersetzungsschritte.

Insbesondere haben wir damit den folgenden Satz erhalten:

**Satz 8.9.** *Das System $S$ aus (8.6) ist konvergent und $\Sigma^*/S$ ist kanonisch isomorph zur HNN-Erweiterung $G * F(t)/\{tat^{-1} = \phi(a) \mid a \in A\}$.*

Die irreduziblen Normalformen für HNN-Erweiterung haben nach Satz 8.9 die folgende eindeutige Darstellung:

$$
g = r_1 \theta_1 \cdots r_n \theta_n h
$$

mit $n \ge 0$, $h \in G$ und entweder $r_i \in C$ und $\theta_i = \bar{t}$ oder $r_i \in D$ und $\theta_i = t$ für alle $1 \le i \le n$ sowie $r_i \ne 1$ für alle $2 \le i \le n$. Insbesondere betten sich $G$ und $F(t)$ in die HNN-Erweiterung ein und die HNN-Erweiterung ist immer eine Gruppe, die $\mathbb{Z}$ als Untergruppe enthält.

Wie schon bei amalgamierten Produkten ist das System $S$ aus (8.6) zu genau. Um etwa das Wortproblem zu lösen, benötigen wir keine eindeutigen Normalformen, sondern wir kommen mit Britton-Reduktionen aus, die von John Leslie Britton (1927–1994) in [8] eingeführt wurden. *Britton-Reduktionen* bestehen aus den folgenden Regeln:

$$gh \rightarrow [gh] \qquad \text{für } g, h \in G \setminus \{1\} \text{ und } gh = [gh] \text{ in } G$$
$$ta\bar{t} \rightarrow \phi(a) \qquad \text{für } a \in A$$
$$\bar{t}bt \rightarrow \phi^{-1}(b) \qquad \text{für } b \in B$$

Das neue System ist längenreduzierend und liefert für ein Wort aus $\Sigma^*$ ein *Britton-reduziertes* Wort der Form

$$g = g_1\theta_1 \cdots g_n\theta_n h$$

Die Normalform ist nicht eindeutig, so sind etwa $t\phi(b)$ und $bt$ beide Britton-reduziert, aber repräsentieren dasselbe Element in $\mathrm{HNN}(G; A, B, \phi)$. Sei $g = g_1\theta_1 \cdots g_n\theta_n h$ Britton-reduziert und $\theta_1, \ldots \theta_n$ die Folge der vorkommenden $t$'s und $\bar{t}$'s. Wenden wir jetzt weiter Regeln aus dem konvergenten System $S$ aus (8.6), so erkennen wir, dass sich die Folge $\theta_1, \ldots \theta_n$ nicht mehr ändert. Diese Folge ist also allein durch das Gruppenelement $g$ bestimmt. Es ist $g \in G$ genau dann, wenn $n = 0$. Hat also $G$ ein entscheidbares Wortproblem und können wir Britton-Reduktionen effektiv berechnen, so hat die HNN-Erweiterungen $G * F(t)/\{tat^{-1} = \phi(a) \mid a \in A\}$ ebenfalls ein entscheidbares Wortproblem.

**Beispiel 8.10.** Wir hatten in Beispiel 8.8 die $\mathrm{BS}(1, 2) = F(a, t)/\{tat^{-1} = a^2\}$ als Spezialfall einer HNN-Erweiterung betrachtet; und $\mathrm{BS}(1, 2)$ als das semidirekte Produkt $\mathbb{Z}[1/2] \rtimes \mathbb{Z}$ gedeutet. Die Entscheidbarkeit des Wortproblems $\mathrm{BS}(1, 2)$ folgt damit auch direkt aus der Darstellung als semidirektes Produkt. Jetzt lassen wir eine weitere HNN-Erweiterung folgen und erhalten die *Baumslag-Gruppe* $\mathrm{BG}(1, 2)$ durch

$$\mathrm{BG}(1, 2) = \mathrm{BS}(1, 2) * F(b)/\{bab^{-1} = t\}$$

Die $\mathrm{BG}(1, 2)$ wird bereits von $a$ und $b$ erzeugt und ist eine Einrelatorgruppe mit der folgenden äquivalenten Darstellung:

$$\mathrm{BG}(1, 2) = F(a, b)/\{(bab^{-1})a(b^{-1}a^{-1}b) = a^2\}$$

Das Wortproblem in $\mathrm{BG}(1, 2)$ ist entscheidbar, denn Britton-reduzierte Normalform lassen sich effektiv wie folgt berechnen.

Die Eingabe sei ein Wort $w \in \{a, a^{-1}, b, b^{-1}, t, t^{-1}\}^*$, welches wir zerlegen:

$$w = g_0\beta_1 g_1 \cdots \beta_m g_m$$

mit $m \geq 0$, $\beta_i \in \{b, b^{-1}\}$ und $g_i \in \{a, a^{-1}, t, t^{-1}\}^*$.

Ist $m = 0$ so ist $w = g_0 \in \mathrm{BS}(1,2)$ und Britton-reduziert. Für $m = 1$ ist $w \notin \mathrm{BS}(1,2)$ und ebenfalls Britton-reduziert. Sei daher $m \geq 2$. Wir betrachten jetzt alle Faktoren der Form $\beta_i g_i \beta_{i+1}$ mit $\beta_i = \beta_{i+1}^{-1}$ für $1 \leq i < m$. Ist $\beta_i = b$, so testen wir, ob $g_i \in \mathrm{BS}(1,2) = \mathbb{Z}[1/2] \rtimes \mathbb{Z}$ die Form $g_i = (\tau, 0)$ mit $\tau \in \mathbb{Z}$ hat. Falls ja, gilt $g_i = a^\tau$ in $\mathrm{BS}(1,2)$ und wir ersetzen den Faktor $\beta_i g_i \beta_{i+1}$ durch $t^\tau$ bzw. $(0, \tau)$, wenn wir direkt in der Darstellung $\mathbb{Z}[1/2] \rtimes \mathbb{Z}$ rechnen. Analog, falls $\beta_i = b^{-1}$ und $g_i = (0, \tau)$ mit $\tau \in \mathbb{Z}$ gilt, so ersetzen wir $\beta_i g_i \beta_{i+1}$ durch $a^\tau$ bzw. $(\tau, 0)$. Nach maximal $m$ Durchläufen haben wir ein Britton-reduziertes Wort berechnet.

Dies sieht harmlos aus, aber weit gefehlt, denn die Exponenten können schnell riesig werden, siehe Aufgabe 8.8. Die Gruppe $\mathrm{BS}(1,2)$ war aus diesem Grund über viele Jahre ein Kandidat für eine Einrelatorgruppe mit einem extrem schwierigen Wortproblem. Sie musste allerdings von der Kandidatenliste gestrichen werden, denn in [63] wurde ein $\mathcal{O}(n^7)$-Algorithmus zur Lösung des Wortproblems gefunden. Die Zeitschranke konnte inzwischen auf einen „praktikablen" Wert in $\mathcal{O}(n^3)$ verbessert werden [26]. Das Wortproblem der $\mathrm{BG}(1,2)$ ist also in kubischer Zeit lösbar. ◊

Die Ähnlichkeit der Konstruktionen für amalgamierte Produkte und HNN-Erweiterungen ist kein Zufall und wird in der sogenannten *Bass-Serre-Theorie* vereinheitlicht und verallgemeinert. Ein Zugang zu dieser Theorie findet sich in dem Lehrbuch [75].

## 8.6 Rationale Mengen und der Satz von Benois

Für ein Monoid $M$ und Teilmengen $R, R'$ meinen wir wie üblich mit $R \cdot R' = \{xy \in M \mid x \in R, y \in R', R^0 = \{1\}$ und $R^{n+1} = R \cdot R^n$ für $n \in \mathbb{N}$. Das von $R$ erzeugte Untermonoid ist dann $\bigcup \{R^n \mid n \in \mathbb{N}\}$ und wird mit $R^*$ bezeichnet. Wir definieren, wie schon in Abschnitt 7.2, über diese Ausdrücke die Familie der *rationalen Mengen* $\mathrm{RAT}(M)$ induktiv wie folgt:

- Endliche Teilmengen $R \subseteq M$ sind rational.
- Sind $R, R'$ rational, so auch $R \cup R', R \cdot R'$, und $R^*$.

Ein endlich erzeugtes Untermonoid $N \subseteq M$ ist rational, aber es gibt durchaus rationale Untermonoide, die nicht endlich erzeugt sind. Das Standardbeispiel ist hier die Teilmenge $N = \{(0,0)\} \cup \{(m,n) \in \mathbb{N} \times \mathbb{N} \mid m \geq 1\}$. Die Menge $N$ ist ein Untermonoid von $\mathbb{N} \times \mathbb{N}$, aber kann nicht endlich erzeugt werden, denn für eine endliche Menge von Paaren $(m_i, n_i)$ liegt $(1, 1 + \max\{n_i\})$ in $N$ aber nicht im Erzeugnis der $(m_i, n_i)$. Das Untermonoid ist rational, wegen $N = \{(0,0)\} \cup ((1,0) + (1,0)^* + (0,1)^*)$.

Für Gruppen stellt sich die Situation anders dar.

**Satz 8.11.** *Sei $H$ eine rationale Untergruppe in einer Gruppe $G$. Dann ist $H$ endlich erzeugt.*

*Beweis.* Da $H$ rational ist, gibt es eine endliche Teilmenge $A \subseteq G$ so, dass $H$ als rationale Menge über $A^*$ beschrieben werden kann. Sei hierfür $\pi : A^* \to G$ der durch die Inklusion von $A$ in $G$ induzierte Homomorphismus, dann gibt es eine reguläre Menge $R \subseteq A^*$ mit $\pi(R) = H$. Die Sprache $R$ wird nach dem Satz von Kleene 7.18 durch einen deterministischen endlichen Automaten $\mathcal{A}$ über dem Alphabet $A$ erkannt und damit gilt $\pi(L(\mathcal{A})) = H$. Ohne Einschränkung gilt $A = A^{-1}$ und zu jedem Wort $u \in A^*$ gibt es ein Wort $\overline{u} \in A^*$ mit $\pi(u\overline{u}) = \pi(\overline{u}u) = 1$.

Es sei $n$ die Zahl der Zustände von $\mathcal{A}$. Es reicht zu zeigen, dass die endliche Menge $\pi(W)$ mit

$$W = \{uv\overline{u} \in A^* \mid \pi(uv\overline{u}) \in H \text{ und} |uv| \le n\}$$

die Untergruppe $H$ erzeugt.

Da $\pi(L(\mathcal{A})) = H$ gilt, reicht es wiederum, zu zeigen, dass $\pi(w)$ für jedes Wort $w \in L(\mathcal{A})$ in der von $\pi(W)$ erzeugten Untergruppe liegt. Wir zeigen dies mit Induktion nach $|w|$. Für $|w| \le n$ gilt $w \in W$, da wir für $u$ das leere Wort wählen können. Sei jetzt $|w| > n$. Beim Lesen des Wortes in $\mathcal{A}$ müssen wir einen der $n$ Zustände mindestens zweimal sehen. Sei also $uv$ ein Präfix von $w$ mit $|uv| \le n$ und der Eigenschaft, dass $v$ nicht leer ist, aber wir nach dem Lesen von $u$ und $uv$ in dem gleichen Zustand von $\mathcal{A}$ sind. Schreiben wir $w = uvz$. Da der Automat deterministisch ist, muss er neben $uvz$ auch $uz$ erkennen, und damit liegt $\pi(uz)$ nach Induktion in der von $\pi(W)$ erzeugten Untergruppe. Wegen $\pi(uv\overline{u}\,uz) = \pi(uvz) = \pi(w) \in H$ und $\pi(uz) \in H$, muss dann auch $\pi(uv\overline{u}) \in H$ gelten. Also gilt $uv\overline{u} \in W$. $\qquad \square$

Wir interessieren uns insbesondere für rationale Mengen von endlich erzeugten freien Gruppen $F(\Sigma)$ und wollen zeigen, dass sie eine effektive boolesche Algebra bilden, d. h., dass die Familie der rationalen Mengen unter endlicher Vereinigung und Komplementbildung abgeschlossen ist. Außerdem können wir die Vereinigung und Komplementbildung (und damit auch den Durchschnitt) effektiv berechnen. Diese Aussage über freie Gruppen wurde von Michèle Benois 1969 veröffentlicht [6]. Ihr Beweis lässt sich auf andere endlich erzeugte Monoide und Gruppen erweitern, die durch gewisse konfluente Semi-Thue-Systeme präsentiert werden können. Der Zugang benutzt reguläre Sprachen in freien Monoiden. Insbesondere ist wichtig, dass rational dort regulär bedeutet und reguläre Sprachen durch nichtdeterministische endliche Automaten erkannt werden, siehe Satz 7.18.

Wir beginnen sehr allgemein und nennen für ein endliches Alphabet $\Gamma$ ein endliches Semi-Thue-System $S \subseteq \Gamma^* \times \Gamma^*$ *monadisch*, wenn die folgenden Bedingung erfüllt ist: Für alle Regeln $(\ell, r) \in S$ gilt $2 \le |\ell|$ und $|r| \le 1$. Ein monadisches System ist also längenreduzierend und rechte Seiten sind entweder leer oder bestehen aus genau einem Buchstaben. Für unendliche Systeme fordern wir zusätzlich, dass zu jedem $r \in \Gamma \cup \{1\}$ die Menge der linken Seiten $L(r) = \{\ell \in \Gamma^* \mid (\ell, r) \in S\}$ regulär ist. Für endliche Systeme ist die Forderung automatisch erfüllt.

**Satz 8.12.** *Sei $\Gamma$ endlich, $S \subseteq \Gamma^* \times \Gamma^*$ ein konfluentes monadisches Semi-Thue-System und $M = \Gamma^*/S$ das Quotientenmonoid. Dann ist die Familie der rationalen Mengen* RAT$(M)$ *eine effektive boolesche Algebra.*

*Insbesondere können wir die Inklusion rationaler Mengen und damit auch die Zugehörigkeit zu einer rationalen Menge entscheiden.*

*Beweis.* Es sei $\pi : \Gamma^* \to M = \Gamma^*/S$ die kanonische Projektion. Wie eben beschrieben, definieren wir für alle $r \in \Gamma \cup \{1\}$ die reguläre Menge der linken Seiten $L(r) = \{\ell \in \Gamma^* \mid (\ell, r) \in S\}$.

Zur Spezifikation einer rationalen Menge $R \subseteq M$ benutzen wir einen nichtdeterministischen endlichen Automaten $\mathcal{A}$ über $\Gamma$, für den gilt $\pi(L(\mathcal{A})) = R$. Dabei erlauben wir $\varepsilon$-Kanten, die bei Bedarf wieder entfernt werden könnten, aber wir verlangen, dass die Kanten nur mit Buchstaben oder dem leeren Wort beschriftet sind. Sind nichtdeterministische endliche Automaten für $R$ und $R'$ gegeben, so liefern die Standardkonstruktionen aus Abschnitt 7.2 Automaten für $R \cup R'$, $R \cdot R'$ und $R^*$. Einen Durchschnitt können wir über die Vereinigung und Komplementbildung erhalten. Der Beweis des Satzes reduziert sich also darauf, effektiv für einen nichtdeterministischen endlichen Automaten $\mathcal{A}$ einen anderen nichtdeterministischen endlichen Automaten $\mathcal{A}'$ mit $\pi(L(\mathcal{A}')) = M \setminus \pi(L(\mathcal{A}))$ finden.

Die Konstruktion von $\mathcal{A}'$ erfolgt schrittweise. Zunächst vergrößern wir die Sprache $L(\mathcal{A})$ innerhalb von $\Gamma^*$, ohne jedoch $R = \pi(L(\mathcal{A}))$ zu verändern. Wir „fluten" den Automaten durch weitere Kanten. Sei $Q$ die Zustandsmenge von $\mathcal{A}$. Wir betrachten alle Zustände $p, q \in Q$. Für jedes Paar definieren wir eine reguläre Menge $L(p, q) \subseteq \Gamma^*$, die aus den Wörtern besteht, die wir akzeptieren würden, wenn $p$ der einzige Start- und $q$ der einzige Endzustand wäre. Danach testen wir für jedes $r \in \Gamma \cup \{1\}$, ob $L(p, q) \cap L(r) \neq \emptyset$ gilt. Dies ist ein effektiver Test. Falls ja, fügen wir in den Automaten $\mathcal{A}$ eine mit $r$ beschriftete Kante von $p$ nach $q$ ein, sofern diese noch nicht vorhanden ist. Dieses Verfahren iterieren wir immer wieder, bis zum Schluss (nach maximal $(|\Gamma| + 1)|Q|^2$ Runden) keinerlei neue Kanten mehr eingefügt werden können. Man beachte, die monadische Eigenschaft impliziert, dass wir die Kantenzahl vergrößern, aber keine neuen Zustände einführen. Die Sprache $\pi(L(\mathcal{A}))$ wurde nicht verändert, denn betrachte ein akzeptiertes Wort $urv$, welches beim Lesen von $r$ eine neue Kante von Zustand $p$ nach $q$ durchläuft. Dann gibt es eine Regel $(\ell, r) \in S$ mit $\ell \in L(p, q)$. Also wird auch $u\ell v$ akzeptiert und der akzeptierte Pfad benutzt die neue Kante weniger häufig. Es gilt nun $\pi(urv) = \pi(u\ell v)$ und damit die Behauptung, dass das Fluten $R$ nicht verändert. Wir bezeichnen den neuen Automaten weiterhin mit $\mathcal{A}$. Er hat nun die folgende wichtige Eigenschaft: Aus $u \underset{S}{\Longrightarrow} v$ und $u \in L(\mathcal{A})$ folgt $v \in L(\mathcal{A})$. Sei jetzt

$$\hat{R} = \{\hat{u} \in \text{IRR}(S) \mid \exists u \in L(\mathcal{A}) : u \overset{*}{\underset{S}{\Longrightarrow}} \hat{u}\}$$

Dann ist $\hat{R}$ eine Menge von Normalformen für $R$ und $\pi$ liefert eine Bijektion zwischen $\hat{R}$ und $R$. Ferner gilt $\hat{R} \subseteq L(\mathcal{A})$.

Als nächsten Schritt konstruieren wir einen nichtdeterministischen endlichen Automaten $\mathcal{A}''$, der das Komplement $\Gamma^* \setminus L(\mathcal{A})$ akzeptiert, siehe Satz 7.18. Es gilt also $L(\mathcal{A}'') = \Gamma^* \setminus L(\mathcal{A})$. Die Menge $\pi(L(\mathcal{A}''))$ enthält mehr Elemente als das Komplement $M \setminus R$, aber wenn wir den Durchschnitt mit irreduziblen Wörtern betrachten, ergibt sich das Gewünschte:

$$L(\mathcal{A}'') \cap \mathrm{IRR}(S) = \mathrm{IRR}(S) \setminus \hat{R} = \mathrm{IRR}(S) \setminus L(\mathcal{A})$$

Es verbleibt, $\mathrm{IRR}(S)$ als regulär nachzuweisen. Hierfür schreiben wir das Komplement von $\mathrm{IRR}(S)$ als Vereinigung der endlich vielen regulären Sprachen $\Gamma^* L(r) \Gamma^*$. Damit finden wir schließlich effektiv einen Automaten $\mathcal{A}'$ mit

$$L(\mathcal{A}') = \mathrm{IRR}(S) \setminus L(\mathcal{A})$$

Hieraus folgt $\pi(L(\mathcal{A}')) = M \setminus R$ und damit ist der Satz bewiesen. $\qquad\square$

**Korollar 8.13** (Benois). *Die rationalen Mengen einer endlich erzeugten freien Gruppe bilden eine effektive boolesche Algebra.*

*Beweis.* Endlich erzeugte freie Gruppe können durch endliche stark konfluente monadische Systeme der Form $S = \{a\bar{a} \to 1 \mid a \in \Gamma\}$ wie in Beispiel 8.5 präsentiert werden. $\qquad\square$

## 8.7 Freie Gruppen

Wir wollen in diesem Abschnitt freie Gruppen und ihre Untergruppen untersuchen. Im Zentrum steht der Satz, dass Untergruppen freier Gruppen frei sind. Dieser Satz wurde zunächst für endlich erzeugte Untergruppen von Jacob Nielsen (1890–1959) gezeigt und dann von Otto Schreier (1901–1929) in der allgemeinen Fassung bewiesen. Ferner gilt, wie bei Vektorräumen oder freien Monoiden, dass freie Gruppen allein durch ihren Rang, also durch die Kardinalität ihrer Basen, bis auf Isomorphie bestimmt sind. Für eine Untergruppe von endlichem Index geben wir die Rangformel von Schreier an, die es erlaubt, den Rang der Untergruppe zu bestimmen. Wir wissen auch schon nach Korollar 8.13, dass wir Zugehörigkeit zu einer endlich erzeugten Untergruppe entscheiden können, denn dies sind Spezialfälle rationaler Mengen.

Die klassischen Beweise für diese Resultate sind teilweise technisch und kompliziert. In einer modernen Darstellung folgt man typischerweise dem Ansatz von Jean-Pierre Serre (geb. 1926) [75], der freie Gruppen als diejenigen Gruppen charakterisiert hat, die „frei und ohne Inversion" auf Bäumen operieren. Ein anderer Zugang verwendet *Stallings-Graphen* [80]. Diese kann man als spezielle deterministische Automaten über der freien Gruppe deuten. Sie sind nach Robert Stallings, Jr. (1935–2008) benannt. Die Ansätze von Serre und Stallings sind eng miteinander verbunden. Stallings' Methode lässt sich unmittelbar aus den Ideen von Benois herleiten, die wir im vorigen Abschnitt vorgestellt haben und die – historisch gesehen – den Stallings-

Graphen mehr als eine Dekade voraus gehen, aber unter Gruppentheoretikern kaum bekannt waren.

Im Folgenden sei $F = F(\Sigma)$ eine freie Gruppe mit Basis $\Sigma$. Der *Rang* von $F$ ist definiert als die Kardinalität $|\Sigma|$. Als Erstes überzeugen wir uns davon, dass der Rang wohldefiniert ist, also nicht von der gewählten Basis abhängt. Der Beweis benutzt, dass ein Vektorraum bis auf Isomorphie allein durch seine Dimension festgelegt ist.

**Satz 8.14.** *Seien $F(\Sigma)$ und $F(\Sigma')$ isomorphe freie Gruppen. Dann gibt es eine Bijektion zwischen den Basen $\Sigma$ und $\Sigma'$.*

*Beweis.* Sei $F = F(\Sigma)$. Betrachte in $F$ die von den Quadraten erzeugte Untergruppe $N$. Sie besteht aus Produkten der Form $x_1^2 \cdots x_k^2$ mit $x_i \in F$ und $k \in \mathbb{N}$. Die Untergruppe $N$ ist ein Normalteiler von $F$ wegen $z(x_1^2 \cdots x_k^2)z^{-1} = (zx_1 z^{-1})^2 \cdots (zx_k z^{-1})^2$. In der Faktorgruppe $F/N$ haben alle Elemente die Ordnung 2. Sie ist also abelsch, denn es gilt $xy = xy(yx)^2 = (x(yy)x)yx = yx \in F/N$. Damit ist $F/N$ ein $\mathbb{F}_2$-Vektorraum. Betrachte jetzt den $\mathbb{F}_2$-Vektorraum $\mathbb{F}_2^{(\Sigma)}$, der aus den Abbildungen $\chi$ von $\Sigma$ nach $\mathbb{F}_2$ besteht, die $\chi(b) = 0$ für fast alle Buchstaben $b$ erfüllen. Für endliche $\Sigma$ ist dies keine Einschränkung und es gilt $\mathbb{F}_2^{(\Sigma)} = \mathbb{F}_2^{\Sigma}$. Die Einheitsvektoren $\{\chi_a \mid a \in \Sigma\}$ bilden eine Basis von $\mathbb{F}_2^{(\Sigma)}$. Hierbei gilt $\chi_a(a) = 1$ und $\chi_a(b) = 0$ für $b \neq a$. Schicken wir $\chi_a$ nach $a \in F/N$, so erhalten wir eine surjektive lineare Abbildung $\phi$ zwischen Vektorräumen. Die Umkehrabbildung wird durch den Homomorphismus von $F(\Sigma)$ nach $\mathbb{F}_2^{(\Sigma)}$ mit $\psi(a) = \chi_a$ induziert: Dieser Homomorphismus faktorisiert sich über $N$ und liefert also eine lineare Abbildung $\psi : F(\Sigma)/N \to \mathbb{F}_2^{(\Sigma)}$ mit $\chi_a = \psi(\phi(\chi_a))$ für alle $\chi_a$ aus der Basis. Also ist $\phi$ auch injektiv und damit ein Isomorphismus von $\mathbb{F}_2$-Vektorräumen.

$$F(\Sigma) \longrightarrow F/N \xrightarrow{\psi} \mathbb{F}_2^{(\Sigma)} \xrightarrow{\phi} F/N$$

Die Definition von $F/N$ ist unabhängig von der Basis, also auch die Dimension von $F/N$ als $\mathbb{F}_2$-Vektorraum. Die Dimension ist nun gleich der Dimension von $\mathbb{F}_2^{(\Sigma)}$ also gleich $|\Sigma|$. Sind $F(\Sigma)$ und $F(\Sigma')$ isomorph, so gibt es daher eine Bijektion zwischen $\Sigma$ und $\Sigma'$. $\square$

Im Folgenden sei $\Gamma = \Sigma \cup \Sigma^{-1}$ sowie $\pi : \Gamma^* \to F$ der durch die Inklusion von $\Gamma$ in $F$ induzierte Homomorphismus. Er erlaubt es, Wörter in $\Gamma^*$ als Gruppenelemente in $F$ zu interpretieren. An verschiedenen Stellen schreiben wir später $w \in F$ für $w \in \Gamma^*$ statt $\pi(w) \in F$. Wie üblich heißt ein Wort $w \in \Gamma^*$ *frei reduziert*, wenn es keinen Faktor $aa^{-1}$ mit $a \in \Gamma$ enthält. Sei jetzt $G$ eine Untergruppe von $F$. Wir wollen zeigen, dass $G$ frei ist. Unser Ziel ist etwas ambitionierter und daher nur mit etwas mehr Anstrengung zu erreichen. Ist $G$ endlich erzeugt, so werden wir eine Methode kennen lernen, die es erlaubt, den Rang von $G$ zu bestimmen.

Wir beginnen mit dem *Schreiergraphen* der Rechts-Nebenklassen $G \backslash F$. Die Knotenmenge $V$ ist dann die Menge $G \backslash F$. Die Menge der gerichteten Kanten $E$ besteht aus den Paaren $(u, a) \in V \times \Gamma$ mit $s(u, a) = u$ und $t(u, a) = ua$. Man beachte, dass dieser Graph Mehrfachkanten und Schlingen enthalten kann. Die Zahl der Knoten ist der Index $[F : G]$, den wir mit $n$ bezeichnen. Dabei ist $n \in \mathbb{N}$ endlich oder $n = \infty$. Beschriften wir die Kante $(u, a)$ mit $\lambda(u, a) = a$ und definieren $G$ als einzigen Start- und Endzustand, so erhalten wir einen deterministischen Automaten, der eine Sprache $L \subseteq \Gamma^*$ erkennt mit $\pi(L) = G$. Dies ist trivial.

Es erweist sich als günstig, zu einem Teilautomaten überzugehen. Sei hierfür $Q$ die Menge der Rechts-Nebenklassen $Gu$, die im Schreiergraphen auf einem Pfad liegen, der durch ein frei reduziertes Wort $uv$ mit $\pi(uv) \in G$ beschriftet ist. Die Menge $Q$ ist möglicherweise unendlich, es gilt

$$Q = \{Gu \mid \exists v \in \Gamma^* \text{ mit } \pi(uv) \in G \text{ und } uv \text{ ist frei reduziert}\}$$

Es sei jetzt $K(G, \Sigma)$ der durch $Q$ induzierte Untergraph im Schreiergraphen mit der Kantenmenge $E$. Die Kanten sind beschriftet und es gilt $G \in Q$. Also können wir $K(G, \Sigma)$ als einen Automaten interpretieren, indem wir $G$ als Start- und Endzustand definieren. Der Automat akzeptiert eine Sprache $R \subseteq \Gamma^*$ mit $\pi(R) \subseteq G$. Da jedes Element in $G$ durch ein frei reduziertes Wort repräsentiert wird, gilt tatsächlich $\pi(R) = G$. Wir bezeichnen den Automaten $K(G, \Sigma)$ als den *Kern* des Schreiergraphen.

Wir lesen $K(G, \Sigma)$ gleichzeitig als gerichteten Graphen $(Q, E)$. Er hat eine Kantenbeschriftung $\lambda : E \to \Gamma$ und wir orientieren die Kanten über ihre Beschriftung durch $E_+ = \{e \in E \mid \lambda(e) \in \Sigma\}$. Eine ungerichtete Kante ist nach unserer Konvention eine Menge von zwei gerichteten Kanten $e$ und $\overline{e}$. In unserem Fall ist $e$ ein Tupel $e = (p, a)$ mit $p \in Q$ und $a \in \Gamma$ und wir setzen dann $\overline{e} = (pa, a^{-1})$. Es gilt $\lambda(\overline{e}) = a^{-1}$.

Ein Baum ist ein nichtleerer zusammenhängender ungerichteter Graph $(U, T)$ ohne Schlingen, Mehrfachkanten und Kreise. Ein Baum $(Q, T)$ mit $T \subseteq E$ heißt ein *Spannbaum* von $(Q, E)$. Wie jeder Graph, so besitzt auch $(Q, E)$ einen Spannbaum $(Q, T)$. (Für überabzählbare Graphen verwendet man typischerweise das Lemma von Zorn, um die Existenz von Spannbäumen zu zeigen.)

**Satz 8.15.** *Sei $G$ eine Untergruppe von $F = F(\Sigma)$, dann ist $G$ frei. In den eben verwendeten Bezeichnungen ist $G$ isomorph zur freien Gruppe $F(\Delta)$ mit $\Delta = E_+ \setminus T$ für einen Spannbaum $(Q, T)$ vom Graphen $K(G, \Sigma)$.*

*Ist $Q$ endlich und $m = |E|/2 \in \mathbb{N} \cup \{\infty\}$ die Anzahl der ungerichteten Kanten in $K(G, \Sigma)$, so hat $G$ den Rang*

$$|\Delta| = m + 1 - |Q|$$

*Beweis.* Wir interpretieren $G$ in der freien Gruppe $F(E_+)$. Anders ausgedrückt, wir interpretieren $K(G, \Sigma)$ als ungerichteten Graphen und möchten $G$ als Untergruppe in er freien Gruppe wiederfinden, deren Erzeuger die orientierten Kanten sind. Zunächst ordnen wir je zwei Knoten $p, q \in Q$ den eindeutig bestimmten kürzesten Pfad im Spannbaum $T$ von $p$ nach $q$ zu und definieren ihn als $T[p, q]$. Dies ist ein Kantenzug, insbesondere können wir $T[p, q] \in F(E_+)$ interpretieren. In der Gruppe $F(E_+)$ gilt dann $T[p,q] = T[q,p]^{-1}$. Als Nächstes definieren wir für jede gerichtete Kante $e$ ein Element $\tau(e) \in F(E_+)$ durch den Kantenzug:

$$\tau(e) = T[G, s(e)] \cdot e \cdot T[t(e), G]$$

Wir laufen also von der Nebenklasse $G$ im Spannbaum zum Startpunkt von $e$, durchqueren $e$ und laufen dann im Spannbaum zum Ausgangspunkt $G$ zurück. Insbesondere gilt $\lambda(\tau(e)) \in G$. Gilt $t(e) = s(f)$ für Kanten $e, f \in E$, so folgt $\tau(e) \cdot \tau(f) = T[G, s(e)] \cdot e \cdot f \cdot T[f(e), G] \in F(E_+)$, da sich die mittleren Wege zwischen $G$ und $t(e) = s(f)$ gegenseitig aufheben. Ist nun $e_1 \cdots e_m \in E^*$ ein Kantenzug von $G$ nach $G$, so gilt für die Beschriftung

$$\lambda(e_1 \cdots e_m) = \lambda(\tau(e_1)) \cdots \lambda(\tau(e_m)) \in G$$

Insbesondere gilt $\lambda(\tau(F(E_+))) = G$, denn die Beschriftungen der Kantenzüge in $K(G, \Sigma)$ reichen aus, um $G$ zu erzeugen. Man beachte, für $\{e, \overline{e}\} \in T$ gilt $\tau(e) = 1 \in F(E_+)$ und $\lambda(\tau(e)) = 1 \in G$. Daher erhalten wir einen surjektiven Homomorphismus

$$\lambda \circ \tau : F(\Delta) \to G$$

Es bleibt nur die Injektivität von $\lambda \circ \tau$ zu zeigen, denn für nichtleere Graphen mit $|Q|$ Knoten gilt, dass ein Spannbaum $|Q| - 1$ ungerichtete Kanten hat.

Wir zeigen jetzt die Injektivität. Sei hierfür $\lambda(\tau(w)) = 1$ für ein frei reduziertes Wort $w = e_1 \cdots e_k$ mit $e_i \in \Delta \cup \overline{\Delta}$ und $k \geq 0$. Für alle $1 \leq i \leq k$ gilt damit $e_{i-1} \neq \overline{e_i}$ und keine der Kanten $\{e_i, \overline{e_i}\}$ gehört zu $T$.

Der Kantenzug

$$\tau(w) = T[G, s(e_1)]e_1 T[t(e_1), G] \cdots T[G, s(e_k)]e_k T[t(e_k), G] \in E^*$$

kann für $k \geq 2$ mittels der Regeln $e\overline{e} \to 1$ möglicherweise innerhalb von Faktoren $T[t(e_{i-1}), G]T[G, s(e_i)]$ reduziert werden. Aber keine Reduktion kann eine Kante $e_i \in \Delta \cup \overline{\Delta}$ betreffen, denn die Nachbarn bleiben Kanten aus dem Spannbaum oder haben die Form $e_{i-1}$ oder $e_{i+1}$. Indem wir alle Reduktionen durchführen erhalten wir einen frei reduzierten Kantenzug $f_1 \cdots f_\ell$ von $G$ nach $G$ mit $k \leq \ell$ und $f_{i-1} \neq \overline{f_i}$ für alle $1 \leq i \leq \ell$. Es gilt weiterhin $\lambda(f_1 \cdots f_\ell) = 1$. Angenommen, es wäre $\ell \geq 1$, dann gibt es einen Index $i$ mit $\lambda(f_{i-1}) = \lambda(f_i^{-1})$. Nun gilt aber $t(f_{i-1}) = s(f_i)$, denn $f_1 \cdots f_\ell$ ist ein Kantenzug. Hieraus folgt $f_{i-1} = \overline{f_i}$, was nicht erlaubt ist. Also gilt $\ell = 0$ und damit $k = 0$. Daher ist $w$ das leere Wort. $\square$

Wir sagen, dass $K(G, \Sigma)$ *vollständig* ist, wenn für jeden Buchstaben $a \in \Gamma$ und jeden Zustand $Gu \in Q$ auch $Gua \in Q$ gilt. Es gibt also in $K(G, \Sigma)$ eine mit $a$ beschriftete Kante von $Gu$ nach $Gua$. Im Schreiergraphen gibt es genau eine mit $a$ beschriftete Kante von $Gu$ zur Rechts-Nebenklasse $Gua$. Vollständigkeit charakterisiert daher die Fälle, in denen $K(G, \Sigma)$ mit dem Schreiergraphen übereinstimmt. Zwei Situationen, in denen der Kern $K(G, \Sigma)$ vollständig ist, sind von besonderem Interesse:

**Lemma 8.16.** *Ist die Untergruppe G ein nicht trivialer Normalteiler oder von endlichem Index in F, so ist $K(G, \Sigma)$ vollständig und $K(G, \Sigma)$ ist der ganze Schreiergraph.*

*Beweis.* Sei $Gu$ eine Rechts-Nebenklasse und $u = a_1 \cdots a_k$ frei reduziert mit $k \geq 0$ und $a_i \in \Gamma$. Wir zeigen, dass $Gu \in Q$ gilt. Dann ist $K(G, \Sigma)$ der ganze Schreiergraph und $K(G, \Sigma)$ vollständig. Dies ist richtig für $k = 0$, sei also $k \geq 1$. Gilt $\Sigma = \{a\}$ einelementig, so ist $G$ vom endlichen Index $n$ und mittels $Ga^i$ für $0 \leq i \leq n$ durchlaufen wir den Schreiergraphen. Seien also $|\Sigma| \geq 2$ und $b \in \Sigma$ mit $a_k \neq b$. Die Abbildung $Gw \mapsto Gwb$ permutiert die Rechts-Nebenklassen. Hat jetzt $G$ endlichen Index, so gibt es daher ein $n \geq 1$ mit $Gub^n = Gu$. Also ist $a_1 \cdots a_k b^n a_k^{-1} \cdots a_1^{-1}$ frei reduziert und ein Pfad von $G$ nach $G$. Insbesondere gilt $Gu \in Q$.

Schließlich sei $G$ ein nicht trivialer Normalteiler. Wir setzen $a = a_k$. Nach Voraussetzung ist $G \neq \{1\}$, also gibt es ein kürzestes frei reduziertes nichtleeres Wort $w \in G$. Dieses Wort kann nicht die Form $cvc^{-1}$ mit $c \in \Gamma$ haben. Kommt weder $a$ noch $a^{-1}$ in $w$ vor, so ist $a_1 \cdots a_k w a_k^{-1} \cdots a_1^{-1}$ frei reduziert. Da $G$ ein Normalteiler ist, beschreibt es weiterhin einen Pfad von $G$ nach $G$. Wie eben schließen wir $Gu \in Q$. Mit $w \in G$ gilt auch $w^{-1} \in G$ und $w_2 w_1 \in G$, falls $w = w_1 w_2$. Falls also $a$ oder $a^{-1}$ in $w$ vorkommen, so können wir annehmen, dass $a$ der erste Buchstabe ist. Ist nun $a$ nicht zugleich der letzte Buchstabe in $w$, so ist $a_1 \cdots a_k w a_k^{-1} \cdots a_1^{-1}$ erneut frei reduziert und damit $Gu \in Q$.

Der letzte Fall ist $w = ava$ (bzw. $w = a$). In diesem Fall ist $bwb^{-1} \in G$ und ebenfalls frei reduziert. Daher ist $a_1 \cdots a_k bwb^{-1} a_k^{-1} \cdots a_1^{-1}$ frei reduziert und damit $Gu \in Q$. □

**Lemma 8.17.** *Sei G eine Untergruppe einer endlich erzeugten freien Gruppe F. Dann sind die folgenden Aussagen äquivalent.*

(a) *Die Untergruppe G ist rational.*

(b) *Die Untergruppe G ist endlich erzeugt.*

(c) *Der Kern, also der Graph $K(G, \Sigma)$, ist endlich.*

*Beweis.* Ist $K(G, \Sigma)$ ist endlich, so ist $G$ ist rational. Eine rationale Untergruppe ist endlich erzeugt nach Satz 8.11. Sei also $G$ endlich erzeugt. Zu zeigen ist nur noch, dass $Q$ endlich ist. Da $G$ endlich erzeugt ist, reichen endlich viele Wörter $w_1, \ldots, w_k \in \Gamma^*$. und jedes Element in $G$ kann als Produkt über $A = \{w_1, \ldots, w_k\}$ dargestellt werden. Das Lesen von einem Wort $w \in A^*$ in dem Schreiergraphen benutzt nur einen endlichen Teil $Q'$ der Rechts-Nebenklassen, und alle frei reduzierten Wörter entstehen durch Reduktion von Wörtern aus $A^*$. Hieraus folgt $Q \subseteq Q'$ und $Q$ ist endlich. □

**Satz 8.18.** *Sei F endlich erzeugt und G ein nicht trivialer Normalteiler. Dann und nur dann ist G von endlichem Index, wenn G endlich erzeugt ist.*

*Beweis.* Hat der Normalteiler $G$ endlichen Index, so ist $K(G, \Sigma)$ endlich und $G$ endlich erzeugt nach Lemma 8.17. Ist $G$ endlich erzeugt, so ist umgekehrt $K(G, \Sigma)$ endlich.

Jetzt sagt Lemma 8.16, dass $K(G, \Sigma)$ der Schreiergraph ist. Also ist der Index endlich.

□

Zum Abschluss geben wir Satz 8.15 noch seine klassische Formulierung.

**Satz 8.19** (Satz von Nielsen und Schreier). *Untergruppen freier Gruppen sind frei. Ist F eine endlich erzeugte freie Gruppe vom Rang $r$ und G eine Untergruppe vom endlichen Index $n$, so hat G eine endliche Basis $\Delta$ und es gilt die Rangformel*

$$|\Delta| - 1 = n \cdot (r - 1)$$

*Beweis.* Die Aussage wurde schon in Satz 8.15 bewiesen, nur die Rangformel hatte eine etwas andere Formulierung. Wir erhalten die klassische Fassung nun direkt aus Lemma 8.16, nach dem $K(G, \Sigma)$ der Schreiergraph ist. Also ist $|Q|$ der Index $n = [F : G]$ und es gilt $m = n \cdot r$.

□

**Korollar 8.20.** *Sind $x$ und $y$ kommutierende Elemente einer freien Gruppe, so liegen $x$ und $y$ in einer zyklischen Untergruppe.*

*Beweis.* Die von $x, y$ erzeugte Untergruppe ist nach Satz 8.19 frei und kommutativ, da nach Voraussetzung $xy = yx$ gilt. Die einzigen beiden kommutativen freien Gruppen sind $\{1\}$ und $\mathbb{Z}$. Beide sind zyklisch.

□

Korollar 8.20 entspricht der Aussage Satz 6.3 (b) für freie Monoide. Zum Abschluss dieses Abschnitts zeigen wir noch eine Entsprechung von Satz 6.3 (a) für freie Gruppen. Im Rest dieses Abschnitts sei $F(\Sigma)$ die freie Gruppe über $\Sigma$ und $\Gamma = \Sigma \cup \Sigma^{-1} \subseteq F(\Sigma)$. Wir setzen $\overline{a} = a^{-1}$ für $a \in \Gamma$. Ein Wort $w \in \Gamma^*$ heißt *zyklisch reduziert*, falls $ww$ frei reduziert ist. Insbesondere ist $w$ selbst frei reduziert und wenn es mit einem $a \in \Gamma$ beginnt, hört es nicht mit $\overline{a}$ auf. Jedes Element $x \in F(\Sigma)$ ist konjugiert zu einem Element, welches durch ein zyklisch reduziertes Wort $w$ dargestellt werden kann.

**Satz 8.21.** *Sei $F(\Sigma)$ die freie Gruppe über $\Sigma$ und, wie eben, $\Gamma = \Sigma \cup \Sigma^{-1} \subseteq F(\Sigma)$ sowie $x, y, z \in \Gamma^*$. Sind $x$ und $y$ zyklisch reduzierte Wörter und gilt $zxz^{-1} = y$ in $F(\Sigma)$, so existieren frei reduzierte Wörter $r, s \in \Gamma^*$ mit $x = sr$ und $y = rs$ in $\Gamma^*$.*

*Beweis.* Wir können annehmen, dass auch $z$ durch ein frei reduziertes Wort in $\Gamma^*$ gegeben wird. Sind $zx$ und $yz$ beide frei reduziert, so sind die Wörter identisch und die Behauptung folgt aus Satz 6.3 (a). Also können wir annehmen, dass $zx$ nicht frei reduziert ist. Dann gibt es einen Buchstaben $a \in \Gamma$ und wir können $z = z'a^{-1}$ und $x = ax'$ schreiben. Hieraus folgt, dass $z'x'a = zxa = yza = yz'$ in der Gruppe $F(\Sigma)$ gilt. Da $x$ zyklisch reduziert ist, gilt dies auch für $x'a$. Mit Induktion nach $|z|$ existieren frei reduzierte Wörter $r', s' \in \Gamma^*$ mit $x'a = s'r'$ und $y = r's'$. Nun sind $x = ax'$ und $x'a$ transponiert, außerdem sind auch $x'a$ und $y$ transponierte Wörter. Nach Satz 6.3 (a) ist die Transposition transitiv, also sind $x$ und $y$ transponierte Wörter.

□

**Korollar 8.22.** *Die Dehn'schen Probleme, also das Wortproblem, das Konjugationsproblem und das Isomorphieproblem sind für endlich erzeugte freie Gruppen algorithmisch lösbar.*

*Beweis.* Das Wortproblem kann durch freie Reduktion gelöst werden. Um das Konjugationsproblem zu lösen, können wir zwei Eingabewörter zunächst zyklisch reduzieren. Dann testen wir, ob die Wörter transponiert sind. Dieser Test liefert die richtige Antwort nach Satz 8.21. Schließlich sind freie Gruppen genau dann isomorph, wenn ihre Basen dieselbe Kardinalität haben. □

## 8.8 Die Automorphismengruppe freier Gruppen

In diesem Abschnitt zeigen wir über eine graphentheoretische Interpretation ein klassisches Resultat von Nielsen [67], nach dem die Automorphismengruppe $\mathrm{Aut}(F)$ einer endlich erzeugten freien Gruppe $F$ selbst endlich erzeugt ist. Nielsen benutzte für seinen Beweis sogenannte *elementare Transformationen*, siehe etwa [55] oder [13]. Wir benutzen hier eine größere Menge von Erzeugenden und zeigen das Resultat mittels *Whitehead-Automorphismen*. Aufgabe 8.10. (a) zeigt dann, dass nur vier Automorphismen ausreichen, um $\mathrm{Aut}(F)$ zu erzeugen. (Der letzte Schritt ist sehr einfach, nachdem wir wissen, dass Whitehead-Automorphismen ausreichen.) Tatsächlich ist die Automorphismengruppe endlich dargestellt, aber dies werden wir hier nicht zeigen, sondern verweisen auf [56].

### Whitehead-Automorphismen

Es sei $F = F(\Sigma)$ eine freie Gruppe vom Rang $n$, d. h. $|\Sigma| = n$. Wir definieren eine endliche Familie von Automorphismen die nach Alfred North Whitehead (1861–1947) benannt wurde.

Jede Permutation von $\Sigma$ induziert einen Automorphismus von $F$ und dieser wird zu den Whitehead-Automorphismen gezählt. Es gibt damit $n!$ Automorphismen von diesem Typ. Für $a \in \Sigma$ definieren wir einen speziellen Automorphismus $i_a$ wie folgt:

$$i_a(b) = \begin{cases} a^{-1} & \text{für } a = b \\ b & \text{für } b \in \Sigma \setminus \{a\} \end{cases}$$

Der Automorphismus $i_a$ gehört ebenfalls zu den Whitehead-Automorphismen. Er invertiert den Buchstaben $a$ und lässt alle anderen Buchstaben invariant. Hiervon gibt es $n$ Stück.

Seien jetzt $a \in \Sigma$ und $L, R, M$ drei paarweise disjunkte Teilmengen von $\Sigma$ mit $a \in M$. Dann definiert das Tupel $(a, L, R, M)$ einen Whitehead-Automorphismus

$W_{(a,L,R,M)}$ wie folgt:

$$W_{(a,L,R,M)}(b) = \begin{cases} ab & \text{für } b \in L \\ ba^{-1} & \text{für } b \in R \\ aba^{-1} & \text{für } b \in M \\ b & \text{für } b \in \Sigma \setminus (L \cup M \cup R) \end{cases}$$

Von dieser Form gibt es $n4^{n-1}$ Stück. Häufig zählt man auch den inversen Automorphismus $W_{(a,L,R,M)}^{-1}$ zu den Whitehead-Automorphismen. Dies spielt keine wirkliche Rolle, da $W_{(a,L,R,M)}^{-1} = i_a \circ W_{(a,L,R,M)} \circ i_a$ gilt.

Das wichtigste Resultat in diesem Abschnitt ist der folgende Satz.

**Satz 8.23.** *Die Automorphismengruppe* $\mathrm{Aut}(F(\Sigma))$ *wird von den Whitehead-Automorphismen erzeugt.*

In dem Beweis folgen wir Ideen, die nach [84] auf Stallings zurückgehen. Die Ideen stehen in einem engen Zusammenhang mit den in Abschnitt 8.6 behandelten Methoden. Wir liefern damit nicht unbedingt den kürzestmöglichen Beweis, sondern konzentrieren uns darauf, zu verstehen, warum Whitehead-Automorphismen natürliche Erzeuger der Automorphismengruppe sind.

Tatsächlich können wir aus dem Beweis noch etwas mehr herausholen. So werden wir sehen, dass endlich erzeugte freie Gruppen *hopfsch* sind. So bezeichnet man eine Gruppe, in denen jeder Epimorphismus, also jeder surjektive Homomorphismus der Gruppe auf sich selbst, ein Automorphismus ist. Hierfür ist es günstig, die Situation zu relativieren und in möglicherweise verschiedenen freien Gruppen zu arbeiten.

Im Folgenden bezeichnen $X$ und $Y$ endliche Mengen und $F(X)$, $F(Y)$ die entsprechenden freien Gruppen. Es sei dann $\tilde{X} = X \cup X^{-1} \subseteq F(X)$ und $\tilde{Y} = Y \cup Y^{-1} \subseteq F(Y)$. Wir wollen die Epimorphismen von $F(X)$ auf $F(Y)$ untersuchen. Dabei nehmen wir $Y \neq \emptyset$ an, was insbesondere den trivialen Homomorphismus als Epimorphismus ausschließt. Neben den Whitehead-Automorphismen benötigen wir gewisse Projektionen.

Wir nennen einen Homomorphismus $\pi : F(X) \to F(Y)$ eine *Projektion*, wenn $\pi(X) \subseteq \{1\} \cup \tilde{Y} \subseteq \{1\} \cup \pi(\tilde{X})$ gilt, d. h., $\pi$ ist surjektiv und Buchstaben werden entweder gelöscht oder auf Buchstaben oder ihre Inversen abgebildet.

Für $X = Y$ sind alle Projektionen Produkte von Whitehead-Automorphismen. Damit verallgemeinert die folgende Aussage den Satz 8.23.

**Satz 8.24.** *Es sei $\phi : F(X) \to F(Y)$ ein Homomorphismus.*

(a) *Dann ist entscheidbar, ob $\phi$ surjektiv ist.*

(b) *Ist $\phi$ surjektiv, also ein Epimorphismus, so faktorisiert sich $\phi = \pi \circ \psi$, wobei $\pi$ eine Projektion und $\psi$ ein Produkt von Whitehead-Automorphismen ist.*

Satz 8.24 liefert auch sofort die Behauptung, dass endlich erzeugte freie Gruppen hopfsch sind. Außerdem erkennen wir erneut, dass Epimorphismen von $F(X)$ auf

$F(Y)$ genau dann existieren, wenn $|X| \geq |Y|$ gilt, siehe auch Satz 8.14. Der Rest dieses Abschnitts ist dem Beweis von Satz 8.24 gewidmet[1].

Eine *graphische Realisierung* eines Homomorphismus von $F(X)$ nach $F(Y)$ ist ein Paar $(\Gamma, \Phi)$. Informell ist $\Gamma$ ein punktierter, zusammenhängender, kantenbeschrifteter, endlicher Graph mit einem Spannbaum; und $\Phi$ ist eine Abbildung von $\widetilde{X}$ in die Kantenmenge $E$. Formal ist $\Gamma$ ein Tupel $(1, V, E, T, \lambda)$ mit den folgenden Eigenschaften.

- Es ist $1 \in V$ ein ausgezeichneter Punkt, insbesondere gilt $V \neq \varnothing$.

- Das Paar $(V, E)$ ist ein zusammenhängender Graph mit Knotenmenge $V$ und endlicher nichtleerer Kantenmenge $E$. Für jede Kante $e$ bezeichnet $s(e) \in V$ ihren Startpunkt und $t(e) \in V$ ihren Endpunkt. Der Graph $(V, E)$ darf Schlingen und Mehrfachkanten enthalten.

- Jeder Kante $e \in E$ ist genau eine Kante $\overline{e} \in E$ zugeordnet. Hierbei gilt $s(\overline{e}) = t(e)$ und $t(\overline{e}) = s(e)$. Ferner gilt $\overline{\overline{e}} = e$.

- Es gilt $T \subseteq E$ und $(V, T)$ ist ein Spannbaum von $(V, E)$. Eine Kante in $E \setminus T$ wird (wie üblich) als *Brücke* bezeichnet.

- Die Beschriftung $\lambda : E \to \widetilde{Y}$ ordnet jeder Kante $e$ ein Element in $\widetilde{Y} = Y \cup Y^{-1}$ zu und dabei gilt $\lambda(\overline{e}) = \lambda(e)^{-1}$.

- Wir orientieren die Kanten in $E$ durch $E_+ = \lambda^{-1}(Y)$ und verwenden in Zeichnungen nur die positiv orientierten Kanten.

Die Abbildung $\Phi : \widetilde{X} \to E$ erfüllt:

- Sie induziert eine Bijektion zwischen $\widetilde{X}$ und der Menge der Brücken $E \setminus T$.

- Für alle $a \in X$ gilt $\Phi(a^{-1}) = \overline{\Phi(a)}$.

Wir erklären als Nächstes, wie eine graphische Realisierung einen Homomorphismus $\phi : F(X) \to F(Y)$ definiert. Seien hierfür zunächst $p, q \in V$ zwei beliebige Knoten. Dann definieren wir $T[p, q]$ als den kürzesten Pfad im Spannbaum $(V, T)$ von $p$ nach $q$. Für $a \in X$ und $e = \Phi(a) \in E$ setzen wir

$$\phi_\Gamma(a) = T[1, s(e)] \, e \, T[t(e), 1]$$

Also ist $\phi_\Gamma(a)$ ein geschlossener Pfad in $(V, E)$, der in dem ausgezeichneten Punkt 1 beginnt, den Spannbaum zum Startpunkt von $\Phi(a)$ läuft, dann die Kante $\Phi(a)$ durchquert und im Spannbaum zu 1 zurückläuft. Damit können wir $\phi_\Gamma(a) \in E^*$ auch in der freien Gruppe $F(E_+)$ interpretieren. Schließlich setzen wir

$$\phi_\lambda(a) = \lambda(\phi_\Gamma(a)) = \lambda(T[1, s(e)] \, e \, T[t(e), 1]) \in F(Y)$$

Man beachte, dass $\phi_\lambda(a)$ nur von $T[1, s(e)] \, e \, T[t(e), 1] \in F(E_+)$ abhängt. Dies benutzt $\lambda(\overline{e}) = \lambda(e)^{-1}$. Statt $\phi_\Gamma$ oder $\phi_\lambda$ schreiben wir einfach $\phi$. Damit können wir,

---

[1] Der Beweis orientiert sich lose an Vorträgen von Saul Schleimer am *Centre de Recerca Matemàtica* in Barcelona (Katalonien) im September 2012.

je nach Bedarf, $\phi(a)$ als Wort in $E^*$ oder als Element in der freien Gruppe $F(E_+)$ oder vermöge $\lambda$ als Element in $F(Y)$ interpretieren. Wir sagen dann auch, dass $(\Gamma, \Phi)$ eine *graphische Realisierung des Homomorphismus* $\phi : F(X) \to F(Y)$ ist.

Der triviale Homomorphismus hat eine graphische Realisierung durch einen Graphen mit zwei Punkten, die über $|X|+1$ verschiedene Kanten verbunden sind, die alle gleich beschriftet sind, wenn wir die Orientierung vom Startpunkt 1 aus betrachten.

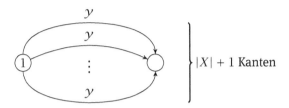

Die identische Abbildung $\mathrm{id} : F(X) \to F(X)$ kann durch eine sogenannte *Rose* realisiert werden. Dies ist ein Einpunktgraph, in dem $\widetilde{X}$ die Menge der Schlingen ist und die Involution der Abbildung $\overline{x} = x^{-1}$ entspricht. Ferner wird die Beschriftung $\lambda$ der Schlingen durch eine Abbildung von $X$ nach $\widetilde{Y}$ induziert. Für $\mathrm{id} : F(X) \to F(X)$ ist die Beschriftung ebenfalls die Identität.

Die Rose zu $\mathrm{id}_X$ für $X = \{a, b, c, d, e\}$: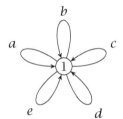

Rosen können verwendet werden, um diejenigen Projektionen zu realisieren, die Buchstaben auf Buchstaben oder ihre Inversen abbilden. Ist $\pi : F(X) \to F(Y)$ eine Projektion dieser Form, so beschriften wir die Schlingen der Rose mit $\pi$. Wir erkennen an der Rose auch, ob es sich um eine Projektion handelt. Hierfür ist dann notwendig und hinreichend, dass alle $y \in Y$ als Beschriftungen erscheinen.

Eine Projektion von $\{a, b, c, d, e\}$ auf $\{a, b, c\}$: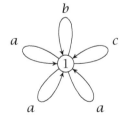

Inklusion von $\{a, b, c\}$ in $\{a, b, c, d, e\}$: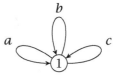

Bevor wir fortschreiten, überzeugen wir uns davon, dass jeder Homomorphismus $\phi : F(X) \to F(Y)$ eine graphische Realisierungen $(\Gamma, \Phi)$ besitzt. Dies ist sehr einfach. Betrachte $a \in X$, dann können wir $\phi(a) = y_1 \cdots y_m$ mit $y_i \in \tilde{Y}$ schreiben. Wegen $Y \neq \varnothing$ und da wir Faktoren der Form $yy^{-1}$ erlauben, können wir $m \geq 2$ annehmen. Für jeden Buchstaben $a \in X$ zeichnen wir einen Kreis der Länge $|\phi(a)|$ mit einen festem Anfangs- und Endpunkt 1 und beschriften die $i$-te Kante mit dem $i$-ten Buchstaben in dem Wort $\phi(a)$. Die ersten $m - 1$ Kanten nehmen wir in den Spannbaum auf und die letzte Kante $e_m$ auf dem Kreis wird dann zur Brücke, und schließlich setzen wir $\Phi(a) = e_m$.

Die formale Beschreibung des Paares $(\Gamma, \Phi)$ sieht relativ technisch aus, aber bei genauerer Betrachtung verbindet sie viele bereits bekannte Konzepte.

Die folgenden automatentheoretischen Erklärungen erläutern den Zusammenhang mit Abschnitt 8.6. Dieser Zusammenhang wird nicht unbedingt benötigt und kann übersprungen werden, wenn man mit den verwendeten Begriffen nicht vertraut ist. Die automatentheoretische Sichtweise ergibt sich, indem wir $\Gamma$ als einen nichtdeterministischen endlichen Automaten interpretieren, der die rationale Menge $\phi(F(X))$ akzeptiert. Hierfür lesen wir $V$ als Menge der Zustände und $E$ wird dann zur beschrifteten Menge der Kanten zwischen Zuständen. Genauer ergibt sich die Übergangsrelation $\delta$, wie sie in Abschnitt 7.2 gefordert wird, durch

$$\delta = \{(s(e), \lambda(e), t(e)) \mid e \in E\} \subseteq V \times \tilde{Y} \times V$$

Danach müssen wir nur 1 als den einzigen Start- und Endzustand definieren, dann erhalten wir einen nichtdeterministischen endlichen Automaten, der eine reguläre Sprache in $\tilde{Y}^*$ akzeptiert.

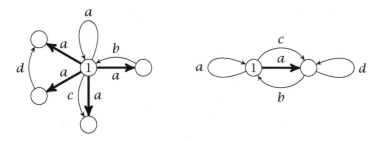

**Abb. 8.5:** Zwei verschiedene graphische Realisierungen des Whitehead-Automorphismus $W_{(a, \{b\}, \{c\}, \{a, d\})}$.

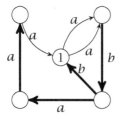 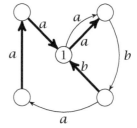

**Abb. 8.6:** Verschiedene Spannbäume.

Zur Abkürzung und sprachlichen Unterscheidung nennen wir $\Gamma$ kurz einen NFA in Anlehnung an die englische Abkürzung für *Non-deterministic Finite Automaton*.

Es ist klar, dass dieser NFA genügend Wörter in $\widetilde{Y}^*$ akzeptiert, um $\phi(F(X))$ zu erzeugen, da für alle $a \in X$ geschlossene Pfade existieren, die mit $\phi(a)$ beschriftet sind und bei 1 beginnen und enden. Dass alle Brücken $E \setminus T$ im Bild von $\Phi(\widetilde{X})$ sind, gewährleistet zudem, dass keine weiteren Wörter akzeptiert werden. Dies zeigt eine Induktion über die Anzahl der Brücken, die bei einem Pfad von 1 nach 1 benutzt werden. Das Bild der akzeptierten regulären Menge in $F(Y)$ wir damit zur rationalen Menge $\phi(F(X)) \subseteq F(Y)$. Im Prinzip wissen wir damit schon aus Satz 8.12, dass wir entscheiden können, ob $\phi$ surjektiv ist. Wir müssen nur feststellen, ob alle Buchstaben aus $Y$ in der rationalen Menge $\phi(F(X))$ liegt.

Die Strategie ist hier ganz ähnlich, wir werden den NFA in einen deterministischen Automaten umwandeln. Determinismus definieren wir wie folgt. Sei $p \in V$ ein Knoten und $w = y_1 \cdots y_m \in E^*$ ein Wort der Länge $m$. Dann gibt es maximal einen Knoten $q \in V$, der von $p$ aus mit einem durch $w$ beschriftetes Wort erreicht werden kann. Ein NFA ist also deterministisch, wenn er in natürlicher Weise eine partiell definierte Abbildung $V \times E^* \to V$ definiert. Wir werden den Determinismus lokal erzeugen und hierfür möglichst viele Kanten in den Spannbaum aufnehmem, die 1 als einen Endpunkt haben. In den Bildern zeichnen wir Spannbaumkanten dicker und als gerade Linien während Brücken gebogen sind, siehe etwa Abbildung 8.6.

**Beispiel 8.25.** Wir verwenden die Abbildung 8.7 und die folgende Vereinbarung. Es sind $X = \{A, B, C, D, E\}$ und $Y = \{a, b, c, d, e\}$. Die Kanten von $E_+$ sind mit ihren Beschriftungen bezeichnet. Die Brücken sind zusätzlich durch die Bilder von $\Phi$ beschriftet. Hieraus ergibt sich:

$$\phi(A) = baea \qquad \phi(B) = baeab(ba)^{-1} \quad \phi(C) = baeac(baea)^{-1}$$
$$\phi(D) = d(bae)^{-1} \quad \phi(E) = bdae$$

Im unteren Bild wurde der Spannbaum verändert, dies führt zu neuen Pfaden:

$$\phi'(A) = baea \quad \phi'(B) = a^{-1}ab(ba)^{-1} \quad \phi'(C) = a^{-1}aca^{-1}a$$
$$\phi'(D) = da \qquad \phi'(E) = bdae$$

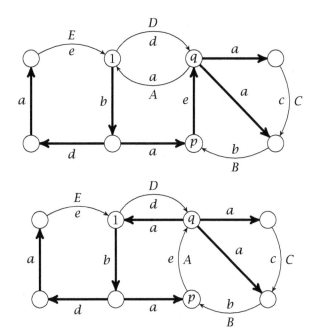

**Abb. 8.7:** Austausch der Brücke $A$ mit der Kante $e$.

Es zeigt sich das folgende Ergebnis:

$$\phi(A) = \phi'(A) \qquad \phi(B) = \phi'(AB) \quad \phi(C) = \phi'(ACA^{-1})$$
$$\phi(D) = \phi'(DA^{-1}) \quad \phi(E) = \phi'(E)$$

Es ist also $\phi = \phi' \circ W_{(A,\{B\},\{D\},\{A,C\})}$. ◇

### Basispunkt verschieben

Es sei $1' \in V$ ein von 1 verschiedener Punkt, den wir zum ausgezeichneten Start- und Endpunkt machen möchten. Betrachten wir statt $(\Gamma, \Phi)$ jetzt $(\Gamma', \Phi)$ mit $\Gamma' = (1', V, E, T, \lambda)$, dann berechnet sich $\phi'(a)$ in $F(Y)$ für $a \in X$ wie folgt $\phi'(a) = \lambda(T[1', 1]\, \phi(a)\, T[1, 1']) = h\phi(a)h^{-1}$. Hierbei ist $h = \lambda(T[1', 1]) \in F(Y)$. In diesem Fall ergibt sich daher $\phi'$, indem $\phi$ links mit einem inneren Automorphismus $y$ von $F(Y)$ multipliziert wird. Insbesondere bleibt die Eigenschaft der Surjektivität durch eine Verschiebung des Basispunktes unverändert.

Ist $\phi$ surjektiv, so gibt es ein $x \in F(X)$ mit $\phi(x) = y$. In diesem Fall gilt $\phi'(a) = \phi(xax^{-1}) = \phi \circ \psi$, wobei $\psi$ ein innerer Automorphismus und damit ein Produkt von Whitehead-Automorphismen ist.

Wir dürfen daher den Basispunkt beliebig verschieben.

## Beschriftungen und Orientierungen teilweise invertieren

Es ist günstig, die Orientierung von gleich beschrifteten Kanten simultan ändern zu dürfen. Betrachte ein $y \in Y$ und nehme dann $\lambda' = i_y \circ \lambda$ als neue Kantenbeschriftung. Dies ergibt ein neues Paar $(\Gamma', \Phi)$ und definiert $\phi' : F(X) \to F(Y)$ mit $i_y \circ \phi' = \phi$.

Ist $\phi' = \gamma' \circ \pi'$ für einen inneren Automorphismus $\gamma'$ von $F(Y)$ und eine Projektion $\pi'$, so ist $\phi = \gamma \circ \pi$ für einen inneren Automorphismus $\gamma$ von $F(Y)$ und eine Projektion $\pi$: Dies folgt wegen $i_y \circ \gamma' \circ \pi'(a) = i_y(h) i_y(\pi'(a)) i_y(h)^{-1}$ und da $\pi = i_y \circ \pi'$ eine Projektion ist. Also können wir statt $(\Gamma, \Phi)$ und $\phi$ auch $(\Gamma', \Phi)$ und $\phi'$ betrachten.

## Wert $\lambda(\Phi(a))$ invertieren

Sei $a \in X$ und $A = \Phi(a) \in E \setminus T$ eine Brücke. Definieren wir $\Phi'(a) = \overline{A}$ sowie $\Phi'(b) = \Phi(b)$ für alle anderen $a \neq b \in X$, so ergibt sich $\phi' = \phi \circ i_a$. Da $i_a$ ein Whitehead-Automorphismus ist, können wir in dieser Situation statt $\Phi$ und $\phi$ auch $\Phi'$ und $\phi'$ betrachten.

Der nächste Schritt ist der Kern des Verfahrens. Eine lokale Veränderung des Spannbaums bewirkt eine Rechtsmultiplikation mit einem Whitehead-Automorphismus.

## Spannbaum verändern

Sei $A \in E$ eine Kante mit $s(A) = q \neq 1$ und $t(A) = 1$ Dann möchten wir einen Spannbaum $T'$ konstruieren, der $A$ enthält, und dabei den Homomorphismus $\phi' : F(X) \to F(Y)$ berechnen, der sich aus der veränderten graphischen Realisierung ergibt.

Für $A \in T$ gibt es nichts zu tun. Falls es eine zu $A$ parallele Kante $e \in T$ mit $\lambda(A) = \lambda(e)$ gibt, so tauschen wir einfach $A$ mit $e$ im Spannbaum $T$ aus. Sei jetzt $A \notin T$ und ohne Einschränkung $\Phi(a) = A$ für genau ein $a \in X$. Betrachte den Pfad $T[1, q] = T[1, p] e$ mit $e \in T$ und $s(e) = p$ und $t(e) = q$. Dieser verläuft also im Spannbaum von 1 zum Startpunkt von $A$. Wir dürfen annehmen, dass aus $\lambda(\overline{e}) = a$ jetzt $p \neq 1$ folgt, ansonsten hätten wir schon vorher $A$ mit $\overline{e}$ vertauscht. Wir streichen $e, \overline{e}$ in $T$ und nehmen $A$ und $\overline{A}$ in den Spannbaum auf. Dies definiert einen neuen Spannbaum $T'$. Wir definieren den Wert $\Phi(a)$ neu durch $\Phi'(a) = e$. Für die anderen $a \neq b \in X$ setzen wir $\Phi'(b) = \Phi(b)$. Man beachte, dass $e \in E \setminus T'$ eine Brücke geworden ist. Der Pfad $\phi(a) = T[1, p] e A$ hat sich nicht verändert, denn es gilt $T[1,p] = T'[1,p]$ und $A = T'[q,1]$. Ist jetzt $\phi' : F(X) \to F(Y)$ durch $((1,V,E,T',\lambda), \Phi')$ induziert, so gilt daher $\phi(a) = \phi'(a)$.

Betrachte jetzt ein $b \in X$ mit $a \neq b$. Dann ist $\Phi(b) = B$ auch eine Brücke bezüglich $T'$; und es gilt

$$\phi'(b) = T'[1,s(B)] \, B \, T'[t(B),1]$$

Es gibt jetzt vier verschiedene Fälle, die genau den Unterscheidungen in Whitehead-Automorphismen entsprechen.

(a) Der Pfad $T'[1,s(B)]$ beginnt mit der Kante $\overline{A}$, aber $T'[t(B),1]$ endet nicht mit $"A$. Dann gelten in der freien Gruppe $F(E_+)$ die Gleichungen

$$\begin{aligned}
\phi(b) &= T[1,q] \, T[q,s(B)] \, B \, T[t(B),1] \\
&= (T[1,q]A)\, (\overline{A} \, T[q,s(B)] \, B \, T[t(B),1]) \\
&= \phi(a)\phi'(b) = \phi'(a)\phi'(b) = \phi'(ab)
\end{aligned}$$

(b) Der Pfad $T'[1,s(B)]$ beginnt nicht mit der Kante $\overline{A}$, aber $T'[t(B),1]$ endet mit $A$. Dann gelten in der freien Gruppe $F(E_+)$ die Gleichungen

$$\begin{aligned}
\phi(b) &= T[1,s(B)] \, B \, T[t(B),q] A \overline{A} T[q,1] \\
&= \phi'(b)\phi(a^{-1}) = \phi'(ba^{-1})
\end{aligned}$$

(c) Der Pfad $T'[1,s(B)]$ beginnt mit der Kante $\overline{A}$ und $T'[t(B),1]$ endet mit $A$. Dann gelten in der freien Gruppe $F(E_+)$ die Gleichungen

$$\begin{aligned}
\phi(b) &= T[1,q] A \overline{A} \, T[1,s(B)] \, B \, T[t(B),q] A \overline{A} T[q,1] \\
&= \phi(a)\phi'(b)\phi(a^{-1}) = \phi'(aba^{-1})
\end{aligned}$$

(d) Der Pfad $\phi'(b)$ beginnt nicht mit der Kante $\overline{A}$ und endet nicht mit $A$. Dann enthält der ganze Pfad weder die Kante $A$ noch $\overline{A}$. In diesem Fall gilt $\phi'(b) = \phi(b)$.

Die Veränderung des Spannbaums resultiert also in $\phi' : F(X) \to F(Y)$, wobei $\phi' = \phi \circ \psi$ gilt und $\psi \in \mathrm{Aut}(F(X))$ ein Whitehead-Automorphismus ist. Wir dürfen also Spannbäume in der beschriebenen Art verändern. Dies ist in Beispiel 8.25 explizit ausgeführt.

Da wir auch Orientierung gleich beschrifteter Kanten ändern dürfen, können wir bei Bedarf Folgendes annehmen: Sind $e, f$ gleich beschriftete Kanten, die von 1 ausgehen und die Endpunkte $p$ und $q$ haben und sind ferner 1, $p$ und $q$ paarweise verschieden, so liefert das obige Verfahren einen Spannbaum $T$ mit $e, f \in T$.

## Determinisierung

Angenommen $v \in V$ ist ein Knoten, von dem zwei Kanten $e$ und $f$ ausgehen, die zwar dieselbe Beschriftung $y = \lambda(e) = \lambda(f)$, aber verschiedene Endpunkte $p = t(e) \neq$

$t(f) = q$ haben. Der Determinismus wird daher hier verletzt. Man beachte, dass der Determinismus nicht durch parallele Kanten verletzt wird. Parallele Kanten mit der gleichen Beschriftung müssen wir nicht entfernen. An ihnen kann man ablesen, dass es sich um keinen injektiven Homomorphismus handelt, aber diese Erkenntnis können wir vor uns herschieben.

Ohne Einschränkung können wir $t(f) \neq v$ annehmen; ansonsten vertauschen wir die Rolle von $e$ und $f$. Durch Verschiebung des Basispunktes können wir $v = 1$ annehmen. Wir erhalten $1 \neq q$. Ferner können wir jetzt annehmen, dass $f \in T$ eine Spannbaumkante ist.

Wir falten jetzt den Graphen an den Kanten $e$ und $f$ zusammen. Dies bedeutet, wir identifizieren $e$ mit $f$, $\bar{e}$ mit $\bar{f}$ sowie $p$ mit $q$. Formal entfernen wir $f$ und $\bar{f}$ aus $E$ und damit auch aus $T$. Alle verbliebenen Kanten mit Start- bzw. Endpunkt $q$ erhalten den neuen Start- bzw. Endpunkt $p$. Schließlich entfernen wir den nun isolierten Knoten $q$. Wir erhalten also einen neuen Graphen $\Gamma' = (1, V', E', T', \lambda)$, der weiterhin zusammenhängend ist. Da wir genau einen Knoten und genau eine ungerichtete Kante aus $T$ entfernt haben, ist $(V', T')$ ein Spannbaum von $(V', E')$.

Gilt zudem $1 \neq t(e)$, so können wir annehmen, dass auch $e \in T$ eine Spannbaumkante ist. Denn dann sind $e, f$ gleich beschriftete Kanten, die von 1 ausgehen und die Endpunkte $p$ und $q$ haben, wobei $1$, $p$ und $q$ paarweise verschieden sind. Damit gilt $e \in T'$ und beim Zusammenfalten von $e$ und $f$ werden die Werte unter $\phi$ in der Gruppe $F(Y)$ nicht verändert. Dies heißt, es ist $\phi = \phi'$.

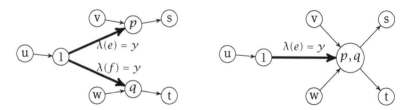

Die Situation ist für $1 = t(e)$ etwas anders. Jetzt ist $e$ eine Schlinge und damit eine Brücke. Es gibt genau ein $a \in \tilde{X}$ mit $\Phi(a) = e$ und es gilt $\phi(a) = \lambda(e) = y$. Ohne Einschränkung sind $a \in X$ und $y \in Y$.

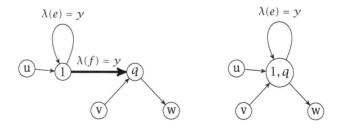

Wir berechnen jetzt den neuen Homomorphismus $\phi'$. Wir haben bereits gesehen, dass $\phi'(a) = \phi(a)$ ist. Es sei nun $a \neq b \in X$. Für $\phi(b)$ gibt es erneut nur die vier bekannten Fälle.

(a) $\phi(b)$ beginnt mit $f$, aber endet nicht mit $\overline{f}$.

(b) $\phi(b)$ beginnt nicht mit $f$, aber endet mit $\overline{f}$.

(c) $\phi(b)$ beginnt mit $f$ und endet mit $\overline{f}$.

(d) $\phi(b)$ verwendet weder $f$ noch $\overline{f}$.

Die Pfade $\phi'(b)$ ergeben sich aus den Pfaden $\phi(b)$ durch Streichung aller Kanten $f$ und $\overline{f}$. Eine Streichung verändert jedoch die Beschriftung und damit das Bild in $F(Y)$. Um dies zu kompensieren, streichen wir in $\phi(b)$ nicht die Kanten $f$ und $\overline{f}$, sondern ersetzen $f$ durch $e$ und $\overline{f}$ durch $\overline{e}$. Nach dieser Veränderung wird aus $\phi(b)$ ein Wort $w_b \in E^*$ und ferner gilt $\lambda(\phi(b)) = \lambda(w_b) \in F(Y)$. Das Wort $w_b$ ist ein geschlossener Pfad in $(V', E')$ und entsprechend den obigen Fällen erhalten wir in $F(Y)$:

(a) $\phi(b) = \lambda(w_b) = \lambda(e)\,\phi'(b) = \phi'(a)\phi'(b) = \phi'(ab)$

(b) $\phi(b) = \lambda(w_b) = \phi'(b)\,\lambda(\overline{e})) = \phi'(ba^{-1})$

(c) $\phi(b) = \lambda(w_b) = \lambda(e)\,\phi'(b)\,\lambda(\overline{e})) = \phi'(aba^{-1})$

(d) $\phi(b) = \phi'(b)$

Wir erkennen, dass $\phi = \phi' \circ \psi$ für einen Whitehead-Automorphismus $\psi$ gilt.

### Rosen bilden den Abschluss

Durch die obigen Prozeduren erhalten wir schließlich eine deterministische graphische Realisierung $(\hat{\Gamma}, \hat{\Phi})$ für einen Homomorphismus $\hat{\phi} : F(X) \to F(Y)$, der die folgende Gleichung erfüllt:

$$\phi = \gamma \circ \hat{\phi} \circ \psi$$

In dieser Gleichung ist $\gamma$ ein innerer Automorphismus von $F(Y)$ und $\psi$ ein Produkt von Whitehead-Automorphismen von $F(X)$.

Wir können jetzt anhand von $\hat{\Gamma}$ erkennen, ob $\phi$ surjektiv ist. Dies ist zunächst genau dann der Fall, wenn $\hat{\phi}$ es ist. Wir machen jetzt eine Vorbetrachtung. Angenommen, $w = uz\overline{z}v$ ist die Beschriftung eines Pfades in $\hat{\Gamma}$ von $1$ nach $1$ mit $u, v \in \tilde{Y}^*$ und $z \in \tilde{Y}$. Aufgrund des Determinismus entspricht dann der Position von $z$ eine Kante $e$ und für $\overline{z}$ kann dann die Kante $\overline{e}$ gewählt werden, ohne die Knoten auf dem Pfad zu ändern. Daher beschreibt auch $uv$ einen Pfad von $1$ nach $1$. Ist $\hat{w}$ jetzt das frei reduzierte Wort in $\tilde{Y}^*$, welches $w$ entspricht, so gibt es einen mit $\hat{w}$ beschrifteten Pfad von $1$ nach $1$.

Angenommen, $\phi$ ist surjektiv, dann gilt $y \in \phi(F(X)) = \hat{\phi}(F(X))$ für alle $y \in Y$. Der Buchstabe $y$ ist ein frei reduziertes Wort und damit existiert nach der Vorbetrachtung in dem Graphen $\hat{\Gamma}$ eine Schlinge um 1, die mit $y$ beschriftet ist. Dies ist also eine notwendige Bedingung. Umgekehrt ist die Existenz dieser Schlingen hinreichend, um die Surjektivität von $\phi$ zu garantieren.

Für den Abschluss des Beweises von Satz 8.24 können wir jetzt annehmen, dass $\phi$ surjektiv ist. Wie wir oben erläutert haben, treten dann die inneren Automorphismen gar nicht auf. Es gilt also für ein Produkt $\psi$ von Whitehead-Automorphismen die Gleichung:

$$\phi = \hat{\phi} \circ \psi$$

Der Graph $\hat{\Gamma}$ ist deterministisch und für alle $y \in Y$ existiert eine mit $y$ beschriftete Schlinge um die 1. Damit kann es gar keine weiteren Punkte geben, denn wir können die 1 nicht verlassen. Der Endgraph $\hat{\Gamma}$ ist also notwendigerweise eine Rose, also ein Einpunktgraph in dem die Schlingen in einer Bijektion mit $\tilde{X}$ sind. Damit gilt auch für die Beschriftung $\hat{\lambda} = \hat{\phi}$ und $\pi = \hat{\phi}$ ist die gesuchte Projektion von $F(X)$ auf $F(Y)$. Damit ist der Satz 8.24 bewiesen.

## 8.9 Die spezielle lineare Gruppe $SL(2, \mathbb{Z})$

Die spezielle lineare Gruppe $SL(2, \mathbb{Z})$ besteht aus den $2 \times 2$-Matrizen mit ganzzahligen Koeffizienten und Determinante 1. Die $SL(2, \mathbb{Z})$ operiert auf den komplexen Zahlen ohne $\mathbb{Q}$ durch gebrochenrationale Transformationen: Ist $M = \left(\begin{smallmatrix} a & b \\ c & d \end{smallmatrix}\right) \in SL(2, \mathbb{Z})$ und $z \in \mathbb{C} \setminus \mathbb{Q}$, so setzt man

$$M \cdot z = \frac{az + b}{cz + d}$$

Wegen $M^{-1} = \left(\begin{smallmatrix} d & -b \\ -c & a \end{smallmatrix}\right)$ ist auch $M \cdot z$ nur dann in $\mathbb{Q}$, wenn $z$ selbst rational ist. Die $SL(2, \mathbb{Z})$ operiert auch auf den komplexen Zahlen mit positivem Imaginärteil $\mathbb{H} = \{z \in \mathbb{C} \mid \text{im}(z) > 0\}$ und auf $\{z \in \mathbb{C} \mid \text{im}(z) < 0\}$ sowie auf $\mathbb{R} \setminus \mathbb{Q}$. Um dies zu sehen, schreiben wir zunächst $z = r + is$ und $\bar{z} = r - is$ mit $r, s \in \mathbb{R}$. Erweitern wir jetzt den Bruch $\frac{az+b}{cz+d}$ mit $c\bar{z} + d$, so steht im Nenner eine positive reelle Zahl und der Imaginärteil des Zählers wird zu $(ad - bc)\text{im}(z) = \text{im}z$. Außerdem handelt es sich um eine Gruppenoperation, da

$$\begin{pmatrix} a & b \\ c & d \end{pmatrix} \begin{pmatrix} a' & b' \\ c' & d' \end{pmatrix} (z) = \frac{a\frac{a'z+b'}{c'z+d'} + b}{c\frac{a'z+b'}{c'z+d'} + d} = \frac{(aa' + bc')z + (ab' + bd')}{(ca' + dc')z + (cb' + dd')}$$

Es gilt $M \cdot z = z$ für alle $z$ genau dann, wenn entweder $M = 1 = \left(\begin{smallmatrix} 1 & 0 \\ 0 & 1 \end{smallmatrix}\right)$ oder $M = -1 = \left(\begin{smallmatrix} -1 & 0 \\ 0 & -1 \end{smallmatrix}\right)$ ist. Der Kern des Homomorphismus von $SL(2, \mathbb{Z})$ in die Gruppe der invertierbaren Abbildungen von $\mathbb{H}$ nach $\mathbb{H}$ besteht also genau der zweielementigen Untergruppe $\{\pm 1\} \subseteq SL(2, \mathbb{Z})$. Diese beiden Matrizen, die wir auch mit $-1 = -\text{id}$

und $1 = \mathrm{id}$ bezeichnen, bilden zugleich das *Zentrum* der SL(2, ℤ). Das Zentrum einer Gruppe ist allgemein als die Untergruppe der Elemente definiert, die mit allen anderen kommutieren. Insbesondere ist das Zentrum stets ein Normalteiler.

Die *Modulgruppe* PSL(2, ℤ) ist als Quotient SL(2, ℤ)/{±1} definiert. Damit ist der Homomorphismus von PSL(2, ℤ) in die Gruppe der invertierbaren Abbildungen von ℍ nach ℍ ist injektiv. Anders ausgedrückt, PSL(2, ℤ) ist eine diskrete Untergruppe in der Gruppe der gebrochenrationalen Transformationen. Die PSL(2, ℤ) operiert treu auf der oberen Halbebene.

Die algebraischen Beschreibungen von SL(2, ℤ) und PSL(2, ℤ) sind wohlbekannt und diese algebraische Struktur ist das Thema dieses Abschnitts. Wir werden zeigen, dass SL(2, ℤ) das amalgamierte Produkt von ℤ/4ℤ mit ℤ/6ℤ über ihren jeweiligen zyklischen Untergruppen der Ordnung 2 und die modulare Gruppe PSL(2, ℤ) das freie Produkt von ℤ/2ℤ und ℤ/3ℤ ist.

Wir beginnen mit einem kleinem Umweg. Schränken wir die Einträge der Matrizen in SL(2, ℤ) auf nichtnegative Werte ein, so bekommen wir ein Monoid, welches wir mit SL(2, ℕ) bezeichnen. (Dies ist keine Standardnotation!)

Mit $T, U$ bezeichnen wir die folgenden beiden Matrizen in SL(2, ℕ).

$$T = \begin{pmatrix} 1 & 1 \\ 0 & 1 \end{pmatrix} \qquad U = \begin{pmatrix} 1 & 0 \\ 1 & 1 \end{pmatrix}$$

**Proposition 8.26.** *Das Monoid* SL(2, ℕ) *ist frei mit Basis* $\{T, U\}$.

*Beweis.* Sei $\begin{pmatrix} a & b \\ c & d \end{pmatrix} \in$ SL(2, ℤ) mit $a, b, c, d \geq 0$. Dann ist $a \geq c$ oder $d \geq b$, da $ad - bc = 1$ gilt. Angenommen, $a > c$ und $d > b$. Dann folgt

$$1 = ad - bc \geq (c + 1)(b + 1) - bc = 1 + c + b$$

Folglich ist $b = c = 0$ und $a = d = 1$. Daher gilt $(a - c)(b - d) \geq 0$ für $\begin{pmatrix} 1 & 0 \\ 0 & 1 \end{pmatrix} \neq \begin{pmatrix} a & b \\ c & d \end{pmatrix}$. Ist also $\begin{pmatrix} a & b \\ c & d \end{pmatrix}$ nicht die Einheitsmatrix, so muss die obere Zeile echt größer als die untere sein oder umgekehrt, denn $a = c$ und $b = d$ ist ebenfalls unmöglich. Eine Zeile ist echt größer als eine andere, wenn alle Komponenten größer oder gleich sind und eine Komponente echt größer ist.

Als Nächstes zeigen wir, dass das Monoid SL(2, ℕ) frei von $T$ und $U$ erzeugt wird. Dazu berechnen wir:

$$\begin{pmatrix} 1 & 1 \\ 0 & 1 \end{pmatrix}\begin{pmatrix} a & b \\ c & d \end{pmatrix} = \begin{pmatrix} a+c & b+d \\ c & d \end{pmatrix}$$

$$\begin{pmatrix} 1 & 0 \\ 1 & 1 \end{pmatrix}\begin{pmatrix} a & b \\ c & d \end{pmatrix} = \begin{pmatrix} a & b \\ a+c & b+d \end{pmatrix}$$

Dies zeigt, dass jedes Produkt einer (nichtleeren) Folge aus $T$ und $U$ eine Matrix ergibt, deren obere Zeile echt größer ist als ihre untere oder umgekehrt. Darüber hinaus kann jede Matrix in SL(2, ℕ) auf eindeutige Weise zu einem Produkt aus $T$'s und $U$'s decodiert werden. Dies stimmt für die Einheitsmatrix, die dem leeren Produkt entspricht. Sei jetzt $\left(\begin{smallmatrix} a' & b' \\ c & d \end{smallmatrix}\right) \in \mathrm{SL}(2, \mathbb{N})$ eine Matrix, in der die obere Zeile größer als die untere ist. Dann gilt $a' = a + c$ und $b' = b + d$ für gewisse $a, b \in \mathbb{N}$ mit $c + d > 0$. Damit muss der erste Faktor ein $T$ sein. Wegen $a + b + c + d < a' + b' + c + d$ können wir jetzt $\left(\begin{smallmatrix} a & b \\ c & d \end{smallmatrix}\right)$ mit Induktion eindeutig zerlegen. Ist die untere Zeile größer als die obere, so ist der erste Faktor ein $U$, aber das Induktionsargument bleibt unverändert. $\quad\square$

Die geometrische Interpretation der Matrizen $T$ und $U$ ergibt sich, wenn wir ihre Wirkung auf eine komplexe Zahl $z$ mit $\mathrm{im}(z) > 0$ betrachten. Für jede ganze Zahl $n \in \mathbb{Z}$ gilt:

$$T^n(z) = \begin{pmatrix} 1 & n \\ 0 & 1 \end{pmatrix} \cdot z = z + n$$

$$U^n(z) = \begin{pmatrix} 1 & 0 \\ n & 1 \end{pmatrix} \cdot z = \frac{z}{nz + 1}$$

Die Matrizen $T$ und $U$ haben damit auch in der Modulgruppe jeweils eine unendliche Ordnung. Als Nächstes betrachten wir die beiden Matrizen $S, R \in \mathrm{SL}(2, \mathbb{Z})$, gegeben durch

$$S = \begin{pmatrix} 0 & 1 \\ -1 & 0 \end{pmatrix} \qquad R = \begin{pmatrix} 0 & -1 \\ 1 & 1 \end{pmatrix}$$

Es gilt $S^2 = -1$ und $S$ hat Ordnung 4. Außerdem ist $R^3 = -1$ und $R$ hat Ordnung 6. Zudem ist $-R = ST$ und $RS = -STS = STS^{-1} = U^{-1} = \left(\begin{smallmatrix} 1 & 0 \\ -1 & 1 \end{smallmatrix}\right)$.

Geometrisch (in der komplexen Ebene) lassen sich $S$, $T$, $R$ und $R^2$ wie folgt interpretieren:

$$S(z) = \frac{-1}{z} \qquad T(z) = z + 1 \qquad R(z) = \frac{-1}{z+1} \qquad R^2(z) = \frac{-(z+1)}{z}$$

Also ist $S$ eine Spiegelung, $T$ eine Translation (Verschiebung), und $R$ eine Rotation (Drehung) der Ordnung 3. Man beachte, in $\mathrm{SL}(2, \mathbb{Z})$ hat $R$ die Ordnung 6, in der Quotientengruppe $\mathrm{PSL}(2, \mathbb{Z})$ hat $R$ nur noch die Ordnung 3.

**Lemma 8.27.** *Je zwei der vier Matrizen $R, S, T, U$ erzeugen die Gruppe $\mathrm{SL}(2, \mathbb{Z})$.*

*Beweis.* Aus je zwei der vier Matrizen $R$, $S$, $T$ und $U$ können wir mittels der obigen Formeln zunächst die drei Matrizen $R$, $T$ und $U$ erzeugen und damit auch $S$. Dies ergibt sich, indem man alle Fälle betrachtet. Hat man etwa nur $T$ und $U$ zur Verfügung, so erhalten wir $R^{-1} = R^5$ durch

$$U^{-1}T = -STST = -R^2 = R^5$$

Sei nun $A = \left(\begin{smallmatrix} a & b \\ c & d \end{smallmatrix}\right) \in \mathrm{SL}(2, \mathbb{Z})$ eine beliebige Matrix. Wir zeigen, dass $A$ in der von $S, T$ und $U$ erzeugten Untergruppe liegt.

Ist $c = 0$, dann ist $d \neq 0$ und wir ersetzen $A$ durch $AS$. Ist $c < 0$, so ersetzen wir $A$ durch $-A = S^2 A$. Nun können wir annehmen, dass $c > 0$ gilt. Ersetzen wir $A$ durch $T^n A T^n$ für ein genügend großes $n$, so erhalten wir ohne Einschränkung $a, b, c, d > 0$. Dann ist $A$ bereits in dem von $T$ und $U$ erzeugten Untermonoid enthalten (Proposition 8.26). Damit folgt das Lemma. $\qquad\square$

**Satz 8.28.** *Die Gruppen* PSL$(2, \mathbb{Z})$ *und* SL$(2, \mathbb{Z})$ *besitzen eine Darstellung mit $R$ und $S$ als Erzeugern und $S^2 = R^3 = 1$ bzw. $S^4 = R^6 = S^2 R^3 = 1$ als definierende Relationen. Folglich ist* PSL$(2, \mathbb{Z})$ *das freie Produkt von $\mathbb{Z}/2\mathbb{Z}$ und $\mathbb{Z}/3\mathbb{Z}$; und* SL$(2, \mathbb{Z})$ *ist das amalgamierte Produkt von $\mathbb{Z}/4\mathbb{Z}$ mit $\mathbb{Z}/6\mathbb{Z}$ über deren jeweilige zyklische Untergruppen der Ordnung 2.*

*Beweis.* Das freie Produkt der zyklischen Gruppen $\mathbb{Z}/2\mathbb{Z}$ und $\mathbb{Z}/3\mathbb{Z}$ hat die Darstellung $G' = \{r, s\}^* / \{s^2 = r^3 = 1\}$. Das amalgamierte Produkt $\mathbb{Z}/4\mathbb{Z}$ mit $\mathbb{Z}/6\mathbb{Z}$ über die gemeinsame Untergruppe $\mathbb{Z}/2\mathbb{Z}$ hat die Darstellung $G = \{r, s\}^* / \{s^4 = r^6 = 1, s^2 = r^3\}$. Betrachte die Homomorphismen $\phi : G \to$ SL$(2, \mathbb{Z})$ und $\phi' : G' \to$ PSL$(2, \mathbb{Z})$, welche durch $r \mapsto R$ und $s \mapsto S$ induziert werden. Beide sind nach Lemma 8.27 surjektiv.

Zu zeigen ist, dass die Abbildungen injektiv sind. Sei hierfür $w \in \{r, s\}^*$ mit $\phi(w) = 1$ bzw. $\phi'(w) = 1$. Für $w \in s^*$ folgt jetzt $w = 1$ in $G$ bzw. $w = 1$ in $G'$. Jedes Element von $G$ (bzw. $G'$), welches nicht in der von $s$ erzeugten Untergruppe liegt, kann als ein Wort $w = s^{j_0} r^{i_1} (s r^{i_2}) \cdots (s r^{i_m}) s^{j_m}$ geschrieben werden mit $m \geq 1$ sowie $0 \leq j_0 \leq 3$ (bzw. $0 \leq j_0 \leq 1$), $0 \leq j_m \leq 1$ und $1 \leq i_k \leq 2$ für $1 \leq k \leq m$. Man beachte, dass wir in $G$ Faktoren $s^2$ und $r^3$ nach links schieben können. Der Unterschied zwischen $G$ und $G'$ liegt allein in dem zulässigen Bereich von $j_0$. Bei $G$ kann $j_0$ die Werte $0, 1, 2, 3$ annehmen, bei $G'$ kann $j_0$ nur die Werte $0, 1$ annehmen.

Es genügt, $\phi'(w) \neq 1$ zu zeigen. Nachdem wir, falls notwendig, $w \in G'$ mit $r$ oder $r^2$ konjugiert haben, dürfen wir annehmen, dass $w = r^{i_1} s \cdots r^{i_{m-1}} s r^{i_m}$ gilt.

Nun verwenden wir ein „Ping-Pong-Argument": Die modulare Gruppe operiert auch auf $\mathbb{R} \setminus \mathbb{Q}$ vermöge der obigen Formeln. Wir erhalten $S(z) = \frac{-1}{z}$, $R(z) = \frac{-1}{z+1}$ und $R^2(z) = \frac{-(z+1)}{z}$. Insbesondere bilden $R$ und $R^2$ positive Werte auf negative ab, wohingegen $S$ negative Werte auf positive abbildet. Wenn wir also $\phi'(w)$ auf eine beliebige positive nicht-rationale Zahl wie zum Beispiel $z = \sqrt{2}$ anwenden, bekommen wir $\phi'(w)(z)$ mit einem negativen Wert. Dies impliziert $\phi'(w) \neq 1$. $\qquad\square$

Da $T$ und $U$ ein freies Untermonoid in der Gruppe SL$(2, \mathbb{Z})$ erzeugen, könnte man annehmen, dass sie auch eine freie Untergruppe in SL$(2, \mathbb{Z})$ oder in PSL$(2, \mathbb{Z})$ erzeugen. Dies steht jedoch im Widerspruch zu Lemma 8.27, denn die SL$(2, \mathbb{Z})$ und PSL$(2, \mathbb{Z})$ enthalten etwa mit $S = \left( \begin{smallmatrix} 0 & 1 \\ -1 & 0 \end{smallmatrix} \right)$ ein Element der Ordnung 4 bzw. 2. Trotzdem ist es richtig, dass SL$(2, \mathbb{Z})$ und PSL$(2, \mathbb{Z})$ alle freien Gruppen mit abzählbarem Rang als Untergruppen enthalten. Um dies zu zeigen, reicht es, freie Untergruppen vom Rang 2 nachzuweisen. Hierfür betrachten wir die beiden folgenden Matrizen $A, B \in \mathrm{SL}(2, \mathbb{Z})$:

$$A = RSR = \begin{pmatrix} 0 & 1 \\ -1 & -2 \end{pmatrix} \qquad B = SRSRS = \begin{pmatrix} 2 & -1 \\ 1 & 0 \end{pmatrix}$$

**Korollar 8.29.** *Die Matrizen $A$ und $B$ sind Basis einer freien Untergruppe der modularen Gruppe $\mathrm{PSL}(2, \mathbb{Z})$ und folglich auch der Gruppe $\mathrm{SL}(2, \mathbb{Z})$.*

*Beweis.* Sei $W \in \mathrm{PSL}(2, \mathbb{Z})$ ein nichtleeres frei reduziertes Wort über $A, A^{-1}$ und $B, B^{-1}$, geschrieben in Termen von $R$ und $S$. Nach Satz 8.28 können wir $\mathrm{PSL}(2, \mathbb{Z}) = \langle R, S \mid S^2 = R^3 = 1 \rangle$ schreiben und erhalten Normalformen, indem wir alle Faktoren $S^2$ und $R^3$ in $W$ streichen. Die Normalform von $A, A^{-1}, B, B^{-1}$ sind $A = RSR$, $A^{-1} = R^2 SR^2$, $B = SRSRS$ und $B^{-1} = SR^2 SR^2 S$.

Es ist $W \neq 1 \in \mathrm{PSL}(2, \mathbb{Z})$ zu zeigen. Hierfür reicht es, mit Induktion nachzuweisen, dass der letzte Buchstabe $X \in \{A, A^{-1}, B, B^{-1}\}$ von $W$ die letzten drei Buchstaben der Normalform von $W$ in $\{R, S\}^*$ festlegt: Für $X = A$ ist es $RSR$, für $X = A^{-1}$ ist es $SR^2$, für $X = B$ ist es $SRS$, und $X = B^{-1}$ führt auf $R^2 S$. Insbesondere ist die Normalform nicht das leere Wort und daher $W \neq 1 \in \mathrm{PSL}(2, \mathbb{Z})$. □

Die Einbettung der freien Gruppe vom Rang 2 in die $\mathrm{SL}(2, \mathbb{Z})$ liefert einen unmittelbaren Beweis ihrer Eigenschaft, residuell endlich zu sein. Eine Gruppe $G$ heißt *residuell endlich*, wenn zu jedem $1 \neq g \in G$ ein Homomorphismus $\phi : G \to H$ in eine endliche Gruppe $H$ existiert mit $\phi(g) \neq 1$.

**Korollar 8.30.** *Freie Gruppen sind residuell endlich.*

*Beweis.* Es sei $1 \neq g \in F(\Sigma)$ frei über dem Alphabet $\Sigma$ und $w \in (X \cup X^{-1})^*$ ein Wort mit $w = g$ in $F(\Sigma)$ und $X \subseteq \Sigma$. Wir können annehmen, dass $X$ endlich ist und es reicht zu zeigen, dass $F(X)$ residuell endlich ist. Wir können $F(X)$ wie in Aufgabe 8.5. in eine freie Gruppe vom Rang 2 einbetten und diese dann in die $\mathrm{SL}(2, \mathbb{Z})$. Aus $w$ wird in $\mathrm{SL}(2, \mathbb{Z})$ eine Matrix $W = \begin{pmatrix} a & b \\ c & d \end{pmatrix}$, welches nicht die Einheitsmatrix ist. Wir finden eine Primzahl $p$ mit

$$\begin{pmatrix} a & b \\ c & d \end{pmatrix} \neq \begin{pmatrix} 1 & 0 \\ 0 & 1 \end{pmatrix} \bmod p$$

Dies bedeutet, dass $W$ nicht im Kern der natürlichen Surjektion $\mathrm{SL}(2, \mathbb{Z}) \to \mathrm{SL}(2, \mathbb{Z}/p\mathbb{Z})$ liegt. Die Gruppe $\mathrm{SL}(2, \mathbb{Z}/p\mathbb{Z})$ ist endlich. Sie hat $\mathcal{O}(p^3)$ Elemente. □

In Aufgabe 8.6. wird gezeigt, dass alle endlich erzeugten residuell endlichen Gruppen hopfsch sind. Insbesondere ist die aus Beispiel 8.8 bekannte Baumslag-Solitargruppe $\mathrm{BS}(1, 2)$ nicht residuell endlich und kann daher beispielsweise auch nicht in $\mathrm{SL}(2, \mathbb{Z})$ eingebettet werden.

## Aufgaben

**8.1.** Sei $M = \Sigma^* / S$ für ein endliches längenverkürzendes und konfluentes Semi-Thue-System. Zeigen Sie, dass sich das Wortproblem vom Monoid $M$ in linearer Zeit entscheiden lässt. Gesucht ist also ein Algorithmus, der zwei Wörter $w, z \in \Sigma^*$ als Eingabe bekommt und in der Zeit $\mathcal{O}(|wz|)$ ausgibt, ob $w = z \in M$ gilt.

**8.2.** Sei $(\Sigma, I)$ ein endlicher ungerichteter Graph und

$$M(\Sigma, I) = \Sigma^* / \{ab = ba \mid (a, b) \in I\}$$

das zugehörige frei partiell kommutative Monoid. Eine transitive Orientierung von $(\Sigma, I)$ ist ein Teilmenge $I_+ \subseteq I$ mit $I = \{(a, b), (b, a) \mid (a, b) \in I_+\}$ und für alle $(a, b), (b, c) \in I_+$ gilt auch $(a, c) \in I_+$. Zeigen Sie:

**(a)** Sei $I_+ \subseteq I$ eine transitive Orientierung von $(\Sigma, I)$. Zeigen Sie, dass $S_+ = \{ba \to ab \mid (a, b) \in I_+\}$ ein konvergentes Semi-Thue-System ist.

**(b)** Sei $S \subseteq \Sigma \times \Sigma$ ein endliches konvergentes Semi-Thue-System mit $\Sigma^* / S = M(\Sigma, I)$. Dann ist $I_+ = \{(a, b) \in \Sigma \times \Sigma \mid ab \in \mathrm{IRR}(S)\}$ eine transitive Orientierung von $(\Sigma, I)$.

**(c)** Es seien $M(\Sigma, I)$ und $M(\Sigma', I')$ isomorph, also $M(\Sigma, I) \cong M(\Sigma', I')$. Zeigen Sie, dass die Graphen $(\Sigma, I)$ und $(\Sigma', I')$ isomorph sind.

**(d)** Es sei $M(\Sigma, I) \cong (\mathbb{N} \times \mathbb{N}) * \mathbb{N}$. Zeigen Sie, dass die Transpositionsrelation $(uv, vu)$ in $M(\Sigma, I)$ nicht transitiv ist.

*Hinweis:* Benutzen Sie Aufgabe 8.2. (c), um $(\Sigma, I)$ festzulegen.

**(e)** Wieviele Knoten enthält der kleinste Graph ohne eine transitive Orientierung?

**8.3.** Sei $C(\Sigma, I) = \Sigma^* / \{a^2 = 1, ab = ba \mid (a, b) \in I\}$ eine rechtwinklige Coxeter Gruppe.

**(a)** Geben Sie ein konvergentes Semi-Thue-System $S_{\mathrm{RACC}} \subseteq \Sigma^* \times \Sigma^*$ an, welches $C(\Sigma, I)$ darstellt.

*Hinweis:* Ihr System wird im Allgemeinen unendlich sein.

**(b)** Sei $G = G(V, E)$ eine Graphgruppe. Finden Sie eine Einbettung von $G$ in eine Coxetergruppe $C = C(\Sigma, I)$.

**(c)** Für $(\Sigma, I)$ sei $\mathcal{F}$ die Menge der Cliquen, also

$$\mathcal{F} = \{F \subseteq \Sigma \mid \forall a, b \in F : (a, b) \in I\}$$

Betrachte das endliche Semi-Thue-System $T \subseteq \mathcal{F}^* \times \mathcal{F}^*$ mit den Regeln:

$$FF' \to (F \setminus \{a\})(F' \setminus \{a\}) \quad \text{für } a \in F \cap F'$$
$$FF' \to (F \cup \{a\})(F' \setminus \{a\}) \quad \text{für } a \in F' \setminus F \text{ und } F \cup \{a\} \in \mathcal{F}$$
$$\varnothing \to 1$$

Zeigen Sie, dass $T$ konvergent und $\mathcal{F}^*/T$ isomorph zur Coxetergruppe $C(\Sigma, I)$ ist.

**8.4.** Zeigen Sie, dass in freien Gruppen der Durchschnitt zweier endlich erzeugter Untergruppen endlich erzeugt ist.

*Hinweis:* Benutzen Sie, dass die Menge der frei reduzierten Wörter, die zu einer endlich erzeugten Untergruppe gehören, regulär ist.

**8.5.** Sei $F(\{a, b\}) = F_2$ die freie Gruppe mit zwei Erzeugenden. Zeigen Sie, dass die Menge $U = \{a^n b a^{-n} \mid n \in \mathbb{Z}\} \subseteq F_2$ die Basis einer freien Untergruppe ist. Insbesondere enthält die $F_2$ also jede freie Gruppe von abzählbarem Rang als Untergruppe.

**8.6.** Zeigen Sie, dass endlich erzeugte residuell endliche Gruppen hopfsch sind.

**8.7.** Zeigen Sie, dass $\mathrm{BS}(2, 3) = \langle a, t \mid ta^2 t^{-1} = a^3 \rangle$ nicht hopfsch ist.

**8.8.** Zeigen Sie, dass während der Normalformberechnung (entsprechend Beispiel 8.10) in der Gruppe $\mathrm{BG}(1, 2)$ extrem lange Wörter entstehen könnnen, bei denen die Werte $\tau(n)$ als Exponenten auftreten. Die Funktion $\tau : \mathbb{N} \to \mathbb{N}$ hat die folgende rekursive Definition: $\tau(0) = 1$ und $\tau(n+1) = 2^{\tau(n)}$.

**8.9.** Zeigen Sie mittels Satz 6.3 das Ergebnis aus Korollar 8.20: Kommutierende Elemente in einer freien Gruppe liegen in einer zyklischen Untergruppe.

**8.10.** In den Teilaufgaben wird gezeigt, dass die Automorphismengruppe einer endlich erzeugten freien Gruppe $F(\Sigma)$ von vier Elementen erzeugt wird.

**(a)** Für $a \in \Sigma$ hatten wir den Automorphismus $i_a$ durch $i_a(a) = a^{-1}$ und $i_a(c) = c$ für $a \neq c \in \Sigma$ definiert. Für $b \in \Sigma$ mit $a \neq b$ definieren wir weitere Automorphismen $\lambda_{ab}$ und $\rho_{b\overline{a}}$ durch $\lambda_{ab}(b) = ab$, $\rho_{b\overline{a}}(b) = ba^{-1}$ und $\lambda_{ab}(c) = \rho_{b\overline{a}}(c) = c$ für $b \neq c \in \Sigma$. Als die *(regulären) und elementaren Nielsen-Transformationen* werden üblicherweise nur die Automorphismen der Form $i_a$ und $\lambda_{ab}$ bezeichnet. Zeigen Sie zunächst, dass sich auch die Automorphismen $\rho_{b\overline{a}}$ durch diese Nielsen-Transformationen ausdrücken lassen. Zeigen Sie danach unter Benutzung von Satz 8.24, dass die Automorphismengruppe von $F(\Sigma)$ durch elementare Nielsen-Transformationen erzeugt wird.

**(b)** Zeigen Sie, dass vier Elemente die Automorphismengruppe von $F(\Sigma)$ erzeugen und dass drei genügen, wenn $F(\Sigma)$ den Rang zwei hat.

**8.11.** Nach Proposition 8.26 lassen sich alle Wörter über dem Alphabet $\{T, U\}$ (also auch Bitfolgen in $\{0, 1\}^*$) als $2 \times 2$-Matrizen mit Einträgen in $\mathbb{N}$ codieren. Darüber hinaus beschreibt jede Matrix in $\mathrm{SL}(2, \mathbb{N})$ ein eindeutiges Wort in $\{T, U\}^*$. Sei jetzt $W \in \{T, U\}^*$ ein Wort der Länge $\ell$ und sei $\phi(W) = \left( \begin{smallmatrix} a_1 & a_2 \\ a_3 & a_4 \end{smallmatrix} \right) \in \mathrm{SL}(2, \mathbb{N})$ das zugehörige Matrizenprodukt. Zeigen Sie $a_i \leq F_{\ell+1}$ für $i = 1, \ldots, 4$, wobei $F_{\ell+1}$ die $\ell + 1$-ste Fibonacci-Zahl bezeichnet. (Wie üblich sei $F_0 = 0$, $F_1 = 1$ und $F_{n+1} = F_n + F_{n-1}$).

**8.12.** Sei $A \in \mathrm{PSL}(2,\mathbb{Z})$ ein Element in der Modulgruppe der Ordnung 2 und $A(z) = \frac{az+b}{cz+d}$. Ferner sei $S \in \mathrm{PSL}(2,\mathbb{Z})$ mit $S(z) = \frac{-1}{z}$.

**(a)** Zeigen Sie $a + d = 0$.

**(b)** Zeigen Sie, dass $A$ und $S$ konjugiert sind.

*Hinweis:* Verwenden Sie eine Normalform $R^{i_1} S \cdots R^{i_{m-1}} S R^{i_m}$ analog zum Beweis von Satz 8.28.

**8.13.** Sei $n \in \mathbb{N}$. Zeigen Sie den *Zwei-Quadrate-Satz von Fermat*:

**(a)** Ist $-1$ quadratischer Rest modulo $n \in \mathbb{N}$, d. h., $-1 \equiv q^2 \bmod n$ für ein $q \in \mathbb{Z}$, so ist $n$ Summe von zwei Quadraten in $\mathbb{Z}$, d. h. $n = x^2 + y^2$ mit $x, y \in \mathbb{Z}$.

*Hinweis:* Gilt $-1 \equiv q^2 \bmod n$, so gibt es ein $p \in \mathbb{Z}$ mit $q^2 + pn = -1$. Bilde $A(z) = \frac{qz+n}{pz-q}$. Nach Aufgabe 8.12. (b) ist $A$ in $\mathrm{PSL}(2,\mathbb{Z})$ konjugiert zu $S$, d. h., es gibt ein $X \in \mathrm{PSL}(2,\mathbb{Z})$ mit $X(z) = \frac{xz+y}{uz+v}$ und $XSX^{-1} = A$.

**(b)** Ist $n = x^2 + y^2$ mit $x, y \in \mathbb{Z}$ und $\mathrm{ggT}(x,y) = 1$, so ist $-1$ quadratischer Rest modulo $n$.

**(c)** Folgern Sie aus 8.13. (a) und 8.13. (b), dass eine Primzahl $p$ genau dann Summe von zwei Quadraten ist, wenn $p = 2$ oder $p \equiv 1 \bmod 4$ gilt.

## Zusammenfassung

Ziel dieses Kapitels ist die Heranführung des Lesers an eine moderne kombinatorische Gruppentheorie. Der Abschnitt beginnt mit Ersetzungssystemen, die uns sofort auf den Begriff der Darstellung führen. Wir behandeln „diskrete" Objekte, da wir topologische oder geometrische Aspekte im Wesentlichen außer Acht lassen. Implizit sind diese Aspekte jedoch vorhanden. So kann kann man den Beweis für den Satz, dass Untergruppen freier Gruppen selbst frei sind, auch in der Sprechweise der algebraischen Topologie lesen. Dadurch ergibt sich, dass freie Gruppen die *Fundamentalgruppen* von Graphen sind. Geometrie haben wir implizit für den Beweis verwendet, der zeigt, dass die Modulgruppe $\mathrm{PSL}(2,\mathbb{Z})$ ein freies Produkt der endlichen zyklischen Gruppen $\mathbb{Z}/2\mathbb{Z}$ und $\mathbb{Z}/3\mathbb{Z}$ ist. Der Zugang über Ersetzungssysteme führt auf das wichtige Verfahren, *Wortprobleme* durch endliche konvergente Systeme zu lösen. Außerdem haben wir mittels Ersetzungssystemen eine geeignete Methode in der Hand, relativ komplizierte Konstruktionen, wie amalgamierte Produkte, präzise zu definieren.

In Abschnitt 8.6 haben wir einen Zusammenhang zwischen der Gruppentheorie und der Theorie formaler Sprachen hergestellt. Die Ergebnissee haben wir insbesondere auf die Theorie freier Gruppen angewendet. Wir haben in dem Satz von Benois gesehen, dass die rationalen Teilmengen freier Gruppen eine boolesche Algebra bilden. Benois veröffentlichte ihre Arbeit bereits 1969 in [6], während das Konzept der Stallings-Automaten erst sehr viel später 1983 in [80] erschien. Das Konzept findet sich in der Sprache endlicher Automaten jedoch bereits bei Benois. Diese Tatsache wird bis heute von vielen Autoren übersehen und war auch Stallings selbst wohl nicht bewusst. Es war auch erst Stallings, der die weitreichenden Konsequenzen dieser Automatenkonstruktion erkannt und einem breiten Publikum zugänglich gemacht hat. Wir haben hier die Methoden von Benois und Stallings verwendet, um die wichtigsten fundamentalen Eigenschaften freier Gruppen nachzuweisen: Untergruppen freier Gruppen sind frei und die Automorphismengruppe einer endlich erzeugten freien Gruppe ist endlich erzeugt. Zum Abschluss des Kapitels haben wir die spezielle lineare Gruppe $SL(2, \mathbb{Z})$ und ihren Quotienten, die modulare Gruppe $PSL(2, \mathbb{Z})$, untersucht. Diese Gruppen haben eine fundamentale Bedeutung in der Zahlentheorie und Geometrie. Wir haben ihre algebraische Struktur hergeleitet und gezeigt, wie sich freie Gruppen in die modulare Gruppe und damit auch in die Gruppe $SL(2, \mathbb{Z})$ einbetten.

## Begriffe

- Darstellung
- Wortproblem
- Ersetzungssystem
- Konfluenz, Termination, Konvergenz
- Semi-Thue-System
- frei partiell kommutatives Monoid
- Graphgruppe
- freies Produkt
- semidirektes Produkt

- amalgamiertes Produkt
- HNN-Erweiterung
- rationale Menge
- freie Gruppe
- Schreiergraph
- Whitehead-Automorphismus
- graphische Realisierung
- spezielle lineare Gruppe $SL(2, \mathbb{Z})$
- modulare Gruppe $PSL(2, \mathbb{Z})$

## Methoden und Resultate

- Konfluenz $\Leftrightarrow$ Church-Rosser
- Starke Konfluenz $\Rightarrow$ Konfluenz
- Lokale Konfluenz und Termination $\Rightarrow$ Konfluenz
- Lokale Konfluenz lässt sich anhand kritischer Paare testen.
- Konvergente Systeme für amalgamierte Produkte und HNN-Erweiterungen
- $w \neq 1 \in G *_U H$ oder $w \neq 1 \in \text{HNN}(G; A, B, \phi)$ $\Rightarrow$ $w$ Britton-reduzierbar
- Gruppen betten sich in ihre amalgamierten Produkte und HNN-Erweiterungen ein.
- Untergruppen sind genau dann rational, wenn sie endlich erzeugt sind.

- In Monoiden, die durch ein konvergentes monadisches Ersetzungssystem gegeben sind, sind die rationalen Mengen unter Komplement abgeschlossen und bilden eine effektive boolesche Algebra.
- Satz von Benois: Die rationalen Mengen einer endlich erzeugten freien Gruppe bilden eine effektive boolesche Algebra.
- Freie Gruppen sind genau dann isomorph, wenn ihre Basen gleich mächtig sind.
- Ist $K(G, \Sigma)$ der Kern des Schreiergraphen mit Kantenmenge $E$ und Spannbaum $T$, so ist $G$ isomorph zur freien Gruppe $F(E_+ \setminus T)$.
- Satz von Nielsen und Schreier: Untergruppen freier Gruppen sind frei.
- $G$ Normalteiler oder $|G\backslash F| < \infty$, dann ist $K(G, \Sigma)$ der ganze Schreiergraph $G\backslash F$.
- $F$ endlich erzeugte freie Gruppe und $|G\backslash F| = n < \infty$, dann gilt die Rangformel $(\text{rang}(F) - 1) \cdot n = \text{rang}(G) - 1$.
- $\text{Aut}(F)$ wird von den Whitehead-Automorphismen endlich erzeugt.
- Graphische Realisierungen von Automorphismen und deren Determinisierung
- Das Monoid $\text{SL}(2, \mathbb{N})$ ist frei mit Basis $\{T, U\}$.
- $\text{SL}(2, \mathbb{Z}) = \langle R, S \mid S^4 = R^6 = S^2 R^3 = 1 \rangle$ und $\text{SL}(2, \mathbb{Z}) = \langle R, S \mid S^2 = R^3 = 1 \rangle$ (Ping-Pong-Argument)
- Abzählbare freie Gruppen sind Untergruppen der $\text{SL}(2, \mathbb{Z})$.
- Freie Gruppen sind residuell endlich.

# Lösungen der Aufgaben

## Zu Kapitel 1

**1.1.** Wir betrachten $\delta : M \to M$ mit $\delta(x) = ax$. Die Abbildung $\delta$ ist injektiv, denn aus $\delta(x) = \delta(y)$ folgt $x = 1 \cdot x = bax = b \cdot \delta(x) = b \cdot \delta(y) = bay = 1 \cdot y = y$. Da $M$ endlich ist, ist $\delta$ surjektiv. Sei $c \in M$ ein Urbild von $1 \in M$, d. h., es gilt $1 = \delta(c) = ac$. Dann ist $b = b \cdot 1 = bac = 1 \cdot c = c$ und $ab = 1$.

**1.2.** Die Menge der Abbildungen $f : \mathbb{N} \to \mathbb{N}$ bildet mit der Hintereinanderausführung von Funktionen ein unendliches Monoid. Das neutrale Element ist die identischen Abbildung $\mathrm{id}$ mit $\mathrm{id}(n) = n$. Sei $a : \mathbb{N} \to \mathbb{N}$ mit $a(0) = 0$ und $a(n) = n - 1$ für $n \geq 1$. Für die Abbildung $b : \mathbb{N} \to \mathbb{N}$ mit $b(n) = n + 1$ gilt $a \circ b = \mathrm{id}$; außerdem zeigt $(b \circ a)(0) = b(a(0)) = b(0) = 1$, dass $b \circ a \neq \mathrm{id}$ gilt.

**1.3.** Mit $c = bab$ ist $aca = ababa = aba = a$ und $cac = c$.

**1.4.** Sei $a_{n+1} \in S$ beliebig. Betrachte die $n + 1$ Elemente $a_1 \cdots a_i$ für $1 \leq i \leq n + 1$. Nach dem Schubfachschluss existieren $1 \leq i < j \leq n + 1$ mit $a_1 \cdots a_i = a_1 \cdots a_j$. Insbesondere gilt $i \leq n$. Für $b = a_{i+1} \cdots a_j$ gilt die Behauptung.

**1.5.** Sei $X$ eine endliche Menge mit $1_U \notin X$. Dann bildet $U_X = X \cup \{1_U\}$ mit der Verknüpfung $ab = b$ für $b \in X$ und $ab = a$ für $b = 1_U$ ein Monoid mit $|X| + 1$ Elementen. Wenn $Y \subseteq X$ gilt, dann ist $U_Y$ ein Untermonoid von $U_X$. Wählen wir $Y \subseteq X$ mit $|X|$ gerade und $|Y|$ ungerade, so erfüllen $M = U_X$ und $U = U_Y$ die Forderung der Aufgabe.

**1.6.** Es ist die Assoziativität nachzuweisen: $((x, s, y) \circ (x', s', y')) \circ (x'', s'', y'') = (x, s\varphi(y, x')s', y') \circ (x'', s'', y'') = (x, s\varphi(y, x')s'\varphi(y', x'')s'', y'') = (x, s, y) \circ (x', s'\varphi(y', x'')s'', y'') = (x, s, y) \circ ((x', s', y') \circ (x'', s'', y''))$.

**1.7. (a)** Wir weisen zunächst nach, dass jedes linksinverse Element auch rechtsinvers ist. Sei $h$ das linksinverse Element zu $g$ und $g'$ das linksinverse Element zu $h$. Es gilt also $hg = e$ und $g'h = e$. Dann gilt $gh = egh = g'hgh = g'eh = g'h = e$. Damit ist $h$ also auch rechtsinvers zu $g$. Außerden gilt somit $ge = ghg = g$

**1.7. (b)** Sei $|G| > 1$ beliebig mit der Verknüpfung $xy = x$ für alle $x, y \in G$. Dann erfüllt jedes Element $e \in G$ die Bedingungen, $G$ ist aber keine Gruppe.

**1.7. (c)** Sei $a \in G$ fest. Es existiert ein eindeutiges Element $e \in G$ mit $ea = a$. Für alle $b \in G$ gibt es ein $x \in G$ mit $b = ax$. Es ist somit $eb = eax = ax = b$ und $e$ ist ein linksneutrales Element. Linksinverse Elemente existieren wegen der eindeutigen Lösung von $y \cdot a = e$. Nach Aufgabe 1.7. (a) ist $G$ eine Gruppe.

**1.8. (a)** (i) $\Rightarrow$ (ii): Es ist $1 \in S$ und damit $S \neq \varnothing$. Da für alle $y \in S$ auch $y^{-1} \in S$ ist, gilt für alle $x, y \in S$ wegen der Abgeschlossenheit, dass $xy^{-1} \in S$ ist. (ii) $\Rightarrow$ (i): Wegen $S \neq \varnothing$ gibt es ein $x \in S$. Damit ist auch $1 = x \cdot x^{-1} \in S$ und somit ebenfalls

$x^{-1} = 1 \cdot x^{-1} \in S$. Die Abgeschlossenheit von $S$ folgt mit $xy = x(y^{-1})^{-1} \in S$. Also ist $S$ eine Untergruppe von $G$.

**1.8. (b)** (i) $\Rightarrow$ (ii): Dies gilt wegen der Abgeschlossenheit der Multiplikation und wegen $1 \in S$. (ii) $\Rightarrow$ (i): Sei $x \in S$. Da $S$ endlich ist und $x^i \in S$ für alle $i > 0$, ist die Ordnung $r$ von $x$ endlich. Also ist $1 = x^r \in S$ und $x^{-1} = x^{r-1} \in S$ und damit $S$ eine Gruppe.

**1.8. (c)** Sei $G$ die additive Gruppe $\mathbb{Z}$, und sei $S = \mathbb{N}$. Dann ist $S$ abgeschlossen unter der Addition, aber $S$ ist keine Gruppe.

**1.9.** Aus $m^2 = 1$ folgt, dass $m$ selbst das Inverse von $m \in M$ ist. Weiter gilt $mn = m \cdot 1 \cdot n = m(mn)(mn)n = mm(nm)nn = 1 \cdot nm \cdot 1 = nm$ für alle $m, n \in M$. Also ist $M$ eine kommutative Gruppe.

**1.10.** Sei $U$ die Menge der Elemente mit ungerader Ordnung. Wegen $1 \in U$ ist sie nicht leer. Wir zeigen, dass $U$ eine Untergruppe von $G$ bildet. Seien $x, y \in U$, sei $k$ die Ordnung von $x$, und sei $\ell$ die Ordnung von $y$. Da $G$ kommutativ ist, gilt $(xy^{-1})^{k\ell} = x^{k\ell}y^{-k\ell} = (x^k)^{\ell}(y^{\ell})^{-1} = 1$. Also ist die Ordnung von $xy^{-1}$ ein Teiler von $k\ell$. Da $k\ell$ ungerade ist, ist auch die Ordnung von $xy^{-1}$ ungerade, und es gilt $xy^{-1} \in U$. Mit Aufgabe 1.8. (a) folgt daraus die Behauptung.

**1.11.** Da $H$ eine Untergruppe ist, gilt $HH = H = H^{-1}$. Aus $xH = yH$ folgt deshalb $xHx^{-1} = xHHx^{-1} = xHH^{-1}x^{-1} = xH(xH)^{-1} = yH(yH)^{-1} = yHH^{-1}y^{-1} = yHHy^{-1} = yHy^{-1}$.

**1.12. (a)** Sei $g \in G$. Aus $[G : H] = n$ folgt $\left| \{g^iH \mid i \geq 0\} \right| \leq n$. Also existieren $0 \leq j < k \leq n$ mit $g^jH = g^kH$. Multiplikation mit $g^{-j}$ liefert $H = g^{k-j}H$. Wegen $1 \in H$ folgt daraus $g^{k-j} \in H$ (mit $1 \leq k - j \leq n$). Dies beweist die Aussage für $i = k - j$.

**1.12. (b)** Wir betrachten die Abbildung $\pi : G \to S_{G/H}$ in die symmetrische Gruppe mit $\pi(g) = \pi_g$ und $\pi_g$ ist gegeben durch die Abbildungsvorschrift $g'H \mapsto gg'H$. $\pi$ ist ein Homomorphismus und es ist $\ker(\pi) = N$. Damit ist $N$ ein Normalteiler und $|G/N| \leq n!$ nach dem Homomorphiesatz. Es verbleibt zu zeigen, dass $N$ der größte Normalteiler ist, der in $H$ enthalten ist. Sei dazu $K \trianglelefteq G$ mit $K \subseteq H$. Dann ist $K = xKx^{-1} \subseteq xHx^{-1}$ für alle $x \in G$. Damit ist auch $K \subseteq \bigcap_{x \in G} xHx^{-1} = N$.

**1.13.** Sei $D_4$ die Bewegungsgruppe eines regelmäßigen Vierecks mit der Eckenmenge $\{0, 1, 2, 3\}$ wie in Abschnitt 1.2. Sie hat acht Elemente und wird von einer Drehung $\delta$ und einer Spiegelung $\sigma$ erzeugt. Ohne Einschränkung lässt $\sigma$ die Ecken 0 und 2 fest. Sei jetzt $\tau$ die Spiegelung, die 1 und 3 fest lässt, so gilt $\delta^2 = \sigma\tau = \tau\sigma$. Die Untergruppe $K = \langle \sigma, \tau \rangle$ hat den Index 2 in $D_4$ und ist damit ein Normalteiler. (Die Gruppe $K$ ist isomorph zur Klein'schen Vierergruppe.) Klar ist auch, dass $\langle \sigma \rangle$ ein Normalteiler in $K$ ist. Schließlich gilt $\delta\sigma\delta^{-1} \neq \sigma$ und damit ist $\langle \sigma \rangle$ kein Normalteiler der $D_4$.

**1.14.** Sei zunächst $G$ kommutativ. Dann ist $f$ ein Gruppenhomomorphismus aufgrund von $f(x \cdot y) = (x \cdot y)^{-1} = y^{-1} \cdot x^{-1} = x^{-1} \cdot y^{-1} = f(x) \cdot f(y)$. Sei nun $f$ ein Gruppenhomomorphismus. Dann gilt $x \cdot y = (y^{-1} \cdot x^{-1})^{-1} = f(y^{-1} \cdot x^{-1}) = f(y^{-1}) \cdot f(x^{-1}) = y \cdot x$. Also ist $G$ kommutativ.

**1.15.** Sei $n$ die Ordnung von $a$. Dann gilt $f(a)^n = f(a^n) = f(1) = 1$. Damit ist die Ordnung von $f(a)$ ein Teiler von $n$.

**1.16.** Sei $0 \neq r \in R$. Dann ist der Homomorphismus $s \mapsto sr$ injektiv, da $rs = 0$ aufgrund der Nullteilerfreiheit $s = 0$ nach sich zieht. Aufgrund der Endlichkeit von $R$ ist $s \mapsto sr$ auch surjektiv. Daher gibt es zu $r$ ein Linksinverses $s$ mit $sr = 1$. Nach Aufgabe 1.7. (a) ist $(R \setminus \{0\}, \cdot, 1)$ eine Gruppe und damit $R$ mit $1 \neq 0$ ein Schiefkörper.

*Bemerkung:* Der Satz von Wedderburn (nach Joseph Henry Maclagan Wedderburn, 1882–1942) sagt, dass jeder endliche Schiefkörper schon ein Körper ist, so dass $R$ unter den gegebenen Voraussetzungen sogar kommutativ ist. Ernst Witt (1911–1991) hat Anfang der 1930er Jahre einen Beweis gefunden, der bis heute als der einfachste Beweis für dieses Resultat gilt [1].

**1.17.** (i) $\Rightarrow$ (ii): Sei $I$ ein Ideal. Dann ist $(I, +, 0)$ ein Normalteiler von $(R, +, 0)$, und nach Satz 1.9 ist $(R/I, +, I)$ eine Gruppe. Weiter gilt für das Produkt der Mengen $r_1 + I$ und $r_2 + I$, dass $(r_1 + I) \cdot (r_2 + I) \subseteq r_1 r_2 + r_1 I + r_2 I + I \cdot I \subseteq r_1 r_2 + I + I + I = r_1 r_2 + I$. Sei $r_1 + I = s_1 + I$ und $r_2 + I = s_2 + I$. Dann existieren $i_1, i_2 \in I$ mit $s_1 = r_1 + i_1$ und $s_2 = r_2 + i_2$. Damit erhalten wir $(s_1 + I)(s_2 + I) \subseteq s_1 s_2 + I = (r_1 + i_1)(r_2 + i_2) + I = r_1 r_2 + r_1 i_2 + r_2 i_1 + i_1 i_2 + I \subseteq r_1 r_2 + r_1 I + r_2 I + I + I \subseteq r_1 r_2 I$. Dies zeigt, dass die Multiplikation durch die Zuordnung $(r_1 + I, r_2 + I) \mapsto r + I$ mit $(r_1 + I)(r_2 + I) \subseteq r + I$ wohldefiniert ist. Die Assoziativität der Multiplikation und das Distributivgesetz auf $R/I$ folgen nun aus den entsprechenden Gesetzen auf $R$.

(ii) $\Rightarrow$ (iii): Sei $R/I$ ein Ring. Dann ist $\varphi : R \to R/I : r \mapsto r + I$ nach Satz 1.9 ein Gruppenhomomorphismus bezüglich der Addition mit Kern $I$. Zu zeigen bleibt noch, dass $\varphi$ ein Ringhomomorphismus ist. Es gilt $\varphi(1) = 1 + I$ und $1 + I$ ist das neutrale Element der Multiplikation in $R/I$. Des Weiteren ist $\varphi(r_1)\varphi(r_2) = (r_1 + I)(r_2 + I) = r_1 r_2 + I = \varphi(r_1 r_2)$. (iii) $\Rightarrow$ (i): Sei $\varphi : R \to S$ ein Homomorphismus von kommutativen Ringen mit Kern $I$. Nach Satz 1.9 ist $I$ ein Normalteiler von $R$ und damit insbesondere eine Untergruppe. Für $r \in R$ gilt $\varphi(rI) = \varphi(r)\varphi(I) = \varphi(r) \cdot \{0\} = \{0\}$. Damit ist $rI$ eine Teilmenge des Kerns $I$ von $\varphi$. Dies zeigt, dass $I$ ein Ideal ist.

**1.18.** Wir betrachten die Abbildung $\varphi : R/I \to R/J, r + I \mapsto r + J$. Diese ist wohldefiniert und surjektiv da $I \subseteq J$. Da $(r_1 + J) \cdot (r_2 + J) = r_1 r_2 + J$ ist, ist $\varphi$ ein Homomorphismus. Sei $\varphi(r + I) = J$. Dies ist genau dann der Fall, wenn $r + J = J$. Was wiederum genau dann der Fall ist, wenn $r \in J$. Also ist $\ker(\varphi) = J/I$. Die Aussage folgt mit dem Homomorphiesatz.

**1.19.** (i) Es ist $(i_1 + j_1) + (i_2 + j_2) = (i_1 + i_2) + (j_1 + j_2) \in I + J$. Anhand dieser Gleichung sieht man direkt, dass $I + J$ eine kommutative Untergruppe ist, da sich die

Eigenschaften von $I$ und $J$ übertragen. Außerdem gilt $r_1(i+j)r_2 = r_1 i r_2 + r_1 j r_2 \in I + J$. Also ist $I + J$ ein Ideal. (ii) Man betrachte $I = J = \langle x, y \rangle$ in $R = K[x, y]$ für einen Körper $K$. Dann ist $x^3, y^3 \in I \cdot J$. Falls $I \cdot J$ ein Ideal ist, so muss auch $x^3 + y^3 \in I \cdot J$ sein. Wir betrachten allgemein $x^3 + y^3 = (ax + by)(cx + dy) = acx^2 + (ad + bc)xy + bdy^2$ für $a, b, c, d \in K[x, y]$. Also muss der Grad von $ac$ genau 1 sein. Sei ohne Einschränkung $a = x$. Dann muss $dx + bc = 0$ sein. Da jedoch weder $b$ noch $c$ ein $x$ enthalten können, ist dies nicht lösbar. Also ist das (Komplex-)Produkt zweier Ideale im Allgemeinen kein Ideal. (iii) Wir betrachten $I = \langle x \rangle$ und $J = \langle y \rangle$ in $R = K[x, y]$. Dann ist $x, y \in I \cup J$, aber nicht $x + y \in I \cup J$. Also ist $I \cup J$ im Allgemeinen kein Ideal. (iv) Der Schnitt zweier Gruppen ist wieder eine Gruppe. Es bleibt also noch $R(I \cap J)R \subseteq I \cap J$ zu zeigen. Sei $x \in I \cap J$. Dann ist $r_1 x r_2 \in I$ und $r_1 x r_2 \in J$ da $I$ und $J$ Ideale sind. Also ist $r_1 x r_2 \in I \cap J$ und somit $I \cap J$ auch ein Ideal.

**1.20.** Sei $I = \langle 6, x^2 - 2 \rangle$. Wir nehmen an, dass $I = (r(x))$. Dann muss wegen der Gradformel der Grad von $r$ kleiner gleich dem Grad von 6 sein. Also ist der Grad von $r(x)$ genau 0. Da $\pm 1, \pm 2, \pm 3 \notin I$, kann man ohne Einschränkungen $r(x) = 6$ annehmen. Dann ist jedoch $x^2 - 2 \notin (r(x)) = I$, ein Widerspruch. Der Restklassenring $R/I$ ist kein Körper, da $(2 + I)(3 + I) = 6 + I = I$ ist. Damit kann $I$ nicht maximal sein.

**1.21.** Es ist $3^4 = 81 \equiv 1 \mod 16$, also ist die Ordnung von 3 ein Teiler von 4. Wegen $3^2 = 9 \not\equiv 1 \mod 16$ ist die Ordnung genau 4.

**1.22.** Die Gruppe $(\mathbb{Z}/60\mathbb{Z})^*$ enthält $\varphi(60) = \varphi(2^2) \cdot \varphi(3) \cdot \varphi(5) = 16$ Elemente. Die Ordnungen der Elemente sind Teiler von 16. Bis auf die Zahl 1 sind die Teiler gerade. Zur Ordnung 1 gehört nur die Eins, es verbleiben genau 15 Elemente mit gerader Ordnung.

**1.23.** In $\mathbb{Z}/mn\mathbb{Z}$ existiert ein Element der Ordnung $mn$. In der Gruppe $(\mathbb{Z}/m\mathbb{Z}) \times (\mathbb{Z}/n\mathbb{Z})$ gilt jedoch für die Ordnung $r$ eines jeden Gruppenelements, dass $r$ ein Teiler von $\mathrm{kgV}(m, n)$ ist. Wegen $\mathrm{ggT}(m, n) > 1$ gilt jedoch $\mathrm{kgV}(m, n) = mn/\mathrm{ggT}(m, n) < mn$.

**1.24.** Nach dem euklidischen Algorithmus gilt: $98 = 2 \cdot 51 - 4$ und $51 = 13 \cdot 4 - 1$. Rückwärts Einsetzen liefert $1 = 13 \cdot 4 - 51 = 13(2 \cdot 51 - 98) - 51 = -13 \cdot 98 + 25 \cdot 51$. Daraus ergibt sich $s = 25$.

**1.25.** Es gilt $n_i \equiv -1 \mod 3$, $n_i \equiv -1 \mod 4$ und $n_i \equiv -1 \mod 7$. Dies liefert die möglichen Lösungen $n_1 = -1 + 84 = 83$ und $n_2 = -1 + 2 \cdot 84 = 167$, denn $84 = 3 \cdot 4 \cdot 7$, und in diesem Bereich gibt es genau eine Lösung.

**1.26.** Für alle $n \in \mathbb{N}$ ist $n^4 + n^2$ eine gerade Zahl, d. h. $2n^4 + 2n^2 = 4m$. Damit ist $7^{2n^4 + 2n^2} = 7^{4m} = 49^{2m} \equiv (-11)^{2m} \equiv 121^m \equiv 1^m \equiv 1 \mod 60$.

**1.27.** Modulo 6 gilt $X^2 + X = X(X + 1) = (X - 2)(X - 3)$, und das Polynom hat die Nullstellen $0, 2, 3, 5$. Insbesondere gibt es 4 Nullstellen, obwohl das Polynom nur den Grad 2 hat.

**1.28.**

$$
\begin{array}{l}
z^4 \qquad\qquad\qquad + 4 = \left(z^2 - 2z + 2\right)\left(z^2 + 2z + 2\right) \\
\underline{-z^4 + 2z^3 - 2z^2} \\
\qquad 2z^3 - 2z^2 \\
\qquad \underline{-2z^3 + 4z^2 - 4z} \\
\qquad\qquad 2z^2 - 4z + 4 \\
\qquad\qquad \underline{-2z^2 + 4z - 4} \\
\qquad\qquad\qquad\qquad 0
\end{array}
$$

Damit ist $p(z) = z^2 + 2z + 2$ und $z^4 + 4 = p(-z) \cdot p(z)$. Ableiten ergibt $p'(z) = 2z + 2$; also hat $p$ ein Minimum bei $z = -1$ und es gilt $p(-1) = 1$. Daraus folgt $\forall z \in \mathbb{Z} : p(z) \geq 1$. Damit $z^4 + 4$ eine Primzahl ist, muss also $p(z) = 1$ oder $p(-z) = 1$ gelten. Dies ist genau bei $z = -1$ bzw. bei $z = 1$ der Fall. In beiden Fällen ergibt sich der Wert 5.

**1.29.** Sei $f = X^8 + X^7 + X^6 + X^4 + X^3 + X + 1$ und $g = X^6 + X^5 + X^3 + X$. Wir berechnen $\mathrm{ggT}(f, g)$ mithilfe des euklidischen Algorithmus.

$$
\begin{aligned}
f &= g(X^2 + 1) & &+ X^4 + X^3 + 1 \\
g &= (X^4 + X^3 + 1)X^2 & &+ X \\
X^4 + X^3 + 1 &= X(X^3 + X^2) & &+ 1 \\
X &= 1 \cdot X & &+ 0
\end{aligned}
$$

Also ist $\mathrm{ggT}(f, g) = 1$

**1.30.** Angenommen, $f(X)$ ist nicht irreduzibel über $\mathbb{F}_2$. Dann gilt $f(X) = g(X)h(X)$ über $\mathbb{F}_2$ mit $1 \leq \deg(g), \deg(h) \leq 3$ und $\deg(g) + \deg(h) = 5$. Da $f(X)$ keine Nullstelle in $\mathbb{F}_2$ hat, muss $2 \leq \deg(g), \deg(h)$ sein. Sei ohne Einschränkung $\deg(g) = 2$. Die Polynome vom Grad 2 über $\mathbb{F}_2$ sind genau die Polynome $X^2 + X + 1$, $X^2 + X$, $X^2 + 1$ und $X^2$. Davon ist nur $X^2 + X + 1$ irreduzibel, da die anderen drei eine Nullstelle in $\mathbb{F}_2$ haben. Der Divisionsalgorithmus für Polynome liefert $f(x) = (X^3 + X^2)(X^2 + X + 1) + 1$. Damit ist $X^2 + X + 1$ kein Teiler von $f(X)$, also ist $f(X)$ irreduzibel.

**1.31.** Für $t = 1$ gilt $f(X) = a_i X^i$ für ein $i \in \mathbb{N}$ und $a_i \neq 0$, da $0 \neq f(X)$. Also gibt es keine positiven Nullstellen. Sei daher $t \geq 2$. Allgemein können wir nach Division mit einer geeigneten Potenz $X^i$ annehmen, dass $a_0 \neq 0$ gilt. Dann ist $f'(X)$ ein $t - 1$ dünnes Polynom und hat mit Induktion höchstens $t - 2$ Nullstellen. Zwischen je zwei reellen Nullstellen von $f(X)$ liegt (nach dem Satz von Rolle) mindestens eine Nullstelle von $f'(X)$. Dies zeigt die Behauptung.

**1.32. (a)** Durch Skalierung können wir $\lambda = 1$ annehmen, dies macht die Formeln etwas übersichtlicher. Es folgt $g(X) = \sum_i b_i X^i = \sum_i (a_{i-1} - a_i) X^i$. Ohne Einschränkung gilt weiter $a_0 \neq 0$. Betrachte einen Index $i - 1$, mit $i \geq 1$, nach dem in der Folge $(a_0, \ldots, a_d)$ ein Vorzeichenwechsel stattfindet. Es gilt also $a_{i-1} \neq 0$ und für $a_{i-1} < 0$ gilt $a_i \geq 0$ (bzw. für $a_{i-1} > 0$ gilt $a_i \leq 0$). Hieraus folgt, dass $a_{i-1}$ bei einem Vorzeichenwechsel stets dasselbe Vorzeichen wie $b_i$ hat. Nun ist $b_0 = -a_0$, also haben $b_0$ und $a_0$ ein verschiedenes Vorzeichen, aber es ist $b_{d+1} = a_d \neq 0$. Also muss die Anzahl der Vorzeichenwechsel zugenommen haben.

**1.32. (b)** Es sei $0 < \lambda_1 \leq \cdots \leq \lambda_k$ die Folge der positiven reellen Nullstellen mit Vielfachheiten. Dann gilt $f(X) = (X - \lambda_1) \cdots (X - \lambda_k) h(X)$. Nach $k$-facher Anwendung von Aufgabe 1.32. (a) folgt die Behauptung.

**1.33.** Für $n = 0$ ist die Aussage klar. Sie nun $n \geq 1$. Sei $r = \frac{s}{t}$ mit $s, t \in \mathbb{Z}$, $t \neq 0$ und $\mathrm{ggT}(s, t) = 1$. Nun ist

$$f\left(\frac{s}{t}\right) = 0 = \frac{s^n}{t^n} + a_{n-1} \frac{s^{n-1}}{t^{n-1}} + \cdots + a_0$$

Es folgt $s^n + a_{n-1} t s^{n-1} + \cdots + a_0 t^n = 0$. Also ist $t$ ein Teiler von $s^n$ und daher $t = \pm 1$ wegen $\mathrm{ggT}(s, t) = 1$. Damit ist $r \in \mathbb{Z}$. Sei ohne Einschränkung $t = 1$. Es folgt $s(s^{n-1} + a_{n-1} s^{n-2} + \cdots + a_1) = -a_0$, und damit ist $s = r$ ein Teiler von $a_0$.

**1.34.** Sei $f(X)$ irreduzibel über $\mathbb{Z}$. Sei $f(X) = g(X) h(X)$ über $\mathbb{Q}$. Dann gibt es ein $r \in \mathbb{Q}$ und Polynome $g_1(X), h_1(X) \in \mathbb{Z}[X]$ mit $f(X) = r g_1(X) h_1(X)$. Ferner können wir $g_1(X), h_1(X) \in \mathbb{Z}[X]$ so wählen, dass der größte gemeinsame Teiler der Koeffizienten von $g_1(X)$ gleich 1 und auch der größte gemeinsame Teiler der Koeffizienten von $h_1(X)$ gleich 1 ist. Direktes Nachrechnen zeigt dann, dass der größte gemeinsame Teiler der Koeffizienten von $g_1(X) h_1(X)$ auch 1 ist. Wegen $\mathrm{ggT}(a_0, \ldots, a_n) = 1$ muss damit $r = \pm 1$ sein. Ist also $f(X)$ irreduzibel über $\mathbb{Z}$, so auch über $\mathbb{Q}$. Nun müssen wir nur noch zeigen, dass $f(X)$ irreduzibel über $\mathbb{Z}$ ist. Sei $f(X) = g(X) h(X)$ mit $g(X), h(X) \in \mathbb{Z}[X]$, $g(X) = b_r X^r + \cdots + b_0$ und $h(X) = c_s X^s + \cdots + c_0$. Wir müssen zeigen, dass $r = 0$ oder $s = 0$. Nach Voraussetzung ist $p$ ein Primteiler von $a_0 = b_0 c_0$, also von $b_0$ oder $c_0$, aber nicht von beiden. Es sei $p \mid b_0, p \nmid c_0$. Wegen $p \nmid a_n$ existiert ein kleinster Index $m$ mit $p \nmid b_m$, aber $p \mid b_i$ für $i < m$. Setzen wir $c_j = 0$ für $j > s$, so wird $a_m = b_m c_0 + (b_{m-1} c_1 + \cdots + b_0 c_m)$. Die Primzahl $p$ teilt die Klammer, aber nicht $b_m c_0$, also auch nicht $a_m$. Das bedeutet $m = n$, also $r = n$ und $s = 0$.

**1.35. (a)** Dies folgt direkt aus dem Kriterium von Eisenstein.

**1.35. (b)** Wir erhalten $f(X+1) = \frac{(X+1)^p - 1}{X} = X^{p-1} + \binom{p}{1} X^{p-2} + \cdots + \binom{p}{p-1} \in \mathbb{Z}[X]$. Es gilt $p \mid \binom{p}{i}$ für $1 \leq i \leq p - 1$ und $p^2 \nmid \binom{p}{p-1}$.

**1.36.** Die Multiplikation ist mit dieser Erweiterung nicht mehr assoziativ. Insbesondere gilt $(S(X) \cdot (1 - X)) \cdot \sum_{i \geq 0} X^i \neq S(X) \cdot ((1 - X) \cdot \sum_{i \geq 0} X^i)$.

**1.37.** Da die Operationen so gewählt sind, dass sie der Berechnung in $\mathbb{R}$ entsprechen, ist $\mathbb{Q}[\sqrt{2}]$ ein Unterring von $\mathbb{R}$. Noch zu zeigen ist also, dass das Inverse von $(a + b\sqrt{2}) \neq 0$ in $\mathbb{Q}[\sqrt{2}]$ liegt. Da entweder $a$ oder $b$ nicht 0 sind, ist $a^2 + 2b^2 > 0$. Es ist

$$\frac{1}{a + b\sqrt{2}} = \frac{a - b\sqrt{2}}{a^2 + 2b^2} = \frac{a}{a^2 + 2b^2} + \frac{-b}{a^2 + 2b^2}\sqrt{2} \in \mathbb{Q}[\sqrt{2}]$$

**1.38.** Die Menge $M = \{g(X) \mid g(X) \in K[X], g(\alpha) = 0\}$ besteht nicht nur aus dem Nullpolynom, da es ein $p(X) \in K[X]$ mit $\deg(p) \geq 1$ und $p(\alpha) = 0$. Damit gibt es in $M$ ein Polynom $m(X)$ mit minimalem Grad $\geq 1$, dessen Leitkoeffizient 1 ist (da wir den Leitkoeffizienten durch Multiplikation mit einem Element aus $K$ zu 1 normieren können). Wir behaupten, dass $M = \{f(X)m(X) \mid f(X) \in K[X]\}$ gilt. Die Inklusion von rechts nach links ist trivial. Sei $g(X) \in M$. Dann gibt es Polynome $f(X), r(X) \in K[X]$ mit $g(X) = f(X)m(X) + r(X)$ und $\deg(r) < \deg(m)$. Wegen $g(\alpha) = m(\alpha) = 0$ gilt $r(\alpha) = 0$. Wegen der Minimalität von $\deg(m)$ ist damit $r(X)$ das Nullpolynom. Dies zeigt $g(X) = f(X)m(X)$ wie behauptet. Außerdem zeigt diese Rechnung, dass $m(X)$ eindeutig ist.

**1.39.** Sei $a$ ein Quadrat, d.h., es existiert ein $b$ mit $b^2 = a$, dann ist $a^{(q-1)/2} = b^{q-1} = 1$. Also ist $a$ eine Nullstelle von $X^{(q-1)/2} - 1$ und daher $X - a$ ein Teiler von $X^{(q-1)/2} - 1$. Sei Umgekehrt $X - a$ ein Teiler, dann ist $a$ eine Nullstelle von $X^{(q-1)/2} - 1$. Also ist $a^{(q-1)/2} = 1$. Mit dem Euler-Kriterium (Satz 1.65) folgt, dass $a$ ein Quadrat ist.

## Zu Kapitel 2

**2.1.** Der Zeit entsprechend kann man davon ausgehen, dass Friedrich der Große an Voltaire auf französisch schrieb. Wir erhalten: „ce soir *sous* P a cent *sous* six". Dies liest sich als „ce soir souper à Sans-Souci". Friedrich lud also zum Abendessen auf sein Schloss in Potsdam ein, worauf Voltaire mit einem großen „G" und kleinem „a" antwortete. Dies bedeutet „G grand a petit". Er kündigte also mit „j'ai grand appétit" seinen Heißhunger an.

**2.2.** Es ist naheliegend, zu vermuten, dass sich Aufgabe 1.1. anwenden lässt und dass $c_k$ und $d_k$ zu einander inverse Abbildungen sein müssen. Dies ist jedoch aufgrund der unterschiedlichen Definitions- und Wertebereiche nicht der Fall. Ein einfaches Gegenbeispiel stellen die Verschlüsselungsfunktion $c_k : \{1\} \to \{1, 2\}$ mit $c_k(1) = 1$ und die Entschlüsselungsfunktion $d_k : \{1, 2\} \to \{1\}$ mit $d_k(1) = d_k(2) = 1$ dar.

**2.3. (a)** Wegen $\mathbb{Z}/77\mathbb{Z} = \mathbb{Z}/7\mathbb{Z} \times \mathbb{Z}/11\mathbb{Z}$ folgt $\varphi(n) = 6 \cdot 10 = 60$.

**2.3. (b)** Der euklidische Algorithmus liefert $s = 7$.

**2.3. (c)** $x \equiv y^s = 5^7 \equiv 47 \bmod 77$.

**2.4.** Es ist $x = x^{11-2\cdot5}$. Mit dem erweiterten euklidischen Algorithmus berechnen zunächst $(x^5)^{-1} \equiv -183 \bmod 551$. Es ergibt sich $x \equiv 429 \cdot (-183) \cdot (-183) \equiv 7 \bmod 551$.

**2.5.** Es gilt $d(c(x)) = (x^e \bmod n)^s \bmod n \equiv x^{es} \equiv x^{1+k(p_i-1)} \equiv x \bmod p_i$ für eine Zahl $k \in \mathbb{N}$. Mit dem Chinesischen Restsatz folgt $d(c(x)) \equiv x \bmod n$. Mit $x \in \{0, \ldots, n-1\}$ erhalten wir schließlich $d(c(x)) = x$.

**2.6. (a)** Die verschlüsselte Nachricht ist $y \equiv 17^2 \equiv 36 \bmod n$.

**2.6. (b)** Sei $n = 11 \cdot 23$. Zunächst bestimmen wir $z_{11} \equiv 36^{\frac{11+1}{4}} \equiv 5 \bmod 11$ und $z_{23} \equiv 36^{\frac{23+1}{4}} \equiv 6 \bmod 23$. Mit dem chinesischen Restsatz ergeben sich aus den Forderungen $z \equiv \pm5 \bmod 11$ und $z \equiv \pm6 \bmod 23$ die vier Lösungen $z \in \{6, 17, 236, 247\}$.

**2.6. (c)** Die Codierungsfunktion ist auf dem Definitionsbereich injektiv: Angenommen, es existieren $x, \tilde{x} \in 00\{0,1\}^400$ mit $x > \tilde{x}$ und $x^2 \equiv \tilde{x}^2 \bmod 253$. Dann folgt $(x - \tilde{x})(x + \tilde{x}) \equiv 0 \bmod 253$. Nun gibt es zwei Fälle. Entweder ist einer der beiden Faktoren 0 oder je einer ein Vielfaches von 11 bzw. 23. Es gilt $x - \tilde{x} \neq 0$ und $x + \tilde{x} \neq 0 \bmod 253$, da $x + \tilde{x}$ höchstens 120 ist. Es verbleibt der Fall, dass $x - \tilde{x}$ ein Vielfaches von 11 oder 23 ist. Die Zahlen $x$ und $\tilde{x}$ sind beides Vielfache von 4. Wegen $0 \leq \frac{x-\tilde{x}}{4} \leq 15$ kann $x - \tilde{x}$ nur ein Vielfaches von 11 sein, und es muss $\frac{x-\tilde{x}}{4} = 11$ gelten. Mit $\frac{x}{4} \leq 15$ folgt daraus $\frac{\tilde{x}}{4} \leq 4$ und $\frac{x+\tilde{x}}{4} \leq 11 + 2 \cdot 4 = 19 < 23$. Insbesondere ist $x + \tilde{x}$ nicht durch 23 teilbar. Dies ist ein Widerspruch.

**2.7. (a)** Da $n$ eine Primzahl ist, gilt $\varphi(n) = 46$ und die Ordnung von $g$ ist ein Teiler von $46 = 2 \cdot 23$. Es ist $5^2 = 25 \not\equiv 1 \bmod 47$ und $5^{23} \equiv -1 \bmod 47$. Also ist 46 die Ordnung von $g$.

**2.7. (b)** Es ist $A \equiv 5^a \equiv 5^{16} \equiv 17 \bmod 47$ und $B \equiv 5^b \equiv 5^9 \equiv 40 \bmod 47$. Der geheime Schlüssel ist $k = A^b \equiv B^a \equiv 21 \bmod 47$.

**2.7. (c)** $B = 40$ wurde bereits bestimmt. Der Geheimtext ergibt sich durch $y \equiv A^b \cdot x \equiv k \cdot x \equiv 21 \cdot 33 \equiv 35 \bmod 47$.

**2.8.** Wir lösen das Problem mit dynamischem Programmieren. Dabei füllen wir eine $\{0, \ldots, c\} \times n$ Tabelle $T$. Mit $T_{i,j}$ ist der Eintrag in Zeile $i$, Spalte $j$ gemeint. Die Tabelle wird mit $T_{0,j} = 1$ initialisiert. Danach wird sie iterativ durch die folgende Vorschrift gefüllt.

$$T_{i,j} = \begin{cases} 1 & \text{falls } T_{i-s_j, j-1} = 1 \text{ oder } T_{i,j-1} = 1 \\ 0 & \text{sonst} \end{cases}$$

Der Eintrag $T_{i,j}$ bedeutet, dass eine Lösung für das Gewicht $i$ bereits bei Verwendung von $s_1, \ldots, s_j$ existiert. Eine Lösung des Rucksackproblems existiert also, falls $T_{c,n} = 1$ ist.

**2.9.** Das Inverse von $u$ ist $w = 5$ in $(\mathbb{Z}/71\mathbb{Z})^*$. Alice wählte die $a_i$ über $s_i = a_i \cdot w$ mod 47. Sie verwendete also die stark wachsende Folge $(2, 5, 9, 17, 37)$. Alice bestimmt $c = 90 \cdot w = 90 \cdot 5 \equiv 24 \mod 71$. Die einzige Lösung des Rucksackproblems ist $24 = 1 \cdot 2 + 1 \cdot 5 + 0 \cdot 9 + 1 \cdot 17 + 0 \cdot 37$. Der Klartext lautet also $(1, 1, 0, 1, 0)$.

**2.10.** Für $i = 0$ ist die Aussage trivial und für $i \geq 0$ gilt mit Induktion:

$$s_{i+1} \geq 2s_i = s_i + s_i > s_i + \sum_{j=1}^{i-1} s_j = \sum_{j=1}^{i} s_j$$

**2.11.** Da jedes Element $x \in X$ ein eindeutiges Bild $y = h(x)$ besitzt, wird jedes $x$ in genau einem $\|y\|$ gezählt. Es folgt $\sum_{y \in Y} \|y\| = |X|$. Setzt man diese Gleichung in $m = \sum_{y \in Y} \|y\| / |Y|$ ein, so ergibt sich direkt $m = \frac{|X|}{|Y|}$. Eine Kollision $(x, x')$ mit $h(x) = h(x') = y$ sind je zwei verschiedene Elemente, die bei $\|y\|$ gezählt werden. Die Anzahl dieser Paare für ein festes $y$ ist $\binom{\|y\|}{2}$. Damit gilt $N = \sum_{y \in Y} \binom{\|y\|}{2}$. Die Gleichung $\sum_{y \in Y} \binom{\|y\|}{2} = \frac{1}{2} \sum_{y \in Y} \|y\|^2 - \frac{|X|}{2}$ ergibt sich mit $\binom{\|y\|}{2} = \frac{\|y\|(\|y\|-1)}{2}$ und $\sum_{y \in Y} \|y\| = |X|$. Es ist

$$\sum_{y \in Y} (\|y\| - m)^2 = \sum_{y \in Y} \left( \|y\|^2 - 2\|y\| \frac{|X|}{|Y|} + \left(\frac{|X|}{|Y|}\right)^2 \right)$$

$$= \left( \sum_{y \in Y} \|y\|^2 \right) - 2|X| \frac{|X|}{|Y|} + |Y| \left(\frac{|X|}{|Y|}\right)^2 = 2N + |X| - \frac{|X|^2}{|Y|}$$

Damit gilt insbesondere $0 \leq \sum_{y \in Y} (\|y\| - m)^2 = 2N + |X| - \frac{|X|^2}{|Y|}$ und daraus folgt $N \geq \frac{1}{2}(\frac{|X|^2}{|Y|} - |X|)$.

**2.12.** Für $i = 1$ ist $h_i$ kollisionsresistent. Sei nun $i \geq 1$, und sei $x_1 x_2 \neq x_1' x_2'$ eine Kollision von $h_{i+1}$. Ohne Einschränkung sei $x_1 \neq x_1'$. Nach der Definition von $h_{i+1}$ sind zwei Fälle möglich. Entweder ist $h_i(x_1)h_i(x_2) = h_i(x_1')h_i(x_2')$ und damit $x_1 \neq x_1'$ eine Kollision von $h_i$, oder es ist $h_i(x_1)h_i(x_2) \neq h_i(x_1')h_i(x_2')$ eine Kollision von $h_1$.

**2.13.** Es gilt $a^{80115359} \equiv a^{1294755} \mod n$. Also ist $a^{80115359-1294755} \equiv 1 \mod n$. Es gilt $80115359 - 1294755 = 78820604 = 4 \cdot 19705151$. Da $\varphi(n) = 4p'q'$ ist, versuchen wir, eine Zahl $b$ zu finden mit $b^{19705151} \not\equiv 1 \mod n$. Wir wählen zufällig $b = 13$. Es ist $13^{19705151} \equiv 10067 \mod n$ und $10067^2 \equiv 1 \mod n$. Wir berechnen $\mathrm{ggT}(10066, n) = 719$ und $\mathrm{ggT}(10068, n) = 839$. Es ergibt sich somit $n = 719 \cdot 839$.

**2.14. (a)** Sei zunächst $u_k(x) = (y, \delta) = (\alpha^s, (x - my)s^{-1})$. Dann ist $\beta^y y^\delta \equiv \alpha^{my} y^\delta \equiv \alpha^{my} \alpha^{s\delta} \equiv \alpha^{my} \alpha^{s \cdot s^{-1}(x-my)} \equiv \alpha^x \mod p$, und es folgt $v_k(x, y, \delta) = \mathrm{true}$. Sei umgekehrt $v_k(x, y, \delta) = \mathrm{true}$ und $t$ der diskrete Logarithmus von $y$ zur Basis $\alpha$. Es gilt $\beta^y y^\delta \equiv \alpha^x \mod p$, und damit ist $\alpha^{x-my} \equiv y^\delta \equiv \alpha^{t\delta} \mod p$. Es folgt $x - my \equiv t\delta \mod (p-1)$. Falls $t$ in $\mathbb{Z}/(p-1)\mathbb{Z}$ invertierbar ist, ist dies äquivalent zu $\delta \equiv (x - my)t^{-1} \mod (p-1)$. Folglich ist $(y, \delta)$ eine gültige Unterschrift für $x$.

**2.14.(b)** Wähle $u, v$ mit $\mathrm{ggT}(v, p - 1) = 1$. Wir setzen $\gamma = \alpha^u \beta^v \bmod p$, $\delta = -\gamma v^{-1} \bmod p - 1$ und $x = u\delta \bmod p - 1$. Damit ist dann $\beta^\gamma \gamma^\delta \equiv \beta^\gamma \alpha^{u\delta} \beta^{-vv^{-1}\gamma} \equiv \alpha^{u\delta} \equiv \alpha^x \bmod p$.

**2.14.(c)** Es ist zu zeigen, dass $\beta^\lambda \lambda^\mu \equiv \alpha^{x'} \bmod p$ ist. Wir setzen $\gamma = (h\gamma - j\delta)^{-1} \bmod p - 1$. Da $(\gamma, \delta)$ eine gültige Unterschrift ist, gilt $\gamma^\delta \equiv \beta^{-\gamma} \alpha^x \bmod p$. Damit folgt $\beta^\lambda \lambda^\mu \equiv \beta^\lambda (\gamma^h \alpha^i \beta^j)^{\delta\lambda\gamma} \equiv \beta^\lambda (\gamma^\delta)^{h\lambda\gamma} \alpha^{i\delta\lambda\gamma} \beta^{j\delta\lambda\gamma} \equiv \beta^\lambda \beta^{-\gamma h\lambda\gamma} \alpha^{xh\lambda\gamma} \alpha^{i\delta\lambda\gamma}$ $\beta^{j\delta\lambda\gamma} \equiv \beta^\lambda \beta^{-\gamma h\lambda\gamma} \alpha^{x'} \beta^{j\delta\lambda\gamma} \equiv \alpha^{x'} \beta^{\lambda - \lambda(h\gamma - j\delta)(h\gamma - j\delta)^{-1}} \equiv \alpha^{x'} \bmod p$.

**2.15.** Wir wählen die Primzahl $p = 61$. Mithilfe des Polynoms $a(X) = 42 + a_1 X \in \mathbb{F}_p[X]$ wollen wir das Geheimnis aufteilen. Dazu wählen wir zufällig $a_1 = 23$. Es ergibt sich $a(1) = 4$, $a(2) = 27$ und $a(3) = 50$. Damit ergeben sich die Informationen $(1, 4)$, $(2, 27)$ und $(3, 50)$. Wir zeigen exemplarisch, dass mit zwei dieser Informationen das Geheimnis rekonstruiert werden kann.

Seien die Informationen $(1, 4)$ und $(2, 27)$ gegeben. Es ergeben sich die Gleichungen $a_0 + a_1 = 4$ und $a_0 + 2a_1 = 27$. Wir lösen die erste Gleichung nach $a_0$ auf und setzen das Ergebnis in die zweite Gleichung ein. Es ergibt sich $(4 - a_1) + 2a_1 = 27$, also $a_1 = 27 - 4 = 23$. Damit gilt $a_0 + 23 = 4$, also $a_0 \equiv -19 \equiv 42 \bmod 61$.

**2.16.** Wir benutzen ein mehrstufiges Verfahren auf der Basis des Shamir-Verfahrens. Dazu wird der geheime Schlüssel zunächst einmal so auf drei Schlüssel verteilt, dass zwei davon ausreichen um den geheimen Schlüssel zu bekommen. Dann werden zwei dieser Schlüssel an die Direktoren verteilt. Der dritte Schlüssel wird wieder in zehn Schlüssel aufgeteilt, wobei sieben dieser Schlüssel ausreichen um das Geheimnis zu entschlüsseln. Dann werden sieben dieser zehn Schlüssel an die Abteilungsleiter weitergegeben. Die restlichen drei Schlüssel werden wieder als Geheimnis aufgeteilt (dazu benötigt man eine geeignete Codierung der drei Schlüssel in ein Geheimnis). Dieses mal wird das Geheimnis der drei Schlüssel aufgeteilt in insgesamt 87 Schlüssel, wobei elf davon ausreichen um das Geheimnis zu rekonstruieren. Also können elf Mitarbeiter die fehlenden drei Abteilungsleiter ausgleichen und sieben Abteilungsleiter können einen fehlenden Direktor ausgleichen.

**2.17.** Die Personen $1, 2$ und $3$ haben Gehälter $g_1, g_2$ und $g_3$. Das Protokoll funktioniert folgendermaßen: Zunächst schickt die Person 1 eine zufällige Zahl $z$ an Person 2. Diese schickt dann die Zahl $z + g_2$ an Person 3. Da Person 3 die Zufallszahl $z$ nicht kennt, kann diese daraus nicht das Gehalt $g_2$ berechnen. Dann schickt Person 3 die Summe $z + g_2 + g_3$ an Person 1. Person 1 kann daraus, da sie die Zahl $z$ kennt, die Summe $g_1 + g_2 + g_3$ bilden und somit das Durchschnittsgehalt berechnen. Dieses teilt sie den weiteren beiden Personen mit. Dieses Protokoll lässt sich leicht auf mehr als drei Mitarbeiter verallgemeinern.

**2.18.** Seien $w_1 < \ldots < w_n$ die möglichen Gehälter. Sei $c_B$ Bob's öffentliche Verschlüsselungsfunktion und $d_B$ seine private Entschlüsselungsfunktion. Alice wählt ein zufälliges $x$ und sendet $d = c_B(x) - a$ an Bob, wobei $a$ ihr Gehalt ist. Bob berechnet nun $y_1, \ldots, y_n$ mit $y_i = d_B(d + w_i)$. Mit $w_j = a$ gilt $y_j = x$. Um sein Gehalt zu verschleiern wendet Bob eine Einwegfunktion $f$ an und berechnet $z_i = f(y_i)$. Sei ohne Einschränkung $z_i \neq z_j + 1$ für $1 \leq i, j \leq n$ (andernfalls muss Alice ein neues $x$ wählen oder Alice und Bob einigen sich auf eine andere Hashfunktion). Ist $b = w_k$ das Gehalt von Bob, so sendet Bob die Folge $z_1, \ldots, z_k, z_k + 1, \ldots, z_n + 1$ an Alice. Nun ist $a \leq b$ genau dann, wenn $f(x)$ in der Folge vorkommt.

**2.19.** Der Dealer verpflichtet sich zu einer Zahl zwischen 0 und 36. Dann geben alle Spieler Ihre Gebote in Klartext ab. Der Dealer legt dann seine Zahl offen.

## Zu Kapitel 3

**3.1.** Sei $y_0 > 0$ so, dass $f(n) \leq \sum_{i=0}^{k} f(\lceil \alpha_i n \rceil) + y_0 n$. Weiter sei $\varepsilon > 0$ und $n_0 > 0$ so, dass $\alpha_i n_0 \leq n_0 - 1$ für alle $i \in \{1, \ldots, k\}$ und $\sum_{i=0}^{k} \lceil \alpha_i n \rceil \leq (1 - \varepsilon) n$ für alle $n \geq n_0$ gilt. Wähle schließlich ein $y$ so groß, dass $y_0 < y\varepsilon$ und $f(n) < yn$ für alle $n < n_0$. Mit Induktion nach $n$ zeigen wir jetzt $f(n) < yn$. Für $n < n_0$ ist die Behauptung aufgrund der Wahl von $y$ erfüllt. Für $n \geq n_0$ gilt:

$$f(n) \leq \sum_{i=0}^{k} f(\lceil \alpha_i n \rceil) + y_0 n \leq \sum_{i=0}^{k} y \cdot \lceil \alpha_i n \rceil + y_0 n$$
$$\leq (y(1 - \varepsilon) + y_0) \cdot n \leq yn$$

*Bemerkung:* Eine bekannte Anwendung des Master-Theorems II ist der Beweis, dass sich der *Median* einer Folge von $n$ Zahlen mit nur $\mathcal{O}(n)$ Vergleichen bestimmen lässt. Wir müssen die Folge also nicht erst sortieren, um den Median zu bestimmen.

**3.2.** Ohne Einschränkung gilt $a \neq 0 \neq b$. Wir teilen $a$ und $b$ durch $\mathrm{ggT}(a, b)$. Danach können wir die Wurzeln für Zähler und Nenner unabhängig durch binäre Suche bestimmen.

**3.3.** Es gilt $2^{(n-1)/2} = 2^{864} \equiv 1 \bmod 1729$ und nach Satz 1.67 (c) gilt $\left(\frac{2}{n}\right) = (-1)^{(n^2-1)/8} = 1$. Man beachte, dass $1729 \equiv 1 \bmod 16$ und damit $\frac{n^2-1}{8}$ gerade ist. Damit ist $1729$ eine Euler'sche Pseudoprimzahl zur Basis 2.

Wir schreiben $1728 = 2^{\ell} u = 2^6 27$ und setzen $b = 645 \equiv 2^{27} \not\equiv 1 \bmod 1729$. Damit erhalten wir $(b^{2^0}, b^{2^1}, b^{2^2}, b^{2^3}, b^{2^4}, b^{2^5}) = (645, 1065, 1, 1, 1, 1)$ modulo $1729$. Da $-1$ in dieser Folge nicht vorkommt, ist $1729$ keine starke Pseudoprimzahl zur Basis 2. Außerdem sehen wir mit $c = 1065$, dass $c^2 \equiv 1 \bmod 1729$ gilt. Es folgt $1064 \cdot 1066 = (c-1)(c+1) \equiv 0 \bmod 1729$. Damit ist $\mathrm{ggT}(1064, 1729) = 133$ ein nichttrivialer Teiler von $1729 = 133 \cdot 13 = 7 \cdot 13 \cdot 19$.

Wir halten darüber hinaus fest, dass in diesem speziellen Fall von allen $a \in \{1, \ldots, n - 1\}$ (bzw. von allen zu $n$ teilerfremden $a \in \{1, \ldots, n - 1\}$) der Fermat-Test bei 75% (bzw. 100%), der Solovay-Strassen-Test bei rund 39,5% (bzw. rund 52,7%) und der Miller-Rabin-Test bei rund 9,4% (bzw. 12,5%) fehlschlägt. Insbesondere ist $1729$ also eine Carmichael-Zahl.

**3.4.** Sei $r$ die Ordnung von $a$ in $(\mathbb{Z}/n\mathbb{Z})^*$. Aus (i) folgt $r \mid n - 1$, und mit (ii) ergibt sich schließlich $r = n - 1$. Damit gilt $|(\mathbb{Z}/n\mathbb{Z})^*| = n - 1$, und $n$ ist eine Primzahl.

**3.5.** Angenommen $f_n$ ist eine Primzahl. Aus dem Euler-Kriterium folgt $3^{(f_n-1)/2} \equiv \left(\frac{3}{f_n}\right) \bmod f_n$. Zusammen mit $f_n \equiv 1 \bmod 4$ ergibt sich aus dem quadratischen Reziprozitätsgesetz die Rechnung $\left(\frac{3}{f_n}\right) = \left(\frac{f_n}{3}\right) \equiv f_n^{(3-1)/2} = f_n \equiv -1 \bmod 3$. Die Umkehrung folgt mit dem Lucas-Test in Aufgabe 3.4.

**3.6.** Wir setzen $f(X) = X^2 - 4X + 1$. Sei zunächst die Kongruenz erfüllt, und sei $q$ der kleinste Primteiler von $n$. In $\mathbb{F}_q[X]$ gilt $X^{n+1} \equiv 1 \bmod f(X)$ und $X^{(n+1)/2} \not\equiv 1 \bmod f(X)$. Also hat $X$ in der Einheitengruppe von $R = \mathbb{F}_q[X]/f$ die Ordnung $n + 1$. Wenn $n$ zusammengesetzt ist, dann gilt $q \leq \sqrt{n}$. Da $R$ genau $q^2$ Elemente enthält, ist $n \geq q^2 > |R^*| \geq n + 1$. Dies ist ein Widerspruch. Also ist $n$ eine Primzahl.

Für die Umkehrung sei nun $n$ eine Primzahl. Nach dem quadratischen Reziprozitätsgesetz gilt $\left(\frac{3}{n}\right) = -\left(\frac{n}{3}\right) = -\left(\frac{1}{3}\right) = -1$, da $2^p - 1 \equiv (-1)^p - 1 \equiv 1 \bmod 3$ für $p$ ungerade. Mit der Mitternachtsformel für quadratische Gleichungen folgt, dass $f$ irreduzibel ist. Also ist $K = \mathbb{F}_n[X]/f$ ein Körper. In $\mathbb{F}_n$ und damit auch in $K$ gilt $2^{(n-1)/2} = 1$ nach dem Euler-Kriterium, denn es ist $\left(\frac{2}{n}\right) = 1$. Außerdem gilt $(X-1)^2 = 2X$ in $K$. Das Polynom $g(Y) = Y^2 - 4Y + 1$ in $K[Y]$ hat die Nullstellen $X$ und $4 - X$. Da $K$ ein Körper ist, sind dies die einzigen Nullstellen. Die Koeffizienten von $g$ sind in $\mathbb{F}_n$, so dass $0 = g(X)^n = g(X^n)$ gilt. Also ist $X^n \in \{X, 4 - X\}$. Da $Y^n - Y$ genau die Elemente aus $\mathbb{F}_q$ als Nullstellen besitzt und $X \notin \mathbb{F}_q$ gilt, ist $X^n \neq X$ und damit $X^n = 4 - X$. Wir berechnen nun $(X-1)^{n+1}$ auf zwei Arten:

$$(X-1)^{n+1} = ((X-1)^2)^{(n+1)/2} = (2X)^{(n+1)/2} = 2X^{(n+1)/2}$$
$$(X-1)^{n+1} = (X-1)^n(X-1) = (X^n - 1)(X-1)$$
$$= (3-X)(X-1) = -X^2 + 4X - 3 = -2$$

Wenn wir diese beiden Rechnungen kombinieren, dann erhalten wir wie gewünscht $X^{(n+1)/2} = 1$ in $K$.

**3.7.** Sei $R = \mathbb{Z}/n\mathbb{Z}$, $f(X) = X^2 - 4X + 1$ und $K = R[X]/f$. Mit Induktion nach $j$ zeigen wir zunächst, dass in $K$ die Eigenschaft $\ell_j = X^{2^j} + (4 - X)^{2^j}$ gilt. Für $j = 0$ ist $\ell_0 = 4 = X + (4 - X)$. Sei nun $j \geq 0$. Mit $X(4-X) = 1$ ergibt sich

$$\ell_{j+1} = \ell_j^2 - 2 = \left(X^{2^j} + (4-X)^{2^j}\right)^2 - 2$$
$$= X^{2^{j+1}} + (4-X)^{2^{j+1}} + 2X^{2^j}(4-X)^{2^j} - 2$$
$$= X^{2^{j+1}} + (4-X)^{2^{j+1}} + 2\left(X(4-X)\right)^{2^j} - 2$$
$$= X^{2^{j+1}} + (4-X)^{2^{j+1}} + 2 \cdot 1^{2^j} - 2 = X^{2^{j+1}} + (4-X)^{2^{j+1}}$$

Es gilt genau dann $X^{(n+1)/2} = -1$, wenn $X^{(n+1)/2-k} = -X^{-k}$ ist. Für $k = (n+1)/4$ folgt zusammen mit $X^{-1} = 4 - X$ die Äquivalenz

$$X^{(n+1)/2} = -1 \Leftrightarrow \underbrace{X^{(n+1)/4} + (4-X)^{(n+1)/4}}_{\ell_{p-2}} = 0$$

Die Behauptung folgt nun aus Aufgabe 3.6.

**3.8.** Für $B = \{2,3\}$ ergibt sich $k = 2^7 \cdot 3^5 = 128 \cdot 243 = 31\,104$. Mit schneller modularer Exponentiation und $a = 2$ ergibt sich $a^k \equiv 82 \bmod n$. Es ist $\gcd(a^k - 1, n) = \gcd(81, n) = 1$ und wir haben keinen Teiler gefunden.

Für $B = \{2, 3, 5\}$ ergibt sich $k = 2^7 \cdot 3^5 \cdot 5^3 = 128 \cdot 243 \cdot 125 = 3\,888\,000$. Mit schneller modularer Exponentiation und $a = 2$ ergibt sich $a^k \equiv 133 \bmod n$. Damit ist $\gcd(a^k - 1, n) = \gcd(132, n) = 11$ und wir haben einen nichttrivialen Teiler von $n$ gefunden.

Wir merken darüber hinaus an, dass die $(p-1)$-Methode für $B = \{2,3\}$ bei rund 24% und für $B = \{2, 3, 5\}$ bei rund 84% aller $a \in \{2, \ldots, n-1\}$ einen nichttrivialen Teiler findet.

**3.9.** Wir setzen $x_0 = y_0 = 12$ und erhalten folgende Werte

$$
\begin{aligned}
x_1 &= 145 \quad y_1 = 356 \quad \gcd(y_1 - x_1, n) = 1 \\
x_2 &= 356 \quad y_2 = 144 \quad \gcd(y_2 - x_2, n) = 53
\end{aligned}
$$

Damit ist 53 ein Teiler von $n$.

**3.10.** Die Ordnung $n$ von $(\mathbb{Z}/19\mathbb{Z})^*$ ist 18. Wir setzen $g = 2$, $y = 3$ und $m = \lfloor \sqrt{n} \rfloor = 4$. Die Berechnung der Babysteps ergibt folgende Tabelle $B$:

| $r$ | 3 | 2 | 1 | 0 |
|---|---|---|---|---|
| $yg^{n-r} \bmod 19$ | 17 | 15 | 11 | 3 |

Nun kommen die Giantsteps. Wir berechnen $h = 2^4 = 16$ und sukzessive $h^0 = 1$, $h^1 = 16$, $h^2 \equiv 9$. Keiner dieser Werte findet sich in der zweiten Zeile der Tabelle wieder. Schließlich finden wir für $s = 3$ den Wert $h^s \equiv 11$ in der Tabelle $B$ und erhalten $r = 1$. Damit ist $x = 3 \cdot m + r = 13$ der gesuchte Wert.

**3.11.** Man berechnet das kleinste $n \geq 0$ mit $g^n = 1$. Hierzu testet man die Giantsteps $s$ in aufsteigender Reihenfolge und verwirft die Lösung $r = 0$ und $s = 0$. Eine kleine Optimierung ergibt sich, wenn wir bei zwei Babysteps $(r, a)$ und $(r', a)$ mit $r < r'$ nur den Eintrag $(r, a)$ in der Tabelle $B$ speichern.

**3.12. (a)** Die Ordnung von $G$ ist $22 = 2 \cdot 11$. Es gilt $g^2 = 9 \not\equiv 1 \bmod 23$ sowie $g^{11} \equiv 1 \bmod 23$. Damit ist $q = 11$ die Ordnung von $g$.

**3.12. (b)** Wir setzen $y = 18$ sowie $f : \mathbb{Z}/q\mathbb{Z} \times \mathbb{Z}/q\mathbb{Z} \to \mathbb{Z}/q\mathbb{Z} \times \mathbb{Z}/q\mathbb{Z}$ mit

$$
f(r, s) = \begin{cases}
(r+1, s) & \text{falls } (g^r y^s \bmod 23) \equiv 0 \bmod 3 \\
(2r, 2s) & \text{falls } (g^r y^s \bmod 23) \equiv 1 \bmod 3 \\
(r, s+1) & \text{falls } (g^r y^s \bmod 23) \equiv 2 \bmod 3
\end{cases}
$$

und definieren eine Folge $(r_i, s_i)$ mit $(r_1, s_1) = (1, 1)$ und $(r_{i+1}, s_{i+1}) = f(r_i, s_i)$ für $i \geq 1$. Weiterhin setzen wir $h_i = g^{r_i} y^{s_i} \bmod 23$. Für $\ell \in \{1, 2, 4\}$ berechnen wir die

Werte von $(r_\ell, s_\ell)$ sowie $h_\ell$ und für $k \in \{1, \ldots, \ell\}$ wie Werte von $(r_{\ell+k}, s_{\ell+k})$ sowie $h_{\ell+k}$ wie in folgender Tabelle dargestellt:

| $\ell$ | $\ell = 1$ | $\ell = 2$ | | $\ell = 4$ | | |
|---|---|---|---|---|---|---|
| $(r_\ell, s_\ell)$ | $(1,1)$ | $(1,2)$ | | $(3,2)$ | | |
| $h_\ell$ | 8 | 6 | | 8 | | |
| $k$ | $k = 1$ | $k = 1$ | $k = 2$ | $k = 1$ | $k = 2$ | $k = 3$ | $k = 4$ |
| $(r_{\ell+k}, s_{\ell+k})$ | $(1,2)$ | $(2,2)$ | $(3,2)$ | $(3,3)$ | $(4,3)$ | $(5,3)$ | $(5,4)$ |
| $h_{\ell+k}$ | 6 | 18 | 8 | 6 | 18 | 8 | 6 |

Der Algorithmus endet falls $h_\ell = h_{\ell+k}$, hier also für $\ell = 4$ und $k = 3$; die Werte für $\ell = k = 4$ werden nicht mehr berechnet. Es gilt $g^3 y^2 = h_\ell = h_{\ell+k} = g^5 y^3$. Falls $y = g^x$ ist, dann folgt $g^{3+2x} = g^{5+3x}$ und daher $3 + 2x \equiv 5 + 3x \bmod 11$. Eine Lösung dieser Kongruenz ist 9. Weiterhin gilt $3^9 \equiv 18 \bmod 23$ und der gesuchte Wert ist 9. Man beachte, dass der Algorithmus die Übereinstimmung mit Wert 6 von $h_2$ und $h_5$ nicht findet, da die Werte $h_5, h_6, h_7, h_8$ ausschließlich mit $h_4$ verglichen werden.

**3.13.** Wir setzen $g = 2$ und $y = 5$. Die Ordnung von $(\mathbb{Z}/19\mathbb{Z})^*$ ist $n = 18 = 2 \cdot 3^2$. Wir setzen weiterhin Parameter wie in folgender Tabelle vorgegeben:

| $p$ | $e_p$ | $n_p$ | $g_p$ | $y_p$ | $x_p$ |
|---|---|---|---|---|---|
| 2 | 1 | 9 | 18 | 1 | 0 |
| 3 | 2 | 2 | 4 | 6 | 7 |

Für $p \in \{2, 3\}$ gilt nun $n_p = n/p^{e(p)}$, $g_p = g^{n_p} \bmod q$ und $y_p \equiv y^{n_p} \equiv g_p^{x_p} \bmod q$. Setzen wir $x = 16$, so sind die Kongruenzen $x \equiv 0 \bmod 2$ und $x \equiv 7 \bmod 3^2$ erfüllt und nach Satz 3.10 ist 16 der gesuchte Wert.

Um den Wert $x_3$ zu bestimmen machen wir den Ansatz $x_3 = d_0 + d_1 \cdot 3$. Die Stelle $d_0$ ergibt sich als Lösung der Gleichung $((g_3)^3)^{d_0} \equiv (y_3)^3 \bmod 19$. Nun ist $(g_3)^3 = 4^3 \equiv 7 \bmod 19$ sowie $(y_3)^3 = 6^3 \equiv 7 \bmod 19$ und $d_0 = 1$ ist trivialerweise eine Lösung. Für die Bestimmung von $d_1$ setzen wir zunächst $z_1 = 11$. Damit gilt $z_1 \equiv y_3 g_3^{-d_0} \bmod 19$ und $d_1$ ist Lösung der Kongruenz $((g_3)^3)^{d_1} \equiv z_1 \bmod 19$, d. h., nach Einsetzen ist $7^{d_1} \equiv 11 \bmod 19$. Eine Lösung hiervon ist $d_1 = 2$ und wir erhalten $x_3 = 1 + 2 \cdot 3 = 7$.

**3.14.** Die Ordnung von $(\mathbb{Z}/p\mathbb{Z})^*$ ist eine Zweierpotenz. Mit der Reduktion der Gruppenordnung nach Pohlig-Hellman genügt es, $\mathcal{O}(\log p)$ diskrete Logarithmen in zweielementigen Gruppen zu berechnen.

**3.15.** Es gilt die Äquivalenz $a_{n+1} \in a_1 \mathbb{Z} + \cdots + a_n \mathbb{Z} \Leftrightarrow \text{ggT}(a_1, \ldots, a_n) \mid a_{n+1}$. Hierbei ist $g = \text{ggT}(a_1, \ldots, a_n) = \text{ggT}(\text{ggT}(a_1, \ldots, a_{n-1}), a_n)$. Insbesondere lassen sich dadurch mit dem erweiterten euklidischen Algorithmus Zahlen $y_i \in \mathbb{Z}$ mit $a_1 y_1 + \cdots + a_n y_n = g$ berechnen. Wenn wir $x_i = y_i a_{n+1}/g$ setzen, dann liefert dies eine Lösung für die Gleichung.

**3.16.** Wir setzen $q = 41$, $u = 5$ und $\ell = 3$. Damit gilt $q - 1 = u2^\ell$. Außerdem sehen wir an $g^{(q-1)/2} \equiv -1 \bmod 41$, dass $g$ kein Quadrat in $\mathbb{F}_{41}$ ist. Im zweiten Schritt bestimmen wir nun sukzessive die Bits $k_0$, $k_1$ und $k_2$. Sei $x_i = ag^{-\sum_{j=0}^{i} k_j 2^j}$ und insbesondere $x_{-1} = a$. Wir bestimmen $k_i \in \{0,1\}$ aus $k_0, \ldots, k_{i-1}$ und setzen $k_i = 0$ genau dann, wenn $x_{i-1}^{u2^{\ell-i-1}} \equiv 1 \bmod q$ gilt.

- Für $i = 0$ gilt $x_{-1}^{u2^{\ell-1}} = a^{(q-1)/2} \equiv 1 \bmod q$ und wir setzen $k_0 = 0$. Man beachte, dass die Eingabe nach dem Euler-Kriterium kein Quadrat wäre, wenn wir $k_0$ auf 1 setzen würden.
- Für $i = 1$ berechnen wir $x_0 = x_{-1} \cdot g^{k_0 2^0} = x_{-1} = 2$. Damit gilt $x_0^{u2^{\ell-2}} \equiv -1 \bmod q$ und wir setzen $k_1 = 1$.
- Für $i = 2$ berechnen wir $x_1 = x_0 \cdot (g^{-1})^{k_1 2^1} \equiv 2 \cdot 14^2 \equiv 23 \mod 41$; für die zweite Kongruenz benutzen wir $g^{-1} \equiv 14 \bmod 41$. Damit gilt $x_1^{u2^{\ell-3}} \equiv -1 \bmod q$ und wir setzen $k_2 = 1$.

Damit erhalten wir $k = k_0 + 2k_1 + 4k_2 = 6$. Schließlich ist $b = 2^{(u+1)/2} g^{-uk/2} = 2^3 14^{5 \cdot 3} \equiv 24 \bmod 41$ eine Wurzel von 2 in $\mathbb{F}_{41}$. Die zweite Wurzel ist $17 = 41 - 24$.

**3.17.** Sei zunächst $a^{(p-1)/4} = 1$ und $b = a^{(p+3)/8}$. Dann ist $b^2 = a^{(p+3)/4} = a \cdot a^{(p-1)/4} = a \cdot 1 = a$. Sei nun $^{(p-1)/4} = 1$ und $b = 2^{-1}(4a)^{(p+3)/8}$. Nach dem Euler-Kriterium und dem quadratischen Reziprozitätsgesetz gilt $2^{(p-1)/2} = \left(\frac{2}{p}\right) = -1$. Damit ist $b^2 = 2^{-2}(4a)^{(p+3)/4} = 2^{-2} \cdot 2^{(p+3)/2} \cdot a^{(p+3)/4} = 2^{(p-1)/2} \cdot a^{(p-1)/4} \cdot a = (-1) \cdot (-1) \cdot a = a$.

**3.18. (a)** Aus dem quadratischen Reziprozitätsgesetz folgt $\left(\frac{-1}{n}\right) = -1$, also ist $-1$ ein Quadrat und $X^2 = -1$ besitzt keine Lösung in $\mathbb{F}_p$. Da $f(X)$ den Grad 2 hat, ist $f(X)$ irreduzibel.

**3.18. (b)** Es gilt $\left(\frac{1}{p}\right) = 1$ und $\left(\frac{p-1}{p}\right) = \left(\frac{-1}{p}\right) = -1$. Seien daher allgemeiner $1 \le b < c \le p - 1$ mit $\left(\frac{b}{p}\right) = 1$ und $\left(\frac{c}{p}\right) = -1$. Wenn $c = b + 1$ gilt, dann setzen wir $a = b$. Andernfalls betrachten wir $d = \lfloor (b+c)/2 \rfloor$ und berechnen $\left(\frac{d}{p}\right)$. Abhängig davon, ob das Ergebnis hiervon $-1$ oder 1 ist, setzen wir den Algorithmus rekursiv mit den Zahlen $b < d$ oder mit $d < c$ fort. Diese binäre Suche liefert die gesuchte Zahl $a$ nach höchstens $\mathcal{O}(\log p)$ Berechnungen des Jacobi-Symbols.

**3.18. (c)** Sei $a$ die im vorigen Aufgabenteil berechnete Zahl. Die Elemente $a + 1$ und $-1$ sind beides keine Quadrate, also ist $-(a + 1)$ ein Quadrat. Man kann wegen $p \equiv -1 \bmod 4$ effizient $b, c \in \mathbb{F}_p$ berechnen mit $b^2 = a$ und $c^2 = -(a+1)$. Nun gilt $b^2 + c^2 = -1$. Wir setzen $g = b + cX \in \mathbb{F}_{p^2}$.

Angenommen, $g$ ist ein Quadrat. Dann existieren $s, t \in \mathbb{F}_p$ mit $(s + tX)^2 = g$. Dann ist $s^2 - t^2 = b$ und $2st = c$. Sei $h = (s - tX)^2$. Dann gilt $h = b - cX$ und damit $gh = b^2 + c^2 = -1$. Mit $r = (s + tX)(s - tX) = s^2 + t^2 \in \mathbb{F}_p$ gilt $r^2 = gh = -1$.

Dies ist ein Widerspruch zu $\left(\frac{-1}{p}\right) = -1$. Also ist $g$ kein Quadrat. Wir können nun den deterministischen Teil von Tonellis Algorithmus verwenden, um Wurzeln in $\mathbb{F}_{p^2}$ zu ziehen.

**3.19.** Wir setzen $a = 2$ und $t = 0$ und beobachten, dass $(t^2 - 4a)^{11} \equiv -1 \bmod 23$ gilt; also ist $t = 0$ eine gültige Wahl für den ersten Schritt in Cipollas Algorithmus. Wir bestimmen nun den Grad von $X^{12}$ indem wir wiederholt $X^2$ durch $tX - a = -2$ ersetzen und die Koeffizienten in $\mathbb{Z}/23\mathbb{Z}$ berechnen:

$$X^{12} = (X \cdot X^2)^4 \equiv (-2X)^4 = 2^4(X^2)^2 \equiv 2^4(-2)^2 \equiv 18 \bmod (X^2 + 2)$$

Damit sind 18 und $5 = 23 - 18$ die Wurzeln von 2 in $\mathbb{F}_{23}$.

**3.20.** Der Beweis von Satz 3.12 verwendet nicht, dass $a$ ein Quadrat ist. Insbesondere ist $b \in \mathbb{K}$ stets eine Wurzel von $a \in \mathbb{F} \subseteq \mathbb{K}$. Wenn aber $a$ in $\mathbb{F}$ kein Quadrat ist, dann muss $b \in \mathbb{K} \setminus \mathbb{F}$ gelten.

**3.21. (a)** Es gilt $\omega^{b/2} \equiv -1 \bmod 97$ und $\omega^b \equiv 1 \bmod 97$.

**3.21. (b)** $F = \begin{pmatrix} 1 & 1 & 1 & 1 \\ 1 & -22 & -1 & 22 \\ 1 & -1 & 1 & -1 \\ 1 & 22 & -1 & -22 \end{pmatrix}$ $\qquad$ $\overline{F} = \begin{pmatrix} 1 & 1 & 1 & 1 \\ 1 & 22 & -1 & -22 \\ 1 & -1 & 1 & -1 \\ 1 & -22 & -1 & 22 \end{pmatrix}$

**3.21. (c)** Der Grad von $f * g$ ist 3, daher können wir $b = 4$ wählen und $\omega = -22$ als primitive $b$-te Einheitswurzel verwenden. Es ergibt sich folgender Ablauf der schnellen Fourier-Transformation auf Eingabe von $f$ (links) bzw. $g$ (rechts):

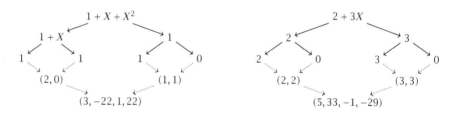

Dabei haben die Ablaufschemata folgende Bedeutung: Wenn $f, f_0, f_1$ Polynome sind, so dass $f(X) = f_0(X^2) + Xf_1(X^2)$ gilt und $w = (1, \omega, \omega^2, \ldots, \omega^{b-1})$ ist, dann symbolisiert $f_0 \swarrow \searrow f_1$ die Rekursion und $\underset{(u,u)+w(v,v)}{u \cdots \searrow \cdots v}$ die Zusammenführung der Ergebnisse, wobei die Addition und die Multiplikation komponentenweise gemeint sind. Wir berechnen nun komponentenweise das Produkt $(3, -22, 1, 22) \cdot (5, 33, -1, -29) \equiv (15, 50, -1, 41) \bmod 97$. Für die inverse Transformation benutzen wir das selbe Schema, nur benutzten wir die primitive $b$-te Einheitswurzel $\omega^{-1} = 22$. Es ergibt sich folgender Ablauf:

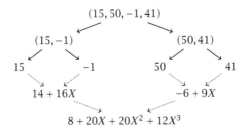

Um das Ergebnis zu erhalten, müssen wir $8+20X+20X^2+12X^3$ noch mit $b^{-1} = -24$ multiplizieren und erhalten $(f * g)(X) = 2 + 5X + 5X^2 + 3X^3$.

**3.22.** Seien $u, v$ natürliche Zahlen mit einer Binärdarstellung von höchstens $n$ Bits. Die Laufzeit des Verfahrens wird von der Laufzeit der schnellen Fourier-Transformation dominiert und ergibt sich daher zu $\mathcal{O}(n \log n)$. Es gibt höchstens $m = \lceil n/64 \rceil$ viele Indizes $i$, bei denen sowohl $u_i$ als auch $v_i$ von Null verschieden sind. Wir betrachten das Produkt

$$uv = \left(\sum_j u_j 2^{64j}\right)\left(\sum_j v_j 2^{64j}\right) = \sum_j \left(\sum_k u_k v_{j-k}\right) 2^{64j}$$

mit der üblichen Konvention $u_j = v_j = 0$ für $j < 0$ und für $j \geq m$. Damit sich $z_j = \sum_k u_k v_{j-k}$ eindeutig aus $w_j$ ergibt, muss $z_j < p_1 p_2 p_3$ gelten. Nun sind maximal $m$ viele Summanden in $z_j$ von Null verschieden, und jeder dieser Summanden ist durch $2^{64}$ beschränkt. Daher gilt $z_j \leq m \cdot 2^{64} \cdot 2^{64}$. Wegen $p_i > 2^{56}$ genügt es, wenn für die Anzahl $m$ der 64-Bit-Blöcke von $u$ und $v$ gilt $m \leq 2^{3 \cdot 56}/2^{2 \cdot 64} = 2^{40}$. Weiterhin muss $2m \leq 2^{56}$ gelten, damit bei der Fourier-Transformation kein Überlauf auftritt. Dies folgt bereits aus der Abschätzung $m \leq 2^{40}$. Damit können mit diesem Verfahren Zahlen mit einer Binärdarstellung $n$ mit $64 \cdot 2^{40}$ Bits multipliziert werden. Dies entspricht einer Binärdarstellung von mehr als acht Terabyte. Bei besonders großen Primzahlen $p_i$ (möglichst nahe an 64 Bits) lassen sich sogar noch größere Zahlen multiplizieren.

## Zu Kapitel 5

**5.1.** Sei $p$ die Charakteristik von $K$. Ist $p \neq 2$, so ergänzen wir die linke Seite von Gleichung (5.2) quadratisch und erhalten $y^2 + 2(\frac{c}{2}x + \frac{d}{2})y + (\frac{c}{2}x + \frac{d}{2})^2 - t(x) = (y + \frac{c}{2}x + \frac{d}{2})^2 - t(x)$, wobei $t$ ein quadratisches Polynom in $x$ ist, welches wir auf die rechte Seite bringen. Nun setzen wir $y = y'' + \frac{c}{2}x + \frac{d}{2}$ und $x' = x''$ und fassen auf der rechten Seite die Koeffizienten zusammen. Starten wir mit Gleichung (5.3) und $p \neq 3$, so setzen wir $x' = x - \frac{e'}{3}$.

**5.2.** Wir rechnen in einem algebraisch abgeschlossenen Körper $k$, der $K$ als Unterkörper enthält. Hat das Polynom eine mehrfache Nullstelle, dann ist $x^3 + Ax + B = (x - a)^2(x - b)$ mit $a, b \in k$. Ausmultiplizieren und Koeffizientenvergleich ergibt $2a + b = 0$, $2ab + a^2 = A$ und $-a^2 b = B$. Setzt man $b = -2a$ in die zweite und dritte Gleichung ein, so erhält man $A = -3a^2$ und $B = 2a^3$. Es folgt $4A^3 + 27B^2 = -4 \cdot 27a^6 + 27 \cdot 4a^6 = 0$. Dies gilt in jeder Charakteristik. Sei nun umgekehrt $4A^3 + 27B^2 = 0$. Ist die Charakteristik weder 2 noch 3, dann gibt es $a \in k$ mit $A = -3a^2$ und $B = 2a^3$. Setzen wir $b = -2a$, so liefert die gleiche Rechnung wie im ersten Teil $(x - a)^2(x - b) = x^3 + Ax + B$ und $a$ ist mehrfache Nullstelle. In Charakteristik 2 ist $4A^3 + 27B^2 = 0$ genau dann, wenn $B = 0$ gilt. Dann ist $x^3 + Ax = x(x^2 + A) = x(x + \mu)^2$ für ein geeignetes $\mu \in k$ (falls $A \in \mathbb{Z}$ ist, können wir einfach $\mu = A$ wählen). In Charakteristik 3 ist $4A^3 + 27B^2 = 0$ gleichbedeutend mit $A = 0$. Wir erhalten dann $x^3 + B = (x + \nu)^3$ für ein $\nu \in k$.

**5.3.** Wir setzen $s(x) = x^3 + Ax + B$. Ist $s(x) = 0$, so gibt es genau den Punkt $(x, 0)$ auf $E(\mathbb{Z}_p)$. Hier ist $\left(\frac{f(x)}{p}\right) = 0$. Dann ist $s(x)^{(p-1)/2} \in \{1, -1\}$. Ist $f(x)^{(p-1)/2} = 1$, so ist $s(x)$ ein Quadrat in $\mathbb{F}_p$, und für $x$ haben wir die beiden Punkte $(x, y)$ und $(x, -y)$ auf $E(\mathbb{Z}_p)$. Mit anderen Worten, hier ist die Zahl der Punkte $\left(\frac{f(x)}{p}\right) + 1 = 2$. Sei nun $s(x)^{(p-1)/2} = -1$. Dann ist $s(x)$ kein Quadrat in $\mathbb{F}_p$, und für $x$ gibt es keinen Punkt $(x, y)$ auf $E(\mathbb{Z}_p)$. Hier ist die Zahl der Punkte $\left(\frac{f(x)}{p}\right) + 1 = 0$.

**5.4. (a)** Wegen $4 \cdot 1^3 + 27 \cdot 6^2 = 3 \neq 0$ in $\mathbb{F}_{11}$ ist die Kurve elliptisch.

**5.4. (b)** Gehen wir systematisch vor, indem wir untersuchen, ob $x^3 + x + 6$ gleich 0, ein Quadrat in $\mathbb{F}_{11}$ oder kein Quadrat in $\mathbb{F}_{11}$ ist, erhalten wir mit Aufgabe 5.3. die Menge $E(\mathbb{F}_{11}) = \{(2, 4), (2, 7), (3, 5), (3, 6), (5, 2), (5, 9), (7, 2), (7, 9)(8, 3), (8, 8), (10, 2), (10, 9)\}$. Daher ist $|E(\mathbb{F}_{11}) \cup \mathcal{O}| = 13$ eine Primzahl und $E(\mathbb{F}_{11}) \cup \mathcal{O}$ ist folglich zyklisch von der Ordnung 13.

**5.5. (a)** Wegen $4 \cdot 1^3 + 27 \cdot 1^2 = 1 \neq 0$ in $\mathbb{F}_5$ ist die Kurve elliptisch.

**5.5. (b)** Analog wie in der vorangegangenen Aufgabe erhalten wir $E(\mathbb{F}_5) = \{(0, 0), (2, 0), (3, 0)\}$. Jedes dieser drei Elemente hat Ordnung 2. Also gilt $E(\mathbb{F}_5) \cup \mathcal{O} \cong \mathbb{Z}/2\mathbb{Z} \times \mathbb{Z}/2\mathbb{Z}$.

**5.6.** Sei $P = (x, y) \in E(k)$ ein Punkt der Ordnung 3, dann gilt $y \neq 0$, da $P$ sonst die Ordnung 2 hätte. Außerdem gilt $2P = -P$ und es folgt $\left(\frac{3x^2 + A}{2y}\right)^2 - 2x = x$. Umformen und Einsetzen der Kurvengleichung ergibt $3x^4 + 6Ax^2 + 12Bx - A^2 = 0$. Wir untersuchen jetzt das Polynom $t(x) = 3x^4 + 6Ax^2 + 12Bx - A^2$, welches unabhängig von der Existenz von $P$ definiert ist. Die Ableitung ist $t'(x) = 12(x^3 + Ax + B)$. Also hat $t'$ keine mehrfachen Nullstellen, denn $x^3 + Ax + B$ hat bei elliptischen Kurven drei verschiedene Nullstellen. Daher hat $t$ keine dreifachen Nullstellen. Angenommen $t(x)$ hätte zwei verschiedene doppelte Nullstellen, dann gilt $t(x) = 3(x - a)^2(x - b)^2 = 3(x^2 - 2ax + a^2)(x^2 - 2bx + b^2)$ mit $a \neq b$. Ein Koeffizientenvergleich bei $x^3$ zeigt $0 = -6(a + b)$. Hieraus folgt $a = -b$ und dann gilt $t(x) = 3(x^2 - a^2)^2 = 3x^4 - 6a^2x^2 + 3a^4$. Es folgt $B = 0$ und $A = -a^2$ sowie $A^2 = -3a^4$. Dies impliziert $A = B = 0$, was unmöglich ist. Also hat $t$ mindestens zwei einfache Nullstellen $a_1 \neq a_2$. Wir wissen schon $a_i^3 + Aa_i + B \neq 0$ für $i = 1, 2$. Damit finden wir für geeignete $b_i \neq 0$ vier verschiedene Punkte $(a_i, \pm b_i)$ auf $E(k)$. Wegen $t(a_i) = 0$ und

$b_i^2 = a_i^3 + Aa_i + B \neq 0$ können wir rückwärts einsetzen und erhalten, dass alle vier Punkte die Ordnung 3 haben. Jede abelsche Gruppe, in der mindestens vier Elemente Ordnung 3 haben, enthält $\mathbb{Z}/3\mathbb{Z} \times \mathbb{Z}/3\mathbb{Z}$. Also gibt es mindestens 8 Punkte der Ordnung 3. Aber auf $E(k)$ kann es auch nicht mehr solche Punkte geben, denn deren $x$-Koordinaten sind Nullstellen von $t(x)$.

**5.7.** Für $\alpha = \beta$ gilt $(\alpha + \beta)(P) = 2\alpha(P)$, also ist in diesem Fall $\alpha + \beta$ rational, siehe die Bemerkung auf Seite 152. Als Nächstes betrachten wir den Fall $\alpha(P) = (f(P), g(P))$ und $\beta(P) = (f(P), h(P))$ für fast alle $P \in E(k)$. Wir können von $\alpha \neq \beta$ ausgehen, also ist $g(P) \neq h(P)$ für fast alle $P \in E(k)$. Damit bleibt nur $g(P) = -h(P)$ für unendlich viele $P \in E(k)$. Dies impliziert nun $g = -h$ in $k(x, y)$. Dann gilt schon $\alpha(P) = -\beta(P)$ für fast alle $P \in E(k)$. Also ist $\alpha = -\beta$ nach Lemma 5.13. Es bleibt der Fall $\alpha(P) = (f_1(P), g(P))$ und $\beta(P) = (f_2(P), h(P))$ für fast alle $P \in E(k)$ mit $f_1 - f_2 \neq 0 \in k(x, y)$. Für fast alle $P$ gilt also $f_1(P) \neq f_2(P)$ und wir finden über die Additionsformel auf der elliptischen Kurve für Punkte mit verschiedener $x$-Koordinate den entsprechenden rationalen Morphismus für $\alpha + \beta$.

**5.8.** Sei $\alpha(P) = (r_1(P), r_2(P))$ für fast alle $P \in E(k)$. Wir wissen schon, dass wir $r_i(x, y) = \frac{u_i(x) + yv_i(x)}{u_i'(x) + yv_i'(x)}$ schreiben können. Nach einer Erweiterung mit dem Polynom $u_i'(x) - yv_i(x)$ und einer Umbenennung erhalten wir $r_i(x, y) = \frac{u_i(x) + yv_i'(x)}{q_i(x)}$. Jetzt benutzen wir, dass $\alpha$ ein Homomorphismus ist. Also ist $\alpha(x, -y) = -\alpha(x, y)$. Hieraus folgt $v_1'(x) = 0 \in k[x]$ und $u_2(x) = 0 \in k[x]$. Nach einer weiteren Umbenennung erhalten wir die vier Polynome $p(x), q(x), u(x), v(x) \in k[x]$. Wäre $p(x)/q(x)$ oder $u(x)/v(x)$ konstant, so wäre das Bild von $\alpha$ eine endliche Menge. Dies widerspricht der Endlichkeit des Kerns.

**5.9.** Zu zeigen ist nur, dass $\phi_q$ ein Gruppenhomomorphismus ist. Da $\phi_q$ eine Bijektion von $E(k)$ ist, gibt es die Umkehrabbildung $\psi(P) = \phi_q^{-1}(P)$, und es reicht zu zeigen, dass $\psi$ ein Gruppenhomomorphismus ist. Wir identifizieren $E(k) \cup \{\mathcal{O}\}$ mit $\mathrm{Pic}^0(E(k))$ entsprechend Satz 5.5. Die Abbildung $P \mapsto \psi(P)$ induziert einen Automorphismus der Divisorengruppe, den wir wieder $\psi$ nennen. Zu zeigen ist jetzt, dass Hauptdivisoren auf Hauptdivisoren geschickt werden, denn dann induziert $\psi$ einen Homomorphismus auf $\mathrm{Pic}^0(E(k))$. Betrachte einen Hauptdivisor $\mathrm{div}(f) = \sum_{P \in E(k)} \mathrm{ord}_P(f)P$ mit $f \in k[x, y]$. Es folgt

$$\psi(\mathrm{div}(f)) = \sum_{P \in E(k)} \mathrm{ord}_P(f)\psi(P) = \sum_{P \in E(k)} \mathrm{ord}_{\phi_q(P)}(f)P$$

Aus Satz 5.3 folgt $\mathrm{ord}_{\phi_q(P)}(f) = q \cdot \mathrm{ord}_P(f) = \mathrm{ord}_P(f^q)$ für alle $P \in E(k)$. Also ist $\psi(\mathrm{div}(f)) = \mathrm{div}(f^q) = q \cdot \mathrm{div}(f)$ ein Hauptdivisor. Damit induziert $\psi$ einen Automorphismus der abelschen Gruppe $E(k) \cup \{\mathcal{O}\}$. Die Umkehrabbildung $\phi_q$ ist damit ebenfalls ein Homomorphismus.

**5.10.** Wir schreiben $\alpha$ als rationalen Morphismus als $\alpha = (f(x, y), g(x, y))$ mit $f(x, y) = \left(\frac{3x^2 + A}{2y}\right)^2 - 2x$. Für ein geeignetes Polynom $p(x)$ finden wir $f(x, y) =$

$\frac{p(x)}{s(x)}$ mit $s(x) = x^3 + Ax + B$. Die Nullstellen von $s(x)$ sind einfach, insbesondere verschwindet $s'(x)$ nicht identisch, und für $y = 0$ muss bei $\frac{p(x)}{s(x)}$ ein Pol vorliegen. Daher haben $p(x)$ und $s(x)$ keine gemeinsamen Nullstellen.

**5.11.** Der Frobenius-Morphismus $\phi_q$ ist ein Endomorphismus, also auch $(\phi_q - 1)$ nach Satz 5.15. (Dies kann auch direkt gezeigt werden.) Der Kern besteht (neben $\mathcal{O}$) genau aus den Punkten $(a, b) \in E(k)$ mit $a = a^q$ und $b = b^q$. Dies heißt nichts anderes als $(a, b) \in E(\mathbb{F}_q)$. (Siehe etwa den Beweis von Satz 1.58.)

## Zu Kapitel 6

**6.1.** Wir schreiben $u \sim v$, wenn $u$ und $v$ transponiert sind. Es gilt $abc = a(bc) \sim (bc)a = bac = (ba)c \sim c(ba) = cba$, aber $abc \not\sim cba$.

**6.2.** Für die Richtung von (i) nach (ii) können wir $M = \Sigma^*$ annehmen. Sei $\varphi(a) = 1$ für alle $a \in \Sigma$. Dann definiert $\varphi : \Sigma^* \to \mathbb{N}$ einen Homomorphismus mit $\varphi(w) = 0$ genau dann, wenn $w$ leer ist (die Zahl $\varphi(w)$ ist die Länge von $w$). Das leere Wort ist das neutrale Element von $\Sigma^*$. Wenn $pq = xy$ gilt, dann schreiben wir $p = a_1 \cdots a_k$, $q = a_{k+1} \cdots a_m$, $x = b_1 \cdots b_\ell$, $y = b_{\ell+1} \cdots b_n$ mit $a_i, b_j \in \Sigma$. Aus $pq = xy$ folgt $m = n$ und $a_i = b_i$ für alle $i \in \{1, \ldots, n\}$. Ohne Einschränkung sei $k \geq \ell$, andernfalls vertauschen wir $(p, q)$ und $(x, y)$. Mit $u = a_{\ell+1} \cdots a_k$ gilt also $p = xu$ und $y = uq$.

Sei nun $M$ ein Monoid, welches (ii) erfüllt. Mit $\tilde{M} = M \setminus \{1\}$ setzen wir $\Sigma = \tilde{M} \setminus \{ab \mid a, b \in \tilde{M}\}$. Die Menge $\Sigma$ enthält die unzerlegbaren Elemente aus $M$. Mit Induktion nach $\varphi(w)$ zeigen wir, dass sich jedes Element aus $M$ als Produkt von Elementen aus $\Sigma$ schreiben lässt. Wenn $\varphi(w) = 0$, dann ist $w$ das neutrale Element; und dieses ergibt sich als das leere Produkt. Sei nun $\varphi(w) > 0$. Wenn $w \in \Sigma$ gilt, dann ist nichts weiter zu zeigen. Sei also $w = uv$ mit $u, v \in \tilde{M}$. Dann gilt $\varphi(u) < \varphi(u) + \varphi(v) = \varphi(w)$. Analog ist $\varphi(v) < \varphi(w)$. Mit Induktion lassen sich $u$ und $v$ als Produkte von Elementen aus $\Sigma$ schreiben und damit auch $w = uv$. Dies zeigt, dass $M$ von $\Sigma$ erzeugt wird.

Sei nun $a_1 \cdots a_m = b_1 \cdots b_n$ mit $a_i, b_j \in \Sigma$. Um zu zeigen, dass $M$ dem freien Monoid $\Sigma^*$ entspricht, müssen wir $m = n$ und $a_i = b_i$ für alle $i \in \{1, \ldots, m\}$ nachweisen. Dies geschieht mit Induktion nach $m + n$. Für $m = 0$ ist $0 = \varphi(1) = \varphi(b_1 \cdots b_n) = \varphi(b_1) + \cdots + \varphi(b_n)$. Aus $\varphi(c) > 0$ für alle $c \in \Sigma$ folgt $n = 0$. Sei nun $m \geq 1$. Wegen $\varphi(b_1 \cdots b_n) = \varphi(a_1 \cdots a_m) > 0$ gilt $n \geq 1$. Dann existiert $u \in M$ mit $a_1 = b_1 u$, $b_2 \cdots b_n = ua_2 \cdots a_m$ oder $b_1 = a_1 u$, $a_2 \cdots a_m = ub_2 \cdots b_n$. Ohne Einschränkung sei $a_1 = b_1 u$ und $b_2 \cdots b_n = ua_2 \cdots a_m$. Aus $a_1, b_1 \in \Sigma$ und der Konstruktion von $\Sigma$ folgt $u = 1$; dies zeigt $a_1 = b_1$ und $a_2 \cdots a_m = b_2 \cdots b_n$. Mit Induktion folgt $m = n$ und $a_i = b_i$ für alle $i \in \{2, \ldots, m\}$.

**6.3.** Betrachte eine beliebige nicht triviale Gruppe $G$. Dann ist $G$ kein freies Monoid. Für $pq = xy$ gibt es $u \in G$ mit $pu = x$. Hieraus folgt $y = uq$.

**6.4. (a)** Sei $u \prec v$. Ist $u$ echter Präfix von $v$, so ist auch $wu$ echter Präfix von $wv$. Ist $u = ras$ und $v = rbt$ mit $r, s, t \in \Sigma^*, a, b \in \Sigma$ und $a < b$, so ist $wu = (wr)as$ und $wv = (wr)bt$. In beiden Fällen ergibt sich also $wu \prec wv$. Sei umgekehrt $wu \prec wv$. Ist $wu$ ein echter Präfix von $wv$, so ist auch $u$ ein echter Präfix von $v$. Ist $wu = r'as$ und $wv = r'bt$ und $a < b$ so ist $|w| \leq |r'|$. Sei $r' = wr$. Dann ist $u = ras$ und $v = rbt$. Es ergibt sich also $u \prec v$.

**6.4. (b)** Da $u$ kein Präfix von $v$ ist muss $u = ras$ und $v = rbt$ mit $r, s, t \in \Sigma^*, a, b \in \Sigma$ und $a < b$ gelten. Es ergibt sich $uw = ra(sw)$ und $vz = rb(tz)$ und damit $uw \prec vz$.

**6.5.** (i) ⇒ (ii): Angenommen, $w$ ist ein echter Faktor von $w^2$, also $w^2 = uwv$ mit $u \neq \varepsilon \neq v$. Dann gibt es Wörter $s, t \in \Sigma^*$ mit $uw = wt$ und $wv = sw$. Damit ergibt sich $|u| = |t|, |v| = |s|$ und $w = st = us = tv$. Daraus erhalten wir $u = t$ und $s = v$, woraus $w = st = us = ts$ folgt. Nach Satz 6.3 ist $w$ also nicht primitiv. (ii) ⇒ (i): Ist $w = u^i$ mit $i > 1$ so ergibt sich $w^2 = u^{2i} = u(u^i)u^{i-1}$ und $w$ ist ein echter Faktor von $w^2$. (i) ⇔ (iii) gilt, denn $w = u^i$ mit $i > 1$, $u = au'$ gilt genau dann wenn $va = u'(au')^{i-1}a = (u'a)^i$ ist. Die Wurzel $u'a$ von $va$ ist also die zyklische Vertauschung der Wurzel $u$ von $w$.

**6.6.** Seien $u$ und $v$ Primitivwurzeln. Dann gilt ohne Einschränkung $w = u^i = v^j$ mit $1 \leq i \leq j$. Für $i = 1$ ist $w$ primitiv und daher $u = v = w$. Für $i \geq 2$ gilt $|u| + |v| \leq |w|$ und nach dem Korollar 6.5 (Satz von Fine und Wilf) ist auch $\mathrm{ggT}(|u|, |v|)$ eine Periode von $w$. Dies bedeutet $u = v$.

**6.7.** (i) ⇒ (ii): Sei $v$ ein echter Suffix von $w = uv$. Wir zeigen zunächst, dass $v$ kein echter Präfix von $w$ sein kann. Dazu nehmen wir an, dass $w = vt$ gilt. Nach Satz 6.3 ist $v = (rs)^k r, u = rs$ und $t = sr$ für $r, s \in \Sigma^*$. Weil $w$ primitiv ist, kann man $r \neq \varepsilon$ und $rs \neq sr$ annehmen. Da $w$ ein Lyndon-Wort ist, gilt $w = (rs)^{k+1} r \prec r(rs)^{k+1}$. Wegen Aufgabe 6.4. kann man das Wort $r$ vorne kürzen und es ergibt sich $(sr)^{k+1} \prec (rs)^{k+1}$. Wieder nach Aufgabe 6.4. kann man dies mit $r$ von rechts multiplizieren und es ergibt sich $(sr)^{k+1} r \prec (rs)^{k+1} r = w$. Dies ist ein Widerspruch dazu, dass $w$ ein Lyndon-Wort ist. Also sind echte Suffixe von Lyndon-Wörtern keine Präfixe. Falls nun $v \prec uv = w$ gilt, so ist nach Aufgabe 6.4. $vu \prec uv$. Dies ist nicht möglich, da $w$ ein Lyndon-Wort ist. Also gilt $w \prec v$ wie gefordert. (ii) ⇒ (i): Für Faktorisierungen $w = uv$ gilt $uv \prec v \prec vu$. Ist $w = u^i$ mit $i > 1$ so ist $w \prec u \prec u^i = w$. Also ist $w$ primitiv. Damit ist $w$ ein Lyndon-Wort. Im Rest der Lösung verwenden wir die Äquivalenz (i) ⇔ (ii). (i) ⇒ (iii): Die Aussage ist klar für $w \in \Sigma$. Sei also $w \notin \Sigma$. Da alle Buchstaben auch Lyndon-Wörter sind, kann man $w = uv$ setzen mit $|v|$ maximal, so dass $u \neq \varepsilon$ gilt und $v$ ein Lyndon-Wort ist. Es gilt $u \prec uv \prec v$, da $uv$ ein Lyndon-Wort ist. Also bleibt zu zeigen, dass $u$ ebenfalls ein Lyndon-Wort ist. Sei ohne Einschränkung $u \notin \Sigma$, sonst ist $u$ bereits ein Lyndon-Wort. Wir betrachten nun einen echten Suffix $u'$ von $u$. Das Wort $u'v$ ist kein Lyndon-Wort, da $v$ maximal gewählt wurde. Also gibt es einen Suffix $t$ von $u'v$ mit $t \prec u'v$. Aus $u' \prec t$ folgt

$u' \prec t \prec u'v$ und damit $t = u's$. Das Wort $s$ ist ein Suffix des Lyndon-Wortes $v$, und somit gilt $v \prec s$ was $u'v \prec u's = t$ impliziert, ein Widerspruch. Damit gilt $t \preceq u'$ und wir erhalten zusammen $u \prec uv \prec t \preceq u'$. Mit (ii) folgt, dass $u$ ein Lyndon-Wort ist, was zu zeigen war. (iii) $\Rightarrow$ (i): Falls $w \in \Sigma$, so ist die Aussage klar. Also ist $w = uv$ mit $u \prec v$, wobei $u, v$ Lyndon-Wörter sind. Wir zeigen zunächst $uv \prec v$ als Hilfsaussage. Ist $u$ kein Präfix von $v$, so gilt dies nach Aufgabe 6.4. Ist $v = uv'$, so ist $v \prec v'$, weil $v$ ein Lyndon-Wort ist. Damit gilt $uv \prec uv' = v$. Wir zeigen nun $uv \prec s$ für jeden echten Suffix $s$ von $uv$. Ist $s$ ein Suffix von $v$, so gilt $uv \prec v \prec s$. Sonst gilt $s = tv$. Da $t$ ein echter Suffix von $u$ ist, gilt $u \prec t$ und damit $uv \prec tv = s$ nach Aufgabe 6.4. Also ist $uv$ ein Lyndon-Wort.

**6.8.** Da jeder Buchstabe aus $\Sigma$ ein Lyndon-Wort ist, existiert eine Zerlegung von $w$ in Lyndon-Wörter. Sei $w = \ell_1 \cdots \ell_n$ eine solche Zerlegung, wobei $n$ minimal ist. Falls $\ell_i \prec \ell_{i+1}$ an einer Stelle $i \in \{1, \ldots, n-1\}$ gilt, so ist $\ell_i \ell_{i+1}$ nach Aufgabe 6.7. ein Lyndon-Wort. Dies kann nicht sein, da $n$ minimal ist. Also gilt $\ell_n \preceq \ell_{n-1} \preceq \ldots \preceq \ell_1$. Damit gibt es eine Zerlegung der geforderten Art. Es verbleibt die Eindeutigkeit dieser Zerlegung zu zeigen. Seien also $w = \ell_1 \cdots \ell_n = \ell'_1 \cdots \ell'_m$ zwei solche Zerlegungen. Wir zeigen $\ell_1 = \ell'_1$ und folgern die Aussage dann per Induktion auf dem Wort $\ell_2 \cdots \ell_n = \ell'_2 \cdots \ell'_m$. Sei also ohne Einschränkung $\ell_1 = \ell'_1 \cdots \ell'_i v$, wobei $i \geq 1$ gilt und $v$ ein nichtleerer Präfix von $\ell'_{i+1}$ ist. Dann ist $\ell_1 \prec v$ nach Aufgabe 6.7. Außerdem gilt $v \preceq \ell'_{i+1} \preceq \ell'_1 \prec \ell_1$, da $v$ ein Präfix von $\ell'_{i+1}$ ist. Zusammen gilt also $\ell_1 \prec \ell_1$, ein Widerspruch.

## Zu Kapitel 7

**7.1. (a)** Da $S$ endlich ist, existieren $t, p \geq 1$ mit $x^t = x^{t+p}$. Es folgt $x^j = x^{j+\ell p}$ für alle $j \geq t$ und $\ell \geq 0$.

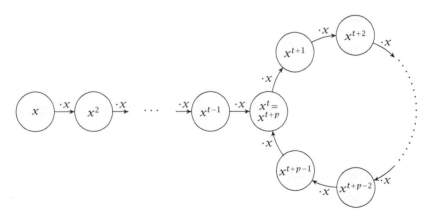

Also gilt $x^{2tp} = x^{tp+tp} = x^{tp}$, und $x^{tp}$ ist idempotent. Seien $x^m$ und $x^n$ idempotent. Dann gilt $x^n = (x^n)^2 = (x^n)^3 = \cdots$ und damit $x^m = (x^m)^n = x^{mn} = (x^n)^m = x^n$. Dies zeigt, dass $\{x^k \mid k \geq 1\}$ genau ein Idempotentes enthält.

**7.1. (b)** Es gilt $\{x^k \mid k \geq 1\} = \{x^k \mid 1 \leq k \leq |S|\}$, da sich die Element spätestens ab dem Exponenten $k = |S| + 1$ wiederholen. Also existiert für alle $x \in S$ eine Zahl $n(x) \in \{1, \ldots, |S|\}$, so dass $x^{n(x)}$ idempotent ist. Dann gilt $x^{|S|!} = x^{n(x) \cdot m'} = (x^{n(x)})^{m'} = (x^{2n(x)})^{m'} = x^{2n(x) \cdot m'} = x^{2|S|!}$ für $|S|! = n(x) \cdot m'$. Also ist $x^{|S|!}$ idempotent.

**7.2.** Wie wir in der Lösung von Aufgabe 7.1. (a) gesehen haben, gibt es Zahlen $t, p \in \mathbb{N}$ mit $p \geq 1$ und $x^t = x^{t+p}$. Wenn wir $t$ und $p$ minimal wählen, dann ist $S = \{x, \ldots, x^{t+p-1}\}$ und $n = t + p - 1$. Insbesondere ist die Halbgruppe eindeutig durch $t \in \{1, \ldots, n\}$ gegeben, und unterschiedliche Werte für $t$ definieren nichtisomorphe Halbgruppen.

**7.3.** Man kann auf $2^M$ durch $A \cdot B = \{ab \in M \mid a \in A,\ b \in B\}$ für $A, B \subseteq M$ eine assoziative Verknüpfung definieren. Also existiert eine Zahl $n$ mit $A^n = A^{2n}$ für alle $A \subseteq M$. Insbesondere gilt $\varphi(\Sigma^n) = \varphi(\Sigma)^n = \varphi(\Sigma)^{2n} = \varphi(\Sigma^{2n})$.

**7.4.** Sei $\varphi : M \to N$ ein Homomorphismus in ein endliches Monoid $N$, welcher $L$ erkennt. Setze $P = \{x \in N \mid x^2 \in \varphi(L)\}$. Dann gilt

$$\varphi^{-1}(P) = \{u \in M \mid \varphi(u) \in P\} = \{u \in M \mid \varphi(uu) = \varphi(u)\varphi(u) \in \varphi(L)\}$$
$$= \{u \in M \mid uu \in L\} = \sqrt{L}$$

Also gilt $\varphi^{-1}(\varphi(\sqrt{L})) = \varphi^{-1}(\varphi(\varphi^{-1}(P))) = \varphi^{-1}(P) = \sqrt{L}$, und $\sqrt{L}$ wird von $N$ erkannt.

**7.5.** Sei zunächst $L = K_1 \times K_2$, und für $i \in \{1, 2\}$ sei $\varphi_i : M_i \to N_i$ ein Homomorphismus in ein endliches Monoid $N_i$ mit $K_i = \varphi_i^{-1}(\varphi_i(K_i))$. Sei $\psi : M_1 \times M_2 \to N_1 \times N_2$ mit $\psi(m_1, m_2) = (\varphi_1(m_1), \varphi_2(m_2))$. Dann gilt

$$\psi^{-1}(\psi(L)) = \psi^{-1}(\varphi_1(K_1) \times \varphi_2(K_2))$$
$$= \varphi_1^{-1}(\varphi_1(K_1)) \times \varphi_2^{-1}(\varphi_2(K_2)) = K_1 \times K_2 = L$$

Also ist $L$ erkennbar. Die Richtung von rechts nach links folgt nun, weil erkennbare Sprachen abgeschlossen sind unter Vereinigung.

Für die Umkehrung sei $\varphi : M_1 \times M_2 \to N$ ein Homomorphismus in ein endliches Monoid $N$ mit $\varphi^{-1}(\varphi(L)) = L$. Für $i \in \{1, 2\}$ definieren wir die Homomorphismen $\psi_1 : M_1 \to N$ und $\psi_2 : M_2 \to N$ durch $\psi_1(m_1) = \varphi(m_1, 1)$ und $\psi_2(m_2) = \varphi(1, m_2)$. Dies liefert den Homomorphismus $\psi : M_1 \times M_2 \to N \times N$ mit $\psi(m_1, m_2) = (\psi_1(m_1), \psi_2(m_2))$. Wir zeigen nun, dass auch der Homomorphismus $\psi$ die Sprache $L$ erkennt. Sei hierzu:

$$P = \{(n_1, n_2) \in N \times N \mid n_1 n_2 \in \varphi(L)\}$$

Dann gilt:

$$
\begin{aligned}
\psi^{-1}(P) &= \{(m_1, m_2) \mid \psi(m_1, m_2) \in P\} \\
&= \{(m_1, m_2) \mid \psi_1(m_1)\,\psi_2(m_2) \in \varphi(L)\} \\
&= \{(m_1, m_2) \mid \varphi(m_1, 1)\,\varphi(1, m_2) \in \varphi(L)\} \\
&= \{(m_1, m_2) \mid \varphi(m_1, m_2) \in \varphi(L)\} = \varphi^{-1}(\varphi(L)) = L
\end{aligned}
$$

Es folgt $\psi^{-1}(\psi(L)) = \psi^{-1}(\psi(\psi^{-1}(P))) = \psi^{-1}(P) = L$. Also erkennt $\psi$ die Menge $L$. Damit ist

$$
L = \psi^{-1}(\psi(L)) = \bigcup_{(n_1, n_2) \in \psi(L)} \psi^{-1}(n_1, n_2) = \bigcup_{(n_1, n_2) \in \psi(L)} \psi_1^{-1}(n_1) \times \psi_2^{-1}(n_2)
$$

und $L$ hat die gewünschte Form.

**7.6.** Es ist $u \in L(\mathcal{B}) \Leftrightarrow q_0 \cdot u \in Q \setminus F \Leftrightarrow q_0 \cdot u \notin F \Leftrightarrow u \in M \setminus L(\mathcal{A})$.

**7.7. (a)** Wir wählen $F = F_1 \times Q_2 \cup Q_1 \times F_2$. Dann ist $u \in L(\mathcal{B})$ genau dann wenn $(q_1, q_2) \cdot u \in F$. Dies ist äquivalent zu $q_1 \cdot u \in F_1$ oder $q_2 \cdot u \in F_2$, also zu $u \in L(\mathcal{A}_1) \cup L(\mathcal{A}_2)$.

**7.7. (b)** Wir wählen $F = F_1 \times F_2$. Dann ist $u \in L(\mathcal{B})$ genau dann wenn $(q_1, q_2) \cdot u \in F$. Dies ist äquivalent zu $q_1 \cdot u \in F_1$ und $q_2 \cdot u \in F_2$, also zu $u \in L(\mathcal{A}_1) \cap L(\mathcal{A}_2)$.

**7.8. (a)** Wir wenden die Thompson-Konstruktion aus Lemma 7.12 an. Bei dem entstehenden Automaten eliminieren wir Zustände, welche nur zwischen zwei $\varepsilon$-Transitionen stehen.

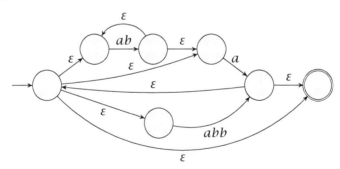

**7.8. (b)** Die Konstruktion aus Lemma 7.13 liefert den folgenden buchstabierenden Automaten.

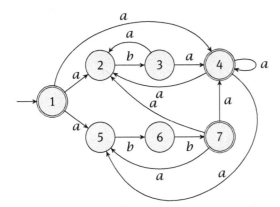

**7.8. (c)** Wir verwenden die Potenzautomatenkonstruktion aus Satz 7.18. Den Zustand ∅ haben wir der besseren Übersicht halber nicht dargestellt.

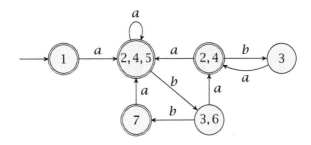

**7.8. (d)** Wir können die Zustände $\{2, 4, 5\}$ und $\{2, 4\}$ zu einem Endzustand und die Zustände $\{3\}$ und $\{3, 6\}$ zu einem Zustand verschmelzen. Es ergibt sich der folgende Automat. Dabei wird für den nächsten Schritt der Automat gleich vollständig angegeben, d. h., es wird ein Fangzustand eingeführt, in den alle undefinierten Übergänge gehen.

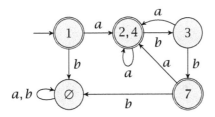

**7.8. (e)** Es genügt, bei $\mathcal{B}'$ die Endzustände und die Nicht-Endzustände zu vertauschen.

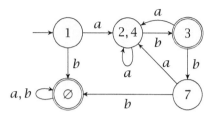

**7.8. (f)** Wir benutzen die Konstruktion aus Lemma 7.14 um einen rationalen Ausdruck zu erhalten. Da es mehrere Endzustände gibt, wird ein neuer Endzustand eingefügt und die alten Endzustände mit $\varepsilon$-Kanten damit verbunden.

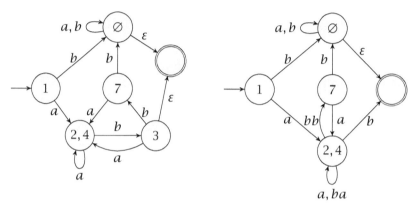

(a) Ursprungsgraph mit $\varepsilon$-Kanten      (b) Entfernen von Knoten $\{3\}$

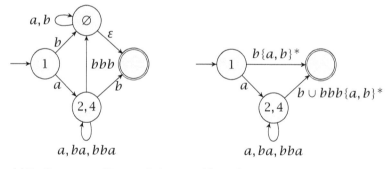

(c) Entfernen von Knoten $\{7\}$      (d) Entfernen von Knoten $\varnothing$

Im letzten Schritt wird nun der Knoten $\{2,4\}$ entfernt und es ergibt sich $\Sigma^* \setminus L = b\{a,b\}^* \cup a\{a,ba,bba\}^*(b \cup bbb\{a,b\}^*)$.

**7.9.** Zustände in $\mathcal{P}(\mathcal{A}^\rho)$ sind Teilmengen von $Q$. Für diesen Automaten gilt $P \cdot a = \{q \in Q \mid \exists p \in P : (q,a,p) \in \delta\}$. Ferner ist $F$ der Startzustand und $P \subseteq Q$ ist genau dann ein Endzustand, wenn $q_0 \in P$ gilt. Wegen $L(\mathcal{P}(\mathcal{A}^\rho)) = L(\mathcal{A})^\rho$ ist nur zu zeigen, dass verschiedene Zustände in $\mathcal{P}(\mathcal{A}^\rho)$ eine verschiedene Leistung haben. Sei also $P \neq P'$ und ohne Einschränkung $q \in P \setminus P'$. Nach Annahme gibt es ein Wort $w = a_1 \cdots a_n$ mit $a_i \in \Sigma$ und $q_0 \cdot a_1 \cdots a_n = q$. Damit gehört $w^\rho = a_n \cdots a_1$ zur Leistung von $P$. Da $\mathcal{A}$ deterministisch ist, gehört jedoch $w^\rho$ nur zur Leistung von Zuständen in $\mathcal{P}(\mathcal{A}^\rho)$, die $q$ enthalten. Insbesondere gehört $w^\rho$ nicht zur Leistung von $P'$.

**7.10. (a)** Die Aussage folgt mit der Konstruktion im Beweis von Satz 7.4 zusammen mit dem Abschluss von **V** unter direkten Produkten.

**7.10. (b)** Das Monoid $\mathrm{Synt}(L)$ erkennt die Sprache $L$. Da **V** abgeschlossen ist unter Divisoren, folgt die Aussage schließlich aus Satz 7.4.

**7.11.** Es sei $(2^\Sigma, \cup, \varnothing)$ das Monoid der Teilmengen von $\Sigma$ und alph $: \Sigma^* \to 2^\Sigma$ der kanonische Homomorphismus, der durch $a \mapsto \{a\}$ definiert ist. Dann ist alph surjektiv und alph erkennt jede Sprache $L$, die eine boolesche Kombination der Form $B^*$ für $B \subseteq \Sigma$ ist. In $2^\Sigma$ gelten die Gleichungen $x^2 = x$ sowie $xy = yx$. Das syntaktische Monoid von $L$ ist ein homomorphes Bild von $2^\Sigma$, also gelten dort ebenfalls die Gleichungen $x^2 = x$ sowie $xy = yx$.

Sei nun $\varphi : \Sigma^* \to M$ ein $L$ erkennender Homomorphismus in ein Monoid, in dem die Gleichungen $x^2 = x$ und $xy = yx$ gelten. Sei $u = a_1 \cdots a_n$ ein Wort mit $a_i \in \Sigma$. Aufgrund der Gleichungen in $M$ sehen wir $\phi(u) = \prod_{a \in \mathrm{alph}(u)} \phi(a)$. Hieraus folgt, dass $\mathrm{alph}(u)$ den Wert $\phi(u)$ bestimmt. Mit der Schreibweise $[A] = \{u \in \Sigma^* \mid \mathrm{alph}(u) = A\}$ gilt

$$L = \bigcup_{A \in \mathrm{alph}(L)} [A] = \bigcup_{A \in \mathrm{alph}(L)} A^* \setminus \left( \bigcup_{B \subsetneq A} B^* \right)$$

Also hat $L$ die gewünschte Form. Man kann noch bemerken, dass keine Endlichkeit von $M$ benutzt wurde. Das Bild $\phi(\Sigma^*)$ ist allein aufgrund der Gleichungen endlich.

**7.12. (a)** Divisoren von aperiodischen Monoiden sind aperiodisch. Für die Richtung von links nach rechts genügt es also, eine aperiodische Gruppe $G$ zu betrachten. In $G$ gilt $1 = g^n (g^{-1})^n = g^{n+1}(g^{-1})^n = g \cdot 1 = g$ für ein $n \in \mathbb{N}$. Also besteht die Gruppe $G$ nur aus dem neutralen Element.

Seien nun alle Gruppendivisoren von $M$ trivial. Wir setzen $n = |M|!$. Nach Aufgabe 7.1. (b) gilt $x^n = x^{2n}$ für alle $x \in M$. Für jedes $x \in M$ ist die Menge $U = \{1\} \cup \{x^m \mid m \geq n\}$ ein Untermonoid von $M$. Die Abbildung $\varphi : U \to \{x^m \mid m \geq n\}$ mit $\varphi(1) = x^n$ und $\varphi(x^m) = x^m$ definiert einen surjektiven Homomorphismus, da $x^m \cdot x^n = x^n \cdot x^m = x^n \cdot x^{n+m'} = x^n x^n x^{m'} = x^{2n} x^{m'} = x^n x^{m'} = x^m$ gilt. Außerdem ist $G = \{x^m \mid m \geq n\}$ eine Gruppe mit neutralem Element $x^n$. Das Inverse von $x^m$ ist $x^{(n-1)m}$, da $x^m \cdot x^{(n-1)m} = x^{nm} = x^n$ gilt. Nach Voraussetzung ist $|\{x^m \mid m \geq n\}| = 1$ und damit $x^n = x^{n+1}$.

**7.12. (b)** Wenn $M$ aperiodisch ist, dann gilt $M \in C$ nach dem Krohn-Rhodes-Theorem und der vorigen Teilaufgabe. Für die Umkehrung bemerken wir, dass $U_2$ aperiodisch ist, und dass Divisoren von aperiodischen Monoiden aperiodisch sind. Es verbleibt zu zeigen, dass das Kranzprodukt von aperiodischen Monoiden aperiodisch ist. Seien $M, N$ zwei aperiodische Monoide mit $x^n = x^{n+1}$ für alle $x \in M \cup N$. Wir betrachten nun das Kranzprodukt $M \wr N$ und zeigen $(f, x)^{2n} = (f, x)^{2n+1}$ für alle $(f, x) \in M^N \times N$. Es gilt

$$(f, x)^{2n} = (f * xf * x^2 f * \cdots * x^{2n-1} f, x^{2n})$$

Mit $x^n = x^m$ für alle $m \geq n$ folgt

$$(f, x)^{2n} = (f * xf * \cdots * x^n f * x^n f * \cdots * x^n f, x^{2n})$$
$$= (f * xf * \cdots * x^{n-1} f * (x^n f)^n, x^{2n})$$

In $M^N$ gilt $(x^n f)^n = (x^n f)^{n+1}$, und in $N$ gilt $x^{2n} = x^{2n+1}$. Also ist

$$(f, x)^{2n} = (f * xf * \cdots * x^{n-1} f * (x^n f)^{n+1}, x^{2n+1}) = (f, x)^{2n+1}$$

Dies zeigt, dass $M \wr N$ aperiodisch ist.

**7.13.** Für

$$J = \bigcup \{ [s][t]^\omega \mid s, t \in S, \ [s][t]^\omega \cap L \neq \varnothing \}$$
$$K = \bigcup \{ [s][e]^\omega \mid s, e \in S, \ se = s, \ e^2 = e, \ [s][e]^\omega \cap L \neq \varnothing \}$$

gilt $K \subseteq J$. Zu zeigen ist, dass $L = J$ genau dann gilt, wenn $L = K$ ist. Hierfür weisen wir $J \subseteq K$ nach. Wir betrachten $s', t \in S$ mit $[s'][t]^\omega \cap L \neq \varnothing$. Sei $e = t^n$ das von $t$ erzeugte Idempotente (welches nach Aufgabe 7.1. (a) existiert), und sei $s = s'e$. Nun ist $e^2 = e$ und $se = s'ee = s'e = s$, und es gilt $[s'][t]^\omega \subseteq [s][e]^\omega$. Die letzte Eigenschaft sieht man wie folgt: jedes Wort $\alpha \in [s'][t]^\omega$ lässt sich schreiben als $\alpha = u_0 u_1 \cdots$ mit $\varphi(u_0) = s'$ und $\varphi(u_i) = t$ für $i \geq 1$; nun gilt $\varphi(u_0 \cdots u_n) = s$ und $\varphi(u_{i+1} \cdots u_{i+n}) = e$, so dass $\alpha \in [s][e]^\omega$ ist. Es folgt $[s][e]^\omega \cap L \neq \varnothing$ und $[s][e]^\omega \subseteq K$. Dies zeigt $[s'][t]^\omega \subseteq K$ und $J \subseteq K$.

**7.14.** Wir nehmen zunächst an, dass $\varphi$ die Sprache $L$ erkennt. Sei $\alpha \sim_\varphi \beta$ und $\alpha \in L$ mit $\alpha = u_1 u_2 \cdots$, $\beta = v_1 v_2 \cdots$ und $\varphi(u_i) = x_i = \varphi(v_i)$. Wir wollen $\beta \in L$ zeigen. Nach Lemma 7.44 existiert $t \in S$ und eine Folge von Indizes $1 \leq i_1 < i_2 < \cdots$ mit $x_{i_j+1} \cdots x_{i_{j+1}} = t$ für alle $j \geq 1$. Insbesondere gilt für die Wörter $u_j' = u_{i_j+1} \cdots u_{i_{j+1}}$ und $v_j' = v_{i_j+1} \cdots v_{i_{j+1}}$, dass $\varphi(u_j') = \varphi(v_j') = t$. Sei $u_0' = u_1 \cdots u_{i_1}$ und $v_0' = v_1 \cdots v_{i_1}$. Dann ist $\varphi(u_0') = \varphi(v_0') = s$ für ein $s \in S$, und es gilt $\alpha = u_0' u_1' \cdots$ sowie $\beta = v_0' v_1' \cdots$. Aus $\alpha \in [s][t]^\omega \cap L$ folgt $[s][t]^\omega \subseteq L$, und mit $\beta \in [s][t]^\omega$ erhalten wir schließlich $\beta \in L$.

Betrachte $\alpha \in [s][t]^\omega \cap L$ und $\beta \in [s][t]^\omega$. Dann gilt $\alpha \sim_\varphi \beta$ aufgrund der Faktorisierung, welche sich aus $\alpha, \beta \in [s][t]^\omega$ ergibt. Daraus folgt $\beta \in L$ und $[s][t]^\omega \subseteq L$.

## Zu Kapitel 8

**8.1.** Die Idee ist, zunächst $w \xRightarrow[S]{*} \widehat{w} \in \mathrm{IRR}(S)$ und $z \xRightarrow[S]{*} \widehat{z} \in \mathrm{IRR}(S)$ zu berechnen und danach die irreduziblen Wörter $\widehat{w}$ und $\widehat{z}$ zeichenweise zu vergleichen. Es reicht daher, einen Algorithmus anzugeben, der auf eine Eingabe $w \in \Sigma^*$ in der Zeit $\mathcal{O}(|w|)$ die Berechnung $w \xRightarrow[S]{*} \widehat{w} \in \mathrm{IRR}(S)$ durchführt.

Wir wählen ein $\delta > 0$ mit $|\ell| \geq (1 + \delta)|r|$ für alle $(\ell, r) \in S$. Dies ist möglich, da $S$ endlich und längenverkürzend ist. Dann geben wir einem Wortpaar $(u, v)$ das Gewicht $\gamma(u, v) = |u| + (1 + \delta)|v|$. Wir beginnen mit dem Wortpaar $(1, w)$, wobei 1 das leere Wort sei. Setze $n = |w|$. Dann gilt $\gamma(1, w) = (1 + \delta)n$ und $1 \in \mathrm{IRR}(S)$. Wir behalten als eine Invariante, dass wir nur Wortpaare $(u, v)$ erzeugen mit $u \in \mathrm{IRR}(S)$ und $uv = w$ in $M$, also $uv \xLeftrightarrowStar[S] w$. Ziel ist, das Wortpaar $(\widehat{w}, 1)$ nach linear vielen Schritten zu erhalten. Ist dies noch nicht erreicht, so gilt $v = av'$ für ein $a \in \Sigma$ und $v' \in \Sigma^*$. Ist nun $ua \in \mathrm{IRR}(S)$, also $ua$ irreduzibel, so ersetzen wir das Paar $(u, v)$ in einem Zeitschritt durch das Paar $(ua, v')$. Das Gewicht hat dabei um die Konstante $\delta$ abgenommen. Sei also $ua$ reduzibel, dann gilt notwendigerweise $ua = u'\ell$ für ein $(\ell, r) \in S$. Wir ersetzen in diesem Fall $(u, v)$ in einem Zeitschritt durch das Paar $(u', rv')$. Für die Gewichte gilt $\gamma(u', rv') \leq \gamma(u'\ell, v') = \gamma(ua, v') \leq \gamma(u, v) - \delta$. Offensichtlich wird in beiden Fällen die Invariante erhalten. der Algorithmus ist also korrekt und berechnet $\widehat{w}$ in der Zeit $(1 + \frac{1}{\delta})n \in \mathcal{O}(n)$.

**8.2. (a)** Das System $S_+$ terminiert, da es längenlexikographisch reduzierend ist für die durch $I_+$ induzierte Ordnung auf $\Sigma$. Es ist lokal konfluent, denn für $cab \xLeftarrow[S_+]{} cba \xRightarrow[S_+]{}$ $bca$ gilt $cab \xRightarrow[S_+]{} acb \xRightarrow[S_+]{} abc \xLeftarrow[S_+]{} bac \xLeftarrow[S_+]{} bca$.

**8.2. (b)** Für alle Paare $(a, b) \in I$ muss entweder $ba \to ab \in S$ oder $ab \to ba \in S$ gelten. Setze $I_+ = \{(a, b) \in \Sigma \times \Sigma \mid ba \to ab \in S\}$. Dann ist zunächst $I = \{(a, b), (b, a) \mid (a, b) \in I_+\}$. Angenommen, $I_+$ wäre keine transitive Orientierung. Dann gibt es $(a, b), (b, c) \in I_+$ und $(a, c) \notin I_+$. Also enthält $S$ Regeln $ba \to ab$ und $cb \to bc$, aber keine Regel $ca \to ac$. Betrachte für $n \in \mathbb{N}$ die Ersetzungen $c^n a^n b^n \xLeftarrow[S_+]{} c^n b^n a^n$ $\xRightarrow[S_+]{*} b^n c^n a^n$. Die Faktoren $a^n b^n$ und $b^n c^n$ sind irreduzibel, denn wäre etwa ein anderes Wort in der Klasse von $a^n b^n$ irreduzibel, so müsste in diesem Wort irgendwo ein Faktor $ba$ erscheinen. Dies ist aber nicht möglich. Nun ist auch $c^n a^n$ irreduzibel, denn entweder ist $(a, c) \notin I$ oder $ac \to ca \in S$. Da $S$ endlich ist, gilt notwendigerweise $c^n a^n b^n, b^n c^n a^n \in \mathrm{IRR}(S)$ sofern $n$ genügend groß ist, im Widerspruch zu $c^n a^n b^n = b^n c^n a^n \in M(\Sigma, I)$.

**8.2. (c)** Es sei $M = M(\Sigma, I)$, dann können wir jedem Element aus $M$ vermöge (8.1) eine Länge zuordnen. Daher wird $M$ von den Elementen der Länge 1 erzeugt und diese Erzeugendenmenge ist minimal. Es gilt nun ist $\Sigma = (M \setminus \{1\}) \setminus (M \setminus \{1\})^2$ und damit ist $\Sigma$ durch $M$ bestimmt. Die Kantenmenge $I$ ergibt sich durch die Elemente aus $\Sigma$, die verschieden sind, aber in $M$ kommutieren.

**8.2. (d)** Nach Aufgabe 8.2. (c) gilt $\Sigma = \{a, b, c\}$ und $I = \{(a, c), (c, a)\}$ mit $ac = ca$ sowie $ab \neq ba$ und $bc \neq cb$ in $M$. Dann sind $abc$ und $cab$ transponiert und es sind auch $cab = acb$ und $cba$ transponiert. Aber es gibt keine Transposition von $abc$, die direkt zu $cba$ führt.

**8.2. (e)** Alle Graphen mit vier Knoten haben eine transitive Orientierung und der Kreis $C_5$ mit fünf Knoten besitzt keine. Die Antwort lautet also „5".

**8.3. (a)** Wir wählen eine lineare Ordnung für $\Sigma$. Das System ist dann fast identisch zu dem System aus Gleichung (8.2) bzw. 8.3. Wir müssen nur zusätzlich alle Quadrate von Buchstaben löschen.

$$S_{\text{RACC}} = \{bua \to abu \mid a, b \in \Sigma, \ a < b, \ (a, bu) \in I\}$$
$$\cup \ \{aua \to u \mid a \in \Sigma, \ (a, u) \in I\}$$

**8.3. (b)** Es sei $\widetilde{V}$ eine disjunkte Kopie von $V$ und $\Sigma = V \cup \widetilde{V}$. Für $(a, b) \in E$ nehmen wir $(a, b), (\widetilde{a}, b), (a, \widetilde{b}), (\widetilde{a}, \widetilde{b})$ in $I$ auf, aber keine weiteren Paare. Insbesondere kommutieren $a$ und $\widetilde{a}$ nicht in $C$. Betrachte jetzt den durch $a \mapsto a\widetilde{a}$ induzierten Homomorphismus $\phi : G \to C$. (Beachte, $(a, b) \in E$ impliziert $a\widetilde{a}b\widetilde{b} = b\widetilde{b}a\widetilde{a}$ in $C$.) Zu zeigen bleibt, dass $\phi$ injektiv ist. Hierfür wählen wir zunächst eine lineare Ordnung für $\Sigma$, in der die Elemente $a$ und $\widetilde{a}$ jeweils direkt nebeneinander angeordnet sind. Wegen $V \subseteq \Sigma$ induziert dies auch eine lineare Ordnung auf $\Sigma$. Sei jetzt $1 \neq g \in G$ und $w \in V^*$ ein längenlexikographisch kürzestes Wort, welches $g$ repräsentiert. Dann ist $\phi(w)$ eine irreduzible Normalformen für das System $S_{\text{RACC}}$ aus der Lösung zu 8.3. (a), denn die Faktoren $a\widetilde{a}$ und $\widetilde{a}a$ verhindern, dass identische Buchstaben nebeneinander stehen.

**8.3. (c)** Die Konvergenz von $T$ ist reine Routine. Wir zeigen nur, dass $\phi : \Sigma \to \mathcal{F}$, $a \to \{a\}$ einen Isomorphismus $\phi : C(\Sigma, I) \to \mathcal{F}^*/T$ induziert. Für $(a, b) \in I$ erhalten wir $\phi(a)\phi(b) = \{a, b\}$ in $\mathcal{F}^*/T$. Ferner gilt $\phi(a^2) = \varnothing = 1$ in $\mathcal{F}^*/T$ für $a \in \Sigma$. Da $\phi(\Sigma)$ die Gruppe $\mathcal{F}^*/T$ erzeugt, ist $\phi$ surjektiv. Betrachte jetzt die Abbildung $\psi : \mathcal{F} \to C(\Sigma, I)$, $F \to \prod_{a \in F} a$. Da $F \in \mathcal{F}$ eine Clique ist, ist es unerheblich, in welcher Reihenfolge wir das Produkt $\prod_{a \in F} a \in C(\Sigma, I)$ auswerten. Aufgrund der Regeln in $T$ induziert $\psi$ einen Homomorphismus von $\mathcal{F}^*/T$ auf $C(\Sigma, I)$. Wegen $\psi(\phi(a)) = a$ für alle $a \in \Sigma$ sind $\phi$ und $\psi$ invers zueinander. Insbesondere ist $\phi$ ein Isomorphismus.

**8.4.** Seien $G_1$ und $G_2$ zwei endlich erzeugte Untergruppen einer freien Gruppe $F$. Ohne Einschränkung ist $F = F(\Sigma)$ eine endlich erzeugte freie Gruppe. Nach Abschnitt 8.6 sind die Mengen der frei reduzierten Wörter in $(\Sigma \cup \Sigma^{-1})^*$, die die Elemente $G_1$ und $G_2$ darstellen, jeweils regulär. Der Durchschnitt regulärer Sprachen ist regulär; und dies liefert eine rationale Menge für den Durchschnitt $G_1 \cap G_2$.

**8.5.** Sei $K$ der Kern der Projektion $F_2 \to \mathbb{Z}$, $a \mapsto 1$, $b \mapsto 0$. Der Schreiergraph von $K$ hat als Knotenmenge $\{Ka^n \mid n \in \mathbb{Z}\}$ und jeder Knoten $Ka^n$ hat eine ausgehende Kante, die mit $a$ (bzw. $a^{-1}$) beschriftet ist, zu $Ka^{n+1}$ (bzw. $Ka^{n-1}$), und eine Schlinge mit Beschriftung $b$ und $b^{-1}$.

Die mit $a, a^{-1}$ beschrifteten Kanten bilden einen Spannbaum. Sei $\Delta$ die Menge der Kanten, die mit $b$ beschriftet sind. Nach Satz 8.15 ist $K$ isomorph zur freien Gruppe $F(\Delta)$. Im Beweis dieses Satzes wird ein Isomorphismus definiert. Dieser liefert genau die Menge $U$ als Bild von $\Delta$.

**8.6.** Sei $G$ eine von $k$ Elementen erzeugte Gruppe und $\phi : G \to G$ ein surjektiver Homomorphismus. Angenommen, $\phi$ wäre nicht injektiv. Dann gibt es ein $1 \neq g \in G$ mit $\phi(g) = 1$. Da $G$ residuell endlich ist, existiert ein surjektiver Homomorphismus $\pi : G \to E$ auf eine endliche Gruppe $E$ mit $\pi(g) \neq 1$. Betrachte für $n \in \mathbb{N}$ jetzt den Homomorphismus $\pi_n : G \to E$, der durch $\pi_n(h) = \pi(\phi^n(h))$ definiert ist. Da $\phi$ surjektiv ist, finden wir ein $h_n \in G$ mit $\phi^n(h_n) = g$. Damit gilt $\pi_n(h_n) = \pi(g) \neq 1$ aber $\pi_{n+1}(h_n) = \pi(\phi(g)) = \pi(1) = 1$. Daher ist $\pi_m(h_n) = 1$ für alle $m > n$. Insbesondere gilt $\pi_m \neq \pi_n$ für alle $m \neq n$. Ein Homomorphismus von $G$ nach $E$ ist durch die Bilder der $k$ Erzeugenden bestimmt. Also gibt es höchstens $|E|^k$ Homomorphismen. Dies ist ein Widerspruch und $\phi$ muss injektiv sein.

**8.7.** Wir zeigen, dass $\mathrm{BS}(p, q)$ nicht hopfsch ist, wenn $p$ und $q$ nicht dieselbe Menge an Primteilern haben. Sei $r$ eine Primzahl, die $p$, aber nicht $q$ teilt. Im umgekehrten Fall verwendet man den Isomorphismus $\mathrm{BS}(p, q) \to \mathrm{BS}(q, p)$, gegeben durch $a \mapsto a$, $t \mapsto t^{-1}$. Wir betrachten das Element $[a, ta^{p/r}t^{-1}]$. Hierbei steht $[x, y]$ für $xyx^{-1}y^{-1}$, den sogenannten Kommutator von $x$ und $y$. Er ist genau dann 1, wenn $xy = yx$. Das Wort $[a, ta^{p/r}t^{-1}] = ata^{p/r}t^{-1}a^{-1}ta^{-p/r}t^{-1}$ ist Britton-reduziert, also insbesondere nicht das Einselement. Es liegt aber im Kern des Homomorphismus $\phi : \mathrm{BS}(p, q) \to \mathrm{BS}(p, q)$ mit $t \mapsto t$ und $a \mapsto a^r$. Der Homomorphismus $\phi$ ist demzufolge nicht injektiv. Die Abbildung $\phi$ ist aber surjektiv, da $r$ und $q$ teilerfremd sind und $a$ sich deswegen als Produkt von Elementen $\phi(a) = a^r$ und $\phi(ta^{p/r}t^{-1}) = a^q$ darstellen lässt. Daher ist $\mathrm{BS}(p, q)$ unter den genannten Voraussetzungen nicht hopfsch.

**8.8.** In der Gruppe $\mathrm{BG}(1, 2) = \mathrm{BS}(1, 2) * F(b) / \{bab^{-1} = t\}$ gilt $ba^e b^{-1} = t^e$ und $t^e a t^{-e} = a^{2^e}$. Setzen wir $A(0) = a$ und $A(n+1) = bA(n)b^{-1}abA(n)^{-1}b^{-1}$, so hat $A(n)$ nur exponentielle Länge, aber die Normalform von $A(n)$ hat die Gestalt $a^{\tau(n)}$.

**8.9.** Es seien $x, y \in F$ mit $xy = yx$, wobei $F$ frei ist. Wir können annehmen, dass $x$ und $y$ frei reduzierte Wörter sind. Ist $xy$ ebenfalls frei reduziert, so gilt dies auch für $yx$ und die Behauptung folgt aus Satz 6.3 (b). Ohne Einschränkung sei $|x| > |y|$ und wir können $x = x's$ und $y = s^{-1}y'$ für einen maximalen Suffix $s$ von $x$ schreiben, der nicht leer ist. Für $y = s^{-1}$ gilt $xy = x' = yx = yx'y^{-1}$, also $x'y = yx'$ und die Behauptung folgt mit Induktion nach $|x|$. Daher gilt ohne Einschränkung auch, dass $y'$ ein nichtleeres Wort ist. Die mit $s$ konjugierten Elemente $sx' = sxs^{-1}$ und $y's^{-1} = sys^{-1}$. kommutieren. Ist $sx'$ nicht frei reduziert, so können wir Induktion nach $|xy|$ benutzen und sind fertig. Also ist $sx'$ frei reduziert. Aufgrund der maximalen Länge von $s$ und der Symmetrie in $x$ und $y$ ist jetzt jedoch das Wort $sx'y's$ frei reduziert; und wir können erneut Satz 6.3 (b) anwenden.

**8.10. (a)** Es gilt $\rho_{b\bar{a}} = i_b \circ \lambda_{ab} \circ i_b$. Es reicht daher zu zeigen, dass jeder Whitehead-Automorphismus durch Automorphismen der Form $i_a$, $\lambda_{ab}$ und $\rho_{b\bar{a}}$ ausgedrückt werden kann. Betrachte hierfür zunächst eine Permutation $\pi_{ab}$ von $\Sigma$, die zwei Buchstaben $a, b \in \Sigma$ $a \neq b$ vertauscht und alle anderen Buchstaben invariant lässt. Es gilt $\pi_{ab} = \lambda_{ba}^{-1} \circ i_a \circ \rho_{b\bar{a}} \circ \lambda_{ba}$, denn $\rho_{b\bar{a}} \circ \lambda_{ba}(a) = b$ und $\lambda_{ba}^{-1} \circ i_a(b) = b$ sowie $\rho_{b\bar{a}} \circ \lambda_{ba}(b) = ba^{-1}$ und $\lambda_{ba}^{-1} \circ i_a(ba^{-1}) = a$. Daher lassen sich alle Transpositionen darstellen, die wiederum die volle Permutationsgruppe erzeugen. Es verbleibt, die Whitehead-Automorphismen der Form $W_{(a,L,R,M)}$ darzustellen. Dies ist möglich wegen $W_{(a,L,R,M)} = \prod_{b \in L \cup M} \lambda_{ab} \cdot \prod_{c \in R \cup M} \rho_{c\bar{a}}$.

**8.10. (b)** Wir können $|\Sigma| \geq 2$ annehmen. Die Permutationsgruppe von $\Sigma$ wird von einer Transposition und einer zyklischen Vertauschung erzeugt. Für $|\Sigma| = 2$ reicht eine Transposition. Wir benötigen jetzt nur noch die Automorphismen $i_a$ und $\lambda_{ab}$ für ein einziges Paar $(a, b)$ mit $a, b \in \Sigma$ und $a \neq b$, um zunächst alle regulären und elementaren Nielsen-Transformationen zu erzeugen. Nach Teilaufgabe 8.10. (a) erzeugen diese dann die volle Automorphismengruppe.

**8.11.** Die Lösung ergibt sich per Induktion nach $\ell$, indem man $\min\{a_1, a_3\}, \min\{a_2, a_4\} \leq F_\ell$ und $\max\{a_1, a_3\}, \max\{a_2, a_4\} \leq F_{\ell+1}$ zeigt.

**8.12. (a)** Sei $A \in \mathrm{PSL}(2, \mathbb{Z})$ mit der Wirkung $A(z) = \frac{az+b}{cz+d}$ ein Element der Ordnung 2. Dann haben $A$ und $A^2$ die Matrixdarstellungen:

$$A = \begin{pmatrix} a & b \\ c & d \end{pmatrix} \qquad A^2 = \begin{pmatrix} a^2 + bc & b(a+d) \\ c(a+d) & d^2 + bc \end{pmatrix}$$

Wäre $b = c = 0$, so wäre $ad = 1$, also $a = d = \pm 1$ und $A(z) = z$ für alle $z$, im Widerspruch dazu, dass $A$ Ordnung 2 hat. Also ist $b \neq 0$ oder $c \neq 0$ und es folgt $a + d = 0$.

**8.12. (b)** Seien $S(z) = \frac{-1}{z}$ und $R(z) = \frac{-1}{z+1}$ wie im Text gewählt. Nach einer Konjugation mit $R$ oder $R^2$ können wir wie in dem Beweis von Satz 8.28 davon ausgehen, dass $A$ eine Darstellung der Form $R^{i_1} S \cdots R^{i_{m-1}} S R^{i_m}$ mit $m \geq 2$ und $1 \leq i_\ell \leq 2$ für alle $1 \leq \ell \leq m$ hat. (Die Werte $m = 0, 1$ sind ausgeschlossen, da $A$ die Ordnung 2 hat.) Ohne Einschränkung gilt $i_1 = 1$ und $i_m = 2$, denn für $i_1 + i_m \neq 3$ hat $A$ eine unendliche Ordnung. Für $m = 2$ ist dann $A = RSR^2$ konjugiert zu $S$. Also gilt $m \geq 3$; und wir erhalten nach einer Konjugation $SR^2 ARS = R^{i_2} S \cdots R^{i_{m-2}} S R^{i_{m-1}}$. Die Behauptung folgt mit Induktion nach $m$.

**8.13. (a)** Sei $-1$ quadratischer Rest modulo $n$. Es gibt also $p, q \in \mathbb{Z}$ mit $-q^2 - pn = 1$. Wir bilden $A \in \mathrm{PSL}(2, \mathbb{Z})$ mit $A(z) = \frac{qz+n}{pz-q}$. Dann hat $A$ Ordnung 2. Nach 8.12. (b) ist $A$ in $\mathrm{PSL}(2, \mathbb{Z})$ konjugiert zu $S$, d. h., es gibt ein $X \in \mathrm{PSL}(2, \mathbb{Z})$ mit $X(z) = \frac{xz+y}{uz+v}$ und

$XSX^{-1} = A$. Es folgt

$$XSX^{-1}(z) = \frac{(-vy - ux)z + x^2 + y^2}{(-v^2 - u^2)z + vy + ux} = \frac{qz + n}{pz - q}$$

Wegen $n \in \mathbb{N}$ ist also $n = x^2 + y^2$.

**8.13. (b)** Nach Vorraussetzung ist $\mathrm{ggT}(x, y) = 1$, also gibt es $u, v \in \mathbb{Z}$ mit $xv - yu = 1$. Wir bilden $X \in \mathrm{PSL}(2, \mathbb{Z})$ mit $X(z) = \frac{xz+y}{uz+v}$. Es folgt wie eben $XSX^{-1}(z) = \frac{qz+x^2+y^2}{pz-q} = \frac{qz+n}{pz-q}$ für $p = -v^2 - u^2$ und $q = -vy - ux$. Aus $-q^2 - pn = 1$ folgt $-1 \equiv q^2 \bmod n$.

**8.13. (c)** Der Fall $p = 2$ ist trivial. Sei nun $p \geq 3$. Für $p = x^2 + y^2$ gilt $\mathrm{ggT}(x, y) = 1$. Nach 8.13. (a) und 8.13. (b) ist jetzt $p$ genau dann die Summer zweier Quadrate, wenn $-1$ quadratischer Rest modulo $p$ ist; und $-1$ ist genau dann ein quadratischer Rest modulo $p$, wenn $(\mathbb{Z}/p\mathbb{Z})^*$ ein Element der Ordnung 4 hat. Die multiplikative Gruppe $(\mathbb{Z}/p\mathbb{Z})^*$ ist zyklisch und hat die Ordnung $p - 1$. Sie enthält genau dann ein Element der Ordnung 4, wenn $p \equiv 1 \bmod 4$ gilt.

# Literaturverzeichnis

[1]   M. Aigner und G. M. Ziegler: *Das Buch der Beweise*. Springer, Berlin, 2009.

[2]   W. R. Alford, A. J. Granville und C. B. Pomerance: *There are infinitely many Carmichael numbers*. Ann. of Math. (2), 140:703–722, 1994.

[3]   A. Arnold: *A syntactic congruence for rational ω-languages*. Theoretical Computer Science, 39:333–335, 1985.

[4]   E. Bach und J. Shallit: *Algorithmic number theory, volume 1: efficient algorithms*. MIT Press, Cambridge, Massachusetts, 1996.

[5]   F. L. Bauer: *Entzifferte Geheimnisse: Methoden und Maximen der Kryptologie*. Springer, 2000.

[6]   M. Benois: *Parties rationelles du groupe libre*. C. R. Acad. Sci. Paris, Sér. A, 269:1188–1190, 1969.

[7]   A. Björner und F. Brenti: *Combinatorics of Coxeter groups*, Band 231 von *Graduate Texts in Mathematics*. Springer, New York, 2005.

[8]   J. L. Britton: *The word problem*. Ann. of Math., 77:16–32, 1963.

[9]   J. A. Brzozowski: *Canonical regular expressions and minimal state graphs for definite events*. In *Proc. Sympos. Math. Theory of Automata (New York, 1962)*, S. 529?–561. 1963.

[10]  J. R. Büchi: *Weak Second-Order Arithmetic and Finite Automata*. Zeitschrift für mathematische Logik und Grundlagen der Mathematik, 6:66–92, 1960.

[11]  J. R. Büchi: *On a Decision Method in Restricted Second-Order Arithmetic*. In *Proc. Int. Congr. for Logic, Methodology, and Philosophy of Science*, S. 1–11. Stanford Univ. Press, 1962.

[12]  J. Buchmann: *Einführung in die Kryptographie*. Springer-Lehrbuch. Springer, 2010.

[13]  T. Camps, V. große Rebel und G. Rosenberger: *Einführung in die kombinatorische und die geometrische Gruppentheorie*. Nummer 19 in Berliner Studienreihe zur Mathematik. Heldermann Verlag, 2008.

[14]  K. T. Chen, R. H. Fox und R. C. Lyndon: *Free differential calculus, IV — The quotient groups of the lower central series*. Ann. of Maths., 68(1):81–95, 1958.

[15]  A. Church und J. B. Rosser: *Some properties of conversion*. T. Am. Math. Soc., 39:472–482, 1936.

[16]  R. Crandall und C. B. Pomerance: *Prime Numbers: A Computational Perspective*. Springer, 2010.

[17]  M. W. Davis: *The geometry and topology of Coxeter groups*, Band 32 von *London Math. Soc. Monographs Series*. Princeton University Press, Princeton, NJ, 2008.

[18]  L. E. Dickson: *Finiteness of the Odd Perfect and Primitive Abundant Numbers with $n$ Distinct Prime Factors*. American Journal of Mathematics, 35(4):413–422, 1913.

[19]  V. Diekert und P. Gastin: *Pure future local temporal logics are expressively complete for Mazurkiewicz traces*. Information and Computation, 204:1597–1619, 2006.

[20]  V. Diekert und P. Gastin: *First-order definable languages*. In *Logic and Automata: History and Perspectives*, Texts in Logic and Games, S. 261–306. Amsterdam University Press, 2008.

[21]  V. Diekert und M. Kufleitner: *Bounded synchronization delay in omega-rational expressions*. In *CSR 2012, Proceedings*, Band 7353 von *Lecture Notes in Computer Science*, S. 89–98. Springer-Verlag, 2012.

[22]  V. Diekert, M. Kufleitner, K. Reinhardt und T. Walter: *Regular Languages are Church-Rosser Congruential*. In *ICALP 2012, Proc. Part II*, Band 7392 von *Lecture Notes in Computer Science*, S. 177–188. Springer-Verlag, 2012.

[23]  V. Diekert, M. Kufleitner und G. Rosenberger: *Elemente der Diskreten Mathematik*. Walter de Gruyter, 2013.

[24]  V. Diekert, M. Kufleitner und B. Steinberg: *The Krohn-Rhodes Theorem and Local Divisors*. Fundamenta Informaticae, 116(1–4):65–77, 2012.

[25]   V. Diekert, M. Kufleitner und P. Weil: *Star-Free Languages are Church-Rosser Congruential.* Theoretical Computer Science, 454:129–135, 2012.

[26]   V. Diekert, J. Laun und A. Ushakov: *Efficient algorithms for highly compressed data: The Word Problem in Higman's group is in P.* International Journal of Algebra and Computation, 22:1240008:1–19, 2012.

[27]   V. Diekert und Mitarbeiter: *Personal Primes Project: PPP.* http://primes.fmi.uni-stuttgart.de/, 2003.

[28]   V. Diekert und G. Rozenberg (Herausgeber): *The Book of Traces.* World Scientific, Singapore, 1995.

[29]   M. Dietzfelbinger: *Primality testing in polynomial time: From randomized algorithms to 'PRIMES is in P'.* Lecture notes in computer science. Springer, 2004.

[30]   W. Dyck: *Ueber Aufstellung und Untersuchung von Gruppe und Irrationalität regulärer Riemann'scher Flächen.* Math. Annalen, XVII:473–509, 1881.

[31]   W. Dyck: *Gruppentheoretische Studien.* Math. Annalen, XX:1–44, 1883.

[32]   S. Eilenberg: *Automata, Languages, and Machines,* Band B. Academic Press, New York and London, 1976.

[33]   S. Eilenberg und M. P. Schützenberger: *Rational sets in commutative monoids.* Journal of Algebra, 13:173–191, 1969.

[34]   T. ElGamal: *A public key cryptosystem and a signature scheme based on discrete logarithms.* IEEE Transactions on Information Theory, 31:469–472, 1985.

[35]   B. Fine und G. Rosenberger: *Number theory: An introduction via the distribution of primes.* Birkhäuser, 2007.

[36]   W. Fischer und I. Lieb: *Funktionentheorie: Komplexe Analysis in einer Veränderlichen.* vieweg studium; Aufbaukurs Mathematik. Vieweg+Teubner Verlag, 2005.

[37]   M. Fürer: *Faster Integer Multiplication.* SIAM Journal on Computing, 39(3):979–1005, 2009.

[38]   M. Garey und J. Johnson: *Computers and Intractability: A Guide to the Theory of NP-Completeness.* W. H. Freeman, 1979.

[39]   S. Ginsburg und E. H. Spanier: *Semigroups, Presburger formulas and languages.* Pacific Journal of Mathematics, 16:285–296, 1966.

[40]   K. Gödel: *Über formal unentscheidbare Sätze der Principia mathematica und verwandter Systeme I.* Monatshefte für Mathematik und Physik, 38:173–198, 1931.

[41]   R. Hartshorne: *Algebraic Geometry.* Graduate Texts in Mathematics. Springer-Verlag, 1997.

[42]   G. Higman: *Ordering by divisibility in abstract algebras.* Proceedings of the London Mathematical Society. Third Series, 2:326–336, 1952.

[43]   G. Higman, B. Neumann und H. Neumann: *Embedding Theorems for Groups.* J. London Math. Soc., 24:247–254, 1949.

[44]   S. C. Kleene: *Representation of events in nerve nets and finite automata.* In C. E. Shannon und J. McCarthy (Herausgeber), *Automata Studies,* Nummer 34 in Annals of Mathematics Studies, S. 3–40. Princeton University Press, 1956.

[45]   D. E. Knuth: *The art of computer programming. Vol. 2: Seminumerical Algorithms.* Addison-Wesley, 1997.

[46]   N. Koblitz: *Elliptic Curve Cryptosystems.* Mathematics of Computation, 48:203–209, 1987.

[47]   N. Koblitz: *Introduction to Elliptic Curves and Modular Forms.* Graduate texts in mathematics. Springer, 1993.

[48]   N. Koblitz: *A Course in Number Theory and Cryptography.* Graduate texts in mathematics. Springer, 1994.

[49]   K. Krohn und J. L. Rhodes: *Algebraic theory of machines. I: Prime decomposition theorem for finite semigroups and machines.* Transactions of the American Mathematical Society, 116:450–464, 1965.

[50]   K. Krohn, J. L. Rhodes und B. Tilson: *The Prime Decomposition Theorem of the Algebraic Theory of Machines*. In M. A. Arbib (Herausgeber), *Algebraic Theory of Machines, Languages, and Semigroups*, Kapitel 5, S. 81–125. Academic Press, New York and London, 1968.

[51]   J. B. Kruskal: *Well-quasi-ordering, the Tree Theorem, and Vazsonyi's conjecture*. Trans. Amer. Math. Soc., 95(2):210–225, 1960.

[52]   G. Lallement: *On the prime decomposition theorem for finite monoids*. Math. Systems Theory, 5:8–12, 1971.

[53]   G. Lallement: *Augmentations and wreath products of monoids*. Semigroup Forum, 21(1):89–90, 1980.

[54]   S. Lang: *Elliptic Curves: Diophantine Analysis*. Grundlehren der mathematischen Wissenschaften 231. Springer, 2010.

[55]   R. Lyndon und P. Schupp: *Combinatorial Group Theory*. Classics in Mathematics. Springer, 2001. 1. Auflage 1977.

[56]   W. Magnus, A. Karrass und D. Solitar: *Combinatorial Group Theory*. Interscience Publishers (New York), 1966. Nachdruck der 2. Auflage (1976): 2004.

[57]   Yu. V. Matiyasevich: *Hilbert's Tenth Problem*. MIT Press, Cambridge, Massachusetts, 1993.

[58]   J. H. McKay: *Another proof of Cauchy's group theorem*. The American Mathematical Monthly, 66:119, 1959.

[59]   J. D. McKnight: *Kleene quotient theorem*. Pacific Journal of Mathematics, S. 1343–1352, 1964.

[60]   R. Merkle und M. Hellman: *Hiding information and signatures in trapdoor knapsacks*. Information Theory, IEEE Transactions on, 24(5):525–530, 1978.

[61]   V. Miller: *Use of elliptic curves in cryptography*. In *Advances in Cryptology – CRYPTO 85*, Band 218 von *Lecture Notes in Computer Science*, S. 417–426. Springer, Berlin, 1985.

[62]   E. F. Moore: *Gedanken-Experiments on Sequential Machines*. In *Automata Studies*, S. 129–153. Princeton University Press, Princeton, New Jersey, 1956.

[63]   A. G. Myasnikov, A. Ushakov und D. W. Won: *The Word Problem in the Baumslag group with a non-elementary Dehn function is polynomial time decidable*. Journal of Algebra, 345(1):324–342, 2011.

[64]   M. Nair: *On Chebyshev-type inequalities for primes*. The American Mathematical Monthly, 89(2):126–129, 1982.

[65]   C. St. J. A. Nash-Williams: *On well-quasi-ordering finite trees*. Mathematical Proceedings of the Cambridge Philosophical Society, 59(04):833–835, 1963.

[66]   A. Nerode: *Linear Automaton Transformations*. Proceedings of the American Mathematical Society, 9(4):pp. 541–544, 1958.

[67]   J. Nielsen: *Die Isomorphismengruppe der freien Gruppen*. Mathematische Annalen, 91, 1924.

[68]   C. Pomerance, L. Selfridge, J. und J. Wagstaff, Samuel S.: *The pseudoprimes to $25 \cdot 10^9$*. Math. Comput., 35:1003–1026, 1980.

[69]   M. Presburger: *Über die Vollständigkeit eines gewissen Systems der Arithmetik ganzer Zahlen, in welchem die Addition als einzige Operation hervortritt*. Comptes Rendus du I congrès de Mathématiciens des Pays Slaves, S. 92–101, 1929.

[70]   J. L. Rhodes und B. Steinberg: *The q-theory of finite semigroups*. Springer Monographs in Mathematics. Springer, 2009.

[71]   N. Robertson und P. D. Seymour: *Graph Minors. XX. Wagner's conjecture*. J. Comb. Theory, Ser. B, 92:325–357, 2004.

[72]   G. Rousseau: *On the Jacobi symbol*. Journal of Number Theory, 48(1):109–111, 1994.

[73]   A. Schönhage und V. Strassen: *Schnelle Multiplikation großer Zahlen*. Computing, 7(3):281–292, 1971.

[74]   M. P. Schützenberger: *On finite monoids having only trivial subgroups*. Information and Control, 8:190–194, 1965.

[75]  J.-P. Serre: *Trees*. Springer, 1980. French original 1977.

[76]  A. Shamir: *How to share a secret*. Communications of the ACM, 22:612–613, 1979.

[77]  A. Shamir: *A polynomial-time algorithm for breaking the basic Merkle-Hellman cryptosystem*. Information Theory, IEEE Transactions on, 30:699–704, 1984.

[78]  C. E. Shannon: *Communication Theory of Secrecy Systems*. Bell System Technical Journal Volume, XXVIII:656–715, 1949.

[79]  J. Silverman: *The Arithmetic of Elliptic Curves*. Graduate Texts in Mathematics. Springer, 2. Auflage, 2009.

[80]  J. R. Stallings: *Topology of finite graphs*. Invent. Math., 71:551–565, 1983.

[81]  H. Straubing: *Finite Automata, Formal Logic, and Circuit Complexity*. Birkhäuser, Boston, Basel and Berlin, 1994.

[82]  W. Thomas: *Automata on Infinite Objects*. In J. van Leeuwen (Herausgeber), *Handbook of Theoretical Computer Science*, Kapitel 4, S. 133–191. Elsevier Science Publishers B. V., 1990.

[83]  K. Thompson: *Regular Expression Search Algorithm*. Communications of the ACM, 11:410–422, 1968.

[84]  R. D. Wade: *Folding free-group automorphisms*. ArXiv e-prints, 2011.

[85]  L. Washington: *Elliptic Curves: Number Theory and Cryptography*. Discrete Mathematics and Its Applications. Chapman & Hall/CRC, 2008.

[86]  A. Werner: *Elliptische Kurven in der Kryptographie*. Springer, 2002.

# Symbolverzeichnis

## Mengen

| | |
|---|---|
| $\emptyset$ | leere Menge |
| $\|A\|$ | Mächtigkeit der Menge $A$ |
| $A \cup B$ | Vereinigung der Mengen $A$ und $B$ |
| $A \cap B$ | Durchschnitt der Mengen $A$ und $B$ |
| $A \setminus B$ | Elemente aus $A$, welche nicht in $B$ vorkommen |
| $A \times B$ | kartesisches Produkt |
| $B^A$ | Menge der Abbildungen $f : A \to B$ |
| $2^A$ | Potenzmenge von $A$ |
| $\binom{A}{k}$ | Menge der $k$-elementigen Teilmengen von $A$, S. 121 |
| $[a, b]$ | abgeschlossenes Intervall |
| $[a, b)$ | halboffenes Intervall |
| $(a, b)$ | offenes Intervall |
| $\mathcal{A}_L$ | minimaler Automat der Teilmenge $L$, S. 176 |
| $\mathbb{B}$ | boolescher Verband $\{0, 1\}$, S. 60 |
| $\mathbb{C}$ | komplexe Zahlen |
| $\mathrm{char}(R)$ | Charakteristik des Rings $R$, S. 20 |
| $D_n$ | Bewegungsgruppe des regelmäßigen $n$-Ecks, S. 11 |
| $\mathbb{F}_{p^n}$ | endlicher Körper mit $p^n$ Elementen, S. 38 |
| $\mathrm{GF}(p^n)$ | endlicher Körper mit $p^n$ Elementen, S. 35 |
| $gH$ | Links-Nebenklasse von $g$ bezüglich $H$, S. 4 |
| $G/H$ | Links-Nebenklassen von $H$ in $G$, S. 4 |
| $Hg$ | Rechts-Nebenklasse von $g$ bezüglich $H$, S. 4 |
| $H \setminus G$ | Rechts-Nebenklassen von $H$ in $G$, S. 4 |
| $L^*$ | Kleene-Stern von $L$, S. 171 |
| $L(\mathcal{A})$ | vom Automaten $\mathcal{A}$ akzeptierte Teilmenge, S. 174 |
| $L(u)$ | Leistung des Elements $u$, S. 175 |
| $M^\#$ | augmentiertes Monoid, S. 198 |

| | |
|---|---|
| $M_c$ | lokaler Divisor von $M$ an $c$, S. 188 |
| $\mathbb{N}$ | natürliche Zahlen, inklusive 0 |
| $\mathbb{Q}$ | rationale Zahlen |
| $\mathbb{R}$ | reelle Zahlen |
| $\mathbb{R}_{\geq 0}$ | nicht-negative reelle Zahlen, S. 87 |
| $R^*$ | Einheitengruppe des Rings $R$, S. 17 |
| $\mathrm{RAT}(M)$ | rationale Teilmengen von $M$, S. 179 |
| $\mathrm{REC}(M)$ | erkennbare Teilmengen von $M$, S. 172 |
| $r + I$ | Restklasse von $r$ modulo $I$, S. 18 |
| $R/I$ | Restklassenring von $R$ modulo $I$, S. 18 |
| $R[X]$ | Polynomring über $R$, S. 27 |
| $R[\![X]\!]$ | formale Potenzreihen über dem Ring $R$, S. 27 |
| $\mathrm{SF}(M)$ | sternfreie Teilmengen von $M$, S. 187 |
| $S_n$ | Permutationen auf $\{1, \ldots, n\}$, S. 14 |
| $\mathrm{Synt}(L)$ | syntaktisches Monoid der Sprache $L$, S. 173 |
| $\Sigma^*$ | freies Monoid über $\Sigma$, S. 159 |
| $\Sigma^+$ | nichtleere endliche Wörter über $\Sigma$, S. 205 |
| $\Sigma^\omega$ | unendliche Wörter über $\Sigma$, S. 205 |
| $\langle x \rangle$ | Erzeugnis eines Elements $x$, S. 4 |
| $\langle X \rangle$ | Erzeugnis einer Teilmenge $X$, S. 4 |
| $\mathbb{Z}$ | ganze Zahlen |

## Relationen

| | |
|---|---|
| $f \in \mathcal{O}(g)$ | $f$ wächst höchstens so schnell wie $g$, S. 87 |
| $k \equiv \ell \bmod n$ | $k$ und $\ell$ sind kongruent modulo $n$, S. 22 |
| $k \mid \ell$ | $k$ teilt $\ell$, S. 4 |
| $k \nmid \ell$ | $k$ teilt $\ell$ nicht |
| $\equiv_L$ | syntaktische Kongruenz der Teilmenge $L$, S. 173 |
| $M \prec N$ | $M$ ist ein Divisor von $N$, S. 192 |
| $p \xrightarrow{w} q$ | es gibt einen Pfad von $p$ nach $q$ mit Beschriftung $w$, S. 206 |

| | |
|---|---|
| $p \xrightarrow{\;w\;}_{F} q$ | es gibt einen Pfad über einen Endzustand, S. 206 |
| $u \preceq v$ | $u$ ist ein Teilwort von $v$, S. 163 |
| $s \ll t$ | $s$ ist ein Teilbaum von $t$, S. 167 |

## Elemente, Abbildungen und Operationen

| | |
|---|---|
| $\lvert a \rvert$ | Betrag von $a$ |
| $\lfloor a \rfloor$ | $a$ abgerundet |
| $\lceil a \rceil$ | $a$ aufgerundet |
| $\lvert A \rvert$ | Mächtigkeit der Menge $A$ |
| $\left( \dfrac{a}{n} \right)$ | Jacobi-Symbol, S. 42 |
| $\left( \dfrac{a}{p} \right)$ | Legendre-Symbol, S. 43 |
| $\deg(f)$ | Grad des Polynoms $f$, S. 27 |
| $\delta(i, j)$ | Kronecker-Delta, S. 59 |
| $e$ | Euler'sche Zahl |
| $E[X]$ | Erwartungswert der Zufallsvariable $X$ |
| $\varepsilon$ | leeres Wort, S. 159 |
| $f'$ | Ableitung von $f$, S. 29 |
| $\langle f \rangle$ | von $f$ erzeugtes Ideal, S. 33 |
| $F(g)$ | Fourier-Transformierte von $g$, S. 109 |
| $F_n$ | Fibonacci-Zahlen, S. 260 |
| $\varphi(n)$ | Euler'sche $\varphi$-Funktion, S. 26 |
| $g \circ f$ | Komposition von Funktionen, $(g \circ f)(x) = g(f(x))$ |
| $\mathrm{ggT}(k, \ell)$ | größter gemeinsamer Teiler von $k$ und $\ell$, S. 22 |
| $[G : H]$ | Index von $H$ in $G$, S. 5 |
| $\mathrm{im}(\varphi)$ | Bild der Abbildung $\varphi$, S. 8 |
| $\ker(\varphi)$ | Kern des Homomorphismus $\varphi$, S. 8, S. 18 |
| $\mathrm{kgV}(k, \ell)$ | kleinstes gemeinsames Vielfaches von $k$ und $\ell$, S. 25 |
| $\mathrm{kgV}(n)$ | kleinstes gemeinsames Vielfaches von $\{1, \ldots, n\}$, S. 122 |
| $\lim$ | Grenzwert |

| | |
|---|---|
| $\log n$ | Logarithmus zur Basis 2 |
| $\ln n$ | Logarithmus zur Basis $e$ |
| $\max(A)$ | größtes Element der Menge $A$ |
| $\min(A)$ | kleinstes Element der Menge $A$ |
| $\hat{m}$ | eine Überdeckung von $m$, S. 192 |
| $\mu_L$ | syntaktischer Homomorphismus von $L$, S. 210 |
| $n!$ | Fakultät $n(n-1)\cdots 1$ |
| $\binom{n}{k}$ | Binomialkoeffizient, $n$ über $k$, S. 20 |
| $\pi$ | Kreiszahl |
| $\Pr[A]$ | Wahrscheinlichkeit des Ereignisses $A$ |
| $\operatorname{sgn}(\pi)$ | Vorzeichen der Permutation $\pi$, S. 14 |
| $|u|$ | Länge des Wortes $u$, S. 159 |
| $x^n$ | $n$-fache Multiplikation von $x$, $x$ hoch $n$ |
| $n \cdot x$ | $n$-fache Addition von $x$, $n$ mal $x$ |
| $x^{-1}$ | multiplikatives Inverses von $x$, S. 4 |
| $-x$ | Inverses von $x$ bei additiver Schreibweise |
| $x \oplus y$ | bitweises exklusives Oder, S. 61 |

## Elliptische Kurven

| | |
|---|---|
| $A, B$ | Parameter einer elliptischen Kurve, S. 132 |
| $a_1, a_2, a_3$ | Nullstellen von $s(x)$, S. 132 |
| $\alpha, \beta$ | Endomorphismen elliptischer Kurven, S. 152 |
| $\deg(\alpha)$ | Grad eines Endomorphismus, S. 154 |
| $\operatorname{div}(f)$ | Divisor von $f$, S. 140 |
| $E(K)$ | elliptische Kurve über $K$, S. 132 |
| $\tilde{E}(K)$ | elliptische Kurve über $K$ inklusive Fernpunkt, S. 142 |
| $\phi_q$ | Frobenius-Abbildung, S. 152 |
| $k$ | algebraisch abgeschlossener Körper, S. 131 |
| $k[x, y]$ | Polynomring über $E(k)$, S. 135 |

| | |
|---|---|
| $k(x, y)$ | Funktionenkörper über $E(k)$, S. 137 |
| $N(f)$ | Norm von $f$, S. 136 |
| $\mathcal{O}$ | Fernpunkt, S. 132 |
| $\operatorname{ord}_P(f)$ | Ordnung von $f$ bei $P$, S. 137 |
| $\overline{P}$ | Additiv Inverses eines Punktes, $\overline{P} = -P$, S. 132 |
| $\operatorname{Pic}^0(E(k))$ | Picard-Gruppe von $E(k)$, S. 141 |
| $\rho$ | rationaler Morphismus, S. 152 |
| $s(x)$ | definierendes Polynom einer elliptischen Kurve, S. 132 |

## Diskrete unendliche Gruppen

| | |
|---|---|
| $\operatorname{Aut}(G)$ | Automorphismengruppe von $G$, S. 11 |
| $BS(p, q)$ | Baumslag-Solitar-Gruppe, S. 231 |
| $C(\Sigma, I)$ | rechtwinklige Coxetergruppe, S. 226 |
| $E_+$ | Orientierung von Kantenmengen, S. 239 |
| $F(\Sigma)$ | freie Gruppe mit Basis $\Sigma$, S. 223 |
| $G(\Sigma, I)$ | Graphgruppe / frei partiell kommutative Gruppe, S. 225 |
| $G *_U H$ | amalgamiertes Produkt von Gruppen, S. 228 |
| $\Gamma$ | Erzeugendenmenge als Monoid, S. 217 |
| $(\Gamma, \Phi)$ | graphische Realisierung eines Homomorphismus, S. 245 |
| $\operatorname{HNN}(G; A, B, \phi)$ | HNN-Erweiterung, S. 231 |
| $\operatorname{IRR}(S)$ | irreduzible Elemente des Ersetzungssystems $S$, S. 221 |
| $K(G, \Sigma)$ | Kern des Schreiergraphen, S. 239 |
| $\lambda$ | Kantenbeschriftung eines Graphen, S. 239, S. 245 |
| $M * K$ | freies Produkt, S. 226 |
| $M \rtimes_\alpha K$ | semidirektes Produkt, S. 227 |
| $M(\Sigma, I)$ | frei partiell kommutatives Monoid, S. 224 |
| $\operatorname{PSL}(2, \mathbb{Z})$ | Modulgruppe, S. 255 |
| $\overset{*}{\underset{S}{\Longleftrightarrow}}$ | vom Ersetzungssystem $S$ erzeugte Kongruenz, S. 221 |
| $\operatorname{SL}(2, \mathbb{Z})$ | spezielle lineare Gruppe, S. 254 |

| | |
|---|---|
| $\Sigma$ | Basis einer freien Gruppe, S. 223 |
| $T$ | Spannbaum, S. 239, S. 245 |
| $T[p,q]$ | Kürzester Weg von $p$ nach $q$ im Spannbaum $T$, S. 239, S. 245 |
| $W_{(a,L,R,M)}$ | Whitehead-Automorphismus, S. 244 |

# Index

# Weitere empfehlenswerte Titel

*Elemente der diskreten Mathematik*
*Zahlen und Zählen, Graphen und Verbände*
Volker Diekert, Manfred Kufleitner, Gerhard Rosenberger, 2013
ISBN 978-3-11-027767-8, e-ISBN 978-3-11-027816-3

*Differenzengleichungen und diskrete dynamische Systeme*
*Eine Einführung in Theorie und Anwendungen*
Ulrich Krause, Tim Nesemann, 2. Auflage, 2012
ISBN 978-3-11-025038-1, e-ISBN 978-3-11-025039-8

*Mathematische Optimierungsverfahren des Operations Research*
Matthias Gerdts, Frank Lempio, 2011
ISBN 978-3-11-024994-1, e-ISBN 978-3-11-024998-9

*Approximative Algorithmen und Nichtapproximierbarkeit*
Klaus Jansen, Marian Margraf, 2008
ISBN 978-3-11-020316-5, e-ISBN 978-3-11-020317-2

*Erfolgreich recherchieren*
*Mathematik*
Astrid Teichert, 2013
ISBN 978-3-11-029896-3, e-ISBN 978-3-11-029896-3